普通高等教育土建学科专业"十五"规划教材

土木工程施工

宁仁岐　郑传明　主编

中国建筑工业出版社

U0725595

图书在版编目(CIP)数据

土木工程施工/宁仁岐,郑传明主编. —北京:中国
建筑工业出版社,2006(2021.1重印)
普通高等教育土建学科专业"十五"规划教材
ISBN 978-7-112-08540-8

Ⅰ. 土… Ⅱ.①宁… ②郑… Ⅲ. 土木工程-工程施
工-高等学校-教材 Ⅳ.TU7

中国版本图书馆 CIP 数据核字(2006)第 122915 号

本书是普通高等教育土建学科"十五"规划教材,是根据土木工程专业的培养目标和相关课程的基本要求编写而成。全书以工艺流程为主线,介绍了土木工程施工的各工种工程,并对土木工程施工新技术、新工艺做了重点介绍。在编写上严格遵守国家现行土木工程施工及验收规范,力求体系完整,内容精练,文字表达通畅,所附插图力求准确、直观,以帮助学生充分理解所学内容。

本书可供全日制高等院校、成人高等院校土木工程及其他土建类专业学生使用,也可作为建筑施工及结构设计的工程技术人员的参考书。

责任编辑:郦锁林 吉万旺
责任设计:赵明霞
责任校对:张树梅 张 虹

普通高等教育土建学科专业"十五"规划教材
土木工程施工
宁仁岐 郑传明 主编
＊
中国建筑工业出版社出版、发行(北京西郊百万庄)
各地新华书店、建筑书店经销
北京密云红光制版公司制版
北京建筑工业印刷厂印刷
＊
开本:787×1092毫米 1/16 印张:31 字数:753千字
2006年11月第一版 2021年1月第十次印刷
定价:75.00元
ISBN 978-7-112-08540-8
(36830)
版权所有 翻印必究
如有印装质量问题,可寄本社退换
(邮政编码 100037)

前　　言

　　建筑业作为国民经济支柱产业之一已得到迅猛发展，目前，全国各地已先后建造了一些具有重大意义的重点工程和一大批高层、超高层建筑。土木工程施工技术在解决重大项目的施工难题的科研攻关中得到了长足发展。实践证明，加强土木工程施工理论与应用的研究对于提高施工技术的高科技含量，高质量、高效率地完成大型工程建设，促进高效的施工技术成果在建筑工程中推广应用，实现施工技术现代化，并最终实现我国建筑业的现代化具有重要作用。

　　本书是普通高等教育土建学科"十五"规划教材，是根据土木工程专业的培养目标和相关课程的基本要求编写而成。全书以工艺流程为主线，介绍了土木工程施工的各工种工程，并对土木工程施工新技术、新工艺做了重点介绍。在编写上严格遵守国家现行土木工程施工及验收规范，力求体系完整，内容精练，文字表达通畅，所附插图力求准确、直观，以帮助学生充分理解所学内容。

　　编写时，充分注意到当前土木工程施工及验收规范和建筑结构、防水、装饰等规范已进行了全面修订，同时考虑到土木工程施工的特点。本书系统地介绍了土木工程施工的基本知识和基础理论，并结合近年来发展起来的施工新技术、新工艺、新成就以及修订的设计与施工规范的内容，增加了土层锚杆设计与施工、土钉墙施工、无粘结预应力结构施工及新型防水材料施工、新型装饰材料施工等内容。

　　本书由哈尔滨工业大学和苏州科技学院共同编写，宁仁岐、郑传明主编。参加编写的人员及分工：宁仁岐（第4、8章）、郑传明（第3、9章）、张秀志（第1、2章）、姚江峰（第6、7章）、陈建兵（第10、11章）、吴芳（第12、15章）、吴好汉（第13、14章）、王绍君（第5章）。

　　本书可供全日制高等院校、成人高等院校土木工程及其他土建类专业学生使用，也可作为建筑施工及结构设计的工程技术人员的参考书。限于时间和业务水平，书中难免存在不足之处，真诚地欢迎广大读者批评指正。

目　录

1 土 方 工 程

1.1 概 述

土方工程是建筑工程施工的主要工种工程，一般包括场地平整、基坑和基槽的开挖、回填工程等。

1.1.1 土方工程施工特点

土方工程施工的特点是工程量大，施工条件复杂。新建一个大型工业企业，其场地平整、房屋及设备基础、厂区道路及管线的土方工程量往往可达几十万至数百万立方米以上，合理的选择土方机械，组织机械化施工，对于缩短工期，降低工程成本都有很重要的意义。土方工程多为露天作业，土、石又是天然物质，种类繁多，施工受到地区、气候、水文地质和工程地质等条件的影响，在地面建筑物稠密的城市中进行土方工程施工，还会受到施工环境的影响。因此，在施工前应作好调查研究，并根据本地区的水文地质情况以及气候、环境等特点，制定合理的施工方案组织施工。

1.1.2 土的工程性质

1. 土的密度

与土方工程施工有关的是土的天然密度 ρ 和土的干密度 ρ_d。

天然密度指土在天然状态下单位体积的质量，它与土的密实程度和含水量有关。在选择运土汽车载重量折算体积时用。

土的干密度指单位体积土中固体颗粒的质量，即土体孔隙内无水时的单位土重。干密度在一定程度上反映了土颗粒排列的紧密程度，可用来作为填土压实质量的控制指标。

2. 土的含水量

土的含水量 w 是土中所含的水与土的固体颗粒间的质量比。

$$w = \frac{G_1 - G_2}{G_2} \times 100\% \tag{1-1}$$

式中　G_1——含水状态时土的质量；

G_2——烘干后土的质量。

土的含水量随外界雨雪、地下水的影响而变化。当土的含水量超过 25%～30% 时，采用机械施工就很困难，一般土含水量超过 20% 时就会使运土汽车打滑或陷车。回填土夯实时若含水量过大则会产生橡皮土现象，无法夯实。土的含水量对土方边坡稳定性也有直接影响。

3. 土的渗透性

土的渗透性是指水透过土体的性能。土体空隙中的自由水在重力作用下会发生流动,当基坑开挖至地下水位以下,地下水的平衡破坏后,地下水会不断流入基坑。地下水在土中渗流时受到土颗粒的阻力,其大小与土的渗透性及地下水渗流路程长短有关。

4. 土的可松性

自然状态下的土,经开挖后,其体积因松散而增加,以后虽经回填压实,仍不能恢复成原来的体积,这就是土的可松性。

土的可松性大小用可松性系数表示。

$$K_s = \frac{V_2}{V_1} \qquad K_s' = \frac{V_3}{V_1} \tag{1-2}$$

式中　K_s——最初可松性系数;

　　　K_s'——最终可松性系数;

　　　V_1——土在自然状态下的体积;

　　　V_2——土经开挖后松散状态下的体积;

　　　V_3——土经回填压实后的体积。

土的最初可松性系数及最终可松性系数见表1-1。土的可松性对土方的平衡调配、基坑开挖时留弃土量及运输工具数量的计算均有直接影响。

土 的 可 松 性 系 数　　　　　　　　　　　　　　表 1-1

土的类别	K_s	K_s'	土的类别	K_s	K_s'
一类土	1.08~1.17	1.01~1.03	四类土	1.26~1.45	1.06~1.20
二类土	1.14~1.24	1.02~1.05	五类土	1.30~1.50	1.10~1.30
三类土	1.24~1.30	1.04~1.07	六类土	1.45~1.50	1.28~1.30

5. 原状土经机械压实后的沉降量

原状土经机械往返压实或经其他压实措施后,会产生一定的沉陷,根据不同土质,其沉陷量一般在3~30cm之间。可按公式(1-3)计算:

$$S = \frac{P}{C} \tag{1-3}$$

式中　S——原状土经机械压实后的沉降量,cm;

　　　P——机械压实的有效作用力,MPa;

　　　C——原状土抗陷系数,MPa,可按表1-2取值。

不同土的 C 值参考表　　　　　　　　　　　　　　表 1-2

原 状 土 质	C (MPa)	原 状 土 质	C (MPa)
沼泽土	0.01~0.015	大块胶结的砂、潮湿黏土	0.035~0.06
凝滞的土、细粒砂	0.018~0.025	坚实的黏土	0.1~0.125
松砂、松湿黏土、耕土	0.025~0.035	泥灰石	0.13~0.18

1.1.3 场地设计平面的确定

大型工程项目通常都要确定场地设计平面，进行场地平整。场地平整就是将自然地面改造成人们所要求的平面。场地设计标高应满足规划、生产工艺及运输、排水及最高洪水水位等要求，并力求使场地内土方挖填平衡且土方量最小。

1. 场地设计标高确定的一般方法

如场地比较平缓，对场地设计标高无特殊要求，可按下述方法确定：

将场地划分为边长 a 的若干方格，并将方格网角点的原地形标高标在图上（图 1-1）。原地形标高可利用等高线用插入法求得或在实地测量得到。

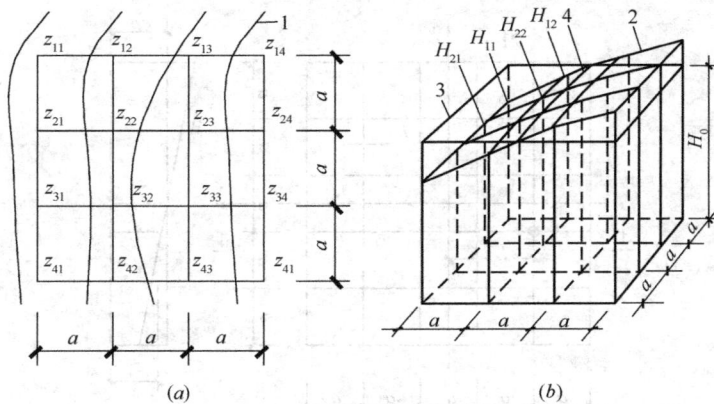

图 1-1　场地设计标高计算示意图

(a) 地形图方格网；(b) 设计标高示意图

1—等高线；2—自然地面；3—设计平面

按照挖填土方量相等的原则（图 1-2），场地设计标高可按下式计算：

$$na^2 z_0 = \sum_{i=1}^{n}\left(a^2 \frac{z_{i1} + z_{i2} + z_{i3} + z_{i4}}{4}\right)$$

即

$$z_0 = \frac{1}{4n}\sum_{i=1}^{n}(z_{i1} + z_{i2} + z_{i3} + z_{i4}) \qquad (1\text{-}4)$$

式中　　　　　z_0——所计算场地的设计标高，m；

　　　　　　　n——方格数；

z_{i1}、z_{i2}、z_{i3}、z_{i4}——第 i 个方格四个角点的原地形标高，m。

由图 1-1 可见，11 号角点为一个方格独有，而 12、13、21、24 号角点为两个方格共有，22、23、32、33 号角点则为四个方格共有，在用公式（1-4）计算 z_0 的过程中，类似 11 号角点的标高仅加一次，类似 12 号角点的标高加两次，类似 22 号角点的标高则加四次，这种在计算过程中被应用的次数 P_i，反映了各角点标高对计算结果的影响程度，测量上的术语称为"权"。考虑各角点标高的"权"，公式（1-4）可改写成更便于计算的形式：

$$z_0 = \frac{1}{4n}(\Sigma z_1 + 2\Sigma z_2 + 3\Sigma z_3 + 4\Sigma z_4) \qquad (1\text{-}5)$$

式中　　z_1——一个方格独有的角点标高；

z_2、z_3、z_4——分别为二个、三个、四个方格所共有的角点标高。

按公式（1-5）得到的设计平面为一水平的挖填方相等的场地，实际场地均应有一定的泄水坡度。根据施工质量验收规范规定，平整场地的表面坡度应符合设计要求，如设计无要求时，排水沟方向的坡度不应小于 2‰。平整后的场地表面应逐点检查。检查点为每 $100\sim400m^2$ 取 1 点，但不应少于 10 点；长度、宽度和边坡均为每 20m 取 1 点，每边不少于 1 点。因此，应根据泄水要求计算出实际施工时所采用的设计标高。

以 Z_0 作为场地中心的标高（图 1-2），则场地任意点的设计标高为：

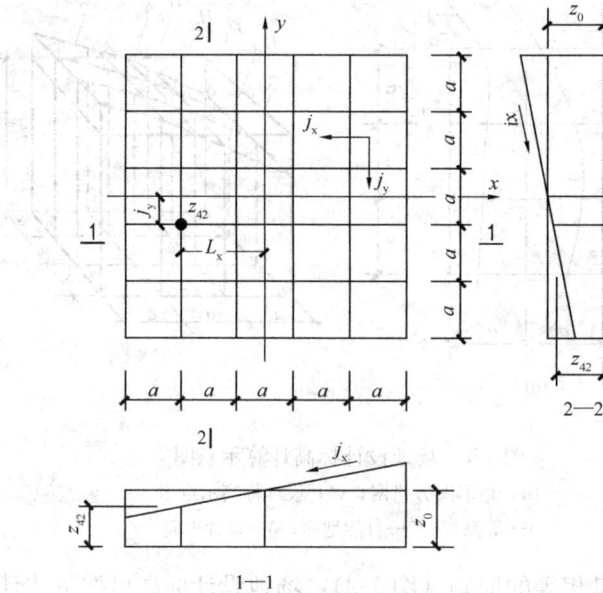

图 1-2　场地泄水坡度

单向排水时：$\qquad\qquad z'_i = z_0 \pm l \cdot i$

双向排水时：$\qquad\qquad z'_i = z_0 \pm l_x i_x \pm l_y i_y$ $\qquad$ (1-6)

式中　　z'_i——考虑泄水坡度的角点设计标高。

求得 z'_i 后，即可按公式（1-7）计算各角点的施工高度 H_i，施工高度的含义是该角点的设计标高与原地形标高的差值：

$$H_i = z'_i - z_i \qquad\qquad (1-7)$$

式中　　z'_i——i 角点的原地形标高。

若 H_i 为正值，则该点为填方；H_i 为负值，则为挖方。

2. 用最小二乘法原理求最佳设计平面

按上述方法得到的设计平面，能使挖方量与填方量平衡，但不能保证总的土方量最小。应用最小二乘法的原理，可求得满足上述两个条件的最佳设计平面。

当地形比较复杂时，一般需设计成多平面场地，此时可根据工艺要求和地形特点，预先把场地划分成几个平面，分别计算出最佳设计单平面的各个参数。然后适当修正各设计单平面交界处的标高，使场地各单平面之间的变化平缓且连续。因此，确定单平面的最佳设计平面是竖向规划设计的基础。

任何一个平面在直角坐标体系中都可以用三个参数 c、i_x、i_y 来确定（图 1-3）。在这个平面上任何一点 i 的标高 z_i'，可以根据公式（1-8）求出：

$$z_i' = C + x_i i_x + y_i i_y \tag{1-8}$$

其中　x_i——i 点在 x 方向的坐标；

　　　　y_i——i 点在 y 方向的坐标。

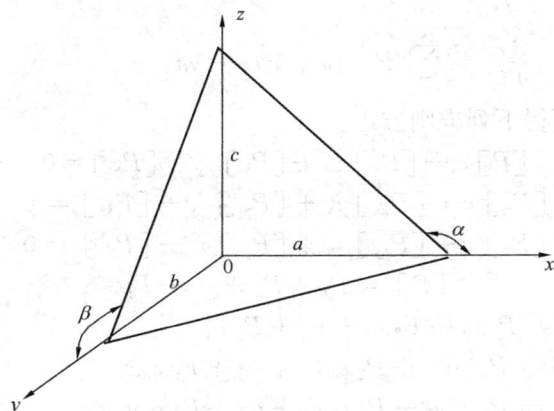

图 1-3　一个平面的空间位置

c—原点标高；$i_x = \tan\alpha = -c/a$，x 方向的坡度；$i_y = \tan\beta = -c/b$，y 的方向坡度

与前述方法类似，将场地划分成方格网，并将原地形标高 z_i 标于图上，设最佳设计平面的方程为式（1-8）形式，则该场地方格网角点的施工高度为：

$$H_i = z_i' - z_i = c + x_i i_x + y_i i_y - z_i \quad (i = 1, \cdots, n) \tag{1-9}$$

式中　H_i——方格网各角点的施工高度；

　　　　z_i'——方格网各角点的设计平面标高；

　　　　z_i——方格网各角点的原地形标高；

　　　　n——方格角点总数。

由土方量计算公式可知，施工高度之和与土方工程量成正比。由于施工高度有正有负，当施工高度之和为零时，则表明该场地土方的填挖平衡，但它不能反映出填方和挖方的绝对值之和为多少。为了不使施工高度正负相互抵消，若把施工高度平方之后再相加，则其总和能反映土方工程填挖方绝对值之和的大小。但要注意，在计算施工高度总和时，应考虑方格网各点施工高度在计算土方量时被应用的次数 p_i，令 σ 为土方施工高度之平方和，则：

$$\sigma = \sum_{i=1}^{n} P_i H_i^2 = P_1 H_1^2 + P_2 H_2^2 + \cdots + P_n H_n^2 \tag{1-10}$$

将公式（1-9）代入上式，得

$$\sigma = P_1 (c + x_1 i_x + y_1 i_y - z_1)^2 + P_2 (c + x_2 i_x + y_2 i_y - z_2)^2 + \cdots$$
$$+ P_n (c + x_n i_x + y_n i_y - z_n)^2$$

当 σ 的值最小时，该设计平面既能使土方工程量最小，又能保证填挖方量相等（填挖方不平衡时，上式所得数值不可能最小）。这就是用最小二乘法求最佳设计平面的方法。

为了求得 σ 最小时的设计平面参数 c、x_i、y_i，可以对式（1-10）的 c、x_i、y_i 分别求偏导数，并令其为 0，于是得

$$\frac{\partial \sigma}{\partial c} = \sum_{i=1}^{n} P_i(c + x_i i_x + y_i i_y - z_i) = 0$$

$$\frac{\partial \sigma}{\partial i_x} = \sum_{i=1}^{n} P_i x_i(c + x_i i_x + y_i i_y - z_i) = 0$$

$$\frac{\partial \sigma}{\partial i_y} = \sum_{i=1}^{n} P_i i_y(c + x_i i_x + y_i i_y - z_i) = 0 \tag{1-11}$$

经过整理，可得下列准则方程：

$$[P]c + [P_x]i_x + [P_y]i_y - [Pz] = 0$$
$$[P_x]c + [P_{xx}]i_x + [P_{xy}]i_y - [P_{xz}] = 0 \tag{1-12}$$
$$[P_y]c + [P_{xy}]i_x + [P_{yy}]i_y - [P_{yz}] = 0$$
$$[P] = P_1 + P_2 + \cdots + P_n$$

式中
$$[P_x] = P_1 x_1 + P_2 x_2 + \cdots + P_n x_n$$
$$[P_{xx}] = P_1 x_1 x_1 + P_2 x_2 x_2 + \cdots + P_n x_n x_n$$
$$[P_{xy}] = P_1 x_1 y_1 + P_2 x_2 y_2 + \cdots + P_n x_n y_n$$

余类推。

解联立方程组（1-12），可求得最佳设计平面（此时尚未考虑工艺、运输等要求）的三个参数 c、x_i、y_i。然后即可根据方程式（1-3）算出各角点的施工高度。

在实际计算时，可采用列表方法（表1-3）。最后一列的和 $[PH]$ 可用于检验计算结果，当 $[PH] = 0$，则计算无误。

最佳设计平面计算表　　　　　　　　　　　　　　　　表 1-3

1	2	3	4	5	6	7	8	9	10	11	12	13	14	15
点号	y	x	z	P	P_x	P_y	P_z	P_{xx}	P_{xy}	P_{yy}	P_{xz}	P_{yz}	H	PH
0	…	…	…	…	…	…	…	…	…	…	…	…	…	…
1	…	…	…	…	…	…	…	…	…	…	…	…	…	…
2	…	…	…	…	…	…	…	…	…	…	…	…	…	…
3	…	…	…	…	…	…	…	…	…	…	…	…	…	…
…	…	…	…	…	…	…	…	…	…	…	…	…	…	…
				$[P]$	P_x	$[P_y]$	$[P_z]$	$[P_{xx}]$	$[P_{xy}]$	$[P_{yy}]$	$[P_{xz}]$	$[P_{yz}]$		$[PH]$

应用上述准则方程时，若已知 c 或 x_i，或 y_i 时，只要把这些已知值作为常数代入，即可求得该条件下的最佳设计平面，但它与无任何限制条件下求得的最佳设计平面相比，其总土方量一般要比后者大。

例如，要求场地为水平面（即 $x_i = y_i = 0$），则由式（1-12）中的第一式可得

$$c = \frac{[Pz]}{P} \tag{1-13}$$

c 就是场地为水平面时的设计标高，比较式（1-5），它与 z_0 完全相同，说明按式（1-5）方法所得的场地设计平面，仅是在场地为水平面条件下的最佳设计平面，显然，它不能保证在一般情况下总的土方量最小。这就是用最小二乘法求最佳设计平面的方法。

3. 设计标高的调整

实际工程中，对计算所得的设计标高，还应考虑下述因素进行调整，此工作在完成土方量计算后进行。

（1）考虑土的最终可松性，需相应提高设计标高，以达到土方量的实际平衡。

（2）考虑工程余土或工程用土，相应提高或降低设计标高。

（3）根据经济比较结果，如采用场外取土或弃土的施工方案，则应考虑因此引起的土方量的变化，需将设计标高进行调整。

场地设计平面的调整工作也是很繁重的，如修改设计标高，则须重新计算土方工程量。

1.1.4 土方工程量的计算

在土方工程施工之前，通常要计算土方的工程量。但土方工程的外形往往很复杂，不规则，要得到精确的计算结果很困难。一般情况下，都将其假设或划分成为一定的几何形状，并采用具有一定精度而又和实际情况近似的方法进行计算。

1. 基坑（槽）及路基土方量计算

基坑（槽）和路堤的土方量可按拟柱体体积的公式计算（图 1-4），即：

$$V = \frac{H}{6}(F_1 + 4F_0 + F_2) \tag{1-14}$$

式中　　　V——土方工程量，m^3；

H、F_1、F_2——对基坑而言，H 为基坑的深度，F_1、F_2 分别为基坑的上下底面积，m^2；对基槽或路堤，H 为基槽或路堤的长度，m；F_1、F_2 为两端的面积，m^2；

F_0——F_1 与 F_2 之间的中截面面积，m^2。

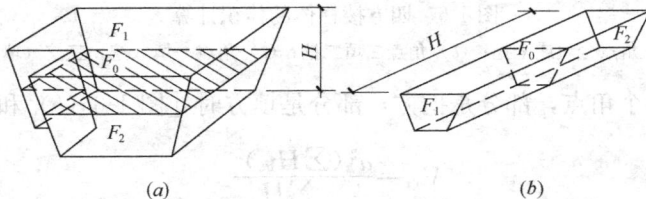

图 1-4　土方量计算
(a) 基坑土方量计算；(b) 基槽、路堤土方量计算

基槽与路堤通常根据其形状（曲线、折线、变截面等）划分成若干计算段，分段计算土方量，然后再累加求得总的土方工程量。如果基槽、路堤是等截面

的，则 $F_1 = F_2 = F_0$，由式（1-14）计算，$V = HF_1$。

2. 场地平整土方量的计算

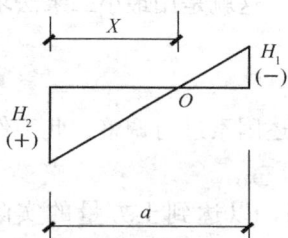

图 1-5　零点计算示意图

在场地设计标高确定后，需平整的场地各角点的施工高度即可求得，然后按每个方格角点的施工高度算出填、挖土方总量。计算前先确定"零线"的位置，有助于了解整个场地的挖、填区域分布状态。零线即挖方区与填方区的交线，在该线上，施工高度为0。零线的确定方法是：在相邻角点施工高度为一挖一填的方格边线上，用插入法求出零点（O）的位置（图 1-5），将各相邻的零点连接起来即为零线。

如不需计算零线的确切位置，则绘出零线的大致走向即可。

零线确定后，便可进行土方量的计算。方格中土方量的计算有两种方法，即："四方棱柱体法"和"三角棱柱体法"。

（1）四方棱柱体的体积计算方法

四方棱柱体的体积计算方法分两种情况：

1）方格四个角点全部为填或全部为挖时 [图 1-6（a）]：

$$V = \frac{a^2}{4}(H_1 + H_2 + H_3 + H_4) \tag{1-15}$$

式中　　　　　　V——挖方或填方体积，m³；

H_1、H_2、H_3、H_4——方格四个角点的填挖高度，均取绝对值，m。

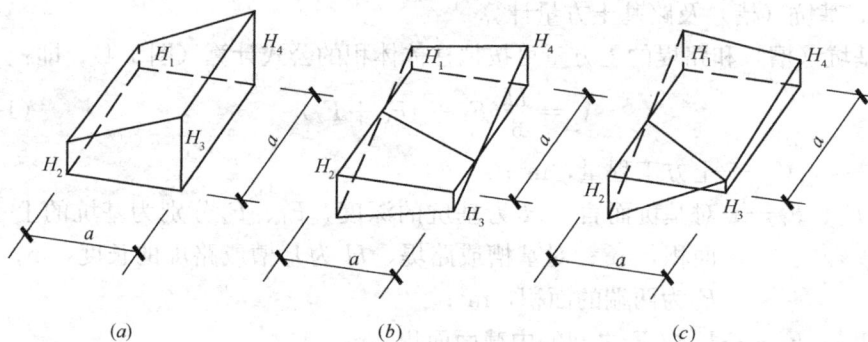

图 1-6　四方棱柱体的体积计算

（a）角点全填或全挖；（b）角点二填二挖；（c）角点一填（挖）三挖（填）

2）方格四个角点，部分是挖方，部分是填方时 [图 1-6（b）和（c）]：

$$V_填 = \frac{a^2}{4}\frac{(\sum H_填)^2}{\sum H} \tag{1-16}$$

$$V_挖 = \frac{a^2}{4}\frac{(\sum H_挖)^2}{\sum H} \tag{1-17}$$

式中　$\sum H_{填(挖)}$——方格角点中填（挖）方施工高度的总和，取绝对值，m；

$\sum H$——方格四角点施工高度之总和，取绝对值，m。

（2）三角棱柱体的体积计算方法

计算时，先把方格网顺地形等高线，将各个方格划分成三角形（图1-7）。

每个三角形的三角点的填挖施工高度用 H_1、H_2、H_3 表示。

图1-7 按地形将方格划分成三角形

三角棱柱体的体积计算方法也分两种情况：

1）当三角形三个角点全部为挖或全部为填时 [图1-8（a）]：

$$V = \frac{a^2}{6}(H_1 + H_2 + H_3)$$

(1-18)

式中　　a——方格边长，m；

　H_1、H_2、H_3——三角形各角点的施工高度，m，用绝对值代入。

2）三角形三个角点有填有挖时，零线将三角形分成两部分，一个是底面为三角形的锥体，一个是底面为四边形的楔体（图1-8）。

其中锥体部分的体积为：

$$V_{锥} = \frac{a^2}{6} \frac{H_3^3}{(H_1 + H_3)(H_2 + H_3)}$$

(1-19)

楔体部分的体积为：

$$V_{楔} = \frac{a^2}{6}\left[\frac{H_3^3}{(H_1 + H_3)(H_2 + H_3)} - H_3 + H_2 + H_1\right]$$

(1-20)

式中　H_1，H_2，H_3——分别为三角形各角点的施工高度，m，取绝对值，其中 H_3 指的是锥体顶点的施工高度。

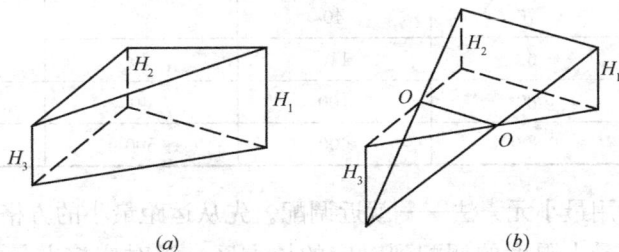

图1-8 三角棱柱体的体积计算
（a）全填或全挖；（b）锥体部分为填

（3）土方调配

土方调配的目的是在使土方总运输量（m³·m）最小或土方运输成本（元）最小的条件下，达到在施工区域内，挖方、填方或借、弃土的综合协调。通常采用"表上作业法"进行土方调配。

【例1-1】　某场地土方挖填区划分如图1-9所示，说明表上作业法的步骤。

9

【解】 1）初始方案调配

①找出零线，画出挖方区、填方区。

②划分调配区。

在划分调配区域时应注意：a. 位置与建、构筑物协调，且考虑开工、施工顺序；b. 大小满足主导施工机械的技术要求；c. 与方格网协调，便于确定土方量；d. 借、弃土区作为独立调配区。

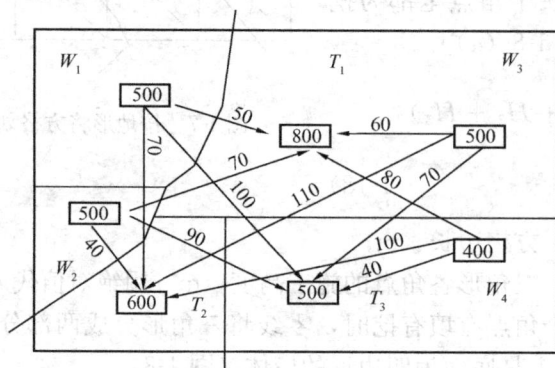

图 1-9 各调配区的土方量和平均运距

③找各挖、填方区间的平均运距（即土方重心间的距离），可近似以几何形心代替土方体积重心。

④列挖、填方平衡及运距表：将图 1-9 中的土方数量及平均运距填入表 1-4 中。

各调配区土方量及平均运距   表 1-4

挖 \ 填	T_1	T_2	T_3	挖　方　量
W_1	50	70	100	500
W_2	70	40	90	500
W_3	60	110	70	500
W_4	80	100	40	400
填 方 量	800	600	500	1900

⑤调配。采用最小元素法——就近调配。先从运距最小的方格开始，将对应的挖方区的土方最大限度的调配到对应的填方区，若对应挖方量大于等于填方量，则与此填方区对应的其他方格为不再进行调配的方格；若对应挖方量小于等于填方量，则与此挖方区对应的其他方格为不再进行调配的方格。由此逐个确定调配方格的土方数量及不进行调配的方格。如表 1-5，首先选择运距最小的方格是 40，此方格对应的挖方量为 400m³，填方量为 500m³，依据最大限度调配原则，应将挖方区 4（W_4）的 400m³ 挖方量全部填到填方区 3（T_3），此时，W_4 的挖方量全部用完，则与挖方区 4 对应的另外两个方格为不再进行调配的方格，其余类推，得如表 1-5 的初始调配方案。

初始方案　　　　　　　　　　　　　表 1-5

挖＼填	T_1	T_2	T_3	挖　方　量
W_1	50 500	70	100	500
W_2	70	40 500	90	500
W_3	60 300	110 100	70 100	500
W_4	80	100	40 400	400
填　方　量	800	600	500	1900

如此得到的调配方案所得运输量较小（总运输量 97000m³·m），但不一定是最优方案。

2）调配方案的优化

①确定初步调配方案，见表 1-5。

要求：有几个独立方程土方量要填几个格，即应填 $m+n-1$ 个格，不足时补"0"。如例中：$m+n-1=3+4-1=6$，已填 6 个格，满足。

②判别是否最优方案。

用位势法求检验数 l_{ij}，若所有 $l_{ij} \geqslant 0$，则方案为最优解。否则，应进行调整。

A. 求位势 U_i 和 V_j：

位势和就是在运距表的行或列中用运距（或单价）同时减去的数，目的是使有调配数字的格检验数为零，而对调配方案的选取没有影响。

首先求出表中各个方格的假想价格系 c'_{ij}（括号中的数字），有调配土方的假想价格系数 $c'_{ij}=c_{ij}$，见表 1-6，11 方格，因有土方量，则假想价格系数 $c'_{11}=c_{11}=50$，同样可得，$c'_{22}=40$，$c'_{31}=60$，$c'_{32}=110$，$c'_{33}=70$，$c'_{43}=40$；无调配土方方格的假想系数用构成任一矩形的四个方格对角线上的假想价格系数之和相等的原则求出。如表 1-6，21 方格，根据对角线上假想价格系数之和相等的原则有 $c'_{21}+c'_{32}=c'_{31}+c'_{22}$，所以，$c'_{21}=-10$，其余类推，结果见表 1-6。

初始方案判别　　　　　　　　　　　表 1-6

挖方区＼填方区	T_1		T_2		T_3		挖方量
W_1	500	50	×	70	×	100	500
		(50)	—	(100)	＋	(60)	
W_2	×	70	500	40	×	90	500
	＋	(−10)		(40)	＋	(0)	
W_3	300	60	100	110	100	70	500
		(60)		(110)		(70)	
W_4	×	80	×	100	400	40	400
	＋	(30)	＋	(80)		(40)	
填　方　量	800		600		500		1900

B. 求空格的检验数 l_{ij}：

用公式 $l_{ij} = C_{ij} - C'_{ij}$ 求。

只要把表中无调配土方的方格右边两小格的数字上下相减。将计算结果只写出检验数的正负号填入表中即可。如果表中的检验数全部为正，则方案为最佳方案；否则不是最佳方案。

表 1-6 中出现了负检验数，说明初始方案不是最佳方案，需进一步调整。

3) 方案调整

对初始方案进行调整一般采用闭合回路法。

① 找闭回路。

从负值最大的方格开始（本例中 L_{12}），沿水平或垂直方向前进，遇适当的有数字的方格转弯，直至回到出发点，见表 1-7。

方 案 调 整   表 1-7

挖方区＼填方区	T_1	T_2	T_3
W_1	500 ←	●	
W_2	↓	500	
W_3	300	100 ↑	100
W_4			400

② 调整调配值。

从空格出发，在奇数次转角点的数字中，找最小的土方数调到空格中，且将其他奇数次转角的土方数都减、偶数次转角的土方数都加这个土方量，以保持挖填平衡。这样调整后就得到新的调配方案，见表 1-8。

③ 再求位势及空格的检验数。

对新方案重新进行判别，若检验数仍有负值，则重复以上步骤，直到全部 $l_{ij} \geq 0$ 而得到最优解。

二次方案判别   表 1-8

挖方区＼填方区	T_1		T_2		T_3		挖方量
W_1	400	50	100	70	×	100	500
		50	—	70	+	60	
W_2	×	70	500	40	×	90	500
	+	20		40	+	30	
W_3	400	60	×	110	100	70	500
		60	+	80		70	
W_4	×	80	×	100	400	40	400
	+	30	+	50		40	
填 方 量	800		600		500		1900

④绘出调配图。

包括调运的流向、数量、运距，如图1-10所示。

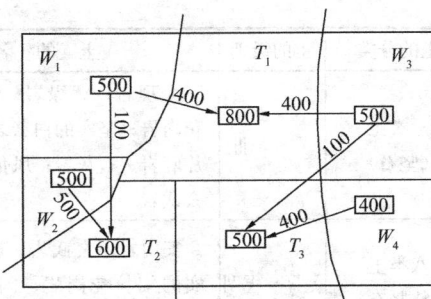

图1-10 土方调配图

⑤求出最优方案的总运输量：$Z = 400×50+100×70+500×40+400×60+100×70+400×40 = 94000 \mathrm{m^3 \cdot m}$。和初始方案的总运输量（$Z_0 = 500×50+500×40+300×60+100×110+100×70+400×40 = 97000 \mathrm{m^3 \cdot m}$）相比，总运输量减少了 $3000 \mathrm{m^3 \cdot m}$。

土方调配的最优方案可以不只一个，但他们的总运输量都是相同的。

当土方调配区数量较多时，用表上作业法计算最优方案仍很费工。现在已经有很完善的电算程序，能准确、迅速地求得最优方案，还能得到所有可能的最优方案。

1.1.5 土的工程分类

土的种类很多，其工程性质直接影响土方工程施工方法的选择、劳动量的消耗和工程的费用。土方工程按照土的开挖难易程度，在现行预算定额中，将土分为松软土、普通土、坚土……等八类，见表1-9。

土的工程分类　　　　　　　　　　　　　　　表1-9

土的分类	土的级别	土 的 名 称	开挖方法及工具
一类土（松软土）	I	砂；砂质粉土；冲积砂土层；种植土泥炭（淤泥）	用锹、锄头挖掘
二类土（普通土）	II	粉质黏土；潮湿的黄土；夹有碎石、卵石的砂；种植土、填筑土坡砂质粉土	用锹、锄头挖掘；少许用镐翻松
三类土（坚土）	III	软及中等密实黏土；重粉质黏土；干黄土及含碎石、卵石的黄土；粉质黏土；压实的填筑土	主要用镐，少许用锹、锄头挖掘、部分用撬棍
四类土（砂砾坚土）	IV	重黏土及含碎石、卵石的黏土；粗卵石；密实的黄土、天然级配砂石；软泥炭岩及蛋白石	先用镐、撬棍，然后用挖掘，部分用锲子及大锤
五类土（软石）	V～VI	硬石炭纪黏土；中等密实的页岩、泥灰岩；白垩土；胶结不紧的砾岩；软的石灰岩	用镐或撬棍、大锤挖掘，部分使用爆破方法
六类土（次坚石）	VII～IX	泥灰岩；砂岩；砾岩；坚实的页岩、泥炭岩；密实的石灰岩；风化花岗岩、片麻岩	用爆破方法开挖，部分风镐

13

土的分类	土的级别	土 的 名 称	开挖方法及工具
七类土 (坚石)	Ⅹ～ⅩⅢ	大理岩；辉绿岩；玢岩；粗、中粒花岗岩；坚实的白云岩、砂岩、砾岩、片麻岩、石灰岩；风化痕迹的安山岩、玄武岩	用爆破方法开挖
八类土 (特坚石)	ⅩⅣ～ⅩⅥ	安山岩；玄武岩；花岗片麻岩；坚实的细粒花岗岩、闪长岩、石英岩、辉长岩、辉绿岩、玢岩	用爆破方法开挖

1.2 土方边坡与土壁支护

土方开挖的顺序、方法必须与设计工况相一致，并遵循"开槽支撑，先撑后挖，分层开挖，严禁超挖"的原则。土方工程施工过程中，土壁的稳定主要是依靠土体的内摩擦力和积结力来保持平衡，一旦土体在外力作用下失去平衡，就会出现土壁坍塌，即塌方事故，不仅妨碍土方工程施工，还可能造成人员伤亡事故，危及附近建筑物、通路及地下管线的安全，后果严重。

基坑（槽）、管沟土方工程开挖必须确保支护结构安全和周围环境安全为前提。当设计有指标时，以设计要求为依据，无设计指标时应按施工质量验收规范的规定执行。

为了防止土壁坍塌，保持土体稳定，保证施工安全，土方工程施工中，对挖方或填方的边沿，均做成一定坡度的边坡，由于条件限制不能放坡或为了减少土方工程而不放坡时，可设置土壁支护结构，以确保施工安全。

1.2.1 土 方 边 坡

土方边坡的大小，应根据土质条件，挖方深度或填方高度，地下水位，排水情况，施工方法，边坡留置时间，边坡上部荷载情况，相邻建筑的情况等因素综合考虑确定。

土质均匀且地下水位低于基坑（槽）或管沟底面标高，其挖土深度不超过表1-10规定时，挖方边坡可做成直壁而不加支撑。

直壁不加支撑挖方深度 表1-10

土 的 类 别	挖 方 深 度（m）
密实、中密的砂土和碎石类土（充填物为砂土）	1.00
硬塑的、可塑的黏质粉土及粉质黏土	1.25
硬塑、可塑的黏土和碎石类土（充填物为黏性土）	1.50
坚硬的黏土	2.00

地质条件好、土质均匀且地下水位低于基坑（槽）或管沟底面标高，挖方深度在5m以内时，不加支撑的边坡最陡坡度应符合表1-11的规定。

深度在 5m 内的基坑（槽）、管沟边坡的最陡坡度　　表 1-11

土 的 类 别	边坡坡度（1：m）		
	坡顶无荷载	坡顶有静载	坡顶有动载
中密的砂土	1：1.00	1：1.25	1：1.50
中密的碎石土（充填物为砂土）	1：0.75	1：1.00	1：1.25
硬塑的轻粉质黏土	1：0.67	1：0.75	1：1.00
中密的碎石类土（充填物为黏性土）	1：0.50	1：0.67	1：0.75
硬塑的粉质黏土	1：0.33	1：0.50	1：0.67
老黄土	1：0.10	1：0.25	1：0.33
软土（经井点降水后）	1：1.00		

使用时间较长的临时性挖方边坡坡度应符合表 1-12 的规定。

使用时间较长、深 10m 以内的临时性挖方边坡坡度　　表 1-12

土 的 类 别		边 坡 坡 度
砂土（不包括细砂、粉砂）		1：1.25～1：1.50
一般黏性土	坚　硬	1：0.75～1：1.10
	硬　塑	1：1.00～1：1.15
碎石类土	充填坚硬、硬塑黏性土	1：0.50～1：1.00
	充填砂土	1：1.00～1：1.50

注：1. 使用时间较长的临时性挖方是指使用超过一年的临时道路、临时工程的挖方；
　　2. 挖方经过不同类别的地层或深度超过 10m，其边坡可作成折线形或台阶形。

永久性土工构筑物挖方的边坡坡度应符合表 1-13 的规定。

永久性土工构筑物挖方的边坡坡度　　表 1-13

挖 土 性 质	边 坡 坡 度
在天然湿度及层理均匀、不易膨胀的黏土、粉质黏土和砂土（不包括细砂、粉砂）内挖方，深度不超过 3m	1：1.00～1：1.25
土质同上，深度为 3～12m	1：1.25～1：1.50
干燥地区内土质结构未经破坏的干燥黄土及类黄土，深度不超过 12m	1：0.10～1：1.25
在碎石土和泥灰岩土内的挖方，深度不超过 12m，根据土的性质、层理特性和挖方深度确定	1：0.50～1：1.50
在风化岩内的挖方，根据岩石性质、风化程度、层理特性的挖方深度确定	1：0.20～1：1.50
在微风化岩石内的挖方，岩石无裂缝且无倾向挖方坡脚的岩层	1：0.10
在未风化的完整岩石内的挖方	直立的

　　土方边坡的稳定，主要是由于土体内土颗粒间存在摩阻力和内聚力，从而使土体具有一定的抗剪强度。土体抗剪强度的大小与土质有关。黏性土土颗粒之间除具有摩阻力外还具有内聚力（黏结力），土体失稳而发生滑动时，滑动的土体

将沿着滑动面整个滑动；砂性土土颗粒之间无内聚力，主要靠摩阻力保持平衡。所以黏性土的边坡可陡些，砂性土的边坡则应平缓些。

土方边坡大小除土质外，还与挖方深度（或填方高度）大小有关，此外亦受外界因素的影响。由于外界的原因使土体内抗剪强度降低或剪应力增加达到一定程度时，土方边坡也会失去稳定而造成塌方。如雨水、施工用水使土的含水量增加，从而使土体自重增加，抗剪强度降低；有地下水时，地下水在土中渗流产生一定的动水压力导致剪应力增加；边坡上部荷载增加（如大量堆土或停放机具）使剪应力增加等，都直接影响土体的稳定性，从而影响土方边坡的取值。所以，确定土方边坡的大小时应考虑土质、挖方深度（填方高度）、边坡留置时间、排水情况、边坡上部荷载情况及土方施工方法等因素。

土方边坡坡度以其挖方深度（或填方高度）H 与其边坡底宽 B 之比来表示。边坡可以做成直线形边坡、台阶形边坡及折线形边坡（图 1-11）。

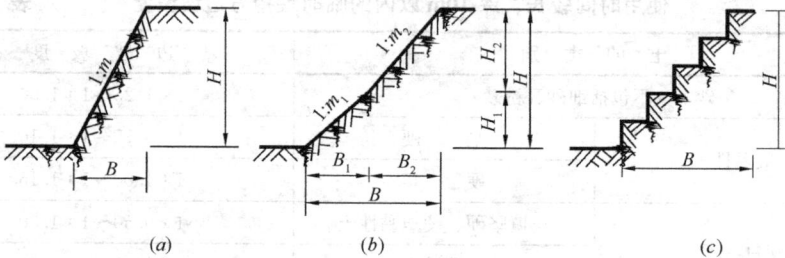

图 1-11　土方边坡
（a）直线形；（b）阶梯形；（c）折线形

土方边坡坡度 $= \dfrac{1}{m} = \dfrac{H}{B}$，$m$ 称为坡度系数，$m = \dfrac{B}{H}$。

土方开挖时如果边坡太陡，容易造成土体失稳，发生塌方事故；如果边坡太平缓，不仅会增加土方量，而且可能影响邻近建筑的使用和安全，必须合理的确定边坡坡度，以满足安全和经济方面的要求。

1.2.2　土壁支护

开挖基坑（槽）或管沟，如土质与周围场地条件允许，采用放坡开挖，往往比较经济。但有时受环境限制不能按要求放坡或放坡开挖所增加的土方量太大，此时可采用直立边坡加支撑的施工方法。

坑壁的支护方法应根据工程特点、土质条件、地下水位、开挖深度、施工方法及相邻建筑物等情况，经技术经济比较后选定。

基坑坑壁支护有三种类型：加固型支护、支护型支护以及两种支护形式结合使用的混合型支护。

1. 加固型支护

加固型支护是对基坑边坡滑动棱体范围及其附近土体进行加固，改善其物理力学性能，使其成为具有一定强度和稳定性的土体结构，从而保证边坡稳定兼有抗渗作用。

(1) 深层搅拌法

深层搅拌法是利用特制的深层搅拌机在边坡土体需要加固的范围内，将原土与固化剂强制拌合，使软土硬结成具有整体性、水稳性和足够强度的水泥加固土，称为水泥土搅拌。

深层搅拌法利用的固化剂为水泥浆或水泥砂浆，水泥的掺量为加固土重的7%～15%，水泥砂浆的配合比为1：1或1：2。

深层搅拌法由于将固化剂与原地基土搅拌混合，不存在水对周围地基的影响，不会使地基侧向挤土，故对周围已有建筑的影响很小；施工时无振动和噪声，不污染环境；加固后的土体重度不变，使软弱下卧层不产生附加沉降，深层搅拌法适用于软土地基加固。

1) 深层搅拌法加固机理

深层搅拌法加固软土地基的基本原理，是基于水泥加固土的物理化学反应过程，由于水泥掺量很小，水泥的水解和水化反应是在具有一定活性的介质土中进行，其硬化速度缓慢且复杂，发生水泥的水解和水化反应生成胶凝体，发生离子交换和团粒化作用，使土壤的土颗粒形成较大的土团粒，且具有坚固的连接，发生硬凝反应，生成不溶于水的稳定结晶矿物，增大土的强度且具有足够的稳定性，这些反应结果使软土固化，从而提高了土的强度。

2) 深层搅拌法设计计算

由水泥土搅拌桩和软土组成的地基称为复合地基，其承载力由桩和桩间土共同承受。

①水泥土搅拌桩单桩容许承载力的计算

水泥土搅拌桩单桩容许承载力 P_a 的计算，见公式（1-21）和式（1-22）。

$$P_a = \frac{q_u}{2k}A \tag{1-21}$$

$$P_a = f \cdot s \cdot L + m_0 \cdot A \cdot [R] \tag{1-22}$$

式中　　q_u——室内水泥土试块的无侧限抗压强度，kPa；

　　　　k——水泥土强度安全系数，$K=1.5$；

　　　　A——单桩截面积，m^2；

　　　　f——桩侧土的平均容许摩阻力，kPa；

　　　　s——桩的周长，m；

　　　　L——桩长，m；

　　　　m_0——桩端土承载力的折减系数，当桩为摩擦型时，$m_0=0$；

　　　　$[R]$——桩端地基土的容许承载力，kPa。

②水泥土搅拌复合地基设计计算

水泥土搅拌桩复合地基容许承载力 R_a 的计算，见公式（1-23）。

$$R_a = \frac{P_a \cdot \alpha_c}{A} + \beta(1+\alpha_c)P_s \tag{1-23}$$

式中　　α_c——水泥土搅拌的置换率，%；

　　　　β——桩间软土承载力的折减系数，摩擦型桩 $\beta = 0.5 \sim 1.0$，摩擦支承

型桩 $\beta < 0.5$；

P_s——桩间软土的容许承载力，kPa。

当摩擦型桩置换率 $\alpha_c < 20\%$，且非单行竖向排列的，应按群桩原理进行计算，假设搅拌桩与桩间土为一实体基础，地基强度验算见公式（1-24）：

$$R_s > \frac{R_a F + G - U \cdot f - P_s(F - F_1)}{F_1} \tag{1-24}$$

式中　R_s——假设实体基础底面修正后的地基容许承载力，kPa；

R_a——复合地基容许承载力，kPa；

F——基础总面积，m²；

G——假设实体基础自重，kN；

f——假设实体基础侧壁上平均容许摩阻力，kPa；

U——假设实体基础侧表面积，m²；

P_s——假设实体基础边缘软土的容许承载力，kPa；

F_1——假设实体基础的底面积，m²。

水泥土搅拌桩的设计包括单桩设计、桩数计算，桩的平面布置，地基强度与沉降的验算。

水泥土搅拌桩的置换率 α_c，见公式（1-25）：

$$\alpha_c = \frac{R_c - \beta \cdot P_s}{\dfrac{P_a}{A} - \beta \cdot P_s} \tag{1-25}$$

水泥土搅拌桩的根数 n 的计算，见公式 1-26：

$$n = \frac{F \cdot \alpha_c}{A} \tag{1-26}$$

这样，可以根据桩数 n 进行平面布置。

3）深层搅拌法施工

深层搅拌机下沉到设计深度后，开始将水泥浆压入土中，边喷浆边旋转，并按设计确定的提升速度提出搅拌机，重复上下搅拌，使土体完全破碎，并与水泥浆均匀搅拌。

施工时，为确保加固强度和加固体的均匀性，压浆阶段不容许出现断浆现象，严格控制搅拌机的提升速度 V，见公式（1-27）：

$$V = \frac{\gamma_d \cdot Q}{F \cdot \gamma_r \cdot \alpha_w(1 + \alpha_c)} \tag{1-27}$$

式中　Q——灰浆泵排浆量，m³/min；

γ_d、γ——水泥浆和土的重力密度，kN/m³；

F——桩的截面积，为 0.71m²；

α_w——水泥掺入比；

α_c——水灰比，一般为 0.4。

深层搅拌法水泥土搅拌桩应连续施工。

（2）高压喷射注浆法

高压喷射注浆法是利用工程钻机钻孔至设计的深度后，采用高压发生装置，通过安装在钻杆端部的特殊喷嘴，向周围土体喷射固化剂，将软土与固化剂强制混合，胶结硬化后在地基形成直向均匀的圆柱体，称为旋喷桩。

高压喷射注浆法利用的固化剂为化学浆液，如丙凝系浆液、无机盐系浆液、尿素系浆液、氨基甲酸乙酯系浆液等，一般常使用的为水泥浆液。

高压喷射注浆法主要用于加固地基，提高地基承载力，改善土的变形性质，组成防水帷幕，适用砂土、黏性土、湿陷性黄土、淤泥质土地基加固。高压喷射注浆法的喷射方法分为单管法、双管法和三管法。单管法以水泥浆为喷流载体介质；二重管喷射法以水泥浆作为喷流载体介质，同时喷射压缩空气；三重管喷射法以水作为喷流载体介质，同时喷射固化剂和压缩空气。

1）高压喷射注浆法加固机理

高压喷射加固的固化剂浆液通过装在钻杆侧面的喷嘴喷出后，具有很大的动能，形成高速、高压的射流，高压喷射加固的射流有效喷射长度愈长，则搅拌土的距离和喷射固体的直径愈大。

单管喷射方法的单射流具有巨大的能量，但由于压力在土中衰减较快，破坏土的有效射程较短，旋喷固结体直径较小，而二重管和三重管喷射方法进行水气同轴喷射时，在高压水喷射流和高速空气的共同作用下，破坏土体，造成较大孔隙，有效射程较长，形成直径较大的旋喷柱状加固体。

2）高压喷射注浆法设计计算

①孔位布置

加固地基的孔位布置，根据旋喷柱桩数 n 进行，见公式（1-28）：

$$n = \frac{W+G}{[P]} \tag{1-28}$$

式中　W——工程结构的重量，kPa；

　　　G——承台和承台上土体的自重，kPa；

　　　$[P]$——单桩容许承载力，kPa。

偏心荷载时，桩基中各桩受力不均匀，公式（1-28）右侧应乘以 1.1～1.2 的增大系数。

②高压喷射注浆法浆液用量的计算

浆液用量 Q 的计算，可按体积法和喷量法分别计算，取大值作为设计旋喷浆量。

A. 体积法 Q 的计算，见公式（1-29）：

$$Q = \frac{1}{4} \cdot \pi \cdot D^2 \cdot H \cdot \alpha(1+\beta) \tag{1-29}$$

式中　D——固结体直径，m；

　　　H——旋喷长度，m；

　　　α——折减系数，查相关表；

　　　β——损失系数，$\beta = 0.1 \sim 0.3$。

折减系数 α 考虑以下因素：固结体外壳比实际有效直径大；单根固结体由于喷射压力不稳定体积减小；土颗粒由于喷射压力作用而重新排列组合。

损失系数 β 考虑以下因素：注浆管施工时的拆卸连接；泵体和管路的残余存浆；注浆管冒浆；旋喷作业暂时停顿等。

B. 喷量法 Q 的计算，见公式（1-30）：

$$Q = \frac{H}{V} \cdot q(1+\beta) \tag{1-30}$$

式中　H——旋喷长度，m；

　　　　V——注浆管提出速度，m/min；

　　　　q——单位时间喷浆量，m^3/min；

　　　　β——损失系数，$\beta = 0.1 \sim 0.3$。

3）高压喷射注浆法施工

单管法、双管法和三管法喷射注浆的施工程序基本一致，即机具就位、贯入喷射注浆管、喷射注浆、拔管及冲洗等。单管法和双管法可用注浆管射水成孔至设计深度后，一边提升一边进行喷射注浆。三管法施工须预先用钻机或振动打桩机钻成直径 150～200mm 的孔，然后将三重注浆管插入孔内。如因塌孔插入困难时，可用低压水冲孔喷下，但须把高压水喷嘴用塑料布包裹，以免泥土堵塞。

对水泥土搅拌桩复合地基、高压喷射注浆桩复合地基、砂桩地基、振冲桩复合地基、土和灰土挤密桩复合地基、水泥粉煤灰碎石桩复合地基及夯实水泥土桩复合地基，其承载能力检验，数量为总数的 0.5%～1%，但不应少于 3 处；有单桩强度检验要求时，数量为总数的 0.5%～1%，但不应少于 3 根。

2. 支护型支护

支护型支护是利用设置在基坑土壁上的支挡构件承受土壁的侧压力及其他荷载，保持土体结构的稳定。

（1）桩排式支护结构

桩排式支护结构常用的构件有型钢桩、钢板桩、钢筋混凝土预制桩和灌注桩，其支撑方式有水平横撑、拉锚和锚杆。桩排的布置形式分为稀疏桩排支护结构、连续桩排支护结构和框架式桩排支护结构。

（2）型钢桩支护结构

用作基坑护壁桩的型钢主要是工字钢、槽钢或 H 形钢。型钢护壁桩主要适用于地下水位低于基坑底面标高的黏性土、碎石类土等稳定性好的土层。土质好时，在桩间可以不加挡板，桩的间距根据土质和挖深等条件而定。当土质比较松散时，在型钢间需加挡土板，用以防止砂土流散。当地下水位较高时，应配合以降低地下水位措施。

（3）钢板桩支护结构

钢板桩截面形状有 Z 形、U 形和平板形，由带锁口的热孔型钢制成，打设方便，可重复使用，承载力大，钢板桩互相连接打入地下，形成连续钢板桩墙既挡土又起止水作用，如图 1-12 所示。

钢板桩分为无锚板桩和有锚板桩。即悬臂式板桩，依靠入土部分的土压力维持板桩的稳定，悬臂长度不大于 5m。有锚板桩是在板桩上部用拉锚或土层锚杆加以固定，以提高板桩的支护能力，又分单锚钢板桩和多锚钢板桩。工程中悬臂

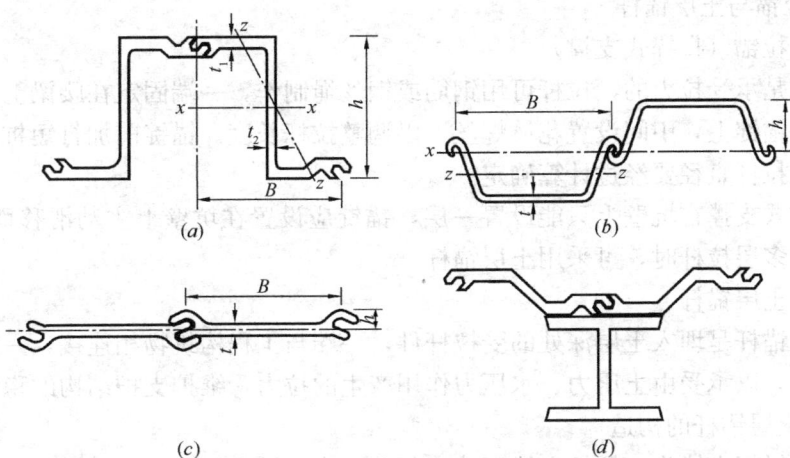

图 1-12 常用钢板桩截面型式
(a) Z形钢板桩；(b) 波浪形板桩（"拉森"板桩）；
(c) 平板式钢板桩；(d) 组合截面板桩

式钢板桩和单锚钢板桩应用的较多。单锚钢板桩的入土深度、锚杆拉力和截面弯矩是板桩设计的三要素。

（4）钢筋混凝土桩排支护结构

钢筋混凝土桩排支护结构采用灌注桩，具有布置灵活，施工简单，成本低，无振动影响等特点，应用广泛。

桩排的布置形式与土质情况、土压力大小、地下水位高低有关，分一字形相间排列、一字形相接排列、一字形搭接排列、交错相接排列、交错相间排列等，如图 1-13 所示。

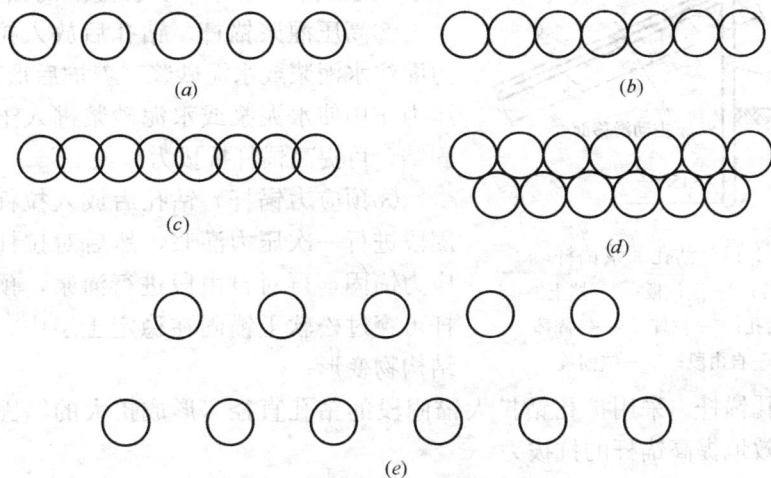

图 1-13 钢筋混凝土灌注桩排布置形式
(a) 一字形相间排列；(b) 一字形相接排列；(c) 一字形搭接排列；
(d) 交错相接排列；(e) 交错相间排列

3. 拉锚与土层锚杆

（1）拉锚（拉锚式支撑）

拉锚是承受拉力的，拉杆可用钢筋或钢丝绳制作，一端固定在腰梁上，另一端固定在锚锭上，中间设置花篮螺丝，以调整拉杆长度。锚锭前加打短桩。拉锚的间距及拉杆直径要经过计算确定。

拉锚式支撑在坑壁上只能设置一层，锚锭应设置在坑壁上主动滑移面之外。当需要设多层拉杆时，可采用土层锚杆。

（2）土层锚杆

土层锚杆是埋入土层深处的受拉杆件，一端与工程构筑物相连接，一端锚固在土层中，以承受由土压力、水压力作用产生的拉力，维护支护结构的稳定。

1）土层锚杆的构造

土层锚杆由锚头、拉杆和锚固体三部分组成。

① 锚头。锚头由锚具、台座、横梁等组成。

② 拉杆。拉杆采用钢筋、钢管或钢绞线制成。

③ 锚固体。锚固体由锚筋、定位器，用水泥砂浆将锚筋与土体凝结成一体形成锚固体。

根据土体主动滑移面，整个锚杆分为锚固段和非锚固段。非锚固段又称自由段，处于可能滑动的不稳定的地层，可以自由伸缩，其作用是将锚头所受荷载传至锚固段。锚固段则处于稳定的地层中，锚固段与周围土层结合，把荷载分散到周围稳定的土体中去。

土质锚杆的构造，如图 1-14 所示。

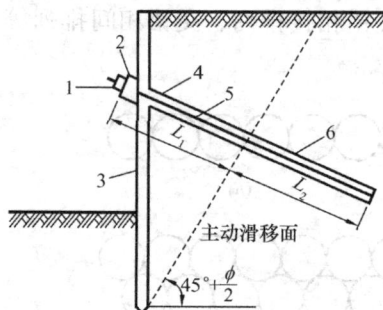

图 1-14 钻孔灌浆锚杆
1—锚具；2—定位板；3—挡土桩；
4—钻孔；5—拉杆；6—锚固体
L_1—自由段；L_2—锚固段

2）土层锚杆的类型

①一般灌浆锚杆。钻孔后放入拉杆，灌注水泥浆或水泥砂浆，养护形成的锚杆。

②高压灌浆锚杆。钻孔后放入拉杆，压力灌注水泥浆或水泥砂浆，养护后形成锚杆。压力作用使水泥浆或水泥砂浆进入土壁裂缝固结，可提高锚杆抗拔力。

③预应力锚杆。钻孔后放入拉杆，对锚固段进行一次压力灌浆，然后对拉杆施加预应力锚固，再对自由段进行灌浆，预应力锚杆可穿过松软土锚固在稳定土层中，可减小结构物变形。

④扩孔锚杆。采用扩孔钻扩大锚固段的钻孔直径，形成扩大的锚固段或端头，可有效地提高锚杆的抗拔力。

3）土层锚杆承载力的计算

土层锚杆的承载能力主要由拉杆的强度、拉杆与锚固体之间的握裹力、锚固体和孔壁之间的摩阻力三者确定。因为一般情况下，后者均小于前两者，所以其承载能力主要由后者决定。要增大单根锚杆的承载能力，一种方法是增加锚体长度；另一种方法是把锚固段直径扩大或采用二次灌浆，这样可以缩短锚杆长度而不降低其承载能力。并且可以减小遇到坚硬土层或地下水而造成施工困难。

根据基坑深度和土压力的大小，锚杆可设置成一层或多层，最上一层锚杆要有一定的覆土厚度（一般不小于 3m），以防地面隆起。

锚杆水平间距由计算决定，但间距不宜太小，否则会相互影响，降低单根锚杆的承载力。锚杆水平间距一般应在 1~2m 以上。

锚杆倾角，一般与水平面呈 12.5°~45°的倾斜角。

锚杆长度，要求锚固体应设置在滑动土体以外的稳定土层中，锚杆长度一般为 15~25m，锚固体的经济长度为 5~7m。

锚杆的极限承载力（抗拔力）T_u 的计算，见公式（1-31）。

$$T_u = F + Q = \pi D_1 \int_{z_1}^{z_1+l_1} \tau_z \mathrm{d}z + \pi D_2 \int_{z_2}^{z_2+l_2} \tau_z \mathrm{d}z + qA \tag{1-31}$$

式中　　　　T_u——土层锚杆的极限抗拔力，kN；

　　　　　F——锚固体周围表面的总摩阻力，kN；

　　　　　Q——锚固体受压面的总抗压能力，kN；

　　　　D_1——锚固体直径，mm；

　　　　D_2——锚固体扩孔部分的直径，mm；

　　　　τ_z——深度 z 处的单位面积上的摩阻力，一般取该处土的极限抗剪强度，MPa；

　　　　　q——锚固体扩孔部分土体的抗压强度，MPa；

　　　　　A——锚固体扩孔部分受压面积，mm^2；

l_1、l_2、z_1、z_2——长度，mm。如图 1-15 所示。

T_u 除以安全系数 1.5 即得到锚杆的允许承载力。

4）土层锚杆的施工

①钻孔可以采用清水循环一次钻进成孔法、潜孔钻机成孔法和螺旋钻孔干作业法。

②灌浆是锚杆施工的关键工序，灰砂比为 1:1、水灰比为 0.4~0.45 的水泥砂浆，采用一次灌浆法，浆液经胶管后注入拉杆中，拉杆管端距孔底 150mm；采用二次灌浆法，先灌注完成锚固段，再灌注非锚固段，非锚固段为非压力灌注浆。

③预应力张拉。

锚固体养护达到水泥砂浆强度的 70%，方可进行预应力张拉，先取设计拉力的 20%~30%预张拉 1~2 次，以使各部位接触紧密，锚筋平直，张拉时控制应力取值 0.65。分级加载并进行观测，见表 1-14。

取值 75%的设计轴向拉力为锁定荷载进行锁定作业，为减小邻近锚杆张拉的应力损失,采用隔一拉一的"跳张法"。

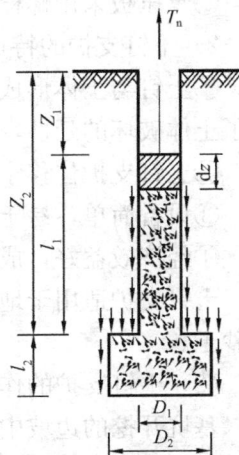

图 1-15　锚杆极限抗拔力简图

锚杆张拉荷载分级及观测时间 表 1-14

张拉荷载分级	观测时间（min）		张拉荷载分级	观测时间（min）	
	砂质土	黏性土		砂质土	黏性土
$0.10N_t$	5	5	$1.00N_t$	5	10
$0.25N_t$	5	5	$(1.10\sim1.20)\ N_t$	10	15
$0.50N_t$	5	5	锁定荷载	10	10
$0.75N_t$	5	5			

④防腐处理。

土层锚杆属临时性结构，采用简单防腐方法，锚固段采用水泥砂浆封闭防腐，锚筋周围保护层厚度不得小于 10mm；自由段锚筋涂润滑油或防腐漆，外部包裹布料，进行防腐处理；锚头采用沥青防腐。

4. 土钉支护

基坑开挖的坡面上，采用机械钻孔，孔内放入钢筋并注浆，在坡面上安装钢筋网，喷射 C20 混凝土，厚度 80～200mm，使土体、钢筋与喷射混凝土面板结合为一体，强化土体的稳定性，成为深基坑的支护结构，称为土钉支护。又称喷锚支护、土钉墙。

（1）土钉支护的构造和特点

1）土钉支护的构造：

①土钉采用直径为 16～32mm 的 HRB335 级以上的螺纹钢筋，长度为开挖深度的 0.5～1.2 倍，间距为 1～2m，与水平面夹角一般为 10°～20°；

②钢筋网采用直径为 6～10mm 的 HPB235 级钢筋，间距 150～300mm；

③混凝土面板采用喷射混凝土，强度等级不低于 C20，厚度 80～200mm，通常为 100mm；

④注浆采用强度不低于 20MPa 的水泥净浆；

⑤承压板采用螺栓将土钉和混凝土面层有效地连接成整体。

2）土钉支护的特点：

①土钉与土体形成复合土体，提高了边坡整体稳定和承受坡顶荷载能力，增强了土体破坏的延性，有利于安全施工；

②土钉支护位移小，约 20mm，对相邻建筑物影响小；

③设备简单，易于推广；

④经济效益好，成本低于灌注桩支护。

土钉支护适用于地下水位以上或经降水措施后的杂填土、普通积土、非松散性砂土。

（2）土钉支护的作用机理

基坑开挖的边坡中应用土钉，形成复合墙体，由于土钉本身的刚度和强度以及水泥土体内分布的空间组成复合墙体的骨架，使复合土体构成一整体，骨架起约束土体变形的作用。

在复合土体内，土钉与土体共同承受外荷载和自重应力，土钉有很强的抗拉、抗剪能力及与土体无法相比的挤弯刚度，所以当土体进入塑性状态后，应力逐渐向土钉转移，当土体出现裂缝时，土钉内出现弯剪、拉剪等复合应力，导致土钉锚体中浆体碎裂，钢筋屈曲，复合土体塑性变形延迟，渐进性开裂。与土钉支护的分担作用密切相关的，土钉支护通过其应力传递作用，将滑裂区域内部分应力传递到后面稳定土体中，并分散到较大范围的土体内，降低了应力集中程度。

喷射混凝土面板对坡面变形起约束作用，面板约束力取决于土钉表面与土的摩阻力，复合土体开裂面区域扩大并连成片时，摩阻力主要来自开裂区域后面的稳定复合土体。

由土钉形成的复合土体有效地提高土体的整体刚度，弥补了土体抗拉、抗剪的不足，通过相互作用，显著地提高了土体的整体稳定性。

（3）土钉支护的施工

土钉支护施工工序为定位、成孔、插钢筋、注浆、喷射混凝土。

1）成孔

采用螺旋钻机、冲击钻机、地质钻机等机械成孔，钻孔直径为 70～120mm，成孔必须按设计图纸的纵向、横向尺寸及水平面夹角的规定，进行钻孔施工。

2）插钢筋

采用直径为 16～32mm 的 HRB335 级以上螺纹钢筋，钢筋就位平直，必须除锈、除油，与水平面夹角控制在 10°～20°，插入钻孔的土层中。

3）注浆

注浆采用水泥浆或水泥砂浆，水灰比 0.4～0.45，灰砂配合比为 1：1 或 1：2，利用注浆泵注浆，注浆管插入到距孔底 250～500mm，孔口设置止浆塞，以保证注浆饱满。

4）喷射混凝土

混凝土的强度等级不低于 C20，其水泥强度等级宜用 32.5 级，水泥与砂石重量比为 1：4～1：4.5，砂率为 45%～55%，水灰比为 0.4～0.45，粗骨料碎石或卵石粒径不宜大于 15mm。

喷射混凝土面层厚度为 80～200mm，面层配置的钢筋网应在喷射第一次混凝土后铺设，钢筋与坡面的间隙应大于 20mm，钢筋网与土钉连接牢固，喷射的第二层混凝土表面要求平整，呈湿润光泽，无干斑或滑移流淌现象，终凝 2h 后进行洒水养护 3～7d。

1.3 人工降低地下水位

若地下水位较高，当开挖基坑或沟槽至地下水位以下时，由于土的含水层被切断，地下水将不断渗入坑内。雨期施工时，地面水也会流入坑内。这样不仅使施工条件恶化，而且土被水浸泡后会导致地基承载能力的下降和边坡的坍塌。为了保证工程质量和施工安全，作好施工排水工作，保持开挖土体的干燥是十分重要的。

排除地面水（包括雨水、施工用水、生活污水等）一般采取在基坑周围设置排水沟、截水沟或筑土堤等办法并尽量利用原有的排水系统，使用临时性排水设施与永久性排水设施相结合的方法。基坑降水的方法有集水坑降水法和井点降水法。集水坑降水法一般宜用于降水深度较小且地层中无流砂时；如降水深度较大，或地层中有流砂，或地处软土地区，应尽量采用井点降水法。不论采用哪种方法，降水工作都要持续到基础施工完毕并回填土后才停止。

1.3.1 集水坑降水法

集水坑降水法是在基坑开挖过程中，沿坑底周围或中央开挖有一定坡度的排水沟，在坑底每隔一定距离设一个集水坑，地下水通过排水沟流入集水坑中，然后用水泵抽走。如图1-16所示。集水坑降水是一种常用的简易的降水方法，适用于面积较小，降水深度不大的基坑（槽）开挖工程。对软土或土层中含有细砂、粉砂或淤泥层时，不宜采用这种方法，因为在基坑中直接排水，地下水将产生自下而上或从边坡向基坑的动水压力，容易导致边坡塌方和出现流砂现象，并使基底土结构遭受破坏。

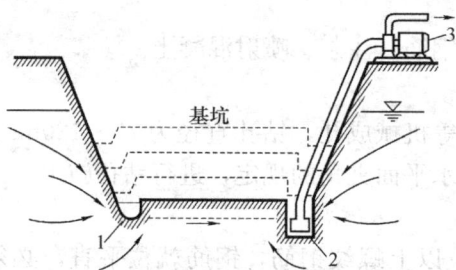

图1-16 集水坑降水法

1. 集水坑设置

为了防止基底土结构遭到破坏，集水坑应设置在基坑范围以外，地下水走向的上游。根据基坑渗水量的大小、基坑平面形状和尺寸、水泵的抽水能力，确定集水坑的数量和间距。一般每20～40m设置一个，集水坑的直径和宽度为0.6～0.8m，坑的深度随挖土而不断加深，要保持低于挖土工作面0.7～1.0m。当基坑挖至标高后，集水坑底应低于基底1～2m，并铺设碎石，以免抽水时间较长时将泥砂抽出，并防止坑底土扰动。

2. 水泵性能及选用

集水坑降水法常用的水泵有离心泵和潜水泵。

（1）离心泵

离心泵由泵壳、泵轴及叶轮组成，其管路系统包括滤网和底阀、吸水管和出水管，调整间距如图1-17所示。离心泵的抽水原理是利用叶轮高速旋转时所产生的离心力，将轮心部分的水甩往轮边，沿水管压向高处。此时叶轮中心形成部分真空，这样，水在大气压力作用下，就能不断地从吸水管内自动上升进入水泵。

1）水泵的主要性能包括：流量、总扬程、吸水扬程和功率等。流量是指水泵单位时间内的出水量；扬程是指水泵能扬水高度，也称水头。由于水经过的管路有阻力而引起水头损失，因此要扣除损失扬程后

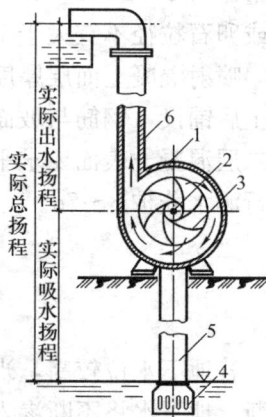

图1-17 离心泵工作简图
1—泵壳；2—泵轴；3—叶轮；
4—滤网；5—吸水管；6—出水管

才是实际扬程。总扬程包括吸水扬程和出水扬程两部分。

吸水扬程又称允许吸上真空高度，表示水泵能吸水的高度，是确定水泵安装高度的一个重要数据。在基坑排水中，常用离心泵的性能见表 1-15。但离心泵工作时，由于管路有阻力会引起水头损失，所以离心泵的实际吸水扬程要扣除损失扬程。通常实际吸水扬程可按性能表上的吸水扬程减去 1.2（有底阀）～0.6m（无底阀）估算。

离心泵的性能　　　　　　　　表 1-15

型　　号		流量	总扬程	吸水扬程	电动机功率
B	BA	(m³/h)	(m)	(m)	(m)
11/2B17	11/2BA-6	6～14	20.3～14	6.6～6.6	1.7
2B19	2BA-9	11～25	21～16	8.0～6.0	2.8
2B31	2BA-9	10～30	34.5～24	8.7～5.7	4.5
3B19	3BA-13	32.4～52.2	21.5～15.6	6.5～5.0	4.5
3B33	3BA-9	30～55	35.5～28.8	7.0～3.0	7.0
4B20	4Ba-18	65～110	22.6～17.1	5	10.0
4B91		65～135	98～72.5	7.1～4.0	55

注：1.2B19 表示进水口直径 2 英寸（50.8mm），总扬程为 19m（最佳工作时）的单级离心泵；
　　2.B 型是 BA 型的改进型，性能相同。

2）离心泵的选择：主要根据流量与扬程而定。对基坑排水来说，离心泵的流量应满足基坑涌水量要求，一般选用吸水口径 2～4 英寸（50.8～101.6mm）的离心泵；离心泵的扬程在满足出水扬程的前提下，主要是考虑吸水扬程能满足降水深度要求，如果不够，则可另选水泵或将水泵位置降低至坑壁台阶或坑底上。离心泵的抽水能力大，宜用于地下水量较大的基坑。

3）离心泵的安装：要特别注意吸水管接头不漏气及吸水口至少应在水面以下 0.5m，以免吸入空气，影响水泵正常运行。离心泵的使用，要先向泵体与吸水管内灌满水，排除空气然后开泵抽水。离心泵在使用中要防止漏气和脏物堵塞。

（2）潜水泵

潜水泵是由立式水泵与电动机组合而成，电动机有密封装置，水泵装在电动机上端，工作时浸在水中。这种泵具有体积小、重量轻、移动方便及开泵时不需灌水等优点，在施工中广泛使用。常用的潜水泵流量有 15、25、65、100m³/h，扬程相应为 25、15、7、3.5m。

为防止电机烧坏，在使用潜水泵时不得脱水运转，或陷入泥中，也不得排灌含泥量较高的水质或泥浆水，以免泵的叶轮被杂物堵塞。

集水坑降水法设备简单，施工方便，适宜于粗颗粒土层降水。当土质为细砂、粉砂时，采用集水坑降水法，则会出现流砂现象，引发边坡坍塌，坑底凸起，施工条件恶化，无法继续土方施工作业。

1.3.2 流 砂 及 其 防 治

采用集水坑降水法开挖基坑，当基坑开挖到地下水位以下时，有时坑底土会成流动状态，随地下水涌入基坑，这种现象称为流砂现象。此时，基底土完全丧失承载能力，施工条件恶化，严重时会造成边坡塌方，甚至危及临近建筑物。流砂现象易发生在细砂、粉砂及砂质粉土中。

1. 流砂发生的原因

动水压力是流砂发生的重要条件。流动中的地下水对土颗粒产生的压力称为动水压力。

图 1-18 中所示水由左端高水位 h_1，经过长度为 L，断面为 F 的土体流向右端低水位 h_2，水在土中渗流时受到土颗粒的阻力 T，同时水对土颗粒作用一个动水压力 G_D，二者大小相等，方向相反。图 1-18（a）中，作用在土体左端 a-a 截面处的静水压力为 $\rho_w \cdot h_1 \cdot F$（ρ_w 为水的重度），其方向与水流方向一致；作用在土体右端 b-b 截面处的静水压力为 $\rho_w \cdot h_2 \cdot F$，其方向与水流方向相反；水在土中渗流时受到土颗粒的阻力为 $T \cdot L \cdot F$（T 为单位土体的阻力）。根据静力平衡条件得公式（1-32）。

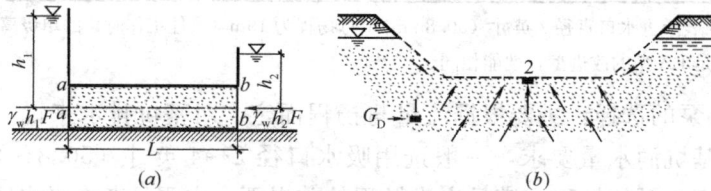

图 1-18 动水压力原理图
（a）水在土中渗流的力学现象；（b）动水压力对地基的影响
1、2—土颗粒

$$\rho_w \cdot h_1 \cdot F - \rho_w \cdot h_2 \cdot F - T \cdot L \cdot F = 0 \tag{1-32}$$

即
$$T = \frac{h_1 - h_2}{L} \rho_w$$

由上式可知，动水压力 G_D 与水力坡度 I 成正比，水位差愈大，动水压力愈大，而渗透路程愈长，动水压力愈小。

产生流砂现象主要是由于地下水的水力坡度大，即动水压力大，而且动水压力的方向（与水流方向一致）与土的重力方向相反，土不仅受水的浮力，而且受动水压力的作用，有向上举的趋势，如图 1-18（b）所示。当动水压力等于或大于土的重度时，土颗粒处于悬浮状态，并随地下水一起流入基坑，即发生流砂现象。

流砂现象一般发生在细砂、粉砂及砂质粉土中。在粗大砂砾中，因孔隙大，水在其间流过时阻力小，动水压力也小，不易出现流砂。而在黏性土中，由于土粒间内聚力较大，不会发生流砂现象，但有时在承压水作用下会出现整体隆起现象。

2. 流砂的防治

流砂防治的主要途径是减小或平衡动水压力或改变其方向。主要措施有：

（1）抢挖法。即组织分段抢挖，使挖土速度超过冒砂速度，挖到标高后立即铺席并抛大石块以平衡动水压力，压住流砂，此法仅能解决轻微流砂现象；

（2）打钢板桩法。即将板桩打入坑底下面一定深度，增加地下水流入坑内的渗流长度，以减小水力坡度，从而减小动水压力；

（3）水下挖土法。就是不排水施工，使坑内水压与坑外地下水压相平衡，消除动水压力；

（4）井点降水法。用井点法降低地下水位，改变动水压力的方向，是防止流砂的有效措施；

（5）枯水季节施工法。在枯水季节开挖基坑，此时地下水位下降，动水压力减小或基坑中无地下水；

（6）地下连续墙法。沿基坑四周筑起一道连续的钢筋混凝土墙，用来截住流向基坑的地下水。

1.3.3 井 点 降 水 法

井点降水法就是在基坑开挖之前，在基坑四周埋设一定数量的滤水管（井），利用抽水设备抽水，使地下水位降落至基坑底以下，并在基坑开挖过程中仍不断抽水，使所挖的土始终保持干燥状态。井点降水改善了工作条件，防止了流砂发生，土方边坡也可陡些，从而减少了挖方量。

井点降水法所采用的井点类型有：轻型井点、喷射井点、电渗井点、管井井点和深井井点。施工时可根据土的渗透系数、要求降低水位的深度及设备条件等，参照表 1-16 选用。

各类井点的适用范围　　　　　　　　　表 1-16

井 点 类 别	土层渗透系数 （m/d）	降低水位深度 （m）
单层轻型井点	0.1～50	3～6
多级轻型井点	0.1～50	6～12 （由井点层数而定）
喷射井点	0.1～2	8～20
电渗井点	<0.1	根据选用的井点确定
管井井点	20～200	3～5
深井井点	10～250	>15

1. 轻型井点

轻型井点是沿基坑四周以一定间距埋入直径较小的井点管至地下蓄水层内，井点管上端通过弯联管与集水总管相连，利用抽水设备将地下水通过井点管不断抽出，使原有地下水位降至基底以下。施工过程中不间断地抽水，直至基础工程施工结束回填完成为止，轻型井点示意图，如图1-19所示。

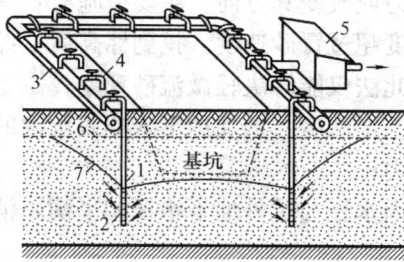

图1-19 轻型井点示意图

1—井点管；2—滤管；3—总管；4—弯联管；5—水泵房；6—原地下水位线；7—降水后地下水位线

（1）轻型井点设备

轻型井点设备由管路系统和抽水设备等组成。

1）管路系统

管路系统由滤管、井点管、弯联管和总管组成。

①滤管

滤管是井点设备的重要组成部分，对抽水效果影响较大，滤管必须埋置在透水层中。滤管深入到蓄水层中，使地下水通过滤管孔进入管内，泥砂阻隔在滤管外，保证抽入管内的地下水的含泥砂量不超过允许值，因此，要求滤管应具有较大的孔隙率和进水能力；滤水性良好，即能防止泥砂进入管内，又不能堵塞滤管孔隙；滤管结构强度要高，耐久性要好。滤管的构造，如图1-20所示。

滤管为进水设备，用钢管制作，直径为38mm或51mm，长1.0～1.5m。滤管的管壁上钻有$\phi13$～$\phi19$的小圆孔，外包两层滤网，内层细滤网采用钢丝布或尼龙丝布，外层粗滤网采用塑料或纺织纱布。为使水流畅通，管壁与滤网间用塑料细管或钢丝绕成螺旋状将其隔开，滤网外面用粗钢丝网保护，滤管上端用螺丝套筒与井点管下端连接，滤管下端为一铸铁头。

②井点管

井点管直径为38mm或51mm，长5～7m，上端通过弯联管与总管的短接头相连接，下端用螺丝套筒与滤管上端相连接。

③弯联管

弯联管采用透明的塑料管将井点管与总管连接起来。

④总管

总管采用直径100～122mm，每段长4m的无缝钢管。每段采用橡皮管连接，并用钢筋卡紧，以防漏水，总管上每隔0.8m或1.2m设一与井点管相连接的短接头。

2）抽水设备

抽水设备常用的是真空泵设备和射流泵设备。

①干式真空泵抽水设备由真空泵、离心泵和水气分离器组成，如图1-21所示。

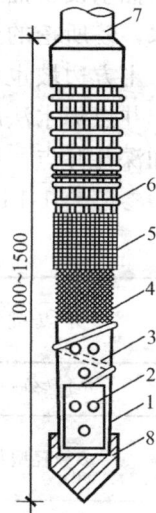

图1-20 滤管构造

1—钢管；2—管壁上小孔；3—缠绕的钢丝；4—细滤网；5—粗滤网；6—粗钢丝保护网；7—井点管；8—铸铁头

抽水时先开动真空泵13，将水气分离器抽成一定程度的真空，使土中的水分和空气受真空吸力的作用形成水气混合液经管路系统流到水气分离器中。然后开动离心泵，水气分离器中的水经离心泵抽出水管16排出，空气则集中在水气分离器上部由真空泵排出。水多来不及排

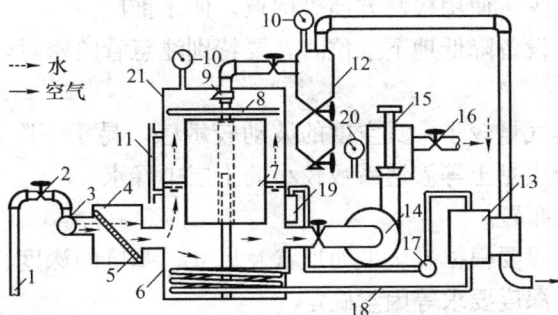

图 1-21   干式真空泵井点抽水设备工作简图

1—井点管；2—弯联管；3—总管；4—过滤箱；5—过滤管；6—水气分离器；7—浮筒；
8—挡水布；9—阀门；10—真空泵；11—水位计；12—副水气分离器；13—真空泵；14—
离心泵；15—压力箱；16—出水管；17—冷却泵；18—冷却水管；19—冷却水箱；20—压
力表；21—真空调节阀

出时，水气分离器内浮筒 7 上浮，阀门 9 将通向真空泵的通路关闭，可防止水进入真空泵的缸体中。副水气分离器仅用来滤清从空气中带来的少量水分使其落入该筒下层放出，以保证水不致吸入真空泵内。压力箱 15 除调节出水量外，还阻止空气由水泵部分窜入水气分离器以致影响真空度。过滤箱 4 用以防止由水流带来的部分细砂磨损机械。为对真空泵进行冷却，设置冷却循环水泵 17。

②射流泵抽水设备由射流器、离心泵和循环水箱组成，如图 1-22 所示。

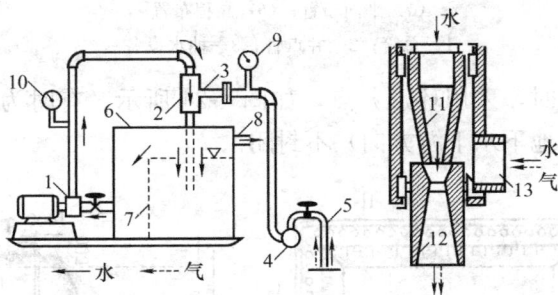

图 1-22   射流泵抽水设备工作图

1—水泵；2—喷射器；3—进水管；4—总管；5—井点管；6—循环水箱；7—隔板；
8—泄水口；9—真空表；10—压力表；11—喷嘴；12—喷管；13—接水管

射流泵抽水设备的工作原理是：利用离心泵将循环水箱中的水变成压力水送至射流器内由喷嘴喷出，由于喷嘴断面收缩而使水流速度骤增，压力骤降，使射流器空腔内产生部分真空，把井点管内的气、水吸上进入水箱。水箱内的水经滤清后一部分经由离心泵参与循环，多余部分由水箱上部的泄水口排出。

射流泵井点设备的降水深度可达到 6m，但其所带井点管一般只有 25～40 根，总管长度 30～50m。若采用两台离心泵和两个射流器联合工作，能带动井点管 70 根，总管 100m。这种设备，与原有轻型井点比较，具有结构简单、制造容易、成本低、耗电少、使用检修方便等优点，便于推广。

采用射流井点设备降低地下水位时，要特别注意管路密封，否则，会影响降水效果。

射流泵井点排气量较小，真空度的波动较敏感，易于下降，排水能力较低，适于在粉砂、轻粉质黏土等渗透系数较小的土层中降水。

（2）轻型井点布置

轻型井点的布置要根据基坑平面形状及尺寸、基坑的深度、土质、地下水位高低及流向、降水深度要求等因素确定。

1）平面布置

基坑的宽度小于 6m，降水深度不超过 5m 时，采用单排井点，并布置在地下水上游一侧，两端延伸长度不小于基坑的宽度，如图 1-23 所示。如基坑宽度大于 6m 或土质排水不良时，宜采用双排线状井点。

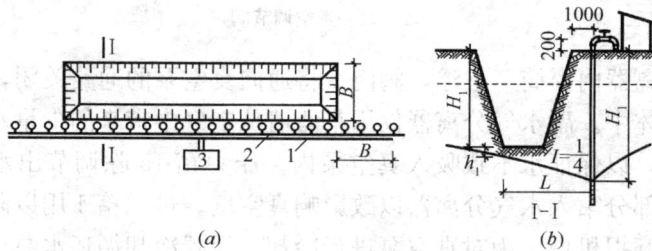

图 1-23 单排井点布置

（a）平面布置；（b）高程布置

1—总管；2—井点管；3—抽水设备

基坑面积较大时，采用环形井点，如图 1-24 所示。有时为了施工需要，可留出一段（最好在地下水下游方向）不封闭。

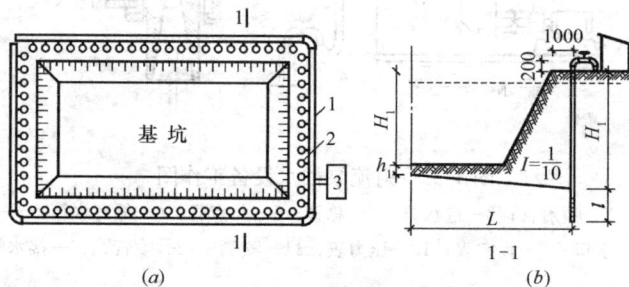

图 1-24 环状井点布置

（a）平面布置；（b）高程布置

1—总管；2—井点管；3—抽水设备

井点管距基坑壁一般不小于 1m，以防局部漏气。井点管间距应根据土质、降水深度、工程性质等按计算或经验确定。靠近河流处或总管四角部位，井点应适当加密。采用多套抽水设备时，井点系统应分成长度大致相等的段，分段位置宜在基坑拐弯处，各套井点总管之间应装阀门隔开。

2）高程布置

轻型井点的降水深度，考虑抽水设备水头损失以后，一般不超过 6m。在布置井点管时，应参考井点管的标准长度以及井点管露出地面的长度（约 0.2～0.3m），而且滤管必须在透水层内。

井点管的埋设深度 H（不包括滤管），用公式 1-33 计算：

$$H \geqslant H_1 + h + I \cdot L \tag{1-33}$$

式中　H_1——井点管埋置面至基坑底面的距离，m；

　　　h——基坑底面至降低后的地下水位线的距离，一般取 0.5～1m；

　　　I——水力坡度，单排井点取 1/4，环形井点取 1/10；

　　　L——井点管至基坑中心的不平距离，m。

H 算出后，为安全计，一般再增加 $l/2$ 深度（l 为滤管长度）。

当计算出的 H 大于降水深度 6m 时，可采用明沟排水与井点降水相结合的方法，将总管安装在原有地下水位线以下，以增加降水深度，或采用二级轻型井点降水，即先挖去第一级井点排干的土，然后再在坑内布置。

（3）轻型井点计算

轻型井点计算包括基坑涌水量计算、井点管数量计算，井点管间距确定，抽水设备选择等，由于不确定因素较多，计算的数值为近似值。

1）涌水量计算

轻型井点的涌水量计算是以水井理论为依据进行的。

按水井理论计算井点系统涌水量时，首先要判定井的类型。

水井根据其井底是否达到不透水层，分为完整井和非完整井。井底达到不透水层的称为完整井，否则，称为非完整井。

水井根据地下水有无压力，分为承压井和无压井。滤管布置在地下两层不透水层之间，地下水面承受不透水层的压力，抽汲承压层间地下水的，称为承压井；若地下水上部均为透水层，地下水是无压潜水，称为无压井。综合上述分类，水井分为四种类型，如图 1-25 所示。

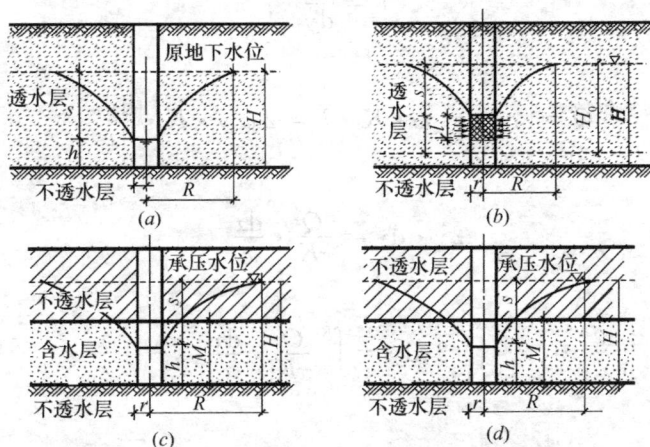

图 1-25　水井的分类

（a）无压完整井；（b）无压非完整井；（c）承压完整井；（d）承压非完整井

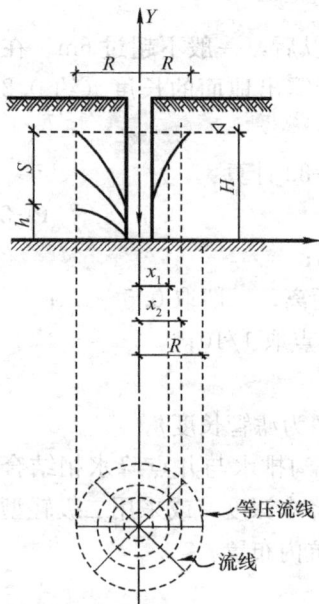

图 1-26　无压完整井水位
降落曲线

无压完整井：地下水上部为透水层，地下水无压力，井底达到不透水层，如图 1-25（a）所示；

无压非完整井：地下水上部为透水层，地下水无压力，井底没有达到不透水层，如图 1-25（b）所示；

承压完整井：滤管布置在充满地下水的两层不透水之间，地下水有压力，井底达到不透水层，如图 1-25（c）所示；

承压非完整井：滤管布置在充满地下水的两层不透水层之间，地下水有压力，井底没有达到下层的不透水层，如图 1-25（d）所示。

①无压完整井涌水量计算。无压完整井抽水时的水位变化，如图 1-26 所示。

假设在水井抽水以前，地下水是静止的，水力坡度为零。开始抽水后井内水位开始下降，经过较长时间的抽水，这个曲面逐渐稳定，形成水位降落漏斗。由井轴至漏斗最边缘的水位不变处的水平距离 R 称为抽水影响半径。

如图 1-26 所示，以井轴为 Y 轴，不透水层处为 X 轴，距井轴 X 处流向水井的过水断面面积为铅直圆柱面的面积 w。

$$w = 2\pi xy \qquad (1-34)$$

式中　x——井中心至计算过水断面处的距离；

y——由不透水层到距中心距离为 x 处的曲线上的高。

该断面的水力坡度为

$$I = \frac{dx}{dy}$$

涌水量为：

$$Q = \omega \cdot v = \omega \cdot K \cdot I = 2\pi xy \cdot K \cdot \frac{dy}{dx}$$

分离变量，

$$2y \cdot dy = \frac{Q}{\pi K} \cdot \frac{dx}{x}$$

两边积分，

$$\int_h^H 2ydy = \int_r^R \frac{Q}{\pi K} \cdot \frac{dx}{x}$$

得：

$$H^2 - h^2 = \frac{Q}{\pi K} \ln \frac{R}{r}$$

将 $\pi = 3.14$ 代入，并用常用对数代替自然对数，得公式为：

$$Q = 1.366K \frac{H^2 - h^2}{\lg \dfrac{R}{r}} \tag{1-35}$$

式中 H——含水层厚度，m；

       h——井内水深，m；

       R——抽水影响半径，m；

       r——水井半径，m。

上式即为无压完整井单井涌水量计算公式。井点系统是多个井点同时抽水，各井点的水位降落漏斗互相影响，每个井的涌水量比单独抽水时小，总涌水量并不等于各单井涌水量之和。考虑群井的互相影响，井点系统的总涌水量，按公式 (1-36) 计算

$$Q = 1.366K \frac{H^2 - y^2}{\lg R - \dfrac{1}{n}\lg(x_1 \cdot x_2, \cdots x_n)} \tag{1-36}$$

式中 y——群井范围内任一点 A 降低后的地下水位高度，m；

$x_1, x_2 \cdots x_n$——任一点 A 至各井井轴的距离，m；

       n——单井的数量。

若 $x_1 = x_2 = \cdots = x_n = x_0$，即全部井分布在距 A 点同一距离上，则上式可改变为公式 (1-37)。

$$Q = 1.366K \frac{H^2 - y^2}{\lg R - \lg x_0} \tag{1-37}$$

式中 x_0——假想半径，m。

设任意点 A 水位降低值 $s = H - y$（一般取基坑中心点处的水位降低值），则得无压完整井轻型井点总涌水量计算公式为：

$$Q = 1.366K \frac{(2H - s)s}{\lg R - \lg x_0} \tag{1-38}$$

式中 Q——无压完整井轻型井点总泊水量，m³/d；

       K——含水层水的渗透系数，m/d；

       H——含水层厚度，m；

       g——水位降低值，m；

       R——环状轻型井点的抽水影响半径，近似按 $R = 1.95S\sqrt{HK}$ 计算，m；

       x_0——环状轻型井点的假想半径，近似按 $x_0 = \sqrt{\dfrac{F}{\pi}}$，m。$F$ 为环状轻型井点点管包围的面积，m²。

矩形基坑的长宽比大于 5 或基坑宽度大于抽水影响半径两倍时，需将基坑分割成符合计算公式的适用条件的单元，然后各单元涌水量相加得到总涌水量。

②无压非完整井涌水量 Q 的计算。

无压非完整井涌水量 Q 的计算，计算公式为：

$$Q = 1.366 \frac{(2H_0 - s)s}{\lg R - \lg x_0} \tag{1-39}$$

式中 H_0——抽水影响深度，m；H_0 按表 1-17 计算，$H_0 \leqslant H$。

抽水影响深度 H_0 表 1-17

$s'/(s' = l)$	0.2	0.3	0.5	0.8
H_0	1.3 ($s' = l$)	1.5 ($s' = l$)	1.7 ($s' = l$)	1.85 ($s' = l$)

注：s' 为井点管内水位降低深度；l 为滤管长度。

2）井点管数量计算与井距确定

井点管的数量取决于井点系统涌水量的多少和单根井点管的最大出水量，单根井点管的最大出水量 q 与滤管的构造、尺寸、土的渗透系数有关。

$$q = 65\pi dl \sqrt[3]{K} \qquad (1-40)$$

式中　d——滤管直径，m；

　　　　l——滤管长度，m；

　　　　K——渗透系数，m/d。

井点管根数 n 按下式计算。

$$n = 1.1\frac{Q}{q}（根） \qquad (1-41)$$

式中　1.1——备用系数，考虑井点管堵塞等因素。

井点管数量算出后，便可根据井点系统布置方式，求出井点管间距 D。

$$D = \frac{L}{n} \qquad (1-42)$$

式中　L——总管长度，m；

　　　　n——井点管根数。

在确定井点管间距时，还应注意以下几点：

①井间距不能过小，否则彼此干扰大，影响出水量，因此，井间距必须大于 $5d$；

②在总管拐弯处及靠近河流处，井点管宜适当加密；

③在渗透系数小的土中，考虑到抽水使水位降落的时间比较长，宜使井间距缩小；

④间距应与总管上的接头间距相配合。

3）抽水设备的选择

由真空泵和离心泵组成的轻型井点机组，可根据所带动的总管长度、井点管数及降水深度选用。一套抽水机组通常设真空泵一台，离心泵两台。两台离心泵既可轮换备用，又可在地下水量较大时一起开动来排水。

干式真空泵常用的型号有 W_5、W_6 型，采用 W_5 型真空泵时，总管长度一般不大于 100m；采用 W_6 型时，总管长度一般不大于 120m。真空泵的真空度最大可达 100kPa。真空泵在抽水过程中所需的最低真空度（h_k），根据降水深度所需要的可吸真空度及各项水头损失计算。

$$h_k = 10 \times (h_A + \Delta h) \qquad (1-43)$$

式中　h_A——根据降水要求的可吸真空度，近似取总管至滤管的深度，m；

　　　　Δh——水头损失，包括进入滤管的水头损失，管路阻力损失及漏气损失等，近似取值 1～1.5m。

在抽水过程中真空泵的实际真空度如小于上式计算的最低真空度，则降水深度达不到要求。

轻型井点中一般选用单级离心泵，其型号根据流量、吸水扬程确定。

水泵的流量（m³/h）应比基坑涌水量增大 10%～20%。如采用多套抽水设备共同抽水时，则涌水量要除以套数。

水泵的吸水扬程要克服水气分离器上的真空吸力，也就是要大于或等于井点处的降水深度加各项水头损失（上式中的 $h_A + \Delta h$）。

（4）轻型井点施工与使用

轻型井点的施工顺序为：挖井点沟槽→敷设集水总管→冲孔→沉设井点管→灌填砂滤料→用弯联管将井点管与集水总管连接→安装抽水设备→试抽。

井点管的打设方法有射水法、冲孔（或钻孔）法及套管法，根据设备条件及土质情况选用。

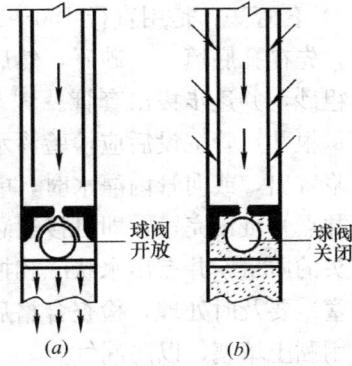

图 1-27 直接用井点管水冲下沉法
(a) 水向下冲射；(b) 抽水时

1）射水法：是在井点管的底端装上冲水装置（称为射水式井点管）来冲孔下沉井点管，如图 1-27 所示。冲孔装置内装有球阀和环阀，用高压水冲孔时，球阀下落，高压水流在井点管底部喷出使土层形成孔洞，井点管依靠自重下沉，泥砂从井点管和土壁之间的空隙内随水流排出，较粗的砂粒随井点下沉，形成滤层的一部分。当井点管达到设计标高后，冲水停止，球阀上浮，可防止土进入点管内，然后立即填砂滤层。冲孔直径应不小于 300mm，冲孔深度应比滤管深 0.5m 左右，以利沉泥砂。井点管要位于砂滤层中间。

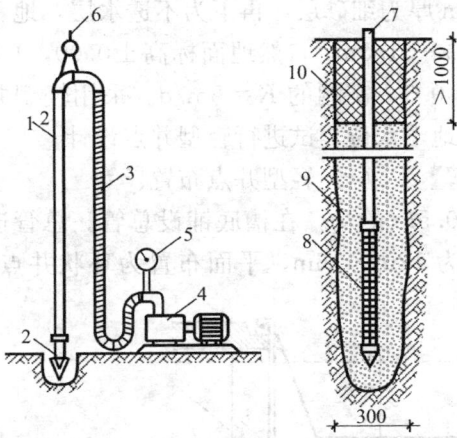

图 1-28 冲水管冲孔法
1—冲管；2—冲臂；3—胶皮管；4—高压水泵；5—压力表；6—起重吊钩；7—井点管；8—滤管；9—填砂，10—黏土封口

2）冲孔法：是用直径 50～70mm 的冲水管冲孔后，再沉放井点管，如图1-28 所示。

冲水管长度一般比井点管约长 1.5m，下端装有圆锥冲嘴，在冲嘴的圆锥面上钻有三个喷水小孔，各孔之间焊有三角形立翼，以辅助水冲时扰动土层，便于冲管更快下沉。冲管上端用胶皮管与高压水泵连接。为加快冲孔速度，减少用水量，有时还在冲管两旁加装压缩空气管。冲孔前，先在井点管位置开挖小坑，并用小沟渠将小坑连接起来，以便泄水。冲孔时，先将冲管吊起并插在井点坑位内，然后开动高压水泵将土冲松，冲管边冲边沉，冲孔时应使孔洞保持垂直，上下孔径一致。冲孔直径一般为 300mm，以保证管壁有一定厚度的砂滤层；冲孔深度一般比滤管底深 0.5m 左右。

井孔冲成后，拔出冲管，立即插入井点管，并在井点管与孔壁之间填灌砂滤层。砂滤层所用的砂一般为粗砂，滤层厚度一般为 60～100mm，充填高度至少要达到滤管顶以上 1～1.5m，也可填到原地下水位线，以保证水流畅通。

3）套管法：是用直径 150～200mm 的套管，用水冲法或振动法沉至要求深度后，先在孔底填一层砂砾，然后将井点管居中插入，在套管与井点管之间分层填入粗砂，并逐步拔出套管。

每根井点管沉设后应检验渗水性能。井点管与孔壁之间填砂滤料时，管口应有泥浆冒出，或向管内灌水时，能很快下渗，方为合格。

井点管沉设完毕，即可接通总管和抽水设备，然后进行试抽。要全面检查管路接头的质量，井点出水状况和抽水机械运转情况等，如发现漏气和死井（井点管淤塞）要及时处理，检查合格后，井点管孔口到地面下 0.5～1m 的深度范围内应用黏土填塞，以防漏气。

轻型井点使用时，一般应连续抽水。时抽时停，滤网易堵塞，也易使出水浑浊，并可能引发附近建筑物地面沉降。抽水过程中应调解离心泵的出水阀控制出水量，使保持均匀。降水过程中应按时观测流量、真空度和井内的水位变化，并做好记录。

采用轻型井点降水时，应对附近原有建筑物进行沉降观测，必要时应采取防护措施。

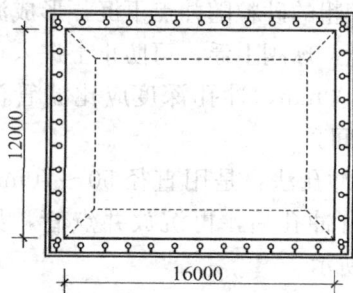

图 1-29 轻型井点平面布置

【例 1-2】 设备基础施工的基坑，基坑底宽 8m，长 12m，深 4.5m，基坑平面图，如图 1-29 所示，基坑剖面图，如图 1-30 所示，土层构造：自然地面以下 1m 为亚黏土，其下 8m 厚为细砂层，再下为不透水层，地下水位标高 −1.5m，自然地面标高 ±0.00，1：$m=1$：0.5，实测的 $K=5$m/d。采用轻型井点降低地下水位，试进行轻型井点设计。

【解】 （1）轻型井点布置：

将总管埋设地面下 0.5m 处，先挖深 0.5m 的沟，在槽底铺设总管。总管选用 100mm 直径的钢管，基坑上口尺寸可为 12m×16m，平面布置为环状井点，

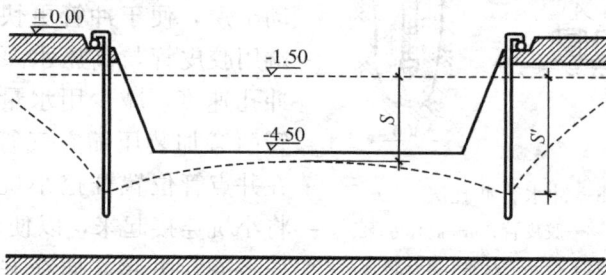

图 1-30 轻型井点高程布置

总管长度：

$$L = (12+2+16+2) \times 2 = 64\text{m}$$

基坑中心要求降水深度：

$$s = 4.5 - 1.5 + 0.5 = 3.5\text{m}$$

采用一级轻型井点，井点管的埋设深度（不包括滤管）：

$$H = 4.5 - 0.5 + 0.5 + 1/10 \times 14/2 = 5.2\text{m}$$

选用直径为 50mm，长 6m 的井点管，直径 50mm，长 1m 的滤管，埋入土层中 5.8m（井点管露出地面 0.2m）。

井点管和滤管全长为 7m，滤管下端距不透水层 1.7m，基坑长宽比小于 5，为无压非完整井轻型井点。

（2）基坑涌水量：

$$Q = 1.366 \times K \frac{(2H_0 - s)s}{\lg R - \lg x_0}$$

$$H_0 = 1.85(4.8+1) = 10.73\text{m} \qquad \left(\frac{s'}{s'+l} = \frac{4.8}{5.8} = 0.82\right)$$

$$R = 1.95 \times 3.5\sqrt{7.5 \times 5} = 41.79\text{m}$$

$$x_0 = \sqrt{\frac{14 \times 18}{3.14}} = 8.95\text{m}$$

代入公式，$Q = 1.366 \times 5 \dfrac{(2 \times 7.5 - 3.5)3.5}{\lg 41.73 - \lg 8.35} = 410\text{m}^3/\text{d}$

（3）井点管数量和间距：

$$n = 1.1\frac{Q}{q} = 1.1\frac{410}{65 \times 3.4 \times 0.05 \times 1 \times \sqrt[3]{5}} = 1.1\frac{410}{17.34} = 26 \text{ 根}$$

$$D = \frac{L}{n} = \frac{64}{26} = 2.46\text{m}$$

确定井点管数量 26 根，间距为 2.4m。

（4）抽水设备的选择：

总管长度为 64m，选用 W_5 型干式真空泵抽水设备，最低真空度：

$$h_k = 10 \times (6+1) = 70\text{kPa}$$

水泵所需的流量：

$$Q_1 = 1.1 \times 410 = 18.8\text{m}^3/\text{h}$$

水泵的吸水扬程：

$$H_S \geqslant 6 + 1 = 7\text{m}$$

根据水泵的流量与扬程，选择 2B19 型离心泵，其流量 11～25m³/h，吸水扬程 6～8m，满足要求。

2. 喷射井点

当基坑开挖较深，降水深度要求大于 6m 时，采用一般轻型井点不能满足要求，必须使用多级井点才能收到预期效果，但这样需要增加设备机具数量和基坑开挖面积，土方量加大、工期拖长，亦不经济。此时，宜采用喷射井点降水，降水深度可达 8～20m。在渗透系数为 3～50m/d 的砂土中应用此法最为有效，在对渗透系数为 0.1~3m/d 的粉砂、淤泥质土中效果也较显著。

(1) 喷射井点设备和布置

喷射井点根据其使用液体或气体的不同，分为喷水井点和喷气井点两种。两种井点工作流体虽然不同，其工作原理是相同的。喷射井点设备由喷射井管、高压水泵及进水、排水管路组成，如图 1-31 (a) 所示。喷射井管有内管和外管，在内管下端设有扬水器与滤管相连，如图 1-31 (b) 所示。高压水（0.7~0.8MPa）经外管与内管之间的环形空间，并经扬水器侧孔流向喷嘴，由于喷嘴处截面突然缩小，压力经喷嘴以很高的流速喷入混合室，使该室压力下降，造成一定真空度。此时，地下水被吸入混合室与高压水汇合，流经扩散管，由于截面扩大，水流速度相应减小，使水的压力逐渐升高，沿内管上升经排水总管排出。

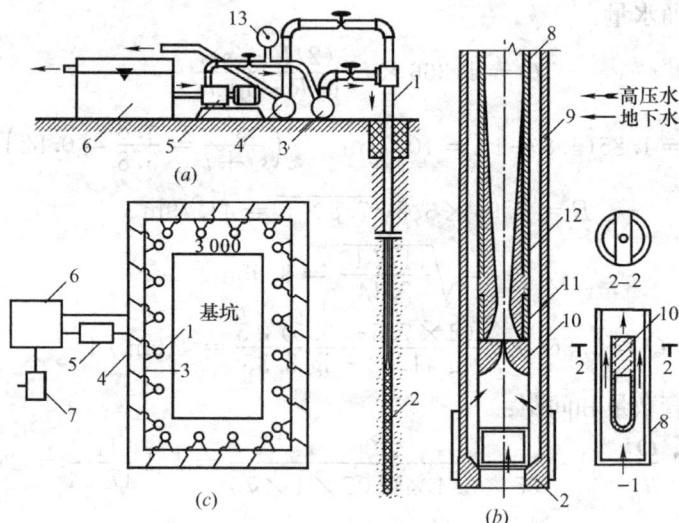

图 1-31　喷射井点设备布置

(a) 管路布置；(b) 内外管；(c) 环形布置

1—喷射井管；2—滤管；3—进水总管；4—排水总管；5—高压水泵；6—集水池；7—水泵；
8—内管；9—外管；10—喷嘴；11—混合室；12—扩散管；13—压力表

喷射井点的型号以井点外管直径（英寸）表示，一般有 2.5 型、4 型和 6 型三种，即其外管直径分别为 2.5、4 和 6（英寸），分别相当于 62.5、100、150mm，以适应不同排水量要求。

高压水泵宜采用流量为 50~80m³/h 的多级高压水泵，每套约能带动 20~30 根井管。喷射井点的平面布置，当基坑宽小于 10m 时，井点可作单排布置；当大于 10m 时，可作双排布置；当基坑面积较大时，宜采用环形布置，如图 1-31 (c) 所示。井点间距一般采用 2~3m。

(2) 喷射井点的施工和使用

喷射井点施工顺序是：安装水泵设备及泵的进出水管路；敷设进水总管和回水总管；沉设井点管并灌填砂滤料，接通水总管后及时进行单根井点试抽检验；全部井点管沉设完毕后，接通回水管，全面试抽，检查整个降水系统的运转状况及降水效果。然后让工作水循环进行正式工作。

为防止喷射器磨损，宜采用套管冲枪成孔，加水及压缩空气排泥，当套管内含泥量小于 5% 时才下井管及灌砂，然后再将套管拔起。冲孔直径为 400～600mm，深度应比滤管底深 1m 以上。

进水、回水总管同每根井点管的连接管均需安装阀门，以便调节使用和防止不抽水时发生回水倒灌。井点管路接头应安装严密。开泵初期，压力要小些（小于 0.3MPa），以后再逐渐正常。抽水时如发现井管周围有泛砂冒水现象，应立即关闭井点管进行检修。工作水应保持清洁，试抽两天后应更换清水，以减轻工作水对喷嘴及水泵叶轮的磨损。

（3）喷射井点计算

喷射井点的涌水量计算及确定井点管数量与间距、制水设备等均与轻型井点计算相同，高压水泵的工作的水流量 Q_1 和压力 p_1 计算，见公式（1-44）和式（1-45）。

$$Q = n \times \frac{q}{\alpha} \tag{1-44}$$

式中　n——喷射井点管根数；

　　　q——单根井点的排水量，m^3/h；

　　　α——排水流量与工作水流量之比值，按表 1-18 选用。

排水量与工作水流量之比值　　　　　　　　　　表 1-18

系　数 土的渗透系数（m/d）	α	β
$K<1$	0.8	0.225
$K \leqslant 50$	1.0	0.25
$K>50$	1.2	0.30

$$p_1 = \frac{H}{\beta} \tag{1-45}$$

式中　H——喷射井点所需的扬程，即水箱至井点管底部的总高度，m；

　　　β——扬程与工作水压力之比值，按表 1-18 选用。

根据工作水流量和压力，可以选择高压水泵。

3. 管井井点

管井井点是沿基坑周围每隔一定距离（20～50m）设置一个管井，每个管井单独用一台水泵不断抽水来降低地下水位。在土的渗透系数大（$K \geqslant 20m/d$）、地下水量大的土层中，宜采用管井井点。

管井井点由管井、吸水管及水泵组成，如图 1-32。

管井可用钢管和混凝土管。钢管管井采用直径为 200～250mm 钢管，其过滤部分采用钢管焊接管架外缠钢丝并包滤网，长度 2～3m，如图 1-32（a）所示。混凝土管管井，内径 400mm，分实壁管与过滤管两部分，过滤管的孔隙率为 20～25%。如图 1-32（b）所示。吸水管采用直径为 50～100mm 的钢管或胶管，其下端应沉入管井抽吸水的最低水位以下，为启动水泵和防止在水泵运转中突然停泵时发生水倒流，在吸水管底部应装截止阀。

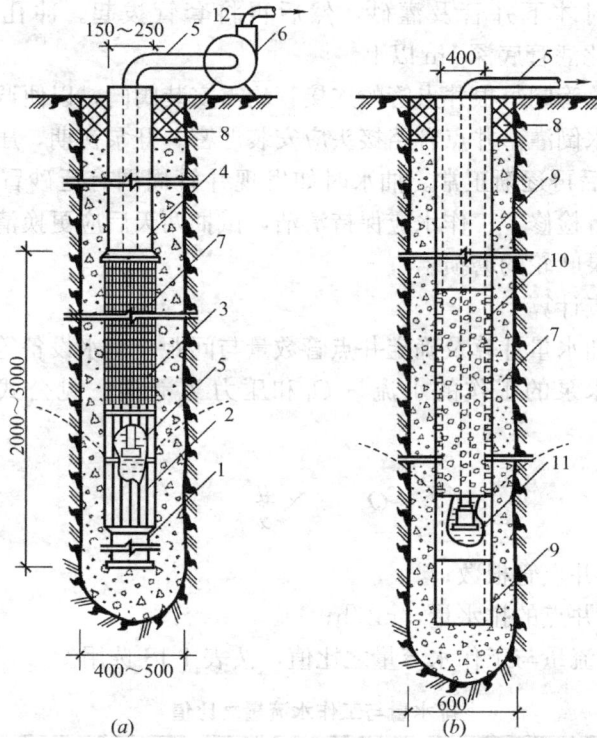

图 1-32　管井井点

(a) 钢管管井；(b) 混凝土管管井

1—沉砂管；2—钢筋焊接架；3—滤网；4—管身；5—吸水管；6—离心泵；7—小砾石过滤层；
8—黏土封口；9—混凝土实壁管；10—混凝土过滤管；11—潜水泵；12—出水泵

管井井点采用离心式水泵或潜水泵抽水。

管井的间距一般为 20～50m，管井的深度为 8～15m。井内水位降低可达 6～10m，两井中间则为 3～5m。管井井点计算，可参照轻型井点进行。

滤水井管的埋设，可采用泥浆护壁钻孔法成孔。孔径应比井管直径大 200mm 以上。井管下沉前要进行清孔，并保持滤网的畅通。井管与土壁之间用粗砂或小砾石填灌作过滤层。

此外，如要求的降水深度较大，管井井点内采用一般的离心泵和潜水泵已不能满足要求时，可改用深井泵，即采用深井井点降水法来解决。此法是依靠水泵的扬程把深处的地下水抽到地面上来。它适用于土的渗透系数为 10～80m/d，降水深度大于 15m 的情况。

4. 井点降水对邻近建筑物的影响和预防措施

井点降水时由于地下水流失造成地下水位下降，地基自重应力增加，土质被压缩，土颗粒随水流流失，将引起周围地面沉降，由于土质的不均匀性和形成的水位降低漏斗曲线，地面沉降为不均匀沉降，导致周围的建筑物基础下沉、房屋开裂。因此井点降水时，必须采取相应措施，防止产生建筑物基础下沉和房屋开裂的危害。

（1）回灌井点法

回灌井点是在降水井点与需要保护的原建筑物间设置的一排井点。在降水的同时，回灌井点向土层内流入适量的水，使原建筑物下保持原有的地下水位，防止或减小由于井点降水导致原建筑物的沉降或沉降程度。

回灌井点是防止井点降水损害周围建筑物的一种经济、简便、有效的方法，它能将井点降水对周围建筑物的影响减少到最低程度。为确保基坑施工的安全和回灌的效果，回灌井点与降水井点之间应保持一定的距离，一般不宜小于 6m，降水与回灌应同步进行。

回灌井点两侧应设置水位观测井，监测水位变化，调节控制降水井点和回灌井点的运行以及回灌水量。

（2）设置止水帷幕法

降水井点区域与原建筑之间设置一道止水帷幕，使基坑外地下水的渗流路线延长，从而原建筑物的地下水位基本保持不变，止水帷幕设置可结合挡土支护结构或单独设置，常用的止水帷幕有深度搅拌法、压密注浆法、冻结法等。

（3）减缓降水速度法

减缓井点的降水速度，防止土颗粒随水流流出，可采取加长井点，调小离心泵阀，根据土的检验改换滤网，加大砂滤层厚度等措施，防止抽水过程中带出土颗粒。

1.4　土方填筑与压实

为了保证填土的强度和稳定性，必须正确选择回填土料和填筑方法，以满足填土压实的质量要求。土方回填前应清除基底的垃圾、树根等杂物，抽除坑穴积水、挖走淤泥，验收基底标高。如在耕植土或松土上填方，应在基底压实后再进行。

1.4.1　填土压实的质量标准

填土压实后要达到一定密度要求。填土的密度要求和质量指标通常以压实系数 λ_c 表示。压实系数是土的施工控制干密度和土的最大干密度的比值。压实系数一般由设计根据工程结构性质、使用要求以及土的性质确定；如设计未作规定，可以表 1-19 中数据作参考。

填 土 压 实 系 数　　　　　　　　　　　　表 1-19

结 构 类 型	填 土 部 位	压实系数 λ_c
砌体承重结构和框架结构	在地基主要持力层范围内	＞0.96
	在地基主要持力层范围以下	0.93～0.96
简支结构和排架结构	在地基主要持力层范围内	0.94～0.97
	在地基主要持力层范围以下	0.91～0.93

结 构 类 型	填 土 部 位	压实系数 λ_c
一 般 工 程	基础四周或两侧一般回填土	0.9
	室内地坪、管道地沟回填土	0.9
	一般堆放物件场地回填土	0.85

黏性土或排水不良的砂土的最大干密度宜采用击实试验确定。当无试验资料时，可按公式（1-46）计算

$$\rho_{dmax} = \eta \frac{\rho_w \cdot d_s}{1 + 0.01 w_{OP} d_s} \tag{1-46}$$

式中　ρ_{dmax}——压实填土的最大干密度；

　　　η——经验系数，黏土取 0.95、粉土取 0.97；

　　　ρ_w——水的密度；

　　　d_s——土粒相对密度；

　　　w_{OP}——最优含水量（%），可按当地经验或按 $w_P + 2$，粉土取 14～18；

　　　w_P——土的塑限。

施工前，应求出现场各种填料的最大干密度，然后乘以设计的压实系数，求得施工控制干密度，作为检查施工质量的依据。

填土压实后土的实际干密度，可采用环刀法取样，其取样组数为：基坑回填每 20～50m³ 取样一组（每个基坑不少于一组）；基槽或管沟回填每层按长度 20～50m 取样一组；室内填土每层按 100～500m² 取样一组；场地平整填方每层按 400～900m² 取样一组。取样部位应在每层压实后的下半部。试样取出后，先称量出土的湿密度并测定其含水量，然后计算土的实际干密度 ρ_0。

$$\rho_0 = \frac{\rho}{1 + 0.01w} \tag{1-47}$$

式中　ρ——土的湿密度，g/cm³；

　　　w——土的含水量，%。

如用上式算得的土的实际干密度 $\rho_0 \geqslant \rho_d$（ρ_d 为施工控制干密度），则压实合格；若 $\rho_0 < \rho_d$，则压实不够，应采取相应措施，提高压实质量。

1.4.2　填方土料的选择和填筑要求

1. 材料要求

（1）质地坚硬的碎石、爆破石碴，粒径不大于每层铺厚的 2/3，可用于表层下的填料。

（2）砂土应采用质地坚硬的中粗砂，粒径为 0.25～0.5mm，可用于表层下的填料。如采用细、粉砂时，应取得设计单位的同意。

（3）黏性土（粉质黏土、粉土），土块颗粒不应大于 5cm，碎石草皮和有机质含量不大于 8%。回填压实时，应控制土的最佳含水率。

（4）淤泥和淤泥质土一般不能用作填料。但在软土和沼泽地区，经过处理含水量符合压实要求后，可用于填方的次要部位。碎块草皮和有机质含量大于 8%

的土，仅用于无压实要求的填方。

（5）含盐量符合表1-20规定的盐渍土一般可以使用，但填料中不得含有盐晶、盐块或含盐植物的根茎。

盐渍土按含盐程度分类　　　　表1-20

盐渍土名称	土层的平均含盐量（重量%）			可用性
	氯盐渍土及亚氯盐渍土	硫酸盐渍土及亚硫酸氯盐渍土	碱性盐渍土	
弱盐渍土	0.5～1	0.3～0.5		可用
中盐渍土	1～5①	0.5～2①	0.5～1②	可用
强盐渍土	5～8①	2～5①	1～2②	可用，但应采取措施
过盐渍土	＞8	＞5	＞2	不可用

注：①其中硫酸盐含量不得超过2%方可用。
　　②其中易溶碳酸盐含量不得超过0.5%方可用。

2. 填筑要求

填土应分层进行，尽量采用同类土回填，换土回填时，必须将透水性较小的土层置于透水性较大的土层之上，不得将各类土料任意混杂使用。填方土层应接近水平的分层压实。

1.4.3 填土压实方法

填土压实方法有碾压法、夯实法和振动压实法。

平整场地等大面积填土工程采用碾压法，较小面积的填土工程采用夯实法和振动压实法。

1. 碾压法

碾压法是利用机械滚轮的压力压实土壤，使之达到所需的密实度。碾压机械有平碾、羊足碾等。平碾又称光碾压路机，是一种以内燃机为动力的自行压路机。按重量等级分为轻型（30～50kN）、中型（60～90kN）和重型（100～140kN）三种，适于压实砂类土和黏性土。羊足碾一般无动力，靠拖拉机牵引，有单筒、双筒两种。根据碾压要求，又可分为空筒及装砂、注水等三种，羊足碾虽然与土接触面积小，但对单位面积的压力比较大，土壤压实的效果好。羊足碾适于对黏性土的压实。

碾压机开行速度不宜过快，否则影响压实效果。一般不应超过下列规定：

（1）平碾：2km/h；

（2）羊足碾：3km/h。

2. 夯实法

夯实法是利用夯锤自由下落的冲击力来夯实土壤。夯实法分人工夯实和机械夯实两种。人工夯实所用的工具有木夯；常用的夯实机械有夯锤、内燃夯土机和蛙式打夯机（图1-33）。夯实机械具有体积小、重量轻、对土质适应性强等特点，在工程量小或作业面受到限制的条件下尤为适用。

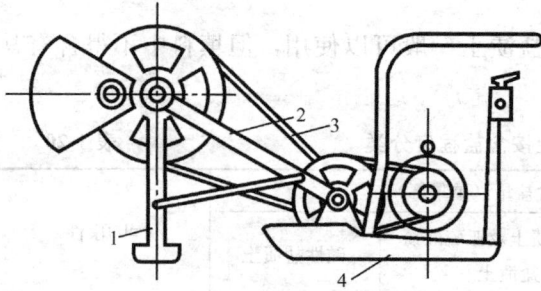

图 1-33 蛙式打夯机

1—夯头；2—夯架；3—传动皮带；4—底盘

3. 振动压实法

振动压实法是将振动压实机放在土层表面，借助振动机构使压实机振动土颗粒，土的颗粒发生相对位移而达到紧密状态。用这种方法振实非黏性土效果较好。

振动碾是一种振动和碾压同时作用的高效能压实机械，比一般平碾提高工效 1～2 倍。适于对爆破石渣、碎石类土、杂填或轻亚黏土的压实。

1.4.4 影响填土压实质量的因素

影响填土压实质量的因素很多，主要有：压实功、土的含水量及铺土厚度。

1. 压实功的影响

填土压实后的密实度与压实机械对填土所施加的功二者之间的关系如图 1-34 所示。从图中可以看出二者并不成正比关系，当土的含水量一定，在开始压实时，土的密度急剧增加，待到接近土的最大密度时，压实功虽然增加许多，而土的密度却没有明显变化。因此，在实际施工中，在压实机械和铺土厚度一定的条件下，辗压一定遍数即可，过多增加压实遍数对提高土的密度作用不大。另外，对松土一开始就用重型碾压机械辗压，土层会出现强烈起伏现象，压实效果不好。应该先用轻碾压实，再用重碾辗压，会取得较好压实效果。为使土层碾压变形充分，压实机械行驶速度不宜太快。

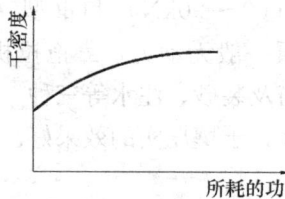

图 1-34 土的密度与压实功关系

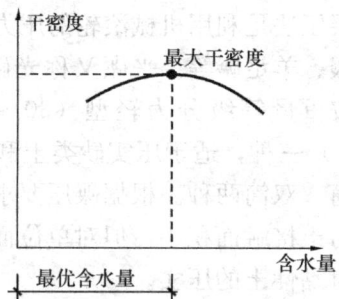

图 1-35 土的干密度与含水量关系

2. 土含水量的影响

土的含水量对填土压实质量有很大影响。较干燥的土，由于土颗粒之间的摩阻力较大，填土不易被压实；而土中含水量较大，超过一定限度时，土颗粒之间的孔隙全部被水填充而呈饱和状态，土也不能被压实。只有当土具有适当的含水量，土颗粒之间的摩阻力由于水的润滑作用而减小，土才容易被压实，如图 1-35 所示。在压实机械和压实遍数相同的条件下，使填土压实获得最大密度时土的含水量,称为土的含水量。土料的最优含水量,称为土的最优含水量。土料的最优含水量和相应的最大干密度可由击实试验确定(试验方法见《土方与爆破工程施工及验收规范》(GBJ 201—83),表 1-21 所列数值可供参考。

为了保证填土在压实过程中具有最优含水量,土含水量偏高时,可采取翻松、晾晒、均匀掺入干土(或吸水性填料)等措施;如含水量偏低,可采用预先洒水润湿、增加压实遍数或使用大功能压实机械等措施。

土的最优含水量和最大干密度参考表   表 1-21

项 次	土的种类	变动范围		项 次	土的种类	变动范围	
		最优含水量 (%)	最大干密度 (g/cm³)			最优含水量 (%)	最大干密度 (g/cm³)
1	砂土	8~12	1.80~1.88	3	粉质黏土	12~15	1.85~1.95
2	黏土	19~23	1.58~1.70	4	粉土	16~22	1.61~1.80

3. 铺土厚度的影响

压实机械的压实作用,随土层的深度增加而逐渐减小。在压实过程中,土的密实度也是表层大,而随深度加深逐渐减小,超过一定深度后,虽经反复碾压,土的密度仍与未压实前一样。各种压实机械的压实影响深度与土的性质、含水量有关。所以,填方每层铺土厚度应根据土质、压实的密度要求和压实机械性能确定,或者按表 1-22 选用。在表 1-22 给出的范围内,轻型压实机械取小值,重型的取大值。

填方每层的铺土厚度和压实遍数   表 1-22

压 实 机 械	每层铺土厚度(mm)	每层压实遍数
平 碾	200~300	6~8
羊足碾	200~350	8~16
蛙式打夯机	200~250	3~4
人工打夯	不大于 200	3~4

填方应按设计要求预留沉降量,一般不超过填方高度的 3%。冬期填方每层铺土厚度应比常温施工时减少 20%~25%,预留沉降量比常温时适当增加。填方中不得含冻土块及受冻填土层。铺土厚度和平整度可用小皮数杆控制,每10~20m 长或 100~200m² 面积设置一处。可用插针检验铺土厚度。

4. 质量事故分析

(1) 回填土沉陷

1) 现象:

填土沉陷,造成室外散水坡空鼓下沉,建筑物基础积水,甚至导致建筑物结构下沉。

2) 原因分析:

①夯填之前未认真处理,回填土后受到水的浸湿出现沉陷;

②回填土不进行分层填夯,使回填质量得不到保证;

③回填土干土颗粒较大较多，回填达不到密实度的要求。

（2）填方出现橡皮土

1）现象：

橡皮土又称为弹簧土。打夯时体积不能压缩，受击区下陷而周围鼓起，形成软塑状态。

2）原因分析：

在含水量过大的腐殖土、泥炭土、黏土、粉质黏土等原状土上进行回填土或采用这种土进行回填工程时，容易出现橡皮土，尤其在混杂状态下进行填土工程，由于原状土被扰动，颗粒之间的毛细孔遭到破坏，水分不容易渗透和散发。当气温较高时，进行夯击和碾压，特别是用光面辊碾压，表面形成硬壳，更加阻止水分的渗透和散发，形成软塑型的橡皮土。

1.5 土方工程机械化施工

土方工程工程量大，人工挖土不仅劳动繁重，而且劳动生产率低，工期长，成本较高。因此，在土方工程施工中应尽量采用机械化、半机械化的施工方法，以减轻繁重的体力劳动，加快施工进度，降低工程成本。

1.5.1 推 土 机

推土机由拖拉机和推土铲刀组成。按铲刀的操纵机构不同，推土机分为索式和液压式两种。索式推土机的铲刀借本身自重切入土中，在硬土中切土深度较小。液压式推土机由于用液压操纵，能使铲刀强制切入土中，切土深度较大。同时，液压式推土机铲刀还可以调整角度，具有更大的灵活性。

推土机能单独地进行挖土、运土和卸土工作，具有操纵灵活、运转方便、所需要工作面较小、行驶速度较快等特点。适用于场地清理、场地平整，开挖深度不大的基坑以及回填作业等。此外，还可以牵引其他无动力的土方机械，推土机最为有效的运距为 30～60m。

1.5.2 单 斗 挖 土 机

单斗挖土机是基坑（槽）土方开挖常用的一种机械。按其行走装置的不同，分为履带式和轮胎式两类。根据工作的需要，其工作装置可以更换。根据其工作装置分为正铲、反铲、拉铲和抓铲四种（图 1-36）。按其传动方式有机械传动和液压传动两种。单斗挖土机进行土方开挖作业时，需自卸汽车配合运土。

1. 正铲挖土机

正铲挖土的特点是：前进向上，强制切土，挖掘力大，生产率高，开挖停机面以上 Ⅰ～Ⅳ 类土。开挖大型基坑时需要设置坡道，正铲挖土机在基坑内作业，适用于开挖高度 3m 以上的无地下水的干燥基坑。

正铲挖土机的生产率主要决定于每次土斗的挖土量和每次作业的循环时间。同时要考虑挖土方式和与自卸汽车的配合，应尽量减小回转角度，缩短循环时间。

正铲挖土机的作用方式，根据其开挖路线与运输工具的相对位置不同，有正向挖土，侧向卸土；正向挖土，后方卸土。

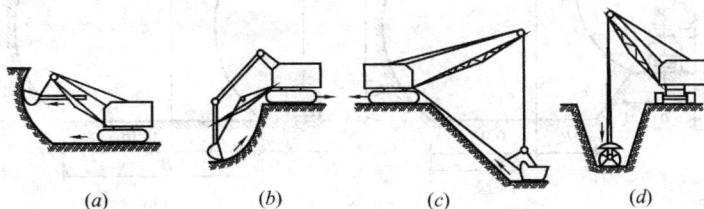

图 1-36　挖土机的工作简图
(a) 正铲挖土机；(b) 反铲挖土机；(c) 拉铲挖土机；(d) 抓铲挖土机

(1) 正向挖土，侧向卸土

正向挖土，侧向卸土，如图 1-37 (a) 所示，即挖土机沿前进方向挖土，运输工具停在侧面装土。此法挖土卸土时动臂转角小、运输车辆行驶方便、生产效率高、应用较广。

(2) 正向挖土，后方卸土

正向挖土，后方卸土，如图 1-37 (b) 所示，即挖土机沿前进方向挖土，运输工具停在挖土机后方装土。此法挖土机卸土时动臂转角大、生产率低、运输车辆要倒车开入。一般在基坑窄而深的情况下采用。

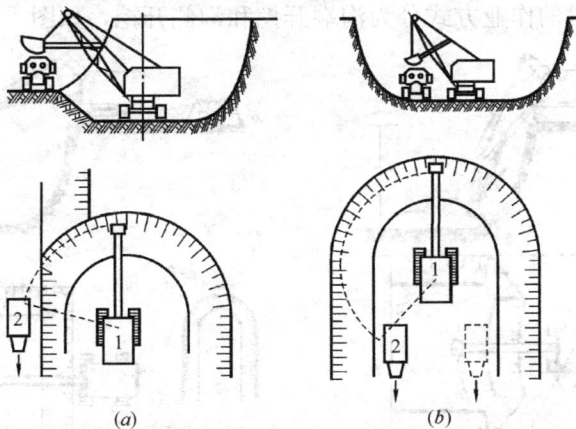

图 1-37　正铲挖土机工作图
(a) 侧向卸土；(b) 后方卸土
1—推土机；2—汽车

正铲挖土机的挖土方式不同，其所需的工作面大小也不同。挖土机的工作面是指挖土机在一个停机点进行挖土的工作范围。工作面的形状和尺寸取决于挖土机的性能和卸土方式。根据挖土机作业方式不同，挖土机的工作面分为侧工作面与正工作面两种。

侧工作面（挖土机侧向卸土时的工作面）根据运输工具与挖土机的停放标高是否相同又分为高卸侧工作面（车辆停放处高于挖土机停机面）及平卸侧工作面

（车辆与挖土机在同一标高）。侧工作面的形状及尺寸如图1-38所示。

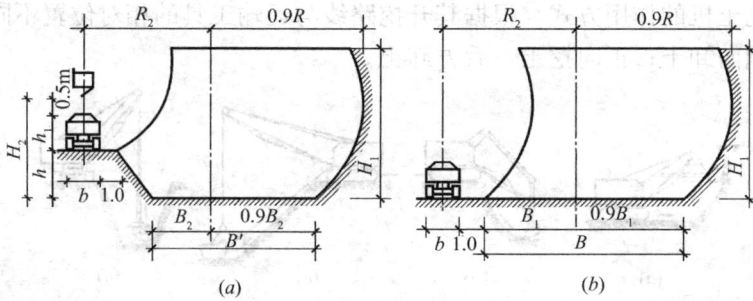

图 1-38 侧工作面形状及尺寸
(a) 高卸工作面；(b) 平卸工作面

正工作面（挖土机后方卸土时的工作面）的形状和尺寸是左右对称的。

正铲挖土机开挖大面积基坑时，必须对挖土机作业、开行路线和工作面进行设计，确定开行次序和次数，称为开行通道。基坑开挖深度较小时，可布置一层开行通道；当基坑深度较大时，则开行通道需布置多层。

2. 反铲挖土机

反铲挖土机的特点是：后退向下，强制切土。其挖掘力较大，开挖停机面以下的Ⅰ～Ⅱ类土。开挖深度4m左右的基坑、基槽和管沟等，亦可用于地下水位较高的土方开挖。

反铲挖土机的作业方式分为沟端开挖和沟侧开挖，如图1-39所示。

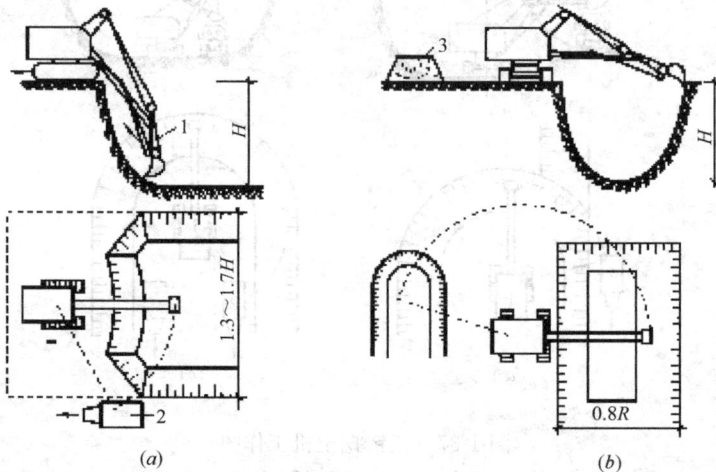

图 1-39 反铲挖土机作业方式
(a) 沟端开挖；(b) 沟侧开挖
1—挖土机；2—自卸汽车；3—弃土堆

沟端开挖，挖土机停在基坑或基槽的端部，向后侧退挖土，汽车停在基坑或基槽两侧装土。其优点是挖土方便，挖掘深度和宽度较大，当基坑较宽时，可每次开行挖土。

沟侧开挖，挖土机沿基坑或基槽一侧开行挖土，将土弃于远处，其开挖方向与挖土机开行方向和宽度较大，一般在无法采用沟端开挖方式时或挖土不需要运走时，才采用沟侧开挖方式。

3. 拉铲挖土机

拉铲挖土机的土斗用钢丝绳悬挂在挖土机长臂上，挖土时土斗在自重作用下落到地面切入土中。其挖土特点是：后退向下，自重切土。其挖土深度和挖土半径较大，能开挖停机面以下的Ⅰ～Ⅱ类土，但不如反铲动作灵活准确，适于开挖大型基坑及水下挖土。

4. 抓铲挖土机

抓铲挖土机是在挖土机臂端用钢丝绳悬吊一个抓斗，挖土时抓斗在自重作用下落到地面切土。其挖掘特点是：直上直下，自重切土。挖掘力较小，开挖挖掘机面以下的Ⅰ～Ⅱ类土，适于开挖窄而深的基坑、沉井，特别是水下挖土。

1.5.3　土方工程机械化施工选择

大型基坑（槽）、管沟的土方工程施工中应合理选择土方机械，使各种机械在施工中配合协调，充分发挥机械效率，加快施工进度，保证施工质量，降低工程成本。为此，在施工前要经过经济和技术分析比较，制订出合理的施工方案，用以指导施工。

1. 施工方案选择的依据

（1）工程类型与规模；

（2）施工现场的水文、地质及气候条件；

（3）现有机械设备条件；

（4）工期要求。

2. 挖土机与自卸汽车配套计算

在组织土方工程机械化施工时，必须使主导机械和辅助机械的台数相互配套，协调工作。

主导机械（如挖土机）的数量，应根据该机械的生产率和每班完成的工作量并考虑由于机械故障或其他原因而临时停工等因素，算出所需的机械台班数，再根据工期及工作面大小来确定。主导机械数量确定后，按充分发挥主导机械效能的原则确定出配套机械的数量。

（1）单斗挖土机挖土，配以自卸汽车运土的机械配套计算：

挖土机数量 N，应根据土方量大小和工期来确定。

$$N = \frac{Q}{Q_d} \times \frac{1}{T \cdot C \cdot K_B} \tag{1-48}$$

式中　Q——土方量，m^3；

Q_d——挖土机生产率，m^3/台班；

T——工期，工作日；

C——每天工作班数；

K_B——时间利用系数。

若挖土机数量已定，工期 T 可按公式（1-49）计算。

51

$$T = \frac{Q}{N \cdot Q_d \cdot C \cdot K_B} \tag{1-49}$$

（2）自卸汽车配套计算：

自卸汽车装载容量 Q_1，一般宜为挖土机容量的 3～5 倍；

自卸汽车的数量 N_1（台），应保证挖土机连续工作，可按公式（1-50）计算。

$$N_1 = \frac{T}{t_1} \tag{1-50}$$

式中　T——自卸汽车每一工作循环延续时间，min；

$$T = t_1 + \frac{2L}{V_c} + t_2 + t_3 \tag{1-51}$$

t_1——自卸汽车每次装车时间，min，$t_1 = nt$；

n——自卸汽车每车装土斗数，$n = \dfrac{Q_1}{q \cdot \dfrac{K_c}{K_s} \cdot \rho}$； $\tag{1-52}$

t——挖土机每斗作业循环的延续时间，s（$W_1 - 100$ 正铲挖土机为 25～40s）；

q——挖土机斗容量，m³；

K_c——土斗充盈系数，取 0.8～1.1；

K_s——土的最初可松性系数；

ρ——土的重力密度（一般取 17kN/m³）；

L——运距，m；

V_c——重车与空车的平均速度，m/min（一般取 20～30km/h）；

t_2——卸车时间（一般为 1min）；

t_3——操纵时间（包括停放待装、等车、让车等），取 2～3min。

2 桩基础工程

2.1 概　述

一般工程结构宜采用天然地基，其造价低，施工简便。若天然地基土层软弱，可采用机械碾压、换土垫层、强夯、深层搅拌、堆载预压、砂桩挤密、硅化法等进行人工加固处理。当软土层较厚，建筑物荷载大或对变形和稳定要求高时，则可采用桩基、地下连续墙、墩式基础、沉井等深基础。

桩基础是一种常见的基础形式。它是由若干根土中单桩，顶部用承台或梁联系起来的一种基础形式。桩的作用是将上部建筑物的荷载传递到承载力较大的深土层中；或使软弱土层挤密，以提高地基土的密实度及承载力。当上部建筑物荷载比较大，而地基软弱，天然地基的承载能力、沉降量不能满足设计要求时，可采用桩基础。桩基础有承载力高、沉降量小而均匀、沉降速度慢，能承受竖向力、水平力、振动力等，施工进度快、质量好等特点。因此，在工业建筑、高层建筑、高耸构筑物以及抗震设防建筑中广泛应用。

1) 桩按传力及作用性质不同分为端承桩和摩擦桩两种。端承桩是穿过软弱土层达到坚实土层的桩。上部建筑物的荷载主要由桩尖土层的阻力来承受。摩擦桩只打入软弱土层一定深度，将软弱土层挤压密实，提高土层的密实密度及承载力，上部建筑物的荷载主要由桩身侧面与土层之间的摩擦力及桩尖的土层阻力承担。

2) 桩按施工方法分为预制桩及灌注桩。预制桩是在工厂或施工现场制作的各种材料和形式的桩（钢管桩、钢筋混凝土实心方桩、离心管桩等），然后用沉桩设备将桩沉入土中。预制桩按沉桩方法不同分为锤击沉桩（打入桩）、静力压桩、振动沉桩和水冲沉桩等。灌注桩是在施工现场的桩位处成孔，然后在孔中安放钢筋骨架，再浇筑混凝土成桩，也称为就地灌注桩。灌注桩的成孔，按设计要求和地质条件、设备情况，可采用钻孔、冲孔、抓孔和挖孔等不同方式。成孔作业还分为干式作业和湿式作业，分别采用不同的成孔设备和技术措施。

2.1.1　建筑工程对地基的基本要求

为了保证建筑物的安全，地基应同时满足两个基本要求：

(1) 地基必须稳定，且具有一定的承载力。在建筑物正常使用期间，不会发生开裂、滑动和塌陷等有害现象；地基承载力应满足上部结构荷载的要求，保证地基不发生整体强度破坏。

(2) 地基的变形（沉降及不均匀沉降）不超过建筑物的允许变形值，保证建筑物不会因地基产生过大的变形而影响建筑物的安全与正常使用。

2.1.2 地基加固的原理

当工程结构的荷载较大,地基土质又较软弱(强度不足或压缩性大),不能作为天然地基时,可针对不同情况,采取各种人工加固处理的方法,以改善地基性质,提高承载能力、增加稳定性,减少地基变形和基础埋置深度。

地基加固的原理是:"将土质由松变实","将土的含水量由高变低",即可达到地基加固的目的。地基处理技术发展迅速,地基处理(地基加固)方法很多,而且工程技术人员还在不断地创造出一些新的方法。但须指出,在拟定地基加固处理方案时,应充分考虑地基与上部结构共同工作的原则,从地基处理、建筑、结构设计和施工方面均应采取相应的措施进行综合治理,绝不能单纯对地基进行加固处理,否则,不仅会增加工程费用,反而难以达到理想的效果。其具体的措施有:

(1)改变建筑形体,简化建筑平面。

(2)调整荷载差异。

(3)合理设置沉降缝。沉降缝的位置宜设在:

1)地基不同土层交接处,或地基同一土层厚薄不一处;

2)建筑平面的转折处;

3)荷载或高低差异处;

4)建筑结构或基础类型不同处;

5)分期建筑的交界处;

6)局部地下室的边缘;过长房屋的适当部位。

(4)采用轻型结构、柔韧结构。

(5)加强房屋的整体刚度,如:

1)采用横墙承重方案或增加横墙;

2)增设圈梁;

3)减小房屋长高比;

4)采用筏式基础、箱形基础等。

(6)对基础进行移轴处理,当偏心荷载较大时,可使基础轴线偏离柱的轴线。

(7)施工中正确安排施工顺序和施工进度,如:

1)对相邻的建筑,应先施工重、高的建筑,后施工轻、低的建筑;

2)对软土地基则应放慢施工速度,以便使地基能排水固结,提高承载能力。否则,施工速度过快,将造成较大的空隙水压力,甚至使地基发生剪切破坏。

2.1.3 常用的地基处理方法

1. 换填法

就是全部或部分的挖去基础底面以下处理范围内的软弱土层,然后分层换填强度较高的砂、碎石、素土、灰土、粉质黏土、粉煤灰、矿渣、土工合成材料及其他性能稳定和无侵蚀性的材料,并碾压、夯实或振实至要求的密实度为止。

换填法的适用范围：淤泥、淤泥质土、湿陷性黄土、素填土、杂填土地基及暗沟、暗塘等的浅层处理地基或不均匀地基处理。当在建筑范围内上层软弱土层较薄时，可采用全部换填处理；对于建筑物范围内局部存在古井、古墓、暗塘、暗沟或拆除旧基础后的坑穴等，可采用局部换填法处理。

换填法的处理深度通常控制在 3m 以内较为经济合理。换填法常用于处理轻型建筑、地坪、堆料场及道路工程等。

2. 预压法

预压法包括堆载预压法、真空预压法、真空－堆载联合预压法、降水预压法和电渗排水预压法等，后两种预压法在工程上应用较少。预压法适用于淤泥质土、淤泥和冲填等饱和黏性土地基。

（1）堆载预压法。

在地基基础施工前，通过在拟建场地上预先堆置重物，进行堆载预压，以达到地基土固结沉降基本完成，通过地基土的固结以提高地基承载力。预压荷载一般等于建筑物的荷载，为了加速压缩过程，预压荷载也可比建筑物的重量大，称为超载预压。堆载预压可分为塑料排水板或砂井地基堆载预压和天然地基堆载预压。通常，当软土层厚度小于 4m 时，可采用天然地基堆载预压处理；当软土层厚度超过 4m 时，为加速预压过程，应采用塑料排水板或砂井等竖井排水预压处理地基。

（2）真空预压法。

通过在需要加固的软土地基上铺设砂垫层，并设置竖向排水通道，再在其上覆盖不透气的薄膜形成一密封层使之与大气隔绝。然后用真空泵抽气，使排水通道保持较高的真空度，在土的孔隙水中产生负的孔隙水压力，孔隙水逐渐被吸出，从而使土体达到固结。真空预压法一般能形成 78～92kPa 的等效荷载，与堆载预压法联合使用，可产生 130kPa 的等效荷载。加固深度一般超过 20m。

3. 强夯法

（1）作用原理：就是利用打夯机具（如木夯、石蛾、蛙式打夯机、火力夯、电力夯、重锤夯、强力夯等）夯击土壤，排出土壤中的水分，加速土壤的固结，以提高土壤的密实度和承载能力。其中强力夯是用起重机械将大吨位夯锤（一般不小于 8t）起吊到很高处（一般不小于 6m），自由落下，对土体进行强力夯实。其作用机理是用很大的冲击能，使土中出现冲击波和很大的应力，迫使土中孔隙压缩，土体局部液化，夯击点周围产生裂隙形成良好的排水通道，土体迅速固结。

（2）强夯法适用范围：碎石土、砂土、低饱和度的粉土、黏性土、湿陷性黄土及人工填土地基的深层加固，对于软土地基一般效果不显著。但强力夯所产生的振动，对现场周围已建或在建的建筑物及其他设施有影响时，不得采用，必要时，应采取防振措施。

4. 振冲法

（1）振冲置换法。

利用振冲器或沉桩机，在软弱黏性土地基中成孔，再在孔内分批填入碎石或卵石等材料制成桩体。桩体和原来的黏性土构成复合地基，从而提高地基承载力，减小压缩性。碎石桩的承载力和压缩量在很大程度上取决于周围软土对碎石桩的约束作用。如周围的土过于软弱，对碎石桩的约束作用就差。

振冲置换法的适用范围：不排水抗剪强度不小于 20kPa 的黏性土、粉土、饱和黄土和人工填土地基。对不排水剪切强度小于 20kPa 的地基应慎重对待。

（2）振冲密实法。

其原理是依靠振冲器的强力振动使饱和砂层发生液化，砂砾重新排列，空隙减少，使砂层挤压加密。振冲密实法适用于黏粒含量小于 10% 的粗砂、中砂地基。

5. 土和灰土挤密法

由桩间挤密土和填夯的桩共同组成的复合地基。以消除地基的湿陷性为主要目的时，选用土桩挤密法；以提高地基的承载能力及水、土稳定性为主要目的时，选用灰土桩挤密法。

土桩和灰土桩挤密法的适用范围：湿陷性黄土、素填土和杂填土等地基。

6. 砂石桩法

（1）作用原理：用振动或冲击荷载在软弱地基中成孔后，将砂石挤压入土中，形成密实砂石桩，达到加固地基的目的。

（2）砂石桩法的适用范围：松散砂土、粉土、黏性土、素填土和杂填土等地基。在饱和黏土地基上对变形控制要求不严的工程也可采用砂石桩置换处理。砂石桩法也可用于处理可液化地基。

7. 深层搅拌法

（1）作用原理：其原理是利用水泥浆、石灰或其他材料作为固化剂，通过特制的深层搅拌机械，在地基深处将软土和固化剂强制搅拌，利用固化剂和软土之间产生的一系列物理化学反映，使软土硬结成具有整体性、水稳定性和一定强度的优质地基，从而达到提高地基的承载力和增大变形模量的目的。

（2）深层搅拌法的适用范围：淤泥、淤泥质土、粉土、饱和黄土、素填土和黏性土等地基。当用于处理泥炭土或地下水具有侵蚀性时，应通过试验确定其适用性，深层搅拌法是水泥土搅拌法中的一种，也称为湿法。

8. 粉体喷射法

（1）作用原理：利用生石灰或水泥等粉体材料作为固化剂，通过特制的深层搅拌机在地基深部就地将软土和固化剂强制拌合，利用固化剂与软土产生的一系列物理化学反应，形成坚硬的拌合土体，以置换部分软弱土体，形成复合地基。

（2）适用范围同深层搅拌法。但对于含水量较小的黏性土，处理效果欠佳。与深层搅拌法相比，在固化过程中，粉体材料能吸收周围土体更多的水分，使土体固结。适合于 7 层以下的工业与民用建筑，对高层建筑宜试验论证。粉体喷射法俗称旋喷法，是水泥土搅拌法中的一种，又称为干法。

9. 高压喷射注浆法

（1）作用原理：利用钻机把带有喷嘴的注浆管钻到预定深度的土层，以高压喷射直接冲击破坏土体，使水泥浆液或其他浆体与土拌合，凝固后成为拌合柱体。在软弱地基中设置这种柱体群，形成复合地基。

（2）高压喷射注浆法的适用范围：淤泥、淤泥质土、粉土、黄土、砂土、碎石、人工填土和黏性土等地基。当土中含有较多的大粒径块石、坚硬黏性土、大量植物根茎或有过多的有机质时，应根据现场试验结果确定其适用程度。

10. 托换法

适用于对已有建筑物的地基和基础进行处理与加固，或在已有建筑物基础下需修建地下工程，以及邻近需要新建工程而影响已有建筑物安全等问题的处理。托换法可分为桩式托换法、灌浆托换法和基础加固法三种。

（1）桩式托换法。

采用桩的形式进行托换。桩式托换法可分为坑式静压桩托换、锚杆静压桩托换、灌注桩托换和树根桩托换四种。

桩式托换法的适用范围：软弱黏土、松散沙土、饱和黄土、湿陷性黄土、素填土和杂填土等地基。

（2）灌浆托换法。

采用气压或液压将各种有机或无机化学浆液注入土中，使地基固化，起到提高地基土强度、消除其湿陷性或起到防渗堵漏作用。根据灌浆材料的不同，可分为水泥灌浆法、硅化法和碱液法。

适用范围：松散砂土、素填土、杂填土等地基和既有建筑物的地基处理。

（3）基础加固法。

采用水泥或环氧树脂等浆液灌浆加固或加大基础底面积，或增大基础深度，使基础支承在较好的土层上。基础加固法可分为灌浆法、加大基础托换法和坑式托换法三种。

基础加固法的适用范围：建筑物基础支承力不足的已有建筑物的基础加固。

11. 灌浆法

是用气压、液压或电动化学原理，把具有充填、胶结性能的材料注入到各种介质的裂缝和孔隙中，以增加其强度和密实度。通过钻孔，将压浆管放入到预定深度的土层，在较高的灌浆压力作用下，使浓浆克服土体的初始应力和抗拉强度，在土体内产生水力劈裂和置换作用，形成交叉的结石网格和较高强度的空间性刚性骨架。在水力破裂过程中，土体中自由水和毛细水被排走，表面水被吸收，土体发生固化和化学硬化作用，使土体再次得以加固。

12. CFG桩法

（1）作用原理：利用一定的成桩机械，施工桩径直径300～500mm、桩身混凝土强度一般为C15～C30、可配筋也可不配筋的桩，与褥垫层形成复合地基，从而提高地基承载力。

（2）适用范围：淤泥、淤泥质土、杂填土、饱和和非饱和的黏性土、粉土。能使天然地基承载能力提高70%以上。

此外，还有加筋土、土工织物、树根桩、锚固法、重锤夯实法等。

2.2 预制桩施工

2.2.1 钢筋混凝土预制桩施工

钢筋混凝土预制桩承载能力较大，桩的制作和沉桩具有工艺简单、施工速度快、沉桩机械普及、不受地下水位高低及潮湿变化影响等特点，较钢管桩等坚固耐用。其施工现场干净、文明程度高。但耗钢量（由于考虑吊装强度）较大，桩长也不易适应土层变化。

钢筋混凝土预制桩有实心方桩和离心管桩两种。实心桩为便于制作，大多数制作成方形截面，断面边长一般为 250～550mm。管桩是在工厂采用离心法成型的空心圆形预制桩，其直径有 φ400～φ500 等几种。与实心桩相比，使用相同体积混凝土，管桩的直径大、承载能力高。单节桩的最大长度，取决于打桩架的高度，一般在 27m 以内；必要时可做到 30m。若桩长超过桩架高度，则分节（段）制作，打桩时采用接桩的方法接长。

钢管混凝土预制桩所用混凝土强度等级不宜低于 C30；主筋根据桩断面大小及吊装验算确定，一般为 4～8 根，直径 12～25mm；箍筋直径 6～8mm，间距不大于 200mm。在桩顶和桩尖部分应加强配筋。

钢筋混凝土预制桩施工包括桩的制作、起吊、运输、堆放和沉桩、接桩等工艺。

1. 桩的制作、起吊、运输和堆放

（1）桩的制作

较短的桩（长度 10m 以下）多在预制厂制作，较长的桩宜在施工现场附近露天就地预制。确定单节桩制作长度应考虑桩架的有效高度、制作场地大小、运输和装卸能力等，同时考虑接桩节点的竖向位置应避开硬夹层。

施工现场预制桩多采用叠层浇筑，重叠生产的层数应根据施工条件和地基承载力确定，一般不宜超过 4 层。预制场地应平整坚实，不应产生浸水湿陷和不均匀沉陷，制桩底模应素土夯实或垫石渣炉灰等，上抹水泥砂浆一遍；上下层桩之间、邻桩之间及桩与底模板之间应做好隔离层，以防接触面粘结及拆模时损坏棱角。常用隔离剂有：纸筋石灰浆、皂脚滑石粉浆、塑料布等。隔离剂要求干燥快、隔离性能好、施工方便、造价低廉。上层桩及邻桩的混凝土浇筑，应在下层及邻桩混凝土达到设计强度等级的 30% 以上之后进行。对于两个吊点以上的桩，由于桩架滑轮组有左右之分，所以预制时就应根据打桩顺序，行走路线来确定桩尖方向。

钢筋混凝土预制桩的钢筋骨架宜采用对焊连接，主筋接头配置在同一截面内（指 30 倍钢筋直径区域之内，但不小于 500mm）的数量不得超过 50%；同一钢筋两个相邻接头间应大于 30 倍钢筋直径，且不小于 500mm；桩尖应对正轴线，桩尖模板应采用钢模板，也可用钢板焊在钢筋骨架上。桩顶主筋上部以伸至最上一层钢筋网片之下为宜，应连接成"⊓"形，以有效地接受和传递冲击力。桩身混凝土保护层不可过厚，以 25mm 为宜，否则，打桩时易脱落。钢筋混凝土预

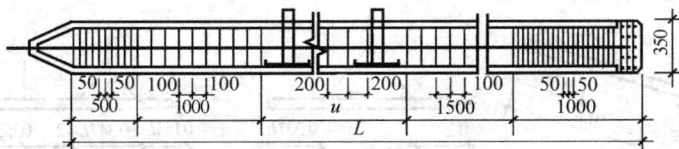

图 2-1　钢筋混凝土预制桩

制桩如图 2-1 所示。

制桩时，混凝土应由桩顶向桩尖浇筑，不得中断。桩顶及桩身表面应平整坚实，掉角深度不应超过 10mm，且局部蜂窝和掉角缺损总面积不得超过全部表面积的 0.5%，并不得过分集中。由于混凝土收缩产生的裂缝，深度不得大于 20mm，宽度不得大于 0.25mm；横向裂缝长度不得超过边长或直径的一半；桩顶和桩尖处不得有蜂窝、麻面、裂缝和掉角。桩制作允许偏差不得大于表 2-1 规定。

钢筋混凝土预制桩的允许偏差　　　　　　　　　　　　　表 2-1

项　次	项　目	允许偏差（mm）
1	钢筋混凝土预制桩	
	1. 横截面边长	±5
	2. 桩顶对角线之差	10
	3. 保护层厚度	±5
	4. 桩身弯曲矢高	不大于 1‰桩长，且不大于 20
	5. 桩尖中心线	10
	6. 桩顶平面对桩中心线的倾斜	3
	7. 锚筋预留孔深	−0～+20
	8. 浆锚预留孔位置	5
	9. 浆锚预留孔径	±5
	10. 锚筋孔的垂直度	1%
2	钢筋混凝土管桩	
	1. 直径	±5
	2. 管壁厚度	−5
	3. 抽芯圆孔平面位置对桩中心线	5
	4. 桩尖中心线	10
	5. 下节或上节桩的法兰对中心线的倾斜	2
	6. 中节桩两个法兰对桩中心线倾斜之和	3

（2）桩的起吊

钢筋混凝土预制桩应在混凝土达到设计强度等级的 70% 方可起吊，达到100% 才能运输和打桩。如提前起吊，必须作强度和抗裂度验算，并采取必要措施。起吊时，吊点位置应符合设计要求。无吊环时，绑扎点的数量和位置视桩长而定，当吊点或绑扎点不大于 3 个时，其位置按正负弯矩相等原则计算确定；当吊点或绑扎点大于 3 个时，应按正负弯矩相等且吊点反力相等的原则确定吊点位

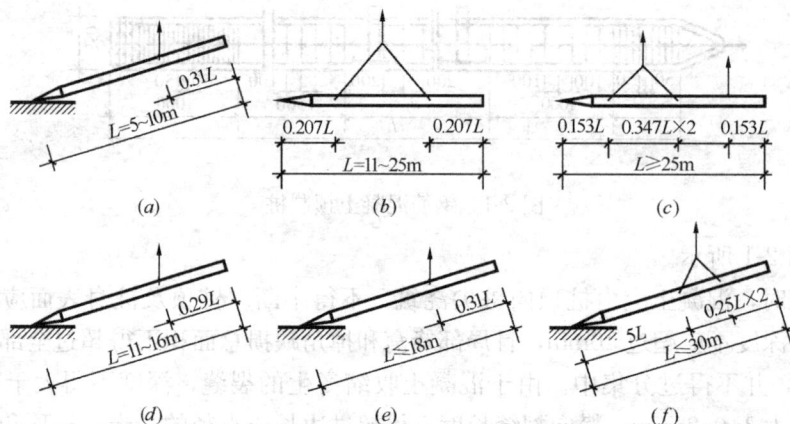

图 2-2 桩的吊点位置
(a)、(d) 一点位置；(b) 两点起吊；(c) 三点起吊；
(e)、(f) 管桩一点及两点起吊

置。几种不同吊点位置如图 2-2 所示。

（3）桩的运输与堆放

桩的运输应根据打桩进度和打桩顺序确定，宜采用随打随运方法，这样可以减少二次搬运工作。当桩的运输距离较短时，可在桩的下面垫滚筒，用卷扬机拖动桩身前进；当运距较远时，可采用轻便轨道小平台车运输；对于工厂生产的短桩，可采用汽车运输。

桩在堆放和运输中，垫木位置应与吊点位置相同，保持在同一平面上，并上下对齐。最下层垫木应适当加宽。堆放场地应平整坚实，堆放层数一般不宜超过 4 层，不同规格的桩应分别堆放。

2. 锤击沉桩（打入桩）施工

锤击沉桩也称打入桩。是利用桩锤下落产生的冲击能量将桩沉入土中，锤击沉桩是预制钢筋混凝土桩最常用的沉桩方法，该法施工速度快、机械化程度高、适用范围广、现场文明程度高，但施工时有噪声、污染和振动，对于城市中心和夜间施工有所限制。

（1）打桩机具选择

打桩机具主要有打桩机及辅助设备。打桩机主要包括桩锤、桩架和动力装置三部分。

1）桩锤。

桩锤是对桩施加冲击力，将桩打入土层中的主要机具。打入桩桩锤按动力源和动作方式分为落锤、单动汽锤、双动汽锤和柴油锤。落锤是靠电动卷扬机或人力将锤拉升到一定高度，然后自由落下，利用落锤自重夯击桩顶，将桩沉入土中。落锤一般为生铁铸成，为搬运需要和适应桩锤重量的变化，可以分片铸造，施工时根据所需重量用螺栓将各片连接起来。搬运时，再拆开分片运输。落锤重 5～15kN，提升高度可随意调整，落锤每分钟打桩 6～20 次。该种锤构造简单、使用方便、冲击力大，但打桩速度慢、效率低。适用于普通黏土和含砾石较多的土中打桩。

单动汽锤是利用蒸汽或压缩空气的压力将桩锤的汽缸上举，然后自由下落冲击桩顶沉桩，其冲击部分为汽缸。单动汽锤重 $15\sim150$kN，冲击力较大、落距较小、打桩速度快，每分钟锤击 $60\sim80$ 次，适用于各种桩在各类土中施工。如图 2-3 所示。

双动汽锤是利用蒸汽或压缩空气的压力将桩锤上举和下冲的夯击能力。双动汽锤打桩时，将锤固定在桩顶上，蒸汽或压缩空气由汽锤外壳的调节汽阀进入活塞下部，推动活塞升起，当活塞升到最上部位置时，蒸汽或压缩空气在压差作用下自动改变方向进入上部，将桩沉入土中。双动汽锤向下的气体压力超过活塞重量的 3 倍，增加了夯击能量。双动汽锤重 $6\sim60$kN，冲击频率高，每分钟达到 $100\sim200$ 次，故打桩速度快、效率高。双动汽锤采用压缩空气可以在水下打桩，而且可以打斜桩和拔桩，适用范围广。双动汽锤如图 2-4 所示。

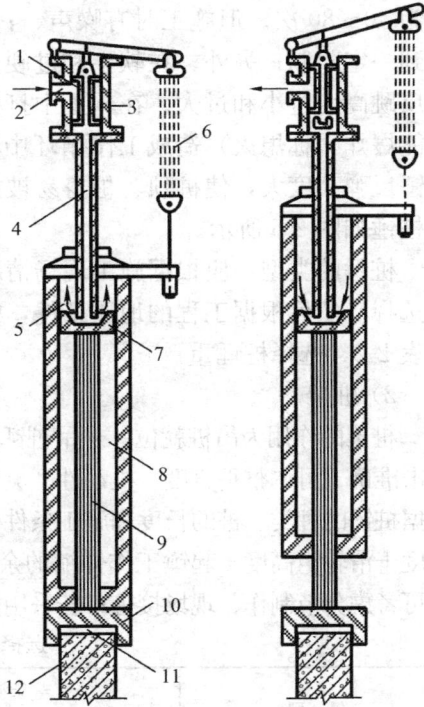

图 2-3 单动汽锤构造示意图

1—活塞；2—进汽口；3—缸套；4—锤芯进汽管；5—汽室；6—拉簧；7—活塞；8—锤壳；9—顶杆；10—桩帽；11—桩垫；12—桩

柴油锤一般分为导杆式和筒式柴油锤两种。其工作原理是利用燃油爆炸产生的力推动活塞上下往复运动进行沉桩。首先利用机械能将活塞提升到一定高度，然后自由下落，使燃烧室内压力增大、产生高温而使燃油燃烧爆炸，其作用力将活塞上抛，反作用力将桩沉入土中。这样，活塞不断下落、上抛循环进行，可将桩打入土中。柴油锤冲击部分重量为 1.2、6.0、12、18、25、40、60kN 等数种。每分钟锤击次

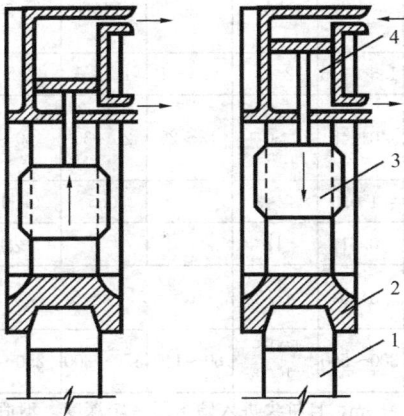

图 2-4 双动汽锤图

1—桩；2—垫座；3—冲击部分；4—蒸汽缸

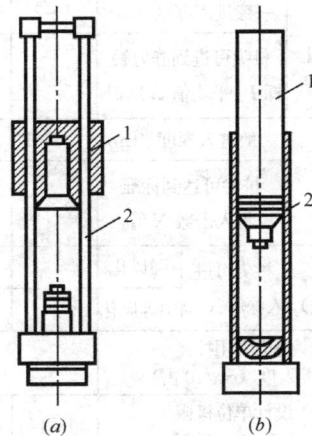

图 2-5 柴油锤类型示意图

(a) 杆式柴油锤；(b) 筒式柴油锤

1—活塞；2—汽缸

数为40～80次。但施工时有噪声、污染和振动等公害，在城市中心和夜间施工受到一定限制；另外，在软土和过硬土层施工时，由于贯入度过大和过小，使桩锤反跳高度过小和过大。在软土中打桩时，反跳高度过小使燃烧室压力小，燃油不能爆炸（称熄火）造成工作循环中断，使打桩效率降低。反之，硬土中打桩，桩锤反弹高度大，使桩顶、桩身易被打坏，或使桩锤顶部被活塞冲撞损伤。柴油类桩锤如图2-5所示。

桩锤的类型，应根据施工现场情况、机具设备条件及工作方式和工作效率进行选择。然后根据工程的地质条件，桩的类型和结构，密集程度及施工条件，参照表2-2，选择桩锤重。

2）桩架。

桩架的作用为吊桩就位、悬吊桩锤，打桩时引导桩身方向。桩架要求稳定性好、锤击准确、可调整垂直度，机动性、灵活性好，工作效率高。桩架的种类和高度，应根据桩锤的种类、桩的长度和施工条件确定。桩架高度应为：桩长＋桩帽高度＋桩锤高度＋滑轮组高度＋起锤工作伸缩的余位调节度（1～2m）。若桩架高度不满足，则桩可考虑分节制作、现场接桩；若采用落锤还应考虑落距高度。

选择锤重参考表　　　　　　　　　　　　　　表2-2

锤　型		柴油锤（10kN）					蒸汽锤（单动）（10kN）		
		1.8	2.5	3.2	4	7	3～4	7	10
锤型资料	冲击部分重	1.8	2.5	3.2	4.6	7.2	3～4	5.5	9
	锤总重	4.2	6.5	7.2	9.6	18	3.5～4.5	6.7	11
锤冲击力		～200	180～200	300～400	400～500	600～1000	～200	～300	350～400
常用冲程（m）		1.8～2.3					0.6～0.8	0.5～0.7	0.4～0.6
适用的桩规格	预制方桩，管桩的边长或直径（cm）	30～40	35～45	40～50	40～50	55～60	35～45	40～45	40～50
	钢管桩直径（cm）	φ40		φ60		φ90			
黏性土	一般进入深度（m）	1～2	1.5～2.5	2～3	2.5～3.5	3～5	1～2	2.5～3.5	3～5
	桩尖可进到静力触探 P_2 平均值0.1MPa	30	40	50	50	50	30	40	50
砂土	一般进入深度（cm）	0.5～1	0.5～1	1～2	1.5～2.5	2～3	0.5～1	1～1.5	1.5～2
	桩尖可达到标准贯入击数 N 值	15～25	20～30	30～40	40～45	50	15～25	20～30	30～40
岩土（软质）	桩尖可进入深度（m） 强风化		0.5	0.5～1.5	1～2	2～3		0.5	0.50～1
	中等风化			表层	0.51	12			表层
锤的常用控制贯入度（cm/10击）		2～3		3～5	4～8		3～5		
设计单位极限承载力（10kN）		40～120	80～160	160～200	300～500	500～1000	60～140	150～300	250～400

注：1. 适用于预制桩长度20～40m，钢管桩长度40～60m，且桩尖进入硬土层一定深度。不适用于桩尖处于软土层的情况；

2. 标准贯入击数 N 值为未修正的数值；

3. 本表仅供选锤参考，不能作为设计确定贯入度和承载力的依据。

　　桩架形式多种多样，常用桩架基本为两种形式：一种是沿轨道或滚杠行走移动的多功能桩架，另一种为装在履带式底盘上可自由行走的履带式桩架。

　　多功能桩架由立柱、斜撑、回转工作台、底盘及传动机构等组成。它机动性和适应性较大，在水平方向可作360°旋转，导架可伸缩和前后倾斜。底盘下装有铁轮，可在轨道上行走。这种桩架可用于各种预制桩和灌注桩施工。缺点是机构较庞大，现场组装和拆卸、转动较困难（图2-6）。

　　履带式桩架以履带式起重机为底盘，利用履带式起重机动力，增架导架、桩锤、导杆等。其行走、回转、起升的机动性好，使用方便，适用范围广泛（图2-7）。

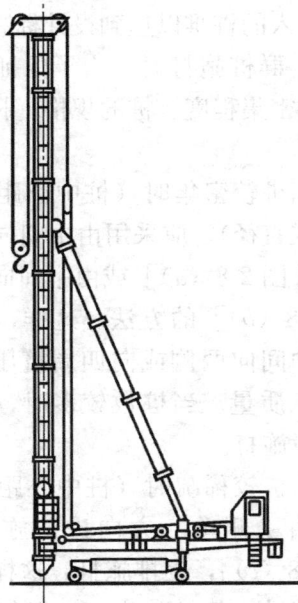

图 2-6　多功能桩架

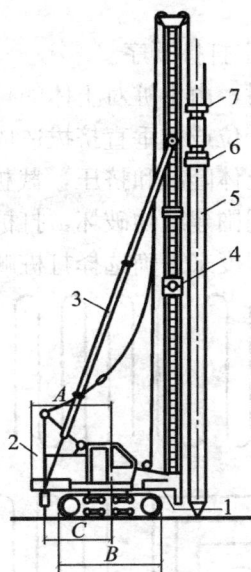

图 2-7　履带式桩架

1—立柱支撑；2—发动机；

3—斜撑；4—立柱；

5—桩；6—桩帽；

7—桩锤

　　3）动力设备。

　　打桩机械的动力装置及辅助设备主要根据选定的桩锤种类而定。落锤以电源为动力，再配置电动卷扬机、变压器、电缆等；蒸汽锤以高压饱和蒸汽为驱动力，配置蒸汽锅炉、蒸汽绞盘等；气锤以压缩空气为动力源，需配置空气压缩机、内燃机等；采用柴油锤，以柴油为能源，桩锤本身有燃烧室，不需要外部动力设备。

　　（2）打桩前的准备工作

　　1）清除妨碍打桩施工的高空及地下障碍物、平整场地。

　　打桩前，应清除地上、地下的障碍物，如地下管线、原有基础、树木等。桩机进场及移动范围内的场地应平整压实，使地基承载力满足施工要求，并保证桩架的垂直度。施工现场及周围应保持排水通畅。架空高压电线距桩架顶部净空不小于 10m。

2）材料机具及接通水、电源。

桩机进场后，按施工顺序辅设轨道、选定位置架设桩机和设备，接通水电源或燃炉、进行试机，并移机至起点就位，力求桩架平稳垂直。

3）打桩试验

打试桩主要是检验打桩设备和工艺是否符合要求；了解桩的贯入深度，持力层强度及桩的承载力，以确定打桩方案和打桩技术。试桩时，应做好试桩记录，画出各土层深度，打入各土层的锤击次数，最后精确测量贯入度。试桩数量不少于 2 根。

4）确定打桩顺序。

打桩时，由于桩对土体的挤密作用，先打入的桩被后打入的桩水平挤推而造成偏移和变位或被垂直挤拔造成浮桩；而后打入的桩难以达到设计标高或入土深度，造成土体隆起和挤压，截桩过大。所以，群桩施打时，为了保证质量和进度，防止周围建筑物破坏，打桩前应根据桩的密集程度、桩的规格、长短和桩架移动方便程度来正确选择打桩顺序。

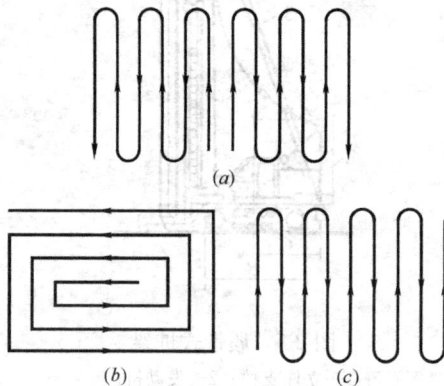

图 2-8 打桩顺序

(a) 由中间向两侧对称施打；(b) 由中间向四周施打；(c) 由一侧单一方向施打

当桩较密集时（桩中心距小于 4 倍边长或直径），应采用由中间向两侧对称施打 [图 2-8 (a)] 或由中间向四周施打 [图 2-8 (b)] 的方法。这样，打桩时土体由中间向两侧或向四周挤压，易于保证施工质量。当桩数较多时，也可采用分区段施打。

当桩较稀疏时（桩中心距>4d）可采用由一侧单一方向进行施打的方式 [图 2-8 (c)]，逐排施打。这样，桩架单方向移动，打桩效率高。但打桩前进方向一侧不宜有防侧移、防振动建筑物、构筑物、地下管线等，以防土体挤压破坏。

当桩的规格、埋深、长度不同时，宜先大后小，先深后浅，先长后短施打。

5）抄平放线、定桩位、设标尺。

打桩现场附近设置水准点，数量不少于两个，用以抄平场地和检查桩的入土深度。然后根据建筑物轴线控制桩，定出桩基轴线位置及每个桩的桩位。其轴线位置允许偏差为 20mm。当桩较稀时可用小木桩定位，当桩较密时，用龙门板（标志板）定位，以防打桩时土体挤压使桩错位。

为控制桩的入土深度应在桩架或桩侧面设置标尺，以观测、控制桩的入土深度。

（3）打桩施工

1）吊桩。

桩机就位后应平稳垂直，导杆中心线与打桩方向一致，并检查桩位是否正确。然后将桩锤和桩帽吊起。使锤底高度高于桩顶，以便进行吊桩。

吊桩用桩架上的钢丝绳和卷扬机将桩提升就位，吊点数量和位置与桩运输起吊相同。桩提离地面时，用拖绳稳住桩下部，防止撞击桩架。桩提升到垂直状态后，送入桩架导杆内，桩尖垂直对准桩位中心，扶正桩身，将桩缓缓下放插入土中。桩的垂直度偏差不得超过 0.5%。

桩就位后，在桩顶放上弹性衬垫（如草纸、麻袋、草绳等），扣上桩帽或桩箍，保证桩帽与桩周围有 5~10mm 间隙。待桩稳定后，即可脱去吊钩，再将桩锤缓慢落在桩帽上。桩锤底面，桩帽上下面及桩顶应保持水平；桩锤、桩帽（送桩）和桩身应在同一中心线上，此时在锤重作用下，桩沉入土中一定深度达到稳定位置，再次校正桩位和垂直度后，即可打桩。

2）打桩。

初打应采用小落距轻击桩顶数锤，落距以 0.5~0.8m 为宜，随即观察桩身与桩锤、桩架是否在同一深度，桩尖不易发生偏移时，再全落距施打。

打桩宜采用重锤低击方法。重锤低击对桩顶的冲量小、动量大、桩顶不易损坏、大部分能量用于克服桩身摩擦力与桩尖阻力；另外，桩身反弹小，反弹张力波产生的拉力不致使桩身被拉坏；桩锤的落距小、打桩速度快、效率高。当采用落锤或单动汽锤，落距不宜大于 1m，采用柴油锤应使锤跳动正常、落距不超过 1.5m。

打桩时，应随时注意观察桩锤回弹情况。若桩锤经常性回弹较大，桩的入土速度慢，说明桩锤太轻，应更换桩锤；若桩锤发生突发的较大回弹，说明桩尖遇到障碍，应停止锤击，找出原因后进行处理。如果继续施打，贯入度突增，说明桩尖或桩身遭受破坏。打桩时，还要随时注意观察贯入度的变化，贯入度过小，可能遇到土中障碍；贯入度突然增大，可能遇到软土层、土洞或桩尖、桩身破坏。当贯入度剧变、桩身发生突然倾斜、移位或严重回弹，桩顶、桩身出现严重裂缝或破坏，应暂停打桩并及时进行研究处理。

打桩时，桩顶要打入土中一定深度时，则采用送桩器，以减少预制的长度、节省材料。送桩器是将桩送入地下的工具式短桩，安放在桩顶承受锤击，通常用钢材制作，其长度和尺寸视需要而定。送桩施打时，应保证桩与送桩尽量在同一垂直轴线上。送桩器两侧应设置拔出吊环，拔出送桩器后，桩孔应及时回填。在城市中心或建筑群中打桩时，为减少噪声和土体对原有建筑物、构筑物及地下管线的挤压，可采用钻孔排土打入桩。即先用长杆螺旋钻在浅层钻孔排土，后插入桩进行施打。也可以采用挖防振沟、砂井排水、打隔离板桩等方法减少噪声和土体挤压位移。

打桩方向有顶打和退打两种。当桩顶实际标高在地面以下（如摩擦桩及采用送桩的端承桩），施打时可采用向前顶打方向，这样桩可预先布置，避免场地内二次搬运。但需将施打后桩顶孔铺平。当桩的顶部高于自然地面，只能采用向后退打方式，这种情况下，桩只能随打随运。

打桩工程属于隐蔽工程，为确保工程质量，应对每根桩施工过程进行观测，并作好记录，作为验收时鉴定质量的依据。若采用落锤、单动汽锤或柴油锤打桩，开始施打时应测量记录桩身每沉入 1m 的锤击次数及桩锤落距的平均高度，桩下沉接近设计标高时，应在规定落距下，锤击一阵（每阵 10 击）后测量其贯入度，当最后贯入度小于设计要求时，打桩即停止；当采用双动汽锤和振动桩锤时，开始即应记录每沉入土中 1m 的工作时间（同时每分钟锤击次数记入备注栏），以观测沉入速度及均匀程度。当桩下沉接近设计标高时，应测量记录每分钟的沉入量，以保证桩的设计承载力。

打桩时，要测量桩顶的水平标高，可采用水平仪测量控制。通常在桩架导杆底部每隔 10～20mm 划一准线，定出桩锤应停止锤击的水平面数字，当桩锤上白线打至该数字时即应停止锤击。

3. 静力压桩施工

静力压桩是利用压桩机桩架自重和配重的静压力将预制桩逐节压入土中的沉入方法。这种方法节约钢筋和混凝土、降低工程造价，而且施工时无噪声、无振动，对周围环境的干扰影响小，适用于软土地区城市中心或建筑物密集处。以及精密工厂扩建工程等施工。

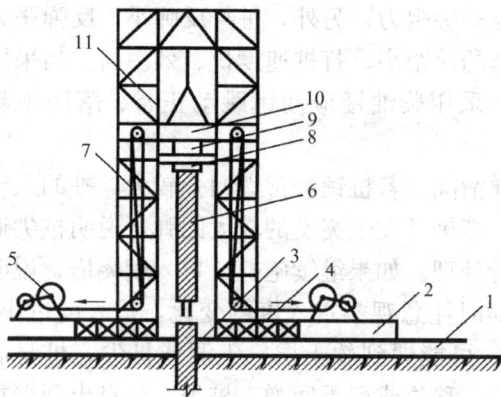

图 2-9　静力压桩机图

1—垫板；2—底盘；3—操作平台；4—加重物仓；5—卷扬机；6—上段桩；7—加压钢丝绳；8—桩帽；9—油压表；10—活动压梁；11—桩架

静力压桩机的构造和组成如图 2-9 所示。压桩机的主要部件有桩架底盘、压梁、卷扬机、滑轮组、配重和动力设备等。压桩时，先将桩起吊，对准桩位，将桩顶置于梁下，然后开动卷扬机牵引钢丝绳，逐渐将钢丝绳收紧，使活动压梁向下，将整个桩机的自重和配重荷载通过压梁压在桩顶，当静压力大于桩尖阻力和桩身与土层之间摩擦力时，桩被逐渐压入土中。常用压桩机有 80、120、150t 数种。

静力压桩在一般情况下桩分段预制、分段压入、逐段接长。每节桩长度取决于桩架高度，通常为 6m 左右，压桩桩长可达 30m 以下，桩断面为 400mm×400mm。接桩方法有焊接法、硫磺胶泥锚接法。静力压桩沉桩程序如图 2-10 所示。

压桩施工前，应了解施工现场土层土质情况，检查桩机设备，以免压桩时中途中断，造成土层固结，使压桩困难。如果压桩需要停歇，则应考虑桩尖应停歇在软弱土层中，以使压桩启动阻力不致过大。压桩机自重大，行驶路基必须有足够承载力，必要时应加固处理。

压桩时，应始终保持桩轴心受压，若有偏移应立即纠正。接桩应保证上下节桩轴线一致，并应尽量减少每根桩的接头个数，一般不宜超过 4 个接头。施工中，若压阻力超过压桩能力使桩架上抬倾斜时，应立即停压，查明原因。

当桩压至接近设计标高时，不可过早停压，应使压桩一次成功，以免发生压不下或超压现象。工程中有少数桩不能压至设计标高，可采取截去桩顶的方法。

4. 振动沉桩施工

振动沉桩是利用固定在桩顶部的振动器所产生的激振力，通过桩身使土颗粒受迫振动，改变排列组织、产生收缩和位移，使桩表面与土层间摩擦力减少，桩在自重和振动力共同作用下沉入土中。

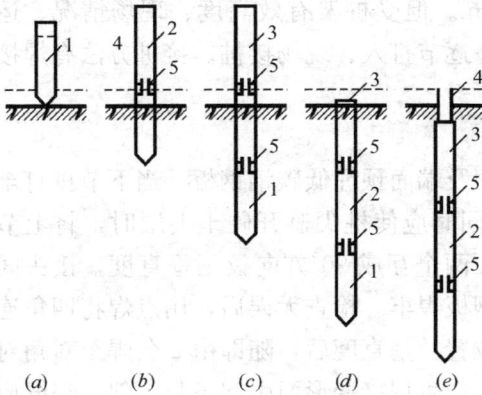

图 2-10　静力压桩程序
(a) 准备压第一段桩；(b) 接第二段桩；
(c) 接第三段桩；(d) 整根桩压入地面；
(e) 采用送桩，压桩完毕
1—第一段桩；2—第二段桩；3—第三段桩；
4—送桩；5—接桩处

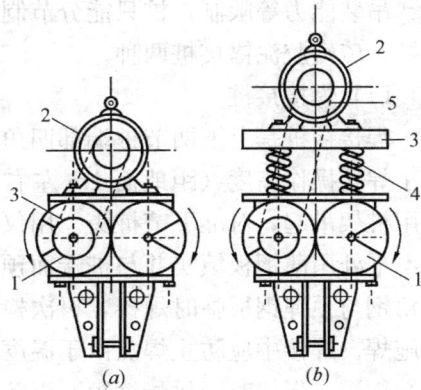

图 2-11　振动桩锤构造示意图
(a) 刚性式；(b) 柔性式
1—激振器；2—电动机；3—传动带；
4—弹簧；5—加荷板

振动沉桩设备简单，不需要其他辅助设备，重量轻、体积小、搬运方便、费用低、工效高，适用于在黏土、松散砂土及黄土和软土中沉桩，更适合于打钢板桩，同时借助起重设备可以拔桩。

振动沉桩机构示意图如图 2-11 所示。振动箱安装在桩头，用夹桩器将桩与振动箱固定。振动箱内装有两组偏心振动块，在电动机带动下，偏心块反向同步旋转产生离心力，离心力的水平分力大小相等、方向相反、相互抵消。而垂直分力大小相等、方向相同、相互迭加，使振动箱产生垂直方向的振动，使桩与土层摩擦力减少，逐渐沉入土中。

振动桩机分为三种：超高频振动锤的振动频率为 $100\sim150Hz$，与桩体自振频率一致而产生共振，桩振动对土体产生急速冲击，可大大减少摩擦力，以最小功率、最快的速度打桩，还可使振动对周围环境的影响减至最小，该种振动锤适合于城市中心施工；中高频振动锤振动频率为 $20\sim60Hz$，适用于松散冲积层、松散及中密的砂石层施工，在黏土地区施工却显能力不足。低频振动锤适用于打大管径桩，多用于桥梁、码头工程，缺点是振幅大、产生噪声大，可采用以下方法来减少噪声：一是紧急制动法，即停振时，使马达反转制动，使其在极短时间内越过与土层的共振域；二是采用钻振结合法，即先钻孔，后沉桩，噪声可降低到 75dB 以下；三是采用射水振动联合法。

振动沉桩器施工时，夹桩器必须夹紧桩头，避免滑动，否则影响沉桩效率，损坏机具。沉桩时，应保证振动箱与桩身在同一垂直线上。当遇有中密以上细砂、粉砂或其他硬夹层时，若厚度在 1m 以上，可能发生沉入时间过长或穿不过现象，应会同设计部门共同研究解决。振动沉桩施工应控制最后三次振动，每次 5min 或 10min，以每分钟平均贯入度满足设计要求为准。摩擦桩以桩尖进入持力层深度为准。

5. 接桩及桩头处理

预制桩按设计要求有时长达 $30\sim40m$。但受桩架有效高度、现场情况、运输、吊装能力等限制，桩只能分节制作、逐节打入、现场接桩。接桩方法有焊接接桩、硫磺胶泥锚接桩两种。

(1) 焊接接桩

焊接接桩是上下两节桩端部四角侧面及端面预埋低碳钢钢板，当下节桩打至便于焊接操作高度（距地面 1m 左右），同时应使桩尖避开硬土夹层时，将上节桩用桩架吊起，对准下节桩头。用仪器在两个互成 90°方向校正垂直度，接头间隙不平处用薄钢板填实并与桩端面预埋钢板焊牢。检查无误后，用点焊将四角连接角钢与预埋钢板临时焊接，再次检查位置及垂直度后，随即由 2 名焊工对角对称施焊。焊接中应防止焊点由于温度应力产生焊接变形而引起桩身歪斜。焊缝应连续饱满，焊接时间尽量缩短，以防止固结现象。焊接接桩适用各类土层。焊接节点如图 2-12 所示。

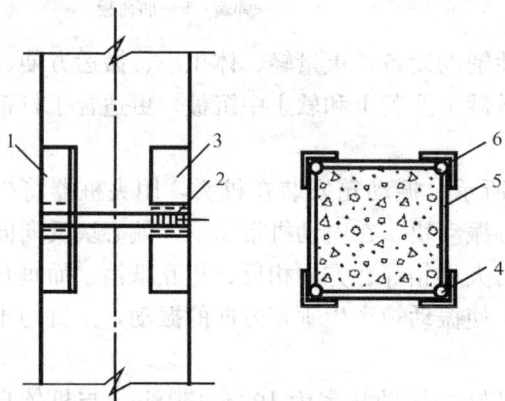

图 2-12　焊接接桩节点
1—连接角钢；2—预埋垫板；3—预埋钢板；4—主筋；
5—钢板；6—角钢

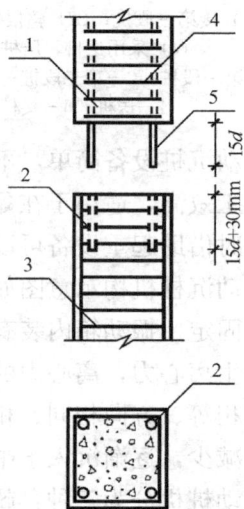

图 2-13　硫磺胶泥锚接桩节点
1—上段桩；2—锚筋孔；
3—下段桩；4—箍筋；
5—螺纹钢筋

(2) 硫磺胶泥锚接桩

硫磺胶泥锚接法又称浆锚法。制桩时，在上节桩下端伸出 4 根锚筋，长度为 $15d$；下节桩上端预留 4 个锚筋孔，孔径为 $2.5d$，孔深为 $15d+30mm$。接桩时，将上节桩的锚筋插入下节桩的锚筋孔，上下桩间隙 20mm 左右。然后在四周安设施工夹箍（由四块木块，内衬人造革包裹 40mm 厚树脂海绵块连接而成），将熔化的硫磺胶泥注满锚筋孔内，并使之溢出桩面，然后将上节桩下落，当硫磺胶泥冷却后，拆除施工夹箍，则可继续压桩或打桩。图 2-13 为硫磺胶泥锚接节点。

预制桩施打完毕后，按设计桩顶标高，应将桩头多余部分凿除，凿桩头可用人工、风镐或爆破方法。采用爆破方法时，制桩就应在桩顶和桩侧用砂袋预留药孔，否则制桩后凿孔困难。截桩用微量控制爆破法引爆，使桩头混凝土震裂震碎。

2.2.2 钢管桩施工

1. 钢管桩制作、运输与堆放

国产钢管桩直径为 610～1420mm，壁厚为 9、11、12、13、14、16mm。钢管桩的分段长度主要根据桩架的有效高度、制作场地、运输和装卸能力等，一般不宜大于 15m。多节钢管桩的节点竖向位置应避开土层中的硬夹层。

用于地下水有侵蚀性的地区的钢管桩，应按设计要求作防腐蚀处理。

钢管桩一般不加桩靴，直接开口打入，入土后有大量土体挤入钢管桩内，当挤入桩内的土达到一定高度后，因挤密而把桩口封死，其受力条件与闭口相似。由于开口桩打入过程中部分土体挤入管内，对桩外土体挤压减少，对相邻桩体及其他建筑物的影响也就减少，因此在软土地区城市建筑密集的地方经常采用钢管桩。

钢管桩搬运时，防止因撞击而产生弯曲变形。堆放高度不宜太高，防止产生受压变形。一般情况下，直径 $\phi400$ 者堆放层数不宜超过 5 层，$\phi600$ 者不宜超过 4 层；$\phi900$ 者不宜超过 3 层。

2. 钢管桩沉入方法

钢管桩的沉桩方法与钢筋混凝土桩相似，有锤击、振动、静力压入、锤击加射水、锤击与管内挖土等方法。应用较多的仍为锤击沉桩，施工速度快、费用少、能对承载力作出判断，但其噪声和震动大，对环境有污染。

钢管桩桩头上需设桩帽，桩帽上再设减震的垫木。插桩、打桩及接桩时，必须控制桩垂直度，以防桩身变形和倾斜。打桩开始时，应用设在桩架正侧两面的两台经纬仪，校正桩架的导杆和桩的垂直度，然后再开始打桩。

钢管桩的打设一般应遵循先长桩后短桩、先大直径后小直径、先深后浅、先密后疏的原则。打桩过程中应记录沉入 1m 的锤击数、最终贯入度、回弹量、土芯高度、平面和垂直偏差等。

3. 钢管桩接长

钢管桩的接长一般采用焊接。焊接接桩前，应在焊缝上下 30～50mm 范围内清除铁锈、油污，如有潮湿应先烘干。上下节桩对口的间隙为 2～4mm。焊接定位点和施焊应对称进行，焊口应采用多层焊。焊接后应先进行外观和尺寸检查，然后抽样进行无损探伤检查。

当钢管桩顶设计在地面以下时，需用送桩杆送入土中。送桩杆多采用与打入的钢管桩规格相同的一段钢管制成。送桩前，对已打入桩的平面位置进行中间验收，做好实测记录。送桩施工，通常以标高控制，为此，最后一节钢管桩的长度要按需配置。达到送桩深度后，送桩杆不要急于拔出，待相邻桩入土深度超过送桩深度后再拔，以免所形成的桩孔影响邻桩插桩的位置精度。钢管桩打至设计标高后，桩顶管口应覆盖。送桩杆孔应回填，以免人、物坠落其中。

钢管桩的停打标准多以设计标高控制为主，最终贯入度为参考。工程中应由设计单位根据试桩的资料，分析计算出停打标准。

2.2.3 预制桩常见质量问题及其处理方法

1. 桩身断裂或桩顶破碎

桩身断裂将导致桩失效，桩顶混凝土破碎将导致无法继续施工，达不到收锤标准。桩身断裂破碎包括入土前桩的断裂和施打（压）过程中的断裂、破碎。

（1）入土前桩的断裂

1）产生的原因主要有：

①制桩场地承载力不足；

②制桩使用材料质量不符合要求；

③桩身混凝土配合比不当，因混凝土收缩变形造成桩身的纵向裂纹；

④桩身混凝土保护层不够而造成桩身出现横向裂纹；

⑤混凝土振捣和养护不够；

⑥未到规定强度即进行起吊；

⑦吊点位置不当；

⑧装卸、运输过程中的碰撞；

⑨堆放层数过多、堆放场地承载力不足。

2）预防措施：

①保证制作和堆放场地有足够的承载力；

②制作过程中，严格把好制作过程中质量关，制造材料一定要按规定选择；

③合理选定混凝土的配合比，严格按配合比进行施工；

④保证钢筋制作的质量，确保保护层厚度，加强振捣和养护。桩身混凝土达到规定强度后方可进行起吊；

⑤严格按设计吊点位置进行起吊；

⑥装卸、运输过程小心操作，防止碰撞；

⑦尽量减少堆放层数，堆放层数不超过4层。

3）处理方法：

如发生桩身断裂，禁止使用。

（2）施工过程中的断裂、破碎

1）产生的主要原因：

①桩身混凝土强度偏低；

②接桩焊接质量差或焊接后冷却时间不足；

③由软弱土层直接进入坚硬的岩层或岩面倾斜度大；

④遇到地下障碍物；

⑤锤击法施工时，需穿越较厚的砂层、卵石层、硬土层，导致桩承受锤击数较多，导致桩疲劳破坏。

2) 预防措施：

①制桩过程中严格控制，保证成桩质量；

②接桩时，保证上下节桩的垂直度和焊接质量、焊接后冷却时间；

③应保证桩身垂直度不超过 0.5%，在桩打入（压入）一定深度后，不能强行对桩进行调直，一根桩的长细比一般不应超过 40；

④锤击法施工时，采用钢桩引孔或预钻孔方法穿越较厚砂层、卵石层、硬土层；

⑤按重锤低击的原则选择桩锤，防止桩身的疲劳破坏；

⑥施工前，应认真清除地下障碍物；

⑦由软弱土层直接进入坚硬的岩层或岩面倾斜度大时，采用静压法施工或改用灌注桩等其他桩型。

3) 处理方法：

如桩入土较浅，尽量拔除重新换桩施打，否则，采取补桩或其他处理方法。

2. 桩顶位移或桩身倾斜

（1）桩顶位移或桩身倾斜均会导致桩的承载能力降低，甚至桩失效

1) 产生的主要原因是桩受力不均匀，包括以下两类情况：

①桩承受桩机（或桩锤）的作用力不均匀，如，桩机不平整，桩锤不垂直或桩本身不垂直；接桩时上下两节桩偏差较大。

②桩承受土层阻力不均匀，如，场地土层软硬不均，厚薄不均，在边坡上施工导致桩向坡底倾斜，土层中存在地下障碍物，由软弱土层直接进入坚硬的岩层或岩面倾斜度大。

2) 预防措施：

①确保桩机（或桩锤）的作用力均匀，主要措施：

a. 保持机架水平，桩锤和桩身垂直，使桩锤、桩帽、桩尖三者在同一轴线上；

b. 打桩时，桩顶面与桩帽的接触应平整。压桩时的夹持中心应位于桩轴线上；

c. 接桩时，上下两节桩必须保持在同一轴线上；

d. 沉桩时，加强对桩身垂直度的监控，出现偏差应及时进行纠正。

②确保桩承受土层阻力均匀，主要措施：

a. 土层软硬不均、厚薄不均时，采用钢桩预打引孔或预钻孔进行处理；

b. 坡上进行施工时，通过开挖或回填的方法对施工面进行平整；

c. 地下障碍物进行清障。若因地下障碍物造成桩身倾斜，则应进行清障；

d. 由软弱土层直接进入坚硬的岩层或岩面倾斜度大时，采用静压法施工或改用灌注桩等其他桩型。

（2）沉桩达不到设计深度

1) 产生的主要原因：

①桩机（或桩锤）的选型偏小，不能满足沉桩要求；

②土层中有无法穿透的硬夹层或较厚的砂层、卵石层、硬土层而无能力

穿透；

③土层中存在地下障碍物。

2）预防措施：

①选用符合沉桩要求的桩机；

②停机检查，认真处理，或请设计对桩位或桩进行重新调正或修改。

（3）施工过程中桩浮起

1）产生的原因：

预制桩施工过程中桩的浮起是由桩的挤土作用引起的，由于桩的挤土作用，会使桩周围的土体隆起。桩周围土隆起时，会对先前入土的桩产生向上的作用力，如果这些桩入持力层的深度不够或者持力层以上的土层较软弱不能提供足够的约束力时，桩就会产生浮起。要减少桩的浮起，需减少土体的隆起量。根据不同情况，地表的隆起程度不同。

①与桩的密集程度有关，单个承台的桩数越多，承台的距离越近，挤入土中的桩体积就越大，地表隆起量就越大；

②与地质条件有关，土层含水量越大，渗透系数越小，越密实，在受到挤压时，压缩量越小，孔隙水压力消散越慢，地表的隆起量也就越大；

③与施工速度有关，施工速度越慢，土体中孔隙水压力越多，土体的压缩量越大，地表的隆起量就越大。

2）预防措施：

桩浮起后，桩底悬空未落在持力层上，在承受较小的荷载时会产生很大的沉降，导致桩的失效，必须进行处理。桩的浮起主要通过复打（复压）的办法处理：在打（压）桩施工结束后，对浮起的桩重新进行打（压）桩施工。使其沉至原来的持力层上。复打（复压）施工应注意以下事项：

①对可能产生浮起的桩，不宜进行送桩作业，以免增加复打（压）的施工难度；

②加强对桩顶标高的观测，及时发现桩的浮起现象，并掌握桩的浮起量；

③复打时，由于桩从悬空状态直接进入坚硬的持力层，极易造成断桩，因此必须轻击，可采用柴油锤不供油仅靠锤芯重量施打的方法进行复打；

④复打过程中，每击均应记录沉桩深度，以免到达持力层后仍继续施打而产生断桩；

⑤桩顶埋入地面的桩，可开挖露出桩头后进行复打（压），如复打管桩，需将桩孔的水舀出一部分，以免施打时，桩产生劈裂效应而导致废桩。

2.3 混凝土灌注桩施工

混凝土灌注桩是直接在施工现场桩位上成孔，然后在孔内安装钢筋骨架，浇筑混凝土成桩。灌注桩按成孔方法可分为钻孔灌注桩、套管成孔灌注桩、打孔灌注桩和爆扩成孔灌注桩等。

灌注桩与预制桩相比，能适应持力层变化制成不同长度的桩，桩径大、具有节约钢筋、节省模板、施工方便、工期短、成本低等优点，而且施工时无噪声、无振动、对土体和周围建筑物无挤压（除套管成孔灌注桩之外）。但施工质量要求严格，出现问题不易观测，施工时，应严格遵守操作规程和技术规范。

2.3.1 钻孔灌注桩施工

1. 干作业成孔灌注桩

干作业成孔灌注桩是先用螺旋钻机在桩位处钻孔、然后在孔中放入钢筋笼，再浇筑混凝土成桩。干作业成孔灌注桩适用于地下水位以上的各种软硬土中成孔。干作业成孔机械有螺旋钻机、洛阳铲等。现以螺旋钻机为例，介绍干作业成孔灌注桩的施工方法。图 2-14 为长杆螺旋钻机。

螺旋钻机是利用动力旋转钻杆，钻杆带动钻头上的螺旋叶片旋转来切削土层，削下的土靠与土壁的摩擦力沿叶片上升排出孔外。螺旋钻机有长杆螺旋式（钻杆长度 10m 以上）及短杆螺旋式（钻杆长度 3~8m），前者广泛应用于工业与民用建筑的桩基础施工，后者主要用于爆扩桩桩身成孔。长杆螺旋钻钻头外径为 $\phi400$、$\phi500$、$\phi600$，钻孔深度分别为 12m、10m 和 8m 三种。钻杆根据叶片螺距不同，分为密纹叶片和疏纹叶片。在软塑土层中施工时，土的含水量大，应采用疏纹叶片，以便较快地钻进；在可塑或硬塑的黏土中或在含水量较小的砂土中成孔时，应采用密纹叶片，缓慢而均匀地钻进。

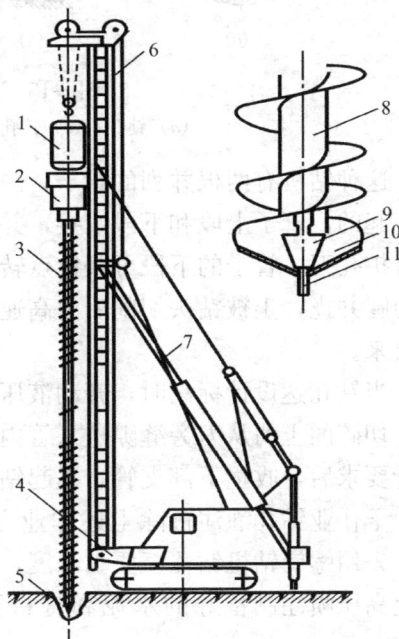

图 2-14 长螺旋钻孔机
1—电动机；2—变速器；3—钻杆；4—托架；
5—钻头；6—立柱；7—斜撑；8—钢管
9—钻头接头；10—刀板；11—定心尖

钻进时要求钻杆垂直，如发现钻杆摇晃、移动、偏斜或难以钻进时，可能遇到坚硬夹杂物，应立即停车检查，妥善处理。否则，会导致桩孔严重偏斜，甚至钻具被扭断或损坏。钻孔偏移时，应提起钻头上下反复打钻几次，以便削去硬土。如纠正无效，可在孔中局部回填黏土至偏孔处以上 0.5m，再重新钻进。

钻孔达到设计深度后，应在原位空转清土，停钻后提出钻杆弃土。钻出的土及时运走，不要在孔口处堆放。孔底所余松土用夯锤夯实。钢筋笼宜一次整体吊放，如过长也可分段接长，吊放钢筋笼时应缓慢沉入，严防碰撞孔壁。经检查合格后，应及时灌注混凝土，深度大于 6m 时靠混凝土下冲力自身砸实，小于 6m 时用加长的振捣器或长竹杆捣实。浇筑振捣应分层进行，每层高度不大于 1.5m。混凝土坍落度在一般黏性土中为 50~70mm，砂类土中为 70~90mm。干作业成孔灌注桩常用机扩法扩底，以增大桩的承载能力。图 2-15 为双管双螺旋钻孔机，用同一钻头，既能钻孔又能扩孔，一面切土，一面输土。这种钻机钻孔直径为350mm，扩孔最大直径为1000～1200mm，最大钻孔深度4～5m。

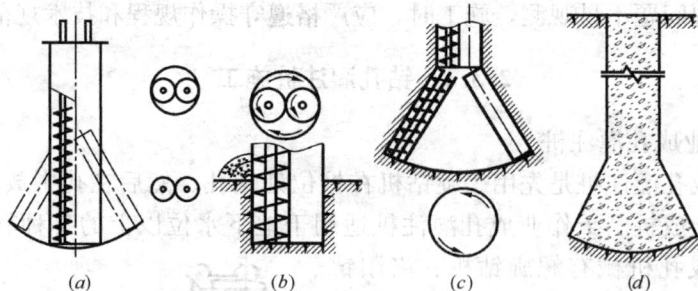

图 2-15 钻扩机钻孔示意图

(a) 钻头；(b) 钻孔；(c) 扩孔；(d) 机扩钻孔桩

这种钻机有两根并列的管子，内装有输土螺旋叶片。两根管子上段是并列焊在一起的，管子上段和下段铰接，并装有两组切削刀刃，下端装有钻孔刀，侧面装有扩孔刀。管子的下段可绕铰点转动，像两条腿一样，可以并拢或张开。钻孔时两腿并拢，土被钻头切削后由高速旋转的螺旋叶片带上地面，土从管壁的缺口甩出来。

当钻孔达设计标高时，开动液压机构使两条腿逐渐张开，侧面扩孔刀开始切土，切碎的土屑从刀旁缝隙进入管内，由螺旋叶片输上地面。当扩大头直径达到设计要求后，收拢下部支管，提起钻头，即成扩孔桩孔。

干作业钻孔灌注桩除上述作业方式外，还有钻孔压浆成桩法。其工艺原理是：先用螺旋钻机钻孔至要求深度，通过钻杆芯管利用钻头处的喷嘴向孔内自下而上高压喷注制备好的水泥和骨料至桩顶设计标高，最后再由孔底向上高压补浆。

此法可连续一次成孔，多次由下而上高压注浆而成桩，具有无振动、无噪声、不需排除护壁泥浆等优点，又能在流砂、卵石、地下水位高、易塌孔等复杂地质条件下顺利成孔成桩。由于高压注浆时水泥浆的渗透扩散，防止了断桩、缩颈、桩间虚土等现象的发生，还有局部膨胀扩径，因此，其单桩承载力比普通灌注桩有明显提高。这种方法的成桩桩径一般为$\phi300～\phi1000mm$，深度可达50m。

2. 泥浆护壁成孔灌注桩施工

干作业钻孔的灌注桩，一般应用于地下水位以上地质条件较好的情况，当地下水位较高或土质较差（如淤泥、淤泥质土、砂土等）容易塌孔时，应采用泥浆护壁成孔的方法进行施工。这种桩也称为湿作业成孔灌注桩。

(1) 泥浆护壁成孔灌注桩施工工艺流程

测定桩位→埋设护筒→桩机就位→成孔→清孔→安放钢筋笼→浇筑水下混凝土。

(2) 埋设护筒

护筒是用3～5mm厚钢板制成的圆筒，护筒内径应大于钻头直径，采用回转钻时，宜大于100mm；采用冲击钻时，宜大于200mm。埋设护筒时，先挖去桩孔处表土,将护筒埋入土中,其埋设深度,在黏土中不宜小于 1.0m,在砂土中不宜小于 1.5m。护筒中心线应与桩位中心线重合,偏差不得大于 50mm,护筒与坑壁之间用黏土填实,以防漏水;护筒顶面应高于地面 0.4~0.6m,并应保持孔内泥浆面高出地下水位 1m 以上,护筒的作用是固定桩孔位置,防止地面水流入,保护孔口,增高桩孔内水压力,防止塌孔,成孔时引导钻头方向。受水位涨落影响或水下施工及岩溶地区施工的钻孔灌注桩,护筒应加长,必要时应打入不透水层。

护筒应按下列规定设置:护筒埋设应平稳、牢固,护筒中心与桩位中心的偏差不得大于 30mm。

(3) 制备泥浆

泥浆在桩孔内壁上形成泥皮,将土壁上孔隙填渗密实,避免孔内壁漏水,保持护筒内水压稳定;泥浆比重大,加大孔内水压力,可以稳固土壁、防止塌孔。泥浆有一定黏度,通过循环泥浆可将切削碎的泥块、碴屑悬浮后排出,起到携砂、排土的作用。同时,泥浆还可对钻头有冷却和润滑作用。制备泥浆方法应根据土质条件确定,在实际施工中,主要靠黏土制备泥浆和自成泥浆。在黏性土中成孔时,可在孔中注入清水,钻机旋转时,切削土屑与水旋拌,用原土造浆,泥浆比重应控制在 1.1~1.2;在其他土中成孔时,泥浆可就地选择塑性指数 $I \geqslant 17$ 的黏土在泥浆池中配制;在砂土和较厚的夹砂层中成孔时,泥浆比重应控制在 1.1~1.3;在穿过砂夹卵石层或容易塌孔的土层中成孔时,泥浆比重控制在 1.3~1.5。施工中应经常测定泥浆比重,并定期测定黏度、含砂率和胶体率。其控制指标为:黏度 18~22s;含砂率不大于 4%~8%;胶体率不小于 90%。泥浆性能指标见表 2-3。

制备泥浆的性能指标   表 2-3

项次	项 目	性 能 指 标	检验方法
1	比重	1.1~1.25	泥浆密度计
2	黏度	10~25s	50000~70000 漏斗法
3	含砂率	小于 6%	
4	胶体率	大于 95%	量杯法
5	失水量	小于 1~3mL/30min	
6	泥皮厚度	1~3mm/30min	失水量仪
7	静切力	1min, 20~30mg/cm² 10min, 50~100mg/cm²	静切力计
8	稳定性	0.03g/cm²	
9	pH 值	7~9	pH 值

(4) 成孔

泥浆护壁成孔灌注桩成孔方法有钻孔、冲孔和抓孔三种。

1) 钻孔。

钻孔常用潜水钻机,它是一种将动力、变速机构与钻头连在一起加以密封、潜入水中工作的一种体积小而轻的钻机。这种钻机的钻头带有合金刀齿,由电机带动刀齿旋转切削土层或岩层。钻头靠桩架悬吊吊杆定位，钻孔时钻杆不旋转，正循环送入泥浆，被切碎的土屑靠泥浆排出孔外。该钻机桩架轻便、移动灵活、钻进速度快（0.5mm/min）、噪声小，钻孔直径 600～800mm，钻孔深度可达 50m。钻孔成孔适用于黏性土、淤泥及淤泥质土及砂土也可钻入岩层，尤其适于地下水位较高的土层中成孔。潜水钻机及潜水钻如图 2-16、图 2-17 所示。

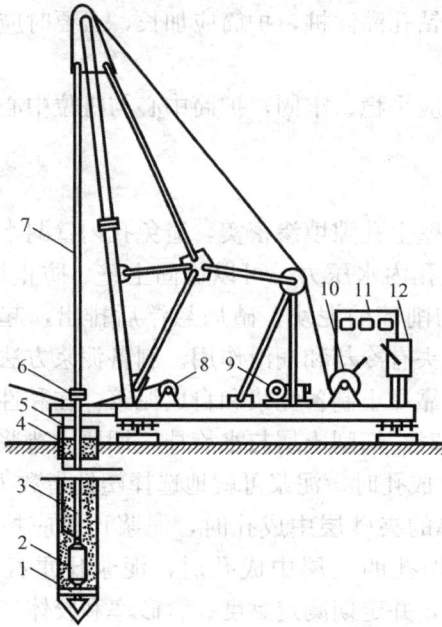

图 2-16　潜水钻机示意图

1—钻头；2—潜水钻机；3—电缆；4—护筒；5—水管；
6—滚轮；7—钻杆；8—电缆盘；9—卷扬机；
10—10kN 卷扬机；11—电表；12—起动开关

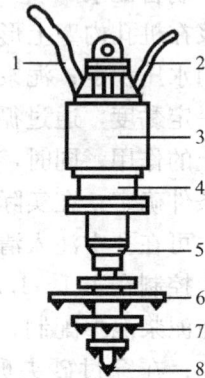

图 2-17　潜水钻

1—泥浆管；2—防水电缆；
3—电动机；4—齿轮减速器；
5—密封装置；6—钻头；
7—合金刃齿；8—钻尖

2）冲孔。

冲孔是用冲击钻机把带钻刃的重钻头（又称冲锤）提高，靠自由下落的冲击力来削切岩层，排出碎碴成孔。冲击钻机有钻杆式和钢丝绳式两种。前者所钻孔径较小、效率低、应用较少。后者钻孔直径大，有 800mm、1000mm、1200mm 几种。钻头形式有十字钻头 [图 2-18（a）] 及三翼钻头 [图 2-18（b）] 等，锤重 500～3000kg。冲孔施工时，首先准备好护壁料，若表层为软土，则在护筒内加片石、砂砾和黏土（比例为 3∶1∶1）；表层若为砂砾卵石，则在护筒内加小石子和黏土（比例为 1∶1）。冲孔时，开始低锤密击，落距为 0.4～0.6m，直至开孔深度达护筒底以下 3～4m 时，将落距提高至 1.5～2m。掏碴采用抽筒，用以掏取孔内岩屑和石碴，也可进入稀软土、流砂、松散土层排土和修平孔壁。掏碴每台班一次，每次约 4～5 桶。用冲击钻冲孔冲程为 0.5～1.0m，冲击次数 40～50次/mim，孔深可达 30m。采用这种冲击钻冲孔可适用于风化岩及各种软土层成孔。但由于冲击锤自由下落时导向不严格，扩孔率大，实际成孔直径比设计桩径要增大 10%～20%。若扩孔率增大，应查明原因后再成孔。

3）抓孔。

抓孔即用冲抓锥成孔机将冲抓锥斗提升到一定高度，锥斗内有压重铁块和活动抓片，松开卷扬机刹车时，抓片张开，钻头便以自由落体冲入土中，如图 2-19（a）所示。然后开动卷扬机提升钻头，这时抓片闭合抓土，冲抓锥整体被提升到地面上将土碴卸去，如图 2-19（b）所示。如此循环抓孔。该法成孔直径为 450～600mm，成孔深度 10m 左右。适用于有坚硬夹杂物的黏土、砂卵石土和碎石类土。

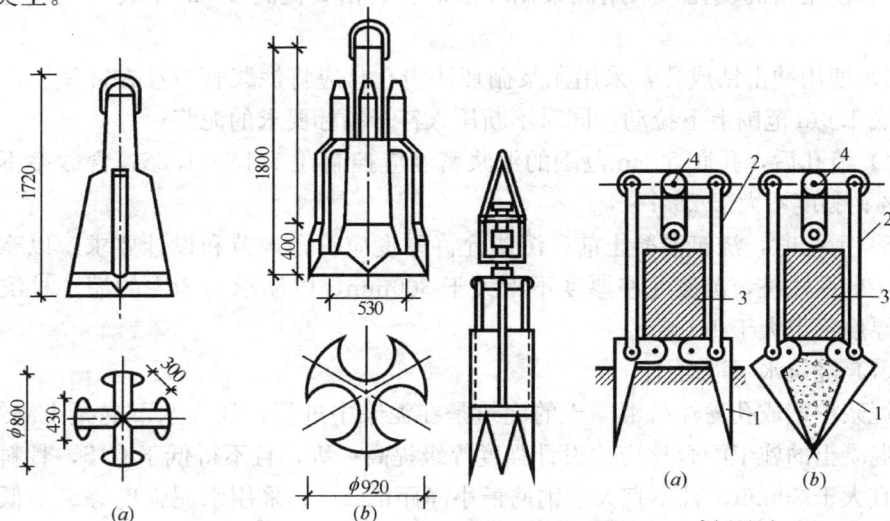

图 2-18 冲击钻钻头
（a）φ800 十字钻头；（b）φ920 三翼钻头

图 2-19 冲抓锥斗
（a）抓土；（b）提土
1—抓片；2—连杆；3—压重；4—滑轮组

（5）安放钢筋笼

钻孔达设计深度后（一般要求达到较坚实的持力层），即可安放钢筋笼，钢筋骨架预先在施工现场制作，用起重机械悬吊、在护筒上口分段焊接或绑扎后下放到孔内。吊放入孔时，不得碰撞孔壁，并应设置保护层垫块。

（6）清孔

安放钢筋笼后，则应立即清孔，即清除孔底沉渣、淤泥，以减少桩基础的沉降量。清孔宜在钢筋笼下放后进行，否则，下放钢筋笼时会将孔壁土层刮落，影响清孔效果。清孔方法有射水法、置换法和空气吸泥机法等。

射水法是在孔口接驳清孔导管，分段连接后吊入孔内。清孔靠抽水机和空气压缩机进行。空气压缩机使导管内压力达 0.6～0.7MPa，在导管内形成强大空气流，同时向孔内注入清水。使孔底的泥渣、杂物被喷翻、搅动，随高压气流上涌，从喷嘴喷出，这样可将孔底沉渣清出，直到孔口喷出清水为止。清孔后，泥浆比重为 1.1 左右为清孔合格。该法可用于原土造浆的黏土以及制浆的碎石类土和风化岩土层中清孔。

置换法是由新搅拌的泥浆置换孔底泥浆，即用泥浆循环方法清孔。清孔后泥浆比重应控制在 1.15～1.25 之间，泥浆取样均应选在距孔底 0.2～0.5m 处。置换法适用于孔壁土质较差的软土、砂土以及黏土中清孔。

空气吸泥机法或抓斗用于土质较好、不易塌孔的碎石类土、风化岩等硬土。

因孔底沉渣颗粒大，采用空气吸泥机或抓斗可将颗粒较大的沉渣吸出或抓出。

清孔是否彻底对泥浆护壁成孔灌注桩的承载力、沉降量影响较大，施工时应严格控制。清孔时要求如下：

1) 清孔过程中，不论采用哪种方法，必须有足够的泥浆补给，并保持孔内泥浆液面的稳定；

2) 使用钻机成孔，采用泥浆循环法清孔，钻头提高 20cm 空转，压入泥浆循环；

3) 使用冲击钻成孔，采用泥浆循环法清孔，应将泥浆管口挂在冲锤上，在桩孔底 1.0m 范围上下拉动，同时不断压入符合指标要求的泥浆；

4) 清孔后，孔底 50cm 范围的泥浆密度应控制在 1.15～1.25；含砂率不大于 8%；黏度不大于 28s；

5) 清孔时，浇筑混凝土前，沉渣允许厚度应符合规范和设计要求。以摩擦力为主的灌注桩，沉渣允许厚度不得大于 300mm，以端承力为主的灌注桩沉渣允许厚度不得大于 100mm。

(7) 浇筑水下混凝土

泥浆护壁成孔灌注桩混凝土的浇筑是在泥浆中进行，故为水下混凝土浇筑。水下混凝土的施工配合比应比设计强度等级提高一级，且不得低于 C15，骨料粒径不宜大于 30mm，且不宜大于钢筋最小净距的 1/3。采用水泥强度等级不低于 32.5 级，水泥用量 350～400kg/m³，混凝土要有良好的流动性，坍落度宜为 16～22cm。混凝土浇筑应在钢筋笼下放到桩孔内后 4 小时之内进行。以防止在钢筋表面形成过厚的泥皮，影响钢筋与混凝土之间的粘结强度。

水下浇筑混凝土通常采用导管法。导管直径 φ250～φ300，每节长 3m，但第一节导管长度应≥4m；节间用法兰连接，要求接头严密，不漏浆、不进水。导管顶部设有漏斗。整个导管安置在起重设备上，可以升降和拔管后水平移动，采用导管可以防止混凝土中水泥浆被水带走，又可防止泥浆进入混凝土内形成软弱夹层，保证混凝土的密实性和强度，又可以减轻混凝土自由下落所造成的离析现象。如图 2-20 所示。

采用导管法浇筑混凝土时，先将安装好的导管吊入桩孔内，导管顶部高于泥浆面 3～4m，导管底部距桩孔底部 0.3～0.5m。导管内设隔水塞（栓）。用细钢丝悬吊在导管下口，隔水塞可采用预制混凝

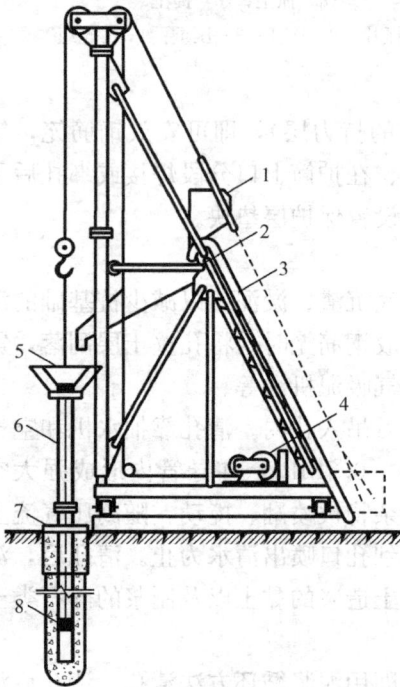

图 2-20　水下浇筑混凝土
1—上料斗；2—贮料斗；3—滑道；4—卷扬机；5—漏斗；6—导管；7—护筒；8—隔水塞

78

土块（四周加橡皮封圈）、橡胶球胆或软木球。前者一次性使用，后者可回收，重复使用。浇筑时，先在导管内灌入混凝土，其数量应保证混凝土第一次浇筑时，导管底端能埋入混凝土中0.8～1.3m。然后剪断悬吊隔水塞的钢丝，在混凝土自重压力作用下，隔水塞下落，混凝土冲出导管下口。由于混凝土比重较泥浆比重大，应边浇筑，边拔管，边拆除上部导管。拔管过程中，应始终保证导管下口埋入混凝土深度不小于1m。埋入深度大，混凝土顶面平整，但流出阻力大，浇筑困难，因此，最大埋入深度应小于9m。但埋入深度过小，混凝土流出势头过强，易将上部浮沫层卷进混凝土中，形成软弱夹层。当混凝土浇筑面上升到泥浆液面附近时，导管出口处混凝土覆盖层厚度应为1m左右。最后，混凝土浇筑面应超过设计标高以上300～500mm，当混凝土达到一定强度时，将这300～500mm的浮浆软弱层凿除。

（8）常见工程质量事故及处理方法

泥浆护壁成孔灌注桩施工时常易发生孔壁坍塌、斜孔、孔底隔层、夹泥、流砂等工程问题，因水下混凝土浇筑属隐蔽工程记录，应确保工程质量。

1）孔壁坍塌。

指成孔过程中孔壁土层不同程度塌落。

①主要原因是：提升下落冲击锤、掏渣筒或钢筋骨架时碰撞护筒及孔壁；护筒周围未用黏土紧密填实，孔内泥浆液面下降，孔内水压降低等造成塌孔。

②塌孔处理方法：一是在孔壁坍塌段用石子黏土投入，重新开钻，并调整泥浆比重和液面高度；使用冲孔机时，填入混合料后低锤密击，形成坚固孔壁后，再正常冲击。

2）偏孔。

指成孔过程中出现孔位偏移或孔身倾斜。

①主要原因是：桩架不稳固、导杆不垂直或土层软硬不均；用冲孔成孔时可能为导向不严格或遇到探头石及基岩倾斜。

②处理方法为：将桩架重新安装牢固、平稳垂直；如偏移过大，应填入石子、黏土，重新成孔；如有探头石，可用取岩钻除去或低锤密击将石击碎；遇基岩倾斜，可投入毛石于低处，再开钻或密打。

3）孔底隔层。

指孔底残留石渣过厚，孔脚涌进泥砂或塌壁泥土落底。

①主要原因是：清孔不彻底，清孔后泥浆浓度减少或浇筑混凝土，安放钢筋骨架时碰撞孔壁造成塌孔落土。

②主要防止方法为：作好清孔工作；注意泥浆浓度及孔内水位变化，施工时注意保护孔壁。

4）夹泥或软弱夹层。

指桩身混凝土混进泥土或形成浮浆泡沫软弱夹层。

①主要原因是：浇筑混凝土时孔壁坍塌或导管下口埋入混凝土高度太小，泥浆被喷翻，掺入混凝土中。

②防止措施是：经常注意混凝土表面标高变化和保持导管下口埋入混凝土下

的高度。并应在钢筋笼下放孔内 4h 内浇筑混凝土。

5）流砂。

指成孔时发现大量流砂涌塞孔底。产生原因是孔外水压力比孔内水压力大，孔壁土松散。流砂严重时可抛入碎砖石、黏土，用锤冲入流砂层，阻止流砂涌入。

2.3.2 套管成孔灌注桩施工

套管成孔灌注桩是利用锤击沉管或振动沉桩方法，将带有桩尖的钢制桩管沉入土中，然后在钢管内放入钢筋骨架，边浇筑混凝土，边锤击、振动套管，边上拔套管，最后成桩。前者利用锤击沉管成孔，则称为锤击沉管灌注桩；后者利用振动沉管成孔，称为振动沉管灌注桩。套管成孔灌注桩整个施工过程在套管护壁条件下进行，不受地下水位高低和土质条件好坏的限制，适合地下水位高，地质条件差的可塑、软塑、流塑以上黏土、淤泥及淤泥质土、稍密和松散的砂土中施工。图 2-21 为沉管灌注桩施工过程。

1. 锤击沉管灌注桩施工

锤击沉管灌注桩又称为打拔管式灌注桩，是用锤击沉桩设备（落锤、汽锤、柴油锤）将桩管打入土中成孔。施工设备如图 2-22 所示。其施工工艺流程如下：桩机就位→安放桩尖→吊放桩管→扣上桩帽→锤击沉管至要求贯入度或标高用吊铊检查管内有无泥水并测孔深→提起桩锤→安放钢筋笼→浇筑混凝土→拔管成桩。

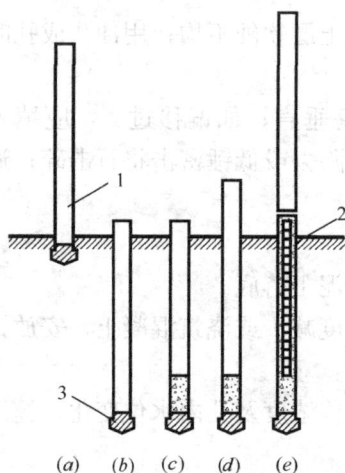

图 2-21 沉管灌柱桩施工过程

(a) 就位；(b) 沉管；(c) 浇筑混凝土；(d) 下钢筋笼，继续浇筑混凝土；(e) 拔管成桩

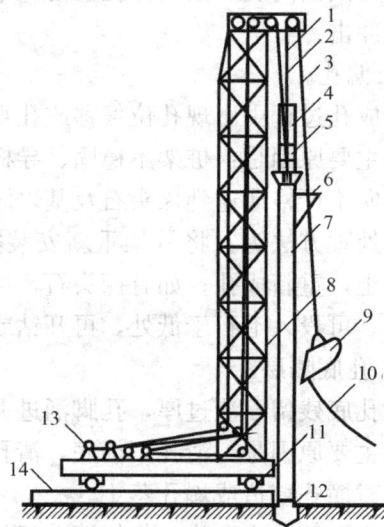

图 2-22 锤击灌注桩机械

1—柱帽钢丝绳；2—桩管钢丝绳；3—吊斗钢丝绳；4—桩锤；5—桩帽；6—混凝土漏斗；7—桩管；8—桩架；9—漏斗；10—回绳；11—行驶用钢管；12—桩靴；13—卷扬机；14—枕木

锤击沉管灌注桩施工时，首先将打桩机就位，吊起桩管，对准预先在桩位埋好的预制混凝土桩尖，放置麻、草绳垫于桩管和桩尖连接处，以作缓冲和防止泥水进入桩管，然后缓慢放下桩管，套入桩尖，将桩管压入土中。然后桩管上部扣上桩帽，检查桩管与桩锤、桩尖是否在一条垂直线上，其垂直度偏差应小于0.5%桩管高度。

初打时，应低锤轻击，观察桩管无偏移时，方能正常施打。桩锤施打的冲击频率，视桩锤的类型和土质而定，宜采用低锤密击，即小落距、高频率，尽量控制每分钟击打70次以上。直至将桩管打至设计要求贯入度或桩尖标高并检查管内有无泥、水浆灌入。

当桩较稀疏时（中心距大于3.5倍桩径或2m），可采用连打方法；当桩距较密集时（中心距小于等于3.5倍桩径或2m），为防止断桩现象应采用跳跃施打的方法，中间空出的桩应待邻桩混凝土达到设计强度等级的50%以上方可施打；对于土质较差的饱和淤泥质土，可采用控制时间的连打方法，即必须在邻桩混凝土终凝前，将影响范围内（中距小于等于3.5倍桩径或2m）的桩全部施工完毕。

浇筑混凝土以及拔管时应保证混凝土的质量，桩管内应尽量灌满混凝土，并应保持不少于2m高度，在测得混凝土确已流出桩管后，方能继续拔管。拔管速度不宜过快，以0.8~1.2m/min为宜，在软硬土层交界处，应控制在0.8m/min以内。拔管时，应保持对桩管进行低锤密击，使桩管不断受到冲击振动，以振实混凝土。拔管过程中，应用吊铊测定混凝土下落和扩散情况，注意使桩管内混凝土高度保持略高于地面，这样一直至全拔出为止。灌入桩管内的混凝土，从拌制到最后拔管结束不得超过混凝土的初凝时间。

浮标用于测定混凝土浇筑时扩散情况。施工时桩管内设浮标（测铊），浮在混凝土面上，用以测定混凝土在桩管内的标高。当每次拔管高度为 H 时，用一根刻有标记的浮标拉绳可测得管内混凝土下落的高度为 h，由于混凝土要补充管壁体积，故 h 较 H 值大，我们把 h/H 称为充盈系数，即：

$$\frac{h}{H} = \frac{D^2}{d^2}$$

式中　D——套管外径；

d——套管内径。

正常条件下，充盈系数为一常数，若实测值高于这个常数，即表示混凝土扩散，实际桩径大于设计桩径，混凝土超灌量；若实测值低于该常数，即表示有缩径、吊脚、夹泥等问题。若实测值较常数相差很多，则采用复打法处理。锤击沉管灌注桩适用于一般黏土、淤泥质土、砂土、人工填土等。

前面介绍的锤击沉管灌注桩的施工方法，一般称为"单打法"。而锤击沉管扩大灌注桩的施工方法则称为"复打法"。

复打一般在下列情况下应用：一是属于设计要求扩大的直径，增加桩的承载力，减少桩的数量、减少承台面积等；二是施工中处理工程问题和质量事故，例如，怀疑或发现有缩径、吊脚、夹泥等缺陷或持力层起伏不平，个别桩由于桩管长度所限达不到设计规定的进入持力层深度，以至使贯入度不符合要求，作为补救措施而采用复打法。复打法示意图为图2-23所示。

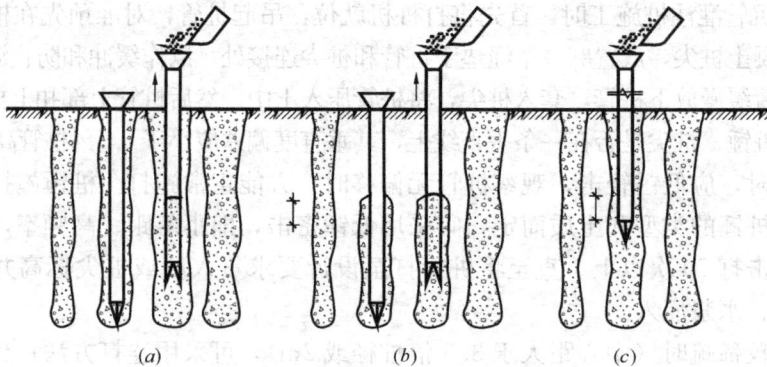

图 2-23 复打法示意图

(a) 全部复打桩；(b)、(c) 局部复打桩

复打是在第一次单打将混凝土浇筑到桩顶设计标高后，清除桩管外壁上污泥和孔周围地面上的浮土，立即在原桩位上再次安放桩尖，进行第二次沉管，使第一次未凝固的混凝土向四周挤压密实，使桩径扩大。然后第二次浇筑混凝土成桩。

复打施工时，桩管中心线应与初打（单打）中心线重合；第一次灌注的混凝土应接近自然地面标高；复打前，应清除桩管外壁污泥；必须在第一次（单打）灌注混凝土初凝前，完成复打工作；复打以一次复打为宜。钢筋笼在第二次沉管后吊放。

复打法分全复打、半复打和局部复打法。如果缺陷在下半段，则第一次混凝土浇筑到半个桩长，另加 1m 以防复打时上段塌落影响质量。如果缺陷在上半段，则第一次浇筑混凝土到顶后，将桩管打入 1/2 桩长，再第二次灌注混凝土。对于饱和淤泥或淤泥质软土则宜采用全桩长复打法。

2. 振动沉管灌注桩

振动沉管灌注桩是采用振动冲击锤（激振器）沉入套管，它与锤击沉管灌注桩的区别是用振动箱代替桩锤。振动箱与桩管刚性连接，桩管下安设活瓣桩尖，活瓣桩尖应有足够的强度和刚度，活瓣间缝隙应紧密。图 2-24 为振动沉管桩机，活瓣桩尖如图 2-25 所示。

振动沉管施工时，先将桩管下端活瓣闭合，对准桩位，徐徐放下桩管压入土中，然后校正垂直度，即可开动振动器沉管。沉管时，由电动机带动的偏心块旋转而产生振动，桩管受振后与土体之间的摩擦力减少，当振

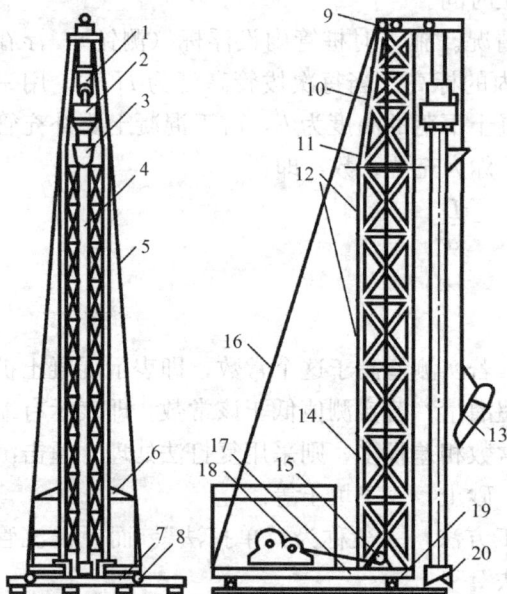

图 2-24 振动沉管设备示意图

1—滑轮组；2—激振器；3—漏斗口；4—桩管；5—前拉索；6—遮栅；7—滚筒；8—枕木；9—架顶；10—架身顶段；11—钢丝绳；12—架身中段；13—吊斗；14—架身下段；15—导向滑轮；16—后拉索；17—架底；18—卷扬机；19—架压滑轮；20—活瓣桩尖

82

动频率与土体自振频率相同时（一般黏性土自振频率为600～750r/min，砂土为900～1000r/min），土体结构因共振而破坏，同时在桩管上加压，桩管即沉入土中。加压常利用桩架自重，通过收紧加压滑轮组上的钢丝绳把压力传到桩管上，直到桩管沉到要求深度为止。沉管过程中，应经常探测管内有无地下水，若发现进水过多时，应将桩管拔出，检查桩尖缝隙是否过疏；若过疏应加以修理并将桩孔用砂填满再重新沉管。倘若发现有少量水时，可灌入 0.1m³ 左右混凝土或砂浆封堵桩管尖部，然后再继续施工。混凝土浇筑时，应将桩管灌满或略高于地面。

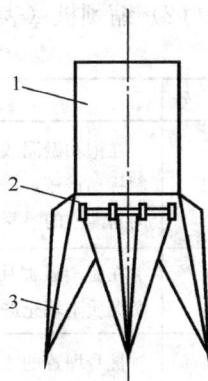

图 2-25　活瓣桩尖
1—桩管；2—锁轴；3—活瓣

振动沉管灌注桩可采用单振法、反插法和复振法。

单振法施工时，桩管内灌满混凝土，开动振动桩机，振动 5～10s，开始拔管，此时应用吊铊检查探测活瓣是否已经张开，混凝土是否已从桩管中流出。然后边振边拔，每拔 0.6～1m，停拔振动 5～10s，如此反复，直到桩管全部拔出为止。拔管时应控制拔管速度，在一般土层中为 1.2～1.5m/min，在较弱土层中为 0.8～1.0m/min，不宜大于 2.5m/min。

反插法施工是在管内灌满混凝土后，先振动再开始拔管，每次拔管高度 0.5～1.0m，再向下反向下插 0.3～0.5m，如此反复进行并始终振动再开始拔管，直至桩管拔出地面。反插法能使混凝土密实性增加、桩的直径增大，从而提高桩的承载力。宜在较差的软土地基中应用。

复振法与锤击沉管灌注桩的复打法基本相同。

振动沉管灌注桩适用范围与锤击沉管灌注桩大致相同，还适用于稍密及中密的碎石类土中施工。

3. 套管成孔灌注桩常见质量事故及处理方法

（1）断桩（表 2-4）

沉管灌注桩断桩的原因及处理方法　　　　　　表 2-4

序号	主要原因	处理方法
1	混凝土终凝不久，强度弱，承受不了振动和外力扰动	跳打、增加间隔时间
2	桩距过小，邻桩沉管时使土体隆起和挤压，产生水平力和拉力，造成已成桩断裂	控制桩距大于 3.5 倍桩径，或采用跳打法加大桩的施工间距
3	拔管速度过快，混凝土未排出管外，桩孔周围土迅速回缩形成断桩	保持正常拔管速度，如在流塑淤泥质土中拔管速度应控制在不大于 0.5m/min 为宜
4	在流塑的淤泥质土中孔壁不能直立，混凝土比重大于淤泥质土，灌注时造成混凝土在该层坍塌形成断桩	采用局部"反插"或"复打"工艺，复打深度必须超过断桩 1m 以上
5	混凝土粗骨料粒径过大，灌注混凝土时在管内发生"架桥"现象，形成断桩	严格控制粗骨料粒径

（2）缩颈桩（表 2-5）

沉管灌注桩施工出现缩颈的原因及处理方法　　　　表 2-5

序　号	主　要　原　因	处　理　方　法
1	在饱和淤泥或淤泥质软土层中沉管时土受强制扰动挤压，产生孔隙水压，桩管拔出后，挤向新灌注的混凝土，使桩身局部直径缩小	控制拔管速度，采取"慢拔密振"或"慢拔密击"方法
2	在流塑淤泥质土中，由于套管的振动作用，淤泥质土填充进来，造成缩颈	采用复打法（锤击沉管桩）或反插法（振动沉管桩）
3	桩身埋置的土层，如上下部水压不同，桩身混凝土养护条件有别，凝固和收缩差异较大，造成缩颈	采用复打法或反插法，或在易缩颈部位放置钢筋混凝土预制桩段
4	桩间距过小，邻近桩施工时挤压已成桩使其缩颈	采用跳打法加大桩的施工间距
5	拔管速度过快，桩管内形成真空吸力，对混凝土产生拉力，造成缩颈	保持正常拔管速度
6	拔管时，管内混凝土量过少	拔管时，管内的混凝土应随时保持 2m 左右高度，也应高于地下水位 1.0～1.5m，或不低于地面
7	混凝土坍落度较小，和易性较差，拔管时管壁对混凝土产生摩擦力造成缩颈	采用合适的坍落度：80～100mm（配筋时）；40～60mm（素混凝土）
8	在饱和淤泥层中施工，灌入混凝土扩散严重不均匀，造成缩颈	采用反插法或复打法

（3）吊脚桩

是指桩底部混凝土隔空或混凝土混入泥砂而形成软弱夹层。

1）造成吊脚桩的原因是：预制桩尖质量差，被打碎后泥砂挤入桩管，或桩尖挤进桩管内，而拔管时，管内混凝土高度不足，振动不足，待桩管拔到一定高度时，桩尖才下落，卡在硬土层或悬在半空中，造成吊脚桩；振动沉管时，活瓣桩尖抽管时不张开，至一定高度才张开，混凝土下落，但有空隙，不密实。

2）防止出现吊脚桩的措施有：施工前，严格检查预制桩尖的规格，强度和质量；沉管时用吊铊检查桩尖是否缩入桩管或活瓣桩尖是否张开，发现吊脚现象后应立即将桩管拔出，回填砂后再沉管，也可用复打或反插法处理。

（4）桩尖进水或进泥砂

常见于地下水位高，含水量大的淤泥和粉砂土层。处理方法可将桩管拔出，修复桩尖缝隙后，用砂回填再打。地下水量大时，桩管沉到地下水位附近时，用水泥砂浆灌入管内约 0.5m 作封底，灌 1m 高的混凝土再打下。

2.3.3　挖孔灌注桩施工

采用人工挖孔灌注桩，具有机具设备简单，施工操作方便，占用施工场地小，对周围建筑物影响小，施工质量可靠，可全面展开施工，缩短工期，造价低等优点，因此得到广泛应用。

1. 适用范围

人工挖孔灌注桩适用于土质较好，地下水位较低的黏土、粉质黏土、含少量砂卵石的黏土层等地质条件。可用于高层建筑、公用建筑、水工结构（如泵站、桥墩）作桩基，作支承、抗滑、挡土之用。对软土、流砂、地下水位较高、涌水量大的土层不宜采用。

2. 一般构造要求

桩直径一般为 $\phi 800 \sim \phi 2000mm$，最大直径可达 $3500mm$。底部采取不扩底和扩底两种方式，扩底直径 $(1.3 \sim 3.0)d$，最大扩底直径可达 $4500mm$。桩底应支承在可靠的持力层上。

3. 施工工艺

（1）施工程序

场地整平、放线、定桩位→挖第一节桩孔土方→支模浇灌第一节混凝土护壁→在护壁上二次投测标高及桩位十字轴线→安装活动井盖、设置垂直运输架、安装卷扬机（电动葫芦）、吊土桶、潜水泵、鼓风机、照明设施等→挖第二节桩孔土方→清理桩孔四壁、校核桩孔垂直度和直径→拆上节模板、支第二节模板、浇筑第二节混凝土护壁→重复上述施工过程直至设计深度→检查持力层后进行扩底→对桩孔直径、深度、扩底尺寸、持力层进行全面检查验收→清虚土、排除孔底积水→吊放钢筋笼→浇筑桩身混凝土。

当桩孔不设支承护壁和不扩底时，无支护和扩底两道工序。

（2）护壁设计和施工

为防止桩孔土体塌滑，确保施工操作安全，大直径桩孔在施工中一般需设置护壁。护壁可采用现浇混凝土（或配少量钢筋）、喷射混凝土或型钢木板工具式护壁、沉井等。由于现浇混凝土护壁整体性好，能紧靠土壁、受力均匀，应用较为广泛，对于桩径较小、深度不大、土质较好、地下水量少的桩孔也可采用型钢—木板组合工具式护壁或不设护壁。

混凝土护壁分段高度根据土质情况和施工方便而定。一般为 $0.9 \sim 1.0m$。

护壁混凝土强度采用 C30 或 C25，厚度经计算确定，一般取 $100 \sim 150mm$ 或加配适量直径 $6 \sim 8mm$ 的钢筋，相邻两节护壁之间用钢筋拉接。

护壁施工采取一节组合钢模板（或 $4 \sim 8$ 块弧形工具式钢模）拼装而成，拆上节、支下节，循环周转使用。模板间用 U 形卡连接，上下设两道槽钢护圈顶紧，钢圈由 $2 \sim 3$ 块弧形槽钢组成，中间用螺栓连接，不另设支撑。每一节混凝土护壁宜高出地面 $200mm$，便于挡水和定位，也可防止地面土块滚入桩孔中。

（3）挖孔方法

挖土由人工从上到下逐层用锹、镐进行，遇硬土用大锤、钢钎破碎。挖土次序为先挖中间部分，后挖周边。按设计桩直径加 2 倍护壁厚度控制截面，允许尺寸误差 $30mm$。扩底部分采取先挖桩身圆柱体，再按扩底尺寸从上到下削土修成扩底形。弃土装入活底吊桶或萝筐内。垂直运输，在孔口上安支架、轨道，用电动葫芦或慢速卷扬机提升。

如有少量地下水,可随挖土随用吊桶将泥水一起吊出。如遇大量渗水,可在一侧挖集水坑,用潜水泵排除。

(4) 安全技术措施

挖孔桩施工应对安全予以特别重视,应制定周密可靠的安全技术措施和安全操作规定,并严格认真执行,经常检查。

1) 在孔口设水平移动式活动安全盖板,当土吊桶提升到离地面一定高度后,推活动盖板关闭孔口,手推车推至盖板上卸土离开后,再开盖板,下吊桶装土,以防土块、操作人员掉入孔内伤人。采用电动葫芦提升吊桶,桩孔四周应设安全护栏;

2) 多桩孔同时成孔,应采取间隔挖孔方法,以减少水的渗透和防止土体滑动;

3) 孔内严禁放炮,以防震动土壁,造成事故;

4) 桩孔内设 36V 低压安全照明。用鼓风机向孔下送新鲜空气,并防止有害气体中毒;

5) 人员上下可利用吊桶,但要配备滑车、粗绳或绳梯,供停电时应急使用;

6) 井口作业人员挂安全带,井下作业戴安全帽;

7) 加强对孔壁土层涌水情况的观察,发现异常情况,及时处理。

2.4 预应力混凝土管桩

预应力混凝土管桩是采用先张法预应力、掺加高效减水剂、高速离心蒸汽养护工艺的空心圆筒体细长的预制桩,包括预应力混凝土管桩(PC)、预应力混凝土薄壁管桩(PTC)、预应力高强混凝土管桩(PHC)三大类。预应力混凝土管桩是指混凝土强度等级低于 C80,且不低于 C60 的桩;预应力高强混凝土管桩是指混凝土强度等级不低于 C80 的桩。

管桩的预应力施加于轴向钢筋,并由螺旋形钢箍与主筋点焊成钢筋笼。每一节桩两端的端板既是预应力钢筋的锚板,也是管节之间的连接板,端板外缘一周的坡口供接桩时焊接用,与端板相连接的钢裙板既有保护桩头的作用,又有焊接时起散热作用。

2.4.1 管桩的特点与使用条件

1. 管桩与预制方桩和钢桩相比较,具有以下特点:

(1) 与一般预制方桩比,管桩的混凝土强度高,因而其结构承载力高,抗锤击性能好;

(2) 材料用量少,钢筋用量比一般方桩节省 50% 左右,混凝土用量节省 30% 左右,因而自重轻,又便于运输和施工;

(3) 适应性强,桩长可根据不同工程的需要进行拼接;桩尖可以根据设计要求配置;对锤击、挖孔、压入、水冲等不同的沉桩工艺都能适应;

（4）成本低，其价格仅为钢桩的 1/3～1/2，使用成本也比钢桩低，且其结构刚度也优于钢桩；

（5）使用开口桩时挤土量比方桩小，且可贯入性好，施工速度快；

（6）结构定型化、工艺标准化、生产自动化、机械化，因而产品质量可靠，有利于商品化生产，有利于建筑工业化的发展。

2. 预应力管桩适用范围

预应力混凝土管桩用于桩端持力层为较厚的强风化或全风化岩层，坚硬黏土层，密实碎石土、砂土、粉土层的场地。不适宜用于土层中含有较多的孤石、障碍物，或含有不适宜作为持力层且管桩又难以穿透的坚硬夹层；在石灰岩地区，大多数基岩表面就是新鲜岩面，且存溶洞、溶沟、溶槽等，其上覆土层一般不宜作为持力层，打桩过程中，管桩一接触岩面就容易出现桩身断裂或桩尖滑动。据统计，在石灰岩地区打桩，桩的破损率高达 20%～50%，成桩倾斜超过规范允许值的桩很多，而且单桩承载力比较低，所以石灰岩地区一般不宜采用管桩基础。

2.4.2 管桩的规格和技术性能

各企业生产的预应力混凝土管桩的规格和性能因其适用条件不同而有差异，表 2-6 和表 2-7 是不同规格混凝土管桩的性能。从表中可以看出，PTC 桩的壁厚仅为 PC 桩的 60% 左右，重量轻，节省材料，适用于抗震设防烈度小于 7 度的地区；在条件相同的条件下，PHC 桩和 PC 桩相比，高强度预应力管桩的单桩承载力比 PC 桩高出 40% 以上，可以满足对单桩承载力有较高要求的工程需要。按有效预应力的大小，预应力管桩分为 A、AB、B 和 C 四种型号，随着有效预应力的增大，桩的抗裂弯矩相应提高。

预应力混凝土管桩的规格与技术性能　　　　　　　　表 2-6

外径 (mm)	代号	壁厚 (mm)	型号	预应力配筋	混凝土有效预应力 (MPa)	抗裂弯矩 (kN·m)	极限弯矩 (kN·m)	极限承载力设计值 (kN)	极限承载力标准值 (kN)	计算重量 (kgm⁻¹)
400	PC	95	A	7φ9.0	3.79	52	77	1600	2500	236
			AB	7φ10.7	5.19	63	104			
	PTC	55		7φ7.1	4.01	35	55	900	1500	155
500	PC	100	A	9φ9.0	3.77	99	148	2100	3300	326
			AB	9φ10.7	5.25	121	200			
	PHC	100	A	9φ9.0	3.77	99	148	2800	4800	326
			AB	9φ10.7	5.25	121	200			
	PTC	60		9φ7.1	3.71	55	90	260	2100	215
600	PC	100	A	Z12φ9.0	3.88	164	246	2900	4500	440
			AB	12φ10.7	5.42	201	32			
	PHC	110	A	Z12φ9.0	3.88	164	246	3800	6500	440
			AB	12φ10.7	5.42	201	332			
	PTC	70		9φ9.0	4.2	100	180	1860	3100	303

预应力高强混凝土管桩的规格与技术性能　　　　表 2-7

外径 (mm)	型号	壁厚 (mm)	主筋				混凝土有效预应力 (MPa)	极限开裂弯矩 (kN·m)	单位重量 (tm⁻¹)	主筋含钢率 (%)	结构承载力 (kN)	单节长度 (m)
			直径 (mm)	数量 (根)	D_p (mm)							
400	B	97	9.2	10	297	5.10	73.5	0.240	0.69	1650	9~11
500	A	100	9.2	10	416	3.90	103.0	0.327	0.51	2300	9~12
	AB₁	110	9.2	15	416	5.00	123.6	0.350	0.67	2450	9~12
	AB₂	125	9.2	15	416	4.61	123.6	0.383	0.61	2700	9~12
600	A	100	9.2	12	510	3.75	166.7	0.408	0.49	2900	10~15
	AB	110	9.2	18	510	4.79	200.0	0.440	0.64	3100	10~15
	AB	120	9.2	18	510	4.51	200.0	0.470	0.60	300	10~15
	AB	130	11	15	510	5.24	200.0	0.499	0.70	3450	10~15
	B	110	11	18	510	6.88	245.2	0.440	0.96	3000	10~15
800	A	110	9.2	20	690	4.08	392.3	0.620	0.57	4400	10~15
	AB	110	11	20	690	5.57	470.8	0.620	0.75	4300	10~15
	B	110	11	30	690	7.94	539.4	0.620	1.13	4150	10~15
	C	110	13	30	690	10.40	637.4	0.620	1.57	4000	10~15
1000	A	130	9.2	32	880	4.73	735.5	0.924	0.58	6500	9~12
	AB	130	11	32	880	5.94	882.6	0.924	0.81	6350	9~12
	B	130	13	32	880	7.90	1029.7	0.924	1.13	6200	9~12

注：1. 高压蒸养混凝土强度为 78.4MPa；

2. 表中的 D_p 为主筋位置的直径。

预应力混凝土管桩的构造要求和外观质量要求

分别见表 2-8 和表 2-9。预应力混凝土管桩的桩尖形式很多，有封闭式、外开放式、内开放式、钢管式、平桩靴、钢板靴、钢锥靴、钢十字劲板靴等。根据工程地质条件由施工工程师自行选择，广东省用得最多的有以下几种：十字形桩尖、圆锥形桩尖、开口形桩尖，对它们的钢板厚度所作规定见表 2-10、表 2-11、表 2-12。

预应力混凝土管桩的构造要求　　　　表 2-8

外径 (mm)	最小壁厚 (mm)	螺旋筋				混凝土保护层 (mm)	端头板		钢裙板		
		直径 (mm)	桩端加密区		非加密区		板厚 (mm)	坡口 高×宽 (mm)	板厚 (mm)	高 (mm)	外径 (mm)
			间距 (mm)	长度 (mm)	间距 (mm)						
300	70	3.5~4.0		1200			16	4×10			299
400	90	≥4.5		1500			18	4.5×11			399
500	100	≥5.0	40~50	1500	100~110	≥25	18	4.5×11	≥1.5	≥140	499
550	100	≥5.0		1500			20	4.5×11			549
600	105	≥5.0		1500			20	(4.5~5)×(11~12)			599

预应力混凝土管桩外观质量要求 表 2-9

项　目	质　量　要　求
粘皮和麻面	局部粘皮和麻面累计面积不大于桩身总面积的 5%，其深度不得大于 10mm；允许作有效的修护
桩身合缝漏浆	合缝漏浆深度小于主筋保护层厚度，每处漏浆长度不大于 300mm，累计长度不大于管桩长度的 10%，或对称漏浆的搭接长度不大于 100mm，允许作有效的修护
局部磕损	磕损深度不大于 10mm，每处面积不大于 50cm²，允许作有效的修护
内外表面露筋	不允许
表面裂缝	不允许出现环向或纵向裂缝，但龟裂、水纹及浮浆层裂纹不在此限
端面平整度	管桩端面混凝土及主筋镦头不得高出端板平面
断头、脱头	不允许，但当预应力主筋采用钢丝且其断丝数量不大于钢丝总数的 3% 时，允许使用
钢裙板凹陷	凹陷深度不得大于 10mm，每处面积不大于 50cm²
内表面混凝土脱落	不允许
桩接头及钢裙板与混凝土结合处　漏　浆	漏浆深度小于主筋保护层厚度，漏浆长度不大于周长的 1/4，允许作有效修护
桩接头及钢裙板与混凝土结合处　空洞和蜂窝	不允许
其　他	离心成型后废浆液应倒清

十字形桩尖构造尺寸（mm） 表 2-10

桩　径	d_2	h	δ	t
300	270	≥100	≥18	≥10
400	368	≥110	≥18	≥10
500	468	≥125	≥19	≥12
550	518	≥125	≥19	≥12
600	568	≥125	≥19	≥12

圆锥形桩尖构造尺寸（mm） 表 2-11

桩　径	d_1	h	t
300	247	120	≥12
400	347	170	≥12
500	447	220	≥12
550	500	246	≥12
600	547	270	≥14

开口形桩尖构造尺寸（mm）　　　表 2-12

桩　径	$d_内$	t	h	a	b	δ
500	300	≥10	400	60	40	16
550	350	≥12	400	60	40	16
600	400	≥12	400	60	40	16

2.4.3　预应力混凝土管桩的施工

预应力混凝土管桩的沉桩方法与预制混凝土方桩基本相同，但有一些特殊的问题需要注意：

（1）吊桩损坏。由于圆形管桩表面光滑，无棱角，吊桩捆抓不能用吊方桩的方法，必须注意防滑；

（2）桩身裂缝。管桩桩身裂缝有两类，一类是养护过程的温差而产生小于0.2mm的浅表温度裂缝；另一类是在运输过程和沉桩过程中出现的裂缝。防止沉桩过程中出现结构裂缝的要点是解决锤击沉桩时的动力效应，主要措施是使管桩内腔的空气与大气连通；

（3）桩顶破碎。管桩对偏心锤击特别敏感，极易导致桩顶破碎；桩锤过小，锤击能量易集中在桩顶，且锤击次数过多，易将桩顶打碎；送桩刚度偏小，易打碎桩顶。

2.4.4　预应力混凝土管桩质量检验标准

预应力混凝土管桩质量检验标准见表 2-13。

预应力混凝土管桩质量检验标准　　　表 2-13

项目检查	允许偏差与允许值		检　查　方　法
成品桩质量[①]：外观	无蜂窝、露筋、裂缝；色感均匀，桩顶处无孔隙		直观
桩径	mm	±5	尺量
管壁厚度	mm	−5	尺量
桩尖中心线	mm	<2	尺量
顶面平整度	mm	10	水平尺量
桩体弯曲		<1/1000H	尺量（H 为两节桩长）
接桩：焊缝质量	同钢桩		
电焊结束后停歇时间	min	>1.0	秒表测定
上下节平面偏差	mm	<10	尺量
节点弯矩矢高		<1/1000H	尺量（H 为两节桩长）
桩位偏差[①]	同普通预制桩		
桩顶标高	mm	±50	水准仪
贯入度[①]	满足设计要求		尺量或查沉桩记录
低应变整体性检验[①]	满足设计要求		按规定的低应变试验法
荷载试验[①]	满足设计要求		查试桩资料或参与试桩

注：①项为主控项目。

3 混凝土结构工程

3.1 概 述

混凝土结构是以混凝土为主制成的结构，包括素混凝土结构、钢筋混凝土结构和预应力混凝土结构等。本章以钢筋混凝土结构为主。

混凝土结构工程按施工方法分为现浇混凝土结构工程和装配式混凝土结构工程。

现浇混凝土结构工程是在结构构件的设计位置架设模板，绑扎钢筋，浇筑混凝土，振捣成型，经过养护，混凝土达到拆模强度时拆除模板，制成结构构件。其整体性好、抗震性好、节约钢材；但是，施工周期长、模板消耗量大、劳动强度高、施工受气候条件影响较大。

装配式混凝土结构工程是在预制构件厂或施工现场预先制作好结构构件，在施工现场用起重机械把预制构件安装到设计位置，在构件之间用电焊、预应力或现浇的手段使其连接成整体。除运输不便的大型混凝土构件需在施工现场预制外，大量的中小型构件均可在预制工厂制作，采用工厂化、定型化、机械化生产，能节约大量模板，且生产的构件质量较好。但施工时一般需要较大型的起重设备。

混凝土结构工程由模板工程、钢筋工程和混凝土工程组成，施工工艺过程如图 3-1 所示。

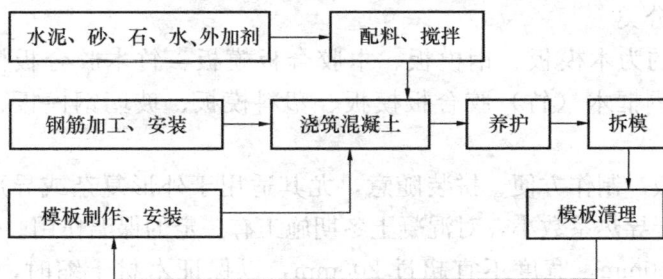

图 3-1　混凝土结构工程施工工艺

3.2 模 板 工 程

模板是混凝土结构或构件成型的模型。模板系统是由模板、支撑和连接紧固件组成。

模板工程是混凝土浇筑成型用的模板及其支架的设计、安装、拆除等一系列技术工作和完成实体的总称。

3.2.1 模板系统的基本要求

（1）模板及其支架应根据工程结构形式、荷载大小、地基土类别、施工设备和材料供应等条件进行设计，应具有足够的承载能力、刚度和稳定性，能可靠地承受浇筑混凝土的重量、侧压力以及施工荷载，不出现凹凸、失稳和倾覆。

（2）保证工程结构和构件各部分形状尺寸和相互位置的正确，偏差在其允许范围内。固定在模板上的预埋件、预留孔和预留洞均不得遗漏，且应安装牢固，其偏差应符合规定。用作模板的地坪、胎模等应平整光洁，不得产生影响构件质量的下沉、裂缝、起砂或起鼓。

（3）构造简单，装拆方便，提高工效，尽量实现模板的定型化、标准化、工具化和装配化，减少现场高空作业量，并便于钢筋的绑扎、安装和混凝土的浇筑、养护。

（4）模板接缝应严密不漏浆，并应定期检查修理。

（5）选用材料应经济合理，受潮后不易变形。

（6）对清水混凝土工程及装饰混凝土工程，应使用能达到设计效果的模板。

（7）模板与混凝土的接触面应清理干净并涂刷水溶性隔离剂，但不得采用影响结构性能或妨碍装修工程施工的隔离剂，不要采用油质类隔离剂。在涂刷模板隔离剂时，不得沾污钢筋和混凝土接槎处。

（8）浇筑混凝土前，模板内的杂物应清理干净；木模板应浇水湿润，但模板内不应有积水。

3.2.2 模 板 分 类

1. 按材料分类

目前常用的为木模板、钢模板、木胶合板模板、竹木胶合板模板，还有钢框木模板、钢框木（竹）胶合板模板、塑料模板、玻璃钢模板、铝合金模板等。

（1）木模板。制作方便、拼装随意，尤其适用于外形复杂或异形混凝土构件，此外，由于导热系数小，对混凝土冬期施工有一定的保温作用。但周转次数少，板厚20～50mm，宽度不宜超过200mm，以保证木材干缩时，缝隙细匀，浇水后易密缝。

（2）钢模板。一般做成定型模板，用连接件拼装成各种形状和尺寸，适用于多种结构形式，应用广泛。钢模板周转次数多，但一次投资量大，在使用过程中应注意保管和维护，防止生锈以延长钢模板的使用寿命。

（3）木胶合板模板。克服了木材的不等方向性的缺点，受力性能好。强度高、自重小、不翘曲、不开裂及板幅大、接缝少。

（4）竹胶合板模板。由若干层竹编与两表层木单板经热压胶合而成，比木胶合板模板强度更高，表层经树脂涂层处理后可作为清水混凝土模板，但现场拼钉较困难。

(5) 钢框木模板。是以角钢为边框,以木板作面板的定型模板;可以充分利用短木料并能多次周转使用钢边框。

(6) 钢框木(竹)胶合板模板。是以角钢为边框,内镶可更换的木(竹)胶合板,胶合板的边缘和孔洞经密封材料的处理,可防吸水受潮变形,提高胶合板的使用次数。

(7) 塑料模板、玻璃钢模板、铝合金模板。具有重量轻、刚度大、拼装方便、周转率高的特点,但由于造价较高,尚未普遍使用。

2. 按结构类型分类

分为:基础模板、柱模板、梁模板、楼板模板、楼梯模板、墙模板、墩模板、壳模板、烟囱模板等。

3. 按施工方法分类

(1) 现场装拆式模板。按照设计要求的结构形状、尺寸及空间位置在施工现场组装的模板,当混凝土达到拆模强度后拆除。

(2) 固定式模板。按照构件的形状、尺寸在现场或工厂制作模板,涂刷隔离剂,浇筑混凝土,当混凝土达到规定的强度后,脱模吊离构件,再清理模板,涂刷隔离剂,制作下一批构件。各种胎模(土胎模、砖胎模、混凝土胎模)即属固定式模板。一般在制作预制构件时采用。

(3) 移动式模板。随着混凝土的浇筑,模板可沿垂直方向或水平方向移动,称为移动式模板。如烟囱、水塔、墙柱等混凝土浇筑采用的滑升模板、提升模板等。

(4) 永久性模板(又称一次性消耗模板)。在结构或构件混凝土浇筑后模板不再拆除。其中有的模板与现浇结构叠合后组合成共同受力构件,该模板多用于现浇钢筋混凝土楼板工程,亦有用于竖向现浇结构的。

永久性模板简化了模板支拆工艺,改善了劳动条件,加快了施工进度。

3.2.3 组合钢模板

组合钢模板是一种工具式模板,由模板板块和配件(连接件、支承件)组成。

1. 板块的类型及规格

模板板块分为钢模板板块和钢框木(竹)胶合板板块。

(1) 钢模板板块

有平面模板、阴角模板、阳角模板及连接角模四种,如图 3-2 所示。钢模板面板厚度一般为 2.3~2.5mm;封头横肋板、中间加肋板的厚度一般为 2.8mm。钢模板采用模数制设计,宽度以 100mm 为基础,以 50mm 为模数进级;长度以450mm 为基础,以 150mm 为模数进级;肋高 55mm。也有其他系列的模板。

(2) 钢框木(竹)胶合板板块

尽量与钢模板板块形成相同的系列,其转角模板与异型模板由钢材压制成型;由于自重轻,板块尺寸大,模板拼缝少,浇出的混凝土表面光滑平整。

组合钢模板轻便灵活、装拆方便、通用性强,浇筑的构件尺寸准确、棱角整

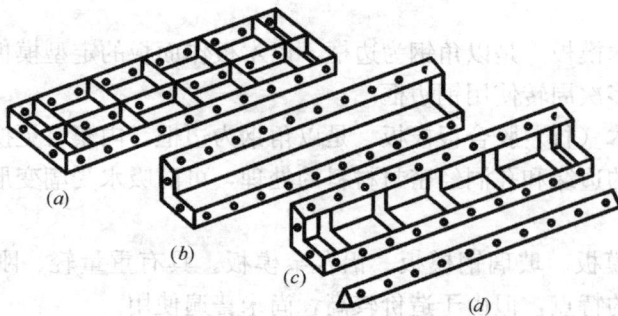

图 3-2　钢模板类型

(a) 平面模板；(b) 阳角模板；(c) 阴角模板；(d) 连接角模

齐、表面光滑，模板周转次数多，大量节约木材；但一次投资大，浇筑成型的混凝土表面过于光滑，不利于表面装修等。

2. 组合钢模板连接配件

包括：U 形卡、L 形插销、钩头螺栓、对拉螺栓、紧固螺栓和扣件等。

(1) U 形卡

图 3-3　U 形卡

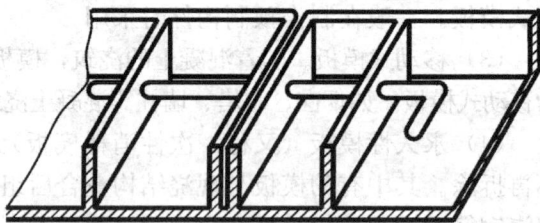

图 3-4　L 形插销

用于钢模板与钢模板间的拼接，其安装间距一般不大于 300mm，即每隔一孔卡插一个，安装方向一顺一倒相互错开，如图 3-3 所示。L 形插销用于两个钢模板端肋相互联接，可增加模板接头处的刚度和保证板面平整，如图 3-4 所示。

(2) 钩头螺栓及"3"形扣件、蝶形扣件

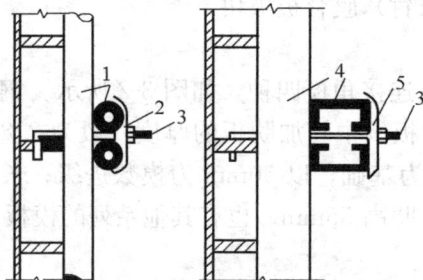

图 3-5　钩头螺栓

1—圆形钢管；2—3 形扣件；3—钩头螺栓；
4—内卷边槽钢；5—蝶形扣件

用于连接钢楞（圆形钢管、矩形钢管、内卷边槽钢等）与钢模板，如图 3-5 所示。

对拉螺栓用于连接竖向构件（墙、柱、墩等）的两对侧模板，如图 3-6 所示。

3. 组合钢模板的支承工具

包括钢楞（常用碗扣式、扣件式）、支柱、钢管井架、钢桁架、斜撑、卡具、柱箍等。

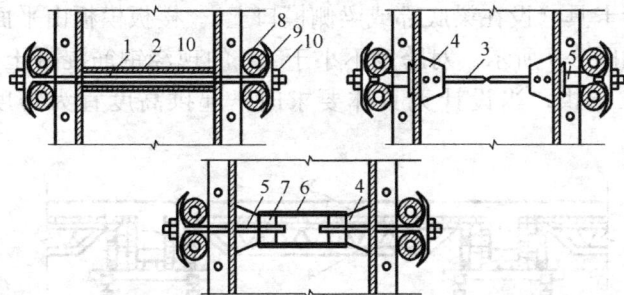

图 3-6 对拉螺栓

1—钢拉杆；2—塑料套管；3—内拉杆；4—顶帽；5—外拉杆；6—2～4 根钢筋；
7—螺母；8—钢楞；9—扣件；10—螺母

3.2.4 现浇混凝土结构模板

1. 模板形式

（1）基础模板

图 3-7 为基础模板图。基础阶梯的高度如不符合钢模板宽度的模数时可加镶木板。对杯形基础，杯口处在模板的顶部中间装杯芯模板。

（2）柱模板

柱模板由四块拼板围成，四角由角模连接，外设柱箍。柱箍除使四块拼板固定保持柱的形状外，还要承受由模板传来的新浇混凝土的侧压力。柱模板顶部开有与梁模板连接的缺口，底部可开有清理孔。当柱较高时，可根椐需要在柱中设置混凝土浇筑口，如图 3-8 所示。

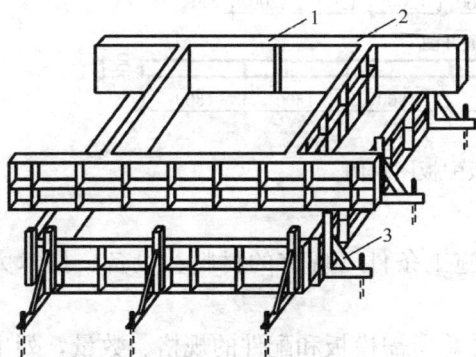

图 3-7 基础模板

1—扁钢连接杆；2—T 形连接杆；3—角钢三角撑

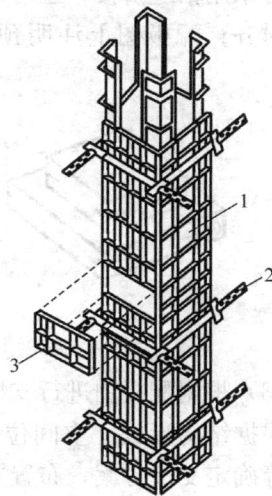

图 3-8 柱模板

1—平面模板；2—柱箍；
3—浇筑孔盖板

（3）梁及楼板模板

梁模板由底模及两片侧模组成。底模与两侧模间用角模连接，侧模顶部用阴角模与楼板模板相连。梁侧模承受混凝土侧压力，根据需要可在两侧模之间设对

95

拉螺栓或设钢管卡具（设在梁底部或梁侧模口上）。楼板模板由平面钢模板拼成。梁、楼板模板如图 3-9 所示。对跨度不小于 4m 的现浇钢筋混凝土梁、板，其模板应按设计要求起拱；当设计无具体要求时，起拱高度宜为跨度的 1/1000～3/1000。

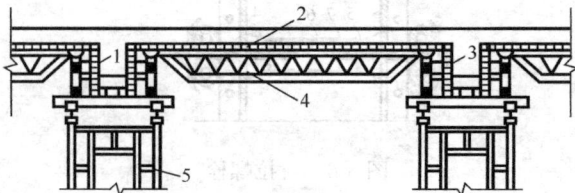

图 3-9　梁、楼板模板
1—梁模板；2—楼板模板；3—对拉螺栓；
4—伸缩式桁架；5—门式支架

2. 模板施工设计

组合钢模板应在施工前进行配板及支撑设计。

模板的配板设计内容：

（1）画出各构件的模板展开图。

（2）绘制模板配板图。

根据模板展开图选用最适当的各种规格的钢模板布置在模板展开图上。应尽量选用大尺寸钢模板，以减少安装工作量。配板时，可采用横排，也可采用纵排；可采用错缝拼接，也可采用齐缝拼接；镶拼木板面积应尽量少；钢模板连接孔应对齐；配板图上注明预埋件、预留孔、对拉螺栓位置。图 3-10 为配板图示例。

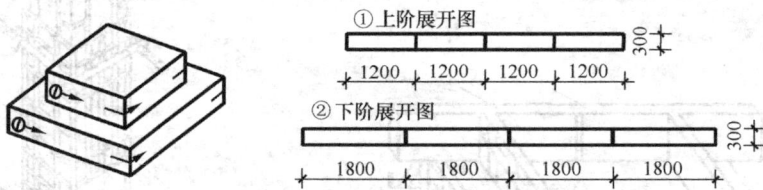

图 3-10　模板配板图示例

（3）根据配板图进行支撑布置。

根据结构形式、空间位置、荷载及施工条件（现有的材料、设备、技术力量）等确定支撑方案，布置支承件。

（4）根据配板图和支承件布置图，计算所需模板和配件的规格、数量，列出清单，进行备料。

3.2.5　其 他 模 板

1. 大模板

大模板是用于现浇钢筋混凝土墙体的大型工具式模板，由面板、加劲肋、竖楞、支撑桁架、稳定机构和操作平台、穿墙螺栓等组成（图 3-11）。采用大模板可节省模板装、拆时间。

2. 滑升模板

滑升模板是随着混凝土的浇筑而沿建筑结构或构件表面向上垂直移动的模板，由模板系统、操作平台系统、液压提升系统和控制系统组成。如图 3-12 所示。施工时，在建筑物或构筑物的底部，按照其平面，沿结构周边安装高 1.2m 左右的模板和操作平台，随着向模板内不断分层浇筑混凝土，利用液压提升设备不断使模板向上滑升，使结构连续成型，逐步完成混凝土浇筑工作。

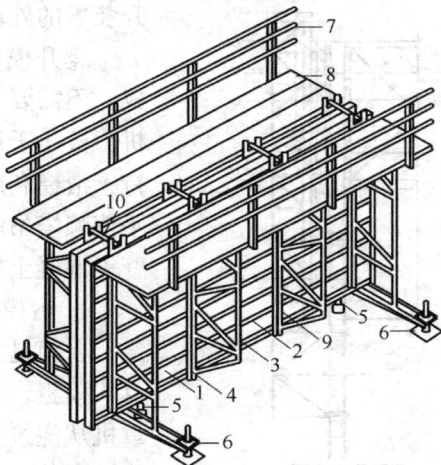

图 3-11　大模板构造示意图

1—面板；2—水平加劲肋；3—支撑桁架；4—竖楞；
5—调整水平螺旋千斤顶；6—调整垂直螺旋千斤顶；
7—栏杆；8—脚手板；9—穿墙螺栓；10—固定卡具

液压滑升模板适用于烟囱、筒仓、剪力墙、筒体等施工，也可用于现浇框架等结构施工。采用液压滑升模板可节约大量模板，节省劳动力，减轻劳动强度，降低工程成本，加快施工进度，提高了施工机械化程度。但耗钢量大，一次投资费用较多。

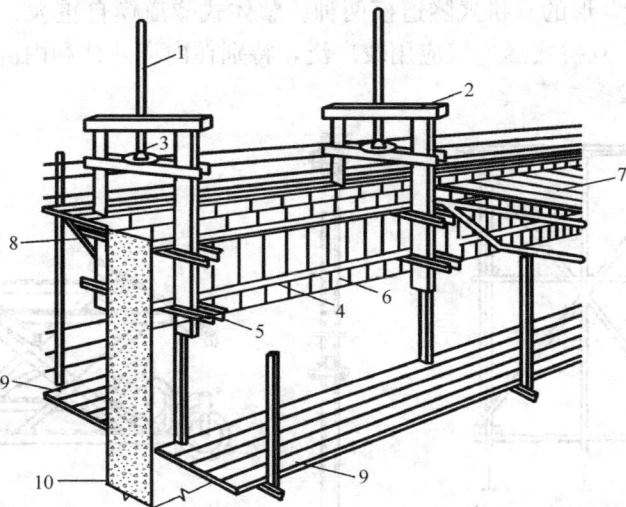

图 3-12　液压滑升模板组成示意图

1—支撑杆；2—提升架；3—液压千斤顶；4—围檩；5—围檩支托；6—模板；
7—操作平台；8—外挑三角架；9—内、外吊脚手架；10—混凝土墙体

3. 爬升模板

爬升模板是在混凝土墙体浇筑完毕后，利用提升装置将模板自行提升到上一个楼层，再浇筑上一层墙体混凝土的垂直移动式模板。

由模板、提升架和提升装置三部分组成。图 3-13 是利用液压千斤顶作为提

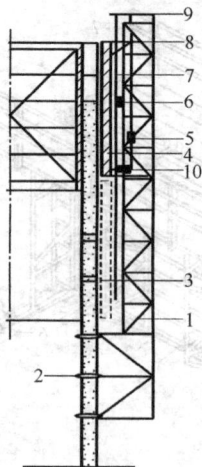

图 3-13 爬升模板

1—爬架；2—螺栓；3—预留爬架孔；4—爬模；5—爬架千斤顶；6—爬模千斤顶；7—爬杆；8—模板挑横梁；9—爬架挑横梁；10—脱模千斤顶

升装置的外墙面爬升模板示意图。

爬升模板采用整片式大平模，由面板及肋组成，不需要支撑系统；提升设备采用电动螺杆提升机、液压千斤顶或倒链。既保持大模板优点，又保持了滑模利用自身小型设备使模板自行向上爬升而不依赖塔吊的优点。适用于高层建筑墙体、电梯井壁等混凝土施工。

4. 台模

台模是用于浇筑钢筋混凝土楼板的一种大型工具式模板。在施工中可以整体脱模和转运，利用起重机从浇筑完的楼板下吊出，转移至上一楼层，中途不再落地，所以亦称"飞模"。

台模由台面、支架（支柱）、支腿、调节装置、走道板及配套附件等组成。按其支架结构类型分为：立柱式台模、桁架式台模、升降式台模等，如图 3-14 所示。

5. 隧道模

隧道模是将楼板和墙体一次支模的一种工具式模板，相当于将台模和大模板组合起来。隧道模有断面呈"冂"形的整体式隧道模和断面呈"Γ"形的双拼式隧道模两种。整体式隧道模自重大、移动困难，目前已很少应用；双拼式隧道模应用较广泛，特别在内浇外挂和内浇外砌的高、多层建筑中应用较多。

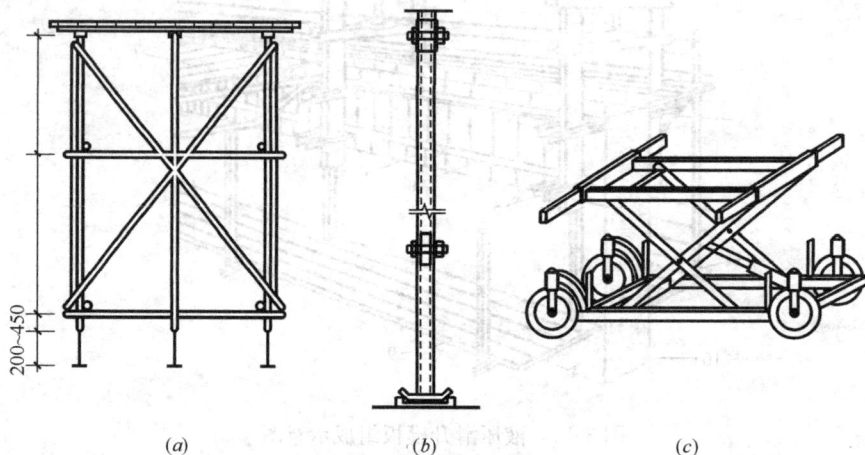

图 3-14 立柱式台模

(a) 立柱式台模；(b) 单根立柱；(c) 台模升降车

3.2.6 模板的拆除

对模板及其支架拆除的顺序及安全措施应制定施工技术方案。

1. 拆除模板时混凝土的强度

模板及其支架拆除时的混凝土强度应符合设计规定；如设计无规定时，应满足下列要求：

(1) 侧模拆除时的混凝土强度应能保证其表面及棱角不受损伤。

(2) 底模及其支架拆除时混凝土强度应符合表 3-1 的规定。

整体结构拆模时所需混凝土强度　　　　　　　表 3-1

结构类型	结构跨度（m）	按设计的混凝土强度标准值的百分率计（%）
板	≤2	50
	>2，≤8	75
	>8	100
梁、拱壳	≤8	75
	>8	100
悬臂构件		100

2. 模板的拆除顺序及注意事项

(1) 一般是先拆非承重模板，后拆承重模板；先侧模，后底模。框架结构模板的拆除顺序一般是柱模→楼板模→梁侧模→梁底模。

(2) 对后张法预应力混凝土结构构件，侧模宜在预应力张拉前拆除；底模支架的拆除应按施工技术方案执行，当无具体要求时，不应在结构构件建立预应力前拆除。

(3) 多层楼板支柱的拆除应按下列要求进行：上层楼板正在浇筑混凝土时，下一层楼板的模板支柱不得拆除，再下一层楼板模板的支柱，仅可拆除一部分；跨度为 4m 或 4m 以上的梁下均应保留支柱，支柱间距不得大于 3m。

重大复杂模板的拆除，事先应制定拆除方案。

(4) 后浇带模板的拆除和支顶应按施工技术方案执行，模板拆除时，不应对楼层形成冲击荷载。拆除的模板和支架宜分散堆放并及时清运。

3. 早拆模板体系

在楼板混凝土浇筑 3～4d，达到设计强度的 50% 时，即可提早拆除楼板模板与托梁，但支柱仍然保留，使楼板混凝土处于短跨度（支柱间距<2m）受力状态，待楼板混凝土强度增长到足以承担自重和施工荷载时，再拆除支柱。

早拆模板体系由模板块、托梁、带升降头的钢支柱等组成。安装时，先安装支撑系统，形成满堂

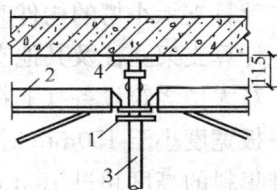

图 3-15　模板块与托梁落下
1—梁托；2—托梁与模板块；
3—支柱；4—顶托板

支架，再逐个按区间将模板块安放到托梁上。拆模时，用铁锤敲击升降头上的支承插板，托梁连同模板块降落 100mm 左右后拆除，但钢支柱上部升降头的顶托板仍然支承着混凝土楼板（图 3-15）。

3.2.7　模 板 结 构 设 计

模板应根据工程结构形式、荷载大小、地基土类别、施工设备和材料供应等条件进行设计。

对于定型钢模板和常用的拼板模板，在其适用范围内的可不进行具体结构设计或验算，但对重要结构、特殊结构或超出适用范围模板系统则应进行设计或验算，以保证安全，同时节约材料。

模板系统的设计包括选型、选材，荷载计算，结构计算，各部件规格尺寸的确定以及节点设计，拟定制作安装和拆除方案及绘制模板图等。

1. 荷载

计算模板及其支架时，按下列荷载标准值设计或验算。

（1）模板及其支架自重

模板及其支架自重标准值，可根据图纸或实物计算确定，或参考表 3-2 取值。

模板及其支架自重标准值（kN/m²）   表 3-2

项 次	模板构件名称	木模板	定型组合钢模板
1	平板模板及小楞的自重	0.3	0.5
2	楼板模板的自重（包括梁模板）	0.5	0.75
3	楼板模板及其支架的自重（楼层高度4m以下）	0.75	1.10

（2）新浇混凝土自重

普通混凝土采用 24kN/m³，其他混凝土根据实际重力密度确定。

（3）钢筋自重

根据工程图纸确定。一般梁板结构每立方米混凝土的钢筋自重标准值：楼板 1.1kN，梁 1.5kN。

（4）施工人员及设备荷载

计算模板及直接支承模板的小楞时，均布荷载为 2.5kN/m²，另应以集中荷载 2.5kN 再进行验算，取两者较大的弯矩值；

计算支承小楞的构件时，均布活荷载为 1.5kN/m²；

计算支架立柱及其他支承结构件时，均布活荷载为 1.0kN/m²。

对大型浇筑设备（上料平台等）、混凝土输送泵等按实际情况计算；木模板单块板宽度小于 150mm 时，集中荷载可考虑由相邻的两块板共同承受；如混凝土堆集料的高度超过 100mm 以上者按实际情况计算。

（5）振捣混凝土时产生的荷载

水平面模板为 2kN/m²；垂直面模板为 4kN/m²（作用在有效压头高度范围内）。

（6）新浇筑混凝土对模板侧面的压力

采用内部振捣器时，可按下列两式计算，并取两式中的较小值。

$$F = 0.22\gamma_c t_0 \beta_1 \beta_2 V^{1/2} \tag{3-1}$$

$$F = \gamma_c H \tag{3-2}$$

式中 F——新浇筑混凝土对模板的侧压力，kN/m²；

γ_c——混凝土的重力密度，kN/m³；

t_0——新浇混凝土的初凝时间，h，可按实测确定。当缺乏试验资料时，可采用 $t_0 = 200/(T+15)$ 计算（T 为混凝土的温度℃）；

V——混凝土的浇筑速度，m/h；

H——混凝土侧压力计算位置处至新浇混凝土顶面的总高度，m；

β_1——外加剂影响修正系数，不掺外加剂时取 1.0，掺具有缓凝作用的外加剂时，取 1.2；

β_2——混凝土坍落度影响修正系数，当坍落度小于 30mm 时，取 0.85；50～90mm 时，取 1.0；110～150mm 时，取 1.15。

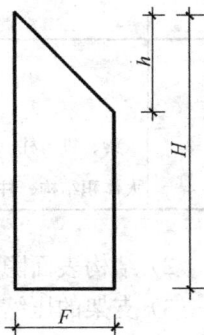

混凝土侧压力的计算分布图形如图 3-16 所示，有效压头高度：

图 3-16 混凝土侧压力的计算分布图形

$$h = F/\gamma_c \qquad (3-3)$$

（7）倾倒混凝土时对垂直面模板产生的水平荷载，按表 3-3 采用。

倾倒混凝土时产生的水平荷载（kN/m²）   表 3-3

项 次	向模板中供料方法	水平荷载
1	用溜槽、串桶或导管输出	2
2	用容量小于 0.2m³ 的运输器具倾倒	2
3	用容量 0.2～0.8m³ 的运输器具倾倒	4
4	用容量大于 0.8m³ 的运输器具倾倒	6

注：作用范围在有效压头高度以内。

2. 计算模板及其支架时的荷载分项系数

计算模板及其支架时的荷载设计值时，荷载分项系数按表 3-4 采用。

荷 载 分 项 系 数   表 3-4

项 次	荷 载 种 类	γ_i
1	模板及支架自重	1.2
2	新浇混凝土自重	1.2
3	钢筋自重	1.2
4	施工人员及施工设备荷载	1.4
5	振捣混凝土时产生的荷载	1.4
6	新浇混凝土对模板产生的侧压力	1.2
7	倾倒混凝土时产生的荷载	1.4

3. 荷载组合

计算模板及其支架时，将前述七项荷载按表 3-5 进行荷载组合。

4. 计算规定

（1）验算模板及其支架的刚度时，其最大变形允许值：

1）结构表面外露的模板，为计算跨度的 1/400；

计算模板及其支架的荷载组合　　　　　　　　表 3-5

项次	项 目	参与组合的荷载项次	
		计算承载能力	验算刚度
1	平板和薄壳的模板及其支架	1＋2＋3＋4	1＋2＋3
2	梁和拱模板的底板	1＋2＋3＋5	1＋2＋3
3	梁、拱、柱（边长≤300mm）、墙（厚≤100mm）的侧面模板	5＋6	6
4	大体积结构、柱（边长＞300mm）、墙（厚＞100mm）的侧面模板	6＋7	6

2）结构表面隐蔽的模板，为计算跨度的 1/250；

3）支架的压缩变形值或弹性挠度，为计算跨度的 1/1000。

（2）验算模板稳定性的规定

1）当验算模板及其支架在自重和风荷载作用下的抗倾倒稳定性时，风荷载按规定采用，模板及其支架的抗倾倒安全系数不应小于 1.15。

2）支架的立柱或桁架必须用撑拉杆件固定，确保其稳定性。

3.3 钢 筋 工 程

钢筋工程的施工过程如下：结构施工图→绘钢筋翻样图和填写配料单→材料购入、检验及保管→钢筋加工→钢筋连接与安装→隐蔽工程检查验收。

热轧钢筋按强度等级不同分为 HPB235 级、HRB335 级和 HRB400（RRB400）级。HPB235 钢筋为 Q235 号钢，外表为光圆。HRB335 和 HRB400（RRB400）钢筋为普通低合金钢钢筋，外表为变形（月牙形、等高肋螺纹）钢筋。直径大于 12mm 的粗钢筋一般轧成长度为 6～12m 直条；钢丝及直径为 6～12mm 的细钢筋，一般成盘供应。

3.3.1 钢筋的现场检验

钢筋应有出厂质量证明书或试验报告单，每捆（盘）钢筋均应有标牌。

进场时应按炉罐（批）号及直径分批验收。验收内容：

（1）查对标牌和外观检查，钢筋应平直、无损伤，表面不得有裂纹、油污、颗粒状或片状老锈；

（2）按有关标准的规定抽取试样作力学性能试验，合格后方可使用；

（3）对有抗震设防要求的框架结构，其纵向受力钢筋的强度应满足设计要求；当设计无具体要求时，对一二级抗震等级，检验所得的强度实测值应符合下列规定：

1）钢筋的抗拉强度实测值与屈服强度实测值的比值不应小于 1.25；

2）钢筋的屈服强度实测值与强度标准值的比值不应大于 1.3。

（4）钢筋在施工过程中，若发现钢筋性能异常（如，脆断、焊接性能不良或力学性能显著不正常等现象）时，应立即停止使用，并对同批钢筋进行化学成分检验或其他专项检验。

3.3.2 钢 筋 加 工

钢筋的加工包括钢筋的冷加工（冷拉、冷拔、冷轧及冷轧扭）、调直、除锈、下料切断、焊接、弯曲成型等。

1. 钢筋冷拉

在常温下以超过钢筋屈服强度的拉应力拉伸钢筋，使钢筋产生塑性变形，可提高强度，节约钢材，同时完成调直、除锈工作。但钢材塑性降低。

2. 钢筋的冷拔

冷拔是使直径 6～8mm 的 HPB235 级钢筋强力通过钨合金拔丝模孔（图 3-17），使钢筋产生塑性变形。钢筋冷拔后横向压缩，纵向拉伸，内部晶格产生滑移，抗拉强度可提高 50%～90%，塑性降低，硬度提高，称为冷拔低碳钢丝。按其机械性能分为甲、乙两级，甲级主要用作预应力筋，乙级用作非预应力筋。

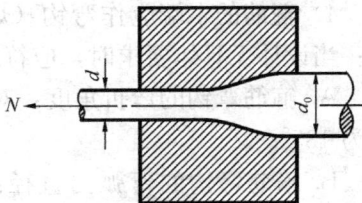

图 3-17　钢筋冷拔

3. 钢筋的冷轧

冷轧带肋钢筋是以普通低碳钢或低合金钢热轧圆盘条为母材，经冷轧或冷拔减径后在其表面冷轧成具有三面或二面月牙形横肋的钢筋。

其中，550 级钢筋用于非预应力筋，650 级和 800 级用于预应力筋。

冷轧带肋钢筋末端可不制作弯钩。当末端制作 90°或 135°弯折时，钢筋的弯曲直径不宜小于钢筋直径的 5 倍，冷轧带肋钢筋严禁采用焊接接头，但可制成点焊网片。

4. 钢筋的冷轧扭

冷轧扭钢筋是用 φ6～φ10 热轧圆钢，经专用钢筋冷轧扭机调直、冷轧并冷扭成具有规定截面形状和节距的连续螺旋状钢筋。

冷轧扭钢筋加工后易生锈，应尽早使用，其储存期不宜超过一个月；全部交点均用钢丝绑扎，不得用点焊连接。

5. 钢筋的调直、除锈、下料切断、弯曲成型

（1）钢筋调直。钢筋调直宜采用机械方法，也可采用冷拉方法。细钢筋及钢丝可采用调直机调直；粗钢筋可采用锤直或扳直的方法。当采用冷拉方法调直钢筋时，HPB235 钢筋的冷拉率不宜大于 4%；HRB335、HRB400（RRB400）级钢筋冷拉率不大于 1%。

（2）钢筋除锈。可采用冷拉、调直、手工除锈（用钢丝刷、砂盘）、电动除锈机除锈，也可采用喷砂除锈或酸洗除锈。

（3）钢筋下料切断。可用钢筋切断机及手动剪切器下料（直径 12mm 以下的钢筋）。

（4）钢筋弯曲成型。一般采用钢筋弯曲机，在缺乏机具的情况下，也可采用手摇扳手弯制细钢筋，用卡盘与扳头弯制粗钢筋。

受力钢筋的弯钩和弯折应符合下列规定：

1）HPB235级钢筋末端应作180°弯钩，其弯弧内直径不应小于钢筋直径的2.5倍，弯钩的弯后平直部分长度不应小于钢筋直径的3倍；

2）当设计要求钢筋末端需作135°弯钩时，HRB335级、HRB400级钢筋的弯弧内直径不应小于钢筋直径的4倍，弯钩的弯后平直部分长度应符合设计要求；

3）钢筋作不大于90°的弯折时，弯折处的弯弧内直径不应小于钢筋直径的5倍；

4）箍筋的末端应作弯钩（焊接封闭式箍筋除外），弯钩形式应符合设计要求；当设计无具体要求时，应符合下列规定：

A. 箍筋弯钩的弯折角度：对一般结构，不应小于90°；对有抗震等要求的，应为135°；

B. 箍筋弯钩的弯弧内直径：除应满足上述规定外，尚应不小于受力钢筋直径。

3.3.3 钢 筋 连 接

钢筋的连接方式有：绑扎、焊接和机械连接。选择的连接方式应符合设计要求。

1. 钢筋绑扎

钢筋绑扎采用20～22号钢丝在接头中心及两端扎牢。板和墙的钢筋，靠近外围两行钢筋的相交点全部绑牢，中间部分的相交点可相隔交错绑牢。

纵向受力钢筋绑扎搭接接头的最小搭接长度应符合规范的规定。

同一构件中相邻纵向受力钢筋的绑扎搭接接头宜相互错开，钢筋的横向净距不应小于钢筋直径，且不应小于25mm。

对钢筋绑扎接头，同一连接区段的长度为 $1.3l_l$（l_l 为搭接长度），凡接头中点位于该连接区段长度内的，均属于同一连接区段。

在同一连接区段内，纵向受拉钢筋搭接接头面积百分率应符合设计要求；当设计无具体要求时，应符合下列规定：

（1）对梁类、板类及墙类构件，不宜大于25%；

（2）对柱类构件，不宜大于50%；

（3）当工程中确有必要增大接头面积百分率时，对梁类构件，不应大于50%；对其他构件，可根据实际情况放宽。

2. 钢筋焊接

采用焊接代替绑扎，可节约钢材，改善结构受力性能，提高工效，降低成本。

焊接质量与钢材的可焊性、焊接工艺、焊接环境有关。

常用的钢筋焊接方法有：闪光对焊、电阻点焊、电弧焊、电渣压力焊、埋弧压力焊、气压焊等。

（1）闪光对焊

利用对焊机使两段钢筋接触，通以低电压的强电流，把电能转化为热能，当钢筋加热到接近熔点时，施加压力顶锻，使两根钢筋焊接在一起，形成对焊接头（图3-18）。用于在工厂或现场加工棚进行钢筋的对接接长及预应力筋与螺丝端杆的对接。对焊应在冷拉前进行。

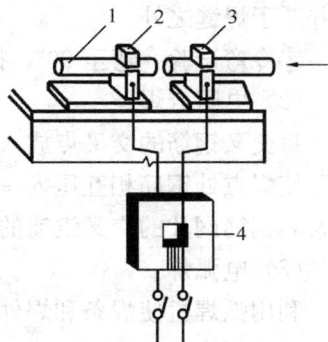

图 3-18　钢筋对焊
1—钢筋；2、3—电极；4—变压器

1）闪光对焊工艺

应根据钢筋的级别、直径等选用相应功率的对焊机。闪光对焊分为连续闪光焊、预热闪光焊和闪光—预热—闪光焊三种工艺。

①连续闪光焊。

工艺过程：将钢筋夹入对焊机的两极中，闭合电源，然后使两钢筋端面轻微接触，此时由于钢筋端部表面不平，接触面很小，电流通过时电流密度和电阻很大，接触点很快熔化，产生金属蒸气飞溅，形成闪光现象，再徐徐移动钢筋，形成连续闪光，当钢筋烧化到规定长度后，以一定的压力迅速进行顶锻，使两根钢筋焊牢，形成对焊接头。

连续闪光焊：所需焊机的功率较大，适于焊接直径在25mm以下的钢筋。

②预热闪光焊。

在连续闪光焊前增加一次预热过程，以使钢筋均匀加热。

工艺过程：预热—闪光—顶锻。即先闭合电源，使两钢筋端面交替轻微接触和分开，发出断续闪光使钢筋预热；当钢筋烧化到规定的预热留量后，连续闪光，最后进行顶锻。

预热闪光焊适用于焊接直径较大的钢筋。

③闪光—预热—闪光焊。

在预热闪光焊前再加一次闪光过程。

施焊时首先连续闪光，使钢筋端部闪平，然后预热—闪光—顶锻。适用于焊接直径大于25mm且端面不够平整的钢筋。

④焊后通电热处理。

对于可焊性较差的钢筋，焊后接头塑性较差、淬硬倾向大，为改善其焊接接头的塑性，可在焊后进行通电热处理。

焊后通电热处理在对焊机上进行。钢筋对焊完毕，当焊接接头温度降低至300℃以下（呈暗黑色），松开夹具将电极钳口调至最大距离，重新夹紧钢筋，然后进行脉冲式通电加热，加热至钢筋表面呈桔红色（750～850℃）时，通电结束，随后在空气中自然冷却。

2）焊接质量检查

闪光对焊接头的质量检查：应按规定进行外观检查、拉伸试验和冷弯试验。

①外观检查：接头表面不得有横向裂纹；与电极接触处的钢筋表面不得有明显的烧伤；接头处的弯折不得大于4°；钢筋轴线偏移不得大于0.1倍钢筋直径，且不大于2mm。

②拉伸试验：抗拉强度不得低于该级钢筋的规定抗拉强度；试样应呈塑性断

裂并断于焊缝之外。

③冷弯试验：弯至 90°，接头外侧不得出现宽度大于 0.15mm 的横向裂纹。

（2）电阻点焊

将交叉钢筋的交叉点放入点焊机两极之间，通电使钢筋加热到一定温度后，加压使焊点处钢筋相互压入一定的深度，形成焊接接头。常用于在工厂进行钢筋骨架和钢筋网片的交叉钢筋的焊接。

（3）电弧焊

利用弧焊机使焊条和焊件之间产生高温电弧，熔化焊条和焊件金属，凝固后形成焊接接头。

1）焊接工艺

焊接时，先将焊件和焊条分别与焊机的两极相连，然后将焊条端部与焊件轻轻接触，再随即提起 20～40mm，引燃电弧，以熔化金属。

电弧焊广泛应用于钢筋的接长、钢筋骨架的焊接、装配式结构钢筋接头焊接及钢筋与钢板、钢板与钢板的焊接等。

弧焊机分为直流弧焊机（发电机）和交流弧焊机（焊接变压器），工地多采用交流弧焊机。

钢筋电弧焊接头形式主要有搭接接头、帮条接头、坡口接头、熔槽帮条焊、窄间隙焊等形式，如图 3-19 所示。

搭接接头、帮条接头适用于直径 10～40mm 的钢筋，坡口接头适用于直径 16～40mm 的钢筋，熔槽帮条焊、窄间隙焊适用于直径 20mm 以上水平钢筋连接。

采用窄间隙焊焊接时，两钢筋端布置于 U 形铜模中，留出 10～15mm 的窄间隙，用焊条连续施焊，熔化钢筋端面，并使熔敷金属充填间隙形成接头，可减少垫板材料和焊条用量。

2）钢筋电弧焊焊接质量检查

①外观检查。焊缝表面平整，不得有较大的凹陷、焊瘤；接头处不得有裂纹；咬边深度、气孔、夹渣等数量与大小，以及接头尺寸偏差，不得超过规定值。

②强度检验。每一楼层中以 300 个同类型接头（同钢筋级别、同接头形式、同焊接位置）作为一批，每批切取三个接头进行拉伸试验。要求：3 个热轧钢筋接头试件的抗拉强度均不得小于该级别钢筋的抗拉强度标准值；RRB400 级钢筋接头试件，不得小于 570MPa；3 个接头均应断于焊缝之外，并至少有 2 个试件呈延性断裂。

当检验结果有 1 个试件的抗拉强度低于规定指标，或有一个试件断于焊缝，或有 2 个试件发生脆性断裂时，应取双倍数量的试件进行复验。复验结果如仍有 1 个试件的抗拉强度低于规定指标，或有一个试件断于焊缝，或有 3 个试件脆性断裂时，则该批接头即为不合格品。

坡口接头用于施工现场焊接装配式结构接头处钢筋时，应由两名焊工对称施焊，合理选择施焊顺序，以防止或减少由于施焊而引起的结构变形。

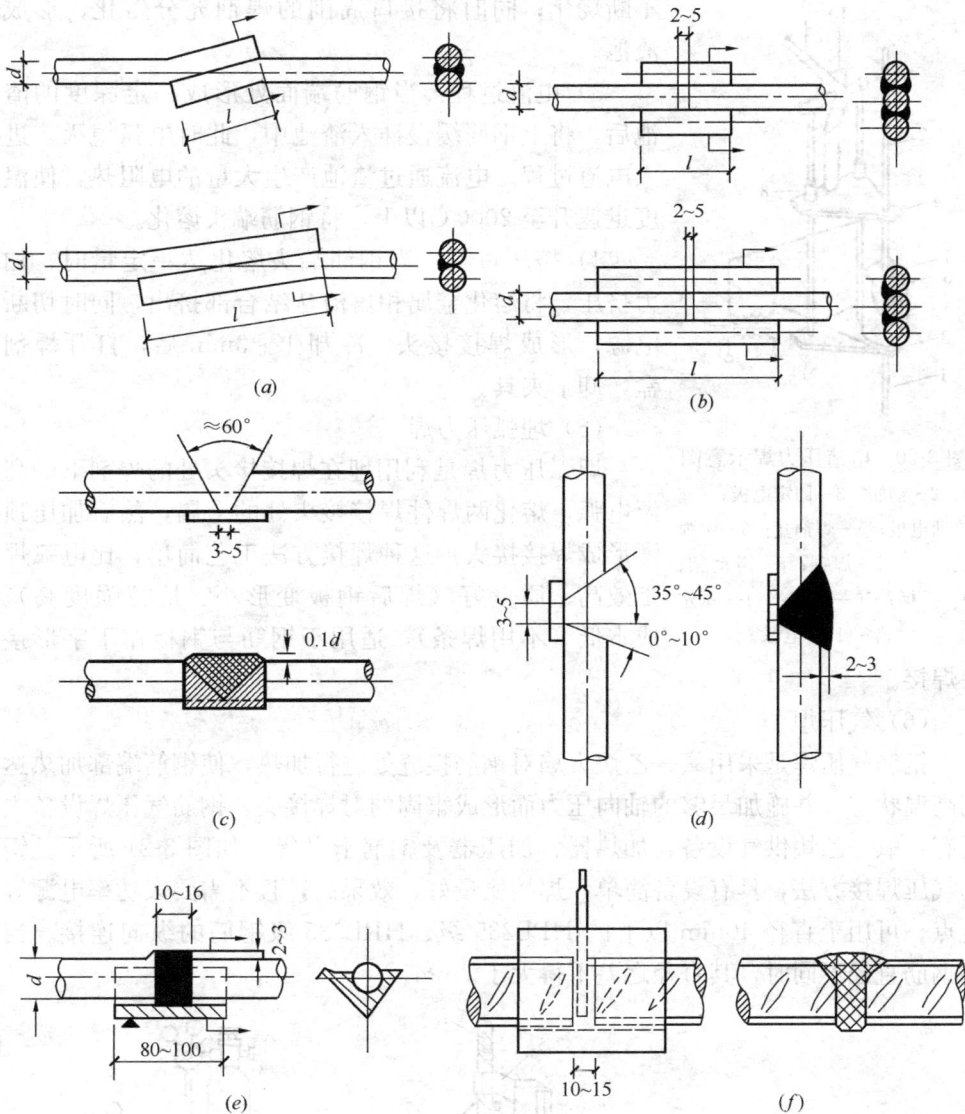

图 3-19　钢筋电弧焊接头形式

(*a*) 搭接接头；(*b*) 帮条焊接头；(*c*) 平焊；(*d*) 立焊；(*e*) 熔槽帮条焊；(*f*) 窄间隙焊

（4）电渣压力焊（属焊接中的压焊）

电渣压力焊是利用电流通过渣池产生的热量来熔化母材，待到一定程度后施加压力，完成钢筋连接。用于竖向或斜向钢筋的连接，比电弧焊工效高、成本低，易于掌握。

电渣压力焊可用手动电渣压力焊机或自动压力焊机。手动电渣压力焊机由焊接变压器、夹具及控制箱等组成，如图 3-20 所示。其工艺过程如下：

1）电弧引燃过程：焊接夹具夹紧上下钢筋，钢筋端面处安放引弧铁丝球，焊剂灌入焊剂盒，接通电源，引燃电弧。

2）电弧过程（也称造渣过程）：靠电弧的高温作用，将钢筋端头的凸出部分

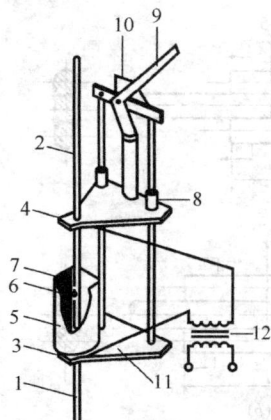

图 3-20 电渣压力焊示意图

1、2—钢筋；3—固定电极；4—滑动电极；5—焊剂盒；6—引弧铁丝球；7—焊剂；8—滑动架；9—手柄；10—支架；11—固定架；12—电源

不断烧化；同时将接口周围的焊剂充分熔化，形成渣池。

3）电渣过程：当钢筋端面处形成一定深度的渣池后，将上钢筋缓慢插入渣池中，此时电弧熄灭，进入电渣过程。电流通过渣池产生大量的电阻热，使温度迅速升至 2000℃以上，将钢筋端头熔化。

4）挤压过程：当钢筋端头熔化达一定量时，加力挤压，将熔化金属相熔渣从结合部挤出，同时切断电源，形成焊接接头。冷却 1～3min 后，打开焊剂盒，卸下夹具。

（5）埋弧压力焊

埋弧压力焊是利用埋在焊接接头处的焊剂下的高温电弧，熔化两焊件焊接接头处的金属，然后加压顶锻形成焊接接头。这种焊接方法工艺简单，比电弧焊工效高、质量好（焊后钢板变形小、抗拉强度高）、成本低（不用焊条），适用于钢筋与钢板作丁字形接头焊接。

（6）气压焊

钢筋气压焊是采用氧—乙炔火焰对钢筋接缝处进行加热，使钢筋端部加热达到高温状态，并施加足够的轴向压力而形成牢固的对焊接头。钢筋气压焊设备主要有：氧—乙炔供气设备、加热器、加压器及钢筋卡具等，如图 3-21 所示。钢筋气压焊接方法，具有设备简单，焊接质量好、效果高，且不需要大功率电源等优点。可用于直径 40mm 以下的 HPB235 级、HRB335 级钢筋的纵向连接。当两钢筋直径不同时，其直径之差不得大于 7mm。

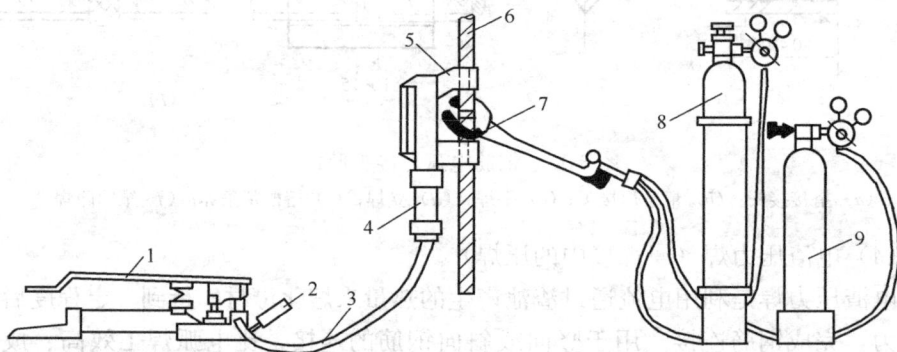

图 3-21 气压焊设备示意图

1—脚踏液压泵；2—压力表；3—液压胶管；4—活动油缸；5—钢筋卡具；6—钢筋；7—焊枪；8—氧气瓶；9—乙炔瓶

3. 套筒挤压连接

在常温下采用挤压机，将钢套筒和两根待接钢筋进行径向或轴向挤压，使钢

套筒产生塑性变形后与钢筋上的横肋纹紧密地咬合在一起，从而实现连接的一种机械接头方式。如图3-22所示。压接力与压接次数通过计算并经试验确定，从中间逐道向两端压接。

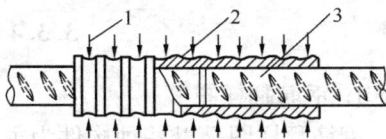

图3-22 套筒挤压连接示意图

套筒挤压连接法接头强度高，质量稳定可靠、安全、无明火、不受气候影响，适应性强；缺点是设备移动不便，连接速度较慢。

4. 钢筋螺纹连接

（1）钢筋锥螺纹连接

钢筋锥螺纹接头是把钢筋的连接端加工成锥形螺纹（简称丝头），通过锥形螺纹连接套把两根带丝头的钢筋，用扭力扳手按规定力矩（发出声响信号）连接成一体的钢筋接头（图3-23）。

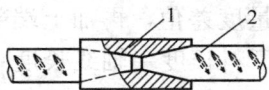

图3-23 钢筋锥形螺纹连接示意图

锥螺纹连接法操作工序简单、速度快，应用范围广，不受气候影响，可用于现场同径或异径的竖向、水平和任意倾斜角度的钢筋连接。但锥螺纹加工质量、漏扭或扭紧力矩不准、丝扣松动等对接头强度和变形有很大影响。

适用直径为16～40mm的HRB335、HRB400（RRB400）级钢筋连接。

（2）钢筋直螺纹连接

是将两根待连接钢筋端部（镦粗）加工成直螺纹，旋入带有直螺纹的套筒中，从而将两端的钢筋连接起来。与锥螺纹接头相比，直螺纹连接法不存在扭紧力矩对接头的影响，其接头强度更高，安装更方便。

5. 采用焊接或机械连接时的注意事项

（1）钢筋的接头宜设置在受力较小处。同一纵向受力钢筋不宜设置两个或两个以上接头。接头末端至钢筋弯起点的距离不应小于钢筋直径的10倍。

（2）设置在同一构件内的接头宜相互错开。

纵向受力钢筋焊接接头及机械连接接头同一连接区段的长度为$35d$（d为纵向受力钢筋的较大直径）且不小于500mm，凡接头中点位于该连接区段长度内的接头均属于同一连接区段。

同一连接区段内，纵向受力钢筋的接头面积百分率应符合设计要求；当设计无具体要求时，应符合下列规定：

1）在受拉区不宜大于50%；

2）接头不宜设置在有抗震设防要求的框架梁端、柱端的箍筋加密区；当无法避开时，对等强度高质量机械连接接头，不应大于50%；

3）直接承受动力荷载的结构构件中，不宜采用焊接接头；当采用机械连接接头时，不应大于50%；

（3）在施工现场，应按规定对接头的外观和抽样试件进行检查，其质量应符合有关规程的规定。

3.3.4 钢筋翻样与配料

1. 钢筋翻样图

钢筋翻样图是以一种构件为主，画出其配筋并编号，再标明其数量、强度等级、直径、间距、锚固长度、接头位置以及搭接长度等。它是编制配料加工单和进行配料加工的依据，也是钢筋工绑扎、安装的依据。

2. 钢筋下料长度计算

结构施工图中所指钢筋长度是钢筋外边缘至外边缘之间的长度，即外包尺寸。钢筋加工前按直线下料，经弯曲后，外边缘伸长，内边缘缩短，而中心线不

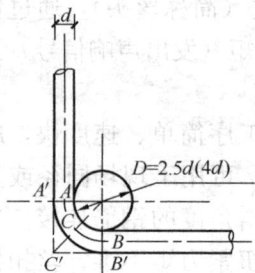

图 3-24 钢筋 90°弯曲尺寸图

变。这样，外包尺寸与中心线长度之间存在一个差值，称为"量度差值"。在计算下料长度时必须加以扣除，因此，钢筋下料长度应为各段外包尺寸之和减去各弯曲处的量度差值，再加上端部弯钩的增加值。即：钢筋下料长度＝轴线长度＝外包尺寸之和－中间弯折处量度差值＋端部弯钩增加值。

钢筋弯曲处的量度差值与钢筋弯心直径及弯曲角度有关。

（1）90°弯曲时，如图 3-24 所示。

量度差值＝$A'C'+C'B'-\overset{\frown}{ACB}=2(D/2+d)-\pi/2(d/2+D/2)$

当为 HPB235 级钢筋，弯心直径 D 为 2.5d，量度差值为 1.75d；

当为 HRB335、HRB400（RRB400）级钢筋，弯心直径 D 为 4d 时，量度差值为 2.07d；为了计算方便，两者都近似取 2d。

（2）同理可得，45°弯曲时的量度差值取 0.5d；60°弯曲时的量度差值取 1d；135°弯曲时的量度差值取 2.5d。

（3）HPB235 级钢筋末端需要作 180°弯钩，当弯曲直径 $D=2.5d$ 时，平直部分长度为 3d 时，每一个 180°弯钩，钢筋下料时应增加 6.25d（包括量度差值），如图 3-25 所示。

（4）箍筋弯曲时，如图 3-26 所示。

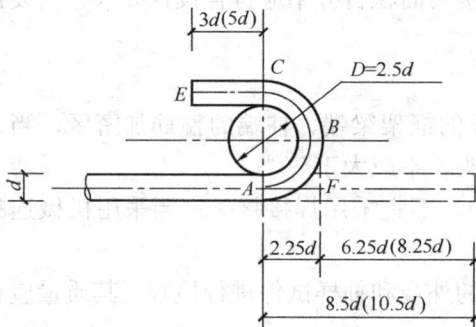

图 3-25 钢筋 180°弯曲尺寸图

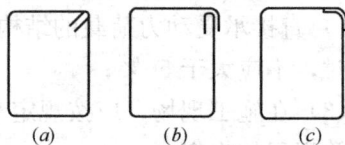

图 3-26 箍筋弯曲示意图

当箍筋采用 90°/90° 弯钩时,两个弯钩增加值为:$2 \times (0.285D + 4.785d)$,当取 $D = 2.5d$,平直段 $5d$ 时,两个弯钩增加值取 $11d$(包括弯钩量度差值,未包括其余 3 个 90°的量度差值);当箍筋采用 135°/135° 弯钩时,两个弯钩增加值为:

$2 \times (0.68D + 5.18d)$,当取 $D = 2.5d$,平直段 $5d$ 时,两个弯钩增加值取 $14d$。

箍筋采用两个弯钩增加值,也可参考表 3-6 采用。

箍筋两个弯钩下料增长值(平直段 $5d$)   表 3-6

受力钢筋直径 (mm)	90°/90°弯钩					135°/135°弯钩				
	箍筋直径 (mm)					箍筋直径 (mm)				
	5	6	8	10	12	5	6	8	10	12
≤25	70	80	100	120	140	140	160	200	240	280
>25	80	100	120	140	150	160	180	210	260	300

3. 钢筋配料

根据构件的配筋图计算构件各钢筋的直线下料长度、根数及重量,然后编制钢筋配料单,作为钢筋备料加工的依据。

3.3.5 钢筋安装与验收

(1)钢筋安装时,受力钢筋的品种、级别、规格和数量必须符合设计要求。

(2)钢筋安装位置的偏差应符合规范要求。钢筋安装时,保护层可用水泥砂浆垫块(可做成凹槽)或塑料卡控制,在上层的钢筋网应设置钢筋撑脚(又称马凳)或混凝土撑脚,以保证钢筋位置正确。

(3)施工中如遇有钢筋品种或规格与设计要求不符而需要代换时,应由设计单位负责变更。

(4)在梁、柱类构件的纵向受力钢筋搭接长度范围内,应按设计要求配置箍筋。当设计无具体要求时,应符合下列规定:

1)箍筋应与受力钢筋垂直,弯钩方向错开设置;

2)箍筋弯后平直部分长度:对一般结构,不宜小于箍筋直径的 5 倍;对有抗震等要求的结构,不应小于箍筋直径的 10 倍;

3)箍筋直径不应小于搭接钢筋较大直径的 0.25 倍;

4)受拉搭接区段的箍筋间距不应大于搭接钢筋较小直径的 5 倍,且不应大于 100mm;

5)受压搭接区段的箍筋间距不应大于搭接钢筋较小直径的 10 倍,且不应大于 200mm;

6)当柱中纵向受力钢筋直径大于 25mm 时,应在搭接接头两个端面外 100mm 范围内各设置两个箍筋,其间距宜为 50mm。

(5)在钢筋安装完毕后,浇筑混凝土前,应进行钢筋隐蔽工程验收,其内容包括：

    1）纵向受力钢筋的品种、规格、数量、位置等；

    2）钢筋的连接方式、接头位置、接头数量、接头面积百分率等；

    3）箍筋、横向钢筋的品种、规格、数量、间距等；

    4）预埋件的规格、数量、位置等。

3.4　混凝土结构工程

混凝土工程是从水泥、砂、石、水、外加剂、掺合料等原材料进场检验、混凝土配合比设计及称量、拌制、运输、浇筑、养护、试件制作直至混凝土达到预定强度等一系列技术工作和完成实体的总称。其施工工艺过程如图 3-27 所示。

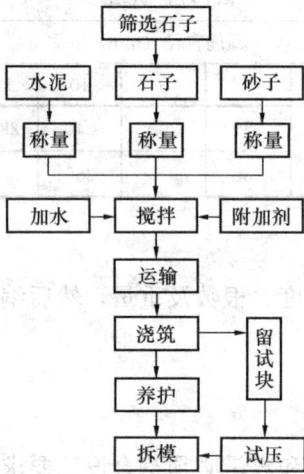

图 3-27　混凝土工程工艺流程

3.4.1　混凝土的配料与拌制

1. 混凝土的施工配合比换算

根据混凝土试配强度，确定砂石干燥状态下的混凝土配合比称为实验室配合比。混凝土拌制前，应测定砂、石含水率并根据测试结果调整材料用量，提出施工配合比。

假定实验室配合比为：水泥∶砂∶石＝$1 : x : y$，水灰比为 W/C。

现场测得砂含水率为 ω_x、石子含水率为 ω_y，则施工配合比为：水泥∶砂∶石＝$1 : x (1+\omega_x) : y (1+\omega_y)$，水灰比 W/C 不变（但用水量要减去砂石中的含水量）。

首次使用的混凝土配合比应进行开盘鉴定，其工作性能应满足设计配合比的要求。开始生产时应至少留置一组标准养护试件，作为验证配合比的依据。

2. 混凝土的拌制

（1）混凝土搅拌机

1）搅拌机分类。

混凝土搅拌机按其搅拌机理分为自落式搅拌机和强制式搅拌机两类，见表3-7。

自落式搅拌机搅拌筒内壁装有叶片，搅拌筒旋转，叶片将物料提升一定的高度后自由下落，各物料颗料分散拌合成均匀的混合物，是重力拌合原理。按搅拌筒的形状和出料方式不同分为锥形反转出料式和双锥形倾翻出料式，用于搅拌坍落度不小于 10mm 混凝土。

强制式搅拌机的轴上装有叶片，通过叶片强制搅拌筒中的物料，使物料沿环向、径向和竖向运动，拌合成均匀的混合物，是剪切拌合原理。强制式搅拌机和自落式搅拌机相比，搅拌作用强烈，搅拌时间短，适于搅拌低流动性混凝土、干硬性混凝土和轻骨料混凝土。

混凝土搅拌机类型　　　　　　　　　表 3-7

自落式		强制式			
双锥式		立轴式			卧轴式 (单轴、双轴)
反转出料	倾翻出料	涡浆式	行星式		
			定盘式	盘转式	

2）搅拌机的工作参数。

搅拌筒内部几何体积称为搅拌机的几何容量。每次可装入干料的体积称为进料容量。搅拌机每次（盘）可搅拌出混凝土体积称为搅拌机的出料容量。一般进料容量与筒容量的比值为 0.22～0.40，称为搅拌筒的利用系数。出料容量与进料容量的比值一般为 0.6～0.7，称为出料系数。我国规定混凝土搅拌机以出料容积（m^3）×1000 标定规格，常用规格有 250、350、500、750、1000 等。

（2）混凝土搅拌

1）加料顺序。

①一次投料法：这是目前最普遍的方法，将砂、石、水泥和水一起加入搅拌筒内进行搅拌。搅拌混凝土前，先在料斗中装入石子，再装水泥及砂；水泥夹在石子和砂中间，上料时可减少水泥飞扬和粘罐现象。料斗将砂、石、水泥倾入搅拌机，最后加水搅拌。

②二次投料法：它又分为预拌水泥砂浆法和预拌水泥净浆法。即先搅拌成为水泥砂浆或水泥净浆，再加入石子或砂石搅拌成混凝土。

③水泥裹砂法：又称 SEC 法，搅拌成的混凝土称为造壳混凝土（SEC 混凝土）。

采用这种工艺时，先将砂子表面的湿度进行处理，含水率控制在 5% 左右。再进行第一搅拌阶段：将处理过的砂子和 15%～20% 左右的拌合水倒入搅拌机，拌合 15～20s，然后加入水泥进行造壳搅拌 45～75s，使砂子表面形成一层粘着性很高的水泥糊包裹层。最后进行第二搅拌阶段：加入石子搅拌 10～20s；再加入剩余的水搅拌 50～60s 即可。

④水泥裹砂石法：采用这种工艺时，第一次将全部的石子、砂和 70% 的拌合水倒入搅拌机，拌合 15s 左右，使骨料湿润；第二次倒入全部水泥进行造壳搅拌 30s 左右；第三次加入 30% 的拌合水进行糊化搅拌 60s 左右即可。

2）搅拌时间。

从砂、石、水泥和水等全部材料投入搅拌筒至开始卸料止所经历的时间称为混凝土的搅拌时间。搅拌时间短，混凝土搅拌不均匀，且影响混凝土的强度；搅拌时间过长，混凝土的匀质性并不能显著增加，反而使混凝土和易性降低且影响混凝土搅拌机的生产率。混凝土搅拌的最短时间与搅拌机的类型和容量、骨料的品种、对混凝土流动性的要求等因素有关，应符合表3-8。

混凝土搅拌的最短时间（s） 表3-8

混凝土的坍落度（cm）	搅拌机机型	搅拌机容量（L）		
		<250	250~500	>500
小于及等于3	自落式	90	120	150
	强制式	60	90	120
大于3	自落式	90	90	120
	强制式	60	60	90

注：掺有外加剂时，搅拌时间应适当延长。

3）一次投料量。

施工配合比换算是以每立方米（m³）混凝土为计算单位的，搅拌时需要根据搅拌机的出料容量（即一次可搅拌出的混凝土量）来确定一次投料量。

3.4.2 混凝土的运输

混凝土运输分为地面水平运输、垂直运输和楼面水平运输。

常用的运输设备有：手推车、机动翻斗车、混凝土搅拌运输车、自卸汽车、龙门架、井架、塔式起重机、混凝土泵等。

1. 混凝土运输、浇筑的基本要求

（1）保持良好的均匀性，不产生分层、离析现象。如有离析现象，必须在浇筑前进行二次搅拌。

（2）运至浇筑地点后，应具有符合设计配合比所规定的坍落度。

（3）混凝土运输、浇筑及间歇的全部时间不应超过混凝土的初凝时间。同一施工段的混凝土应连续浇筑，并应在底层混凝土初凝之前将上一层混凝土浇筑完毕。混凝土从搅拌机中卸出后到浇筑完毕的延续时间应符合表3-9的要求。

当因停电等意外原因造成底层混凝土已初凝时，则应在继续浇筑混凝土之前，按照施工技术方案对混凝土接槎（施工缝）的要求进行处理，使新旧混凝土结合紧密，保证混凝土结构的整体性。

混凝土从搅拌机中卸出后到浇筑完毕的延续时间（s） 表3-9

混凝土强度等级	气温	
	低于25℃	不低于25℃
低于及等于C30	120	90
高于C30	90	60

注：1. 掺用外加剂或采用快硬水泥拌制混凝土时，应按试验确定；
　　2. 轻骨料混凝土的运输、浇筑延续时间应适当缩短。

2. 泵送混凝土

泵送混凝土是利用混凝土泵的压力将混凝土通过管道输送到浇筑地点。具有输送能力大、效率高、连续作业、节省人力等优点。

（1）泵送混凝土设备

泵送混凝土设备有：混凝土泵、输送管和布料装置。

1）混凝土泵。

混凝土泵按作用原理分为液压活塞式、挤压式和气压式三种。

目前普遍采用液压活塞式混凝土泵（图3-28），活塞后移时，排出端片阀关闭，吸入端片阀开启，混凝土在自重及真空吸力作用下，进入混凝土管内；活塞前进时，排出端片阀开启，吸入端片阀关闭，将管内混凝土输出，两活塞交替作用，将混凝土连续送至浇筑地点。

将混凝土泵装在汽车底盘上，组成混凝土泵车，转移方便、灵活，适用于中小型工地及基础混凝土施工。

2）混凝土输送管。

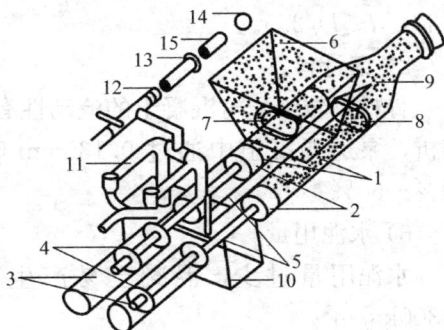

图 3-28　液压活塞式混凝土泵

1—混凝土泵；2—混凝土活塞；3—液压缸；4—液压活塞；5—活塞杆；6—收料斗；7—水平阀；8—竖直阀；9—输送管；10—水箱；11—换向阀；12—高压软管；13—水洗用法兰；14—海绵球；15—清洗活塞

混凝土输送管有直管、弯管、锥形管和浇筑软管等。直管、弯管的管径以100、125、150mm 三种为主，直管标准长度以 4.0m 为主；另有 3.0、2.0、1.0、0.5m 四种管长作为调整布管长度用。弯管的角度有 15°、30°、45°、60°、90°五种，以适应管道改变方向的需要。

锥形管长度一般为 1.0m，用于两种不同管径输送管的连接。直管、弯管、锥形管用合金钢制成，浇筑软管用橡胶与螺旋形弹性金属制成。软管接在管道出口处，在不移动钢干管的情况下，可扩大布料范围。

3）布料装置。

混凝土泵输送的混凝土量很大，为使输送的混凝土直接浇筑到模板内，应设置具有输送和布料两种功能的布料装置（称为布料杆）。

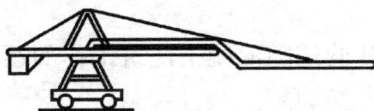

图 3-29　移动式布料装置

布料装置应根据工地的实际情况和条件来选择，图3-29 为一种移动式布料装置，放在楼面上使用，其臂架可回转360°，可将混凝土输送到其工作范围内的浇筑地点。此外，还可将布料杆装在塔式起重机上。也可将混凝土泵和布料杆装在汽车底盘上，组成布料杆泵车，用于基础工程或多层建筑混凝土浇筑。

（2）泵送混凝土的原材料和配合比

混凝土在输送管中的流动能力称为可泵性。可泵性好的混凝土与输送管壁间摩阻力小，泵送过程中不产生离析现象。为此，泵送混凝土的原料和配合比应满足以下要求：

1）粗骨料。

粗骨料宜优先选用卵石,当水灰比相同时,卵石混凝土比碎石混凝土流动性好,与管道摩阻力小。为减小混凝土与输送管道内壁的摩阻力,应限制粗骨料最大粒径 d 与输送管内径 D 之比值。一般粗骨料为碎石时,$d \leqslant D/3$;粗骨料为卵石时,$d \leqslant D/2.5$。

2) 细骨料。

骨料颗粒级配对混凝土的流动性有很大影响,为提高混凝土的流动性和防止离析,泵送混凝土中通过 0.135mm 筛孔的砂应不小于 15%,砂率宜控制在 40%~50%。

3) 水泥用量。

水泥用量过少,混凝土易产生离析现象。泵送混凝土最小水泥用量为300kg/m³。

4) 混凝土的坍落度。

混凝土的流动性大小是影响混凝土与输送管内壁摩阻力大小的主要因素,泵送混凝土的坍落度宜为 80~180mm。

5) 为了提高混凝土的流动性,减小混凝土与输送管内壁摩阻力,防止混凝土离析,宜掺入适量的外加剂。

(3) 泵送混凝土工艺要点

泵送混凝土施工时,除事先拟定施工方案,选择泵送设备,做好施工准备工作外,在施工中还应遵守如下规定:

1) 必须保证混凝土泵能连续工作,混凝土的供应能力高于混凝土泵工作能力约 20%;

2) 输送管线的布置应尽量平直,转弯宜少且缓,管与管接头严密;

3) 泵送前,应先用适量的与混凝土内成分相同的水泥浆或水泥砂浆润滑输送管内壁;

4) 预计泵送间歇时间超过初凝时间或混凝土出现离析现象时,应立即用压力水或其他方法冲洗管内残留的混凝土;

5) 泵送混凝土时,泵的受料斗内应经常有足够的混凝土,防止吸入空气形成阻塞;

6) 输送混凝土时,应先输送远处混凝土,使管道随混凝土浇筑工作的逐步完成,逐步拆管。

3.4.3 混凝土的浇筑与振捣

混凝土的浇筑工作包括布料摊平、捣实、抹面修整等工序。它对混凝土的密实性和耐久性、结构的整体性和外形正确性等都有重要影响。

1. 混凝土浇筑前应做好必要的准备工作

对模板及其支架、钢筋和预埋件、预埋管线等必须进行检查,并做好隐蔽工程的验收,符合设计要求后方能浇筑混凝土;浇筑过程中应随时填写"混凝土施工日志"。

2. 混凝土浇筑的一般要求

（1）混凝土的自由下落高度

浇筑混凝土时，为避免发生离析现象，混凝土自高处倾落的自由高度（称自由下落高度）不应超过 2m，否则，应使用溜槽、串筒或振动溜管等。串筒用薄钢板制成，每节筒长 700mm 左右，用钩环连接，筒内设有缓冲挡板，如图 3-30（a）所示。溜槽一般用木板制作，表面包薄钢板，如图 3-30（b）所示。

（2）混凝土分层浇筑

混凝土必须分层浇筑振捣密实，同一施工段的混凝土应连续浇筑，并应在底层混凝土初凝之前将上一层混凝土浇筑完毕。混凝土分层浇筑时，每层的厚度应符合表 3-10 的规定。

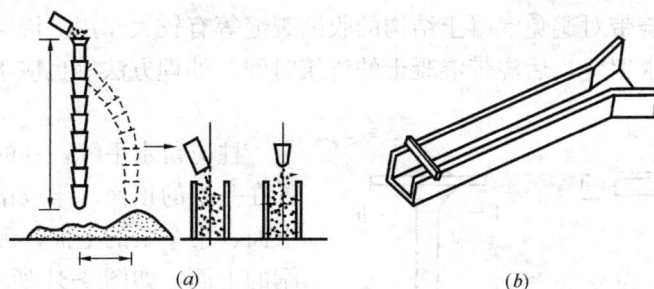

图 3-30 串筒与溜槽

（a）串筒；（b）溜槽

混凝土浇筑层的厚度 表 3-10

捣实混凝土的方法		浇筑层的厚度（mm）
插入式振捣		振捣器作用部分长度的 1.25 倍
表面振捣		200
（1）在基础、无筋混凝土或配筋稀疏的结构中		250
（2）在梁、墙板、柱结构中		200
（3）在配筋密列的结构中		150
轻骨料混凝土	插入式振捣	300
	表面振动（振动时需加荷）	200

（3）竖向结构混凝土浇筑

竖向结构（墙、柱等）浇筑混凝土前，底部应先填 50～100mm 厚与混凝土内砂浆成分相同的水泥砂浆。浇筑时不得发生离析现象。当浇筑高度超过 3m 时，应采用串筒、溜槽或振动溜管。

（4）梁和板混凝土的浇筑

在一般情况下，梁和板的混凝土应同时浇筑。较大尺寸的梁（梁的高度大于 1m）、拱和类似的结构，可单独浇筑。

在浇筑与柱和墙连成整体的梁和板时，应在柱和墙浇筑完毕后停歇 1～1.5h，使其获得初步沉实后，再继续浇筑梁和板；也可以先浇筑柱，后浇筑梁、板。

（5）施工缝

在混凝土浇筑工程中，因设计要求或施工需要分段浇筑，而在先、后浇筑的混凝土之间所形成的接缝称为施工缝。如间歇时间超过混凝土初凝时间，则应事先确定适当的位置留设施工缝。

1）施工缝的位置。

混凝土施工缝不应随意留置，其位置应事先在施工技术方案中确定。确定施工缝位置的原则为：尽可能留置在受剪力较小且便于施工的部位；承受动力作用的设备基础，原则上不应留置施工缝，当必须留置时，应符合设计要求并按施工技术方案执行。

混凝土后浇带对避免混凝土结构的收缩裂缝等有较大作用。混凝土后浇带位置应按设计要求留置，后浇带混凝土的浇筑时间、处理方法等也应事先在技术方案中确定。

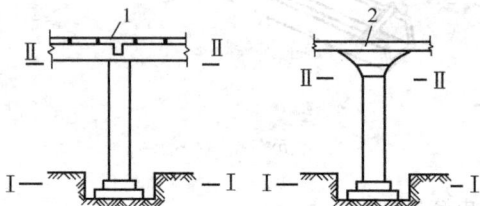

图 3-31 柱施工缝位置

柱应留水平缝，柱的施工缝宜留置在基础的顶面、梁或吊车梁牛腿的下面、吊车梁的上面、无梁楼板的柱帽的下面，如图 3-31 所示。

梁、板应留垂直缝。单向板施工缝留置在平行于板的短边的任何位置；有主次梁的楼板，宜顺着次梁方向浇筑，施工缝应留置在次梁跨度的中间三分之一的范围内，如图 3-32 所示。和板连成整体的大截面梁，留置在板底面以上 20～30mm 处。当板下有梁托时，留在梁托下部。墙，留置在门洞口过梁跨中 1/3 范围内，也可留在纵横墙的交接处。双向受力楼板、大体积混凝土结构、拱、薄壳、蓄水池、斗仓及其他结构复杂的工程，施工缝的位置应按设计要求留置。

2）施工缝的处理。

在留置施工缝处继续浇筑混凝土时，已浇筑的混凝土，其抗压强度不应小于 1.2MPa；清除表面水泥薄膜和松动石子以及软弱混凝土层，并加以充分湿润和冲洗干净，不得积水；浇筑混凝土前，在施工缝处宜先铺水泥浆或与混凝土成分相同的水泥砂浆一层。浇筑时，混凝土应细致捣实，使新旧混凝土紧密结合。

（6）其他注意事项

1）浇筑混凝土时，应经常观察模板、支架、钢筋、预埋件和预留孔洞的情况。当发现有变形、移位时，应立即停止浇筑，并应在已浇筑的混凝土凝结前修整完好。

2）在浇筑混凝土时，应填写施工记录。

3．混凝土密实成型

混凝土密实成型的途径有以下三种：一是利用机械外力（如机械振动）来克服拌合物的黏聚力和内摩擦力而使之液化、沉实；

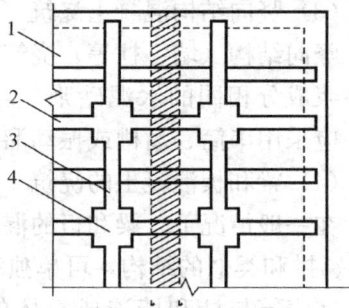

图 3-32 肋形楼盖施工缝位置
1—楼板；2—次梁；3—主梁；4—柱

二是在拌合物中适当增加用水量以提高其流动性，使之便于成型，然后用离心法、真空作业法等将多余的水分和空气排出；三是在拌合物中掺入高效能减水剂，使其坍落度大大增加，可自流成型。

混凝土捣实的方法有人工捣实和机械振捣。施工现场主要用机械振动法。

（1）混凝土机械振捣原理

将具有一定频率和振幅的振动力传给混凝土，使混凝土发生强迫振动，颗粒之间的粘着力和摩阻力大大减小，拌合物呈现出所谓的"重质液体状态"，骨料犹如悬浮在液体中，在其自重作用下向新的稳定位置沉落，排除存在于混凝土拌合物中的气体，消除空隙，使骨料和水泥浆在模板中得到致密的排列和迅速有效的填充。

（2）混凝土振捣设备

按其传递振动方式，如图 3-33 所示依次为：内部振动器、附着式振动器、表面振动器和振动台。

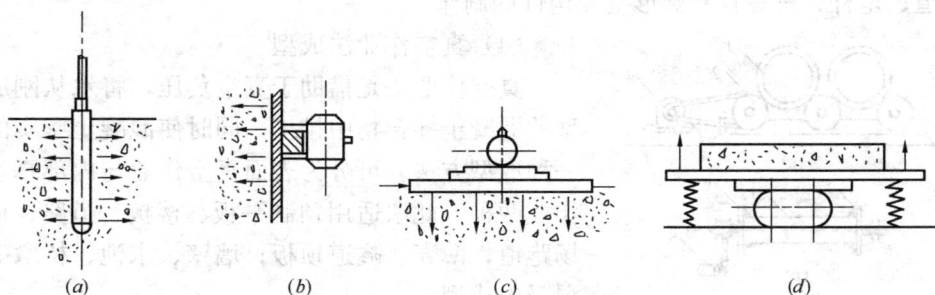

图 3-33 混凝土振捣设备
(a) 内部振动器；(b) 附着式振动器；(c) 表面振动器；(d) 振动台

1）内部振动器。

内部振动器又称为插入式振动器（振动棒），多用于现浇基础、柱、梁、墙等结构构件和厚大体积设备基础的混凝土捣实。

采用插入式振动器捣实混凝土时，振动棒宜垂直插入混凝土中，应插入下层混凝土 50mm。振动器移动间距不宜大于作用半径的 1.5 倍；振动器距离模板，不应大于振动器作用半径的 1/2；并应尽量避免碰撞钢筋、模板、芯管、吊环或预埋件。插点的布置如图 3-34 所示。

2）外部振动器又称附着式振动器，它通过螺栓或夹钳等固定在模板外部，是通过模板将振动传给混凝土拌合物，因而模板应有足够的刚度。宜用于振捣断面小且钢筋密的构件。

3）表面振动器。

表面式振动器又称平板振动器，由带偏心块的电动机和平板（木板或钢板）等组成，在混凝土表面进行振捣，适用于楼板、地面等薄型构件。

4）振动台是混凝土制品厂或实验室中的固定生产设备，用于振捣预制构件。

（3）离心法成型

离心法是将装有混凝土的模板放在离心机上，使模板以一定转速绕自身的纵

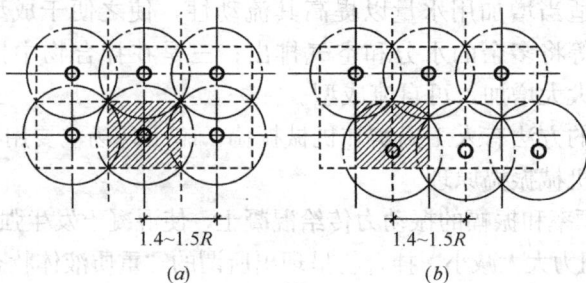

图 3-34 插点布置
(a) 行列式；(b) 交错式

轴线旋转。模板内的混凝土由于离心力作用而远离纵轴，均匀分布于模板内壁。并将混凝土中的部分水分挤出，使混凝土密实，如图 3-35 所示。此法一般用于管道、电杆、桩等具有圆形空腔构件的制作。

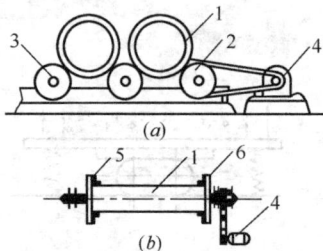

图 3-35　离心机示意图
(a) 滚轮式离心机；(b) 车床式离心机
1—模板；2—主动轮；3—从动轮；
4—电动机；5、6—卡盘

（4）真空作业法成型

真空作业法是借助于真空负压，将水从刚成型的混凝土拌合物中排出，同时使混凝土密实的一种成型方法。可分为表面真空作业与内部真空作业两种。此法适用预制平板、楼板、道路、机场跑道；薄壳、隧道顶板；墙壁、水池、桥墩等混凝土成型。

3.4.4　厚大体积混凝土的浇筑

厚大体积混凝土结构，如大型设备基础、片筏基础、箱形基础的底板等。其体积大、整体性要求高。混凝土浇筑时工程量和浇筑区面积大，一般要求连续浇筑，不留施工缝，如必须留设备施工缝时，应征得设计部门同意并应符合规范的有关规定。

大体积混凝土浇筑后，水泥水化热聚积在内部不易散发，内部温度显著升高，而表面散热较快，形成内外温差大，在表面产生拉应力，如温差过大，则产生裂纹；当混凝土内部逐渐散热冷却而收缩及混凝土硬化胶凝收缩时，由于受到基底约束，将产生很大的拉应力，如拉应力超过混凝土极限抗拉强度时，便产生裂缝，此裂缝严重时会贯穿整个混凝土块体，由此带来严重危害。因此，大体积混凝土浇筑时，应采取措施防止产生上述两种裂缝。

1. 厚大体积混凝土施工防止裂缝措施

（1）优先选用低水化热的矿渣水泥、火山灰水泥等拌制混凝土；

（2）在保证混凝土设计强度等级前提下，掺加粉煤灰，并适当使用缓凝性减水剂，减少水泥用量；

（3）高温季节施工时，应对粗骨料加以覆盖，免受太阳暴晒。必要时可用地下水或掺加冰屑拌制混凝土，以降低混凝土的入模温度；

（4）混凝土浇筑完毕终凝后即应覆盖保温、保湿材料加强养护，或采用蓄水保温养护，防止混凝土表面温度下降过快，内外温差过大。必要时，可预埋冷却水管，通过循环水将混凝土内部热量带出，进行人工导热；

（5）在混凝土内部不同部位设置温度观测点，对混凝土温度变化进行跟踪监测；

（6）在基底垫层上涂刷一道热沥青再铺一层油毡，或铺 50mm 厚砂或石屑等，形成滑动层，以减少基底约束力；

（7）留置施工缝或后浇带，分段跳仓浇筑混凝土，以缩小外约束的影响；

（8）采用补偿收缩混凝土（掺入适量膨胀剂），抵消部分混凝土硬化胶凝收缩。

2. 混凝土浇筑方案

厚大体积混凝土浇筑时一般有三种浇筑方案，如图 3-36 所示。

（1）全面分层法

在整个模板内，将结构分成若干个厚度相等的浇筑层，浇筑区的面积即为基础平面面积，如图 3-36（a）所示。浇筑混凝土时从短边开始，沿长边方向进行浇筑，第二层混凝土要在第一层混凝土初凝前浇筑完毕。为此，要求每层浇筑都要有一定的速度（称浇筑强度），全面分层方案一般适用于平面尺寸不大的结构。

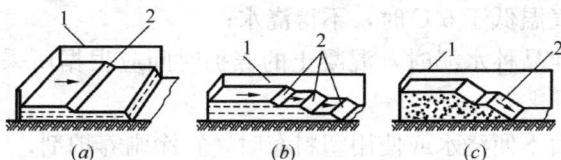

图 3-36 厚大体积混凝土浇筑方案
(a) 全面分层；(b) 分段分层；(c) 斜面分层
1—楼板；2—新浇混凝土

（2）分段分层法

按结构沿长边方向分成若干段，浇筑工作从底层开始，当第一层混凝土浇筑一段长度后，便回头浇筑第二层，当第二层浇筑一段长度后，回头浇筑第三层，如此向前呈阶梯形推进，如图 3-36（b）所示。分段分层方案适于结构厚度不大而面积或长度较大时采用。

（3）斜面分层法

混凝土一次浇筑到顶，由于混凝土自然流淌而形成斜面，如图 3-36（c）所示。混凝土振捣工作从浇筑层下端开始逐渐上移。多用于长度较大的结构，尤其适用于泵送混凝土施工。

3.4.5 混 凝 土 的 养 护

水泥的水化作用只有在适当的温度和湿度条件下才能顺利进行。混凝土的养护，就是创造一个具有适宜的温度和湿度的环境，使混凝土凝结硬化，逐渐达到设计要求的强度。混凝土的养护方法很多，最常用的是对一般现浇钢筋混凝土结构的自然养护，对混凝土试块采用的标准养护，对预制构件的蒸气养护等。

1. 自然养护

自然养护是在常温（平均气温不低于＋5℃）下用适当的材料（如草帘）覆盖混凝土，并适当浇水，使混凝土在规定的时间内保持足够的湿润状态。

混凝土浇筑完毕后，应按施工技术方案及时采取有效的养护措施，并应符合下列规定：

（1）应在浇筑完毕后的 12h 以内对混凝土加以覆盖并保湿养护；

（2）混凝土浇水养护的时间：对采用硅酸盐水泥、普通硅酸盐水泥或矿渣硅酸盐水泥拌制的混凝土，不得少于 7d；对掺用缓凝型外加剂或有抗渗要求的混凝土，不得少于 14d；

（3）浇水次数应能保持混凝土处于湿润状态；混凝土养护用水应与拌制用水相同；养护初期，水泥水化作用进行较快，需水也较多，浇水次数要多；气温高时，也应增加浇水次数；

（4）采用塑料布覆盖养护的混凝土，其敞露的全部表面应覆盖严密，并应保持塑料布内有凝结水；

（5）混凝土强度达到 $1.2N/mm^2$ 前，不得在其上踩踏或安装模板及支架；

（6）其他注意事项：

1）当日平均气温低于 5℃ 时，不得浇水；

2）当采用其他品种水泥时，混凝土的养护时间应根据所采用水泥的技术性能确定；

3）混凝土表面不便浇水或使用塑料布时，宜涂刷养护剂；

4）对大体积混凝土的养护，应根据气候条件按施工技术方案采取控温措施。

养护条件对于混凝土强度的增长有重要影响。在施工过程中，应根据原材料、配合比、浇筑部位和季节等具体情况，制订合理的施工技术方案，采取有效的养护措施，保证混凝土强度正常增长。

对大面积结构（如地坪、楼板）可采用蓄水养护和塑料薄膜养护。贮水池一类结构，可在拆除内模板，待混凝土达到一定强度后注水养护。

塑料薄膜养护是将塑料溶液喷涂在已凝结的混凝土表面上，挥发后，形成一层薄膜，使混凝土表面与空气隔绝，混凝土中的水分不再蒸发，内部保持湿润状态。这种方法多用于大面积混凝土结构工程，如路面、地坪、机场跑道、楼板等。

2. 蒸汽养护

蒸汽养护是将构件放在充有饱和蒸汽或蒸汽空气混合物的养护室内，在较高的温度和相对湿度的环境中进行养护，以加快混凝土的硬化。

3.4.6 混凝土的质量检查

混凝土的质量检查包括对混凝土组成材料、外观和强度的检查。

1. 混凝土在拌制和浇筑过程中的组成材料质量和用量检查

（1）混凝土组成材料的质量和用量，每一工作班至少检查两次。

1）普通混凝土所用的粗、细骨料的质量应符合规范要求。混凝土用的粗骨料，其最大颗粒粒径不得超过构件截面最小尺寸的1/4，且不得超过钢筋最小净间距的3/4；对混凝土实心板，骨料的最大粒径不宜超过板厚的1/3，且不得超过40mm。

2) 水泥进场时应对其品种、级别、包装或散装仓号、出厂日期等进行检查，并应对其强度、安定性及其他必要的性能指标进行复验。

当在使用中对水泥质量有怀疑或水泥出厂超过三个月（快硬硅酸盐水泥超过一个月）时，应进行复验，并按复验结果使用。

钢筋混凝土结构、预应力混凝土结构中，严禁使用含氯化物的水泥。

3) 钢筋混凝土结构中，当使用含氯化物的外加剂时，混凝土中氯化物的总含量应符合规定。预应力混凝土结构中，严禁使用含氯化物的外加剂。

4) 混凝土中掺用矿物掺合料的质量应符合规定，掺量应通过试验确定。

5) 拌制混凝土宜采用饮用水；当采用其他水源时，水质应符合规范要求。

6) 混凝土原材料用量按重量比，每盘称量的偏差应符合表3-11的规定。

7) 各种衡器应定期校验，以保证计量准确。生产过程中应定期测定骨料的含水率，当遇雨天施工或其他原因致使含水率发生显著变化时，应增加测定次数，以便及时调整用水量和骨料用量，使其符合设计配合比的要求。

原材料每盘称量的允许偏差   表3-11

材料名称	允许偏差
水泥、掺合料	±2%
粗、细骨料	±3%
水、外加剂	±2%

(2) 在一个工作班内，如混凝土配合比由于外界影响而有变动时（如砂、石含水率的变化）应及时检查。

(3) 混凝土的搅拌时间，应随时检查。

(4) 混凝土在拌制地点及浇筑地点的坍落度检查，每一工作班至少两次。

2. 混凝土结构外观质量检查

(1) 混凝土结构的外观质量不应有严重缺陷。对已经出现的严重缺陷，应由施工单位提出技术处理方案，并经监理（建设）单位认可后进行处理。对经处理的部位，应重新检查验收。

(2) 混凝土结构的外观质量不宜有一般缺陷。对已经出现的一般缺陷，应由施工单位按技术处理方案进行处理，并重新检查验收。

注：现浇结构的外观质量缺陷，应由监理（建设）单位、施工单位等各方根据其对结构性能和使用功能影响的严重程度，按相应的规定确定。如：纵向受力钢筋有露筋为严重缺陷，其他钢筋有少量露筋为一般缺陷。

(3) 混凝土结构不应有影响结构性能和使用功能的尺寸偏差。混凝土设备基础不应有影响结构性能和设备安装的尺寸偏差。

对超过尺寸允许偏差且影响结构性能和安装、使用功能的部位，应由施工单位提出技术处理方案，并经监理（建设）单位认可后进行处理。对经处理的部位，应重新检查验收。

(4) 混凝土结构和混凝土设备基础拆模后的尺寸偏差应符合相应的规定。

3. 混凝土强度检查

为了检查混凝土是否达到设计强度等级，或混凝土是否已达到拆模、起吊强度及预应力构件混凝土是否达到张拉、放松预应力筋时所规定的强度，应制作试块，做抗压强度试验。

标准试件，以 28d 为验收龄期；但对掺用矿物掺合料的混凝土，由于其强度增长较慢，确定混凝土强度时的龄期可按相应规定取值。对采用蒸汽法养护的混凝土结构构件，其混凝土试件应先随同结构构件同条件蒸汽养护，再转入标准条件养护共 28d。

混凝土试件的尺寸应根据骨料的最大粒径确定。当采用非标准尺寸的试件时，其抗压强度应乘以相应的尺寸换算系数。

结构构件拆模、出池、出厂、吊装、张拉、放张及施工期间临时负荷时的混凝土强度，应根据同条件养护的标准尺寸试件的混凝土强度确定。

(1) 检查混凝土是否达到设计强度等级

结构混凝土的强度等级必须符合设计要求。

用于检查结构构件混凝土强度的试件，应在混凝土的浇筑地点随机抽取。取样与试件留置应符合下列规定：

1) 每拌制 100 盘且不超过 100m³ 的同配合比的混凝土，取样不得少于一次；

2) 每工作班拌制的同一配合比的混凝土不足 100 盘时，取样不得少于一次；

3) 一次连续浇筑超过 100m³ 时，同一配合比的混凝土每 200m³ 取样不得少于一次；

4) 每一楼层、同一配合比的混凝土，取样不得少于一次；

5) 每次取样应至少留置一组标准养护试件，同条件养护试件的留置组数应根据实际需要确定；

6) 对有抗渗要求的混凝土结构，其混凝土试件应在浇筑地点随机取样。同一工程、同一配合比的混凝土，取样不应少于一次，留置组数可根据实际需要确定。

每组（一般三块）试块应在同盘混凝土中取样制作，其强度代表值按下述规定确定：

1) 取三个试块试验结果的平均值，作为该组试块的强度代表值；

2) 当三个试块中的最大或最小的强度值，与中间值相比超过 15% 时，取中间值代表该组混凝土试块的强度；

3) 当三个试块中的最大和最小强度值，与中间值相比均超过中间值的 15% 时，其试验结果不应作为评定的依据。

根据混凝土生产情况，在混凝土强度检验评定时，按以下三种情况进行：

1) 当混凝土的生产条件在较长时间内能保持一致，且同一品种混凝土的强度变异性能保持稳定时，由连续的三组试块代表一个验收批，其强度同时满足下列要求：

$$m_{f_{cu}} \geqslant f_{cu,k} + 0.7\sigma_0 \qquad (3\text{-}4)$$

$$f_{cu,min} \geqslant f_{cu,k} - 0.7\sigma_0 \qquad (3-5)$$

当混凝土强度等级不高于 C20 时，强度的最小值尚应满足下式要求：

$$f_{cu,min} \geqslant 0.85 f_{cu,k} \qquad (3-6)$$

当混凝土强度等级高于 C20 时，强度的最小值尚应满足下式要求：

$$f_{cu,min} \geqslant 0.90 f_{cu,k} \qquad (3-7)$$

式中　m_{fcu}——同一验收批混凝土立方体抗压强度平均值，MPa；

　　　$f_{cu,k}$——混凝土立方体抗压强度标准值，MPa；

　　$f_{cu,min}$——同一验收批混凝土立方体抗压强度最小值，MPa；

　　　　σ——验收批混凝土立方体抗压强度的标准差，MPa，应根据前一个检验期内（检验期不应超过三个月，强度数据总批数不得小于 15）同一品种混凝土试块的强度数据按下式确定：

$$\sigma_0 = \frac{0.59}{m} \Sigma \Delta f_{cu,i} \qquad (3-8)$$

式中　$f_{cu,i}$——第 i 批试件立方体抗压强度中最大值与最小值之差；

　　　　m——用以确定该验收批混凝土立方体抗压强度标准值的数据总批数。

2）当混凝土的生产条件不能满足上述 1）规定或在前一个检验期内的同一品种混凝土没有足够的数据用以确定验收混凝土抗压强度标准偏差时，应由不少于 10 组的试块代表一个验收批，其强度同时满足下列要求：

$$m_{fcu} - \lambda_1 S_{fcu} \geqslant 0.9 f_{cu,k} \qquad (3-9)$$

$$f_{cu,min} \geqslant \lambda_2 f_{cu,k} \qquad (3-10)$$

式中　S_{fcu}——同一验收批混凝土立方体抗压强度的标准差，MPa。当 S_{fcu} 的计算值小于 $0.06 f_{cu,k}$ 时，取 $S_{fcu} = 0.06 f_{cu,k}$。

混凝土立方体抗压强度的标准差 S_{fcu} 可按下式计算

$$S_{fcu} = \sqrt{\frac{\Sigma f_{cu,i}^2 - n^2 \mu_{fcu}^2}{n-1}} \qquad (3-11)$$

式中　$f_{cu,i}$——第 i 组混凝土抗压强度值，MPa；

　　　　n——一个验收批混凝土试块的组数；

λ_1、λ_2——合格判定系数按表 3-12 选用。

合 格 判 定 系 数　　　　　　　　　　表 3-12

试块组数	10～14	15～24	≥25
λ_1	1.70	1.65	1.60
λ_2	0.90	0.85	

μ_{fcu}——n 组混凝土试件强度的平均值，MPa。

3）对零星生产的预制构件的混凝土或现场搅拌的批量不大的混凝土，可采用非统计法评定，此时，验收批混凝土的强度必须同时满足下列要求：

$$m_{fcu} \geqslant 1.15 f_{cu,k} \qquad (3-12)$$

$$f_{cu,min} \geqslant 0.95 f_{cu,k} \qquad (3-13)$$

当混凝土试件强度评定不合格时，可采用非破损或局部破损的检测方法（如回弹法、超声回弹综合法、钻芯法、后装拔出法等），按国家现行有关标准的规定对结构构件中的混凝土强度进行推定，并作为判断结构是否需要处理的依据。

3.4.7 质量通病及原因分析

1. 断面尺寸偏差、轴线偏差、表面平整度超限

产生的原因是：看错图纸或图纸有误；施工测量放线有误；模板支撑不牢固，支撑点基土下沉，模板刚度不够；混凝土浇筑时一次投料过多，一次浇筑高度超过规定，使模板走形；浇筑混凝土顺序不当，造成模板倾斜；振捣时，过多振动模板，产生模板位移；模板接缝处不平整，或模板表面凹凸不平，等等。

2. 构件表面损伤，缺棱掉角

产生原因是：模板表面未涂隔离剂，模板表面未清理干净，粘有混凝土；模板表面不平，翘曲变形；振捣不良，边角处未振实；拆模过早或拆模用力过猛，强撬硬别，损坏棱角；拆模后没做好成品保护，结构被碰撞损坏，等等。

3. 麻面、蜂窝、露筋、孔洞、内部不实

产生原因是：模板拼缝不严，板缝处漏浆；模板表面未清理干净或模板未满涂隔离剂；混凝土配合比设计不当或现场计量有误；振捣不密实、漏振；混凝土搅拌不匀，和易性不好；混凝土入模时自由倾落高度较大，未用串筒或溜槽，产生离析；底模未放垫块，或垫块脱落，导致钢筋移动；结构节点处，由于钢筋密集，混凝土的石子粒径过大，浇筑困难，振捣不仔细，等等。

4. 在梁、板、墙、柱等结构的接缝和施工缝处产生烂根、烂脖、烂肚

产生原因是：施工缝的位置留置不当，不易振捣；模板安装完毕后，接槎处未清理干净；对施工缝的老混凝土表面未作处理，或处理不当，形成冷缝；接缝处模板拼缝不严，漏浆，等等。

5. 混凝土强度偏低，或波动较大

产生的原因是：原材料质量波动；配合比掌握不好，水灰比控制不严；混凝土拌合不匀，搅拌时间不够，或投料顺序不对；混凝土运送的时间过长或产生离析；混凝土振捣不密实；混凝土养护不好，等等。

6. 结构发生裂缝

产生原因是：模板及其支撑不牢，产生变形或局部沉降；拆模不当，引起开裂；养护不好引起裂缝；混凝土和易性不好，浇筑后产生分层，出现裂缝；冬期施工时，拆除保温材料时温差过大，引起裂缝；当烈日暴晒后突然降雨，产生裂缝；大体积混凝土由于水化热，使内部与表面温差过大，产生裂缝；大面积现浇混凝土由于收缩和温度应力产生裂缝；构件厚薄不均匀，使得收缩不均匀而产生裂缝；主筋位置严重位移，而使结构受拉区开裂；混凝土初凝后又受到振动，产生裂缝；构件受力过早或超载引起裂缝；基础不均匀下沉引起开裂；设计不合理或使用不当引起开裂，等等。

3.4.8 混凝土质量缺陷的处理

1. 表面抹浆修补

对于数量不多的小蜂窝、麻面、露石的混凝土表面，主要是保护钢筋和混凝土不受侵蚀，可用 1∶2～2.5 水泥砂浆抹面修整。在抹砂浆前，须用钢丝刷或加压力的水清洗、润湿，抹浆初凝后要加强养护工作。对结构构件承载能力无影响的细小裂缝，可将裂缝处加以冲洗，用水泥砂浆抹补。如果裂缝较大、较深时，应将裂缝附近的混凝土表面凿毛，或沿裂缝方向凿成深为 15～20mm、宽为 100～200mm 的 V 形凹槽，扫净并洒水湿润，先刷一层水泥砂浆，然后用 1∶2～2.5 水泥砂浆分 2～3 层涂抹，总厚度控制在 10～20mm，并压实抹光。

2. 细石混凝土填补

当蜂窝比较严重或露筋较深时，应除掉附近不密实的混凝土和突出骨料颗粒，用清水洗刷干净并充分润湿后，再用比原强度等级高一级的细石混凝土填补并仔细捣实。对孔洞的补强，可在旧混凝土表面采用处理施工缝的方法处理，将孔洞处疏松的混凝土和突出的石子剔凿掉，孔洞顶部要凿成斜面，避免形成死角，然后用水刷洗干净，保持湿润 72h 后，用比原混凝土强度等级高一级的细石混凝土捣实。混凝土的水灰比宜控制在 0.5 以内，并掺水泥用量 0.01％的铝粉，分层捣实，以免新旧混凝土的接触面上出现裂缝。

3. 对影响混凝土结构性能的缺陷，必须会同设计等有关单位研究处理。

3.4.9　混凝土冬期施工

1. 冻结对混凝土质量的影响

（1）混凝土强度的增长速度在湿度一定时，取决于温度的变化。当混凝土温度在 +5℃ 时，增长速度仅为 +15℃ 时的一半。当温度降至 -1℃～-1.5℃ 时，混凝土中的游离水开始结冰；温度降至 -4℃ 时，混凝土中的化合水开始结冰，水化作用停止，混凝土的强度也停止增长。

（2）水结冰后体积膨胀 8％～9％，使混凝土内部产生很大的冰胀应力，能使强度低的混凝土开裂；同时由于混凝土的导热性能低，在钢筋的周围将产生冰膜，减弱钢筋与混凝土之间的粘结力。

（3）受冻后的混凝土在开冻后，强度虽能继续增长，但不可能达到原设计强度。塑性混凝土终凝前（浇筑后 2～3h）遭受冻结，后期抗压强度损失大于 50％；凝结后 2～3d 遭受冻结，强度损失约 15％～20％；而干硬性混凝土在同样条件下强度损失则要小得多。因此，必须使混凝土在遭受冻结前具备足够的抵抗上述冰胀应力的强度。一般把混凝土遭受冻结后期抗压强度损失在 5％ 以内的预养强度值定义为"混凝土受冻临界强度"。对普通硅酸盐水泥配制的混凝土，受冻临界强度定为设计强度等级的 30％；矿渣水泥配制的混凝土，为设计强度等级的 40％；但 C10 及 C10 以下的混凝土，不得低于 5N/mm^2。

当日平均气温连续 5d 稳定低于 +5℃，或者最低气温降到 0℃ 以下时，混凝土结构工程必须采取冬期施工的技术措施。

2. 混凝土冬期施工的技术措施

混凝土冬期施工的主要施工方法有掺外加剂法、蓄热养护法、外部加热法。可根据实际情况采取下列技术措施：

（1）应优先选用活性高、水化热量大的硅酸盐水泥和普通硅酸盐水泥，不宜用火山灰质硅酸盐水泥和粉煤灰硅酸盐水泥。水泥的强度等级不应低于 42.5 级，最小水泥用量不宜少于 300kg/m³。

（2）降低水灰比，使用低流动性或干硬性混凝土。

（3）浇筑前将混凝土或其组成材料加热，使混凝土既早强又不易冻结。

水泥不得直接加热；应优先采用加热水的方法，但加热温度不得超过有关规定；骨料不得用火焰直接加热骨料；加热温度要符合热工计算需要的温度。

（4）搅拌时加入一定的外加剂。如早强剂、抗冻剂等。

（5）混凝土不宜露天搅拌，应尽量搭设暖棚，优先选用大容量的搅拌机，以减少混凝土的热量损失；拌合时间比常温规定时间延长 50％；由于水泥和 80℃左右的水拌合会发生骤凝现象，所以材料投放时，应先将水和砂石投入拌合，然后加入水泥。若能保证热水不和水泥直接接触，水可以加热到 100℃。

（6）冬期振捣混凝土要采用机械振捣，振捣时间应比常温时有所增加。

（7）对已浇筑的混凝土采取保温或加热养护措施。

4 预应力混凝土工程

4.1 概 述

预应力混凝土是在使用荷载作用前，预先建立内应力的混凝土。其内应力的大小与分布应能抵消或减少使用荷载作用产生的应力，混凝土的内应力即预压应力是通过张拉预应力筋实现的。

预应力混凝土能有效地利用高强度钢材，提高结构的抗裂度和刚度，减小结构的截面尺寸，节省材料，提高结构的耐久性。但是预应力混凝土增加了施工难度，需要专用的施工设备和机具，操作要求严格，技术高。预应力混凝土适用于大柱网和大跨度结构。

4.2 先 张 法 施 工

4.2.1 先张法施工程序

先张法施工是在浇筑混凝土前张拉预应力筋并将张拉的预应力筋临时固定在台座或钢模上，然后浇筑混凝土，待混凝土达到一定强度（一般不低于设计强度标准值的 75%），保证预应力筋与混凝土有足够的粘结力时，放松预应力筋，借助于混凝土与预应力筋的粘结，使混凝土产生预压应力。

图 4-1 为预应力混凝土构件先张法施工示意图。图 4-1 (a) 为预应力筋张拉

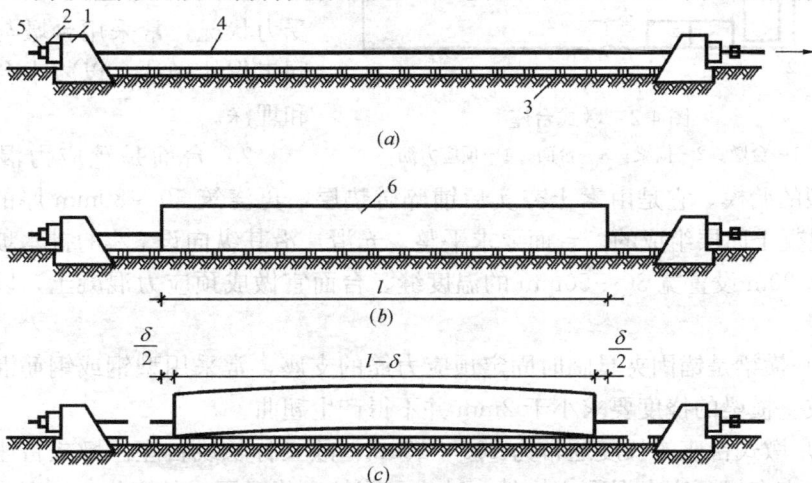

图 4-1 先张法施工示意图
(a) 预应力筋固定在台座上；(b) 浇筑混凝土件；(c) 张拉完成，切断预应力筋
1—台座承力结构；2—横梁；3—台面；4—预应力筋；5—锚固夹具；6—混凝土构件

时的情况，预应力筋一端用锚固夹具固定在台座上，另一端用张拉机械张拉后也用锚固夹具固定在台座的横梁上。图 4-1（b）为混凝土浇筑及养护阶段，这时只有预应力筋有应力，混凝土没有应力。图 4-1（c）为放松预应力筋后的情况，由于预应力筋和混凝土之间存在粘结力，故在预应力筋弹性回缩时使混凝土产生预压应力。

先张法中常用预应力筋有钢丝和钢筋两类。先张法生产预应力混凝土构件，可采用台座法或机组流水法。但由于台座或钢模承受预应力筋的张拉能力受到限制并考虑到构件的运输条件，因此先张法施工适于在构件厂生产中小型预应力混凝土构件，如楼板、屋面板、中小型吊车梁等。

4.2.2 先张法施工设备

1. 台座

台座是先张法施工的主要设备之一，它承受预应力筋的全部张拉力。因此，台座应有足够的强度、刚度和稳定性。台座按构造形式分墩式台座和槽式台座两类，选用时根据构件种类、张拉力大小和施工条件而定。

（1）墩式台座

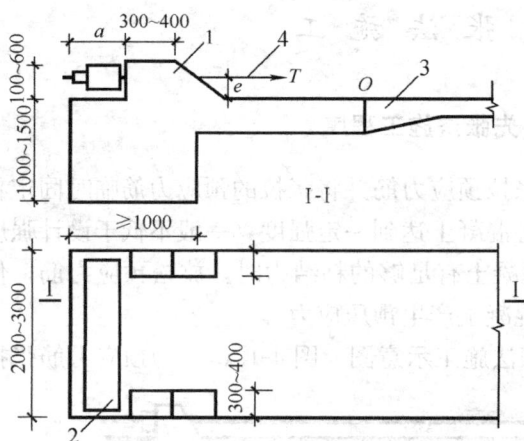

图 4-2 墩式台座

1—台墩；2—横梁；3—台面；4—预应力筋

墩式台座由台墩、台面和横梁等组成，如图 4-2 所示。

1）台墩是墩式台座的主要受力结构，台墩依靠其自重和土压力平衡张拉力产生的倾覆力矩，依靠土的反力和摩阻力平衡张拉力产生的水平滑移，因此，台墩结构体型大，埋设深度较深，投资较大。为了改善台墩的受力状况，常采用台墩与台面共同工作的做法，以减小台墩自重和埋深。

2）台面是预应力混凝土构件成型的胎模。它是由素土夯实后铺碎砖垫层，再浇筑 50～80mm 厚的 C15～C20 混凝土面层组成的。台面要求平整、光滑，沿其纵向设 3‰ 的排水坡度，每隔 10～20m 设置宽 30～50mm 的温度缝。台面宜做成预应力混凝土，以防止出现裂缝。

3）横梁是锚固夹具临时固定预应力筋的支座，常采用型钢或钢筋混凝土制作而成。横梁的挠度要求小于 2mm 并不得产生翘曲。

4）墩式台座的长度通常为 100～150m，故又称长线台座。墩式台座张拉一次可生产多根预应力混凝土构件，减小了张拉和临时固定的工作，同时也减少了由于预应力筋滑移和横梁变形引起的预应力损失。

5）墩式台座的抗倾覆安全系数 $K_1 \geqslant 1.5$，抗滑动安全系数 $K_2 \geqslant 1.3$。

（2）槽式台座

槽式台座由钢筋混凝土压杆和上、下横梁以及砖墙等组成，如图4-3所示。

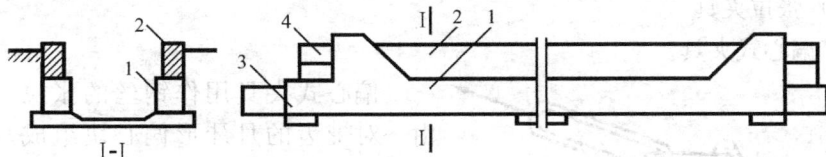

图4-3 槽式台座
1—钢筋混凝土压杆；2—砖墙；3—下横梁；4—上横梁

钢筋混凝土压杆是槽式台座的主要受力结构，为了便于拆移，常采用装配式结构，每段长5～6m。为了便于构件的运输和蒸汽养护，台面以低于地面为好，采用砖墙来挡土和防水，同时又为蒸汽养护的保温侧墙。

槽式台座的长度一般为45～76m，适用于张拉力较高的大型构件，如吊车梁、屋架等。另外，由于槽式台座有上下两个横梁，能进行双层预应力混凝土构件的张拉。

2. 夹具（代号J）

预应力筋用夹具是张拉并临时固定在台座上保持预应力筋张拉力的工具。夹具必须工作可靠，构造简单，使用方便，能多次重复使用。夹具根据工作特点分为张拉夹具和锚固夹具。张拉夹具将预应力筋和张拉机械相连，进行预应力筋张拉；锚固夹具是将预应力筋临时固定在台座横梁上的工具。

（1）夹具性能要求

先张法预应力筋张拉锚固体系，夹具的各部件质量必须合格，预应力筋夹具组装件的锚固性能必须满足结构要求。

夹具尚应具有以下性能：

1）在预应力夹具组装件达到实测极限拉力时，全部零件均不得出现裂缝或破坏；

2）应有良好的自锚性能。所谓自锚是指锚具或夹具借助预应力筋的张拉力，就能把预应力筋锚固住而不需要施加外力；

3）应有良好的松锚性能。需要大力敲击才能松开的夹具，必须证明其对预应力筋的锚固没有影响，且对操作人员安全不造成危险时才能采用。

夹具性能由预应力筋夹具组装件静载试验测定的夹具效率系数 η_g 确定，夹具的静载锚固性能应符合 I 类锚具的效率系数 $\eta_g \geqslant 0.95$ 的要求。η_g 按下式计算。

$$\eta_g = \frac{F_{gpu}}{\eta_p \cdot F_{gpu}^0} \tag{4-1}$$

式中　F_{gpu}——预应力筋夹具组装件的实测极限拉力；

　　　F_{gpu}^0——预应力筋夹具组装件中各根预应力筋计算极限拉力之和；

　　　η_g——预应力筋效率系数，$\eta_g = 0.97$。

（2）夹具进厂验收

夹具进场时，必须附有对夹具性能类别、型号、规格和数量的出厂证明文件。

夹具的进场验收，只做静载锚固性能试验。

（3）张拉夹具

1）偏心式夹具。

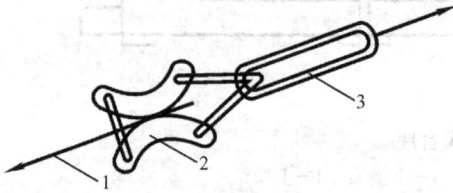

图 4-4　偏心式夹具
1—钢丝；2—偏心块；3—环（与张拉机械连接）

偏心式夹具用作钢丝的张拉。它是由一对带齿的月牙形偏心块组成，如图4-4所示。偏心块可用工具钢制作，其刻齿部分的硬度较所夹钢丝的硬度大。这种夹具构造简单，使用方便。

2）压销式夹具。

压销式夹具用作直径 12～16mm 的 HPB235～HRB400 级钢筋的张拉夹具。它是由销片和楔形压销组成，如图4-5所示。销片 2、3 有与钢筋直径相适应的半圆槽，槽内有齿纹用以夹紧钢筋。当楔紧或放松楔形压销 4 时，便可夹紧或放松钢筋。

（4）锚固夹具

1）圆锥齿板式夹具。

圆锥齿板式夹具适用夹持 3～5mm 的碳素钢丝，由套筒和齿板组成，如图 4-6 所示。

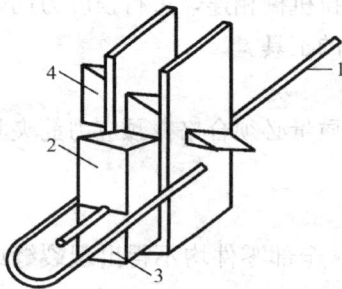

图 4-5　压销式夹具
1—钢筋；2—销片（楔形）；
3—销片；4—楔形压销

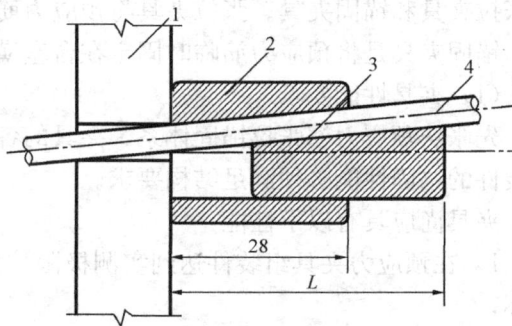

图 4-6　圆锥齿板式夹具
1—定位板；2—套筒；3—齿板；4—钢丝

圆锥齿板式夹具分 BJ3 和 BJ4 两种型号，二者的套筒是统一的。BJ3 配用I型齿板，用以夹持 ϕ3 和 ϕ4 的钢丝，BJ4 配用II型齿板，用以夹持 ϕ4 和 ϕ5 的钢丝。套筒和齿板均用 45 号钢制作，套筒不做热处理，齿板热处理硬度为 HRC40～45。

2）圆套筒三片式夹具。

圆套筒三片式夹具适用夹持 12～14mm 的单根冷拉II～IV级钢筋，由中间开圆锥形孔的套筒和三个夹片组成。如图4-7所示。套筒和夹片均用 45 号钢制作，套筒热处理后硬度为 HRC35～40，夹片为 HRC40～45。

3）镦头锚具。

镦头锚具属于自制的锚具。钢丝的镦头是采用液压冷镦机进行的，钢筋直径小于 22mm，采用热镦方法；钢筋直径等于或大于 22mm，采用热锻成型方法。

3. 张拉机械

（1）电动螺杆张拉机

电动螺杆张拉机既可以张拉预应力钢筋也可以张拉预应力钢丝。它是由张拉螺杆、电动机、变速箱、测力装置、拉力架、承力架和张拉夹具等组成。最大张拉力为300～600kN，张拉行程为800mm，张拉速度 2m/min，自重 400kg。为了便于工作和转移，将其装置在带轮的小车上。电动螺杆张拉机的示意图如图 4-8 所示。

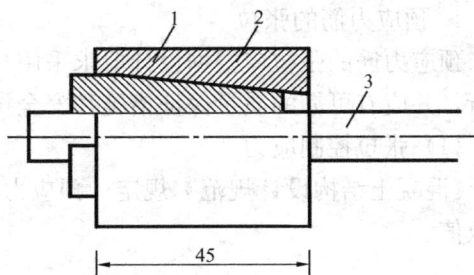

图 4-7　圆套筒三片式夹具

1—套筒；2—夹片；3—钢筋

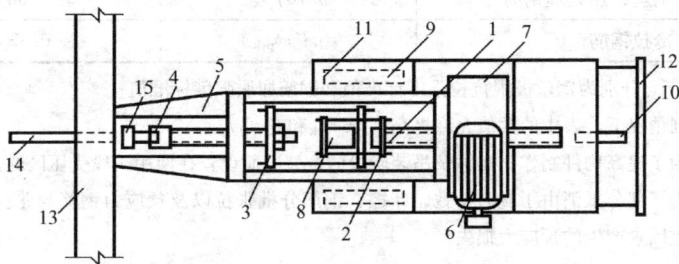

图 4-8　电动螺杆张拉机

1—螺杆；2、3—拉力架；4—张拉夹具；5—顶杆；6—电动机；
7—齿轮减速机；8—测力计；9、10—车轮；11—底盘；
12—手把；13—横梁；14—钢筋；15—锚固夹具

（2）液压张拉机

液压张拉机由液压千斤顶、压力表和油泵组成。常用的液压张拉机有拉杆式千斤顶、穿心式千斤顶、锥锚式千斤顶等，应根据预应力筋的张拉力和锚具类型，选择确定千斤顶的类型和型号。

4.2.3　施 工 工 艺

先张法预应力混凝土构件在台座上生产时，其工艺流程如图 4-9 所示。

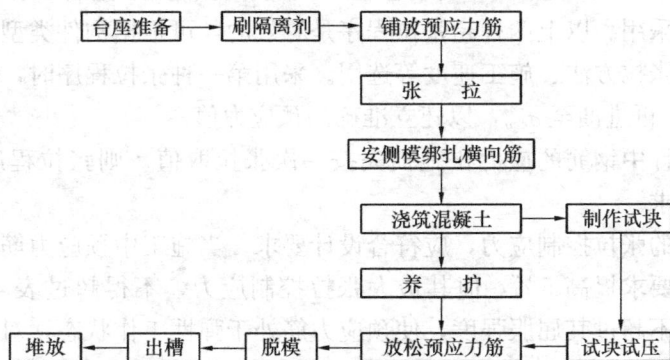

图 4-9　先张法施工工艺流程

133

1. 预应力筋的张拉

预应力筋的张拉应根据设计要求采用合适的张拉方法、张拉顺序及张拉程序进行，并应有可靠的质量保证措施和安全技术措施。

（1）张拉控制应力

《混凝土结构设计规范》规定，预应力筋的张拉控制应力 σ_{con} 不宜超过表 4-1 的数值。

张拉控制应力允许值 　　　　　　　　　　　　　　　　表 4-1

钢　种	张 拉 方 法	
	先 张 法	后 张 法
碳素钢丝、刻痕钢丝、钢绞线	$0.75f_{ptk}$	$0.70f_{ptk}$
冷拔低碳钢丝、热处理钢筋	$0.70f_{ptk}$	$0.60f_{ptk}$
冷拉钢筋	$0.90f_{pyk}$	$0.85f_{pyk}$

注：1. f_{ptk} 和 f_{pyk} 分别为钢丝极限抗拉强度标准值和钢筋屈服强度标准值；

　　2. 在下列情况下，表中的数值允许提高 $0.05f_{ptk}$ 和 $0.05f_{pyk}$：

　　　　（1）为了提高构件制作、运输及吊装阶段的抗裂度而设置在使用阶段受压区的预应力钢筋；

　　　　（2）为了部分抵消由于应力松弛、摩擦、钢筋分批张拉以及预应力钢筋与张拉台座之间的温差因素产生的预应力损失。

　　3. 碳素钢丝、刻痕钢丝、钢绞线、热处理钢筋、冷拔低碳钢丝的张拉控制应力值 σ_{con} 不应小于 $0.4f_{ptk}$；冷拉钢筋的张拉控制应力值 σ_{con} 不应小于 $0.5f_{pyk}$。

（2）张拉程序

预应力筋的张拉程序有超张拉和一次张拉两种。所谓超张拉，就是指张拉应力超过规范规定的控制应力值。采用超张拉方法时，预应力筋可按下列两种张拉程序之一进行张拉。

$$0 \rightarrow 1.05\sigma_{con} \xrightarrow{持荷 2min} \sigma_{con}$$
$$或\ 0 \rightarrow 1.03\sigma_{con}$$

第一种张拉程序中，超张拉 5% 并持荷 2min，其目的是为了在高应力状态下加速预应力松弛早期发展，以减少应力松弛引起的预应力损失。第二种张拉程序中，超张拉 3%，其目的是为了弥补预应力筋的松弛损失，这种张拉程序施工简单，一般多被采用。以上两种超张拉程序是等效的，可根据构件类型、预应力筋与锚具种类、张拉方法、施工速度等选用。采用第一种张拉程序时，千斤顶回油至稍低于 σ_{con}，再进油至 σ_{con}，以建立准确的预应力值。

如果在设计中钢筋的应力松弛损失按一次张拉取值，则张拉程序取 $0 \rightarrow \sigma_{con}$ 就可以满足要求。

预应力筋的张拉控制应力，应符合设计要求。当施工中预应力筋需要超张拉时，可比设计要求提高 5%，但其最大张拉控制应力，不得超过表 4-2 的规定，以确保张拉力不超过其屈服强度，使预应力筋处于弹性工作状态，对混凝土建立有效的预压应力。预应力筋张拉锚固后实际预应力值与工程设计规定检验值的相对允许偏差为 ±5%。

最大张拉控制应力允许值　　　　　　　　　　表 4-2

钢　种	张　拉　方　法	
	先　张　法	后　张　法
碳素钢丝、刻痕钢丝、钢铰线	$0.80 f_{ptk}$	$0.75 f_{ptk}$
热处理钢筋、冷拔低碳钢丝	$0.75 f_{ptk}$	$0.70 f_{ptk}$
冷拉钢筋	$0.95 f_{pyk}$	$0.90 f_{pyk}$

注: 1. f_{ptk} 为预应力筋极限抗拉强度标准值;

2. f_{pyk} 为预应力筋屈服强度标准值。

（3）预应力筋伸长值的验算

张拉预应力筋可单根进行也可多根成组同时进行。同时张拉多根预应力筋时, 应预先调整初应力, 使其相互之间的应力一致。预应力筋张拉锚固后, 对设计位置的偏差不得大于 5mm, 也不得大于截面短边长度的 4%。

用应力控制方法张拉时应校核预应力筋的伸长值。如实际伸长值比计算伸长值大 10% 或小 5%, 应暂停张拉, 查明原因并采取措施予以调整后方可继续张拉。预应力筋的计算伸长值 Δl（单位为 mm）见公式（4-2）。

$$\Delta l = \frac{F_p \cdot l}{A_p \cdot E_s} \tag{4-2}$$

式中　F_p——预应力筋的平均张拉力, kN。直线筋取张拉端的拉力; 两端张拉的曲线筋, 取张拉端的拉力与跨中扣除孔道摩阻损失后拉力的平均值;

　　　l——预应力筋的长度, mm;

　　　A_p——预应力筋的截面面积, mm^2;

　　　E_s——预应力筋的弹性模量, kN/mm^2。

预应力筋的实际伸长值, 宜在初应力约为 $10\% \sigma_{con}$ 时开始量测, 但必须加上初应力以下的推算伸长值。通过伸长值的检验, 可以综合反映张拉力是否足够以及预应力筋是否有异常现象等。因此, 对于伸长值的检验必须重视。

（4）预应力筋张拉力计算

预应力筋张拉力 F_p 的计算, 见公式（4-3）。

$$F_p = m \cdot \sigma_{con} \cdot A_p \tag{4-3}$$

式中　m——超张拉系数, 取值 1.03 或 1.05;

　　　σ_{con}——预应力筋张拉控制应力, MPa;

　　　A_p——预应力筋截面面积, mm^2。

2. 混凝土浇筑和养护

（1）预应力筋张拉完毕后即应浇筑混凝土。混凝土的浇筑应一次完成, 不允许留设施工缝。混凝土的用水量和水泥用量必须严格控制, 以减少混凝土由于收缩和徐变而引起的预应力损失。预应力混凝土构件浇筑时必须振捣密实（特别是在构件的端部）, 以保证预应力筋和混凝土之间的粘结力。预应力混凝土构件混凝土的强度等级一般不低于 C30; 当采用碳素钢丝、钢铰线、热处理钢筋做预应力筋时, 混凝土的强度等级不宜低于 C40。

(2) 采用平卧迭浇法制作预应力混凝土构件时，其下层构件混凝土的强度需达到 5MPa 后，方可浇筑上层构件混凝土并应有隔离措施。

(3) 混凝土可采用自然养护或蒸汽养护。但应注意，在台座上用蒸汽养护时，温度升高后，预应力筋膨胀而台座的长度并无变化，因而引起预应力筋应力减小，这就是温差引起的预应力损失。为了减少这种温差应力损失，应保证混凝土在达到一定强度之前，温差不能太大（一般不超过 20℃），故在台座上采用蒸汽养护时，其最高允许温度应根据设计要求的允许温差（张拉钢筋时的温度与台座温度的差）经计算确定。当混凝土强度养护至 7.5MPa（粗钢筋）或 10MPa（钢丝、钢绞线配筋）以上时，则可不受设计要求的温差限制，按一般构件的蒸汽养护规定进行。这种养护方法又称为二次升温养护法。在采用机组流水法用钢模制作、蒸汽养护时，由于钢模和预应力筋同样伸缩，所以不存在因温差而引起的预应力损失，可以采用一般加热养护制度。

3. 预应力筋的放张

预应力筋放张过程是预应力的传递过程，是先张法构件能否获得良好质量的一个重要生产过程。应根据放张要求，确定合理的放张顺序、放张方法及相应的技术措施。

(1) 放张要求

放张预应力筋时，混凝土强度必须符合设计要求。当设计无要求时，不得低于设计的混凝土强度标准值的 75%。对于重叠生产的构件，要求最上一层构件的混凝土强度不低于设计强度标准值的 75% 时方可进行预应力筋的放张。过早放张预应力筋，会引起较大的预应力损失或产生预应力筋滑动。预应力混凝土构件在预应力筋放张前要对混凝土试块进行试压，以确定混凝土的实际强度。

(2) 放张顺序

预应力筋的放张顺序，应符合设计要求。当设计无专门要求时，应符合下列规定：

1) 对承受轴心预压力的构件（如压杆、桩等），所有预应力筋应同时放张；

2) 对承受偏心预压力的构件，应先同时放张预压力较小区域的预应力筋，再同时放张预压力较大区域的预应力筋；

3) 当不能按上述规定放张时，应分阶段、对称、相互交错地放张，以防止放张过程中构件发生翘曲、裂纹及预应力筋断裂等现象；

4) 放张后预应力筋的切断顺序，宜由放张端开始，逐次切向另一端。

(3) 放张方法

对于预应力钢丝混凝土构件，分两种情况放张。配筋不多的预应力钢丝放张采用剪切、割断和熔断的方法自中间向两侧逐根进行，以减少回弹量，利于脱模。配筋较多的预应力钢丝放张采用同时放张的方法，以防止最后的预应力钢丝因应力突然增大而断裂或使构件端部开裂。

对于预应力钢筋混凝土构件，放张应缓慢进行。配筋不多的预应力钢筋，可采用逐根加热熔断或借预先设置在钢筋锚固端的楔块等单根放张。配筋较多的预应力钢筋，所有钢筋应同时放张，放张可采用楔块或砂箱等装置进行缓慢放张。

1）楔块放张。

楔块装置放置在台座与横梁之间，放张预应力筋时，旋转螺母使螺杆向上运动，带动楔块向上移动，钢块间距变小，横梁向台座方向移动，便可同时放松预应力筋（图4-10）。楔块放张，一般用于张拉力不大于300kN的情况。

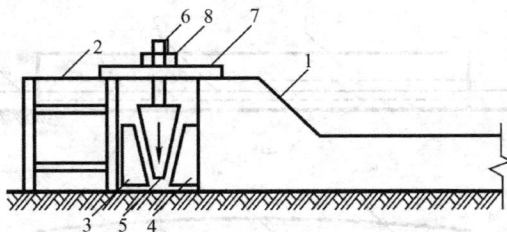

图4-10 楔块放张

1—台座；2—横梁；3、4—钢块；5—钢楔块；6—螺杆；7—承力板；8—螺母

2）砂箱放张。

砂箱装置放置在台座和横梁之间，它由钢制的套箱和活塞组成，内装石英砂或铁砂。预应力筋张拉时，砂箱中的砂被压实，承受横梁的反力。预应力筋放张时，将出砂口打开，砂缓慢流出，从而使预应力筋缓慢地放张。砂箱装置中的砂应采用干砂并选定适宜的级配，防止出现砂子压碎引起流不出的现象或者增加砂的空隙率，使预应力筋的预应力损失增加。采用砂箱放张，能控制放张速度，工作可靠，施工方便，可用于张拉力大于1000kN的情况（图4-11）。

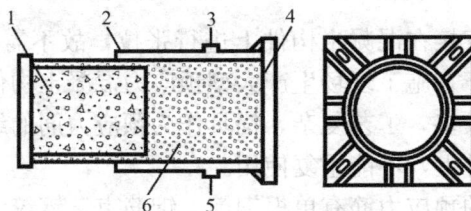

图4-11 砂箱装置示意图

1—活塞；2—钢套箱；3—进砂口；4—钢套箱底板；5—出砂口；6—砂子

4.3 后张法施工

4.3.1 后张法施工程序

后张法施工是在浇筑混凝土构件时，在放置预应力筋的位置处预留孔道，待混凝土达到一定强度（一般不低于设计强度标准值的75%），将预应力筋穿入孔道中并进行张拉，然后用锚具将预应力筋锚固在构件上，最后进行孔道灌浆。预应力筋承受的张拉力通过锚具传递给混凝土构件，使混凝土产生预压应力。

图4-12为预应力混凝土构件后张法施工示意图。图4-12（a）为制作混凝土构件并在预应力筋的设计位置上预留孔道，待混凝土达到规定的强度后，穿入预

应力筋进行张拉。图 4-12（b）为预应力筋的张拉，用张拉机械直接在构件上进行张拉，混凝土同时完成弹性压缩。图 4-12（c）为预应力筋的锚固和孔道灌浆，预应力筋的张拉力通过构件两端的锚具，传递给混凝土构件，使其产生预压应力，最后进行孔道灌浆。

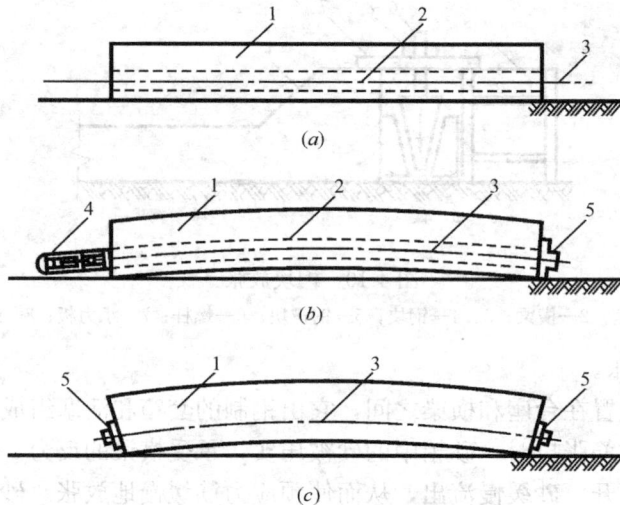

图 4-12　后张法施工示意图
（a）制作混凝土构件；（b）张拉预应力筋；（c）锚固和孔道灌浆
1—混凝土构件；2—预留孔道；3—预应力筋；4—千斤顶；5—锚具

后张法施工由于直接在混凝土构件上进行张拉，故不需要固定的台座设备，不受地点限制，适用于在施工现场生产大型预应力混凝土构件，特别是大跨度构件。后张法施工工序较多，工艺复杂，锚具作为预应力筋的组成部分，将永远留置在预应力混凝土构件上，不能重复使用。

后张法施工常用的预应力筋有单根钢筋、钢筋束、钢绞线束等。

4.3.2　锚具（代号 M）

预应力筋用锚具是张拉并永久固定在预应力混凝土结构上传递预应力的工具。锚具必须具有可靠的锚固性能，足够的强度和刚度储备。锚具根据工作特点分为张拉端锚具和固定端锚具。张拉端锚具具有与张拉机械相连进行预应力筋的张拉，并将预应力筋锚固在构件上的双重功能；固定端锚具只能将预应力筋锚固在构件上。

1. 锚具基本要求

（1）锚具性能要求

锚具性能由预应力筋锚具组装件静载试验测定的锚具效率系数 η_a 和达到实测极限拉力时的总应变 ε_{apu} 确定，并将锚具分为 I 类和 II 类锚具。

I 类锚具　$\eta_a \geqslant 0.95$　　$\varepsilon_{apu} \geqslant 2\%$

II 类锚具　$\eta_a \geqslant 0.9$　　$\varepsilon_{apu} \geqslant 1.7\%$

I 类锚具用于承受动、静荷载的预应力混凝土结构；

  Ⅱ类锚具用于有粘结预应力混凝土结构，且锚具处于预应力应力变化不大的部位。

  Ⅰ类锚具可代换Ⅱ类锚具，Ⅱ类锚具不得代换Ⅰ类锚具。

  同一类别不同型号的锚具，在满足结构构造要求、预应力品种以及张拉部位的条件下，可相互代换。

  1) 锚具效率系数 η_a。

  锚具效率系数 η_a 按公式（4-4）计算。

$$\eta_a = \frac{F_{apu}}{\eta_p \cdot F_{apu}^c} \tag{4-4}$$

式中 F_{apu}——预应力筋锚具组装件的实测极限拉力；

   η_P——预应力筋的效率系数；

   F_{apu}^c——预应力筋锚具组装件中各根预应力筋计算极限拉力之和。

  2) 预应力筋锚具组装件中各根预应力筋计算极限拉力之和 F_{apu} 按公式（4-5）计算。

$$F_{apu}^c = f_{ptm} \cdot A_p \tag{4-5}$$

式中 f_{ptm}——由预应力筋中抽取试件的极限抗拉强度平均值；

   A_p——预应力筋锚具组装件中各根预应力筋总截面面积。

  3) 预应力筋的效率系数 η_p。

  对于重要的预应力混凝土结构工程中使用的锚具，其进场验收时，η_p 值按公式（4-6）计算。

$$\eta_p = \lambda_m + (1 - \lambda_m) \cdot \frac{\varepsilon_{ptm}(1 - 1.64\delta_\varepsilon) \cdot \varepsilon_{pym}}{\varepsilon_{ptm} - \varepsilon_{pym}} \tag{4-6}$$

式中 λ_m——预应力筋的平均压强比，其计算公式为：

$$\lambda_m = \frac{f_{pym}}{f_{ptm}}$$

   f_{pym}——预应力筋抽样试件在残余应变为 0.2％时的屈服强度平均值；

   f_{ptm}——预应力筋抽样试件的极限强度平均值；

   ε_{pym}——预应力筋抽样试件在应力达到屈服强度时的应变平均值；

   ε_{ptm}——预应力筋抽样试件的极限应变平均值；

   δ_ε——预应力筋抽样试件极限应变的变异系数。

  对于一般的预应力混凝土结构工程中使用的锚具，其进场验收，η_p 值的确定：

  预应力钢丝、钢绞线或热处理钢筋时，取 $\eta_p = 0.97$；预应力钢筋时，取 $\eta_p = 1.00$。

  Ⅰ类锚具的预力筋锚具组装件，必须满足静载锚固性能外，尚须满足循环次数为 200 万次的疲劳性能试验，在抗震结构中还应满足循环次数为 50 万次的低周反复作用荷载试验。

  （2）锚具进场验收

  锚具进场时，必须附有对锚具性能类别、型号、规格和数量的出厂证明文件。

锚具进场时必须按规定进行验收。

1）外观检查。

应从每批中抽取 10% 的锚具且不少于 10 套，检查其外观和尺寸。如有一套表面有裂纹或超过产品标准及设计图纸规定尺寸的允许偏差，则应另取双倍数量的锚具重做检查，如仍有一套不符合要求，则应逐套检查，合格者方可使用。

2）硬度检验。

应从每批中抽取 5% 的锚具且不少于 5 套，对其中有硬度要求的零件做硬度试验（多孔夹片式锚具的夹片，每套至少抽取 5 片）。每个零件测试 3 点，其硬度应在设计要求范围内。如有一个零件不合格，则应另取双倍数量的零件重做试验，如仍有一个零件不合格，则应逐个检查，合格者方可使用。

3）静载锚固性能试验。

外观检查和硬度检验后，应从同批中抽取 6 套锚具，组装成 3 个预应力筋锚具组装件，进行静载锚固性能试验。如有一个试件不符合要求，则应另取双倍数量的预应力筋锚具组装件重做试验，如仍有一个试件不符合要求，则该批锚具为不合格品品。

（3）静载锚固性能试验

1）静载锚固性能试验用的预应力筋锚具或夹具组装件，应由锚具或夹具的全部零件与预应力筋组装而成。不得在锚具零件上任意添加影响锚固性能的物质，各根预应力筋应等长平行，受力长度不应小于 3m。

2）预应力筋锚具或夹具组装件，其组装情况及所有的预应力筋，应与工程实际情况相一致。

3）试验用的测力系统其不确定度不得大于 2.0%，测量总应变的量具，其标距的不确定度不得大于标距的 0.2%，指示应变的不确定度不得大于标距的 0.1%。试验设备及仪器每年至少标定一次。

4）静载锚固性能试验的加荷步骤：

①对于先安装锚具或夹具再张拉预应力筋的预应力体系，可直接用试验台座或试验机加荷，按预应力筋强度标准值的 0.2、0.4、0.6、0.8 分四级等速加荷，加荷速度宜为 100MPa/min，达到 80% 时，持荷时间 1h，随后继续逐步加荷至破坏。

②对于先张拉预应力筋再锚固的预应力体系，应先用施工用的张拉设备，按预应力筋抗拉强度标准值的 0.2、0.4、0.6、0.8 分级等速张拉，达到 80% 后锚固，持荷时间 1h，再用试验设备逐步加荷至破坏。

5）静载锚固性能试验应测量以下项目：

①试件的实测极限拉力；

②达到实测极限拉力时的总应变；

③观测各根预应力筋与锚具或夹具之间的相对位移；

④观测锚具或夹具各零件之间的相对位移；

⑤观测达到预应力筋抗拉强度标准值的 80% 以后，持荷 1h 时间内锚具或夹

具的变形；

⑥观测试件的破坏部位和破坏形式。

2. 单根钢筋锚具

单根钢筋用作预应力筋时，张拉端采用螺丝端杆锚具，固定端采用帮条锚具。

（1）螺丝端杆锚具

螺丝端杆锚具适用于锚固直径不大于 36mm 的冷拉 HRB335 级与 HRB400 或 RRB400 级钢筋。它是由螺丝端杆、螺母和垫板组成，如图 4-13 所示。螺丝端杆采用 45 号钢制作，螺母和垫板采用 Q235 号钢制作。螺丝端杆的长度一般为 320mm，当预应力构件长度大于 24m 时，可根据实际情况增加螺丝端杆的长度，螺丝端杆的直径按预应力钢筋的直径对应选取。螺丝端杆与预应力钢筋的焊接，应在预应力钢筋冷拉前进行。螺丝端杆与预应力筋焊接后，同张拉机械相连进行张拉，最后上紧螺母即完成对预应力钢筋的锚固。螺丝端杆锚具尺寸见表 4-3。

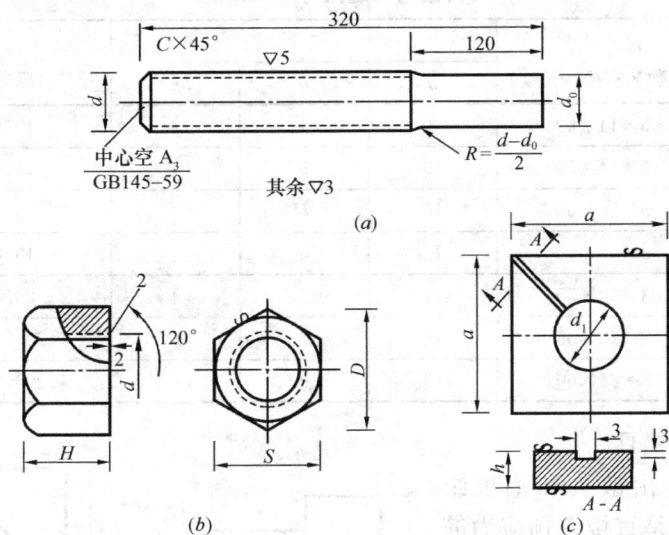

图 4-13 螺丝端杆锚具
（a）螺丝端杆；（b）螺母；（c）垫板

螺丝端杆锚具尺寸（mm）   表 4-3

型号	钢筋直径	螺纹 d	d_0	C	H	S	D	$a \times h$	d_1
LM18	18	M22×1.5	20	1.0	32	32	36.9	90×14	24
LM20	20	M24×2	22	1.5	36	36	41.6	90×16	26
LM22	22	M27×2	25	1.5	40	41	47.3	90×16	29
LM25	25	M30×2	28	1.5	45	46	53.1	90×20	32
LM28	28	M33×2	31	1.5	50	50	57.7	90×20	35
LM32	32	M39×3	35	2.0	55	55	63.5	90×22	41
LM36	36	M42×3	39	2.0	60	65	75	100×25	44

注：1. 图中螺杆长度仅用于长度不大于 24m 的构件，构件长度大于 24m 或预应力筋冷拉采用应力控制时，应根据实际情况增加螺杆长度；

2. 螺母可采用圆形的六槽螺母，其高度不变，外径约取 0.94D。

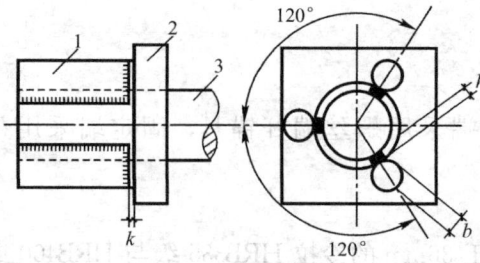

图 4-14 帮条锚具

1—帮条；2—衬板；3—预应力筋

（2）帮条锚具

帮条锚具可作为冷拉 HRB335 级与 HRB400 或 RRB400 级钢筋及冷拉 Q235 号钢钢筋固定端锚具用。它是由帮条和衬板组成（图 4-14）。帮条采用与预应力筋同级别的钢筋，衬板采用普通低碳钢钢板，焊条采用结 50X。帮条施焊时，严禁将地线搭在预应力筋上并严禁在预应力筋上引弧。三根帮条与衬板相接触的截面应在一个垂直平面上，以免受力时产生扭曲。帮条的焊接可在预应力筋冷拉前或冷拉后进行。帮条与焊缝尺寸见表 4-4。

帮条与焊缝尺寸（mm）   表 4-4

钢筋直径	帮条尺寸 （根数×直径×长度）	焊缝尺寸			衬板尺寸 （厚×长×宽）
		b	h	k	
18	3×14×50	8	4	4	15×70×70
20	3×14×50	10	5	4	15×70×70
22	3×16×50	10	5	4	15×80×80
25	3×18×55	12	6	4	15×80×80
28	3×20×55	14	7	4	20×90×90
32	3×22×55	14	7	6	20×100×100
36	3×25×60	16	8	6	20×110×110

（3）镦头锚具

镦头锚具由镦头和垫板组成。镦头一般是直接在预应力筋端部热镦、冷镦或锻打成型，垫板采用 Q235 号钢，如图 4-15 所示。

3. 钢筋束（钢绞线束）锚具

钢筋束或钢绞线束用作预应

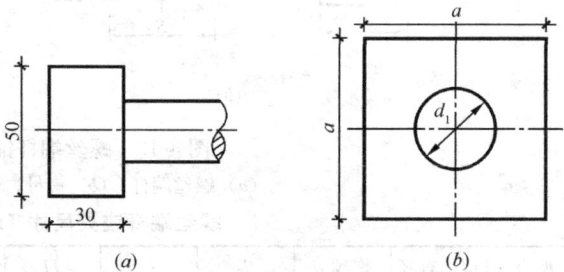

图 4-15 镦头锚具

（a）镦头；（b）垫板

力筋，张拉端采用 JM12 型锚具，固定端采用镦头锚具。

（1）JM12 型锚具 JM12 型锚具适用于锚固 3～6φ12 钢筋束和 4～6φ12 钢绞线束。它是由锚环和夹片组成，如图 4-16 所示。锚环与夹片均采用 45 号钢制成，夹片经热处理后，硬度为 HRC48～52；锚环经热处理后，硬度为 HRC32～37。根据夹片数量或锚固钢筋的根数，其型号分别有 JM12-3、JM12-4、JM12-5、JM12-6 几种，可分别锚固 3、4、5、6 根直径 12mm 的钢筋束或钢绞线束。JM12 型锚具具有良好的锚固性能，预应力筋滑移量比较小，施工方便，但其机械加工量大，成本较高。JM12 型锚具尺寸见表 4-5。

（2）镦头锚具

镦头锚具适用于预应力钢筋束固定端锚固用，由固定板和带镦头的预应力筋组成。

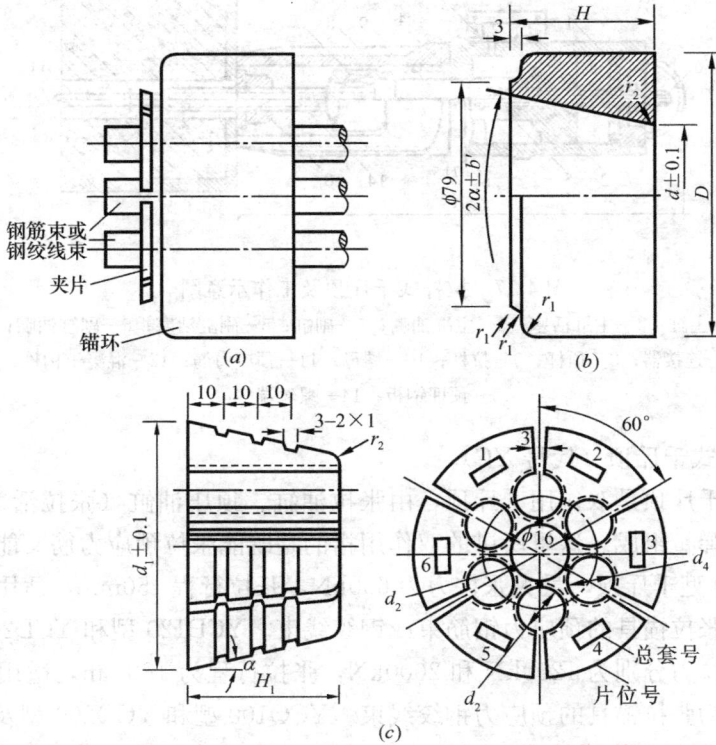

图 4-16　JM12 型锚具

(a) 装配；(b) 锚环；(c) 夹片

JM12 型锚具尺寸（mm）　　　　　　　　表 4-5

型　号	预应力束	D	d	H	a	H_1	d_1	d_2
JM12-3	$3\phi^j 12$	90	44	50	5°30′	45	55	25
JM12-4	$4\phi^j 12$	90	44	50	7°30′	45	58.5	25
JM12-5	$5\phi^j 12$	90	50	50	9°30′	45	68.5	34
JM12-6	$6\phi^j 12$	90	50	50	11°30′	45	72	34
JM$_F$12-5	$5\phi^j 12$	106	50	55	8°	52	66	34
JM$_F$12-6	$6\phi^j 12$	106	50	55	9°30′	52	68.5	36
JM15-4	$4\phi^j 15$	106	50	55	9°30′	52	68.5	36
JM$_F$15-6	$6\phi^j 15$	135	76	72	9°30′	75	98	52

4.3.3　张　拉　机　械

1. 拉杆式千斤顶（代号 YL）

拉杆式千斤顶是单作用千斤顶，由缸体、活塞杆、撑脚和连接器组成。最大

143

张拉力为 600kN，张拉行程 150mm。适用于张拉以螺丝端杆锚具为张拉锚具的预应力钢筋。拉杆式千斤顶构造简单，操作方便，应用范围广。其工作示意图如图 4-17 所示。

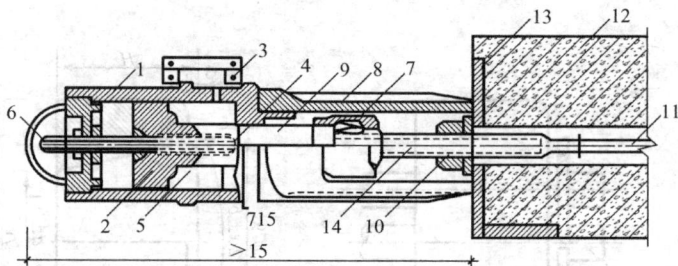

图 4-17　拉杆式千斤顶及工作示意图

1—主缸；2—主缸活塞；3—主缸油嘴；4—副缸；5—副缸活塞；6—副缸油嘴；
7—连接器；8—顶杆；9—拉杆；10—螺母；11—预应力筋；12—混凝土构件；
13—预埋钢板；14—螺丝端杆

2. 穿心式千斤顶（代号 YC）

穿心式千斤顶是双作用千斤顶，由张拉油缸、顶压油缸（张拉活塞）、顶压活塞和回程弹簧组成。这里所讲的双作用指的是既能张拉预应力筋又能锚固预应力筋。YC60 型千斤顶，最大张拉力为 600kN，张拉行程 150mm，适用于张拉以夹片锚具为张拉锚具的预应力钢筋束或钢绞线束。YCD120 型和 YCD200 型千斤顶，最大张拉力分别为 1200kN 和 2000kN，张拉行程为 180mm，适用于张拉以夹片式锚具为张拉锚具的预应力钢绞线束。YCQ100 型和 YCQ200 型及 YCQ350 型千斤顶，最大张拉力为分别为 1000kN 和 2000kN 及 3500kN，张拉行程为 150mm，适用于张拉以夹片式锚具为张拉锚具的预应力钢绞线束。

YC60 型千斤顶加装撑脚、张拉杆和连接器后可以张拉以螺丝端杆锚具为张拉锚具的单根钢筋。YC60 型千斤顶的构造如图 4-18 所示。

3. 锥锚式千斤顶（代号 YZ）

锥锚式千斤顶是张拉、顶压与退楔三作用千斤顶，由主缸、副缸、退楔块、锥形卡环、退楔翼片和楔块等组成。最大张拉力为 850kN，张拉行程为 250mm，顶压行程为 60mm。锥锚式千斤顶专门用于张拉以锥塞式锚具为张拉锚具的预应力钢绞线束，其三个工作过程如下：

（1）张拉

首先将预应力筋固定在锥形卡环上，然后主缸油嘴进油，主缸向左移动，则张拉预应力筋。

（2）顶压

张拉完成后，主缸稳压，副缸进油，则副缸活塞及顶压头向右移动，将锚塞推入锚环而锚固预应力筋。

（3）回程

顶锚完成后，主副缸同时回油，主缸及副缸活塞在弹簧力的作用下复位。最

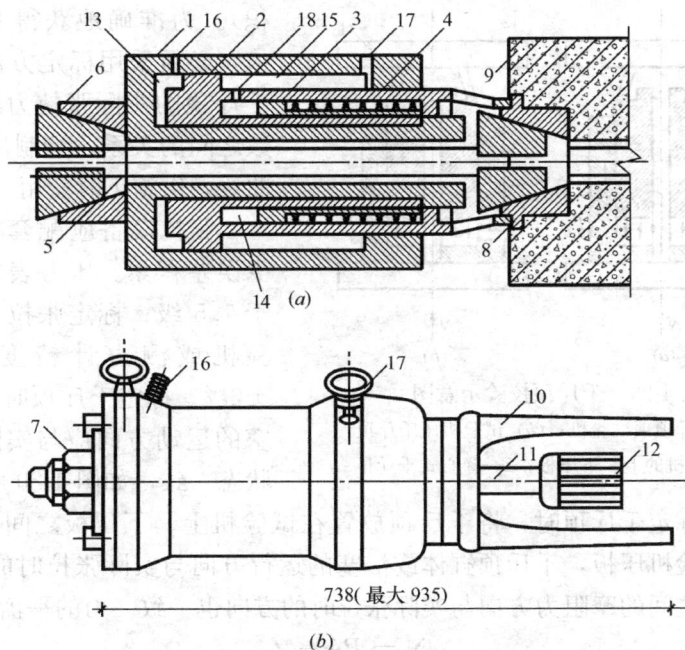

图 4-18 YC60 型千斤顶

1—张拉油缸；2—顶压油缸（张拉活塞）；3—顶压活塞；4—弹簧；5—预应力筋；6—工具锚；

7—螺母；8—锚环；9—构件；10—撑脚；11—张拉杆；12—连接器；13—张拉工作油室；

14—顶压工作油室；15—张拉回程油室；16—张拉缸油嘴；17—顶压缸油嘴；18—油孔

后松楔块即可拆下千斤顶。

锥锚式千斤顶的构造如图 4-19 所示。

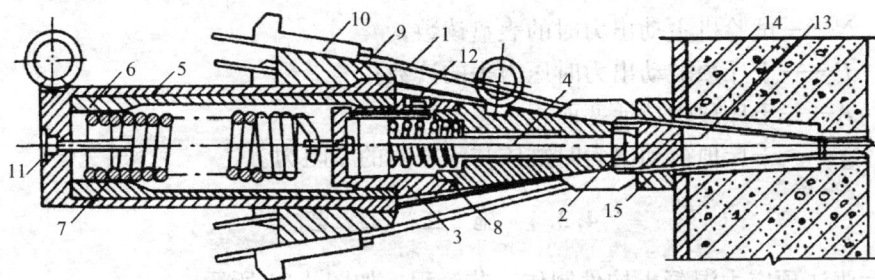

图 4-19 锥锚式千斤顶构造及工作原理示意图

1—预应力筋；2—顶压头；3—副缸；4—副缸活塞；5—主缸；6—主缸活塞；

7—主缸拉力弹簧；8—副缸拉力弹簧；9—锥形卡环；10—楔块；11—主缸

油嘴；12—副缸油嘴；13—锚塞；14—构件；15—锚环

4. 液压千斤顶标定

液压千斤顶张拉预应力筋时，预应力筋的张拉力由压力表读数反映，压力表读数表示千斤顶油缸活塞单位面积上的油压力。但是由于活塞与油缸间存在摩擦力，则实际张拉力比千斤顶压力表的读数要小（压力表读数为张拉力除以活塞面

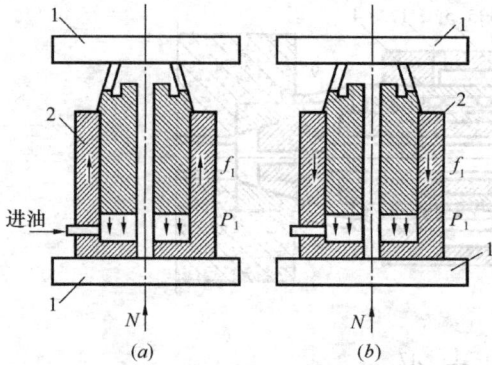

图 4-20 千斤顶校验示意图

(a) 千斤顶顶试验机；(b) 试验机压千斤顶
1—压力机的上、下压板；2—穿心式千斤顶

积）。为准确地获得实际张拉力值，必须采用标定方法直接测定千斤顶的实际张拉力与压力表读数之间的关系，绘制出 N-P 关系曲线，供施工时使用。

张拉设备应配套标定，以减少误差积累。压力表的精度不低于 1.5 级；标定张拉设备用的试验机或测力计精度不得低于 $\pm 2\%$。标定千斤顶时，千斤顶活塞的运动方向应与实际张拉工作状态一致，如图 4-20 所示。

试验机标定千斤顶时，将千斤顶放置在试验机上、下压板之间，千斤顶进油，顶紧试验机压板，千斤顶缸体或活塞的运行方向与实际张拉时的方向一致，缸体与活塞之间的摩阻力方向与实际张拉时的方向也一致。力的平衡方程为

$$N = PA - f \tag{4-7}$$

式中　N——试验机被动工作的表盘读数；

　　　P——千斤顶主动出力时压力表的读数；

　　　A——千斤顶张拉活塞面积；

　　　f——千斤顶主动出力时缸体与活塞间的摩阻力。

试验机压千斤顶，千斤顶缸体或活塞的运行方向与实际张拉时的方向相反，缸体与活塞之间的摩阻力方向与实际张拉时的方向也相反。力的平衡方程为

$$N = PA + f \tag{4-8}$$

式中　N——试验机主动出力时的表盘读数；

　　　P——千斤顶被动出力时压力表的读数；

　　　A——千斤顶张拉活塞面积；

　　　f——千斤顶被动出力时缸体与活塞间的摩阻力。

4.3.4 施 工 工 艺

后张法预应力混凝土构件制作工艺流程，如图 4-21 所示。

1. 孔道的留设

孔道留设是后张法预应力混凝土构件制作中的关键工序之一。预留孔道的尺寸与位置应正确，孔道应平顺；端部的预埋垫板应垂直于孔道中心线并用螺栓或钉子固定在模板上，以防止浇筑混凝土时发生走动；孔道的直径一般应比预应力筋的外径（包括钢筋对焊接头的外径或需穿入孔道的锚具外径）大 10～15mm，以利于预应力筋穿入。孔道留设的方法有钢管抽芯法、胶管抽芯法和预埋波纹管法等。

（1）钢管抽芯法

钢管抽芯法适用于留设直线孔道。钢管抽芯法是预先将钢管敷设在模板的孔

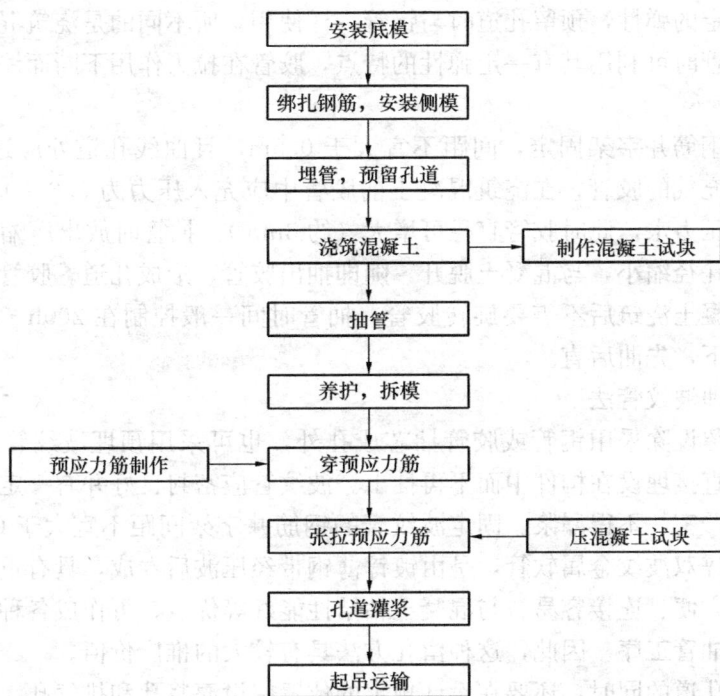

图 4-21 后张法施工工艺流程图

道位置上，在混凝土浇筑后每隔一定时间慢慢转动钢管，防止它与混凝土粘住，待混凝土初凝后、终凝前，抽出钢管形成孔道。选用的钢管要求平直、表面光滑，敷设位置准确。钢管用钢筋井字架固定，间距不宜大于 1.0m。每根钢管的长度一般不超过 15m，以便于转动和抽管。钢管两端应各伸出构件外 0.5m 左右。较长的构件可采用两根钢管，中间用套管连接，其连接方法如图 4-22 所示。

准确地掌握抽管时间很重要。抽管时间与水泥品种、气温和养护条件有关。抽管宜在混凝土初凝后、终凝以前进行，以用手指按压混凝土表面不显指纹时为宜。抽管过早，会造成塌孔事故；抽管太晚，混凝土与钢管粘

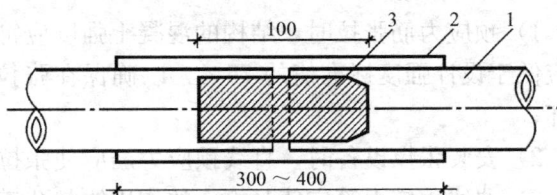

图 4-22 钢管连接方法
1—钢管；2—镀锌钢板套管；3—硬木塞

结牢固，抽管困难，甚至抽不出来。常温下抽管时间约在混凝土浇筑后 3～5h。抽管顺序宜先上后下进行。抽管方法可用人工抽管或卷扬机抽管，抽管时必须速度均匀，边抽边转并与孔道保持在一条直线上。抽管后应及时检查孔道情况，并做好孔道清理工作，防止以后穿筋困难。

（2）胶管抽芯法

胶管抽芯法可用于留设直线、曲线或折线孔道。胶管有五层或七层夹布胶管和钢丝网橡皮管两种。前者质软，必须在管内充气或充水后才能使用；后者质

硬，且有一定的弹性，预留孔道时与钢管一样使用，所不同的是浇筑混凝土后不需转动，抽管时可利用其有一定弹性的特点，胶管在拉力作用下断面缩小，即可把管抽出。

胶管用钢筋井字架固定，间距不宜大于 0.5m，且曲线孔道处应适当加密。对于充水或充气的胶管，在浇筑混凝土前胶管中应充入压力为 0.6～0.8MPa 的压缩空气或压力水，此时胶管直径可增大（约 3mm）。抽管时放出压缩空气或压力水，胶管孔径缩小，与混凝土脱开，随即抽出胶管，形成孔道。胶管抽芯法预留孔道，混凝土浇筑后不需要旋转胶管，抽管时间一般控制在 200h·℃，抽管时应先上后下，先曲后直。

（3）预埋波纹管法

孔道的留设除采用钢管或胶管抽芯成孔外，也可采用预埋波纹管的方法成孔，波纹管直接埋设在构件中而不再抽出。波纹管应密封良好并有一定的轴向刚度，接头应严密，不得漏浆。固定波纹管的钢筋井字架间距不宜大于 0.8m。波纹管全称镀锌双波纹金属软管，是由镀锌薄钢带经压波后卷成，具有重量轻、刚度好、弯折方便、连接容易、与混凝土粘结性能好等优点，可作成各种形状的孔道并可省去抽管工序。因此，这种留孔方法具有较大的推广价值。

在留设孔道的同时，还要在设计规定的位置留设灌浆孔和排气孔。灌浆孔的间距：预埋波纹管不宜大于 30m；抽芯成形孔道不宜大于 12m。曲线孔道的曲线波峰部位，宜设置排气孔，留设灌浆孔或排气孔时，可用木塞或镀锌钢管成孔。孔道成形后，应立即逐孔检查，发现堵塞现象，应及时疏通。

2. 预应力筋张拉

预应力筋的张拉是制作预应力混凝土构件的关键，必须按照现行《混凝土结构工程施工质量验收规范》GB 50204—2002 的有关规定进行施工。

（1）一般规定

1）预应力筋张拉时，结构的混凝土强度应符合设计要求，当设计无要求时，不应低于设计强度标准值的 75%，以确保在张拉过程中，混凝土不至于受压而破坏；

2）安装张拉设备时，直线预应力筋应使张拉力的作用线与孔道中心线重合；

3）曲线预应力筋应使张拉力的作用线与孔道中心线末端的切线重合；

4）预应力筋张拉、锚固完毕，留在锚具外的预应力筋长度不得小于 30mm；

5）锚具应用封端混凝土保护，长期外露的锚具应采取防锈措施。

（2）张拉控制应力

1）后张法预应力筋的张拉控制应力 σ_{con} 不宜超过表 4-1 的数值。

2）张拉程序，预应力筋伸长值的验算，预应力筋张拉力的计算与先张法相同。

（3）张拉方法

为了减少预应力筋与孔道摩擦引起的损失，预应力筋张拉端的设置，应符合设计要求。当设计无要求时，应符合下列规定：

1）抽芯成形孔道。曲线预应力筋和长度大于 24m 的直线预应力筋，应在两端张拉；长度等于或小于 24m 的直线预应力筋，可在一端张拉。

2）预埋波纹管孔道。曲线预应力筋和长度大于 30m 的直线预应力筋，宜在两端张拉；长度等于或小于 30m 的直线预应力筋，可在一端张拉。

3）同一截面中有多根一端张拉的预应力筋时，张拉端宜分别设置在结构的两端。当两端同时张拉同一根预应力筋时，为了减少预应力损失，宜先在一端锚固，再在另一端补足张拉力后进行锚固。

（4）张拉顺序

1）预应力筋的张拉顺序应符合设计要求，当设计无具体要求时，可采用分批、分阶段对称张拉。应使混凝土不产生超应力，构件不扭转与侧弯，结构不变位等。因此，对称张拉是一项重要原则。同时，还要考虑到尽量减少张拉机械的移动次数。

2）对配有多根预应力筋的预应力混凝土构件，由于不可能同时一次张拉，应分批、对称地进行张拉。分批张拉时，要考虑后批预应力筋张拉时对混凝土产生的弹性压缩，而引起前批张拉并锚固好的预应力筋应力值的降低，所以对前批张拉的预应力筋的张拉应力值应增加 $a_E \cdot \sigma_{pc}$，见公式（4-9）。

$$a_E \cdot \sigma_{pc} = \frac{E_s}{E_C} \cdot \frac{(\sigma_{con} - \sigma_{l_1})A_p}{A_n} \tag{4-9}$$

式中　a_E——钢筋弹性模量与混凝土弹性模量的比值；

　　　σ_{pc}——后批张拉的预应力筋对前批张拉的预应力筋重心处的混凝土法向应力，MPa；

　　　E_s——钢筋的弹性模量，MPa；

　　　E_C——混凝土的弹性模量，MPa；

　　　σ_{con}——预应力筋的控制应力，N/mm²；

　　　σ_{l_1}——预应力筋的第一批应力损失值，MPa；

　　　A_p——后批张拉的预应力筋截面面积，mm²；

　　　A_n——混凝土构件的净截面面积，mm²。

采用分批张拉时，应按上式计算出分批张拉的预应力损失值，分别加到先批张拉预应力筋的张拉控制应力值内或采用同一张拉值逐根复拉补足。

3. 孔道灌浆

（1）预应力筋张拉锚固后，孔道应及时灌浆以防止预应力筋锈蚀，增加结构的整体性和耐久性。但采用电热法时孔道灌浆应在钢筋冷却后进行。

（2）孔道灌浆应采用强度等级不低于 42.5 级普通硅酸盐水泥或矿渣硅酸盐水泥配制的水泥浆；对空隙大的孔道可采用砂浆灌浆。水泥浆及砂浆强度均不应低于 20MPa。灌浆用水泥浆的水灰比宜为 0.4 左右，搅拌后 3h 泌水率宜控制在 0.2%，最大不超过 0.3%。纯水泥浆的收缩性较大，为了增加孔道灌浆的密实性，在水泥浆中可掺入水泥用量 0.2% 的木质素磺酸钙或其他减水剂，但不得掺入氯化物或其他对预应筋有腐蚀作用的外加剂。

（3）灌浆前，混凝土孔道应用压力水冲刷干净并润湿孔壁。灌浆顺序应先下后上，以避免上层孔道漏浆而把下层孔道堵塞。孔道灌浆可采用电动灰浆泵，灌

浆应缓慢均匀地进行，不得中断，灌满孔道并封闭排气孔后，宜再继续加压至
0.5～0.6MPa 并稳压一定时间，以确保孔道灌浆的密实性。对于不掺外加剂的
水泥浆可采用二次灌浆法，以提高孔道灌浆的密实性。灌浆后孔道内水泥浆及砂
浆强度达到 15MPa 时，预应力混凝土构件即可进行起吊运输或安装。

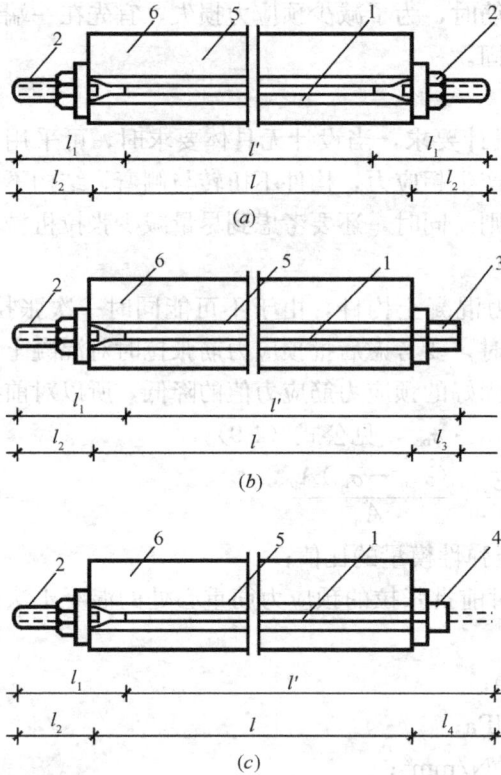

图 4-23　单根钢筋下料长度计算简图

(a) 预应力筋两端采用螺丝端杆锚具；(b) 预应力筋
一端采用螺丝端杆锚具，另一端采用帮条锚具；
(c) 预应力筋一端采用螺丝端杆锚具，另一端
采用镦头锚具

1—预应力筋；2—螺丝端杆锚具；3—帮条锚具；
4—镦头锚具；5—孔道；6—混凝土构件

4. 预应力筋的制作

预应力筋的制作与钢筋的直径、钢材的品种、锚具的类型、张拉设备和张拉工艺有关。目前常用的预应力筋有单根钢筋、钢筋束或钢绞线束。

(1) 单根钢筋的制作

单根钢筋的制作，一般包括配料、对焊、冷拉等工序。钢筋的下料长度应由计算确定，计算时应考虑锚具的特点、对焊接头的压缩量、钢筋的冷拉率和弹性回缩率、构件的长度等因素。

单根预应力钢筋，张拉端采用螺丝端杆锚具，固定端采用帮条或镦头锚具。根据预应力筋是一端张拉还是两端张拉的情况，锚具与预应力筋的组合形式基本上有三种：两端都用螺丝端杆锚具，一端螺丝端杆锚具另一端帮条锚具，一端螺丝端杆锚具另一端镦头锚具，如图 4-23 所示。

1) 预应力筋两端采用螺丝端杆锚具的下料长度计算

如图 4-23 (a) 所示，预应力筋下料长度 L 可用公式 (4-10) 计算。

$$L = \frac{l - 2l_1 + 2l_2}{1 + \delta - \delta_1} + n \cdot l_0 \qquad (4\text{-}10)$$

式中　l——构件孔道长度，mm；

　　　l_1——螺丝端杆长度，mm；

　　　l_2——螺丝端杆的外露长度，mm；

　　　δ——钢筋的试验冷拉率；

　　　δ_1——钢筋冷拉的弹性回缩率；

　　　n——钢筋与钢筋、钢筋与螺丝端杆的对焊接头总数；

l_0——每个对焊接头的压缩量，$l_0 = d$。

2）预应力筋一端采用螺丝端杆锚具，另一端采用帮条锚具或镦头锚具的下料长度计算，如图 4-23（b）、（c）所示，预应力筋下料长度 L 可用公式（4-11）计算。

$$L = \frac{l - l_1 + l_2 + l_3}{1 + \delta - \delta_1} + n \cdot l_0 \text{ 或 } L = \frac{l - l_1 + l_2 + l_4}{1 + \delta - \delta_1} + n \cdot l_0 \qquad (4\text{-}11)$$

式中　l_3——帮条锚具长度，取值 70～80mm；

　　　l_4——镦头锚具长度，取值 2.25 倍钢筋直径加 15mm（垫板厚度）。

（2）钢筋束（钢绞线束）的制作

钢筋束目前主要采用 $\phi^l 12$ 钢筋 3～6 根组成，钢绞线束主要采用 3～6 根 $7\phi^s 5$ 组成。由于其强度高，柔性好，而且钢筋不需要接头等优点，近年来钢筋束和钢绞线束预应力筋的应用越来越广泛。

钢筋束所用钢筋一般是成盘圆状供应，长度较长，不需要对焊接长。钢筋束预应力筋的制作工艺一般是开盘冷拉、下料和编束。热处理钢筋、冷拉Ⅳ级钢筋及钢绞线下料切断时，宜采用切断机或砂轮锯切断，不得采用电弧切割。钢绞线切断前，在切口两侧 50mm 处应用钢丝绑扎，以免钢绞线松散。

钢筋束或钢绞线束预应力筋的编束，主要是为了保证穿入构件孔道中的预应力筋束不发生扭结。成束预应力筋宜采用穿束网套穿束。穿束前应逐根理顺，用钢丝每隔 1.0m 左右绑扎成束，不得紊乱。

钢筋束或钢绞线束的下料长度，主要与构件的长度、所选择的锚具和张拉机械有关，如图 4-24 所示。

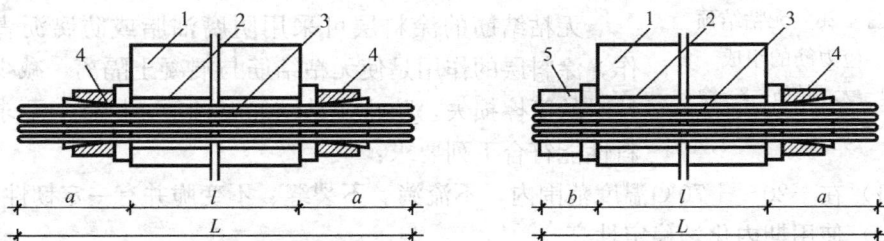

图 4-24　钢筋束下料长度计算示意图

1—混凝土构件；2—孔道；3—钢筋束；4—JM12 型锚具；5—镦头锚具

预应力筋两端同时张拉时，下料长度由公式（4-12）计算。

$$L = l + 2a \qquad (4\text{-}12)$$

预应力筋一端张拉时，下料长度由公式（4-13）计算。

$$L = l + a + b \qquad (4\text{-}13)$$

式中　L——预应力筋的下料长度；

　　　l——构件的孔道长度；

　　　a——张拉端留量；

　　　b——固定端留量。

张拉端留量 a、固定端留量 b 与锚具和张拉机械有关，采用 JM12 型锚具和 YC60 型千斤顶张拉时，$a = 850$mm，$b = 80$mm；对于钢筋束，若固定端采用镦头锚具，$b=2.25d+15mm$。

4.3.5 无粘结预应力技术

在后张法预应力混凝土构件中，预应力筋分为有粘结和无粘结两种。有粘结的预应力是后张法的常规做法，张拉后通过灌浆使预应力筋与混凝土粘结。无粘结预应力是近几年发展起来的新技术，其作法是在预应力筋表面刷涂油脂并包塑料带（管）后如同普通钢筋一样先铺设在支好的模板内，再浇筑混凝土，待混凝土达到规定的强度后，进行预应力筋张拉和锚固。这种预应力工艺是借助两端的锚具传递预应力，无需留孔灌浆，施工简便，摩擦损失小，预应力筋易弯成多跨曲线形状等，但对锚具锚固能力要求较高。适用于大柱网整体现浇楼盖结构，尤其在双向连续平板和密肋楼板中使用最为合理经济。目前无粘结预应力混凝土平板结构的跨度，单向板可达9~10m，双向板为9m×9m，密肋板为12m。现浇梁跨度可达27m。

　　1. 无粘结预应力筋

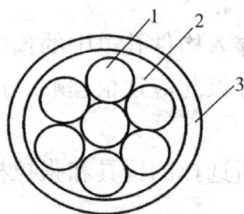

图 4-25　无粘结预应力筋的组成
1—无粘结筋；2—涂料层；3—外包层

无粘结预应力筋由无粘结筋、涂料层和外包层三部分组成（图4-25）。

（1）无粘结筋

无粘结筋宜采用柔性较好的预应力筋制作，选用 $7\phi^s4$ 或 $7\phi^s5$ 钢绞线。

（2）涂料层

无粘结筋的涂料层可采用防腐油脂或防腐沥青制作。涂料层的作用是使无粘结筋与混凝土隔离，减少张拉时的摩擦损失，防止无粘结筋腐蚀等。因此，要求涂料性能符合下列要求：

1）在 -20~$+70℃$ 温度范围内，不流淌、不裂缝、不变脆并有一定韧性；

2）使用期内化学稳定性高；

3）润滑性能好，摩擦阻力小；

4）不透水、不吸湿；

5）防腐性能好。

（3）外包层

无粘结筋的外包层可用高压聚乙烯塑料带或塑料管制作。外包层的作用是使无粘结筋在运输、储存、铺设和浇筑混凝土等过程中不会发生不可修复的破坏。因此要求外包层应符合下列要求：

1）在 -20~$+70℃$ 温度范围内，低温不脆化，高温化学稳定性好；

2）必须具有足够的韧性，抗破损性强；

3）对周围材料无侵蚀作用；

4）防水性强。

制作单根无粘结筋时，宜优先选用防腐油脂做涂料层，其塑料外包层应用塑料注塑机注塑成型，防腐油脂应填充饱满，外包层应松紧适度；成束无粘结筋可用防腐沥青或防腐油脂作涂料层，当使用防腐沥青时，应用密缠塑料带作外包层，塑料带各圈之间的搭接宽度应不小于带宽的 1/2，缠绕层数不小于四层。要求防腐油脂涂料层无粘结筋的张拉摩擦系数不应大于 0.12；防腐沥青涂料层无粘结筋的张拉摩擦系数不应大于 0.25。

2. 无粘结筋的制作

无粘结筋的制作一般采用挤压涂层工艺和涂包成型工艺两种。

（1）挤压涂层工艺

挤压涂层工艺主要是无粘结筋通过涂油装置涂油，涂油无粘结筋通过塑料挤压机涂刷塑料薄膜，再经冷却筒槽成型塑料套管。这种挤压涂层工艺的特点是效率高，质量好，设备性能稳定。它与电线、电缆包裹塑料套管的工艺相似。

（2）涂包成型工艺

涂包成型工艺是无粘结筋经过涂料槽涂刷涂料后，再通过归束滚轮成束并进行补充涂刷，涂料厚度一般为 2mm，涂好涂料的无粘结筋随即通过绕布转筒自动地交叉缠绕两层塑料布。当达到需要的长度后进行切割，成为一根完整的无粘结预应力筋。这种涂包成型工艺的特点是质量好，适应性较强。

3. 无粘结预应力筋的锚具

（1）单孔夹片锚具

单孔夹片锚具由锚环和夹片组成，如图 4-26 所示。

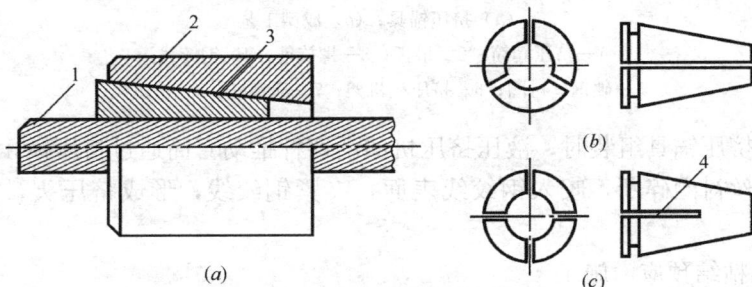

图 4-26 单孔夹片式锚具
（a）组装图；（b）三夹片；（c）二夹片
1—钢铰线；2—锚环；3—夹片；4—弹性槽

单孔夹片锚具锚环采用 45 号钢制作，调质热处理硬度 HB285±15，夹片有三片与二片式，三片式夹片按 120°铣分，二片式夹片的背面上部锯有一条弹性槽，可提高锚固能力，采用 20Cr 钢制作，表面热处理硬度 HRC58～61。

（2）XM 型夹片式锚具

XM 型夹片式锚具又称多孔夹片锚具，由锚板和夹片组成，如图 4-27 所示。

锚板的锚孔沿圆周排列，其间距分别为：$\phi15$ 钢绞线≥33mm，$\phi12$ 钢绞线≥29mm。XM 型夹片式锚具的特点是每束钢绞线的根数不受限制，每根钢绞线是单独锚固的，任何一根钢绞线锚固失效，都不会引起整束钢绞线的锚固失效。

（3）挤压锚具

挤压锚具是利用液压挤压机将套筒挤紧在钢绞线端头上的锚具，用于内埋式

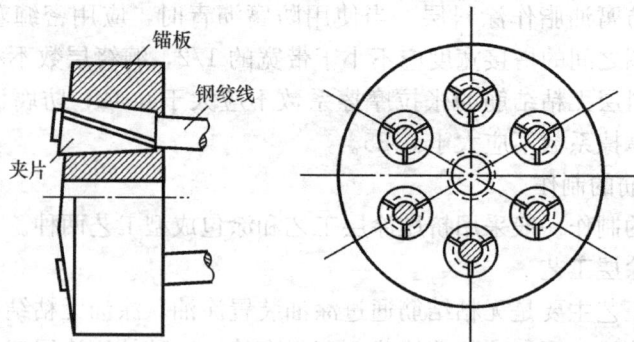

图 4-27 XM 夹片式锚具

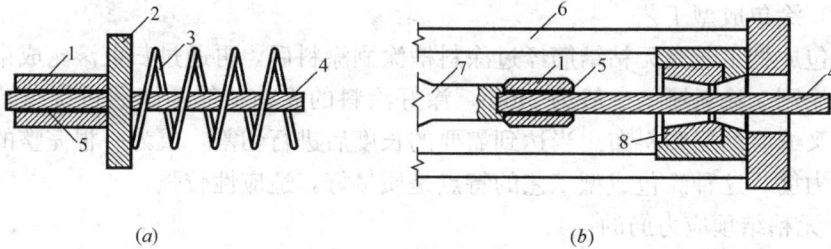

(a)   *(b)*

图 4-28 挤压锚具及其成型

（*a*）挤压锚具；（*b*）成型工艺

1—挤压套筒；2—垫板；3—螺旋筋；4—钢绞线；

5—硬钢丝衬圈；6—挤压机机架；7—活塞杆；8—挤压模

固定端。挤压锚具组装时，液压挤压机的活塞杆推动套筒通过挤压模，使套筒变细，硬钢丝衬圈碎断，咬入钢绞线表面，夹紧钢绞线，形成挤压头。如图 4-28 所示。

4. 无粘结预应力施工

无粘结预应力施工中，主要问题是无粘结预应力筋的铺设、张拉和端部锚头处理。无粘结筋在使用前，应逐根检查外包层的完好程度，对有轻微破损者，可包塑料带补好；对破损严重者，应予以报废。

（1）无粘结预应力筋的铺设

在单向连续梁板中，无粘结筋的铺设比较简单，如同普通钢筋一样铺设在设计位置上；在双向连续平板中，无粘结筋一般为双向曲线配筋，两个方向的无粘结筋互相穿插，给施工操作带来困难，因此，确定铺设顺序很重要。铺设双向配筋的无粘结筋时，应先铺设标高低的无粘结筋，再铺设标高较高的无粘结筋，并应尽量避免两个方向的无粘结筋相互穿插编结。人工编序比较烦琐而且极易出错，根据编序特点采用电子计算机处理较为合理。

无粘结筋应严格按设计要求的曲线形状就位并固定牢靠。铺设无粘结筋时，无粘结筋的曲率可垫铁马镫控制。铁马镫高度应根据设计要求的无粘结筋曲率确定，铁马镫间隔不宜大于 2m 并应用钢丝将其与无粘结筋扎紧。也可以用钢丝将无粘结筋与非预应力钢筋绑扎牢固，以防止无粘结筋在浇筑混凝土过程中发生位移，绑扎点的间距为 0.7～1.0m。无粘结筋控制点的安装偏差：矢高方向 ±5mm；水平方向±30mm。

（2）无粘结预应力筋的张拉

由于无粘结预应力筋一般为曲线配筋，故应两端同时张拉。无粘结筋的张拉顺序，应与其铺设顺序一致，先铺设的先张拉，后铺设的后张拉。成束无粘结筋正式张拉前，宜先用千斤顶往复抽动 1～2 次以降低张拉摩擦损失。无粘结筋的张拉过程中，当有个别钢丝发生滑脱或断裂时，可相应降低张拉力，但滑脱或断裂的数量不应超过结构同一截面无粘结预应力筋总量的 2%。

（3）无粘结预应力筋的端部锚头处理

无粘结筋端部锚头的防腐处理应特别重视。采用 XM 型夹片式锚具的钢绞线，张拉端头构造简单，无须另加设施，端头钢绞线预留长度不小于 150mm，多余部分切断并将钢绞线散开打弯，埋设在混凝土中以加强锚固，如图 4-29 所示。

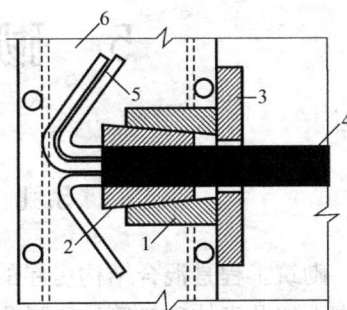

图 4-29 钢绞线端部锚头处理
1—锚环；2—夹片；3—埋件；4—钢绞线；
5—散开打弯钢丝；6—圈梁

5 砌 筑 工 程

5.1 准 备 工 作

砌筑工程是混合结构房屋的主要工种工程，它包括砂浆制备、材料运输、搭设脚手架及砌体砌筑等施工过程。

5.1.1 材 料

1. 砌筑砂浆

(1) 砌筑用砂浆一般采用水泥砂浆和混合砂浆。水泥砂浆的塑性和保水性较差，但能够在潮湿环境中硬化，一般用于含水量较大的地基土中的地下砌体，混合砂浆则常用于地上砌体。使用时，砂浆必须满足设计要求的种类和强度等级，稠度见表 5-1，其分层度也不应大于 3cm，以确保砂浆具有一定的保水性能。

砌筑砂浆稠度   表 5-1

砌 体 种 类	砂浆稠度（cm）
石砌体	3～5
烧结普通砖砌体	7～9
烧结多空砖、空心砖砌体	6～8
轻骨料混凝土小型空心砌块砌体	6～9
烧结普通砖平拱式过梁 空心墙、筒拱 普通混凝土小型空心砌块砌体 加气混凝土砌块砌体	5～7

(2) 砂浆的主要原材料是水泥、砂、水和塑化剂，有机塑化剂使用时应有砌体强度的型式检验报告。

①水泥应保持干燥，如强度等级不明或出厂日期超过三个月（快硬硅酸盐水泥超过一个月）时，应经试验鉴定后按试验结果使用。水泥砂浆的最小水泥用量不宜少于 200kg/m³。

②砂宜采用中砂，并应过筛，不得含有草根等杂物，当拌合水泥砂浆或强度等级不小于 M5 的混合砂浆时，含泥量不应超过 5%；当拌合强度等级小于 M5 的混合砂浆时，含泥量不应超过 10%；人工砂、山砂、特细砂，应经试配，能满足砌筑砂浆技术条件要求时，方能使用。

③水宜采用饮用水。

④塑化剂包括石灰膏、黏土膏、电石膏、生石灰粉等无机掺合料和微沫剂等

有机塑化剂，其作用是提高砂浆的可塑性和保水性。当采用块状生石灰熟化成石灰膏时，应用孔洞不大于 3mm×3mm 网过滤，并要求其充分熟化，熟化时间不少于 7d；如采用磨细生石灰粉，熟化时间不少于 2d。

（3）砂浆应机械搅拌，水泥砂浆和水泥混合砂浆的搅拌时间不得少于 2min；水泥粉煤灰砂浆和掺用外加剂的砂浆搅拌时间不得少于 3min。掺用有机塑化剂的砂浆，必须机械搅拌，搅拌时间为 3～5min。砂浆现场拌制时，各组分材料应采用重量计量。

（4）砂浆应随拌随用，在拌成后和使用时，应用贮灰器盛装。水泥砂浆和水泥混合砂浆必须分别在拌成后 3h 和 4h 内使用完毕；当施工期间最高气温超过 30℃时，必须分别在拌成后 2h 和 3h 内使用完毕。

（5）应抽样检查砂浆的强度等级。要求每一楼层（基础砌体按一个楼层计）或 250m³ 砌体中各种强度等级的砂浆，每台搅拌机至少抽检一次，每次至少制作一组试块（每组 6 块）。如砂浆强度等级或配合比变更时，还应制作试块。

2. 砌石

（1）毛石是指形状不规则的石块，包括乱毛石和平毛石（其有两个面大致平行），主要用于基础和挡土墙等砌筑。砌筑的毛石要求质地坚硬，无裂缝和风化剥落。毛石一般为 MU200，每块尺寸一般在 200～400mm 左右，其中部厚度要求不小于 150mm，重量约 20～30kg。填心小石块尺寸在 70～150mm 左右，数量约占毛石总重的 20%。

（2）毛石基础砌筑前，必须用钢尺校核毛石基础放线尺寸，其允许偏差不应超过表 5-2 的规定。毛石基础一般采用 M2.5 或 M5 水泥砂浆铺灰法砌筑。毛石基础大放脚第一层，应首先座浆，然后选择大而平整的石块，大面朝下平放安砌，砌好后要以双脚左右摇踩不动为准，使地基受力均匀，基础稳固。毛石基础扩大部分一般做成阶梯形，每阶内至少砌二皮毛石。上级阶梯的石块应至少压砌下级阶梯石块的 1/2，相邻阶梯的毛石应相互错缝搭砌。

毛石基础放线尺寸的允许偏差   表 5-2

长度 L、宽度 B 的尺寸（m）	允许偏差（mm）
L（B）≤30	±5
30<L（B）≤60	±10
60<L（B）≤90	±15
L（B）>90	±20

（3）铺灰法砌筑毛石砌体，灰缝厚度宜为 20～30mm，要求石块间不得有相互接触现象。石块间较大的空隙应先填塞砂浆，然后嵌入小石块并用手锤打紧，再填以砂浆，务使砂浆填满空隙，砌体平稳密实。各皮石块间应利用自然形状经敲打修整使能与先砌石块基本吻合、搭砌紧密。毛石砌体的第一皮及转角处、交接处和洞口处，应用较大的平毛石砌筑；每一楼层（包括基础）砌体的最上一皮，应选用较大的毛石砌筑。

（4）毛石砌体应分皮卧砌，上下错缝，内外搭砌。一般每皮厚约 30cm，上下皮毛石间搭接不小于8cm，不得有通缝。

（5）毛石砌体的转角处和交接处应同时砌筑，否则应留踏步槎。为了增强毛石墙体的整体性、稳定性，除了要做到内外搭砌、上下错缝外，还必须按规定设置拉结石（顶头石）。拉结石是长条形石块，如基础宽度或墙厚小于或等于400mm时，拉结石的长度应与宽度或厚度相等；如基础宽度或墙厚大于400mm

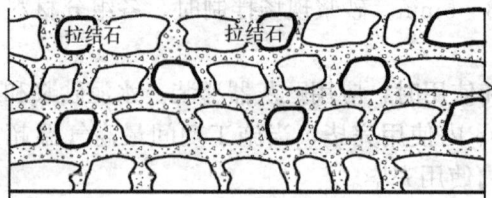
图 5-1 拉结石

时，可用两块拉结石内外搭接，搭接长度不小于150mm，且其中一块长度应不小于基础宽度或墙厚的2/3。上下层拉结石要均匀分布，相互错开，在立面上呈梅花状，（图5-1）。毛石基础同皮内每间隔2m左右设置一块拉结石；毛石墙

一般每0.7m² 墙面至少设置一块拉结石，且同皮内的中距不大于2m。毛石砌到室内地坪以下5cm，应在上面设置防潮层。如设计无特殊要求时，宜用1∶1.25的水泥砂浆加适量的防水剂铺设，其厚度一般为20cm。

（6）考虑到毛石形状不规则和自重较大的特点，为保证砌体的稳定性，规定毛石砌体每日的砌筑高度应不超过1.2m。

3. 砌砖与砌块

砌体工程按照墙体材料分常用有普通黏土砖，近年来为减少对农田的占用，减轻墙体的自重，同时提高房屋保温，隔热的性能，常利用一些工业废料生产各种砌块代替普通黏土砖。

普通黏土砖规格为240mm×115mm×53mm，其规格小但统一，施工起来砌筑量较大。

砌块按照所用材料的不同，可分为普通混凝土空心砌块、煤矸石混凝土空心砌块、陶粒混凝土空心砌块、炉渣混凝土空心砌块、加气混凝土空心砌块、粉煤灰硅酸盐砌块等，按照规格尺寸的不同可分为小型和中型砌块，但中型砌块单块自重可达40kg以上，砌筑时往往需要轻型起重机吊装就位，施工不便，因此目前常用而且发展很快的是小型砌块，其尺寸规格（长×宽×高）分为主规格和辅助规格，主规格为390mm×190mm×190mm，辅助规格有290mm×190mm×190mm、190mm×190mm×190mm、90mm×190mm×190mm。小型砌块单块重量宜控制在15kg以内，便于施工。

5.1.2 脚 手 架

脚手架是施工现场为安全防护、工人操作和解决楼层水平运输而搭设的临时支架，它直接影响工程质量、施工安全和砌筑的劳动生产率。工人砌筑墙体时，距离地面0.6m时砌筑效率最高，当砌筑到一定高度后，不搭设脚手架砌筑将无法进行。考虑到工作效率和施工组织等因素，每次搭设脚手架的高度在1.2m左右，称为"一步架高度"，也称作墙体的"可砌高度"。

脚手架应使用方便、安全和经济，因此要满足以下基本要求：

（1）有适当的宽度、步架高度、离墙距离，能满足工人操作、材料堆放和运输需要；

（2）有足够的强度、刚度和稳定性，并且具有可靠的防护措施，保证施工期间在各种荷载作用下，脚手架不变形、不倾斜、不摇晃；

（3）因地制宜，就地取材，搭拆和搬运方便，能多次周转使用；

（4）应与垂直运输设备和楼层的高度相适应，方便水平运输。

1. 外脚手架

外脚手架是搭设在建筑物外部（沿周边）的一种脚手架，可用于外墙砌筑，也可用于外墙装饰。常用的有多立杆式脚手架、门式脚手架等。

（1）多立杆式脚手架

多立杆式脚手架按所用材料分为：木脚手架、竹脚手架和钢管脚手架。多立杆式脚手架由钢管、扣件、底座和脚手板等部件组成。

由钢管组成的主要构件有立杆、纵向水平杆、横向水平杆、剪刀撑、横向斜撑、抛撑、连墙件等。

多立杆式脚手架的基本形式有单排、双排两种，如图 5-2 所示。单排脚手架只设一排立杆，其横向水平杆一端与纵向水平杆连接，另一端搁置在墙上。单排脚手架节约材料，但稳定性较差且在墙上留有脚手眼，其搭设高度和使用范围也受到一定的限制；双排脚手架在脚手架的内外两侧均设有立杆，稳定性好，但较单排脚手架费工费料。

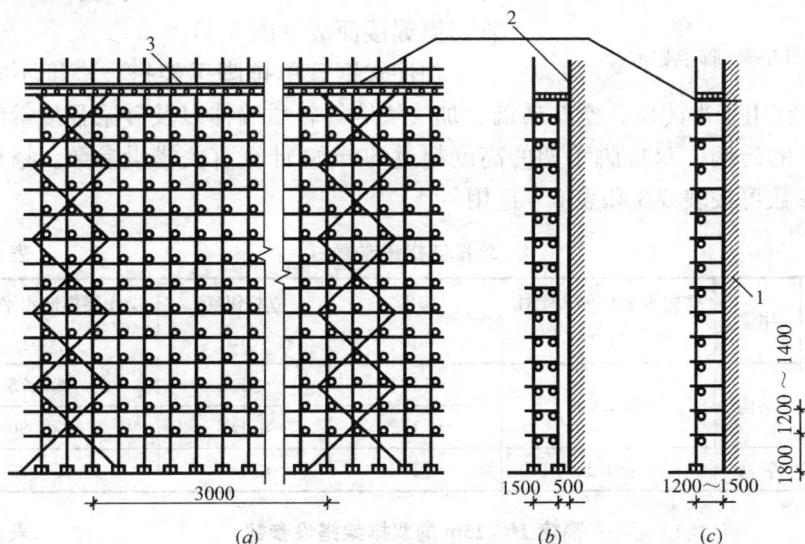

图 5-2 扣件式钢管脚手架的构造

（a）正立面图；（b）侧立面图（双排）；（c）侧立面图（单排）

1—墙身；2—连墙杆；3—脚手板

扣件式钢管脚手架承载力大，搭设灵活，能适应建筑物平面及高度的变化，它不仅可以用作外脚手架，而且可以用作里脚手架、满堂脚手架和模板支架等。

扣件式钢管脚手架钢管应优先采用外径 48mm、壁厚 3.5mm 的焊接钢管。

用于立杆、纵向水平杆和剪刀撑斜杆的钢管长度宜为 4.0~6.5m，用于横向水平杆的钢管长度宜为 2.1~2.2m。

扣件是钢管之间的扣接连接件，其基本形式有三种，如图 5-3 所示。

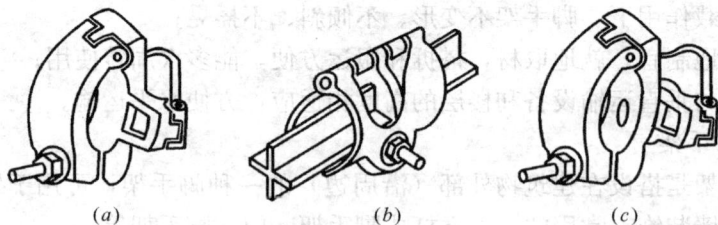

图 5-3 扣件
(a) 直角扣件；(b) 连接扣件；(c) 回转扣件

直角扣件：用于连接扣紧两根互相垂直交叉的钢管；

回转扣件：用于连接扣紧两根平行或呈任意角度相交的钢管；

对接扣件：用于钢管的对接接长。

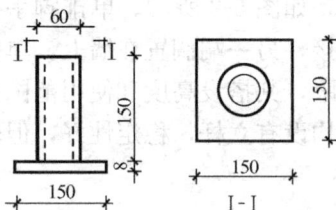

图 5-4 脚手架底座

底座是设在立杆底部的垫座，一般有两种：一种是用可锻铸铁铸成，底板厚 10mm、直径 150mm、插芯直径 60mm、高度 150mm；另一种是用厚 8mm、边长 150mm 的钢板作底板，与外径 60mm、壁厚 3.5mm、长度 150mm 的钢管套筒焊接而成（图 5-4）。

扣件式钢管单排脚手架搭设高度不宜超过 24m，不宜用于半砖墙、空斗砖墙、加气块墙等轻质墙体以及砂浆强度等级不大于 M1.0 的砖墙。双排脚手架的高度超过 50m 应计算有关搭设参数。搭设的有关构造参数可按表 5-3 和表 5-4 选用。

单排架搭设参数 表 5-3

架宽 (m)	用途	横向水平杆伸入墙体 (m)	步距 (m)	立杆纵距 (m)	操作层横向水平杆纵距 (m)
1.2~1.5	结构	≥0.24	≤1.8	≤1.5	≤0.75
			≤1.2	≤1.8	≤0.90
	装修	≥0.24	≤1.8	≤1.8	≤0.90

高度 $H \leqslant 25m$ 的双排架搭设参数 表 5-4

施工荷载 Q_K (kN)	立杆横距 b (m)	连墙点竖向间距 h_w			
		≤4.0m		4.1~6.0m	
		步距 h (m)	纵距 l (m)	步距 h (m)	纵距 l (m)
2.0	1.05	≤2.0	≤2.0	≤1.8	≤1.8
	1.30	≤1.8	≤2.0	≤1.5	≤2.0
				≤1.8	≤1.5
	1.55	≤1.8	≤1.8	≤1.5	≤1.8

续表

施工荷载 Q_K (kN)	立杆横距 b (m)	连墙点竖向间距 h_w			
		≤4.0m		4.1~6.0m	
		步距 h (m)	纵距 l (m)	步距 h (m)	纵距 l (m)
3.0	1.05	≤2.0	≤1.8	≤1.5	≤1.8
				≤1.8	≤1.5
	1.30	≤2.0	≤1.5	≤1.5	≤1.8
	1.55	≤1.8	≤1.5		
4.0	1.05			≤1.8	≤1.5
		≤1.8	≤2.0	≤1.5	≤1.5
	1.30	≤1.8	≤1.5	≤1.5	≤1.5
				≤1.8	≤1.2
	1.55			≤1.5	≤1.2
		≤1.8	≤1.2	≤1.35	≤1.5
5.0	1.05	≤1.8	≤1.8	≤1.5	
	1.30	≤1.8	≤1.5	≤1.35	≤1.5
	1.55	≤1.5			

（2）门式脚手架

门式脚手架又称多功能门型脚手架，是目前国际上应用较为普遍的一种脚手架。它不仅可搭设外脚手架，还可以搭设满堂脚手架、垂直运输的井架和模板的支撑架。它尺寸标准，承载力高，装拆方便。

门式脚手架由门式框架（门架）、交叉支撑（剪刀撑）和水平梁架或挂扣式脚手板构成基本单元（图 5-5）。基本单元通过连接棒、锁臂连接并增加底座、垫板，构成整片脚手架，如图 5-6 所示。门式钢管脚手架搭设高度，见表 5-5。

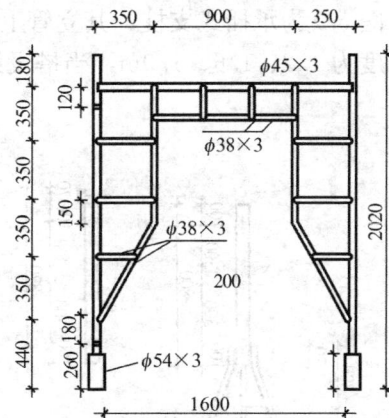

图 5-5 门式脚手架基本单元

2. 里脚手架

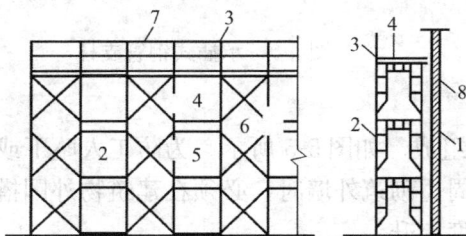

图 5-6 门型框架脚手架

1—墙；2—框架；3—栏杆立柱；4—脚手板；
5—水平撑；6—剪刀撑；7—横杆；8—三角架

里脚手架是搭设在建筑物内部地面或楼面上的脚手架，可用于结构层内的砌墙、内装饰等。由于需要随施工进度频繁装拆、转移，所以内脚手架应轻便灵活、装拆方便。

门式钢管脚手架搭设高度

表 5-5

施工荷载标准值（kN/m²）	搭设高度（m）
3.0~5.0	≤45
≤3.0	≤60

161

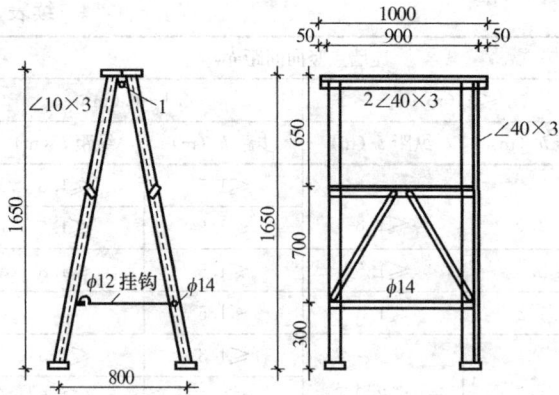

图 5-7　角钢折叠式里脚手架

常用的里脚手架构造形式有折叠式、支柱式和门架式等。

（1）折叠式里脚手架

图 5-7 所示为角钢制成的折叠式里脚手架，其搭设间距不超过 2.0m（粉刷时不超过 2.5m），可搭设两步，第一步为 1m，第二步为 1.65m。另外，也可以用钢管或钢筋制成折叠式里脚手架。

（2）支柱式里脚手架

支柱式里脚手架由支柱和横杆组成，上铺脚手板。搭设间距：砌墙时不超过 2.0m，粉刷时不超过 2.5m。

图 5-8 为套管式支柱，由立管、插管等组成。搭设时插管插入立管中，以销孔间距调节高度。插管顶端的"U"形支托上可搁置方木横杆以铺设脚手板。其搭设高度为 1.57～2.17m。

图 5-9 为承插式支柱，其立管上焊有承插管，用于与横杆的销头插接。其搭设高度为 1.2、1.6、1.9m，当搭设第三步时要加销钉以保安全。

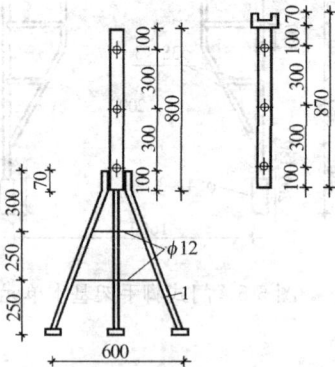

图 5-8　套管式支柱

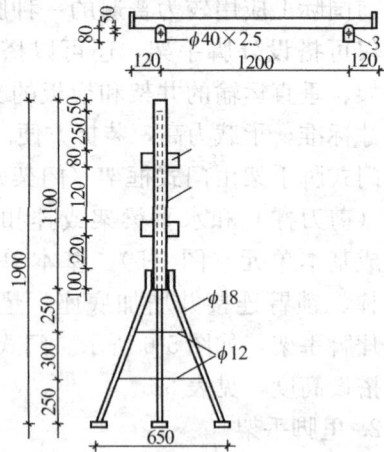

图 5-9　承插式钢管支柱

（3）门架式里脚手架

门架式里脚手架由 A 形支架与门架组成。如图 5-5 所示。为防工人坠下或材料、机具坠落伤人，在使用里脚手架沿周边砌筑外墙时，必须在建筑物外围搭设安全网，并要求安全网随楼层的施工进度上升。

5.1.3　材 料 运 输

砌筑工程所需的砖、砌块、砂浆等各种材料和脚手架、脚手板等各种工具以及施工人员等都需要通过运输机械运送到各施工楼层，因此，砌筑工程垂直运输工程量很大。目前担负垂直运输建筑材料和供人员上下的常用垂直运输设备有井架、龙门架、施工升降机、塔式起重机等。

1. 井架

井架是砌筑工程垂直运输的常用设备之一。它可采用型钢或钢管加工成的定型产品，也可以用脚手架部件（扣件式、门式脚手架、框组式脚手架等）搭设。井架一般为单孔，也可是双孔或三孔，其特点是构造简单、价格低廉、稳定性好、运输量大。当设置附着杆与建筑物拉结时，不需缆风绳。

图 5-10 为普通型钢井架示意图，井架内设有吊盘（或混凝土料斗），起重量为 8～15kN，搭设高度可达 40m。型钢井架的搭设高度可达 60m。为了扩大起重运输服务范围，常在井架上安装悬臂拔杆，拔杆长 5～10m，工作幅度 2.5～5m，起重量 5～10kN。为确保井架的稳定，应沿架体高度设置附墙架或缆风绳。当架高在 20m 以下时，需设置缆风绳不少于一组；向上每增高 10m 加设一组。每组缆风绳设置在井架的四角，每角一根，用 9.3mm 圆股钢丝绳，与地面夹角 45°～60°，并设地锚。

2. 龙门架

龙门架由二根立杆及横梁（天轮梁）组成。在龙门架上装设滑轮（天轮和地轮）、导轨、吊盘（上料平台）、安全装置（制动停靠装置和上极限限位器）、起重索等，并在顶部设缆风绳，构成一个完整的垂直运输体系，如图 5-11 所示。

龙门架的立杆可用角钢、钢管、圆钢构成格构式立杆，构造简单，装拆方便，尤其适用于中小型工程，低架搭设高度可至 30m，起重量 6～12kN。为保持龙门架的稳定，应沿架体高度按设计要求设置附墙架，或者设置缆风绳。当架高在 20m 以下时，缆风绳不少于一组；架高在 21～30m 时，缆风绳不少于二组，龙门架的顶部应设置一组缆风绳，每组不少于六根，采用直径不少于 9.3mm 的圆股钢丝绳，与地面夹角 45°～60°，并设地锚。

3. 施工升降机

施工升降机又称为施工外用电梯，采用齿轮齿条啮合传动或钢丝绳提升方式，吊笼作为垂直运输的机械，多适用于建筑施工、维修，同时也是高层建筑施工中运送施工人员上下和运输材料的重要垂直运输设备。

其主要形式有齿轮齿条型、钢丝绳型和混合型。其中齿轮齿条型施工升降机额定载重量为 10～20kN，可乘人员 12～24 人/笼，提升高度为 100～200m。为保证使用时导轨架的稳定性，要在导轨架与建筑物之间连接附墙架。如图 5-12 所示。

4. 起重设备的服务范围

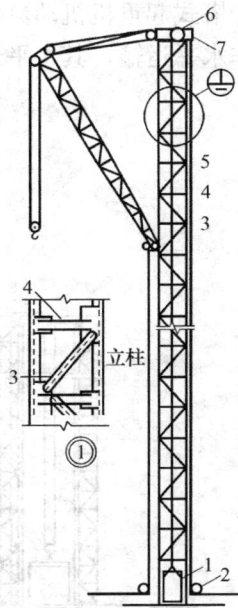

图 5-10　普通型钢井架
1—吊盘；2—导向滑轮；
3—斜撑；4—平撑；
5—立柱；6—天轮；
7—缆风绳

塔式起重机机动灵活，只要在起重杆的回转半径范围内，既可作垂直运输又可作水平运输，其水平运输的最大服务范围称为覆盖面。

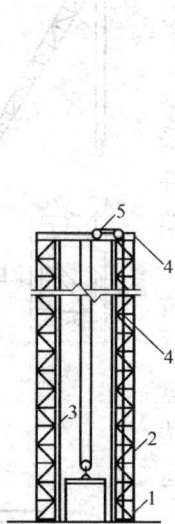

图 5-11　龙门架
1—地轮；2—立柱；3—导轨；
4—缆风绳；5—天轮

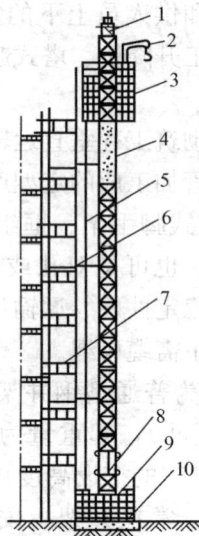

图 5-12　施工升降机示意图
1—天轮架；2—吊杆；3—吊笼；4—导轨架；
5—电缆；6—附墙架；7—护栏；8—对重；
9—底笼；10—基础

不带悬臂拔杆的井架和龙门架只能进行垂直运输，必须借助工具进行水平运输。带有悬臂拔杆的井架可进行一定范围的水平运输，但因受井架的限制，其拔杆的水平转角小于 270°。垂直运输设施供应的水平运输距离一般不宜超过 80m。

5.2　砌砖施工

5.2.1　砖砌体施工工艺

1. 砖墙砌体的组砌形式

实心砖墙常用的厚度有半砖、一砖、一砖半、二砖等，组砌形式通常有：一顺一丁、三顺一丁、梅花丁，如图 5-13 所示。

（1）一顺一丁是由一皮中全部顺砖与一皮中全部丁砖相互交替叠砌而成，上下皮的竖向灰缝相互错开 1/4 砖长，适用于一砖、一砖半及两砖厚墙的砌筑。

（2）三顺一丁是由三皮中全部顺砖与一皮中全部丁砖相互交替叠砌而成。上下皮顺砖间竖向灰缝相互错开 1/2 砖长，下皮顺砖与丁砖间竖向灰缝错开 1/4 砖长，用于较厚墙的砌筑。

（3）梅花丁是在同一皮砖中先砌一块顺砖再砌一块丁砖的方法，上皮丁砖位于下皮顺砖中部，上下皮的竖向灰缝相互错开 1/4 砖长。用于较厚墙的砌筑。

2. 砖墙砌筑工艺

（1）找平弹线

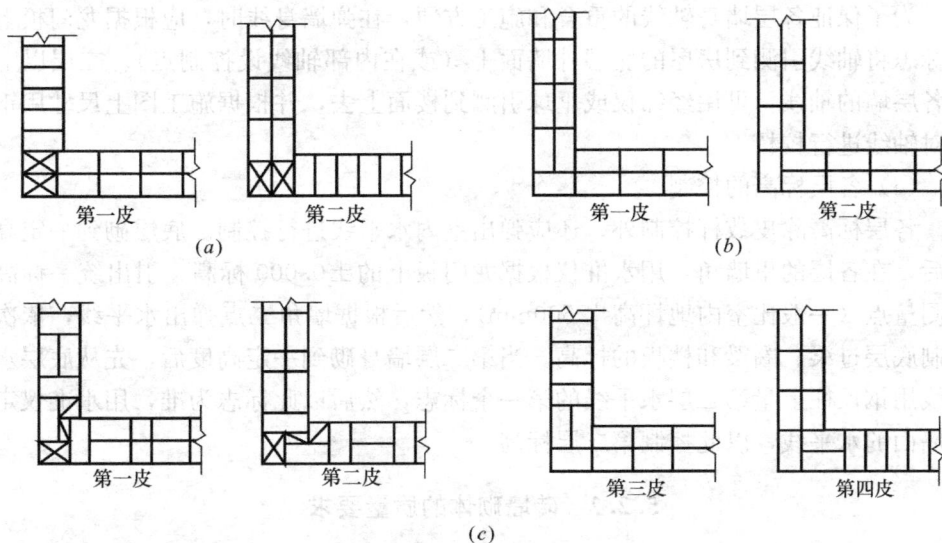

图 5-13 砖墙砌体的组砌形式
(a) 一顺一丁；(b) 三顺一丁；(c) 梅花丁

砌筑砖墙前，先在基础防潮层或楼面上用水泥砂浆找平，然后根据龙门板上的轴线定位钉或房屋外墙上（或内部）的轴线控制点弹出墙身的轴线、边线和门窗洞口的位置。

（2）试摆砖样

在放好线的基面上按选定的组砌方式用干砖试摆，核对在门洞、窗口、墙垛等处所弹出的墨线是否符合砖的模数，以便利用灰缝调整，减少砍砖，并使砖墙灰缝均匀，组砌得当。

（3）立皮数杆

皮数杆是用来保证墙体每皮砖水平、控制墙体竖向尺寸和各部件标高的木质标志杆。

根据设计要求、砖的规格和灰缝厚度，皮数杆上标明皮数以及门窗洞口、过梁、楼板等竖向构造变化部位的标高。皮数杆一般立于墙的转角及纵横墙交接处，其间距一般不超过15m。立皮数杆时要用水准仪抄平，使皮数杆上的楼地面标高线位于设计标高处。

（4）砌筑、勾缝

砌筑时，为保证水平灰缝平直，要挂线砌筑。一般可在墙角及纵横墙交接处按皮数杆先砌几皮砖，然后在其间挂准线砌筑中间砖，厚度为370mm及其以上的墙体应双面挂线，其他可单面挂线。砌筑时宜采用"三一"砌砖法，即一铲灰、一块砖、一挤揉。如采用铺灰法砌筑，铺灰长度不得超过750mm。

勾缝是清水墙的最后一道工序，具有保护墙面和美观的作用。内墙面可以采用砌筑砂浆随砌随勾，称为原浆勾缝；外墙面待砌体砌筑完毕后再用水泥砂浆或加色浆勾缝，称为加浆勾缝。

（5）楼层轴线的引测

为了保证各层墙身轴线的重合和施工方便，在弹墙身线时，应根据龙门板上的标志将轴线引测到房屋的底层外墙面上（或在内部轴线设控制点）。二层以上的各层墙的轴线，可用经纬仪或垂球引测到楼面上去，并根据施工图上尺寸用钢尺对轴线进行校核。

（6）各层标高的控制

各层标高除皮数杆控制外，还应弹出室内水平线进行控制。底层砌到一定高度后，在各层的里墙角，用水准仪根据龙门板上的±0.000标高，引出统一标高的测量点（一般比室内地坪高出500mm），然后根据墙角二点弹出水平线，依次控制底层过梁、圈梁和楼板的标高。当第二层墙身砌到一定高度后，先从底层水平线用钢尺往上量第二层水平线的第一个标志，然后以此标志为准，用水准仪定出墙面的水平线，以此控制第二层标高。

5.2.2 砖墙砌体的质量要求

砖砌体的质量要求可概括为十六个字：横平竖直、灰浆饱满、错缝搭接、接槎可靠。

1. 横平竖直

横平竖直，即要求砖砌体水平灰缝平直、表面平整和竖向垂直等，具体见表5-6。为此，要求砌筑时必须立皮数杆、挂线砌砖，并应随时吊线、直尺检查和校正墙面的平整度和竖向垂直度。

砖砌体的位置及垂直度允许偏差 表5-6

项次	项 目			允许偏差 (mm)	检 查 方 法
1	轴线位置偏移			10	用经纬仪检查或用其他测量仪器检查
2	垂直度	每 层		5	用2m托线板检查
		全高	≤10m	10	用经纬仪、吊线和尺检查，
			>10m	20	或用其他测量仪器检查

2. 灰浆饱满

砂浆的作用是将砖、石、砌块等块体材料粘结成整体以共同受力，并使块体表面应力分布均匀，以及挡风、隔热。砌体灰缝砂浆的饱满程度直接影响它的作用和砌体强度。因此，要求砖砌体水平和竖向灰缝砂浆应饱满，实心砖砌体水平灰缝的砂浆饱满度不得低于80%。检查时，每步架抽查不少于3处，用百格网检查砖底面与砂浆的粘结痕迹面积，每处掀3块砖取平均值。

砖砌体的水平灰缝厚度和竖向灰缝的宽度一般为10mm，不应小于8mm，也不应大于12mm。根据门窗洞口、过梁、圈梁、层高等设计要求的标高，在保证砖砌体竖向整皮砌筑的前提下，可确定水平灰缝厚度和皮数杆上每皮砖的高度。水平灰缝厚度的允许偏差见表5-7。

3. 错缝搭接

砖砌体的砌筑应遵循"上下错缝，内外搭砌"的原则。其主要目的是避免砌体竖向出现通缝（上下二皮砖搭接长度小于 25mm 皆称通缝），影响砌体整体受力。

砖砌体一般尺寸允许偏差   表 5-7

项次	项　目		允许偏差(mm)	检查方法	抽检数量
1	基础顶面和楼面标高		±15	用水平仪和尺检查	不应少于 5 处
2	表面平整度	清水墙、柱	5	用 2m 靠尺和楔形塞尺检查	有代表性自然间 10%，但不应少于 3 间，每间不应少于 2 处
		混水墙、柱	8		
3	门窗洞口高、宽（后塞口）		±5	用尺检查	检验批洞口的 10%，但不应少于 5 处
4	外墙上下窗口偏移		20	以底层窗口为准，用经纬仪或吊线检查	检验批的 10%，且不应少于 5 处
5	水平灰缝平直度	清水墙	7	拉 10m 线和尺检查	有代表性自然间 10%，但不应少于 3 间，每间不应少于 2 处
		混水墙	10		
6	清水墙游丁走缝		20	吊线和尺检查，以每层第一皮砖为准	有代表性自然间 10%，但不应少于 3 间，每间不应少于 2 处

4. 接槎可靠

接槎是指砌体不能同时砌筑时，临时间断处先、后砌筑的砌体之间的接合。接槎处的砌体的水平灰缝填塞困难，如果处理不当，会影响砌体的整体性。

砖砌体的转角处和交接处应同时砌筑，严禁无可靠措施的内外墙分砌施工。对不能同时砌筑而又必须留置的临时间断处，应砌成斜槎。实心砖墙的斜槎水平投影长度不应小于高度的 2/3；如临时间断处留斜槎确有困难时，除转角处外，也可留直槎，但必须做成凸槎，并加设拉结钢筋（图 5-14）。拉结筋的数量为每 12cm 墙厚放置 1 根直径 6mm 的钢筋；间距沿墙高不得超过 50cm；埋入长度从

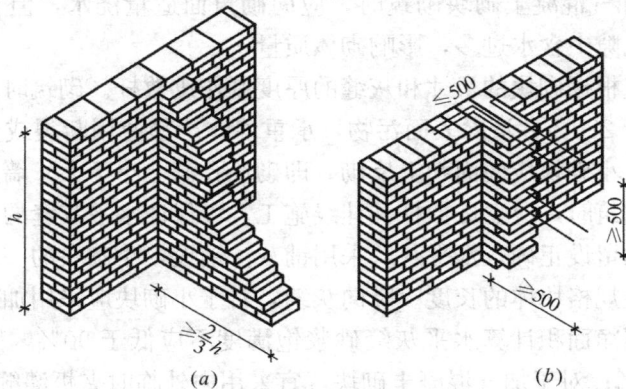

图 5-14　接槎
(a) 斜槎；(b) 直槎

留槎处算起，每边均不应小于 50cm；末端应有 90°弯钩。抗震设防地区建筑物不得留直槎。

隔墙与墙或柱如不同时砌筑而又不留成斜槎时，可于墙或柱中引出凸槎。对抗震设防地区，灰缝中尚应预埋拉结筋，其数量每道不得少于 2 根，具体构造同上。

对于设置钢筋混凝土构造柱的墙体，构造柱与墙体的连接处应砌成马牙槎，从每层柱脚开始，先退后进，每一马牙槎沿高度方向的尺寸不宜超过 300mm，沿墙高每 500mm 设 2φ6 拉结钢筋，每边伸入墙内不宜小于 1m。施工时应先砌墙后浇构造柱。

5.3 中小型砌块的施工

5.3.1 砌块的施工工艺

1. 组砌的排列要求

由于砌块的单块体积与普通黏土砖相比要大很多，砌筑时又必须整块使用，不能随意砍折，因此砌块在砌筑之前要先绘制"砌块排列图"，即根据拟建房屋的立面、平面、门窗洞孔尺寸大小，楼层标高，构造要求等条件，预选出几种规格的中小型砌块，排列组成符合各种墙面所需尺寸的砌块分布图。

绘制排列图的比例一般为 1∶30 或 1∶50，在每道墙轴线上先绘制出纵横墙的墙面，将圈梁、雨篷、楼板、楼梯等位置在墙面上标出，按照墙面的高度除以砌块加灰缝的厚度，计算出砌块皮数，画出水平灰缝线。

砌块排列时要从室内地面±0.00 开始，以主规格为主，辅规格为辅，以便增强墙体的稳定性，减少砌块数。

2. 砌块的施工工艺

普通混凝土小砌块吸水率很小，砌筑前无需浇水，当天气干燥炎热时，可提前洒水湿润；轻骨料混凝土小砌块吸水率较大，应提前 2d 浇水湿润，含水率宜为 5%～8%；加气混凝土砌块砌筑时，应向砌筑面适量浇水，但含水量不宜过大，以免砌块孔隙中含水过多，影响砌体质量。

砌筑前，应根据砌块的尺寸和灰缝的厚度制作皮数杆。砌筑时，小砌块的生产龄期不应小于 28d，并清除表面污物，承重墙体严禁使用断裂或壁肋中有竖向裂缝的小砌块。小砌块应底面朝上反砌（即砌块孔洞上小下大）墙上。

砌块砌体砌筑时，应立皮数杆并挂线施工，以保证水平灰缝的平直度和竖向构造变化部位的留设正确。水平灰缝采用铺灰法铺设，小砌块的一次铺灰长度一般不超过 2 块主规格块体的长度。竖向灰缝，对于小砌块应采用加浆方法，使其砂浆饱满，按照净面积计算水平灰缝砂浆饱满度不应低于 90%，竖缝砂浆饱满度不宜低于 80%；对于加气混凝土砌块，宜采用内外临时夹板灌缝。

砌筑填充墙时，用轻骨料混凝土小型空心砌块或蒸压加气混凝土砌块砌筑墙体时，墙底部应砌筑高度不小于 200mm 的烧结普通砖或多孔砖或普通混凝土小型空心砌块或现浇混凝土坎台。填充墙砌至接近梁、板底时，应留一定空隙，在抹灰前采用侧砖、或立砖、或砌块斜砌挤紧，其倾斜度为 60°左右，并用砂浆填塞饱满。

填充墙砌筑时应错缝搭接，蒸压加气混凝土砌块搭砌长度不应小于砌块长度的 1/3，轻骨料混凝土小型空心砌块搭砌长度不应小于 90mm，竖向通缝不应大于 2 皮。

小型空心砌块墙的转角处，应隔皮纵横墙砌块相互搭砌，如图 5-15 所示。T 字交接处应隔皮使横墙砌块端面露头。当该处无芯柱时，应在纵墙上交接处砌两块一孔半的辅助规格砌块，隔皮砌在横墙露头砌块下，其半孔应位于中间，如图 5-16 所示。当有芯柱时，应在纵墙上交接处砌一块三孔大规格砌块，砌块的中间孔正对横墙。

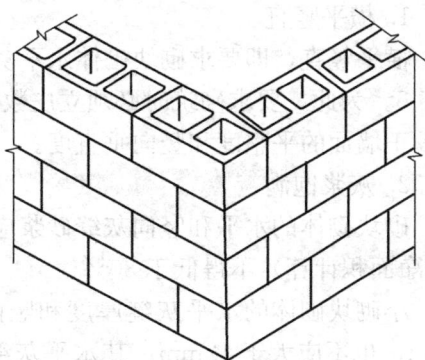

图 5-15   空心砌块墙转角砌法

露头砌块靠外的孔洞，如图 5-17 所示。十字交接处无芯柱时，在交接处应砌一孔半砌块，隔皮垂直相交，其半孔应在中间，当有芯柱时，在交接处应砌三孔砌块，隔皮垂直相交，中间孔相互对正。

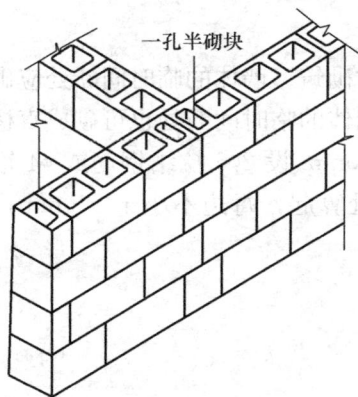

图 5-16   混凝土空心砌块墙 T 字交接处砌法（无芯柱）

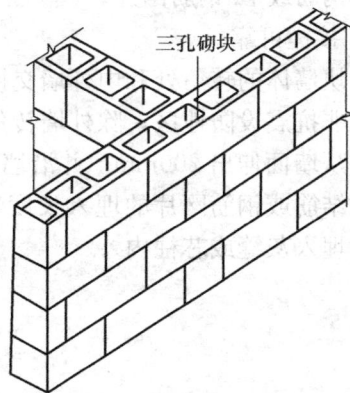

图 5-17   混凝土空心砌块墙 T 字交接处砌法（有芯柱）

常温条件下，小砌块每日的砌筑高度，对承重墙体宜在 1.5m 或一步脚手架高度内；对填充墙体不宜超过 1.8m。

配筋砌体工程在砌筑时，设置在砌体水平灰缝中钢筋的锚固长度不宜小于 $50d$，且其水平或垂直弯折段的长度不宜小于 $20d$ 和 $150mm$，钢筋的搭接长度不应小于 $55d$。

配筋砌块砌体剪力墙，应采用专用的小砌块砌筑砂浆和专用的小砌块灌孔混凝土。

5.3.2 砌块砌体施工质量要求

与砖砌体类似，砌块砌体的质量要求同样可以概括为四方面：

1. 横平竖直

横平竖直，即要求砌块砌体水平灰缝平直、表面平整和竖向垂直等，具体见表5-5。为此，要求砌筑时必须立皮数杆、挂线砌砖，并应随时吊线、直尺检查和校正墙面的平整度和竖向垂直度。

2. 灰浆饱满

砌块砌体的水平和竖向灰缝砂浆应饱满，小砌块砌体水平灰缝的砂浆饱满度（按净面积计算）不得低于80%。

小砌块砌体的水平灰缝厚度和竖向灰缝宽度一般为10mm，要求不应小于8mm，也不应大于12mm，其水平灰缝厚度和竖向灰缝宽度的规定与砖砌体一致。加气混凝土砌块砌体的水平灰缝厚度要求不得大于15mm，垂直灰缝宽度不得大于20mm。

3. 错缝搭接

砌块砌体的砌筑应错缝搭砌，对单排孔小砌块尚应对齐孔洞。

砌筑承重墙时，小砌块的搭接长度不应小于120mm。砌筑框架结构填充墙时，小砌块的搭接长度不应小于90mm；加气混凝土砌块的搭接长度不应小于砌块长度的1/3，且应不小于150mm。如搭接长度不满足要求，应在水平灰缝中加设 $2\phi6$ 钢筋或 $\phi4$ 钢筋网片。

4. 接槎可靠

砌块墙体的转角处和内外墙交接处应同时砌筑。墙体的临时间断处应砌成斜槎。在非抗震设防地区，除外墙转角处外，墙体的临时间断处也可砌成直槎，要求直槎从墙面伸出200mm，并沿墙高每隔600mm设 $2\phi6$ 拉结钢筋或 $\phi4$ 钢筋网片。拉结筋或钢筋网片的埋入长度，从留槎处算起，每边不小于600mm，且必须准确埋入灰缝或芯柱内。

6 结构安装工程

结构安装工程是将结构各种构件，分别在工厂或现场预制成型，然后利用起重设备将各种预制构件安装到设计位置上去的施工工程。用这种施工方法完成的结构，称为装配式结构。

结构安装工程的施工特点是：

（1）预制构件类型多，易影响构件平面布置和安装效率；

（2）构件制作质量对安装的进度、质量影响大；

（3）构件在运输和吊装时，受力状态发生变化，易导致构件的破坏，往往需对构件进行施工阶段的受力验算，并采取相应的措施；

（4）预制构件量多、体大、工作面窄，高空作业多，施工时易发生工伤事故，因此必须加强安全技术措施。

6.1 起 重 设 备

构件安装工程使用的起重设备包括起重机械和索具。起重机械主要有桅杆式起重机、自行杆式起重机以及塔式起重机；索具包括钢丝绳、吊具（吊索、卡环、横吊梁）、卷扬机、滑轮组和锚碇等。

6.1.1 桅 杆 式 起 重 机

桅杆式起重机由起重杆、缆风绳、锚碇、卷扬机、滑轮组等组成，分为独脚拔杆、人字拔杆、悬臂拔杆、牵缆式桅杆起重机等几种（图 6-1）。

桅杆式起重机的优点是：制作简单，装拆方便，能在比较狭窄的现场使用；起重量较大，可达 1000kN；无电源时，可用人工绞盘；多用于不便于安装其他起重机械的特殊工程和重大工程。其缺点是：服务半径小，需要设置较多的缆风绳，移动困难，施工速度慢。因而，桅杆式起重机适用于安装工程量比较集中的工程。

1. 独脚拔杆

独脚拔杆（图 6-1（a））的拔杆可采用圆木、钢管及型钢制作。金属格构式独脚拔杆起重高度可达 70~80m，起重量可达 1000kN。拔杆应保持一定的倾斜角（$\beta \leqslant 10°$），以使吊装的构件不会碰撞拔杆，底座要设置拖子，以便移动，顶端设置 4~8 根缆风绳。

2. 人字拔杆

人字拔杆（图 6-1（b））是由两根圆木或钢管用钢丝绳绑扎或用铁件铰接而成，底部设有拉杆或拉绳，两杆的夹角一般为 30°左右。人字拔杆起重量大，稳

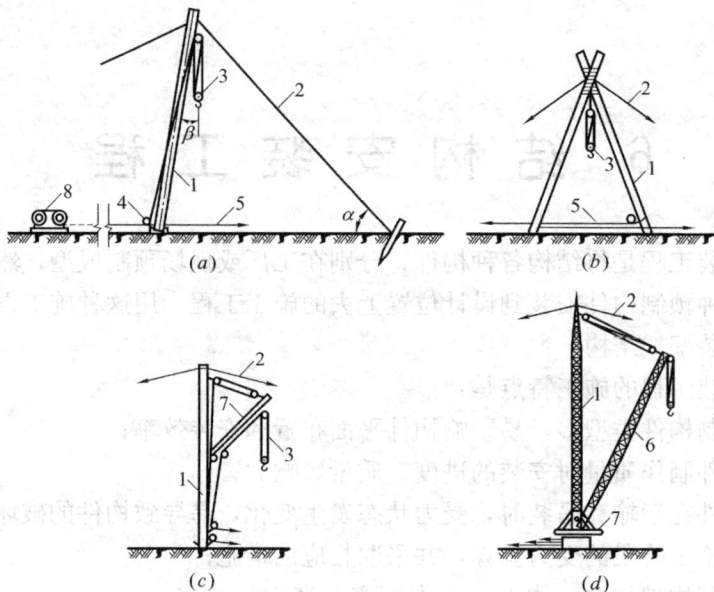

图 6-1　桅杆式起重机

(*a*) 独脚拔杆；(*b*) 人字拔杆；(*c*) 悬臂拔杆；(*d*) 牵缆式桅杆起重机

1—拔杆；2—缆风绳；3—起重滑轮组；4—导向滑轮；5—拉索；

6—起重臂；7—回转盘；8—卷扬机

定性比独脚拔杆好，同时所需的缆风绳数量少，但构件起吊后活动范围小，适用于吊装柱子等重型构件。

3. 悬臂拔杆

悬臂拔杆是在独脚拔杆中部或距底部 2/3 位置处设置一根起重臂而成（图 6-1 (*c*)），起重臂可左右摆动 120°～270°，以加大起重高度和服务半径；由于起重臂铰接在拔杆的中上部，起重时将会对拔杆产生较大的弯矩，故起重量小，适用于吊装屋面板、檩条等轻型构件。

4. 牵缆式桅杆起重机

牵缆式桅杆起重机是在独脚拔杆下端装一根起重臂而成（图 6-1 (*d*)）。起重臂可以起伏，机身可回转 360°，可以在起重半径范围内灵活地把构件吊到设计位置上。

6.1.2　自行杆式起重机

自行杆式起重机有履带式起重机、汽车式起重机和轮胎式起重机三类。

1. 履带式起重机

履带式起重机由行走装置、回转机构、机身以及起重臂等几部分组成（图 6-2）。履带式起重机操纵灵活，机身可回转 360°；起重时不需设支腿，可以负载行驶；由于履带的作用，它可以在坎坷不平的松软地面行驶和作业。但履带式起重机的稳定性较差，若需超负荷或接长起重臂时，必须进行稳定性验算。

国产履带式起重机的起重量一般为 50～750kN，起重臂长度 10～40m。国外一些新型的履带式起重机由于采用全液压式驱动，起重量可达 1500kN，起重臂长达 100m。

2. 汽车式起重机

汽车式起重机是将起重机构安装在普通汽车或专用汽车底盘上的一种自行式全回转起重机，如图 6-3 所示。这种起重机设有可伸缩的支腿，起重时支腿落地（一般不能负载行驶）。

汽车式起重机的主要优点：行驶速度快，转移迅速，对路面破坏小，适用于流动性大，经常变换地点的作业。汽车式起重机发展很快，已逐步取代轮胎式起重机。

国内常见的轻、中、重型汽车式起重机型号为 QY8、QY12、QY16；QY20、QY25、QY32、QY40；QY50、75、QY125 等。QY125 最大起重量为 125t，主臂长达 45m。日本加藤 NK-750 型，起重臂长 13～43m，最大起重量为 750kN；德国产 L-3000B 型，起重臂长 12～54m，最大起重量 1100kN，可用于大型构件的安装。

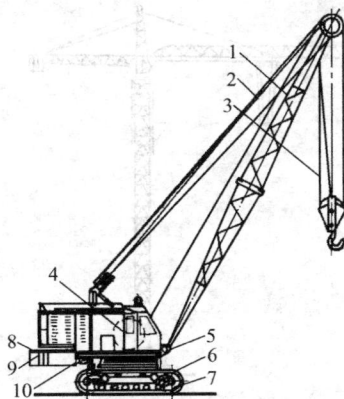

图 6-2　履带式起重机

1—起重臂；2—变幅钢索；3—起重钢索；4—起重卷扬机；5—底盘；6—履带；7—支重轮；8—回转台；9—平衡重；10—变幅卷扬机

图 6-3　汽车式起重机

3. 轮胎式起重机

轮胎式起重机是将起重机构安装在由加重轮胎和专门设计制造的轮轴、轮距组成的底盘上的一种自行式起重机（图 6-4）。其车身短，转弯半径小，横向尺寸较大，故横向稳定性好，可在 360° 范围内进行全回转作业；起重机设有四个可伸缩的支腿，在平坦的路面可不设支腿进行小起重量吊装及低速行驶；行驶速度比汽车式起重机慢，不宜作长距离行使，适用于作业地点相对固定而作业量较大的场合。

6.1.3　塔式起重机

塔式起重机（图 6-5）是一种塔身直立、起重臂旋转的起重机，具有较大的工作空间和工作幅度，起重高度大。塔式起重机的种类很多，广泛应用于多层和高层工业与民用建筑的施工中。

1. 塔式起重机的分类和特点

（1）按有无行走机构分为：固定式和移动式

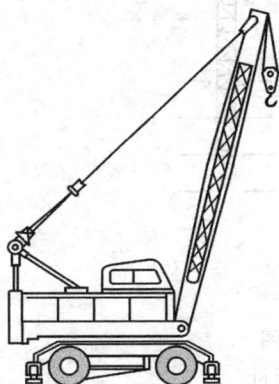

图 6-4　轮胎式起重机

173

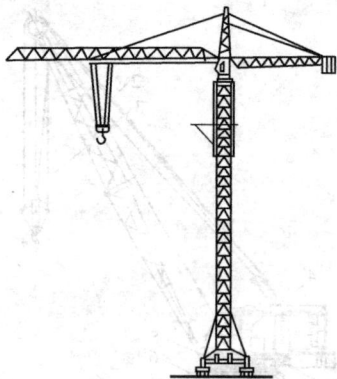
图 6-5 塔式起重机

（轮胎式、汽车式和轨道式）。

（2）按变幅方法分为：水平臂架小车变幅式和动臂变幅式。小车变幅使用方便、应用广泛。

（3）按回转方式分为：上回转（塔顶）式，下回转（塔身）式。下回转式重心低，结构简单，但操作人员视线差，用于 600kN·m 以下的中小型塔机。

（4）按安装形式分为：自升式、整体快速拆装式和拼装式。拼装式因拆装工作量大将逐渐淘汰。

（5）按起重能力分：5～30kN 为轻型，30～150kN 为中型，150～400kN 为重型。

（6）按与建筑物的连接方式分为：独立式（固定式、移动式）、爬升式和附着式。

目前应用最广的是下回转、快速拆装、轨道式塔式起重机和能够一机四用（轨道式、固定式、爬升式、附着式）的自升式塔式起重机。

2. 爬升式（内爬式）塔式起重机

爬升式塔式起重机是底座通过伸缩支腿，支承在建筑物内部的结构（电梯井或特设的开间）上，塔身长度不变（约 20m），借助套架、托梁和爬升系统随建筑物升高而自己爬升的起重机。一般每隔 1～2 层爬升一次。

其特点是机身体积小，重量轻，安装方便，不占用建筑物外围空间，特别适用于施工现场狭窄的高层建筑结构安装；但必须考虑起重机及起重荷载对建筑物的影响，且使用结束后拆卸较困难。

内爬升起重机爬升过程参见图 6-6 所示。

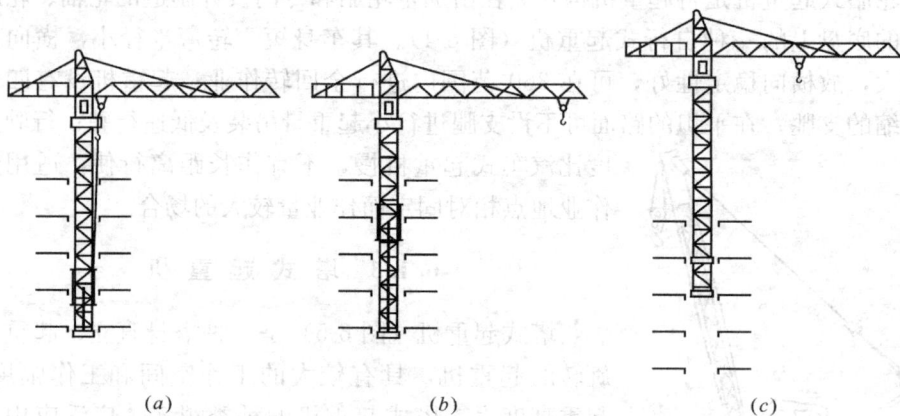

图 6-6 爬升式起重机的自升过程示意图
(a) 准备状态；(b) 提升状态；(c) 提升起重机

3. 附着式塔式起重机

附着式塔式起重机固定在建筑物近旁混凝土基础上，如图 6-7 所示，其借助自身的液压顶升系统，随建筑物的升高而自行向上接高。为了保证塔身的稳定，从 30～40m 高开始，每隔一定距离（一般为 16～20m），用锚固装置将塔身与建筑物水平连接，使塔身依附在建筑物上。附着式塔式起重机适用一般高层建筑施工。

附着式塔式起重机锚固附着装置的构造、内力和安装要求，按使用说明书要求进行。只有当塔机安装位置距建筑物太大需增长附着杆、或附着杆与建筑物连接的两支座间距改变时，才需进行附着杆计算。

固定式塔吊基础有整体式、分块独立式和灌注桩承台式钢筋混凝土基础，轨道式塔式起重机采用混凝土（或木）轨枕轨道式基础。塔吊基础构造、荷载和施工要求，按使用说明书要求进行。

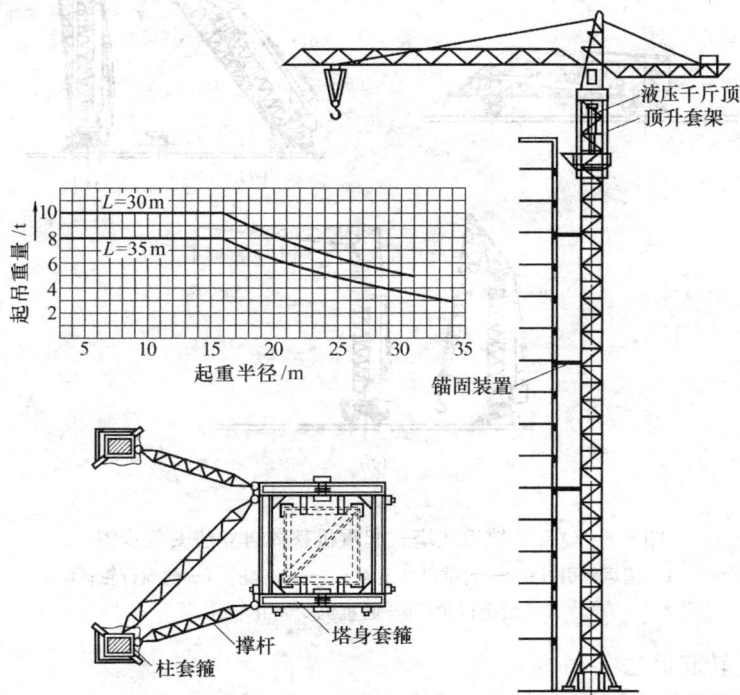

图 6-7　QT$_4$-10 型塔式起重机

4. 塔式起重机的安装

塔吊的安装包括整体自立法、旋转起扳法、逐节立装法。

（1）整体自立法

整体自立法是利用自身设备完成安装作业，适用于中小型下回转整体快速拆装式塔式起重机。现以图 6-8（QT$_1$-2 轨道式塔式起重机）为例，介绍其安装步骤：

1）塔机牵引到轨道处，拆除牵引杆 1，支起导轮架和滑轮架（图 6-8（a））；

2）开动变幅卷扬机，使行走架缓慢倾斜，并使前行走轮徐徐落在轨道上，拆下前拖行轮，使其移出轨道（图 6-8（b））；

3）松开变幅卷扬机制动器，使后行走轮徐徐落在轨道上，并用夹轨钳夹牢钢轨（图 6-8（c））；

4）开动变幅卷扬机立起塔身（图 6-8（d）），用销钉将塔身与回转平台连成一体，并用两个千斤顶顶紧（图 6-8（e））；

5）拆开塔身与起重臂之间的连接杆，继续开动变幅卷扬机使起重臂至水平位置（图 6-8（f））。

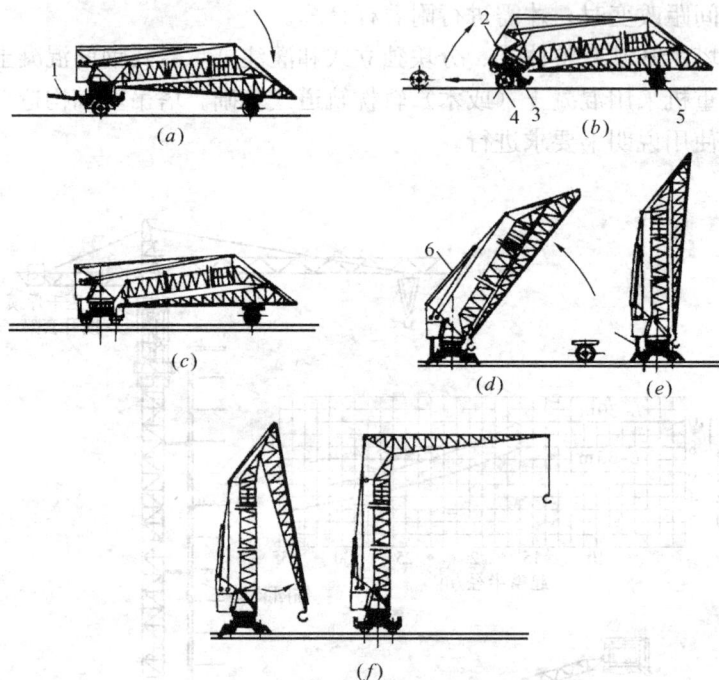

图 6-8　QT₁-2 轨道式塔式起重机整体自立法安装步骤
1—拖运牵引杆；2—起重机行走架；3—前走轮；4—前拖行轮；
5—后拖行轮；6—起重机变幅滑车组

（2）旋转起扳法

旋转起扳法是利用轻型汽车式起重机在工地进行辅助组装，再利用自身起升机构使塔身旋转而直立。

现以 TQ60/80 型轨道式塔式起重机（图 6-9）为例，介绍其安装步骤：

1）铺设轨道并埋设起扳塔身的地锚；

2）安装行走台车、门架于轨道上并安装压重；

3）组装塔身并安置于起扳起始位置处，塔身下端与门架铰耳连接（图 6-9（a））；

4）组装起重臂并安装就位，在其头部装上变幅拉杆，另一端通过拉索与地锚连接；

5）在塔身与起重臂之间穿绕起扳塔身的滑车组，塔顶与 50kN 地锚之间、起重臂顶端与 150kN 地锚之间设置缆风绳（图 6-9（b））；

6）开动卷扬机将起重臂拉至仰角 45°～60°，收紧并固定缆风绳，再开动卷扬机将塔身拉至直立就位（图 6-9（c））；

7）开动起重卷扬机，将平衡臂与塔帽连接并用拉绳固定，装上平衡重；

8）提升起重臂，穿绕变幅钢丝绳并安装就位。

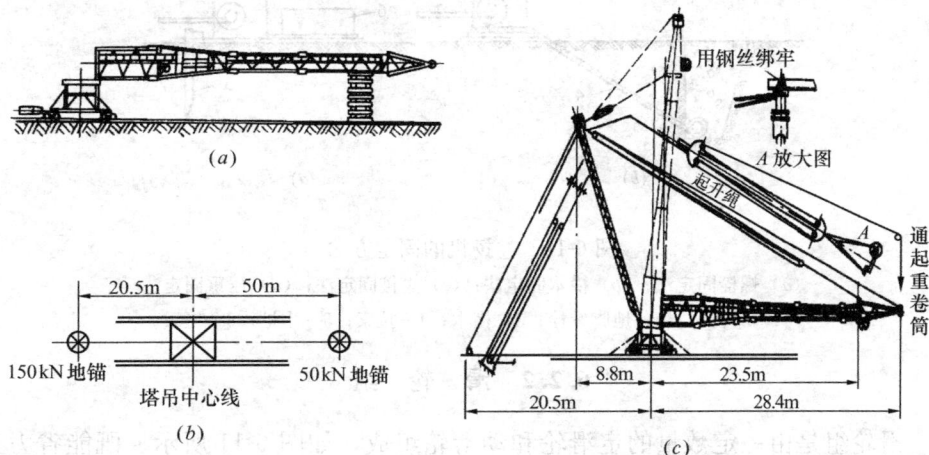

图 6-9　TQ60/80 型轨道式塔式起重旋转起扳法安装步骤

（3）逐节立装法

利用辅助起重机将所要安装的塔式起重机的全部部件（除塔身中间节以外）立装于安装位置，然后利用塔式起重机的自升装置安装塔身中间节。

5. 塔式起重机拆除与转移

按照安装的相反程序，采用相似的方法，将塔机降下或解体，然后进行整体拖运或解体运输。

6.2 辅 助 设 备

结构安装工程要使用许多辅助设备，如钢丝绳、滑轮组、吊钩、卡环、横吊梁等。

6.2.1 卷 扬 机

工程中常用的电动卷扬机有快速和慢速两种。快速电动卷扬机（JJK）主要用于垂直、水平运输及打桩作业；慢速卷扬机（JJM）主要用于结构安装、钢筋冷拉和预应力钢筋张拉。

卷扬机在使用时必须做可靠的锚固，以防止在工作时产生滑移和倾覆。卷扬机常用的锚固方法有四种，如图 6-10 所示。

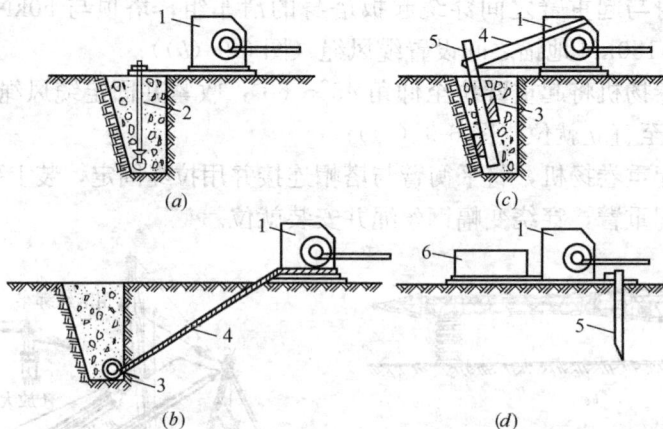

图 6-10　卷扬机的固定方法
(a) 螺栓固定法；(b) 横木固定法；(c) 立桩固定法；(d) 压重固定法
1—卷扬机；2—地脚螺栓；3—横木；4—拉索；5—木桩；6—压重

6.2.2　滑　轮　组

滑轮组是由一定数量的定滑轮和动滑轮组成，如图 6-11 所示。既能省力又能改变力的方向，是起重机的重要组成部分。

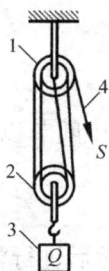

图 6-11　滑轮组
1—定滑轮；2—动滑轮；3—重物；4—钢丝绳

滑轮组的名称由组成滑轮组的定滑轮数和动滑轮数来表示，如由四个定滑轮和四个动滑轮组成的滑轮组称为"四四"滑轮组，由五个定滑轮和四个动滑轮组成的滑轮组称为"五四"滑轮组，其余类推。

滑轮组能省多少力，其跑头拉力 S 的大小，主要取决于滑轮组的工作线数和滑轮轴承处的摩擦阻力。滑轮组的工作线数是指滑轮组中共同负担构件重量的绳索根数，即取动滑轮为隔离体所截断的绳索根数。滑轮组绳索的跑头拉力 S，可按下式计算：

$$S = kQ \qquad (6-1)$$

式中　Q——计算荷载，kN；

k——滑轮组省力系数。

$$k = \frac{f^n(f-1)}{f^n-1} \qquad (6-2)$$

n——工作线数；

f——单个滑轮摩擦系数。青铜轴套滑轮，$f=1.04$；滚珠滑轮，$f=1.02$；无轴套滑轮，$f=1.06$。

上述滑轮组省力系数的计算，其跑头是从定滑轮绕出的（结构安装常用），若跑头从动滑轮绕出（钢筋冷拉常用）时工作线数比滑轮数多 1，其滑轮组省力系数按下式计算：

$$k = \frac{f^{n-1}(f-1)}{f^n - 1}$$ (6-3)

6.2.3 钢 丝 绳

1. 钢丝绳种类

结构安装工程用钢丝绳是由六股钢丝和一股绳芯捻成（图 6-12），按股数及每股中的钢丝数区分有以下几种：

6×19+1 即 6 股每股 19 根钢丝组成再加一根线芯，这种钢丝绳的钢丝粗、硬而耐磨，一般用作缆风绳。

6×37+1 即 6 股每股 37 根组成，这种钢丝绳比较柔软，一般用于穿滑轮组和作吊索。

6×61+1 即 6 股每股 61 根组成，这种钢丝绳质地软，一般用于重型起重机械。

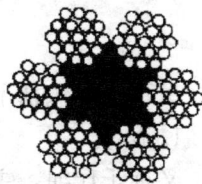

图 6-12 普通钢丝绳截

钢丝绳按其捻制方法分有右交互捻、左交互捻、右同向捻、左同向捻四种（图 6-13）。

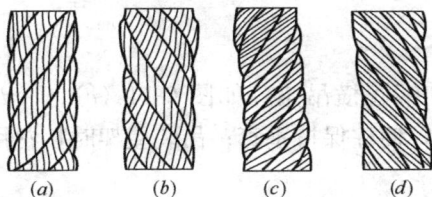

图 6-13 钢丝绳捻制方法
(a) 右交互捻；(b) 左交互捻；
(c) 右同向捻；(d) 左同向捻

同向捻钢丝绳中钢丝捻的方向和绳股捻的方向一致，钢丝绳比较柔软、表面比较平整，它与滑轮或卷筒凹槽的接触面较大，磨损较轻，但容易松散和产生扭结卷曲，吊重时容易旋转，吊装中一般不用；交互捻钢丝绳中钢丝捻的方向和绳股捻的方向相反，钢丝绳较硬，强度较高，吊重时不易扭结和旋转，吊装中应用广泛。

2. 钢丝绳的计算

钢丝绳允许拉力 S_g 的计算：

$$S_g = \frac{\alpha \cdot P_g}{K}$$ (6-4)

式中 P_g——钢丝绳的破断拉力总和，可查有关资料确定；

α——钢丝绳破断拉力折算系数，查表 6-1；

K——钢丝绳安全系数，查表 6-2。

钢丝绳破断拉力换算系数 表 6-1

钢丝绳结构	换算系数 α	钢丝绳结构	换算系数 α
6×19	0.85	6×61	0.80
6×37	0.82		

钢丝绳安全系数 表 6-2

用 途	安全系数	用 途	安全系数
作缆风绳	3.5	作吊索、无弯曲时	6~7
用于手动起重设备	4.5	作捆绑吊索	8~10
用于机动起重设备	5~6	用于载人的升降机	14

如果用的是旧的钢丝绳，则求得的允许拉力应根据钢丝绳的新旧程度乘以0.4～0.75的系数。

钢丝绳使用一段时间后，就会产生磨损、腐蚀和断丝现象，其承受能力减低。当钢丝绳在一个节距内断丝的数量超过规定值时就应当报废，以免造成事故。钢丝绳解开使用时，应定期对钢丝绳加润滑油（一般以工作时间四个月左右加一次）；在使用中，如钢丝股间有大量的油挤出，表明钢丝绳的荷载已相当大，这时候必须勤加检查，以防发生事故。

6.2.4 吊　具

吊具主要包括吊索、卡环和横吊梁等，它们是构件吊装的重要工具。

1. 吊索

又称千斤绳，主要用于绑扎和起吊构件，分为环状吊索和开式吊索两种，如图 6-14（a）所示。

2. 卡环

又称卸甲，分为螺栓式卡环和活络式卡环两种，如图 6-14（b）所示，主要用于吊索之间或吊索与吊环的连接。

3. 横吊梁

又称铁扁担，常用形式有钢板横吊梁和钢管横吊梁，如图 6-14（c）、（d）所示。采用直吊法吊装柱时，用钢板横吊梁，使柱保持垂直；吊装屋架时，常用钢管横吊梁，以减少索具高度。

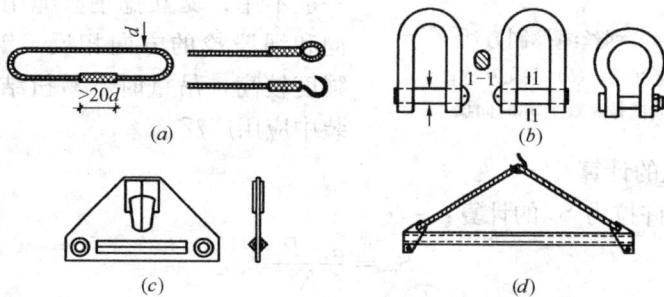

图 6-14　吊具
（a）吊索；（b）卡环；（c）钢板横吊梁；（d）钢管横吊梁

6.3　单层工业厂房结构安装

装配式钢筋混凝土单层工业厂房，除基础现浇外，其他主要承重构件柱、吊车梁、屋架、天窗架和屋面板等均为现场或工厂预制构件。因此，结构安装工程是单层工业厂房施工的主导工种工程。

6.3.1　结构安装前准备工作

结构安装前准备工作包括：清理场地、铺设道路、敷设水电管线、外观与强度检查、弹线与编号、构件运输与堆放、构件应力验算与临时固定、基础的准备等。

1. 构件的弹线与编号

构件在质量检查合格后，即可在构件上弹出吊装的定位墨线。作为吊装定位、校正的依据。

（1）柱。在柱身的三个面上弹出几何中心线，此线与基础杯口面上的的定位轴线相吻合，此外，在牛腿面和柱顶面弹出吊车梁和屋架的吊装定位线（图6-15）。

（2）屋架。屋架上弦顶面应弹出几何中心线、并延至屋架两端下部，再从屋架中央向两端弹出天窗架、屋面板的吊装定位线。

（3）吊车梁。在梁的两端及顶面弹出吊装定位线。

在对构件弹线的同时，应依据设计图纸对构件进行编号，编号应写在明显的部位，对上下、左右难辨的构件，还应注明方向，以免吊装时搞错。

2. 基础准备

装配式混凝土柱一般为杯形基础，基础准备工作内容主要包括：

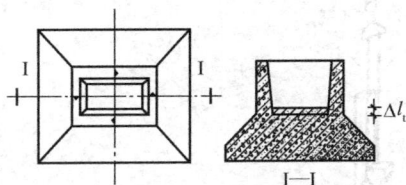

图 6-15　柱子弹线图
1—柱子中心线；
2—地基标高线；
3—基础顶面线；
4—吊车梁定位线；
5—柱顶中心线

（1）杯口弹线。在杯口顶面弹出纵、横定位轴线，作为柱对位、校正的依据。

（2）杯底抄平。为了保证柱牛腿标高的准确，在吊装前需对杯底标高进行调整（抄平）。调整前，先测量出杯底原有标高，小柱测中点，大柱测四个角点，再测量出柱脚底面至牛腿面的实际距离，计算出杯底标高的调整值，然后用细石混凝土或水泥砂浆填抹至需要的标高。杯底标高调整后，应加以保护，以防杂物落入（图6-16）。

图 6-16　杯底标高调整、杯顶面弹线

6.3.2 构件的吊装工艺

单厂结构中需吊装的构件主要有：柱、吊车梁、连系梁、屋架、天窗架、屋面板等，各种构件的吊装过程为：绑扎→吊升→对位→临时固定→校正→最后固定。

1. 柱的吊装

（1）柱的绑扎

绑扎柱的工具主要有吊索、卡环和横吊梁等。为使在高空中脱钩方便，应采用活络式卡环。吊索与构件之间垫以麻袋或木板等。常用的绑扎方法：

1）斜吊绑扎法。当柱子抗弯强度满足要求时，可在平放状态绑扎直接起吊，柱起吊后柱身略呈倾斜状态，如图6-17所示。

斜吊绑扎法的特点：柱不需翻身，起吊方便；吊钩可低于柱顶，起重高度低；但由于柱吊离地面后呈倾斜状态，对位比较困难。

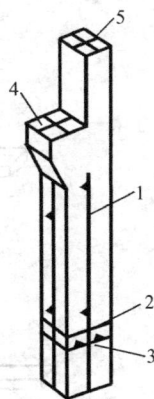

181

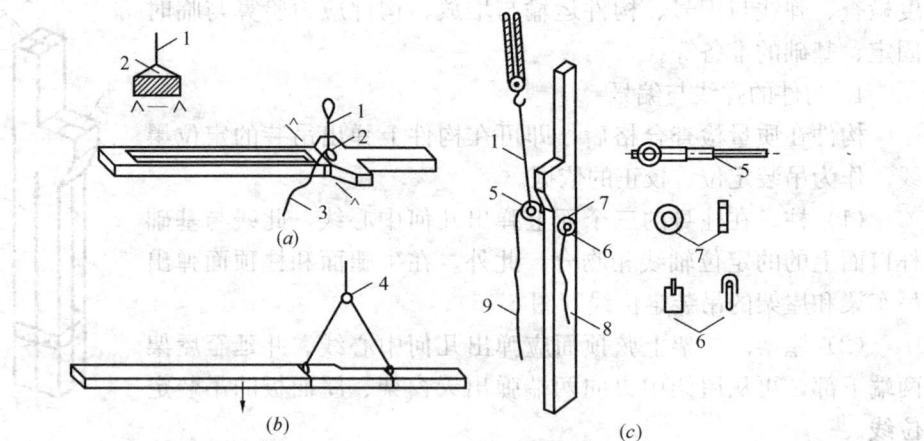

图 6-17　斜吊绑扎法

(a) 一点用卡环绑扎；(b) 两点用卡环绑扎；(c) 一点用柱销绑扎

1—吊索；2—活缝卡环；3—白棕绳；4—滑车；5—柱销；6—销柱；7—垫圈；8—柱；9—白棕绳

2) 直吊绑扎法。当柱子平放起吊抗弯强度不能满足要求时，需先将柱子侧翻，再起吊，以提高柱截面的抗弯能力（图 6-18）。

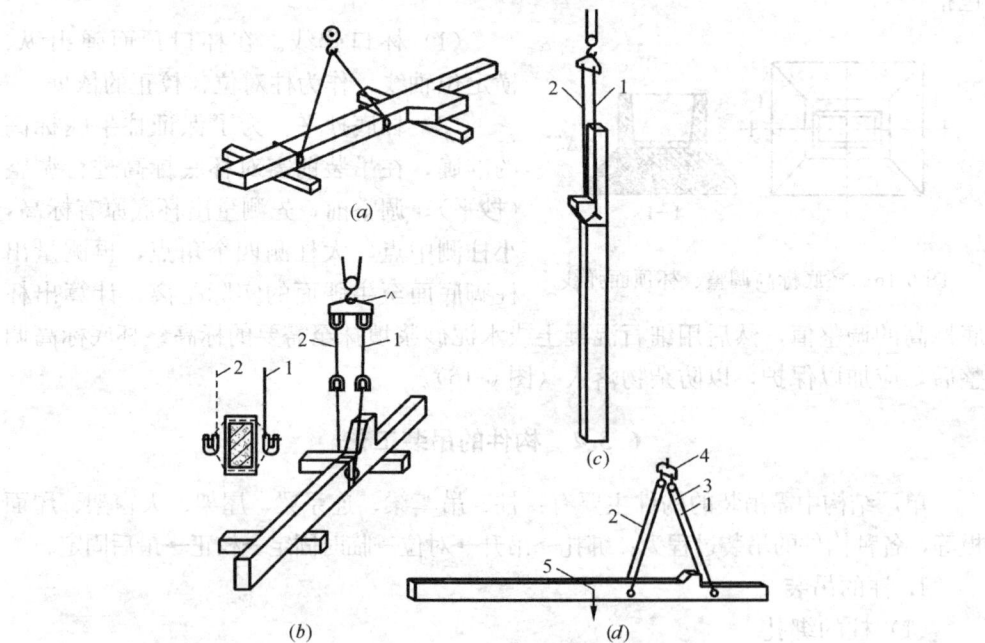

图 6-18　直吊绑扎法

(a) 柱翻身时绑扎方法；(b) 一点绑扎直吊法；

(c) 起吊后状态；(d) 两点绑扎直吊法

1—第一支吊索；2—第二支吊索；3—滑轮；4—铁扁担；5—重心

（2）柱的起吊

根据柱在吊升过程中的运动特点分为旋转法和滑行法两种。

1) 旋转法

旋转法吊升柱时，起重机边收钩边回转，使柱子绕着柱脚旋转成直立状态，然后吊离地面，略转起重臂，将柱放入基础杯口，如图 6-19 (a) 所示。

采用旋转法时，柱在堆放时的平面布置应做到：柱脚靠近基础，柱的绑扎点、柱脚中心和基础中心三点同在以起重机回转中心为圆心，以回转中心到绑扎点的距离（起重半径）为半径的圆弧上，如图 6-19 (b) 所示，即三点同弧。

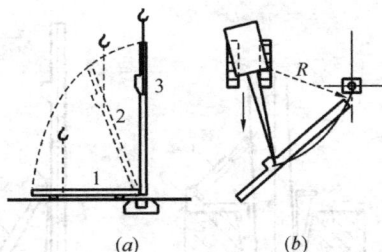

图 6-19 单机吊装旋转法
(a) 柱绕柱脚旋转，后入杯口；(b) 三点同弧
1、2、3—柱

旋转法吊升柱时，柱在吊升过程受震动小，吊装效率高；但需同时完成收钩和回转的操作，对起重机的机动性能要求较高。

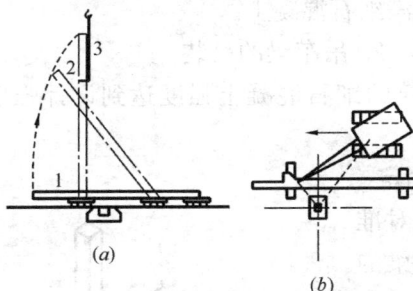

图 6-20 单机滑行法吊装
(a) 柱身滑行过程；(b) 柱的平面布置
1、2、3—柱

2) 滑行法

滑行法吊升柱时，起重机只收钩，柱脚沿地面滑行，在绑扎点位置柱身呈直立状态，然后吊离地面，略转起重臂，将柱放入基础杯口，如图 6-20 (a) 所示。绑扎点应靠近基础，与基础中心同在起重半径圆弧上，如图 6-20 (b) 所示，简称两点同弧。

滑行法吊升柱时，柱受震动较大，应对柱脚采用保护措施。

（3）柱的对位和临时固定

柱脚插入杯口后，停在离杯底 30～50mm 处进行对位，对位时用八块木楔或钢楔从柱的四周放入杯口，每边放两块，用撬棍拨动柱脚或通过起重机操作，使柱的吊装准线对准杯口上的定位轴线，并保持柱的垂直，如图 6-21 所示。

对位后，放松吊钩，柱沉至杯底，再复合吊装准线的对准情况后，对称的打紧楔块，将柱临时固定，然后起重机脱钩。拆除绑扎索具。当柱较高时可采取增设缆风绳或加斜撑的方法加强柱的临时固定的稳定。

（4）柱的校正

柱的校正包括平面位置、标高和垂直度三个方面。柱的标高校正在基础抄平时已进行，平面位置在对位过程中也已完成，因此柱的校正主要是指垂直度的校正。

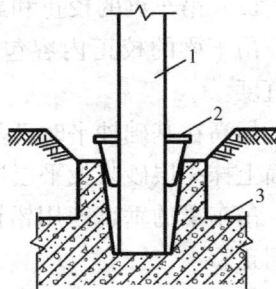

图 6-21 柱的临时固定
1—柱子；2—楔块；3—基础

柱垂直度的校正是用两台经纬仪从柱相邻两边检查柱吊装准线的垂直度。其允许偏差小于规定值。

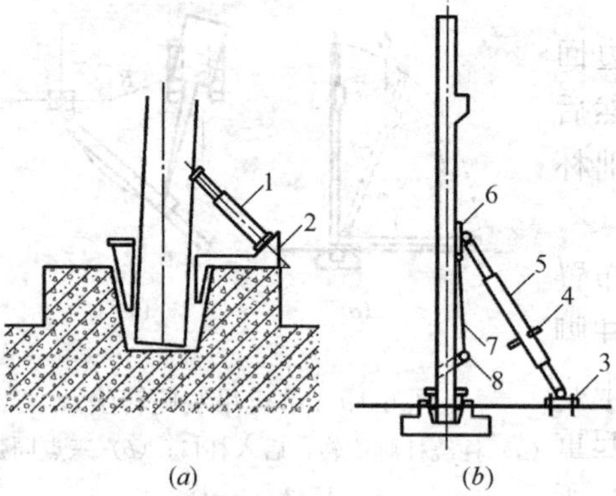

图 6-22　柱垂直度校正方法

(a) 千斤顶斜顶；(b) 钢管支撑斜顶

1—螺旋千斤顶；2—千斤顶支座；3—底板；
4—转动手柄；5—钢管；6—头部摩擦板；
7—钢丝绳；8—卡环

柱垂直度的校正方法：当柱较轻时，可用打紧或放松楔块的方法或用钢钎来纠正；较重时，可用螺旋千斤顶斜顶或平顶、钢管支撑斜顶等方法纠正，如图 6-22 所示。

(5) 柱的最后固定

柱子校正完成后，应立即进行最后固定，在柱脚与基础杯口间的空隙内灌筑细石混凝土，其强度等级应比构件混凝土强度等级提高两级。细石混凝土的浇筑分两次进行：先浇筑到楔块底部，待混凝土强度达 25％设计强度标准值后，再拔出楔块，将杯口灌满细石混凝土。

2. 吊车梁的吊装

吊车梁的吊装，应在柱子杯口第二次浇筑的细石混凝土强度达到设计强度 75％以后进行。

(1) 吊车梁的绑扎、吊升、对位、临时固定

绑扎点应对称设在梁的两端，吊钩垂线对准梁的重心，起吊后吊车梁保持水平状态。在梁的两端设溜绳控制梁的转动，以免与柱相碰，对位时应缓慢降钩，将梁端的安装准线与柱牛腿面的吊装定位线对准，如图 6-23 所示。

一般来说，吊车梁的自身稳定性较好，对位后不需进行临时固定，但当吊车梁的高宽比大于 4 时，为防止吊车梁的倾倒，应用钢丝将吊车梁临时固定在柱上。

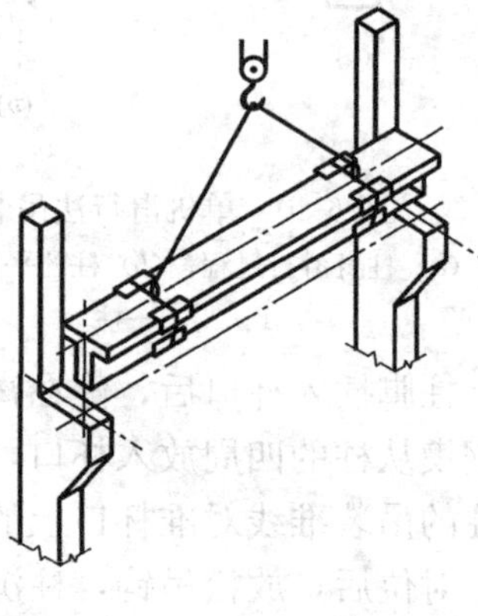

(2) 吊车梁的校正和最后固定

吊车梁的校正内容包括：标高、平面位置和垂直度。

图 6-23　吊车梁吊装

标高在基础抄平时已基本完成，如存在少许误差，可在安装轨道时，在吊车梁面上抹一层砂浆找平层进行调整。

吊车梁的垂直度用铅锤检查，当偏差超过允许值（5mm）时，垫斜垫铁予以纠正。

吊车梁平面位置的校正主要是：检查吊车梁的纵轴线直线度和跨距是否符合要求。常用通线法。

通线法又称拉钢丝法，它根据定位轴线，在厂房的两端地面上定出吊车梁的安装轴线位置，打入木桩，用钢尺检查两列吊车梁的轨距是否满足要求，然后用经纬仪将厂房两端的四根吊车梁位置校正正确，最后在校正后柱列两端的吊车梁

上设高约 20mm 的支架，拉钢丝通线，根据此通线检查并用撬棍拨正吊车梁的中心线，如图 6-24 所示。

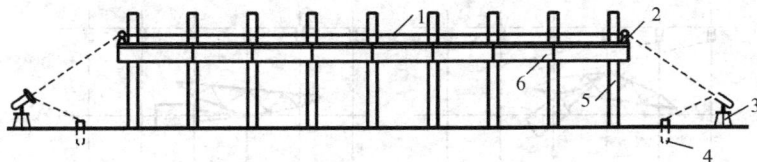

图 6-24 通线法校正吊车梁
1—通线；2—支架；3—经纬仪；4—木桩；5—柱子；6—吊车梁

吊车梁的平面位置和垂直度的校正，一般应在厂房屋盖安装完后进行，以防其引起吊车梁位置的变化，影响准确性。对于较重的吊车梁，由于脱钩后校正困难，可边吊边校，但屋架等构件固定后，需再复查一次。

吊车梁校正后，立即用电焊作最后固定，并在吊车梁与柱的空隙处灌筑细石混凝土。

3. 屋架的吊装

（1）屋架的绑扎

屋架的绑扎点应选在上弦节点处，左右对称，绑扎吊索的合力作用点（绑扎中心）应高于屋架重心，绑扎吊索与构件水平夹角，扶直时不宜小于 60°，吊升时不宜小于 45°，以免屋架承受较大的横向压力。

屋架跨度小于 18m 时，两点绑扎；屋架跨度大于 18m 时，用两根吊索四点绑扎；当跨度大于 30m 时，应考虑采用横吊梁，以减小起重高度；对三角组合屋架等刚性较差的屋架，由于下弦不能承受压力，绑扎时也应采用横吊梁。如图 6-25 所示。

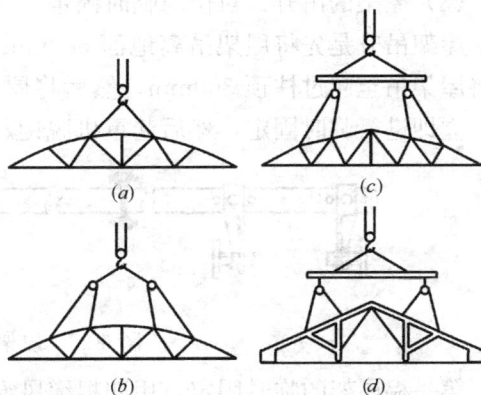

图 6-25 屋架绑扎
(a) 跨度≤18m；(b) 跨度>18m；
(c) 跨度≥30m；(d) 三角形组合屋架

（2）屋架的扶直与就位

屋架一般均在施工现场平卧叠浇，因此，在吊装屋架前，需将平卧制作的屋架扶成直立状态，然后吊放到设计规定的位置，这个施工过程称为屋架的扶直与就位。

屋架的扶直方法有正向扶直和反向扶直两种。

正向扶直时，起重机位于屋架的下弦一侧。首先将吊钩对准屋架平面中心，收紧吊钩，然后稍微起臂使屋架脱模，接着起重机升钩起臂，使屋架以下弦为轴转成直立状态，如图 6-26（a）所示。

反向扶直时，起重机位于屋架的上弦一侧。首先将吊钩对准屋架平面中心，收紧吊钩使屋架脱模，接着起重机升钩并降臂，使屋架以下弦为轴转成直立状态，如图 6-26（b）所示。

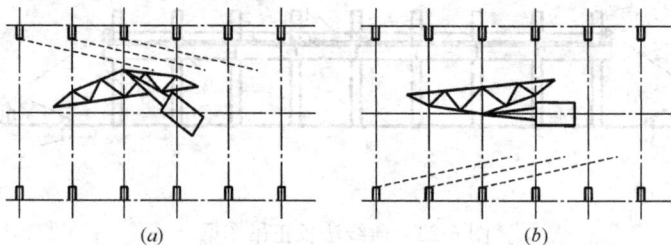

图 6-26 屋架的扶直
(a) 正向扶直，同侧就位；(b) 反向扶直，异侧就位

正向扶直和反向扶直的最主要不同点，是在扶直过程中，一为升臂，一为降臂。起重机的升臂比降臂易于操作且较安全，因此，应尽量采用正向扶直。

屋架扶直后，立即吊放到构件平面布置图规定的位置。一般靠柱边斜放或 3～5 榀为一组平行柱边就位，然后用钢丝、支撑等与已安装的柱扎牢。

（3）屋架的吊升、对位与临时固定

屋架吊升是先将屋架吊离地面 500mm，然后将屋架吊至吊装位置下方，升钩将屋架吊至超过柱顶 300mm，然后将屋架缓缓地降至柱顶，进行对位，对位后，立即进行临时固定，然后起重机脱钩。

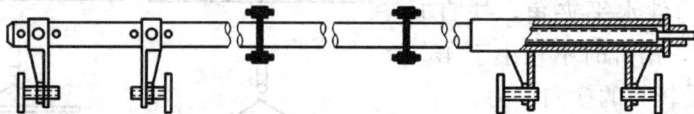

图 6-27 屋架校正器

第一榀屋架的临时固定，用四根缆风绳从两边拉牢。若先吊装了抗风柱，可将屋架与抗风柱连接。其余屋架用屋架校正器临时固定在前一榀屋架上，每榀屋架至少需要两个屋架校正器。屋架校正器如图 6-27 所示。

（4）屋架的校正和最后固定

屋架校正的内容是检查并校正其垂直度。检查用经纬仪或线锤，校正用房屋校正器或缆风绳，如图 6-28 所示。

4. 屋面板的吊装

屋面板的安装顺序，应自檐口两边左右对称地逐块铺向屋脊，避免屋架受力不均。屋面板对位后，立即用电焊固定。

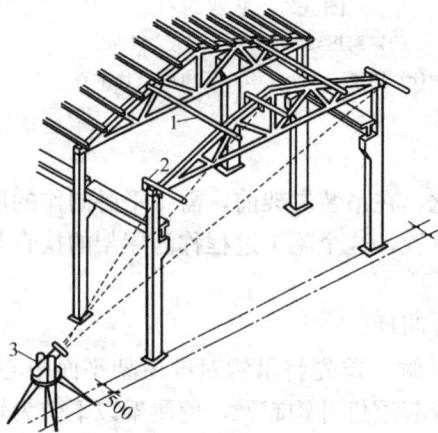

图 6-28 屋架临时固定与校正
1—工具式支撑；2—卡尺；3—经纬仪

5. 天窗架的吊装

天窗架的吊装应在天窗架两侧的屋面板吊装完成后进行，其吊装方法与屋架的吊装基本相同。

6.4 结 构 安 装 方 案

结构安装工程的施工方案内容包括：确定结构吊装方法，选择起重机，确定起重机的开行路线和构件的平面布置等。应根据结构形式、构件的重量及安装高度、工程量和工期的要求，并考虑现有起重机设备条件等因素综合确定。

6.4.1 结 构 吊 装 方 法

结构吊装方法有分件吊装法和综合吊装法。

1. 分件吊装法

起重机开行一次，只吊装一种或几种构件。通常分三次开行安装完构件：第一次吊装柱，并逐一进行校正和最后固定；第二次吊装吊车梁、连续梁及柱间支撑等；第三次以节间为单位吊装屋架、天窗架和屋面板等构件。

分件吊装法由于每次吊装基本上是同类构件，不需频繁更换索具，吊装速度快；构件的供应、现场的平面布置等都比较容易组织；构件校正、焊接、固定的时间充分。因此，一般多采用分件吊装法。但分件吊装法起重机开行路线长，停机点多，不能及早为后续工程尽早提供工作面。

2. 综合吊装法

以节间为单位，起重机开行一次即安装完所有的构件。一般先吊 4～6 根柱子，接着就进行校正和最后固定，然后吊装该节间的吊车梁、连续梁、屋架、屋面板和天窗架等构件。只有采用桅杆式等移动困难的起重机或属于门式等特殊结构时，才采用此法。

6.4.2 起 重 机 的 选 择

1. 起重机类型的选择

起重机的选择应根据结构形式、构件的尺寸、重量、安装高度、吊装方法及现有起重设备条件来确定。对中小型厂房，一般采用自行杆式起重机；重型厂房跨度大，构件重，安装高度大，厂房内设备安装往往要同结构吊装同时进行。所以，一般选用大型自行杆式起重机，以及重型塔式起重机与其他起重机械配合使用；多层装配式结构可采用轨道式塔式起重机；高层装配式结构可采用爬升式、附着式塔式起重机。

2. 起重机型号的选择

起重机的型号要根据构件的尺寸、重量和安装高度确定，即起重机的工作参数（起重量、起重高度和起重半径或力矩）必须满足构件吊装的要求。

（1）起重量

选择起重机的起重量 Q，必须大于或等于所安装构件的重量 Q_1 与索具重量

Q_2 之和，即

$$Q \geqslant Q_1 + Q_2 \tag{6-5}$$

（2）起重高度

选择起重机的起重高度，必须满足吊装构件安装高度的要求，如图 6-29 所示。即：

$$H \geqslant h_1 + h_2 + h_3 + h_4 \tag{6-6}$$

式中　H——起重机的起重高度（从停机面至吊钩中心的距离），m；

h_1——安装支座距顶面的高度，m；

h_2——安装间隙，视具体情况定，一般为 0.2～0.3m；

h_3——绑扎点至起吊后构件底面的距离，m；

h_4——索具高度（从绑扎点至吊钩中心距离），m。

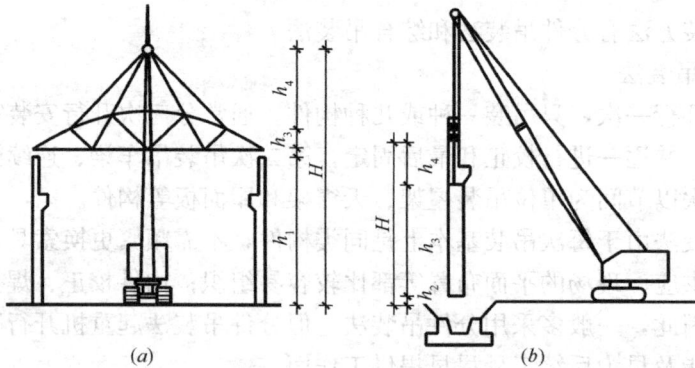

图 6-29　起重高度计算简图

(*a*) 安装屋架；(*b*) 安装柱子

（3）起重半径

起重半径的确定一般分为两种情况：

1）当起重机能不受限制地开到吊装位置附近时，不需验算起重半径 R。根据计算的起重量 Q 和起重高度 H，查阅起重机性能曲线或性能表，选择起重机的型号和起重臂长度 L，并可查得相应起重量和起重高度下的起重半径 R，作为确定起重机开行路线和停机点位置时的依据。

2）当起重机不能直接开到吊装位置附近时，就需根据实际情况确定吊装时的最小起重半径 R。根据起重量 Q、起重高度 H 和起重半径 R 三个参数，查阅起重机性能曲线或性能表，选择起重机的型号和起重臂长度 L。

（4）最小起重臂杆长的确定

当起重机的起重臂需要跨过已安装好的构件去吊装构件时，如跨过屋架吊装屋面板时，为使起重臂不与已安装好的构件相碰，需要确定起重机吊装该构件时的最小起重臂长度 L 及相应的起重半径 R，并根据起重半径 R、起重量 Q 和起重高度 H，查阅起重机性能曲线或性能表，选择起重机的型号和起重臂长度 L。

确定起重机的最小起重臂长可用数解法。

根据图 6-30 所示的几何关系，起重臂的最小长度可按下式计算：

$$L \geqslant l_1 + l_2 = \frac{h}{\sin\alpha} + \frac{f+g}{\cos\alpha} \tag{6-7}$$

式中 L——起重臂的长度，m；

h——起重臂底铰至构件安装底座顶面的距离，m；

f——起重吊钩需跨过已安装好的构件的水平距离，m；

g——起重轴线与已安装好的构件间的水平距离，一般不小于1m；

α——起重臂仰角，$\alpha = \arctan\sqrt[3]{\dfrac{h}{f+g}}$。 （6-8）

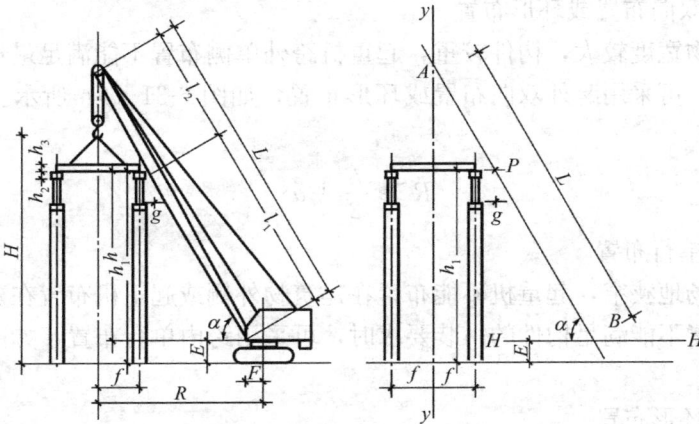

图 6-30 数解法确定吊装屋面板
时起重机最小臂长的计算简图

6.4.3 起重机的布置

自行杆式起重机的开行路线及轨道式塔式起重机轨道布置方案要根据建筑物的平面形状、构件的重量、起重机的性能以及现场地形等条件来确定。轨道式塔式起重机轨道布置方案主要有以下四种形式，如图 6-31 所示。

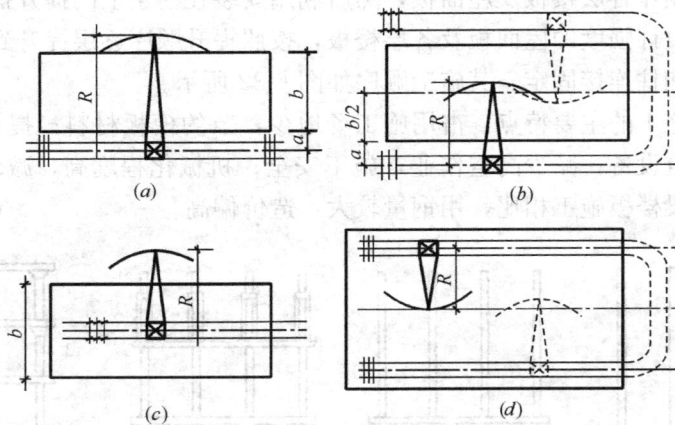

图 6-31 塔式起重机的布置
(a) 单侧布置；(b) 双侧（或环形）布置；
(c) 跨内单行布置；(d) 跨内环形布置

1. 跨外单侧布置

当房屋宽度较小（15m 左右），构件重量较轻（20kN 左右）时可采用跨外单侧布置，如图 6-31（a）所示。此时起重半径应满足：

$$R \geqslant b + a \tag{6-9}$$

式中　R——塔式起重机吊装最远构件时的起重半径，m；

　　　b——建筑物宽度，m；

　　　a——塔式起重机的轨道中心线至建筑物外侧的距离，一般为 3～5m。

2. 跨外双向布置或环形布置

当建筑物宽度较大，构件较重，起重机跨外单侧布置不能满足最远处构件的吊装要求时，可采用跨外双向布置或环形布置，如图 6-31（b）所示。此时起重半径应满足：

$$R \geqslant \frac{b}{2} + a \tag{6-10}$$

3. 跨内单行布置

当建筑场地狭窄，起重机不能布置在建筑物外侧或起重机布置在建筑物外侧起重机的性能不能满足构件的吊装要求时，可采用跨内单行布置，如图 6-31（c）所示。

4. 跨内环形布置

构件较重，起重机跨内单行布置时，起重机的性能仍不能满足构件的吊装要求，同时，起重机又不可能跨外环形布置时，可采用跨内环形布置，如图 6-31（d）所示。

6.5　升板法施工

升板工程施工是多层建筑房屋机械化施工中的一种特殊方法。它是在施工现场就地重叠制作各层楼板及屋面板，然后利用安装在柱子上的提升机械，通过吊杆将已达到设计强度的屋面板及各层楼板，按照提升顺序逐层提升到设计标高位置，并将板和柱连接固定。其施工顺序如图 6-32 所示。

升板法施工的主要特点：占用施工场地少，节约模板材料；提升设备简单，不需大型起重设备；减少高空作业，施工安全；机械化程度高，减轻劳动强度。但与现浇无梁楼板施工相比，用钢量较大，造价偏高。

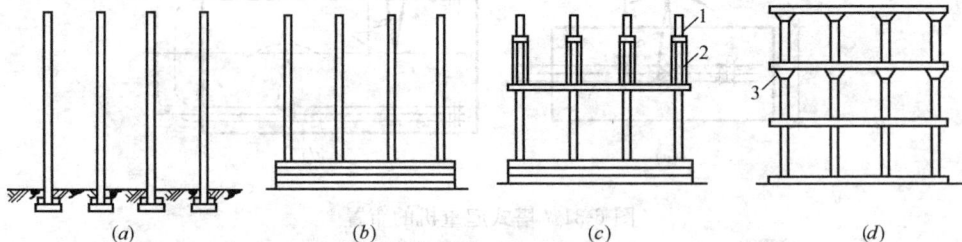

图 6-32　升板提升顺序简图

（a）立柱浇地坪；（b）叠浇板；（c）提升板；（d）固定板

1—提升机；2—柱子；3—后浇柱帽

7 钢 结 构 工 程

7.1 钢结构工程概述

7.1.1 钢 结 构 定 义

钢结构工程从广义上讲是指以钢铁为基材，经过机械加工组装而成的结构。一般意义上的钢结构仅限于工业厂房、高层建筑、塔桅结构、桥梁等，即建筑钢结构。

由于钢结构具有强度高、结构轻、施工周期短和精度高等特点，因而在建筑、桥梁等土木工程中被广泛采用。

7.1.2 钢 结 构 材 料

用作钢结构的钢材有钢板、钢带（成卷供应）、普通型钢（工字钢、槽钢、角钢）和钢铸件。其品种、规格、性能等应符合现行国家产品标准和设计要求；进口钢材产品的质量应符合设计和合同规定标准的要求。

1. 钢材表面外观质量

除应符合现行国家产品标准的相应规定外，尚应符合下列规定：

（1）当钢材的表面有锈蚀、麻点或划痕等缺陷时，其深度不得大于该钢材厚度负允许偏差值的 1/2；钢材表面的锈蚀等级应符合现行国家标准；

（2）钢材端边或断口处不应有分层、夹渣等缺陷；

（3）钢板厚度及允许偏差应符合规范的要求（用钢尺或游标卡尺量测）。

2. 钢材检验的项目

包括化学成分分析、拉伸试验、冷弯试验、常温或低温抗冲击试验。

（1）化学成分分析的试样样屑，可以钻取、刨取或用其他工具制取；

（2）力学性能试验的试样应在外观及尺寸合格的钢材上切取，切取的部位应满足有关规定，切取时应防止试样因受热、加工硬化及变形而影响其力学及工艺性能，用烧割法切取试样时，应留足加工余量。

3. 所采用的原材料及成品进场验收

凡涉及安全、功能的原材料及成品按规范规定进行复验，并应经监理工程师（建设单位技术负责人）见证取样、送样。对属于下列情况之一的钢材，应进行抽样复验（检查复验报告）。

（1）国外进口钢材。但当进口钢材具有国家进出口质量检验部门的复验商检报告时，可以不再进行复验；

（2）钢材混批。由于钢材经过转运、调剂等方式供应到用户后容易产生混炉号，而钢材是按炉号和批号发材质合格证，不同的生产批号质量往往存在一定的差异，因此对于混批的钢材应进行复验；

（3）板厚等于或大于 40mm，且设计有 Z 向性能要求的厚板。厚钢板存在各向异性（X、Y、Z 三个方向的屈服点、抗拉强度、伸长率、冷弯、冲击值等各指标，以 Z 向试验最差，尤其是塑性和冲击功值），因此当板厚等于或大于 40mm，且设计有 Z 向性能要求的厚板，应进行复验；

（4）建筑结构安全等级为一级，大跨度钢结构中主要受力构件所采用的钢材；

对大跨度钢结构来说，弦杆或梁用钢板为主要受力构件，应进行复验；

（5）设计有复验要求的钢材；

（6）对质量有疑义的钢材。对质量有疑义主要是指：对质量证明文件有疑义时的钢材；质量证明文件不全的钢材；质量证明书中的项目少于设计要求的钢材。复验结果应符合要求。

7.2　钢结构构件制作

钢结构构件制作一般在工厂进行，包括放样、号料、切割下料、构件模具压制和制孔、边缘加工、弯卷成型、折边、矫正和构件的防腐与涂饰等工艺过程。

7.2.1　钢结构的放样和号料

放样和号料是整个钢结构制作工艺中的第一道工序，其工作的准确与否将直接影响到整个产品的质量，至关重要。为了提高放样和号料的精度和效率，有条件时，应采用计算机辅助设计。

1. 放样

放样是根据产品施工详图或零、部件图样要求的形状和尺寸，按照 1:1 的比例把产品或零、部件的实形画在放样台或平板上，求取实长（形）并制成样板（杆）的过程。对比较复杂的壳体零部件，还需要作图展开。放样的步骤如下：

1）仔细阅读图纸，并对图纸进行核对；

2）准备放样需要的工具。包括：钢尺、石笔、粉线、划针、圆规、铁皮剪刀等；

3）准备好做样板和样杆的材料。一般采用薄钢板和小扁钢，可先刷上防锈油漆；

4）以 1:1 的比例在样板台上弹出大样。应先以构件某一水平线和垂直线为基准，弹出十字线；然后据此逐一画出其他各个点和线，并标注尺寸。当大样尺寸过大时，可分段弹出。尺寸画法应避免偏差累积；

5）裁取样板（杆）；

6）放样结束，应对照图纸进行自查，最后应根据样板编号编写构件号料明细表。

2. 号料

号料就是根据样板（杆）在钢材上画出构件的实样，并打上各种加工记号，为钢材的切割下料作准备。号料的步骤如下：

1）根据料单检查清点样板（杆），点清号料数量。号料应使用经过检查合格的样板与样杆，不得直接使用钢尺；

2）准备号料的工具。包括石笔、样冲、圆规、划针、凿子等；

3）检查号料的钢材规格和质量。若表面质量满足不了质量要求，钢材应进行矫正；

4）不同规格、不同钢号的零件应分别号料，并依据先大后小的原则依次号料，对于需要拼接的同一构件，必须同时号料，以便拼接；

5）号料时，同时画出检查线、中心线、弯曲线，并注明接头处的字母、焊缝代号；

6）号孔时，应使用与孔径相等的圆规画孔，打上样冲并作出标记，便于钻孔后检查孔位是否正确；

7）弯曲构件号料时，应标出检查线，用于检查构件在加工、装焊后的曲率是否正确；

8）在号料过程中，应随时在样板、样杆上记录下已号料的数量，号料完毕，则应在样板、样杆上注明并记下实际数量。

7.2.2 切 割 下 料

切割就是将放样和号料的零件形状从原材料上进行下料分离。钢材的切割可以通过切削、冲剪、摩擦机械力和热切割来实现。常用的切割方法有：气割、机械剪切和等离子切割三种方法。

1. 气割法

是利用氧气与可燃气体混合产生的预热火焰加热金属表面达到燃烧温度并使金属发生剧烈的氧化，放出大量的热促使下层金属也自行燃烧，同时通以高压氧气射流，将氧化物吹除而形成一条狭小而整齐的割缝。随着割缝的移动，连续切割出所需的形状。

常用的切割机械有手工切割、火车式半自动气割机、特型气割机（如光电跟踪气割机、数控气割机、多头气割机）等。

气割法设备灵活、费用低廉、精度高，是目前使用最广泛的切割方法，能够切割各种厚度的钢材，特别是带曲线的零件或厚钢板。

气割前，应将钢材切割区域表面的铁锈、污物等清除干净，气割后，应清除熔渣和飞溅物。号料时要放出割缝宽度，可按下列数值考虑：

自动气割割缝宽度为 3mm，手动气割割缝宽度为 4mm。

2. 机械切割法

通过冲剪、切削、摩擦等机械力来实现。

（1）冲剪切割：利用上、下两剪刀的相对运动来切断钢材（如剪板机、联合冲剪机）；冲剪速度快、效率高，但切口略粗糙。机械剪切的零件，其钢板厚度不宜大于12mm，剪切面应平整。

（2）切削切割：利用锯片（如弓锯床、带锯床、圆盘锯床）的切削运动把钢材分离，精度较好。

（3）摩擦切割：利用锯片（如摩擦锯床、砂轮切割机等）与工件间的摩擦发热使金属熔化而被切断，速度快，但切口不够光洁、噪声大。

3. 等离子切割法

利用高温高速的等离子焰流将切口处金属及其氧化物熔化并吹掉来完成切割，能切割任何金属，特别是熔点较高的不锈钢及有色金属铝、铜等。

构件切割后尺寸偏差应符合相应的规范规定，切割面应无裂纹、夹渣、分层和大于1mm的缺棱。切割面缺陷一般通过观察（放大镜）检查即可；但有特殊要求时，除观察外，必要时应采用渗透、磁粉或超声波探伤检查。

7.2.3 构件模具压制和制孔

1. 模具压制

模具压制是在压力设备上利用模具使钢材成型的一种工艺方法，其质量与精度均取决于模具的形状尺寸与制造质量。

模具按加工工序分，主要有冲裁模、弯曲模、拉伸模、压延模等四种。

2. 制孔

结构制孔包括铆钉孔、螺栓孔等，通常有钻孔和冲孔两种方法。

（1）钻孔。利用钻机钻孔是钢结构制造中普遍采用的方法，能用于几乎任何规格的钢板、型钢的孔加工。钻孔的原理是切削，故孔壁损伤较小，孔的精度较高。

常用的钻孔机械有：电钻、风钻、（立式、摇臂、桁式摇臂、多轴）钻床、开孔机等。钻孔宜在钻床上进行，对于构件因受场地狭小限制，加工部位特殊，不便于使用钻床加工时，则可用电钻、风钻等加工。

（2）冲孔。冲孔是在冲孔机（冲床）上进行。冲孔效率较高，但孔的周围产生冷作硬化，有孔口下塌、孔的下方增大的倾向，孔壁质量较差，一般只能在较薄的钢板和型钢上冲孔，且孔径一般不小于钢材的厚度。可用于不重要的节点板、垫板和角钢拉撑等小件加工或作为预制孔（非成品孔）。

螺栓孔孔距的允许偏差应符合规范的规定。否则，应采用与母材材质相匹配的焊条补焊后重新制孔或更换，补焊后的孔部位应修磨平整。

7.2.4 边 缘 加 工

在钢构件制造中，经过剪切或气割过的钢板边缘，其内部结构会发生硬化和变态。为了保证质量，需要对边缘进行加工。

常用的边缘加工方法有铲边、刨边、铣边和碳弧气刨边等四种。（也有用气割和坡口机加工的）

碳弧电气刨是以碳棒作为电极，在被刨削的金属间产生6000℃左右的高温电弧，将金属加热到熔化状态，然后利用压缩空气的气流把熔化的金属吹掉，达到刨削或切削金属的目的。

一般需要作边缘加工的部位包括：吊车梁翼缘板、支座支撑面；设计图纸中有技术要求的焊接坡口；尺寸精度要求严格的加劲板、隔板、腹板及有孔眼的节点板等。桥梁或重型吊车梁等重型构件的刨切量不应小于 2.0mm。

7.2.5　构件弯卷成型

1. 钢板卷曲

钢板卷曲是通过旋转辊轴对板料进行连续三点弯曲所形成的。

钢板卷曲按其卷曲类型可分为单曲率卷制和双曲率卷制。单曲率卷制包括圆柱面、圆锥面和任意柱面的卷制，操作简便，较常用。双曲率卷制可实现球面、双曲面的卷制。

钢板卷曲工艺包括预弯、对中和卷曲三个过程。

（1）预弯。板料在卷板机上卷曲时，两端边缘总有卷不到的部分，即剩余直边。所以一般应对板料进行预弯，使剩余直边弯曲到所需的曲率半径后再卷曲。预弯可在三辊、四辊或预弯压力机上进行。

（2）对中。将预弯过的板料置于卷板机上卷曲时，为防止产生歪扭，应将板料对中，使板料的纵向中心线与滚筒轴线保持严格的平行。

（3）卷曲。板料位置对中后，一般采用多次进给法卷曲。利用调节上辊筒（三辊机）或侧辊筒（四辊机）的位置使板料发生初步的弯曲，然后来回滚动而卷曲。

当制件曲率半径较大时，可在常温状态下卷曲；当制件曲率半径较小或钢板较厚时，则需在钢板加热后进行。

2. 型材弯曲

（1）型钢的弯曲。型钢弯曲时，由于截面重心线与力的作用线不在同一平面上，同时型钢除受弯曲力矩外还受扭矩的作用，所以型钢断面会产生畸变。畸变程度取决于应力的大小，而应力的大小又取决于弯曲半径。弯曲半径越小，则畸变程度越大。为了控制应力与变形，应控制最小弯曲半径。如果构件的曲率半径较大，一般采用冷弯；反之，则采用热弯。

（2）钢管的弯曲。管材在外力的作用下弯曲时，其截面会发生变形，且外侧管壁会减薄，内侧管壁会增厚。在自由状态下弯曲时，截面会变成椭圆形。为了尽可能地减少钢管在弯曲过程中的变形，弯制时通常采用下列方式：在管材中加进填充物（装砂或弹簧）后进行弯曲；用滚轮和滑槽压在管材外面进行弯曲；用芯棒穿入管材内部进行弯曲。

钢管的弯曲半径一般应不小于管子外径的 3.5 倍（热弯）至 4 倍（冷弯）。

3. 构件的折边

在钢结构制造过程中，把构件的边缘压弯成倾角或一定形状的操作过程称为折边。它有较长的弯曲线和很小的弯曲半径。折边广泛用于薄板构件，薄板经折边后可以大大提高结构的强度和刚度。弯曲折边常利用折边机进行。

7.2.6 构件矫正

钢材使用前，由于材料内部的残余应力及存放、运输、吊运不当等原因，会引起钢材原材料变形；在加工成型过程中，由于操作和工艺原因会引起成型件变形；构件连接过程中会存在焊接变形等。为了保证钢结构的制作及安装质量，必须对不符合技术标准的材料、构件进行矫正。

钢结构的矫正，就是通过外力或加热作用，使钢材较短部分的纤维伸长，或使较长的纤维缩短，以迫使钢材反变形，使材料或构件达到技术标准要求的平直或一定几何形状。

1. 矫正的形式

主要有矫直、矫平、矫形三种。矫正按外力来源分为火焰矫正、机械矫正和手工矫正等；按矫正时钢材的温度分为热矫正和冷矫正。

2. 矫正的方法

（1）火焰矫正。钢材的火焰矫正是利用火焰对钢材进行局部加热，被加热处理的金属由于膨胀受阻而产生压缩塑性变形，使较长的金属纤维冷却后缩短而完成的。

影响火焰矫正效果的因素有三个：火焰加热位置、加热的形式和加热的热量。火焰加热的位置应选择在金属纤维较长的部位。加热的形式有点状加热、线状加热和三角形加热三种。用不同的火焰热量加热，可获得不同的矫正变形的能力。低碳钢和普通低合金结构钢构件用火焰矫正时，常采用 600～800℃ 的加热温度。

（2）机械矫正。钢材的机械矫正是在专用矫正机上进行的，使弯曲的钢材在外力作用下产生过量的塑性变形，以达到平直的目的。它的优点是作用力大、劳动强度小、效率高。

钢材的机械矫正有拉伸机矫正、压力机矫正、多辊矫正机矫正等。

（3）手工矫正。钢材的手工矫正采用锤击的方法进行，操作简单灵活。手工矫正由于矫正力小、劳动强度大、效率低而用于矫正尺寸较小的钢材。有时在缺乏或不便使用矫正设备时也采用。

3. 在钢材或构件的矫正过程中，应注意以下几点：

（1）为了防止钢材在低温情况下受到外力作用产生冷脆断裂，碳素结构钢在环境温度低于－16℃、低合金结构钢在环境温度低于－12℃时，不应进行冷矫正和冷弯曲。

（2）碳素结构钢和低合金结构在加热矫正时，加热温度不应超过 900℃。低合金结构钢在加热矫正后应自然冷却。当零件采用热加工成型时，加热温度应控制在 900～1000℃；碳素结构钢和低合金结构钢在温度分别下降到 700℃ 和 800℃ 之前，应结束加工。

（3）钢材冷矫正和冷弯曲的最小曲率半径和最大弯曲矢高尺寸允许偏差符合有关的规定。

7.2.7 高强度螺栓连接构件摩擦面的加工

摩擦面的加工常采用喷砂（丸）、酸洗、砂轮打磨、钢丝刷人工除锈等方法。

1. 喷砂（丸）

是利用空压机以压缩空气为动力，通过喷砂（丸）来处理钢材表面摩擦面的粗糙度。

喷砂（丸）主要设备是空压机，工作压力为 $p=8kg/cm^2$（0.78MPa），喷砂压力约 $6kgf/cm^2$（0.59MPa）；石英砂的粒度 $1.5\sim4mm$，喷砂（丸）时风压 $4\sim6kg/cm^2$（$0.39\sim0.59MP$）；喷嘴直径 $8\sim10mm$，喷嘴距钢材表面 $100\sim150mm$，加工后的钢材表面呈现灰白色。

2. 酸洗加工

用装满酸液的钢板槽或钢筋混凝土制品槽，加工钢板表面的摩擦面。

3. 现场打磨

在安装现场局部采用砂轮打磨摩擦面时，打磨范围不小于螺栓孔径的 4 倍，打磨方向应与构件受力方向垂直。砂轮片宜为 40 号，打磨时不应在钢材表面磨出有明显的凹坑。

7.2.8 钢结构构件的防腐与涂饰

钢结构构件的防腐与涂饰包括普通涂料涂装和防火涂料涂装。

1. 施涂的方法

有刷涂法和喷涂法。

（1）刷涂法：适用于油性基料的涂料。

（2）喷涂法：适用于快干性和挥发性强的涂料。

2. 钢结构构件的防腐与涂饰一般规定

（1）钢结构普通涂料涂装工程应在钢结构构件组装、预拼装或钢结构安装工程检验批的施工质量验收合格后进行。钢结构防火涂料涂装工程应在钢结构安装工程检验批和钢结构普通涂料涂装检验批的施工质量验收合格后进行。

（2）漆装时的环境温度和相对湿度应符合涂料产品说明书的要求，当产品说明书无要求时，环境温度宜在 $5\sim38℃$ 之间，相对湿度不应大于 85%。漆装时构件表面不应有结露；漆装后 4h 内应保护免受雨淋。

3. 钢结构普通涂料涂装工程

（1）涂装前，钢材表面除锈应符合设计要求和国家现行有关标准和规定。处理后的钢材表面不应有焊渣、焊疤、灰尘、油污、水和毛刺等。当设计无要求时，钢材表面除锈等级应符合表 7-1 的规定。

各种底漆或防锈漆要求最低的除锈等级　　　　　表 7-1

涂　料　品　种	除锈等级
油性酚醛、醇酸等底漆或防锈漆	St2
高氯化聚乙烯、氯化橡胶、氯磺化聚乙烯、环氧树脂、聚氨酯等底漆或防锈漆	Sa2
无机富锌、有机硅、过氯乙烯等底漆	Sa2½

（2）涂料、涂装遍数、涂层厚度均应符合设计要求。当设计对涂层厚度无要求时，涂层干漆膜总厚度：室外应为 $150\mu m$，室内应为 $125\mu m$，其允许偏差 $-25\mu m$。每遍涂层干漆膜厚度的允许偏差 $-5\mu m$。检查数量：按构件数抽查 10%，且同类构件不应少于 3 件。检验方法：用干漆膜测量厚仪检查。每个构件检测 5 处，每处的数值为 3 个相距 50mm 测点涂层干漆膜厚度的平均值。

（3）构件表面不应误涂、漏涂，涂层不应脱皮和返锈等。涂层应均匀、无明显皱皮、流坠、针眼和气泡等。

（4）当钢结构处在有腐蚀介质环境或外露且设计有要求时，应进行涂层附着力测试，在检测处范围内，当涂层完整程度达到 70% 以上时，涂层附着力达到合格质量标准的要求。

4. 钢结构防火涂料涂装工程

防火涂料涂装前钢材表面除锈及防锈底漆涂装应符合设计要求和国家现行有关标准的规定。防火涂料涂装基层不应有油污、灰尘和泥砂等污垢。

钢结构防火涂料的粘结强度、抗压强度应符合国家现行标准的规定。

薄涂型防火涂料的涂层厚度应符合有关耐火极限的设计要求。厚涂型防火涂料涂层的厚度，80% 及以上面积应符合有关耐火极限的设计要求，且最薄处厚度不应低于设计要求的 85%。

防涂料不应有误涂、漏涂、涂层应闭合无脱层、空鼓、明显凹陷、粉化松散和浮浆等外观缺陷，乳突已剔除。

7.3 钢结构构件的连接

钢结构构件的连接方法通常有焊接、紧固件连接（螺栓连接、射钉、自攻钉、拉铆钉等）及铆接三种。钢结构焊接广泛应用于板间、零件、部件、构件之间的各种连接；栓接多用于轻钢结构，也是为避免或减少现场焊接、加快施工进度而采取的一种连接手段。

7.3.1 钢结构构件焊接

1. 焊接前的准备

焊前准备包括坡口制备、预焊部位清理、焊条烘干、预热、预变形及高强度钢切割表面探伤等。

2. 常用的焊接方法、特点及适用范围

（1）钢结构焊接主要采用电弧焊（手工电弧焊、气体保护焊、自保护电弧焊、埋弧焊、栓焊），还有电渣焊、气焊、等离子焊、激光焊、电子束焊等。见表 7-2。

（2）栓焊分电弧栓焊和储能栓焊。

1）电弧栓焊。是将栓钉端头（镶有铝制引弧结）置于陶瓷保护罩内与板件（或管件）表面接触通电引弧，待接触面熔化后，给焊钉（栓钉）一定压力完成焊接的方法。

钢结构常用的焊接方法、特点及适用范围　　　　　　表 7-2

焊接方法		特　　点	适　用　范　围
手工焊	交流焊机	设备简易，操作灵活，可进行各种位置的焊接	普通钢结构
	直流焊机	焊接电流稳定，适用于各种焊条	要求较高的钢结构
埋弧自动焊		生产效率高，焊接质量好，表面成型光滑美观，操作容易，焊接时无弧光，有害气体少	长度较长的对接或贴角焊缝
埋弧半自动焊		与埋弧自动焊基本相同，但操作较灵活	长度较短、弯曲焊缝
CO_2气体保护焊		利用 CO_2气体（或其与氩气混合气体）保护焊丝焊接，生产效率高，焊接质量好，成本低，易于自动化，可进行全位置焊接	用于薄钢板

2）储能栓焊。是利用交流电使大容量的充电器充电后，向栓钉与母材之间瞬时放电，达到熔化栓钉与母材的目的。由于电容放电能量有限，一般用于直径小于 12mm 的栓钉焊接。

3．焊接材料

焊接材料包括焊条、焊丝、焊剂、电渣焊熔嘴等，其与母材的匹配应符合要求，在使用前，应按其产品说明书及焊接工艺文件的规定进行烘焙和存放。

（1）焊条

供手工电弧焊用，由药皮和焊芯组成。焊条规格（E4301、E4324、E5016 等）按熔敷金属的抗拉强度、焊接的位置、焊接电流种类及药皮类型划分。

① E——表示焊条。

② 43、50——表示熔敷金属抗拉强度的最小值（430、500N/mm²）。

③ 第三位数字——表示焊接的位置 [0、1 适用于全方位（平、立、仰、横）焊接]。

④ 第三位和四位数字组合——表示适用电流种类及药皮类型。

⑤ 药皮的作用：覆盖保温、保证电弧稳定、防止焊缝氧化。

（2）焊丝

用于埋弧焊、CO_2气体保护焊、电渣焊的钢丝。对用于 CO_2气体保护焊的焊丝必须含有较高的 Mn、Si 等脱氧元素。

（3）焊剂

能熔化形成熔渣（有时也产生气体）、对熔化金属起保护和冶金作用的一种颗粒状物质，用于埋弧焊。

4．焊接工艺参数的选择

手工电弧焊的焊接工艺参数主要有：焊条直径、焊接电流、电弧电压、焊接层数、电源种类及极性等。

（1）焊条直径的选择

焊条直径的选择主要取决于焊件厚度、接头形式、焊缝位置和焊接层次等因素。在一般情况下，可根据表 7-3 按焊件厚度选择焊条直径，并倾向于选择较大直径的焊条。

焊条直径与焊件厚度的关系（mm）   表 7-3

焊件厚度	≤2	3～4	5～12	＞12
焊条直径	2	3.2	4～5	≥15

另外，在平焊时，直径可大一些；立焊时，所用焊条直径不超过 5mm；横焊和仰焊时，所用直径不超过 4mm；开坡口多层焊接时，为了防止产生未焊透的缺陷，第一层焊缝宜采用直径为 3.2mm 的焊条。

（2）焊接电流

焊接电流的过大或过小都会影响焊接质量，所以其选择应根据焊条的类型、直径、焊件的厚度、接头形式、焊缝空间位置等因素来考虑，其中焊条直径和焊缝空间位置最为关键。在一般钢结构的焊接中，焊接电流大小与焊条直径关系可用以下经验公式进行试选：

$$I = 10d^2 \tag{7-1}$$

式中 I——焊接电流，A；

　　　d——焊条直径，mm。

另外，立焊时，电流应比平焊时小 15%～20%；横焊和仰焊时，电流应比平焊电流小 10%～15%。

（3）电弧电压

根据电源特性，由焊接电流决定相应的电弧电压。此外，电弧电压还与电弧长有关，电弧长则电弧电压高，电弧短则电弧电压低。一般要求电弧长小于或等于焊条直径，即短弧焊。在使用酸性焊条焊接时，为了预热部件或降低熔池温度，有时也将电弧稍微拉长进行焊接，即所谓的长弧焊。

（4）焊接层数

焊接层数应视焊件的厚度而定。除薄板外，一般都采用多层焊。焊接层数过少，每层焊缝的厚度过大，对焊缝金属的塑性有不利的影响。施工中每层焊缝的厚度不应大于 4～5mm。

（5）电源种类及极性

直流电源由于电弧稳定，飞溅小，焊接质量好，一般用在重要焊接结构或厚板大刚度结构上。其他情况下，应首先考虑交流电焊机。

根据焊条的形式和焊接特点的不同，利用电弧中的阳极温度比阴极高的特点，选用不同的极性来焊接各种不同的构件。用碱性焊条或焊接薄板时，采用直流反接（工件接负极）；而用酸性焊条时，通常采用正接（工件接正极）。

（6）焊前预热或焊后热处理

焊接结束后的焊缝及两侧，应彻底清除飞溅物、焊渣和焊瘤等。无特殊要求时，应根据焊接接头的残余应力、组织状态、熔敷金属含氢量和力学性能以决定是否需要焊前预热或焊后热处理。一般对厚度大于 50mm 的碳素结构钢和厚度大于 36mm 的低合金结构钢，应进行焊前预热或焊后热处理。

预热温度宜为 100～150℃，预热区在焊道两侧，每侧宽度均应大于焊件厚度的 1.5 倍以上，且不应小于 100mm。

　　焊后热处理应在焊后立即进行，保温时间应根据板厚按每 25mm 板厚 1h 确定，后热温度通过工艺试验确定。

　　（7）引弧与熄弧

　　引弧有碰击法和划擦法两种。碰击法是将焊条垂直于工件进行碰击，然后迅速保持一定距离；划擦法是将焊条端头轻轻划过工件，然后保持一定距离。施工中，严禁在焊缝区以外的母材上打火引弧。在坡口内引弧的局部面积应熔焊一次，不得留下弧坑。

　　5. 焊接的质量检验

　　焊接质量检验包括焊接前检验、焊接生产中检验和成品检验。

　　（1）焊接前检验

　　包括检验技术文件（图纸、标准、工艺规程等）是否齐备；焊接材料（焊条、焊丝、焊剂、气体等）、钢材原材料、焊接件和构件装配的质量检验；焊接设备（焊机和专用胎、模具等）是否完善；焊工合格证检验。

　　对焊接材料主要检查其质量合格证明文件、中文标志及检验报告等，但对重要钢结构采用的焊接材料应进行抽样复验，复验结果应符合现行国家产品标准和设计要求。

　　重要钢结构是指：

　　1）建筑结构安全等级为一级的一二级焊缝。

　　2）建筑结构安全等级为二级的一级焊缝。

　　3）大跨度结构中一级焊缝。

　　4）重级工作制吊车梁结构中一级焊缝。

　　5）设计要求。

　　（2）焊接生产中检验

　　主要是对焊接设备运行情况、焊接规范和焊接工艺的执行，以及多层焊接过程中夹渣、焊透等缺陷的自检，目的是防止焊接中缺陷的形成，及时发现缺陷，采取整改措施。焊缝施焊后应在工艺规定的焊缝及部位打上焊工钢印。

　　（3）成品检验

　　成品检验的方法通常可分为无损检验和破坏性检验两大类。无损检验可分为外观检查、致密性检验、无损探伤。

　　1）外观检查。

　　外观检查采用观察检查或使用放大镜、焊缝量规和钢尺检查。

　　焊缝感观应达到：外形均匀、成型较好，焊道与焊道、焊道与基本金属间过渡比较平滑，焊渣和飞溅物基本清除干净；焊缝表面不得有裂纹、焊瘤等缺陷。一级、二级焊缝不得有表面气孔、夹渣、弧坑裂纹、电弧擦伤等缺陷，且一级焊缝不许有咬边、未焊满、根部收缩等缺陷；焊缝尺寸允许偏差应符合规范的规定。

　　2）致密性检验，主要用水（气）压试验、煤油渗漏、渗氨试验、真空试验、氨气探漏等方法，这些方法对于管道工程、压力容器等是很重要的方法。

　　3）无损探伤主要有磁粉探伤、渗透探伤、超声波探伤、射线探伤等。

当表面缺陷采用外观检查存在疑义时，可采用磁粉探伤检查，确因结构原因或材料原因不能使用磁粉探伤检查时，方可采用渗透探伤。

内部缺陷的检测一般可用超声波探伤和射线探伤。射线探伤具有直观性、一致性好的优点，过去人们觉得射线探伤可靠、客观。但是射线探伤成本高、操作程序复杂、检测周期长，尤其是钢结构中大多为 T 形接头和角接头，射线检测的效果差，且射线探伤对裂纹、未熔合等危害性缺陷的检出率低。超声波探伤则正好相反，操作程序简单、快速，对各种接头形式的适应性好，对裂纹、未熔合的检测灵敏度高，因此，世界上很多国家对钢结构内部质量的控制采用超声波探伤，一般已不采用射线探伤。

三级焊缝只需外观检查，设计要求全焊透的一二级焊缝应采用超声波探伤进行内部缺陷的检验，超声波探伤不能对缺陷作出判断时，应采用射线探伤，其内部缺陷分级及探伤方法应符合现行国家标准规定。

4）破坏性检验。破坏性检验包括焊接头的机械性能试验，焊缝化学成分分析、金属组织测定、扩散氢含量测定、接头的耐腐蚀性能试验等，主要用于测定接头或焊缝性能是否能满足使用要求。

7.3.2 钢结构构件的紧固件连接工程

紧固件连接工程包括普通螺栓、高强度螺栓（扭剪型高强度螺栓、高强度大六角头螺栓、钢网架螺栓、球节点用高强度螺栓）及射击钉、自攻钉、拉铆钉等连接工程。

钢结构中使用的连接螺栓按性能等级分为 8 级，即 3.6、4.6、4.8、5.6、5.8、6.8、8.8、10.9S（如 5.6S 表示公称抗拉强度为 500MPa，屈强比为 60%），其中后两级为高强度螺栓，其余为普通螺栓。

1. 普通螺栓

普通螺栓是钢结构常用的紧固件之一，用作钢结构中构件间的连接、固定，或将钢结构固定到基础上，使之成为一个整体。

当普通螺栓用作永久性连接螺栓、设计有要求或对其质量有疑义时，应进行螺栓实物最小拉力载荷复验。

（1）普通螺栓的种类和用途

常用的普通螺栓按外形有六角螺栓、双头螺栓和地脚螺栓等。

1）六角螺栓。六角螺栓按制造质量和产品等级则分为 A、B、C 三种。A 级螺栓通称为精制螺栓，B 级螺栓为半精制螺栓。A、B 级适用于拆装式结构或连接部位需传递较大剪力的重要结构的安装中。C 级螺栓通称为粗制螺栓，由未加工的圆杆压制而成，适用于钢结构安装中的临时固定，或只承受钢板间的摩擦阻力。对于重要的连接中，采用粗制螺栓连接时必须另加特殊支托（牛腿或剪力板）来承受剪力。

2）双头螺栓。一般又称螺柱。多用于连接厚板和不便使用六角螺栓连接的地方，如混凝土屋架、屋面梁悬挂单轨梁吊挂件等。

3）地脚螺栓。分为一般地脚螺栓、直角地脚螺栓、锤头螺栓和锚固地脚螺栓。

一般地脚螺栓、直角地脚螺栓和锤头螺栓是在浇筑混凝土基础时，预埋在基础之中，用以固定钢柱。锚固地脚螺栓是在已成形的混凝土基础上经钻机制孔后，再浇筑固定的一种地脚螺栓。

（2）普通螺栓的施工要求

1）连接要求。普通螺栓在连接时应符合下列要求：

①永久螺栓的螺栓头和螺母的下面应放置平垫圈，用于增加支承面、遮盖较大的孔眼。垫置在螺母下面的垫圈不应多于2个，垫置在螺栓头部下面的垫圈不应多于1个；

②螺栓头和螺母应与结构构件的表面及垫圈密贴；

③对于槽钢和工字钢翼缘之类倾斜面的螺栓连接，则应放置斜垫片垫平，以使螺母和螺栓的头部支承面垂直于螺杆，避免螺栓紧固时螺杆受到弯曲力；

④永久螺栓和锚固螺栓的螺母应根据施工图纸中的设计规定，采用有防松装置的螺母或弹簧垫圈；

⑤对于动荷载或重要部位的螺栓连接，应在螺母的下面按设计要求放置弹簧垫圈，以防止紧固件的松动；

⑥各种螺栓连接，从螺母一侧伸出螺栓的长度应保持在不小于两个完整螺纹的长度；

⑦螺栓的等级和材质应符合施工图纸的要求。

2）紧固轴力。

普通螺栓对其紧固轴力以操作者的手感及连接接头的外形控制为准。考虑到螺栓受力均匀，尽量减少连接件变形对紧固轴力的影响，保证各节点连接螺栓的质量，螺栓紧固必须从中心开始，对称施拧；对大型接头应采用复拧，即两次紧固法，以保证各受力螺栓均匀。其施拧时的紧固轴力应不超过相应的规定。永久螺栓拧紧质量检验采用0.3kg小锤敲击或用力矩扳手检验，要求螺栓不偏移、不颤动、不松动。拧紧的真实性用塞尺检查，对接表面高差（不平度）不应超0.5mm。

2. 高强度螺栓

高强度螺栓是用优质碳素钢或低合金钢材料制成的一种特殊螺栓，强度高、省料、减少开孔，承压高、受力性能好、安全可靠和安装简便、迅速、能装能拆等优点；但冲击韧性差、易产生延迟裂缝（尤其超拧后）。它是继铆接连接之后发展起来的新型钢结构连接形式，已经成为当今钢结构连接主要手段，普遍应用于大跨度结构、工业厂房、桥梁结构、高层钢框架结构等重要结构的连接。

（1）高强度螺栓的种类

高强度螺栓按照连接形式分，可分为抗拉连接、摩擦连接和承压连接三种，一般所说的高强度螺栓都是指摩擦连接。

高强度螺栓从外形上可分为大六角头螺栓和扭剪型高强度螺栓。

大六角头高强度螺栓连接施工包括扭矩法施工和转角法施工；扭剪型高强度螺栓是一种自标量型高强度螺栓，由本身环形切口的扭断力矩来控制高强度螺栓的紧固轴力，即只要尾部梅花头被拧掉，就可判别螺栓终拧合格。

（2）高强度螺栓紧固前检查

1）扭矩系数是高强度螺栓连接的一项重要标志，应加强对高强度螺栓的储运和保管工作，防止螺栓、螺母、垫圈组成的连接副的扭矩系数（K）发生变化。对螺栓的包装、运输、现场保管等过程都要保持它的出厂状态，直到安装使用前才能开箱检查使用。

2）高强度螺栓紧固前，应对螺孔，被连接件的移位，不平度、不垂直度，磨光顶紧的贴合情况，以及板叠合处摩擦面的处理，连接间隙，孔眼的同心度，临时螺栓的布放等进行检查。高强度螺栓连接摩擦面应保持干燥、整洁，不应有飞边、毛刺、焊接飞溅物、焊疤、氧化铁皮、污垢等，除设计要求外摩擦面不应涂漆。

3）应用拉力试验机对高强度螺栓实物的最小（抗拉强度）荷载进行检验。

4）高强度大六角头螺栓连接副出厂时应随箱带有扭矩系数检验报告，扭剪型高强度螺栓连接副应随箱带有紧固轴力（预拉力）检验报告。在施工前应随机取样分别复验扭矩系数或紧固轴力，其平均值和标准偏差值应符合国家标准的有关规定。

5）抗滑移系数是高强度螺栓连接的主要设计参数之一，直接影响构件的承载力，因此构件摩擦面无论由制造厂处理还是由现场处理，均应对抗滑移系数进行测试，测得的抗滑移系数最小值应符合设计要求。

（3）高强度螺栓施工的机具

1）手动扭矩扳手。

各种高强度螺栓在施工中以手动紧固时，都要使用带有示明扭矩值的扳手施拧，达到规定的扭矩值和剪力值。一般常用的手动扭矩扳手有指针式、音响式和扭剪型三种。

①指针式扭矩扳手。在头部设一个指示盘，施拧时指示盘即示出扭矩值，用以配合套筒头紧固六角螺栓。

②音响式扭矩扳手。这是一种附加棘轮机构预调式手动扭矩扳手，在手柄的根部带有调整力矩的主、副两个刻度，施拧前，可按需要调整预定的扭矩值，当施拧到预调的扭矩值时，便有明显的音响和手上的触感。这种扳手操作简单、效率高，配合套筒可紧固各种直径的螺栓，适用于大规模的组装作业和检测螺栓紧固的扭矩值。

③扭剪型手动扳手。这是一种紧固扭剪型高强度螺栓的手动力矩扳手，设有内套筒、内套筒弹簧和外套筒，内套筒可根据螺栓直径而更换相适应的规格。这种扳手靠螺栓尾部的卡头得到紧固反力，使紧固的螺栓不会同时转动。紧固至螺栓卡头在颈部被剪断，所施加的扭矩即可视为合格。

2）电动扳手。

钢结构用高强度大六角头螺栓紧固时用的电动扳手有：NR-9000A，NR-12和双重绝缘定扭矩、定转角电动扳手等，是拆卸和安装六角高强度螺栓机械化工具，可以自动控制扭矩和转角，适用于大六角头高强度螺栓施工的初拧、终拧和扭剪型高强度螺栓的初拧，以及对螺栓紧固件的扭矩或轴力有严格要求的场合。

扭剪型电动扳手是用于扭剪型高强度螺栓终拧紧固的电动扳手，常用的扭剪型电动扳手有 6922 型和 6924 型两种。6922 型电动板手只适用于紧固 M16、M20、M22 三种规格的扭剪型高强度螺栓，所以很少选用。6924 型扭剪型电动板手则可以紧固 M16、M20、M22 和 M24 四种规格扭剪型高强度螺栓。

（4）高强度螺栓的施工

1）施工程序。

钢结构高强度螺栓施工程序流程如图 7-1 所示。

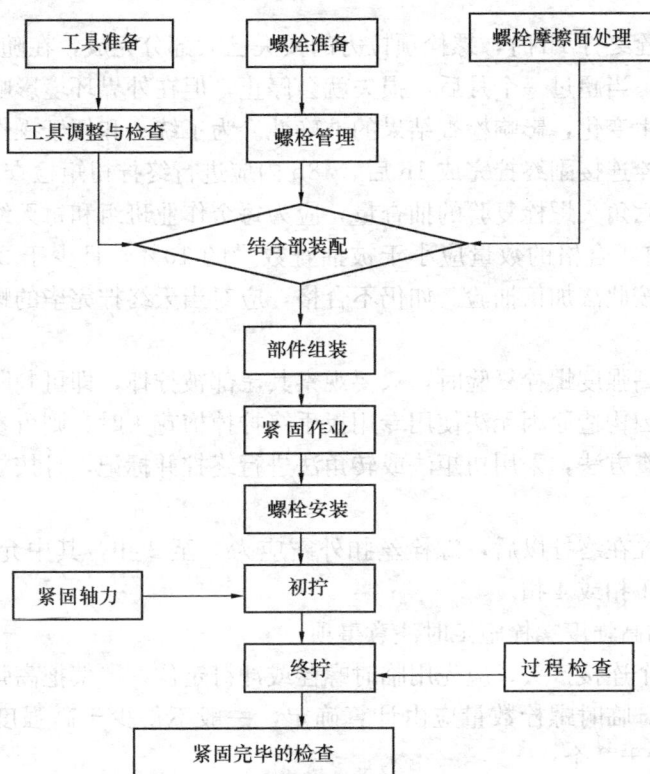

图 7-1 高强度螺栓施工程序流程

2）高强度螺栓施工（紧固）过程中检查。

在高强度螺栓紧固过程中，应检查高强度螺栓的种类、等级、规格、长度、外观质量、紧固顺序等。

紧固顺序应从节点中心向边缘依次进行，防止节点中螺栓预拉力损失不均，影响连接的刚度。紧固时，要分初拧和终拧两次紧固，对于大型节点，可分为初拧、复拧和终拧，进行初拧、复拧的目的是为了使磨擦面能密贴，且螺栓受力均匀。初拧轴力宜为 60%～80%标准轴力，最低不小于 30%标准轴力，复拧扭矩值等于初拧扭矩值；终拧轴力为标准轴力。

一般常用规格螺栓（M20、M22、M24）的初拧扭矩在 200～300N·m，螺栓轴力达到 10～50kN 即可，实际操作时可以让一个操作工用普通扳手用手力拧紧即可。

当天安装的螺栓，要在当天终拧完毕，防止螺纹被沾污和生锈，引起扭矩系数值发生变化。

3) 紧固完毕检查：

①高强度大六角头螺栓终拧检查项目：包括是否有漏拧及施工扭矩值。

先用 0.3kg 小锤敲击每一个螺栓螺母的一侧，同时用手指按住另一侧，以检查是否有漏拧；对施工扭矩的检查，可先在螺杆端面和螺母上划一直线，然后将螺母拧松 60°，再用检测专用扭矩扳手重新拧紧，使两线重合，测得的扭矩值应符合要求。

高强度螺栓终拧 1h 时，螺栓预拉力的损失已大部分完成，在随后一两天内，损失趋于平稳，当超过一个月后，损失就会停止，但在外界环境影响下，螺栓扭矩系数将会发生变化，影响检查结果的准确性。为了统一和便于操作，规定高强度大六角头螺栓连接副终拧完成 1h 后、48h 内应进行终拧扭矩检查。

高强度大六角头螺栓复验的抽查量，应为每个作业班组和每天终拧完毕数量的 5%，其允许不合格的数量应小于被抽查数量的 10%，且少于 2 个，方为合格。否则，应按此法加倍抽验。如仍不合格，应对当天终拧完毕的螺栓全部进行复验。

②扭剪型高强度螺栓复验时，只要观察其尾部被拧掉，即可判断螺栓终拧合格。对于某些因构造原因无法使用专用扳手终拧掉梅花头时，则可参照高强度大六角螺栓的检查方法，采用扭矩法或转角法进行终拧并标记，且按规定进行拧扭矩检查。

高强度螺栓在终拧以后，螺栓丝扣外露应为 2 至 3 扣，其中允许有 10% 的螺栓丝扣外露 1 扣或 4 扣。

4) 钢结构高强度螺栓施工时注意事项：

①对每一个连接接头，应先用临时螺栓或冲钉定位，严禁把高强度螺栓作为临时螺栓使用。临时螺栓数量应由计算确定，一般不得少于高强度螺栓总数的 1/3，也不得少于 2 个；

②高强度螺栓应自由穿入螺栓孔，若强行穿过螺栓会损伤丝扣，改变高强度螺栓连接副的扭矩系数，甚至连螺母都拧不上；

③高强度螺栓连接中连接钢板的孔径略大于螺栓直径，并必须采取钻孔成型方法。

扩孔时，不应采用气割扩孔，因为气割扩孔很不规则；扩孔既削弱了构件的有效截面，减少了压力传力面积，还会使扩孔钢材缺陷，因此扩孔数量应征得设计同意，扩孔后的孔径不应超过 1.2d（d 为螺栓直径）。

3. 射击钉、自攻钉、拉铆钉

连接薄钢板采用的自攻螺栓、拉铆钉、射钉等其规格尺寸应与连接钢板相匹配，其间距、边距等应符合设计要求。

自攻螺栓、钢拉铆钉、射钉等与连接钢板应紧固密贴，外观排列整齐。射钉宜采用观察检查，若用小锤敲击时，应从射钉侧面或正面敲击。检查数量：按连接节点数抽查 10%，且不应少于 3 个。

7.4 钢结构构件的组装

7.4.1 组装构件特性

零件是组成部件或构件的最小单元，如节点板、翼缘板等；部件是由若干零件组成的单元，如焊接 H 型钢、牛腿等；构件是由零件或由零件和部件组成的钢结构基本单元，如梁、柱、支撑等。

钢结构构件的组装是遵照施工图的要求，把已加工完成的各零件或半成品构件，用装配的手段组合成为独立的成品，这种装配的方法通常称为组装。

组装根据组装构件的特性及组装程度，可分为部件组装、构件组装、预拼装。

（1）部件组装是装配的最小单元的组合，它由两个或两个以上零件按施工图的要求装配成为半成品的结构部件。

（2）构件组装是把零件或半成品按施工图的要求装配成为独立的成品构件。

（3）预拼（总）装是为检验构件是否满足安装质量要求而进行的拼装，根据施工总图把相关的两个以上成品构件，在工厂制作场地上，按各构件的空间位置总装起来。其目的是直观地反映出各构件装配节点，保证构件安装质量。目前已广泛使用在采用高强度螺栓连接的钢结构构件制造中。

7.4.2 钢结构构件的组装方法

钢结构构件组装方法的选择，必须根据构件的结构特性和技术要求，结合制造厂的加工能力、机械设备等情况，选择能有效控制组装精度、耗工少、效益高的方法进行。其装配方法及适用范围见表 7-4。

钢结构构件的组装方法及适用范围　　　　表 7-4

名　称	装　配　方　法	适　用　范　围
地样法	用 1∶1 比例在装配平台上放出构件实样。然后根据零件在实样上的位置，分别组装起来成为构件	桁架、框架等小批量结构组装
仿形复制装法	先用地样法组装成单面（单片）的结构，并且定位点焊，然后翻身作为复制胎模，在上装配另一单面的结构	横断面互为对称的桁架结构，如钢屋架
立　装	根据构件的特点，及其零件的稳定位置，选择自上而下或自下而上地装配	用于放置平稳，高度不大的结构或大直径圆筒
卧　装	构件卧位放置进行装配	用于断面不大，但长度大的细长构件
胎模装配法	把构件的零件用胎模定位在其装配位置上的组装	用于制造构件批量大、精度高的产品

7.4.3 钢结构构件的组装规定

1. 预拼（总）装的一般规定

207

（1）预拼装工作场地必须平整，具有足够的刚度，应配备适当的吊装机械和装配空间。

（2）组装前，施工人员必须熟悉构件施工图及有关的技术要求，根据施工图要求复核其需组装零件的质量。所有需预拼装构件必须是经过质量检验部门验证合格的钢结构成品，且必须根据其钢结构构件特点考虑预放焊接收缩余量及其他各种加工余量。

（3）钢结构组装必须严格按照工艺要求进行，为了减少变形，在通常情况下，先组装主要结构的零件，并进行矫正，消除施焊产生的内应力，再从内向外或从里向表进行装配，将小件组装成整体构件。

（4）当有隐蔽焊缝时，必须先行预施焊，并经检验合格方可覆盖；当有复杂装配部件不易施焊时，亦可采用边装配边施焊的方法来完成其装配工作。

（5）构件预拼装时，必须在自然状态下进行，使其正确地装配在相关构件安装位置上。不允许采用强制的方法来组装构件，避免产生各种内应力，减少装配变形。

（6）如为螺栓连接，在预拼装时，所有节点连接板均应装上，除检查各部尺寸外，还应采用试孔器检查板叠孔的通过率，并应符合下列规定：

1）当采用比孔公称直径小 1.0mm 的试孔器检查时，每组孔的通过率不应小于 85%；

2）当采用比螺栓公称直径小 0.3mm 的试孔器检查时，通过率应为 100%。

（7）需在预总装时制孔的构件，必须在所有构件全部预总装完工、通过整体检查、确认无误后进行。

（8）预总装完毕后，待拆除全部的定位夹具后，方可拆卸装配的构件，以防止吊卸产生的变形。

（9）高层建筑钢结构和框架钢结构构件必须在工厂进行预拼装。

2. 组装的缺陷及修正

（1）预装尺寸偏差是由于构件预总装部位及胎模铺设不正确造成的。修正的办法一般对不到位的构件采用顶、拉等手段来使其到位；胎模铺设不正确，则采用重新修正方法。

（2）节点部位孔偏差是由于构件制孔不正确造成的。一般处理方法是：孔偏差≤3mm 时，用扩孔方法解决；孔偏差＞3mm 时，用电焊补孔打磨平整、重新钻孔方式解决；当补孔工作量大的时候，则采用换节点连接板方法解决。

7.5 钢 结 构 安 装

7.5.1 钢结构安装一般规定

如同混凝土结构安装，钢结构安装包括：结构安装前准备工作（钢柱基础的准备、构件的检查和弹线、构件吊装稳定性验算等）、确定钢结构安装工程施工方案（吊装方法、程序和起重机选择等）和进行各种构件的安装（绑扎→吊升→

对位→临时固定→校正→最后固定)。

（1）钢结构安装应在构件进场验收和焊接连接、紧固件连接、制作等分项工程验收合格的基础上进行。

（2）构件运输、堆放和吊装必须采取切实可靠措施，防止构件变形或脱漆。如不慎构件产生变形或脱漆，应矫正或补漆后再安装。对稳定性较差的构件，起吊前应进行稳定性验算，必要时应进行临时加固；

（3）钢结构表面应干净，结构主要表面不应有疤痕、泥沙等污垢。在钢结构安装工程中，由于构件堆放和施工现场都是露天，风吹雨淋，构件表面极易粘结泥沙、油污等脏物，不仅影响建筑物美观，时间长了还会侵蚀涂层，造成结构锈蚀。

（4）安装的测量校正、高强度螺栓安装、负温度下施工及焊接工艺等，应在安装前进行工艺试验或评定，并应在此基础上制定相应的施工工艺或方案。

7.5.2 单层钢结构安装工程

1. 钢结构安装定位

建筑物的定位轴线与基础的标高等直接影响到钢结构的安装质量，应给予高度重视。

建筑物的定位轴线；基础的轴线、支承面标高、水平度；地脚螺栓的规格、露出长度、螺纹长度、位置（螺栓中心偏移）及其紧固均应符合设计要求，偏差小于规定值。

2. 钢柱的吊装

柱子安装前应设置标高观测点和中心线标志，并且与土建工程相一致；钢柱安装就位后需要校正，校正应符合有关规定。

3. 钢吊车梁的吊装

吊车梁的安装应在柱子第一次校正和柱间支撑安装后进行。安装顺序应从有柱间支撑的跨间开始，吊装后的吊车梁应进行临时固定。吊车梁的校正应在屋面系统构件安装并永久连接后进行。吊车轨道的安装应在吊车梁安装符合规定后进行。吊车轨道的规格和技术条件应符合设计要求和国家现行有关标准的规定，如有变形应经矫正后方可安装。

4. 钢屋架的吊装

屋架的安装应在柱子校正符合规定后进行；屋面系统结构可采用扩大组合拼装后吊装，扩大组合拼装单元宜成为具有一定刚度的空间结构，也可进行局部加固。屋面檩条等构件安装应在主体调整定位后进行。

5. 钢平台、梯子、栏杆的安装

平台钢板应铺设平整，与支承梁密贴，表面有防滑措施，栏杆安装牢固可靠，扶手转角应光滑。

6. 构件安装后允许偏差符合规范的规定

钢柱等主要构件的中心线及标高基准点等标记应齐全，以便工程竣工后正确地进行定期观测，积累工程档案资料。

7.5.3 多层及高层钢结构安装工程

（1）多层及高层钢结构安装的主要节点有柱-柱连接，柱-梁连接，梁-梁连接等。

安装时，在每层的柱与梁调整到符合安装标准后方可终拧高强螺栓和施焊；必须控制楼面的施工荷载，严禁在楼面堆放构件，严禁施工荷载（包括冰雪荷载）超过梁和楼板的承载能力。

（2）柱、梁、支撑等构件的长度尺寸应包括焊接收缩余量等变形值。

多层及高层钢结构的柱与柱、主梁与柱的接头，一般用焊接方法连接，焊缝的收缩值以及荷载对柱的压缩变形，对建筑物的外形尺寸有一定的影响。因此，柱与主梁的制作长度要作如下考虑：柱要考虑荷载对柱的压缩变形值和接头焊缝的收缩变形值；梁要考虑焊缝的收缩变形值。

（3）安装柱时，每节柱的定位轴线应从地面控制轴线直接引上，不得从下层柱的轴线引上，因为下面一节柱的柱顶位置有安装偏差。

（4）多层及高层钢结构安装中，建筑物的高度可以按相对标高控制，也可按设计标高控制，在安装前要先决定用哪一种方法。

7.5.4 钢网架结构安装工程

网架为空间结构，由杆件通过节点焊接或螺栓连接而成。

钢网架的杆件和节点的制作都在工厂进行，节点制作、杆件长度、小拼单元、分条或分块的网壳单元长度、总拼形状等偏差应满足规范要求。

钢网架的拼装和焊接宜在专门的胎具上从中间向两端或四周进行，焊接工作宜在工厂或现场地面进行，以减少高空工作量。

网架安装方法：高空散装法，整体安装法，分条、分块吊装法，高空滑移法等。

（1）高空散装法：在地面搭设满堂支架拼装平台，将网架的杆件或小拼单元吊至拼装平台上，直接在高空设计位置进行拼装。

采用全支架拼装适用于各种类型的网架，也可根据结构的特点选用移动或滑动支架拼装及少支架的悬挑拼装。

（2）整体安装法：在地面将网架就拼装整体，利用机械整体吊装、提升或顶升就位。包括整体吊装法、整体提升法和整体顶升法。

提升设备可采用千斤顶或升板机，顶升设备一般为千斤顶。

（3）分条或分块安装法：将网架分割成条状或块状单元，然后分别吊装就位拼装成整体。

适用于分割后刚度和受力状态改变较小的网架。分条或分块的大小应根据起重能力而定。

（4）滑移法：在拟建房屋一端搭设拼装平台，将网架拼装成条状单元，沿轨道利用卷扬机或千斤顶等机械将其拖顶就位。按滑移方式分为逐条滑移法和逐条积累滑移法。

1）逐条滑移法：在拼装平台上拼装好的条状网壳单元，在滑轨上单条一次直接滑移到设计位置，再进行条间拼装。

2）逐条积累滑移法：分条的网壳单元在滑轨上逐条积累拼接后滑移到设计位置。

3）拼装平台：宽度大于两个节间滑轨，标高高于或等于网壳支座设计标高，当网壳跨度较大时，跨中宜设支撑架，增设滑轨、水平导向轮、卷扬机或手扳葫芦。

滑移法适用于两边平行的网架，在现场狭窄、运输不便的情况下，尤为适用。滑移时，滑移单元应保证成为几何不变体系。

7.5.5 钢结构安装工程质量通病及防治

1. 钢柱位移

原因及现象：即钢柱底部预留孔与预埋螺栓不对中，位移超过允许偏差。

防治措施：（1）预埋螺栓在浇灌基础混凝土前应用固定卡盘或固定架固定，防止受振错位；（2）钢柱底部预留孔应放大样，确定孔位后再钻孔；（3）对柱子轴线应进行测量复核。

2. 钢柱垂直度偏差过大

原因及现象：即钢柱垂直度偏差超过设计或规范规定的允许值。

防治措施：（1）对于细长钢柱，一点吊装变形较大时，可采取两点、三点等吊装方法，以减少变形；（2）吊装时，及时加临时支撑，以防受风力或碰撞而变形；（3）对整排柱应及时固定，将柱间支撑安装后，再吊装上部结构；（4）由于阳光照射而影响钢柱垂直偏差，其防治措施与钢筋混凝土柱相同。

3. 钢屋架（天窗架）垂直偏差过大

原因及现象：即钢屋架天窗架垂直偏差超过允许值。

防治措施：（1）严格检查构件几何尺寸，超过允许值应及时处理好再吊装；（2）应严格按照合理的安装工艺安装，屋架安装后及时在中部吊线锤进行校正、固定，控制误差在允许范围内，避免误差积累；（3）天窗架垂直偏差可采用经纬仪或线锤对天窗架两支柱进行校正；（4）屋架（天窗架）垂直偏差过大应在屋架间加设垂直支撑，以增强稳定性。

4. 安装孔位移

原因及现象：即构件安装孔不重合，安装时螺栓穿不进去。

防治措施：（1）螺栓钻孔应设样，保证尺寸、位置准确，安装前应对螺栓及安装面做好修整，注意消除钢部件小拼装偏差，防止累积；（2）螺栓紧固程度应保持一致。

5. 螺栓位移

原因及现象：即柱底脚预埋螺栓位置与轴线相对位置超过允许偏差。

防治措施：（1）螺栓固定框尺寸应经校核，螺栓固定框应保证足够的强度和刚度；（2）螺栓安装后应复查；（3）浇筑混凝土应有测量人员监测，发现问题及时纠正；（4）加强测量放线的复查工作；（5）已出现超差，可用氧乙炔火焰将底板螺栓孔扩大，安装时另加焊钢板，或将螺栓根部混凝土凿击 50～100 下，将螺栓稍加烧弯，再烤直。

6. 夹渣、未焊透、咬肉

原因及现象：钢结构柱与柱的横缝，柱与梁、梁与梁节点的平缝，手工焊出现夹渣、未焊透、咬肉等缺陷超出规范允许要求。

防治措施：（1）被焊工件与垫板必须贴紧密，采用 φ4、φ3.2 焊条打底，其间隙分别不大于 8mm 和 6mm。断弧、换焊条时应将药皮清净、搭接好；（2）焊接前应通过试验选用合理焊接规范、焊接顺序和操作；（3）施焊前要加以预热，根据不同材质、气候掌握预热温度；（4）焊条应在 300℃ 下烘 2h，以防表面有化学物质引起气化；（5）焊机二次空载电压应不小于 80V，以防熔透力不够；（6）最后一层焊缝距母材表面间距宜控制在 1～1.5mm；（7）最后一道焊缝要将电流调到 120A，降温 15min 左右再焊；（8）压低弧快速通过被焊件，加工细致，可避免咬边；（9）焊接件材质和焊条不明，应进行可焊性试验、机械性能试验和化学分析合格后才用。

7. 紧固扭矩或预拉力不够

原因及现象：即高强螺栓规定扭矩紧固后，螺栓仍达不到要求的预拉力而影响连接强度。

防治措施：（1）定期校正电动或手动扳手的扭矩值，使偏差在 5% 以内；（2）螺栓孔不重合或有偏差，应用电钻修孔，忌用锤强行打入孔内，避免使螺纹损伤；（3）紧固顺序应从螺栓组中间向两端对称紧固，操作必须分两次进行，避免部分轴力消耗在钢板变形上；（4）第一次初拧不小于终拧扭矩的 30%，第二次终拧应达到标准紧固扭矩，加强，检查，防止漏拧；（5）认真处理摩擦面；（6）涂刷油漆应在周边涂抹腻子、快干红丹漆或稠铅油封，防止油漆渗入；（7）螺丝杆、螺母和垫圈应配套使用，螺纹要高出螺帽三扣，以防使用时松扣降低顶紧力；（8）避免把高强螺栓当做临时安装螺栓使用，螺栓尾部卡头必须用扳手拧掉。

8 建筑防水工程

建筑工程的防水，按构造做法可分为结构构件自身防水和采用不同材料的防水层防水两大类；按其材料的不同分为柔性防水（如各类卷材、涂膜防水）和刚性防水（如砂浆、细石混凝土防水）两大类；按建筑工程不同部位，又可分为屋面防水、地下防水、室内厕所淋浴间的楼地面防水等。

根据建筑物的性质、重要程度，使用功能要求及防水层耐用年限等，《屋面工程技术规范》（GB 50208—94）将屋面防水分为四个等级，并规定了不同等级的设防要求。目前屋面防水做法主要有：卷材防水屋面、涂膜防水屋面和刚性防水屋面。地下工程的防水等级也分为四个等级，地下工程的防水方案主要有：采用防水混凝土自防水结构、设置附加防水层防水（如卷材防水、涂膜防水、防水砂浆防水）、采用防水加排水措施。

8.1 屋面防水工程

8.1.1 卷材防水屋面

卷材防水屋面属于柔性防水屋面，它具有自重轻、防水性能较好的优点，尤其是防水层的柔韧性好，能适应结构一定程度的振动和胀缩变形。但也存在造价较高、易老化、起鼓，且施工工序多，操作条件差，施工周期长，工效低，产生渗漏时修补较困难等缺点。

1. 高聚物改性沥青卷材防水工程

高聚物改性沥青卷材是以合成高分子聚合物改性沥青为涂盖层，纤维织物或纤维毡为胎体，同时以粉状、粒头、片状或薄膜材料为覆面材料而制成的可卷曲条状防水材料。它具有高温不流淌、低温不脆裂、抗拉强度高、延伸率大等特点，能较好地适应基层开裂及伸缩变形的要求。

（1）材料及其质量标准

1）高聚物改性沥青卷材

根据高聚物改性材料的种类不同，目前常用的有：SBS改性沥青卷材、APP改性沥青卷材、再生胶改性沥青卷材等。按胎体材料不同，又有聚酯毡、麻布、聚乙烯膜、玻纤毡等四类胎体的高聚物改性沥青卷材。

高聚物改性沥青卷材的外观质量和规格应符合表8-1的要求。

高聚物改性沥青卷材的物理性能应符合表8-2的要求。

2）基层处理剂及胶粘剂

高聚物改性沥青卷材的基层处理剂，一般都由卷材生产厂家配套供应，使用

高聚物改性沥青卷材外观质量及规格 表 8-1

外观质量要求		规 格		
项　　目	外观质量要求	厚度（mm）	宽度（mm）	每卷长度（m）
断裂、皱折、孔洞、剥离	不允许	2.0	≥1000	15.0～20.0
边缘不整齐、砂砾不均匀	无明显差异	3.0	≥1000	10.0
胎体未浸透、露胎	不允许	4.0	≥1000	7.5
涂盖不均匀	不允许	5.0	≥1000	5.0

高聚物改性沥青卷材的物理性能 表 8-2

项　　目		性 能 要 求			
		Ⅰ类	Ⅱ类	Ⅲ类	Ⅳ类
拉伸性能	拉力（N）	≥400	≥400	≥50	≥200
	延伸率（%）	≥30	≥5	≥200	≥3
耐热度（85±2℃，2h）		不流淌，无集中性气泡			
柔性（−5～−25℃）		绕规定直径圆棒无裂纹			
不透水性	压力（MPa）	≥0.2			
	保持时间（min）	≥30			

注：1. Ⅰ类指聚酯胎体，Ⅱ类指麻布胎体，Ⅲ类指聚乙烯膜胎体，Ⅳ类指玻纤胎体；
　　2. 表中柔性的温度范围系数表示不同品种产品的低温性能。

应按产品说明书的要求进行，主要有改性沥青溶液和冷底子油两类。

高聚物改性沥青卷材的胶粘剂也是由厂家配套供应，分为基层与卷材粘贴的胶粘剂及卷材与卷材搭接的胶粘剂两种。对单组分胶粘剂只需开桶搅拌均匀后即可使用，而双组分胶粘剂则必须严格按厂家提供的配合比和配制方法进行计量、掺合、搅拌均匀后才能使用。改性沥青胶粘剂物理性能的检验项目为粘结剥离强度，一般不应小于 8N/10mm，浸水后粘结强度保持率不应小于 70%。

（2）高聚物改性沥青卷材防水工程施工

高聚物改性沥青卷材由于其具有低温柔性和延伸率，一般单层铺设，也可复合使用。改性沥青卷材施工时，基层处理剂的涂刷施工操作与冷底子油基本相同。改性沥青卷材依据其品种不同，可采用热熔法、冷粘法、自粘法施工。

1）高聚物改性沥青防水卷材热熔法施工

采用热熔法施工的改性沥青卷材是一种在工厂生产过程中底面即涂有一层软化点较高的改性沥青热熔胶的卷材。铺贴时不需涂刷胶粘剂，而用火焰烘烤后直接与基层粘贴。它可以节省胶粘剂，降低造价，施工时受气候影响小，尤其适用于气温较低时施工，对基层表面干燥程度要求较宽松，但要掌握好烘烤时的火候。

热熔卷材可采用满粘法或条粘法铺贴。满粘法一般用滚铺施工，即不展开卷材而是边加热烘烤边滚动卷材铺贴。而条粘法常用展铺施工，即先将卷材平铺于基层，再沿边掀起卷材予以加热粘贴。

热熔法施工的主要工具是加热器，国内最常用的是石油液化气火焰喷枪，有单头和多头两种，它由石油液化气瓶、橡胶煤气管、喷枪三部分组成，它的火焰温度高，使用方便，施工速度快。施工时，喷枪与卷材的距离要适当（一般为

0.5m左右），加热要均匀，趁油毡尚未冷却时，滚铺油毡进行铺贴，对接缝边缘以溢出热熔的改性沥青为度，并用铁抹子或其他工具刮抹一遍，再用喷枪均匀细致地封边。

2）高聚物改性沥青冷粘法施工

冷粘法铺贴改性沥青卷材是采用冷胶粘剂或冷沥青胶，将卷材贴于涂有冷底子油的屋面基层上。冷粘法施工程序是：基层检查、清扫→涂刷基层处理剂→节点密封处理→卷材反面涂胶→基层涂胶→卷材粘贴、辊压排气→搭接缝涂胶→搭接缝粘合、辊压→搭接缝口密封→收头固定密封→清理、检查、修整。

冷粘法铺贴时，要求基层必须干净、干燥，含水率符合设计要求，否则易造成粘贴不牢和起鼓。为增强卷材与基层的粘结，应在基层上涂刷二道冷底子油。

冷粘法施工的搭接缝是一薄弱部位，为确保接缝防水质量，每幅卷材铺贴时均必须弹标准线，即铺贴第一幅卷材前，在基层上弹好标准线，沿线铺贴，继续铺贴时在已铺贴的卷材上量取要求的搭接宽度弹好线，作为继续铺贴卷材的标准线。铺贴时要求冷胶粘剂或沥青胶涂刷要均匀，不露底、不堆积，并需待溶剂部分挥发后才可滚压排气、粘贴牢固。搭接缝粘合后缝口应溢出胶粘剂，并随即刮平封口，在低温时，宜采用热风加热搭接缝两面卷材粘贴。对油毡搭接缝的边缘以及末端收头部位，应刮抹浆膏状的胶粘剂进行粘合封闭处理，以保证防水质量。

3）保护层施工

为了屏蔽或反射太阳的辐射和延长卷材防水层使用寿命，在防水层铺设完毕并经清扫干净和检查合格后，即可在卷材防水层的表面上采用边涂刷胶粘剂，边铺撒膨胀蛭石粉保护层或均匀涂刷银色或绿色涂料作保护层。

2. 合成高分子防水卷材工程

合成高分子卷材是以合成橡胶、合成树脂为基料，加入适量的化学助剂和填充料等，经混炼、压延或挤出等工序加工而成的可卷曲的长条状防水材料。具有抗拉强度高、断裂伸长率大、耐热性能好、低温柔性大、耐老化、耐腐蚀，适应变形能力强，有较长的防水耐用年限，并可以冷施工等优点，可采用冷粘法或自粘法施工。

（1）材料及其质量标准

1）高分子卷材

合成高分子卷材目前使用的主要有三元乙丙、聚氯乙烯、氯化聚乙烯、氯磺化聚乙烯、氯化聚乙烯—橡胶共混防水卷材等。上述几种合成高分子卷材的外观质量、规格和物理性能应符合表8-3和表8-4的规定。

合成高分子卷材外观质量及规格　　　　表8-3

外观质量		规格		
项目	外观质量要求	厚度（mm）	宽度（mm）	每卷长度（m）
折痕	每卷不超过2处，总长不超过20mm	1.0	≥1000	20.0
杂质	大于0.5mm的颗粒不允许	1.2	≥1000	20.0

续表

外观质量		规格		
项目	外观质量要求	厚度（mm）	宽度（mm）	每卷长度（m）
胶块	每卷不超过 6 处，每处面积不大于 4mm²	1.5	≥1000	20.0
缺胶	每卷不超过 6 处，每处不大于 8mm	2.0	≥1000	10.0

合成高分子防水卷材的物理性能　　　　　　表 8-4

项　目		性　能　要　求		
		Ⅰ	Ⅱ	Ⅲ
拉伸强度（MPa）		≥7	≥2	≥9
断裂伸长率（%）		≥450	≥100	≥10
低温弯折性℃		−40	−20	−20
		无　裂　纹		
不透水性	压力（MPa）	≥0.3	≥0.2	≥0.3
	保持时间（min）	≥30		
热老化保持率 （80±2℃，168h）	拉伸强度（%）	≥80		
	断裂伸长率（%）	≥70		

注：Ⅰ类指弹性体卷材；Ⅱ类指塑性体卷材；Ⅲ类指加合成纤维的卷材。

①三元乙丙橡胶防水卷材。

三元乙丙橡胶防水卷材是以三元乙丙橡胶（简称 EPDM）为主要成分，掺入适量的丁基橡胶、硫化剂、促进剂、软化剂和补强剂等，经过密炼、拉片过滤、挤出成型等工序加工而成的防水材料。

三元乙丙橡胶卷材不但具有良好的耐候性，耐老化性，而且抗拉强度高、延伸率大，对基层伸缩或开裂的适应性强，同时自重轻，使用温度范围宽（在−40～＋80℃范围内），可以长期使用，是一种高效防水材料。它还可以冷施工，操作简便，减少环境污染，改善劳动条件。

三元乙丙橡胶卷材适用于一般工业与民用建筑的屋面、地下室的防水层，还可用于隧道工程、蓄水池、污水处理池及厨房卫生间等室内防水。

②聚氯乙烯防水卷材。

聚氯乙烯防水卷材是以聚乙烯树脂为主要成分，以红泥（炼铝废渣）或经过特殊处理的黏土类矿物粉料为填充剂，掺入改性材料及增塑剂、抗氧剂等经捏合、塑化、压延、整形、冷却等主要工艺加工而成的防水材料。

聚氯乙烯防水卷材具有抗渗性能好，抗撕裂强度高，低温柔性好的特点，而且热熔性好，卷材接缝既可粘结又可采用热熔焊接工艺。采用单层铺贴屋面防水，冷粘贴施工，操作简便，可减少施工环境污染和减轻工人劳动强度。适用于大型屋面板、空心板防水层、刚性防水层下的防水层及旧建筑物混凝土屋面的修缮，也可用于地下室防水工程。

③氯化聚乙烯防水卷材。

氯化聚乙烯防水卷材是以氯化聚乙烯树脂和少量助剂、大量填料为原料，经密炼、混炼和压延而成的防水材料。

氯化聚乙烯防水卷材具有优良的防水、耐老化及耐油、耐腐蚀、抗撕裂等性能；卷材表面有各种颜色，既有美观作用又可减少太阳辐射热的吸收，以降低夏季室内温度；它可以采用冷作业施工。适用于屋面、地面、外墙及排水沟、堤坝等防水工程。

④氯磺化聚乙烯防水卷材。

氯磺化聚乙烯防水卷材是以氯磺化聚乙烯橡胶为主要原料，掺入适量的软化剂、稳定剂、硫化剂、促进剂、着色剂和填充剂等，经过配料、混炼、挤出或压延成型、硫化、冷却等工序加工而成。

氯磺化聚乙烯防水卷材由于以耐老化、耐紫外线腐蚀的氯磺化聚乙烯橡胶为主体材料，因而不仅具有橡胶的高弹性、高延性的特性，而且还具有优异的耐候性、耐化学腐蚀性，热稳定性强和低温柔性好。氯磺化聚乙烯还具有难燃性，能离火自灭。卷材可冷施工作业，施工简便，对环境污染小。

氯磺化聚乙烯防水卷材适用于各种屋面、地下工程的防水，特别适用于有腐蚀介质影响的部位（如化工车间等）作建筑防腐及防水层。

⑤氯化聚乙烯—橡胶共混防水卷材。

它以氯化聚乙烯和橡胶共混为主体，加入适量软化剂、防老化剂、稳定剂、硫化剂和填充剂，经捏和、混炼、过滤、挤出或压延成型的防水材料。适用于屋面、地下工程、室内防水以及排水渠、水库和水池等工程防水。

2）胶结材料

①基层处理剂。

合成高分子防水卷材应根据卷材品种与材性选用相应的基层处理剂，也可将该品种卷材的胶粘剂稀释后使用。合成高分子防水卷材基层处理剂的选用可参见表8-5。

合成高分子防水卷材的基层处理剂　　　　表 8-5

卷 材 名 称	基 层 处 理 剂
三元乙丙防水卷材	聚氨酯底胶（甲液∶乙液＝1∶3）或聚氨酯防水涂料（甲液∶乙液∶甲苯＝1∶1.5∶2）
氯化聚乙烯—橡胶共混防水卷材	聚氨酯涂料稀释，或氯丁胶 BX－12 胶粘剂
LYX-603 氯化聚乙烯防水卷材	稀释胶粘剂，或乙酸乙酯∶汽油＝1∶1
氯磺化聚乙烯防水卷材	用氯丁胶涂料稀释
三元丁橡胶防水卷材	CH-1 配套胶粘剂稀释
丁基橡胶防水卷材	氯丁胶粘剂稀释
硫化型橡胶类防水卷材	氯丁胶乳

②胶粘剂。

胶粘剂可分为基层与卷材粘贴的胶粘剂及卷材与卷材搭接的胶粘剂两种。不同品种的合成高分子卷材应选用不同的专用胶粘剂，一般由卷材生产厂家配套供应。合成高分子防水卷材粘贴时，所使用的胶粘剂见表8-6。

合成高分子防水卷材配套胶粘剂　　　　表8-6

序号	卷材名称	卷材与基层粘结剂	卷材与卷材胶粘剂
1	三元乙丙橡胶防水卷材	CX-404 胶粘剂	丁基胶粘剂
2	LYX-603 氯化聚乙烯防水卷材	LYX-603-3（3号胶）	LYX-603-2（2号胶）
3	氯化聚乙烯-橡胶共混防水材料	CX-404 或 409 胶粘剂	氯丁系胶粘剂
4	氯丁橡胶防水卷材	氯丁胶粘剂	氯丁胶粘剂
5	聚氯乙烯防水卷材	FL 型胶粘剂	PA-2 型胶粘剂
6	复合增强 PVC 防水卷材	GY-88 型乙烯共聚物改性胶	TG-II 型胶粘剂
7	TGPVC 防水卷材（带聚氨酯底衬）	TG-1 型胶粘剂	配套胶粘剂
8	氯磺化聚乙烯防水卷材	配套胶粘剂	CH-1 型胶粘剂
9	三元丁橡胶防水卷材	CH-1 型胶粘剂	氯丁胶粘剂
10	丁基橡胶防水卷材	氯丁胶粘剂	封口胶加固化剂（列克纳）
11	硫化型橡胶防水卷材	氯丁胶粘剂	5%～10%
12	高分子橡塑防水卷材	R-1 基层胶粘剂	R-1 卷材胶粘剂

（2）合成高分子防水卷材的施工

合成高分子防水卷材屋面构造一般有单层外露防水和涂膜与卷材复合防水两种，如图8-1和图8-2所示。

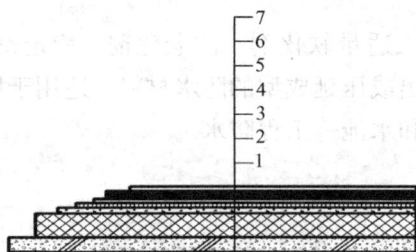

图 8-1　单层外露防水
1—钢筋混凝土屋面板；2—保温层；3—水泥砂浆找平层；4—基层处理剂；5—基层胶粘剂；6—高分子防水油毡；7—表面着色剂

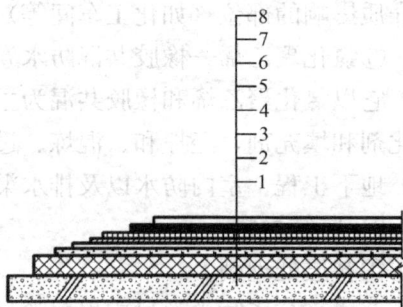

图 8-2　涂膜与油毡复合防水构造
1—钢筋混凝土屋面板；2—保温层；3—水泥砂浆找平层；4—基层处理剂；5—聚氨脂涂膜防水剂；6—胶粘剂；7—高分子油毡防水层；8—表面着色剂

合成高分子防水卷材铺贴方法有：冷粘法、自粘法和热风焊接法等三种，合成高分子防水卷材的找平层、保护层等的做法与施工要求均同改性沥青防水卷材施工相同。

1）冷粘法施工

冷粘法是最常用的一种，其施工工艺与改性沥青卷材的冷粘法相似。

冷粘法高分子卷材的基层应涂刷与胶粘剂材性相容的基层处理剂，主要作用是隔绝基层渗透来的水分和提高基层表面与合成高分子卷材之间的粘结力，它相当于石油沥青卷材施工时所涂刷的冷底子油，故又称底胶，其用量为 0.2kg/m² 左右。

粘贴合成高分子卷材的粘结剂分为基层胶粘剂和卷材接缝胶粘剂两种。前者主要用于卷材与找平层之间的粘贴，用量在 0.4kg/m² 左右；后者为卷材与卷材接缝粘结的专用胶粘剂，一般用量为 0.1kg/m² 左右，应注意的是合成高分子卷材都有其专用配套胶粘剂，不得错用或混用，否则，会影响粘贴质量。冷粘施工时，双组分的胶粘剂要按比例配合搅拌均匀再用。应根据使用说明书要求控制胶粘剂涂刷与粘合的间隔时间进行粘合，因为有些胶粘剂可以涂刷后随即粘合，而大部分胶粘剂须待溶剂挥发到一定程度后方可粘合，否则会造成粘合不牢。间隔时间的长短受胶粘剂本身性能、气候、温度影响，一般应根据试验确定，这是合成高分子卷材铺贴施工的特殊性。

合成高分子卷材搭接缝粘结要求高，这是合成高分子卷材施工的关键。施工时应将粘合面清扫干净，有些则要求用溶剂擦洗，均匀涂刷胶粘剂后，除控制好胶粘剂与粘合间隔时间外，粘合时要排净接缝之间空气、滚压粘牢，以确保接缝质量。此外，铺贴高分子卷材时切忌拉伸过紧，因为压延生产的高分子卷材在使用后期都有不同程度的收缩，若施工时拉伸过紧，往往会使卷材产生被拉断裂而影响防水效果。合成高分子卷材施工时的弹标准线、天沟铺贴及收头处理方法与改性沥青卷材的冷粘法施工相同。

2）自粘法施工

自粘法铺贴高分子卷材工艺是指自粘型高分子卷材的铺贴方法。自粘型高分子卷材是在工厂生产过程中，在卷材底面涂一层自粘胶，自粘胶表面敷一层隔离纸。施工时只要剥去隔离纸，即可直接铺贴。自粘法铺贴高分子卷材的要求与自粘法铺贴高聚物改性沥青卷材基本相同，但对其搭接缝不能采用热风焊接的方法。

3）热风焊接法施工

热风焊接高分卷材工艺是指高分子卷材的搭接缝采取加热焊接的方法，主要用于塑料系高分子卷材（如聚氯乙烯防水卷材），采用热空气焊枪进行防水卷材搭接粘合。其施工工艺流程为：

施工准备→检查清理基层→涂刷基层处理剂→节点密封处理→定位及弹基准线→卷材反面涂胶（先撕去隔离纸）→基层涂胶→卷材粘贴、滚压排气→搭接面清理→搭接面处焊接→搭接缝口处密封（用密封胶）→收头固定处密封→检查、清理、修整。

在施工中热风焊加热应以胶体发粘为度，焊时分单道焊缝和双道焊缝两种。高分子卷材之间粘结性差，卷材间接缝采用热风焊是为了增强胶粘剂的粘结能力，以确保防水层的卷材接缝可靠。施工时要注意以下几点：

①焊接前卷材的铺放应平整顺直，不得有皱折现象。搭接尺寸应准确，搭接宽度不小于50mm；

②焊接时应无水滴、露珠，无油污及附着物，应清扫干净；

③焊接时，应先焊长边搭接缝，后焊短边搭接缝。要保证焊接面受热均匀且有少量熔浆出现，焊缝处不得有漏焊、跳焊或焊接不牢现象。焊接时还必须注意不得损害非焊接部位的卷材。

（3）复合屋面施工

复合屋面是指采用不同的防水材料，利用各自的特点组成能独立承担防水能力的层次，从而组合形成防水屋面。这种采用不同性能的材料构成的复合防水，能充分利用各种材料在性能上的优势互补，从而提高防水质量。在节点部位采用复合防水的优越性尤为明显。

目前常见的复合形式有：涂膜与卷材的复合、两种不同性能卷材的复合、涂膜与刚性防水层的复合、卷材与刚性防水层的复合、刚性防水材料之间的复合、防水混凝土与瓦屋面的复合等。

无论是何种复合形式，每一防水层的厚度都必须达到要求，才能保证其能够形成一个独立的防水层。复合使用时，要求合成高分子卷材的厚度≥1.0mm，高聚物改性沥青卷材厚度≥2.0mm，合成高分子涂膜厚度≥1.0mm，高聚物改性沥青涂膜厚度≥1.5mm，沥青基防水涂膜厚度≥4.0mm。

复合屋面施工方法同各层防水层施工相同，施工中应注意以下几点：①基层的质量应满足底层防水层的要求；②不同胎体和性能的卷材复合使用时或夹铺不同胎体增强材料的涂膜复合使用时，高性能的应作为面层；③不同防水材料复合使用时，耐老化、耐穿刺的防水材料应设置在最上面。

3. 倒置式屋面施工

倒置式屋面是将保温层设置在防水层上面，与传统保温卷材屋面做法相反，故称为倒置式屋面。这种屋面的最大特点是防水层受到保温层的保护，可使防水层不受阳光直接照射，以避免承受高温和剧烈的冷热变化，减小温度应力，从而能延缓防水层的老化过程，提高卷材防水层的耐久性和使用年限。

由于将保温层置于防水层之上，所以倒置屋面采用的保温材料应具有一定的防水能力。沥青为憎水性材料，冷却凝固后吸水少，吸水后水分也易蒸发。因此，用沥青作为胶结剂，将膨胀珍珠岩胶结成整体作为保温层，具有保温性、抗水性好和水分蒸发快的优点，是目前用作倒置式屋面保温层的一种较理想的材料。

倒置式屋面应确保防水层的可靠性，应在全面检查防水层缺陷，并试水不渗漏、不积水后，才可进行保温层施工。保温层可现浇，也可以做成预制块体。采用沥青膨胀珍珠岩预制块体做保温层时，可将保护层与保温层一起做，然后在现场铺设，勾缝后即成。在铺设保温层时，应注意保护已完工的卷材防水层不受损坏。在铺贴防水层时，必须铺贴平整，不应有积水现象，否则对屋面的防水和保温效果都会造成不良影响。为防止保温层老化和损坏，应在其上做刚性保护层。

倒置式屋面的保温层材料除了沥青膨胀珍珠岩外，还有聚苯乙烯泡沫板、聚氨酯泡沫等。工程实践表明，倒置式屋面能较好地解决卷材防水屋面开裂、渗漏的弊病，延长防水层使用年限，提高防水效果，同时，采用预制块体保温层简化了施工程序，加快了施工速度。因此，倒置式屋面是一种比较有发展前途的保温屋面形式。

8.1.2 涂膜防水屋面

1. 涂膜防水屋面特点

涂膜防水工程是在屋面基层上涂刷防水涂料，经固化后形成一层有一定厚度和弹性的整体涂膜，从而达到防水目的的一种防水形式。

涂膜防水具有操作简单、施工速度快；大多采用冷施工，改善劳动条件，减少环境污染；温度适应性良好；易于修补且价格低廉的优点。其最大缺点是涂膜的厚度在施工中较难保持均匀一致。

2. 防水涂料的分类

（1）按组成材料分

防水涂料按其组成材料可分为沥青基防水涂料、高聚物改性沥青防水涂料和合成高分子防水涂料三类。

1）沥青基防水涂料：是以沥青为基料配制而成的水乳型或溶剂型防水涂料。这类涂料一般涂成较厚的涂膜，常称为厚质涂料，如水性石棉沥青、石灰乳化沥青和膨润土乳化沥青防水涂料等。适用防水要求较低的工业与民用建筑屋面。

2）高聚物改性沥青防水涂料：以沥青为基料，用合成高分子聚合物进行改性，配制而成的水乳型或溶剂型防水涂料。与沥青基涂料相比，其柔韧性、抗裂性、强度、耐高低温性能、使用寿命等方面都有了较大改善，属于薄质涂料。常见的有再生胶改性沥青、水乳型氯丁橡胶沥青、SBS 橡胶改性沥青防水涂料等，可用于防水要求较高的屋面。

3）合成高分子防水涂料：以合成橡胶或合成树脂为主要成膜物质配制而成的单组分或多组分的防水涂料。由于合成高分子材料本身性能优良，与前两类防水涂料相比，具有高弹性、高耐久性及优良的耐高低温性能，也属于薄质涂料，常见的有聚氨酯防水涂料、丙烯酸酯防水涂料等。适用于防水要求高的屋面及地下防水工程。

（2）按形成液态方式分

防水涂料按涂料形成液态的方式不同分为溶剂型、反应型和水乳型三类。

1）溶剂型涂料：是以各种有机溶剂使高分子材料等溶解成液态的涂料，如氯丁橡胶涂料等，这类涂料的优点是成膜迅速，缺点是易燃、有毒等。

2）反应型涂料：是以一个或两个液态组分构成的涂料，涂刷后经化学反应形成固态涂膜，如聚氨基甲酸脂橡胶类涂料，这类涂料的优点是成膜时无体积收缩，涂刷一遍即可获得所要求的涂膜厚度，缺点是现场配制必须精确、均匀，质量不易保证。

3）水乳型涂料：是以水为分散介质，使高分子材料及沥青材料等形成乳状液，涂刷后水分蒸发而成膜，如丙烯酸脂乳液等，这类涂料的优点是无味、无毒、无燃烧危险，操作简便，尤其可在较潮湿的基层上施工，是一种较有发展前途的防水涂料，其缺点是低温下成膜困难（不能在 5℃ 下低温施工），涂料与基层的粘结力差。

（3）按涂料成膜成分分

防水涂料有时还按涂料成膜的主要成分划分为：合成树脂类、橡胶类、橡胶沥青类、沥青类和水泥类等五类。

3. 涂膜防水施工的一般要求

涂膜防水施工的一般工艺流程如图 8-3 所示。

（1）施工前应做好材料、施工机具等的物资准备；同时熟悉图纸、了解节点

```
┌──────────────┐      ┌──────────────────┐
│  施工准备工作  │─────▶│  板缝处理及基层施工  │
└──────────────┘      └──────────────────┘
                               │
                               ▼
┌──────────────┐      ┌──────────────────┐
│  涂刷基层处理剂 │      │  基层表面清理及修整  │
└──────────────┘      └──────────────────┘
       │                       ▲
       ▼                       │
┌──────────────────┐  ┌──────────────────────┐
│ 节点及特殊部位增强处理 │─▶│ 涂布防水涂料及铺贴胎体增强材料 │
└──────────────────┘  └──────────────────────┘
                               │
                               ▼
┌──────────────┐      ┌──────────────────┐
│   保护层施工   │◀─────│  防水层清理、检查与修整 │
└──────────────┘      └──────────────────┘
```

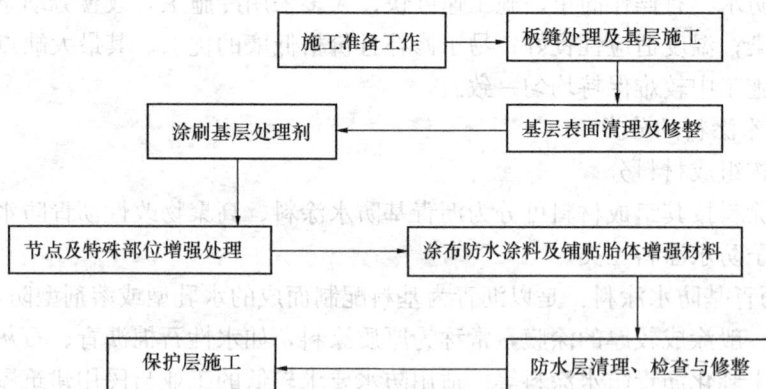

图 8-3　防水涂膜施工工艺流程

处理及施工要求，做好技术交底；防水材料进场后应抽检合格。

（2）板缝处理及基层施工：对预制板屋面的板缝要清理干净，细石混凝土要浇捣密实。基层（找平层）质量应符合要求，要确保平整度及规定的坡度，施工前应干净、干燥。找平层一般采用掺膨胀剂的细石混凝土，强度等级不低于C15，厚度宜为 40mm。找平层应设分格缝，缝宽宜为 20mm，并应留在板的支承处，间距不宜大于 6m，分格缝应嵌填密封材料。基层转角处应抹成圆弧形，圆弧半径不小于 50mm。

（3）涂膜防水的施工顺序应按"先高后低，先远后近"的原则进行。遇高低跨屋面时，一般先高跨后低跨；相同高度屋面，要合理划分施工段，先涂布距上料点远的部位，按由远到近顺序进行；同一屋面上先涂布排水较集中的水落口、檐口等节点部位，再进行大面积涂布。

（4）需铺设胎体增强材料的，当屋面坡度 $i \leqslant 15\%$ 时，可平行屋脊铺设；当坡度 $i > 15\%$ 时，应垂直于屋脊铺设，并由屋面最低处向上施工。胎体增强材料长边搭接宽度不得小于 50mm，短边搭接宽度不得小于 70mm。采用二层胎体增强材料时，上下层不得互相垂直铺设，且上下层接缝应错开至少 1/3 的幅宽。

（5）如使用两种及两种以上不同防水材料时，应考虑不同材料之间的相容性，不相容则不得使用。

（6）涂膜防水层的厚度规定：沥青基防水涂膜在Ⅲ级防水屋面上单独使用时不应小于 8mm，Ⅳ级防水屋面或复合使用时不宜小于 4mm；高聚物改性沥青防水涂膜不应小于 3mm，在Ⅲ级防水屋面上复合使用时不应小于 1.5mm；合成高分子涂膜不应小于 2mm，在Ⅲ级防水屋面上复合使用时不宜小于 1mm。

（7）施工气候条件要求：由于防水涂料对气候的影响较敏感，因此要求涂料成膜过程中应为连续无雨、雪、冰冻天气，否则，会造成麻面、空鼓甚至被溶解或被雨水冲刷掉。施工温度的要求也较严格，温度过低或过高都会影响质量，适宜的气温是：沥青基防水涂料为 5～35℃；水乳型高聚物改性沥青防水涂料为 5～35℃；溶剂型高聚物改性沥青防水涂料和合成高分子防水涂料为 5～35℃。

4. 沥青基防水涂料施工

（1）涂布前准备工作

涂料使用前应搅拌均匀，尤其是沥青基涂料，含有较多填充料属于厚质涂料，搅拌不均则不仅涂刷困难，还会因未拌匀的杂质颗粒残留在涂层中造成隐患。涂层厚度控制试验，采用预先在刮板上固定钢丝或木条的办法，也可在屋面上作好标志控制。

（2）涂刷基层处理剂

基层处理剂一般用冷底子油，涂刷时应均匀一致，覆盖完全，同时应待其干燥后再涂布防水涂料。石灰乳化沥青防水涂料，夏季可用石灰乳化沥青稀释后作为基层处理剂涂刷一道；春秋季宜用汽油沥青冷底子油涂刷一道。膨润土、石棉乳化沥青防水涂料涂布前可不涂刷基层处理剂。

（3）涂布

沥青基厚质防水涂料一般采用抹压法涂布，即将涂料直接分散倒在屋面上，用刮板刮平待其表面收水而尚未结膜时，再用铁抹子进行压实抹光。采用抹压法施工时应注意抹压时间，太早抹压起不到作用；太迟会使涂料粘住抹子，出现抹痕。为便于抹压，加快施工进度，常采用分条间隔抹压的方法，一般分条宽为0.8~1.0m，并与胎体增强材料幅宽一致。

涂布应分层分遍进行，应待前一遍涂层干燥成膜后，并检查表面是否有气泡、皱折不平、凹坑、刮痕等问题，合格后才能进行后一遍涂层的涂布，否则应进行修补。第二遍的刮涂方向应与前一遍相垂直。

立面部位涂层应在平面涂刮前进行，应视涂料流平性能好坏确定涂布次数。流平性好的涂料应薄而多次进行，否则会产生流坠现象，使上部涂层变薄，下部涂层变厚，影响防水质量。立面防水层和节点部位细部处理一般采用刷涂法施工，即采用棕刷、长柄刷、圆辊刷蘸防水涂料进行涂刷。

（4）胎体增强材料的铺设

沥青基防水涂料防水层的胎体增强材料宜用湿铺法铺贴。湿铺法是在第一遍涂层表面刮平后，不待其干燥就铺贴胎体增强材料，即边涂边铺。铺贴应平整，不起皱，但也不能拉伸过紧。铺贴后用刮板或抹子轻轻刮压或抹压，使胎布网眼（或毡面上）充满涂料，待其干燥后再进行第二遍涂料施工。

（5）收头处理

收头部位胎体增强材料应裁齐，防水层应作在滴水下或压入凹槽内，并用密封材料封压，立面收头待墙面抹灰时用水泥砂浆压封严密。

（6）保护层施工

涂膜保护层可采用细砂、云母、蛭石、浅色涂料，也可采用水泥砂浆或细石混凝土或板块保护层等。

采用细砂等粒料作保护层时，应在刮涂最后一遍涂料时，边涂边撒布粒料，使细砂等粒料与防水层粘结牢固，并要求撒布均匀，不露底、不堆积。采用浅色涂料作保护层时，应待涂膜防水层干燥固化后才能进行涂刷。采用水泥砂浆、细石混凝土等刚性保护层时，应在防水涂膜与保护层之间设置隔离层，以防止因保护伸缩而引起防水涂膜破坏造成渗漏。

5. 高聚物改性沥青涂料及合成高分子涂料施工

高聚物改性沥青防水涂料和合成高分子防水涂料在涂膜防水屋面使用时，其设计涂膜总厚度在 3mm 以下，一般称之为薄质涂料，二者施工方法基本相同，因此将两类涂料的施工合并予以介绍。

（1）施工准备工作

1）基层要求。

基层的检查、清理、修整应符合前述要求。对基层干燥程度要求是：防水涂料为溶剂型时，基层必须干燥；对合成高分子涂料，基层必须干燥；对高聚物改性沥青涂料，若为水乳型时，基层干燥程度可适当放宽。

2）配料和搅拌。

多组分防水涂料在施工现场要进行各组分的调配，合组分或各材料的配合比必须严格按照产品使用要求准确计量，严禁任意改变配合比。如配好的涂料太稠，造成涂布困难时，应按厂家提供的品种、数量，掺加稀释剂，切忌任意使用稀释剂，否则会影响涂料性能。

涂料配料混合后应搅拌充分以保证其均质性（尤其是水乳型涂料），一般采用小型电动搅拌器搅拌，也可用人工搅拌。对于单组分涂料一般开盖后即可使用，但由于涂料桶装量大且防水涂料中含有填充料，容易产生沉淀，故使用前也应进行搅拌，使其均匀后再使用。

多组分涂料每次配制量应根据每次涂刷面积计算确定，混合后的涂料必须在规定时间内用完。因此，不应一次搅拌过多使涂料发生凝聚或固化而不能使用。

3）涂层厚度控制试验。

涂层厚度是影响涂膜防水质量的一个关键问题。因此涂膜防水施工前必须根据设计要求的每平方米涂料用量、涂膜厚度及涂料材性，事先做试验确定每道涂刷的厚度及每个涂层需要涂刷的遍数。

4）确定涂刷间隔时间。

各种防水涂料都有不同的干燥时间（表干和实干），因此，涂刷前必须根据气候条件经试验确定每遍涂刷的涂料用量和间隔时间。在做涂刷厚度及用量试验的同时，可测定每遍涂层的间隔时间。

（2）涂刷基层处理剂

基层处理剂的种类由防水涂料类型而定。若使用水乳型防水涂料，可用掺0.2%～0.5%乳化剂的水溶液或软水（不用天然水或自来水）将涂料稀后，作为基层处理剂；若使用溶剂型防水涂料，可直接用涂料薄涂作为基层处理（若涂料较稠，可用相应稀释剂稀释后再用）；高聚物改性沥青防水涂料可用冷底子油作基层处理剂。

基层处理剂应在基层干燥后进行涂刷。涂刷时，应用刷子用力薄涂，使涂料尽量刷进基层表面的毛细孔中，并将基层可能留下的少量灰尘等无机杂质，像填充料一样混入基层处理剂中，使之与基层牢固结合。涂刷要均匀，覆盖完全。

（3）涂刷防水涂料

涂刷方法有刷涂法、涂刮法和机械喷涂法等，应分条或按顺序进行涂布。

1）刷涂法是用刷子蘸防水涂料进行涂刷，也可边倒边用刷子刷匀，该法主要用于立面防水层或节点部位细部处理。

2）涂刮法是用胶皮刮板涂布的方法，一般是先将涂料分散倒在基层上，用刮板来回刮涂，使其厚薄均匀，不露底、不存气泡、表面平整，然后待其干燥后再继续后遍涂层的涂刮。该法适用于大面积上的施工。

3）机械喷涂法是将防水涂料倒入喷涂设备中，通过喷枪将防水涂料均匀地喷涂于基层表面的工艺。适用于黏度较小的高聚物改性沥青防水涂料和合成高分子防水涂料的大面积施工。

（4）铺设胎体增强材料

胎体增强材料一般采用平行于屋脊铺贴，以方便施工、提高工效。

高聚物改性沥青防水涂料和合成高分子涂料涂膜防水层在第二遍涂布时，或第三遍涂布前，即可加铺胎体增强材料，铺贴方法可以采用湿铺法或干铺法。湿铺法也是边倒涂料、边涂布、边铺贴的方法。干铺法则是在前一遍涂层干燥后，边干铺胎体增强材料，边在已展平的表面上用橡皮刮板均匀满刮一道涂料。当渗透性较差的涂料与比较密实的胎体增强材料配套使用时不宜条用干铺法，因为上层涂料不易从胎体增强材料的网眼中渗透到已固化的涂膜上，影响其整体性。

合成高分子防水涂料涂膜防水层的胎体增强材料应尽量设置在防水层的上部，位于胎体下面的涂层厚度不宜小于1mm，以提高涂层的耐穿刺性、耐磨性和充分发挥涂层的延伸性。

整个防水涂膜施工完后，应有一个自然养护时间。由于涂料防水层的厚度较薄，耐穿刺能力弱，为避免人为因素而破坏防水涂膜的完整性，保证其防水效果，在涂膜实干前，不得在防水层上进行其他施工作业，涂膜防水层面上不得直接堆放物品。

涂膜的保护层施工如前所述，与卷材保护层施工要求基本同。

8.1.3 细石混凝土刚性防水屋面

1. 细石混凝土刚性防水特性

刚性防水是指利用刚性防水材料作防水层的防水工程。常见的刚性防水有：水泥砂浆防水、细石混凝土防水和防水混凝土防水工程等。

与卷材及涂膜防水相比，刚性防水工程所用材料易得，价格便宜，耐久性好，维修较方便。但刚性防水层材料的表观密度大，抗拉强度低，极限拉应变小，易受混凝土或砂浆的干湿变形、温度变形和结构变位的影响而产生裂缝。因此，刚性细石混凝土防水主要适用于防水等级为Ⅲ级的屋面防水，也可作Ⅰ、Ⅱ级屋面多道防水设防中的一道防水层；防水砂浆和防水混凝土主要用于地下工程；刚性防水不适用于设有松散保温层的屋面、大跨度和轻型屋盖的屋面以及受较大震动或冲击的建筑屋面。而且刚性防水屋的节点部位应与柔性材料复合使用，才能保证防水的可靠性。刚性防水屋面的一般构造形式如图8-4所示。

细石混凝土防水层是刚性防水的一种，多用于结构刚度大、无保温层的装配式或整体式钢筋混凝土屋盖。除细石混凝土屋面外，刚性防水屋面常见的还有补

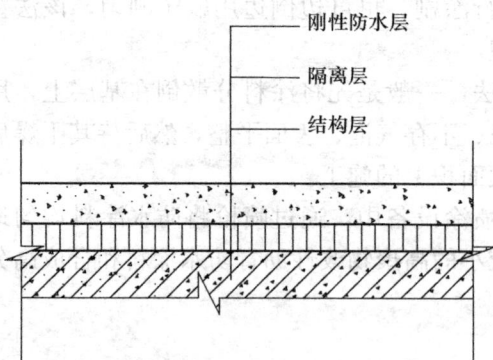

图 8-4　刚性屋面防水构造

刚性防水层
隔离层
结构层

偿收缩混凝土屋面、预应力混凝土屋面、钢纤维混凝土屋面、块体刚性防水屋面等。

2. 细石混凝土屋面的构造要求

（1）对承重基层的要求

装配式结构的屋面板作为防水层的承重基层时，必须有良好的刚度。屋面板排列方向应尽量一致，长边宜平行于屋脊，同时长边不要搁在墙上，以免三边支承受力与相邻板变形不一致，而引起防水层开裂。板下非承重墙应留有 20mm 间隙，在墙面粉刷时，用石灰砂浆等填塞。屋面板安装就位后，支承端应坐浆，使板搁置平稳牢固。板缝大小应一致，上口宽不小于 20mm，相邻板高差不大于 10mm。灌缝前先清理并湿润板缝，随即用 C20 细石混凝土灌缝，并捣实养护，待达到要求强度后，即可在基层上做隔离层。

（2）隔离层处理

为了减少结构变形和温度应力对防水层的影响，应在结构层与刚性防水层之间设置一层隔离层，使之不相互粘结。同时由于防水层通过分格缝而划分为小块，且钢筋网片在分格缝处断开，这样每块防水层不仅可以自由伸缩，而且增加了自身的整体性及抗变形能力，从而减少基层变形和温度应力对防水层的不利影响。

对隔离层的要求是：隔离性能好，平整度高。一般采用低强度等级的砂浆、卷材、塑料薄膜等材料做隔离层，常见作法有：

1）在结构基层表面抹 10～20mm 厚石灰黏土砂浆；

2）在结构基层上抹 15mm 厚 1∶4 石灰砂浆；

3）在找平好的结构基层上干铺 4～8mm 厚细砂，上面干铺一层卷材，卷材接缝用热沥青胶进行粘合；

4）在找平好的结构基层上直接铺塑料薄膜；

5）抹 5～8mm 厚纸筋麻刀灰一层。

（3）细石混凝土防水层及分格缝设置

1）细石混凝土防水层厚度不小于 40mm。为提高细石混凝土防水层的抗裂性能，内配置直径为 4mm，间距 100～200mm 的双向钢筋网片，或配置双向预应力筋，以抵抗温度应力，防止混凝土防水层开裂。

2）为了减少因温差、荷载和振动等变形造成防水层开裂，防水层应设置分格缝。如设计无明确规定时，可按以下要求设置分格缝：

①分格缝应设在结构层屋面板的支承端、屋面转折处（如屋脊）、防水层与突出屋面结构的交接处，并应与板缝对齐；

②纵横分格缝间距不宜大于 6m，或"一间一分格"，分格面积不宜超

过 36m²；

③现浇板与预制板交接处，按结构要求留有伸缩缝、变形缝的部位应设分格缝；

④分格缝上口宽为 30mm，下口宽为 20mm。

3）分格缝的做法：在浇细石混凝土前，先在隔离层上定好分格缝位置，再用木条做分格缝，按分块浇筑混凝土，待混凝土初凝后，将木条取出即可。分格缝必须有防水措施，通常用油膏嵌缝，泛水高度不低于 120mm，并与防水层一次浇捣完成，泛水转角处要做成圆弧或钝角。

3. 细石混凝土防水层施工

（1）配制细石混凝土时规定

水泥宜采用普通硅酸盐水泥或硅酸盐水泥，水泥强度等级不宜低于 32.5 级。石子粒径不宜大于 15mm，含泥量不应大于 1%。砂应采用中砂或粗砂，含泥量不应大于 2%。拌合水应采用不含有害物质的洁净水。混凝土水灰比不大于 0.55；每 1m³ 混凝土的水泥用量不应小于 330kg；砂率宜为 35%～40%；灰砂比应为 1：2～1：2.5。

（2）细石混凝土浇筑

浇筑细石混凝土防水层时，一个分格内的混凝土必须一次浇筑完毕，不留施工缝。浇筑时，应将双向钢筋网片设于防水层中部略偏上的位置，钢筋保护层厚度不应小于 10mm，通常是先浇筑 20mm 厚细石混凝土，放置钢筋网片后，再浇筑 20mm。采用机械振捣密实，表面泛浆后抹平，收水后再次压光。

细石混凝土施工时，气温宜为 5～35℃，低温或高温烈日下不宜施工。细石混凝土浇筑 12～24h 后应及时洒水养护，养护时间不少于 14d。

8.2 地下建筑防水工程

8.2.1 防水混凝土防水

1. 防水混凝土结构防水工程

防水混凝土是以自身壁厚及其憎水性和密实性来达到防水目的。按其类型可分为普通防水混凝土和外加剂防水混凝土两大类。防水混凝土的适用范围，参见表 8-7。

防水混凝土的适用范围 表 8-7

种　类		最高抗渗压力（MPa）	特　点	适　用　范　围
普通防水混凝土		>3.0	施工简单，材料来源广泛	适用于一般工业、民用建筑及公共建筑的地下防水工程
外加剂防水混凝土	引气剂防水混凝土	>2.2	抗冻性好	适用于北方高寒地区，抗冻性要求较高的防水工程及一般防水工程，不适用于抗压强度>20MPa 或耐磨性要求较高的防水工程
	减水剂防水混凝土	>2.2	拌合物流动性好	适用于钢筋密集或捣固困难的薄壁型防水构筑物，也适用于对混凝土凝结时间（促凝或缓凝）和流动性有特殊要求的防水工程（如泵送混凝土工程）

续表

种 类		最高抗渗压力 (MPa)	特 点	适 用 范 围
外加剂防水混凝土	三乙醇胺防水混凝土	>3.8	早期强度高，抗渗强度等级高	适用于工期紧迫，要求早强及抗渗性较高的防水工程及一般防水工程
	氯化铁防水混凝土	>3.8		适用于水中结构的无筋、少筋厚大防水混凝土工程及一般地下防水工程，砂浆修补抹面工程在接触直流电源或预应力混凝土及重要的薄壁结构上不宜使用
	膨胀剂防水混凝土	>3.8	密实性好、抗裂性好	适用于地下工程和地上防水构筑物

（1）防水混凝土及其配制

1）普通防水混凝土

普通防水混凝土防水原理：通过采用较小的水灰比，适当增加水泥用量和砂率，提高灰砂比，采用较小的骨料粒径，严格控制施工质量等措施，从材料和施工两方面抑制和减少混凝土内部孔隙的形成，减少孔隙率，改变孔隙特征，特别是抑制孔隙间的连通，堵塞渗漏水通路，从而使之不依赖其他附加防水措施，仅依靠提高混凝土本身的密实性和抗渗性来达到防水的要求。

普通防水混凝土原材料要求：

①水泥：在不受侵蚀性介质和冻融作用时，宜采用硅酸盐水泥和普通硅酸盐水泥；在受侵蚀性介质作用时，一般可选用火山灰质硅酸盐水泥；在受冻融作用时，优先选用普通硅酸盐水泥。水泥强度等级不宜低于 32.5 级。

②石子：选用组织致密，形状整齐的碎石、卵石或碎矿碴，石子含泥量≯1%，针状、片状颗粒含量≯15%，粒径宜为 5～30mm，最大粒径不大于40mm，石子的自然级配要适宜，吸水率不大于 1.5%。

③砂：采用含泥量不大于 3% 的中粗砂，平均粒径为 0.4mm 左右，粗细颗粒级配要适宜，以天然河砂为优。

④水：采用不含有害物质的洁净水，一般采用饮用水即可。

普通防水混凝土的配合比要求：

水灰比宜在 0.55 以下，最大不超过 0.6；坍落度不宜大于 50mm。但掺外加剂或采用泵送混凝土时，可不受此限制；每 1m³ 混凝土水泥用量不宜少于 320kg，但也不宜超过 400kg；砂率宜为 35%～40%；灰砂比宜为 1∶2～1∶2.5。

2）掺外加剂防水混凝土

外加剂防水混凝土是在混凝土中加入定量的有机或无机物外加剂，以改善混凝土的性能和结构组成，提高混凝土的密实性和抗渗性，从而达到防水目的。常用的外加剂有：防水剂、引气剂、减水剂及膨胀剂等。

①三乙醇胺防水混凝土。

三乙醇胺防水混凝土是在混凝土中加入定量的三乙醇胺防水剂配制而成的。三乙醇胺可以提高混凝土的抗渗性，并有早强、增强作用。在普通混凝土中掺入占水泥量 0.05% 的三乙醇胺后，能明显提高混凝土抗渗性，尤其对矿渣硅酸盐水泥的效果更显著。

三乙醇胺防水混凝土冬期施工时，除掺入水泥量 0.05% 的三乙醇胺外，还须加入氯化钠 0.5%～1%、亚硝酸钠 0.5%～1% 等复合使用。配制时，按上述比例，先将亚硝酸钠加入水中溶解，再加入氯入钠，待其全部溶解后，再加入三乙醇胺拌均匀，即配成防水剂混合溶液。使用时，按要求在混凝土搅拌时和水一次加入，搅拌均匀即可。

三乙醇胺防水混凝土，抗渗效果好，质量稳定，施工方便，特别适用于工期紧，要求早强及抗渗性较高的地下防水工程，采用三乙醇胺早强防水剂，还可加速模板周转，加快施工进度，提高劳动生产率。

②加引气剂防水混凝土。

引气剂是一种憎水性表面活性物质，混凝土中加入定量的引气剂后，可在混凝土中产生大量微小的、均匀的气泡，使混凝土流动性增加，易于振捣密实，可减少用水量和减小沉降泌水及混凝土的分层离析，同时由于大量微小气泡以密闭状态均匀分布在水泥浆中，填充了骨料间的孔隙，隔断了渗水通路，从而提高混凝土的抗渗性，达到防水的目的。这种混凝土对抗冻性的提高更为有效。但由于混凝土内存在大量微小气泡，会使混凝土强度相应降低，为此，应严格控制引气剂的掺量。

对松香酸钠引气剂防水混凝土，引气剂的掺量宜为水泥量的 0.1%～0.3%，另外为了稳定混凝土中的气泡，一般可加入占水泥量 0.075% 的氯化钙。引气剂混凝土宜采用机械搅拌。一般加料顺序是：先将石子、水泥、砂一次加入搅拌机，并加入定量的引气剂溶液（用引气剂与 2/3 的混凝土拌合用水混合拌匀配成），略加搅拌后，再加入定量氯化钙溶液（用氯化钙与 1/3 的混凝土拌合用水混合拌匀配成）进行搅拌，搅拌时间应控制在 2～3min。施工时引气剂防水混凝土振捣时间应严格掌握，振捣时间过长，会损失过多的气泡，并使气泡上浮，分布不均匀，而影响混凝土质量；振捣时间过短，就达不到密实要求。因此，一般应振捣至混凝土表面无大气泡上浮时即可。

引气剂防水混凝土适用于有抗冻及低水化热要求的地下防水工程。但当抗压强度要求大于 20MPa 时，则不宜采用。

③减水剂防水混凝土。

减水剂防水混凝土是在混凝土中加入定量的减水剂配剂而成的。由于加入减水剂后，混凝土的工作性能得到明显改善，可以减少混凝土拌合水用量，减少混凝土中游离水分，泌水率大幅度降低，使混凝土中的毛细孔数量相应减少，混凝土的抗渗性得到明显的提高。

试验表明，混凝土掺减水剂后，在保持流动性不变时，可减少用水量 10%～20%，混凝土强度可提高 10%～30%，抗渗性可提高 1 倍以上。当水泥用量和水灰比不变时，可增加混凝土坍落度 80～150mm，且混凝土的抗渗性和强度仍有不同程度的提高。减水剂防水混凝土配制时，应按工程需要而调节水灰比，且减水剂的掺量宜通过试验确定。

减水剂防水混凝土具有抗渗性高，技术经济效果好的优点，因此得到广泛的推广应用。尤其对施工工艺有特殊要求的防水工程，如为满足滑模、泵送工艺要求而配制的坍落度较大的防水混凝土工程及当钢筋稠密浇捣困难的薄壁型防水结构时，更为适用。

④氯化铁防水混凝土。

氯化铁防水混凝土是在混凝土中加入适量的氯化铁防水剂配制而成的。氯化铁防水剂是由氧化铁和盐酸按一定比例在常温下进行反应，然后再加入适量硫酸铝而制成的，也称为混凝土密实剂。氯化铁防水剂掺量一般为水泥量的3%为宜，过多会造成钢筋锈蚀、混凝土干缩等不利影响。

在混凝土中掺入适量的氯化铁防水剂后，由于在水泥水化过程中产生了不溶于水的氢氧化铁、氢氧化铝等胶体，填充于混凝土的孔隙内，增强了密实性，同时大大降低了泌水率，减少了内部毛细孔隙，明显地提高了混凝土抗渗性，从而达到防水的目的。

氯化铁防水剂能大幅度提高混凝土的抗渗性，可以配出抗渗等级达S40的防水混凝土，是抗渗性能最好的一种外加剂，同时它制作简单、成本也较低。适用于水中结构、无筋或少筋防水混凝土工程。

（2）防水混凝土工程的施工

防水混凝土工程质量好坏，除了受设计和材料等因素影响外，施工质量是更为重要的一环，施工质量不好是造成渗漏的主要原因之一。因此施工中要严格把好每一个环节的质量关，使大面积防水混凝土以及每一个细部节点均不渗漏水。

1）防水混凝土施工要点：

①地下工程的防水混凝土施工中必须做好基坑排水和降低地下水位工作，保持基坑干燥，严格防止带水操作；

②防水混凝土所用模板，除满足一般要求外，应特别注意模板拼缝严密、支撑牢固。不宜采用螺栓或钢丝贯穿混凝土墙来固定模板，以防止由于螺栓或钢丝贯穿混凝土墙面引起渗漏水。但是，当必须用螺栓穿墙固定模板时，则必须采取止水措施。可采用螺栓加焊止水环、预埋套管加焊止水环和螺栓加堵头的方法；

③为了有效地保护钢筋和阻止钢筋的引水作用，防水混凝土结构内部设置的各种钢筋或绑扎钢丝不得接触模板，底板钢筋均不得接触混凝土垫层；

④防水混凝土施工前必须经试验做出符合抗渗要求的配合比供施工应用，在进行配合比设计时，应将抗渗等级提高0.2MPa进行配制。拌制防水混凝土时，应严格按照试验室提供的配料单进行。材料称量的允许偏差为：水泥、水、外加剂、掺合料为±1%；砂、石为±2%。混凝土应采用机械搅拌，搅拌时间不应少于2min；掺外加剂时，还应根据外加剂的技术要求确定搅拌时间，如引气剂防水混凝土搅拌时间应为2～3min；

⑤防水混凝土运输过程中应防止漏浆和离析，如发生分层离析、泌水现象时，应在浇筑前进行二次搅拌后再使用；

⑥混凝土应严格做到分层连续浇筑，两层浇筑的间隔时间一般不宜超过2h，夏季气温高时适当缩短。混凝土必须用机械振捣密实，对引气剂防水混凝土及防水剂防水混凝土，宜采用高频振动器振捣。防水混凝土浇筑后应及时养护，洒水

养护不应少于 14d，后浇带防水混凝土养护不少于 28d。

2）施工缝、变形缝、管边穿墙部位处理。

施工缝是防水结构容易发生渗漏的薄弱部位，底板混凝土应连续浇筑不得留施工缝。墙体留水平施工缝时，应高出底板上表面不小于 300mm 的墙身上，墙体有孔洞时，施工缝距孔洞边缘不宜小于 300mm。拱、墙结合的水平施工缝，宜留在起拱线以下 150～300mm 处，先拱后墙的施工缝可留在起拱线处，但必须加强防水措施。如必须留设垂直施工缝时，应留在结构的变形缝处，垂直施工缝接缝处理与变形缝相同，应在施工缝中间埋设橡胶或塑料止水带，也可埋设金属止水带。水平施工缝的形式有：凹缝、凸缝、阶梯形缝和平缝。在施工缝上浇筑混凝土前，应将施工缝处的混凝土表面凿毛，清除浮粒和杂物，用水冲洗干净，保持湿润，再铺上一层 20～25mm 厚与混凝土同成分的水泥砂浆。

防水混凝土结构内的预埋铁件、穿墙管等部位，均为可能导致渗漏的薄弱之处，应采取措施，仔细施工。如果处理不当，就会造成严重渗漏水，处理又比较困难，因此必须引起足够重视。

防水混凝土浇筑后严禁打洞，因此，所有的预留孔洞和预埋件在混凝土浇筑前必须埋设准确。

3）防水混凝土抗渗性检验。

防水混凝土结构的抗渗性能应以标准条件养护下的防水混凝土抗渗试件（圆柱形标准试块）的试验结果评定。因此，在混凝土浇筑期间，应留置为检验抗渗性能和抗压强度（立方体标准试块）的试件。抗渗试件的留置组数，视结构规模和要求而定，当连续浇筑混凝土量为 500m³，应增留两组。

试件应在浇筑现场制作，其中一组抗渗试件应在标准条件下养护，以检验防水混凝土的设计特征值。由于抗渗试件不是在试验室条件下制作的，而是在浇筑现场制作的，因此这个特征值应比设计抗渗等级高 0.2MPa，而另一组试件应在现场相同条件下养护，以其检验结果，作为衡量防水混凝土结构实际抗渗性能的依据。各组试件养护期不得少于 28d，也不超过 90d。如果制作防水混凝土结构的原料、配合比或施工方法有变化时，均应另行留置抗渗试件，以反映在新情况下的抗渗性能。

8.2.2　表面防水层防水

1. 卷材地下防水工程

适用于地下防水工程的卷材主要有：SBS 改性沥青柔性油毡、化纤胎改性沥青油毡、APP 改性沥青油毡、塑性沥青聚酯油毡、三元乙丙橡胶防水卷材、氯磺化聚乙烯防水卷材等品种。

卷材地下防水工程在结构基层应用水泥砂浆找平，为防止地下水透过混凝土垫层向找平层渗透，找平层砂浆最好掺入水泥量 15％的无机铝盐防水剂。卷材的铺贴方法与屋面卷材防水的铺贴方法基本相同。地下工程卷材防水构造如图 8-5所示。

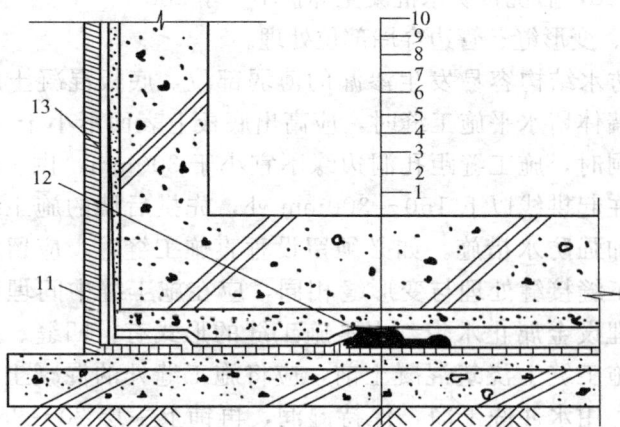

图 8-5 地下工程卷材防水构造图

1—素土夯实；2—素混凝土垫层；3—防水砂浆找平层；4—底胶；5—
基层胶粘剂；6—卷材搭接缝；7—卷材附加补强层；8—油毡保护隔离
层；9—细石混凝土；10—需防水结构；11—卷材附加层；12—嵌缝密
封膏；13—5mm厚聚乙烯泡沫塑料保护层

卷材接缝处是地下工程容易发生渗漏水的薄弱部位，必须在接缝边缘处涂刷专用胶粘剂，并骑缝粘贴一条 120mm 的卷材胶条，进行附加补强处理。在用手持压辊滚压粘结牢固后，还要在附加补强胶条的两侧边缘，用嵌缝密封膏进行封闭处理（图 8-6）。

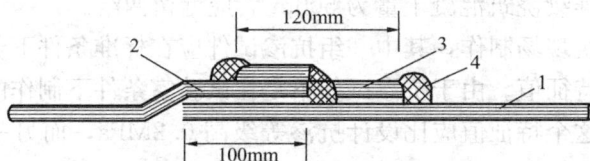

图 8-6 卷材接缝的附加补强处理

1—防水卷材；2—卷材搭接缝；3—卷材
附加补强胶条；4—嵌缝密封膏

当卷材防水层铺设完毕，经过认真、全面地检查验收合格后，即可虚铺一层纸胎石油沥青油毡做保护隔离层，铺设时可用少许氯丁系胶粘剂花粘固定。

完成油毡隔离保护层的铺设后，对平面部分可浇灌 40~50mm 厚的细石混凝土保护层，浇灌细石混凝土时，切勿损坏油毡和卷材防水层，如有损坏，必须及时用丁基橡胶等专用胶粘剂粘补一块卷材进行修复，然后继续灌注细石混凝土，避免留下隐患。

细石混凝土保护层养护固化后，即可按照设计要求进行钢筋混凝土底板和墙体结构的施工。

为了防止混凝土施工缝发生渗漏现象，应将混凝土施工缝表面清理干净，再把具有遇水膨胀的止水条粘贴在施工缝的表面，每隔 1m 左右用混凝土钉固定，然后继续浇筑混凝土结构，以获得最佳的止水效果。

对于立墙部位，可在卷材防水层外测，直接粘贴 5～6mm 厚的聚乙烯泡沫塑料板。完成聚乙烯泡沫板保护层的施工后，则可根据设计要求在基坑内分步回填、分步夯实，并做好散水。

2. 涂膜地下防水工程

地下工程防水涂层的设置，根据涂层所处的位置一般分为内防水、外防水和内外结合防水等形式，应视工程具体条件及要求选定。

防水涂层的施工见屋面防水涂层施工，各种防水层的构造如图 8-7～图 8-9 所示。

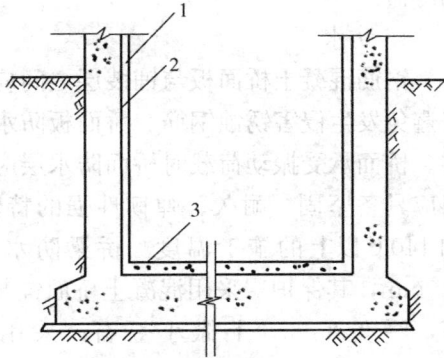

图 8-7　地下工程内防水涂层构造
1—防水涂层；2—砂浆或饰面砖保护层；
3—细石混凝土保护层

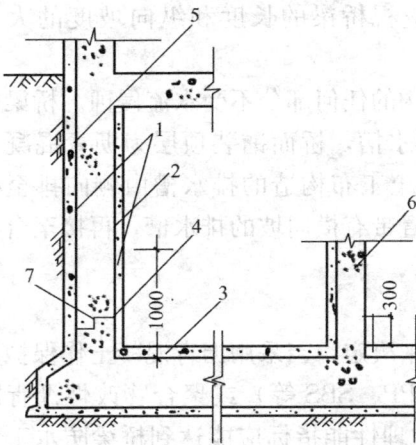

图 8-8　地下工程内、外防水涂层构造
1—防水涂层；2—砂浆保护层；3—细石混凝土
保护层；4—嵌缝材料；5—砂浆或砖墙保护层；
6—内隔墙、柱；7—施工缝

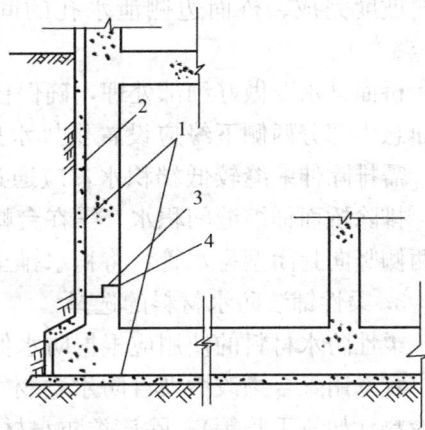

图 8-9　地下工程外防水涂层构造
1—防水涂层；2—砂浆或砖保护层；3—施工缝；
4—嵌缝材料

8.3　桥梁结构防水

8.3.1　城市桥梁结构防水

随着市政建设的发展，城市道路、高速公路、立交桥、高架桥的兴建，桥梁的防水、抗渗也提到议事日程上，有些桥面铺装上基本不设防水层，主要靠排水管和坡度排水，有些虽然做了防水层，但质量达不到要求，造成桥梁出现桥面渗水、铺装层脱落、钢筋锈蚀而引起的混凝土胀裂等严重损坏问题，降低了正常使用寿命。因此桥梁在结构防水的基础上辅以柔性防水，刚柔结合，以确保桥梁使用寿命。

1. 防水

钢筋混凝土桥面板与铺装层之间应设置有效的防水和防溶解盐的不透水层，以避免发生侵害锈蚀钢筋。桥面板防水层顶，可采用水泥或沥青混凝土桥面铺装层。桥面承受振动荷载时桥面防水层应采用柔性的防水涂料或防水卷材。防水材料应具备坚固、耐久、弹韧性强的特性，能适应高温（80℃）、严寒（－40℃）和140℃以上的施工温度。桥梁防水层的厚度根据铺装面的不同采用1.5～2.0mm，其保护层采用混凝土桥面铺装时，用42.5级以上的硅酸盐水泥制备砂浆，厚度8mm，上撒小豆石；采用沥青混凝土桥面时，用沥青石屑，厚度5～10mm。

2. 排水

桥面排水系统是由桥面边沟和桥面泄水孔设备组成的，桥梁车行道桥面排水，按不同类型桥面铺装设置1‰～2.5‰横向坡度，形成边侧排水；如有人行道时，应设置向行车道倾斜1‰的横向坡度；桥面较长时，桥面排水应由设置的纵向坡度完成。桥面边侧泄水孔的间距，应视桥梁的长度和纵向坡度的大小而定。

桥面排水要做好细部处理，确保桥梁结构的任何部分不受水流侵蚀。桥梁横断面悬出部分两侧下缘应设置供排水用的滴水槽，桥面铺装顶层为沥青混凝土时，需排除伸缩缝较低端积水，应通过三层土工布构造的排水槽由侧向排至桥外。排除桥面伸缩缝间积水，需在台帽顶设置带有横向坡的排水槽，再接至台身内两侧竖向封闭型排水管，将积水排至地面。

3. 柔性铺装防水材料的选择

柔性防水材料的使用应根据防水保护层来决定，当采用沥青混凝土作保护层时，宜选用聚合物改性沥青防水卷材（如APP、SBS等）或聚合物改性沥青防水涂料（如氯丁胶等）。除该类防水材料的物理性能指标应能达到桥梁防水工程要求外，应考虑防水材料中主体材料与保护层主体材料是同系化合物，充分利用沥青之间的相容性，增加两者间的粘结力，避免托层。

防水层是铺设在铺装层与桥面板之间，要求承受车辆行驶时所产生的垂直压力和水平方向剪切力，必须具备足够的剪切强度，当温度为60℃时，抗剪切强度应在0.04MPa以上。同时对防水材料和桥面铺装层要求应有一定的抗裂性，尤其对防水材料的低温柔性更为重要。对防水材料的低温抗裂性要求：－20℃时，抗拉强度应为6～8MPa，延伸率在10%以上。

4. 城市道路桥梁、公路防水施工

（1）高聚物改性沥青防水卷材施工

1）对基面要求。

混凝土基层（找平层、面层）应平整，允许基面坡度平缓变化。对高出2mm以上的混凝土、砂浆等结硬杂物、尖锐突出物应铲掉，凹深5mm以上的小坑应填补平整。基面混凝土强度应达到设计强度等级；表面不得有松散浮浆、掉皮、空鼓和严重开裂现象。基层混凝土应干燥、干净，不得有尘土、浮灰、杂质、油渍。

2）基层细部结构要求。

桥梁机动车桥面与检修（人行）步道应设置防水层。在预制安装主梁的纵向缝、横向缝顶处设置加强防水层时，其缝宽两侧各在 5～10cm 范围内不粘贴，以确保结构变形时，防水层有足够的变形量。钢筋混凝土预制板安装后，桥面板间或主梁间出现"错台儿"，应在"错台儿"处用水泥砂浆抹成缓坡处理。应避免桥面泄水管口处雨水溢至桥面板结构层内。基面所有管件、地漏或排水口等都必须与防水基层安装牢固，不得有任何松动，并用密封材料做好处理。

3）施工方法。

卷材可选用热熔施工和冷贴施工，卷材和基面之间采用满贴方式。在整个防水区域、泄水孔洞、边缘和其他细部，应使卷材和基面粘结牢固，尤其搭接处更应粘牢。卷材长边和短边搭接宽度均为 80mm。

（2）阳离子氯丁胶沥青防水涂料施工

在该类产品中，以"FYT"型系列为主，在国内公路、桥梁工程中已大量应用，经过实际应用考验，具有较好效果。

1）阳离子氯丁胶沥青防水涂料特点：

①产品为单组分，冷施工。对基面含水率要求不严格（可在潮湿基面施工），涂料成膜时间短，施工成本低，保证施工快速、安全；

②产品不含有机溶剂，无毒、无味、对人体无害；

③该产品粘结力、抗剪切力强。能适应基面变型，能适应桥梁荷载抗拉、抗压的特点；

④该产品为耐高温、低温涂料。在经受沥青混凝土摊铺 140℃时，涂料不流淌、不起泡。在 -25℃低温条件下涂膜不开裂。既有桥面施工的坚性，又有低温条件下的韧性。

2）适用范围。

该产品适用于公路、城市道路桥梁防水层，特别适用于沥青混凝土铺装层桥面防水。

3）防水涂料施工工艺：

一般为两布六涂，每一遍都要在上一遍干透后进行，具体如下：

①先对泄水口、立面、阴角等细部部位，用小刷做一布三涂附加层处理。对阴角部位加强涂刷防水涂料三遍。伸缩缝、施工缝用涂料浸透，保证涂料渗入混凝土表面毛细孔，使其有足够粘结力。然后大面积满刷第一遍涂料；速度不要太快，应使涂料渗进混凝土，不得有气泡。第一遍涂料实干后，涂料第二遍涂料；

②第二遍涂料表干后，涂刷第三遍涂料和满铺第一层玻纤布，边铺边刷涂料，表干后涂刷第四遍涂料；

③第四遍涂料表干后即可满铺第二层玻纤布并涂刷第五遍涂料，其间如有空鼓、皱褶应将涂层剪开，排出气泡再铺贴平整并补刷涂料，用涂料压实布面、粘牢；各层涂料在表干后即可涂刷下一遍涂料或铺布，最后一遍实干后交付验收。涂料的涂刷力求均匀，厚薄一致。基本是薄、透、匀、牢。

4）桥面基层要求：

桥面基层好坏是决定桥面防水工程质量的重要因素之一。

①桥面基层应平整，表面抹光（不做拉毛处理），边角处应做成圆弧形。基层如有显著缺陷，应用水泥乳化胶腻子找平。基层应洁净，无尘土、浮浆、杂质；

②基层表面要求基本干燥，不得有积水；

③桥面基层必须具备足够的强度，不低于设计强度的80%，其表面平整度及纵、横坡应符合规定要求。非经检查合格，不得进行防水层施工；

④出水口标高应低于桥面混凝土基层标高。

5）施工工具（手工施工为例）。

主要有：大棕毛刷（根据需要可装上长把）、长把滚刷（长300mm，人造毛刷）、短把小毛刷（猪毛或软棕制作）、手推车等。各工具配备数量，可根据工作量、施工期限具体确定。并应穿戴好必要的劳动保护用品。

6）质量标准与成品保护：

①铺布时，应满铺贴平，用涂料压实布面粘牢，边铺布边刷涂料，不得漏刷，布边缘应压紧，不得有皱折和空鼓，纵向搭接宽度不小于50mm，横向搭接不小于100mm，上下两层搭接缝宽度应错开不小于500mm；

②第一遍涂料应实干，其他各层待表干后即可涂下一道涂料或铺布；

③防水层施工完毕待自然固化48h后，方可摊铺面层沥青混凝土；

④同一作业区不允许其他工程交叉施工，以防污染、损坏防水层；

⑤防水层施工过程中，禁止行人车辆通行，应有专人保护施工现场并应有拦护设施；

⑥施工前，应将涂料搅拌均匀；

⑦施工最低温度不应低于0℃，雨天、大风天不能施工。施工温度宜在5～35℃，若施工桥面基层温度超过35℃以上，可用冷水冲洗，拖干水后再施工。

8.3.2 铁路混凝土桥结构防水施工

铁路混凝土桥梁、桥面防水是桥梁的重要组成部分，防水效果的好坏直接关系到桥梁结构的使用寿命。为维护铁路混凝土桥梁结构的耐久性，必须使梁体顶面具有良好的防水层，才可使结构免遭周围环境水分的侵害，延长梁体使用寿命。

由于防水层施工后，若出现渗漏后难以维修，要想更换更为困难。现行桥面防水层的耐久性不够理想，为满足铁路桥梁防水的需要，1998年铁道部专业设计院对秦皇岛至沈阳快速铁路专用线中混凝土桥防水层，采用了新型防水层设计，并进行实施应用。

1. 适用范围

该设计适用于普通铁路以及重载、提速用铁路混凝土桥梁、桥面防水层。

2. 防水材料种类

在材料选择当中，确定防水材料具体种类和型号后，特别在性能指标中，对低温柔性指标按最高等级选用。一般由氯化聚乙烯卷材和聚氨酯防水涂料共同构成防水层。

（1）防水卷材

依据国家标准《氯化聚乙烯防水卷材》（GB 12953—91），并根据铁路混凝土桥防水层的具体情况，制定防水卷材的规格及技术要求。防水卷材的规格及技术要求见表8-8。

防水卷材的规格及技术要求 表8-8

序号	项 目		指 标
1	厚度规格		1.2mm，允许偏差+0.15～−0.10mm，允许最小单个值1.0mm
2	宽 度		850mm或920mm，允许偏差+0.5%
3	长度规格		16.3m（使用时可根据实际情况调整）
4	平直度		≤50mm
5	平整度		≤10mm
6	拉伸强度（MPa）		≥5.0
7	断裂伸长率（%）		≥100
8	热处理尺寸变化率（%）		≤3.0
9	低温弯折性		−30℃无裂纹
10	抗渗透性		不透水
11	抗穿孔性		不透水
12	剪切状态下的粘合性（N/mm）		≥2.0
13	热老化处理	外观质量	无气泡、疤痕、裂纹、粘结、孔洞
		拉伸强度相对变化率（%）	+50～−20
		断裂伸长率相对变化率（%）	+50～−30
		低温弯折性	−20℃无裂纹
14	人工候化处理	拉伸强度相对变化率（%）	+5～−20
		断裂伸长率相对变化率（%）	+50～−30
		低温弯折性	−20℃无裂纹
15	水溶液处理	拉伸强度相对变化率（%）	+30～−20
		断裂伸长率相对变化率（%）	+30～−20
		低温弯折性	−20℃无裂纹

（2）防水涂料

聚氨酯防水涂料。聚氨酯防水涂料的物理力学性能见表8-9。

聚氨酯防水涂料的物理力学性能 表8-9

序 号	项 目		指 标
1	拉伸强度（MPa）	无处理	＞1.65
		加热处理	≥无处理值的80%
		紫外线处理	≥无处理值的60%
		碱处理	≥无处理值的80%
		酸处理	≥无处理值的80%

序 号	项 目		指 标
2	加热伸缩率 （%）	伸 长	＜1
		缩 短	＜6
3	断裂伸长率 （%）	无处理	350
		加热处理	200
		紫外线处理	200
		碱处理	200
		酸处理	200
4	拉伸时的老化	加热老化	无裂纹及变形
		紫外线老化	无裂纹及变形
5	低温柔性	无处理	−30℃无裂纹
		加热处理	−25℃无裂纹
		紫外线处理	−25℃无裂纹
		碱处理	−25℃无裂纹
		酸处理	−25℃无裂纹
6	不透水性 0.3MPa30min		不渗漏
7	固体含量（%）		≥94
8	适用时间（min）		20
9	涂膜表干时间（h）		≤4
10	涂膜实干时间（h）		≤12

3. 保护层种类

钢、玻纤维混凝土及其他适宜的纤维混凝土。

4. 防水层施工方法

（1）桥面基层要求

1）为保证防水层的铺设质量和节省防水材料用量，桥面基层应平整，无凹凸不平、蜂窝及麻面；

2）干燥度的要求，用1m见方的塑料布覆盖其上，利用阳光照射3h后（也可用吹风机加热的方法），观察是否出现水气，若无水气出现可视为干燥。

（2）施工工具准备

准备好防水涂料搅拌桶、手提式搅拌器、量具、刮板等必备工具，并应有220V电源。穿戴好必要的劳保用品。

（3）操作方法

1）防水涂料必须按产品使用说明进行配比，每次搅拌以30kg为宜；

2）防水涂料应搅拌均匀，搅拌时间约3～5min，并搅拌至甲、乙两组分的混合液体发出黑亮为止。

当环境温度较低，可在搅拌防水涂料的同时，加入防水涂料重量的3%～8%的二甲苯或邻苯二甲酸二丁酯等，也可用间接蒸汽对防水涂料的甲、乙两组分分别预热，严禁用明火加热。对甲组分预热温度不宜超过 35℃；

3）搅拌均匀的防水涂料从挡渣墙一侧的一端开始，倒出防水涂料，按涂刷宽度约 90～100cm 用刮板往另一端涂刷；

4）防水涂料应涂刷均匀，并不得漏刷，一边涂刷一边铺贴防水卷材；

5）贴防水卷材应按先铺贴挡渣墙一侧的一幅，后铺贴另一幅的顺序进行；

6）防水卷材应铺贴到端边墙、挡渣墙的内侧根部；

7）防水卷材纵向搭接时，应对先铺贴的这一幅进行搭接；

8）当梁跨度大于 16m 时，允许在防水卷材纵向搭接一次。此时应在纵向搭接完后再沿桥中心线进行横向搭接；

9）搭接宽度均不小于 80mm，防水涂料涂刷厚度为 1.5mm；

10）挡渣墙一侧的一幅铺贴完毕后，方可铺贴另一幅。涂刷防水涂料时应与前次涂层接好茬。铺贴时应用刮板将防水卷材推压平整，并使防水卷材的边缘和搭接处无翘起，其他部分无空鼓；

11）用粉笔在两幅防水卷材应搭接的部位划线标记后，将上一幅防水卷材沿桥面纵向揭起约 10cm 宽，在下一幅防水卷材应搭接的部分涂刷防水涂料进行搭接粘贴；

12）各幅防水卷材铺贴完毕并符合上述各项要求后，方可用防水涂料进行封边。挡渣墙、内边墙、端边墙内侧，以及防水卷材的周边往里 80mm 应涂刷防水涂料的部位均应进行封边，其涂刷厚度均不低于 1.5mm；

13）在进行封边工序的同时，应对泄水管的进水口涂刷防水涂料，并与封边涂层接好茬。防水涂料应涂刷到进水口往里不低于 3cm。涂刷厚度为 1.5mm，涂刷应均匀；

14）防水层铺设完毕 24h 后，方可进行保护层的施工。

5. 质量检查

（1）防水涂料甲、乙两组分配比准确、搅拌均匀、涂刷均匀、无漏刷现象；

（2）防水卷材的铺贴应平整、无破损，搭接处、周边无翘起，其他部分无空鼓；

（3）挡渣墙、内边墙和端边墙内侧应涂刷防水涂料的部分无漏刷，对防水卷材周边的封边应严实并保证封边宽度。涂刷厚度不得小于 1.5mm；

（4）上述各项检查，除可用肉眼观察检查的项目外，用衡器检查防水涂料的配比，用橡胶测厚仪检查涂层切片样品的厚度。

6. 混凝土保护层

为维护铁路混凝土桥涵结构的耐久性，必须使防水层不被破坏，保持良好的防水性能，要求防水层的保护层不碎、不裂。玻纤、聚丙烯纤维网增强混凝土是在普通混凝土中掺入抗碱玻纤、聚丙烯纤维网而形成的新型建筑材料，它们不仅具有普通混凝土的特性，还有较高的抗拉强度、抗弯强度、抗冲击性、抗疲劳强度、良好的韧性及抗裂止裂能力，特别是抗早期的塑性收缩裂纹的能力。玻纤、聚丙烯纤维网混凝土以其优良的韧性、抗冲击强度的特性作为混凝土桥防水层的保护层，将很好地起到梁体防水层的保护作用。

（1）应用材料

1）水泥：采用强度等级为 42.5 级普通硅酸盐水泥。

2）细骨料：中砂，粒径小于 1mm，级配应符合现行标准《普通混凝土用砂标准及检验方法》（JGJ 52—92）的规定。

3）粗骨料：粒径不大于 10mm 的碎石或卵石，其质量应符合《普通混凝土用碎石或卵石质量标准及检验》（JG 53—92）中的要求。

4）玻璃纤维：应符合美国 PCI《玻璃纤维增强混凝土产品的质量控制手册》要求的 JD2C61/83 或 JD2C61/86 型耐碱玻璃纤维短切原丝作为玻纤混凝土的增强材料。若采用其他型号及标准的玻璃纤维，需重新进行各项物理力学性能及耐久性试验。

5）聚丙烯纤维网：采用 Fibermesh-19 聚丙烯纤维网。

6）减水剂：应采用高效减水剂。

7）水：无侵蚀性的洁净水。

（2）混凝土配合比

1）纤维混凝土保护层按 C40 混凝土设计配合比；

2）水泥用量不低于 400kg/m³；

3）玻纤掺量为 13 ± 0.2kg/m³；

4）纤维网 Fibermesh-19mm 掺量为每 1m³ 标准袋（0.9kg/袋）；

5）粗、细骨料及外加剂的用量根据试验确定；

6）水灰比为 0.4 左右；

7）防水材料用量列于表 8-10。

每片梁防水材料用量　　　　　　　　　　　表 8-10

材料		跨度(m) 顶宽(m)	6	8	10	12	16	20	24	32	40
氯化聚乙烯防水卷材(m)	920mm	4.2	12.6	16.6	20.6	24.6	32.6	40.8	48.8	64.8	80.8
	850mm	3.9	12.6	16.6	20.6	24.6	32.6	40.8	48.8	64.8	80.8
聚氨酯防水涂料(kg)		4.2	27.0	35.3	43.5	51.6	68.1	85.1	101.4	134.4	167.4
		3.9	25.2	32.9	40.6	48.3	63.7	79.5	94.9	125.6	156.4
保护层(m³)		4.2	0.528	0.688	0.849	1.010	1.340	1.662	1.984	2.466	3.289
		3.9	0.493	0.643	0.794	0.944	1.253	1.554	1.855	2.457	3.060

9 建筑装饰装修工程

9.1 概 述

9.1.1 建筑装饰装修特点

建筑装饰装修是采用装饰装修材料或饰物，对建筑物内外表面及空间进行的各种处理过程。包括：抹灰工程、门窗工程、吊顶工程、轻质隔墙工程、饰面板（砖）工程、幕墙工程、涂饰工程、裱糊与软包工程、细部工程、楼地面铺装工程等。

建筑装饰装修工程特点：（在同一施工部位）装饰项目繁多，需要的工种也多，要求各道工序搭接严密；施工周期长，一般占整个工期的30%～40%（高级装修占50%以上）；手工作业量大，机械化施工程度差，生产效率较低；材料贵、造价高，资金投入一般占土建部分总造价的30%～50%，甚至更高；施工质量对建筑物使用功能和整体建筑效果影响很大；新材料、新工艺、新方法发展迅速。

9.1.2 建筑装饰装修工程基本规定

（1）建筑装饰装修工程必须进行设计，并出具完整的施工图设计文件。工程设计必须满足建筑物的结构安全和主要使用功能；符合城市规划、消防、环保、节能等有关规定。防火、防雷和抗震设计应符合现行国家标准的规定。

（2）当涉及主体和承重结构改动或增加荷载时，必须由原结构设计单位或具备相应资质的设计单位核查有关原始资料，对既有建筑结构的安全性进行核验、确认。

（3）当墙体或吊顶内的管线可能产生冰冻或结露时，应进行防冻或防结露设计。

（4）墙面采用保温材料时，其类型、品种、规格及施工工艺应符合设计要求。

（5）建筑装饰装修工程所用材料的品种、规格、质量性能、燃烧性、有害物质限量应符合设计要求和国家现行标准的规定，严禁使用国家明令淘汰的材料。

（6）所有材料进场时应对品种、规格、外观和尺寸进行验收。

材料包装应完好，应有产品合格证书、中文说明书及相关性能的检测报告；进口产品应按规定进行商品检验。

（7）进场后需要进行复验的材料种类及项目应符合现行规范的规定。

（8）当国家规定或合同约定应对材料进行见证检测时，或对材料的质量发生争议时，应进行见证检测。

（9）材料在运输、储存和施工过程中，必须采取有效措施防止损坏、变质和污染环境。应按设计要求进行防火、防腐和防虫处理。

（10）现场配制的材料如砂浆、胶粘剂等，应按设计要求或产品说明书配制。水泥砂浆拌好后，应在初凝前用完，凡结硬砂浆不得继续使用。

（11）建筑装饰装修工程应在基体或基层的质量验收合格后施工。施工前应有主要材料的样板或做样板间（件），并应经有关各方确认。

（12）施工单位应遵守有关环境保护的法律法规，并应采取有效措施控制施工现场的各种粉尘、废气、废弃物、噪声、振动等对周围环境造成的污染和危害。遵守有关施工安全、劳动保护、防火和防毒的法律法规，应建立相应的管理制度，并应配备必要的设备、器具和标识。

（13）施工中严禁违反设计文件擅自改动建筑主体、承重结构或主要使用功能；严禁未经设计确认和有关部门批准擅自拆改水、暖、电、燃气、通信等配套设施。施工过程中应做好半成品、成品的保护，防止污染和损坏。

（14）管道、设备等的安装及调试应在建筑装饰装修工程施工前完成，当必须同步进行时，应在饰面层施工前完成。装饰装修工程不得影响管道、设备等的使用和维修。涉及燃气管道的建筑装饰装修工程必须符合有关安全管理的规定。

（15）电器安装应符合设计要求和国家现行标准的规定。严禁不经穿管直接埋设电线。

（16）室内外装饰装修工程施工的环境条件应满足施工工艺的要求。施工环境温度不应低于5℃。当必须在低于5℃气温下施工时，应采取保证工程质量的有效措施。如：室外抹灰所用的砂浆可掺入砂浆防冻剂，其掺量由试验确定。作涂料墙面的抹灰砂浆中，不得掺入含氯盐的防冻剂，以免引起涂层表面反碱、咬色；砂浆抹灰硬化初期不得受冻。

（17）建筑装饰装修工程验收前应将施工现场清理干净。

（18）住宅装饰装修应符合国家现行《住宅装饰装修工程施工规范》GB 50327的有关规定。

9.2 抹 灰 工 程

9.2.1 抹 灰 工 程 分 类

按抹灰的材料和装饰效果可分为一般抹灰和装饰抹灰。

一般抹灰采用石灰砂浆、水泥砂浆、水泥混合砂浆、聚合物水泥砂浆和麻刀石灰、纸筋石灰、石膏灰等材料。按抹灰主要工序和表面质量分为普通抹灰和高级抹灰，当设计无要求时，按普通抹灰施工验收。普通抹灰由一底层、（一中层）、一面层构成；高级抹灰由一底层、数层中层、一面层构成。底层主要使抹面层与基体粘结和初步找平，中层主要起找平和传递荷载的作用，面层主要起装饰作用。

装饰抹灰指水刷石、斩假石、干粘石、假面砖等。但水刷石浪费水资源，并对环境有污染，应尽量减少使用。

9.2.2 抹灰工程一般规定

（1）水泥的凝结时间和安定性应进行复验并合格。

（2）抹灰用砂子宜选用中砂，砂子使用前应过筛，不得含有杂物。

（3）抹灰用的石灰膏的熟化期不应少于15d；罩面用的磨细石灰粉的熟化期不应少于3d。

（4）当要求抹灰层具有防水、防潮功能时，应采用防水砂浆。

（5）抹灰工程应分层进行。抹灰前基层表面的尘土、污垢、油渍等应清除干净，并应洒水润湿。外墙和顶棚的抹灰层与基层之间及各抹灰层之间必须粘结牢固。底层的抹灰层强度不得低于面层的抹灰层强度。用水泥砂浆和水泥混合砂浆抹灰时，应待前一抹灰层凝结后方可抹后一层；用石灰砂浆抹灰时，应待前一抹灰层七八成干后方可抹后一层。抹水泥砂浆每遍厚度宜为5～7mm，抹石灰砂浆和水泥混合砂浆每遍厚度宜为7～9mm。

（6）抹灰总厚度大于或等于35mm时应采取加强措施。不同材料基体交接处表面的抹灰，应采取防止开裂的加强措施。采用加强网时，加强网与各基体的搭接宽度不应小于100mm，并做好隐蔽工程验收记录。

（7）各种砂浆抹灰层，在凝结前应防止快干、水冲、撞击、振动和受冻，在凝结后应采取措施防止沾污和损坏。水泥砂浆抹灰层应在湿润条件下养护。

（8）外墙抹灰工程施工前应先安装门窗框、护栏等，并将墙上的施工孔洞堵塞密实。

9.2.3 一 般 抹 灰 施 工

1. 内墙一般抹灰操作的工艺流程

基体表面处理→浇水润墙→设置标筋→阳角做护角→抹底层、中层灰→抹面层灰→清理。

（1）基体表面处理

为使抹灰砂浆与基体表面粘结牢固，防止抹灰层产生空鼓、脱落，抹灰前应对基体表面的灰尘、污垢、油渍、碱膜、跌落砂浆等进行清除；对墙面上的孔洞、剔槽等用水泥砂浆进行填嵌。

基层处理应符合下列规定：

1）砖砌体，应清除表面杂物、尘土，抹灰前应洒水湿润；

2）混凝土表面应凿毛或在表面洒水润湿后涂刷1∶1水泥砂浆（加适量胶粘剂）；

3）加气混凝土应在湿润后边刷界面剂，边抹强度不小于M5的水泥混合砂浆。

（2）设置标筋

为有效地控制抹灰厚度，保证墙面垂直度和整体平整度，大面积抹灰前应设置标筋，作为抹灰的依据。

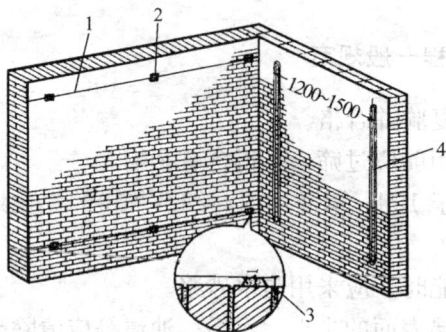

图 9-1 灰饼、标筋做法示意图
1—引线；2—灰饼（标志块）；
3—钉子；4—冲筋

设置标筋分为做灰饼和做标筋两个步骤。

1）做灰饼。用靠尺（托线板）检查墙面的平整度和垂直度，在墙面两边上角离阴角边 200～300mm 处，按设计要求的抹灰厚度，用与抹灰层相同的砂浆各做一个 50mm×50mm 见方的矩形灰饼，然后挂垂直线做墙面下角的两个灰饼。以四角灰饼表面拉线，每隔 1.2～1.5m 加做灰饼（图 9-1）。

2）做标筋。待灰饼稍干后，在灰饼间用砂浆涂抹一条宽约 80mm、比灰饼高出 10mm 左右的垂直灰埂，用木杠紧贴灰饼搓动，直至与灰饼齐平，即为标筋。

（3）做护角

为保护墙面转角处遭碰撞而不易损坏，室内墙面、柱面和门洞口的阳角做法应符合设计要求。设计无要求时，应采用 1：2 水泥砂浆做护角，其高度不应低于 2m，每侧宽度不应小于 50mm。图 9-2 为护角示意图。

（4）抹底层、中层灰

待标筋有一定强度后，即可在两标筋间用力抹上底层灰，用木抹子压实搓毛。

待底层灰收水后，即可抹中层灰，抹灰厚度应略高于标筋。中层抹灰后，随即用木杠沿标筋刮平，不平处补抹砂浆，然后再刮，直至墙面平直为止。紧接着用木抹子搓压，使表面平整密实。

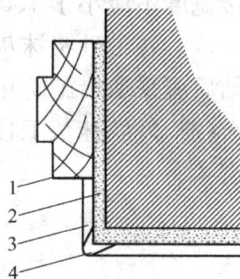

图 9-2 护角示意图
1—门框；2—底层灰；
3—面层灰；4—护角

（5）抹面层灰

一般从阴角或阳角处开始，自左向右进行。一人在前抹面灰，另一人其后找平整，并用铁抹子压实赶光。

2. 外墙一般抹灰

（1）外墙一般抹灰的工艺流程为：

基体表面处理→浇水润墙→设置标筋→抹底层、中层灰→弹分格线、嵌分格条（分格条一般多用塑料条，完工后不再取出，施工较方便）→抹面层灰→养护。

（2）外墙抹灰应先上部后下部，先檐口再墙面。大面积的外墙可分块同时施工。高层建筑的外墙面可在垂直方向适当分段，如一次抹完有困难，可在阴、阳角交接处或分格线处间断施工。

3. 顶棚一般抹灰

混凝土顶棚基体表面尽量不抹灰，用腻子找平即可；必须抹灰时一般不设置标筋，只需按抹灰层的厚度在墙面四周弹出水平线作为控制抹灰层厚度的基准线，抹灰前在基层上用掺 10%108 胶的水溶液或水灰比为 0.4 的素水泥浆刷一遍作为结合层。

4. 一般抹灰的质量标准

一般抹灰工程的表面质量应符合下列规定：

（1）普通抹灰表面应光滑、洁净、接槎平整，分格缝应清晰；

（2）高级抹灰表面应光滑、洁净、颜色均匀、无抹纹，分格缝和灰线应清晰美观；

（3）护角、孔洞、槽、盒周围的抹灰表面应整齐、光滑；管道后面的抹灰表面应平整；

（4）抹灰分格缝的设置应符合设计要求，宽度和深度应均匀，表面应光滑，棱角应整齐；

（5）有排水要求的部位应做滴水线（槽）。滴水线（槽）应整齐顺直，滴水线应内高外低，滴水槽宽度和深度均不应小于 10mm；

（6）一般抹灰工程质量的允许偏差和检验方法应符合表 9-1 的规定。

一般抹灰的允许偏差和检验方法　　　　　　　　　　　表 9-1

项次	项　目	允许偏差		检验方法
		普通抹灰	高级抹灰	
1	立面垂直度	4	3	用 2m 垂直检测尺检查
2	表面平整度	4	3	用 2m 靠尺和塞尺检查
3	阴阳角方正	4	3	用直角检测尺检查
4	分格条（缝）直线度	4	3	用 5m 线，不足 5m 拉通线，用钢直尺检查
5	墙裙、勒脚上口直线度	4	3	拉 5m 线，不足 5m 拉通线，用钢直尺检查

注：1. 普通抹灰，本表第 3 项阴角方正可不检查；

　　2. 顶棚抹灰，本表第 2 项表面平整度可不检查，但应平顺。

5. 抹灰工程的机械喷涂

一般抹灰施工，除手工涂抹外，对底层、中层抹灰，还可用机械喷涂。

所谓机械喷涂，就是把拌好的砂浆，经过筛过滤后倾入砂浆泵，用管道送入喷枪，再借助空气压缩机的压力，均匀地喷涂在建筑物的抹灰基层上，最后搓平压实。

它可减轻劳动强度，提高工效；但落地灰多，材料损耗大，清理用工多。

9.2.4 装饰抹灰施工

装饰抹灰除具有与一般抹灰相同的功能外，主要是装饰艺术效果更加鲜明。装饰抹灰的底层和中层的做法与一般抹灰基本相同，只是面层的材料和做法有所不同。

装饰抹灰面层所用的材料有彩色水泥、白水泥和各种颜料及石粒，石粒中较为常用的是大理石石粒，具有多种色泽。常用大理石石粒的品种、规格及质量要求见表 9-2。

245

常用大理石石粒的规格、品种及质量要求　　　　　表 9-2

规格与粒径对照		常 用 品 种	质 量 要 求
俗称规格	粒径（mm）		
大二分	≈20	汉白玉、奶油白、黄花玉、桂林白、松香黄、晚霞、蟹青、银河、雪云、齐灰、东北红、桃红、南京红、铁岭红、东北绿、丹东绿、莱阳绿、潼关绿、东北黑、竹根霞、苏州黑、大连黑、湖北黑、芝麻黑、墨玉	颗粒坚韧，有棱角，洁净，不得含有风化石粒及碱质或其他有机物质。使用时应冲洗过筛
一分半	≈15		
大八厘	≈8		
中八厘	≈6		
小八厘	≈4		
米粒石	≈2		

1. 水刷石

水刷石主要用于外墙装饰抹灰。

面层材料的水泥可采用彩色水泥、白水泥或普通水泥。颜料应选耐碱、耐光、分散性好的矿物颜料。骨料可选用中八厘石粒或小八厘石粒，其配合比相应为：水泥∶石粒＝1∶1.25 和 1∶1.5（体积比）。面层厚度为石子粒径的 2.5 倍。

水刷石的施工工艺流程：

基层处理→抹底、中层灰→弹线，贴分格条→抹面层水泥石子浆→冲刷面层→浇水养护。

（1）抹面层石子浆

待中层砂浆终凝后 6～7 成干，浇水润湿，用水灰比为 0.4 的素水泥浆满刮一遍，随即抹面层石子浆。

石子浆面层稍收水后，用铁抹子把面层浆满压一遍，把露出的石子棱尖轻轻拍平，然后用刷子蘸水刷一遍，再通压一遍。如此反复刷压不少于三遍，最后用铁抹子拍平，使表面石子大面朝外，排列紧密均匀。

（2）冲刷面层

冲刷面层是影响水刷石质量的关键环节。

待面层石子浆刚开始初凝（手指按上去不显指痕，用刷子刷表面而石粒不掉时）时进行冲刷，分两遍进行，第一遍用软毛刷蘸水刷掉面层水泥浆，露出石粒；第二遍紧跟着用喷雾器喷水，把表面水泥浆冲掉，石子外露约为 1/2 粒径，使石子清晰可见，均匀密布。

外观质量要求：水刷石表面应石粒清晰、分布均匀、紧密平整、色泽一致，应无掉粒和接槎痕迹。其质量的允许偏差和检验方法应符合表 9-3 的规定。

装饰抹灰的允许偏差和检验方法　　　　　表 9-3

项次	项　目	允许偏差（mm）				检 验 方 法
		水刷石	斩假石	干粘石	假面砖	
1	立面垂直度	5	4	5	5	用 2m 靠尺和塞尺检查
2	表面平整度	3	3	5	4	用 2m 靠尺和塞尺检查
3	阳角方正	3	3	4	4	用直角检测尺检查
4	分格条（缝）直线度	3	3	3	3	用 5m 线，不足 5m 拉通线，用钢直尺检查
5	墙裙、勒脚上口直线度	3	3	—	—	用 5m 线，不足 5m 拉通线，用钢直尺检查

水刷砂、水刷石屑面层配合比为：水泥∶石灰膏∶砂（石屑）＝1∶0.2∶1.5，其施工工艺流程与水刷石基本相同，但因其粒径小，易刷掉，操作要特别细致。

2. 斩假石

斩假石是一种在硬化后的水泥石子浆面层上用斩斧等工具斩琢，形成有规律剁纹的一种装饰抹灰方法。

其骨料宜采用小八厘或石屑，面层石粒浆的配比为 1∶1.25 或 1∶1.5，稠度为 5～6cm；也可采用 2mm 粒径的米粒石，内掺 0.3mm 左右粒径的白云石屑。面层抹面厚度为 12mm。

斩假石的施工工艺流程：

基层处理→抹底、中层灰→弹线，贴分格条→抹面层水泥石子浆→养护→斩剁面层。

（1）抹面层

在已硬化的水泥砂浆中层上，洒水湿润，弹线并贴好分格条，用素水泥浆刷一遍，随即抹面层，用木抹子打磨拍平，不要压光，但要拍出浆，随势上下溜直，每分格区内一次抹完。抹完后，随即用软毛刷蘸水顺剁纹的方向把水泥浆轻刷掉露出石粒，但注意不要用力过重，以免石粒松动。抹完 24 h 后浇水养护。

（2）斩剁面层

在正常温度（15～30 ℃）下，面层养护 2～3 d 后即可试剁。试剁时，以石粒不脱掉，较易剁出斧迹为准。采用的斩剁工具有斩斧、多刃斧、花锤、扁凿、齿凿、尖锥等。

表观质量：斩假石表面剁纹应均匀顺直、深浅一致，应无漏剁处；阳角处应横剁并留出宽窄一致的不剁边条，棱角应无损坏。

3. 干粘石、干撒砂

干粘石或干撒砂是在抹完面层的同时，将石米或砂子甩粘到面层上，压实拍平。其外观与水刷石相似，操作简便，造价低，但碰撞易掉，不宜用于地坪高度 1m 以下处。

9.3 饰面板（砖）工程

9.3.1 饰面板（砖）工程规定

饰面板（砖）主要有：天然石板、人造石板、金属板（钢板、铝板等）和陶瓷面砖、玻璃面砖等。

饰面板（砖）工程的一般规定：

（1）墙面板（砖）铺贴前应进行挑选，使板材的色调、花纹基本一致，并应按设计要求进行预拼。预拼后按部位编号，以便施工时对号安装。

（2）应对下列材料及其性能指标进行复验：

1）室内用花岗石的放射性；

2) 粘贴用水泥的凝结时间、安定性和抗压强度；

3) 外墙陶瓷面砖的吸水率；

4) 寒冷地区外墙陶瓷面砖的抗冻性。

（3）应对预埋件（或后置埋件）、连接节点、防水层等隐蔽工程项目进行验收；对抗震缝、伸缩缝、沉降缝等部位的处理应保证缝的使用功能和饰面的完整性。

（4）饰面板安装工程的预埋件（或后置埋件）、连接件的数量、规格、位置、连接方法和防腐处理必须符合设计要求。后置埋件的现场拉拔强度必须符合设计要求。饰面板安装必须牢固。

9.3.2 饰 面 砖 工 程

饰面砖包括：陶瓷面砖（釉面瓷砖、外墙面砖、陶瓷锦砖、陶瓷壁画、劈裂砖等）和玻璃面砖（玻璃锦砖、彩色玻璃面砖、釉面玻璃等）等。

釉面砖是采用瓷土或优质陶土，经烧制、表面上釉而成的精陶制品，由于釉面砖砖体多孔，在潮湿环境中使用会吸湿膨胀，而釉面吸湿膨胀很小，以致剥落掉皮。因此釉面砖一般只用于室内而不用于室外。

外墙面砖是以陶土为原料，半干压法成型，经 1100℃ 左右煅烧而成的粗炻类制品。其质地坚实，吸水率较小（不大于 10%），耐水抗冻，经久耐用。

陶瓷锦砖（俗称马赛克）是以优质瓷土烧制成片状小瓷砖，再拼成各种图案反贴在底纸上。玻璃锦砖是用玻璃烧制成。

1. 饰面砖工程的一般规定：

（1）饰面砖的品种、规格、图案颜色和性能应符合设计要求，并应有产品合格证书；表面应平整、洁净、色泽一致，无裂痕和缺损。

（2）面砖粘贴工程的找平、防水、粘结和勾缝材料及施工方法应符合设计要求及国家现行产品标准和工程技术标准的规定。

1) 找平层灰浆：对于砖墙、混凝土墙采用 1:3 水泥砂浆，对于加气混凝土墙应采用 1:1:6 的混合砂浆。对于纸面石膏板基体，可将板缝用嵌缝腻子嵌填密实，并在其上粘贴玻璃丝网格布（或穿孔纸带）使之形成整体；

2) 粘合砂浆宜采用 1:2 水泥砂浆，砂浆厚度宜为 6～10mm。为改善砂浆的和易性，可掺不大于水泥重量 15% 的石灰膏。釉面砖的镶贴也可采用聚合物水泥浆（配比为水泥：108 胶：水＝10:0.5:2.6）或专用胶粘剂。采用聚合物水泥浆不但可提高其粘结强度而且可使水泥浆缓凝，利于镶贴时的压平和调整操作。

在防水层上粘贴饰面砖时，粘结材料应与防水材料的性能相容。

（3）水泥砂浆应满铺在墙砖背面，一面墙不宜一次铺贴到顶，以防塌落。满粘法施工的饰面砖工程应无空鼓、裂缝。

（4）阴阳角处搭接方式、非整砖使用部位应符合设计要求。墙面突出物周围的饰面砖应整砖套割吻合，边缘应整齐。墙裙、贴脸突出墙面的厚度应一致。

（5）饰面砖接缝应平直、光滑，填嵌应连续、密实；宽度和深度应符合设计要求。

（6）有排水要求的部位应做滴水线（槽）。滴水线（槽）应顺直，流水坡向应正确，坡度应符合设计要求。

2. 陶瓷面砖镶贴

（1）墙面砖铺贴应符合下列规定：

1）墙面砖铺贴前应进行挑选，并应浸水 2h 以上，晾干表面水分。冬期施工宜用掺入 2‰盐的温水泡砖；

2）铺贴前，应进行放线定位和排砖，非整砖应排放在次要部位或阴角处。每面墙不宜有两列非整砖，非整砖宽度不宜小于整砖的 1/3；

3）铺贴前应确定水平及竖向标志，垫好底尺，挂线铺贴。墙面砖表面应平整、接缝应平直、缝宽应均匀一致。阴角砖应压向正确，阳角线宜做成 45°角对接，在墙面突出物处，应整砖套割吻合，不得用非整砖拼凑铺贴；

4）基层处理，对于砖墙、混凝土墙或加气混凝土墙可分别采用清扫湿润、刷聚合物水泥浆、喷甩水泥细砂浆或刷界面处理剂，铺钉金属网等方法对基体表面进行处理，然后贴灰饼，设置标筋，抹找平层灰，用木抹子搓平，隔天浇水养护。

（2）釉面砖、外墙面砖镶贴工艺

1）弹线。

镶贴前应在水泥砂浆基层上弹出水平、垂直控制线及分格线。

2）做灰饼。

在镶贴釉面砖的基层上用废面砖按镶贴厚度上下左右做灰饼，并上下用托线板校正垂直，横向用线绳拉平，按 1500mm 间距补做灰饼。阳角处做灰饼的面砖，正面和侧边均应吊垂直，即所谓双面挂直。

3）湿润基层，镶贴釉面砖、外墙面砖。

湿润基层后以弹好的地面水平线为基准，从阳角开始逐一镶贴。镶贴时用铲刀在砖背面刮满粘合砂浆，四边抹出坡口，再准确置于墙面，用铲刀木柄轻击面砖表面，使其落实贴牢，并随即将挤出的砂浆刮净。镶贴完毕后，应擦净表面余浆，必要时可用稀盐酸擦洗，薄皮刮缝，然后用同色水泥浆或 1:1 的水泥细砂浆勾缝嵌缝。

（3）陶瓷锦砖和玻璃锦砖的镶贴

陶瓷锦砖镶贴满刮 1~2mm 厚的聚合物水泥浆，边刮边向下挤压，水泥浆的水灰比控制在 0.3~0.35 之间。镶贴后 0.5~1h，即可在锦砖纸面上用软毛刷刷水浸润，待纸面颜色变深（一般需 20~30min），便可揭纸。

9.3.3 饰面板工程

饰面板泛指天然石板（大理石、花岗石、青石板）、人造石板、金属板等。大理石耐酸性差，在潮湿且含较多 CO_2 和 SO_2 的大气中，易受侵蚀，使其表面失去光泽，甚至遭到破坏，故大理石饰面板除某些特殊品种（如汉白玉、艾叶青等），一般不宜用于室外或易受有害气体侵蚀的环境中。

天然花岗石板材材质坚硬、密实，强度高，耐酸性好，属硬质石材。

人造石饰面板有聚酯型人造大理石饰面板、水磨石饰面板等。聚酯型人造石饰面板是以不饱和聚酯为胶凝材料，以石英砂、碎大理石、方解石为骨料，经搅拌、入模成型、固化而成的人造石材。

1. 饰面石板工程的一般规定：

（1）饰面板表面应平整、洁净、色泽一致，无裂痕和缺损。天然石材表面不得有隐伤、风化等缺陷。

铺贴前，应进行挑选，使板材的色调、花纹基本一致，并应按设计要求进行预拼。预拼后按部位编号，以便施工时对号安装。

（2）强度较低或较薄的石材应在背面粘贴玻璃纤维网布。

（3）采用湿作业法施工的饰面板工程，石材应进行碱背涂处理。防止水泥砂浆在水化时析出大量的氢氧化钙，泛到石材表面，产生不规则的花斑，俗称泛碱现象。

2. 饰面石板安装工艺

饰面板的安装工艺有传统湿作业法（灌浆法）、干挂法和直接粘贴法。

（1）传统湿作业法

传统湿作业法的施工工艺流程：

材料准备→基层处理→挂钢筋网→弹线→安装定位→灌水泥砂浆→整理、擦缝。

1）材料准备（钻孔剔槽）。

对已选好的饰面板材进行钻孔剔槽，每块板材的上、下边钻孔数各不得少于2个，孔位宜在板宽两端的1/4处、板厚度的中心位置，孔径5mm，孔深15～20mm，孔眼穿出板材背面；在孔口金属丝绕过部位轻剔一槽，深约5mm；再穿入铜丝或镀锌钢丝备用。钻孔剔槽一般在石材加工厂完成。

2）基层处理，挂钢筋网。

清扫墙面，剔出预埋件或预埋筋，也可在墙面钻孔固定金属膨胀螺栓。对于加气混凝土或陶粒混凝土等轻型砌块砌体，应在预埋件固定部位加砌黏土砖或局部用细石混凝土填实。然后用φ6钢筋纵横绑扎成网片与预埋件焊牢。纵向钢筋间距500～1000mm。横向钢筋间距视板面尺寸而定，第一道钢筋应高于第一层板的下口100mm处，以后各道均应在每层板材的上口以下10～20mm处设置。

3）弹线定位。

弹线分为板面外轮廓线和分块线。外轮廓线弹在地面，距墙面50mm。即板内面距墙30mm，如图9-3所示。分块线由水平线和垂直线构成，弹在墙面上，作为每块板材的定位线。

4）安装定位。

板材根据预排编号对号入座进行安装，并用金属丝将石材与钢筋网拉接。先在墙面两端以外皮弹线为准固定两块板材，找平找直，然后挂上横线，再从中间或一端开始安装。

每块石材与钢筋网拉接点不得少于4个。固定石材的钢筋网应与预埋件连接牢固。拉接用金属丝应具有防锈性能。

5）灌浆。

灌注砂浆前应将石材背面及基层湿润，并用填缝材料临时封闭石材板缝，避免漏浆。灌注砂浆宜用1：2.5水泥砂浆，灌注时应分层进行，每层灌注高度宜为150～200mm，且不超过板高的1/3，插捣应密实。待其初凝后（1～2h）方可灌注上层水泥砂浆，灌浆至低于板材上口50～100mm处，作为施工缝，以保证与上层板材灌浆的整体性。

6）清理擦缝。

板材安装完毕后，表面应清洗干净，接缝处宜用与板材同颜色水泥浆填抹，边抹边擦，使缝隙嵌浆密实，颜色一致。光面或镜面饰面板，经清洗晾干后，方可打蜡擦亮。

（2）干挂法

饰面板湿作业法工序多，操作较复杂，而且易造成粘结不牢，表面接槎不平等弊病，近年来国内外采用了许多饰面板施工新工艺，其中干挂法是应用较为广泛的一种。

干挂法是将板材开孔（槽）后，直接用不锈钢连接器与安装在墙体内的膨胀金属螺栓或钢骨架相连接，板缝间加泡沫塑料阻水条，外用防水密封胶嵌缝处理而成。如图9-4所示。

锚固针直径4mm，长50mm，插入孔径6mm，深3mm的上下板材孔中，并用1：1.5白水泥环氧树脂胶或结构胶灌孔加以固定；饰面板背面与墙面间形成80～100mm的空气层。

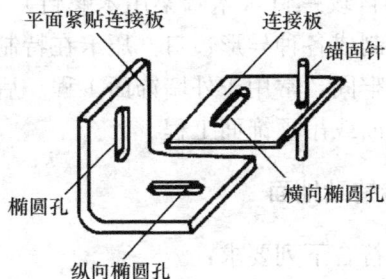

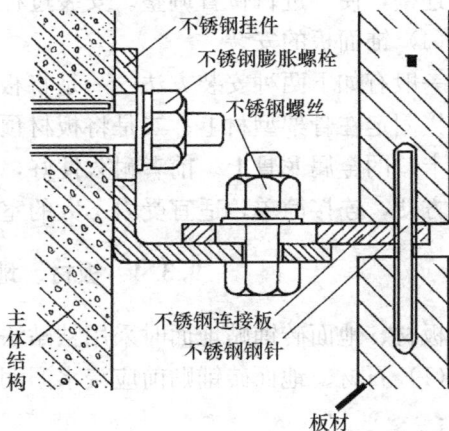

图9-3 石材饰面板传统湿作业法安装固定示意图

1—预埋筋；2—竖筋；3—横筋；4—定位木楔；5—铜丝；6—大理石饰面板

图9-4 饰面板干挂法示意图

（3）直接粘贴法

直接粘贴法是采用不低于32.5级的普通硅酸盐水泥砂浆或白水泥白石屑浆，

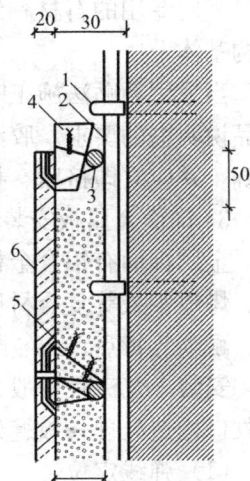

也可采用专用的石材粘结剂，将厚度在 10～12mm 以下的石材薄板直接粘贴在结构基体上。

当采用粘贴法施工时，基层处理应平整但不应压光。胶粘剂的配合比应符合产品说明书的要求。胶液应均匀、饱满地刷抹在基层和石材背面，石材就位时应准确，并应立即挤紧、找平、找正，进行顶、卡固定，溢出胶液应随时清除。

3. 饰面金属板安装工艺

金属饰面有铝合金板、不锈钢板等单一材质板，也有夹芯铝合金板、涂层钢板、烤漆钢板等复合材质板。具有典雅庄重、质感丰富、线条挺拔及坚固、质轻、耐久等特点。

安装工艺流程一般为：弹线定位→安装固定连接件→安装骨架→饰面板安装→收口构造处理→板缝处理。

（1）弹线定位

弹线定位是根据设计要求将骨架的位置弹到结构主体上。首先弹竖向杆件（或连接件）的位置，然后再弹水平线，为骨架安装提供依据。

（2）固定连接件

连接件起连接骨架与结构主体的作用，要求位置精确，连接牢固。通常连接件以型钢制作并与结构预埋铁件焊接。也可直接用金属膨胀螺栓将连接件固定主体结构上，该种方法较为灵活，尺寸易于控制，但劳动强度大，且易破坏结构的受力钢筋。安装固定后应对施工情况作隐蔽工程检查纪录（焊缝长度、位置、膨胀螺栓的打孔深度、数量等），必要时应做抗拉、拉拔测试。

（3）安装固定骨架

骨架若采用型钢，安装前必须做防锈处理。如采用铝合金型材，则与连接件接触部分必须做防腐处理，避免产生电化学腐蚀。

骨架安装顺序一般是先安装竖向杆件再安装横档，杆件与连接件间一般采用螺栓连接，便于进行位置调整。安装过程中应及时校正垂直度和平整度。

（4）饰面板的安装

一般有如下两种安装方法：一是将板材用自攻螺钉（木骨架用木螺钉）、螺栓直接固定在骨架型材上；二是将板材预先压制成各种异形边口，压卡在特制的带有卡口的金属龙骨上。前者耐久性好，连接牢固，常用于外墙饰面工程。后者施工方便，连接简单，适宜受力不大的室内墙面或吊顶饰面工程。

9.3.4 板材、地面砖铺贴地面

板材、地面砖铺贴地面时采用粘贴法，应符合下列要求：

（1）石材、地面砖铺贴前应浸水湿润。天然石材应进行对色、拼花并试拼、编号；

（2）铺贴前，根据设计要求确定结合层砂浆厚度，拉十字线控制其厚度和石材、地面砖表面平整度；

（3）结合层砂浆宜采用体积比为 1∶3 的干硬性水泥砂浆，厚度宜高出实铺厚度 2～3mm。铺贴前应在水泥砂浆上刷一道水灰比为 1∶2 的素水泥浆或干铺

水泥 1~2mm 后洒水；

（4）石材、地面砖铺贴时应保持水平就位，用橡皮锤轻击使其与砂浆粘结紧密，同时调整其表面平整度及缝宽；

（5）铺贴后，应及时清理表面，24h 后应用 1:1 水泥浆灌缝，选择与地面颜色一致的颜料与白水泥拌合均匀后嵌缝。

9.4 涂 饰 工 程

涂料指涂覆于基层表面，在一定条件下可形成与基体牢固结合的连续、完整固体膜层的材料。涂料涂饰简便、经济、易于维修更新、色彩丰富、质感多变、耐久性好、施工效率高。

9.4.1 涂料的种类

1. 按成膜物质分类

按涂料的成膜的物质，可将涂料分为有机涂料、无机涂料和有机-无机复合涂料。

（1）有机涂料

根据成膜物质的特点可分为溶剂型、水溶型、乳液型涂料。

1）溶剂型涂料 是以合成树脂为成膜物质，以有机溶剂为稀释剂，加入适量的颜料、填料、助剂，经研磨、分散而制成的涂料，如丙烯酸酯涂料、聚氨酯丙烯酸涂料、有机硅丙烯酸涂料等。传统的油漆也可归入这一类涂料。

2）水溶性涂料 是以水溶性合成树脂为成膜物质，加入水、颜料、填料、助剂，经研磨、分散而制成的涂料。

3）乳液型涂料又称乳胶漆 是以合成树脂乳液为成膜物质加入颜料、填料、助剂等辅助材料，经研磨、分散成的涂料。

水溶型涂料、乳液型涂料和无机涂料又称为水性涂料。

（2）无机涂料

是以碱金属硅酸盐或硅溶胶为成膜物质并加入相应的固化剂或有机合成乳液及辅助材料所制成的涂料，其耐热性、表面硬度、耐老化性方面优于有机涂料，但柔性、光泽度和耐水性方面不及有机涂料。常见的无机建筑涂料有硅酸钾无机外墙涂料 JH80-1 型和硅溶胶类外墙涂料 JH80-2 型等。

（3）有机-无机复合型涂料

是既含有有机高分子成膜物质又有无机高分子成膜物质的一种复合型涂料，其兼有有机涂料和无机涂料的特点。常用的品种有聚乙烯醇水玻璃内墙涂料（106 涂料）和多彩内墙涂料等，聚合物改性水泥厚浆涂料也可归于此类。

2. 按使用部位分类

根据在建筑物上的使用部位的不同，建筑涂料可分为外墙涂料、内墙涂料、地面涂料等。

9.4.2　涂饰工程一般规定

（1）涂饰工程应优先采用绿色环保产品，涂饰工程所选用涂料的品种、型号、性能、颜色、光泽和图案应符合设计要求，应有产品性能检测报告和产品合格证书。

（2）套色涂饰、滚花涂饰、仿花纹涂饰等室内外美术涂饰工程的套色、花纹和图案应符合设计要求；套色涂饰的图案不得移位，纹理和轮廓应清晰；仿花纹涂饰的饰面应具有被模仿材料的纹理。

（3）涂料在使用前应搅拌均匀，并应在规定的时间内用完。涂饰工程所用腻子的粘结强度应符合国家现行标准的有关规定，基层腻子应平整、坚实、牢固，无粉化、起皮和裂缝；外墙、厨房、卫生间墙面必须使用耐水腻子。

（4）混凝土或抹灰基层涂刷溶剂型涂料时，含水率不得大于 8%；涂刷水性涂料时，含水率不得大于 10%；木材基层的含水率不得大于 12%。

（5）涂饰工程应涂饰均匀、粘结牢固，不得漏涂、透底、起皮、掉粉和反锈。

（6）涂层与其他装修材料和设备衔接处应吻合，界面应清晰。

（7）涂饰工程应在抹灰、吊顶、细部、地面及电气工程等已完成并验收合格后进行。

（8）施工现场环境温度宜在 5～35℃之间，并应注意通风换气和防尘。

9.4.3　涂饰工程的施工

1. 基层处理

基层处理的好坏直接影响涂料的附着力、使用寿命和装饰效果，因此，涂料施工前，必须重视这一工序。不同的基体材料，表面处理的要求和方法也有所不同。

（1）混凝土及水泥砂浆抹灰基层

应满刮腻子（如大白粉：滑石粉：聚醋酸乙烯乳液：2%的纤维素＝7：3：2：适量）、砂纸打光，表面应平整光滑、线角顺直。

对泛碱、析盐的基层应先用 3% 的草酸溶液清洗，然后用清水冲刷干净或在基层上满刷一遍耐碱底漆，待其干后刮腻子，再涂刷面层涂料。

新建筑物在涂饰涂料前应涂刷抗碱封闭底漆。旧墙面在涂饰涂料前应清除疏松的旧装修层，并涂刷界面剂。

（2）纸面石膏板基层

应按设计要求对板缝、钉眼进行处理后，满刮腻子、砂纸打光。

（3）清漆木质基层

表面应平整光滑、颜色协调一致、表面无污染、裂缝、残缺等缺陷。木质基层上的节疤、松脂部位应用虫胶漆封闭，钉眼处应用油性腻子嵌补。在刮腻子、上色前，应涂刷一遍封闭底漆，然后反复对局部进行拼色和修色，每修完一次，刷一遍中层漆，干后打磨，直至色调协调统一，再做饰面漆。

（4）调合漆木质基层

表面应平整、无严重污染。先满刷清油一遍，待其干后用油腻子将钉孔、裂缝、残缺处嵌刮平整，干后打磨光滑，再刷中层和面层油漆。涂料、油漆打磨应待涂膜完全干透后进行，打磨应用力均匀，不得磨透露底。

（5）金属基层

表面应进行除锈和防锈处理。

2. 涂饰工程施工方法

涂饰工程的基本施涂方法有滚涂、喷涂、刷涂、弹涂等。

（1）滚涂法

将蘸取漆液的毛辊先按"W"方式运动将涂料大致涂在基层上，然后用不蘸取漆液的毛辊紧贴基层上下、左右来回滚动，使漆液在基层上均匀展开，最后用蘸取漆液的毛辊按一定方向满滚一遍。阴角及上下口宜采用排笔刷涂找齐。

（2）喷涂法

是利用喷枪（或喷斗）将涂料喷于基层上的机械施涂方法。喷枪压力宜控制在 0.4～0.8MPa 范围内。喷涂时喷枪与墙面应保持垂直，距离宜在 500mm 左右，匀速平行移动。两行重叠宽度宜控制在喷涂宽度的 1/3。

（3）刷涂法

刷涂是用毛刷、排笔在基层表面人工进行涂料覆涂施工的一种方法。这种方法简单易学，适用性广，工具设备简单。除少数流平性差或干燥太快的涂料不宜采用刷涂外，大部分薄质涂料和厚质涂料均可采用。刷涂的顺序是先左后右，先上后下，先难后易，先边后面。一般是二道成活，高中级装饰可增加 1～2 道刷涂。

刷涂的质量要求是薄厚均匀，颜色一致，无漏刷、流淌和刷纹，涂层丰富。

浮雕涂饰的中层涂料应颗粒均匀，用专用塑料辊蘸煤油或水均匀滚压，厚薄一致，待完全干燥固化后，才可进行面层涂饰，面层为水性涂料应采用喷涂，溶剂型涂料应采用刷涂，间隔时间宜在 4h 以上。

3. 涂饰工程施工注意事项

（1）工地油漆库房，要隔绝火源；避免阳光暴晒；操作人员不准吸烟；开启涂料、溶剂桶盖时，不能敲打，以防碰撞与摩擦产生的火花起火。

（2）工地油漆库房要通风良好，确保有毒溶剂的气化浓度不超过允许值；操作人员必须穿好工作服，戴上手套和口罩，不得在库房内吃食物。

（3）喷涂用的空压机，压力不得超过规定的极限值；喷枪口不得转向操作人员。

（4）使用的电动工具应作好接地，防止事故的发生。

（5）涂料不能黏度过低；蘸料不宜过多；涂膜不宜过厚；喷涂的距离应适当；刷毛不要太短、也不要太软；涂刷要迅速、均匀，以防涂料流坠。如果已产生流坠则在未完全干固之前，用铲刀将凸出的多余涂料铲除，然后再满刷涂料一遍。

（6）要控制涂料浓度，涂刷要均匀，以防透底。

（7）基层应清除干净，木质表面，刷虫胶清漆一道，油漆时要遵循颜色由浅而深的顺序进行，以防底层漆膜的颜色渗透到基层上，形成色泽不一致的"咬色"现象。

（8）施工时溶剂不宜挥发太快，空气中湿度不宜太大，温度不宜过低，以防面层发白，也称"泛白"。

涂饰工程施工完成后，涂层外观质量应满足规范要求。

9.5　裱　糊　工　程

裱糊工程是将壁纸、墙布等卷材用胶粘剂粘贴于室内墙、顶、柱的表面，是一种传统的室内装饰方法，湿作业量少，施工进度快，装饰效果丰富，更新方便，特别是随着新型壁纸、墙布的发展，提高了耐久性、多功能性，因而得到广泛应用。

9.5.1　裱糊工程的材料

用于裱糊工程的面层材料有壁纸和墙布两大类。

1. 壁纸

是以纸为基层表面覆有塑料、金属箔等材料的饰面卷材。其品种和花色繁多，发展迅速。

（1）塑料壁纸（PVC壁纸）

是以纸为基层，聚氯乙烯塑料为面层，经复合、印花、压花、发泡等工序制成，有普通壁纸（如印花涂塑壁纸、压花涂塑壁纸、复塑壁纸）、发泡型、特种型（如耐水、耐火型）等众多品种。

1）普通涂塑壁纸。以纸为基层，用高分子乳液涂布面层，再进行印花、压纹等工序制成。

2）普通复塑壁纸。用塑料薄膜与纸基热压复合，再进行印花、压纹等工序制成。

3）发泡壁纸。以纸为基层，涂掺有发泡剂聚氯乙稀（PVC）糊状料，印花后，再经加热发泡而成，表面呈凹凸花纹。

塑料壁纸花色图案丰富，富有质感和艺术感，装饰效果好，强度较高，表面不吸水，可用布擦洗清洁。适用于各种建筑物的内墙、顶棚、梁柱的表面装饰。

（2）金属壁纸

是以电化铝为面层，纸为基层，经印花、压花而成。其表面具有强烈的金属质感和光泽，有金碧辉煌、庄重大方的效果。金属壁纸不老化、寿命长、耐擦洗、耐污染，适用于酒店、贵宾厅、歌舞厅等的装饰。

除以上几种壁纸外，植物壁纸、软木壁纸、彩砂壁纸、珠光壁纸等都是壁纸的新品种。

2. 墙布

以各种天然、人造纤维为主织造的、表面覆以装饰涂层或直接印花而成，其品种有无纺墙布、纯棉装饰墙布、锦缎墙布等。

（1）无纺墙布

采用棉、麻等天然纤维或合成纤维，经无纺成型，表面涂以树脂、印花而成，其色彩雅致，表面有羊毛感，挺括、有弹性、不易折断，有一定的透气性和防潮性，是一种高档室内饰面材料。

（2）纯棉和锦缎墙布

分别是以纯棉布和丝绸为主要面料，经特殊工艺制成的高档饰面材料，一般只用于宾馆、饭店、高级公共建筑的饰面裱糊，其造价较高，不易清洗。

壁纸、墙布的种类、规格、图案、颜色和燃烧性能等级必须符合设计要求及国家现行标准的有关规定。

9.5.2 裱 糊 工 程 施 工

裱糊工程施工工艺包括：基层处理、弹线、裁纸、润纸、刷胶粘剂、裱糊和修整等。

1. 基层处理

裱糊前，应对基层进行处理，其质量需达到下列要求：

（1）新建筑物的混凝土或抹灰基层墙面在刮腻子前应涂刷抗碱封闭底漆，以防基层泛碱导致裱糊后的壁纸变色。

（2）旧墙面在裱糊前应清除疏松的旧装修层，并涂刷界面剂，否则，将会导致裱糊后的壁纸起鼓或脱落。

（3）混凝土或抹灰基层含水率不得大于8％；木材基层的含水率不得大于12％。基层含水率过大时，水蒸气会导致壁纸表面起鼓。

（4）基层腻子应平整、坚实、牢固，无粉化、起皮和裂缝；腻子的粘结强度应符合规定。如聚醋酸乙烯乳液滑石粉腻子、石膏油腻子等。

（5）基层表面平整度、立面垂直度及阴阳角方正应达到高级抹灰的要求。

（6）基层表面颜色应一致。否则会导致壁纸表面发花，出现色差。

（7）裱糊前应用封闭底胶（108胶水溶液）涂刷基层，以防止腻子粉化和基层吸水。

（8）不同材质的基层接缝处，如石膏板和木质板材连接处，应先贴一层纱布，再刮腻子修补，以防裱糊壁纸面层被拉裂撕开。

（9）对于木质基层，若有铁钉应将其钉入基层，并涂防锈涂料。钉眼用油性腻子填平，以防锈迹污染壁纸，然后满刷清油涂料一遍，清油涂料配方为：酚醛清漆：松节油＝1：3（重量比），待其干后方可裱糊。

2. 弹线

为使壁纸竖直，花饰图案连贯一致，应在墙面弹垂线，作为第一幅壁纸裱糊时的依据，从第二幅起，可先上后下对缝依次裱糊。

3. 裁纸、润纸

（1）裱糊前应将壁纸、墙布裁割，其下料长度应比裱贴部位的尺寸长1～3cm，以便裱后裁齐。若壁纸、墙布带有图案，应先将花饰对好，再裁割。

（2）对湿胀干缩反应较明显普通塑料壁纸，裱糊前应在水中润湿，称为润纸，即在水中浸泡 2~3min，取出后抖净余水静置 20min。复合壁纸、墙布一般对于湿胀干缩反应不明显，则不需润纸。

4. 刷胶粘剂

（1）裱糊 PVC 壁纸时，应在墙面基层表面涂刷胶粘剂，涂胶宽度应比壁纸宽约小 3cm。但裱糊顶棚时，为增加粘结强度，基层和壁纸背面均应涂刷胶粘剂。

（2）裱糊复塑壁纸时，严禁浸水，应先在壁纸背面均应涂刷胶粘剂，放置数分钟，裱糊时基层也应涂刷胶粘剂。

（3）带背胶的壁纸，壁纸背后及墙面无需刷胶粘剂，只需将壁纸在水中浸泡 1min 后取出即可裱糊，但在裱糊顶棚时，仍需在壁纸背后再涂刷一道稀释的胶粘剂。裱糊墙布时，仅在基层表面涂刷胶粘剂。

胶粘剂有成品和现场调配两类，应根据不同的壁纸和墙布选择相应的胶粘剂，涂刷胶粘剂要厚薄而匀，严防漏刷。阴角处应增刷 1~2 遍胶粘剂。

5. 裱糊壁纸

（1）裱糊的顺序是先垂直面后水平面，先细部后大面，先上后下，先高后低。墙面裱糊应从所弹垂线开始，至阴角处收口。

（2）为保证拼缝处的图案、花纹吻合不离缝，一般应采用搭接法裱糊。即将后一幅壁纸压在前一幅壁纸上，搭接宽度 3cm 左右（对于有图案的，应按图案重叠搭接），然后用钢尺将重叠处压紧，用裁纸刀从上至下将两层壁纸切透，将切掉的小条壁纸撕下。最后用刮板从上至下，由里向外赶胶，排出气泡并及时擦掉余胶，将接缝处压紧。发泡壁纸应注意用毛巾、海绵或毛刷赶胶，以免刮板将发泡塑料面层的花型赶平或出现死褶。

（3）裱糊时，阴阳角均不能有对接缝（如有对接缝，极易开胶、破裂，且接缝明显，影响装饰效果）；阴角处应顺光搭接（这样可使拼缝看起来不明显）；阳角处应包角压实无接缝。应粘贴牢固，不得有漏贴、补贴、脱层、空鼓和翘边。

6. 修整

裱糊后，若发现局部不合格应及时补救。如纸面出现皱纹死褶，应在壁纸未干时用毛巾抹拭纸面，用手慢慢舒平。如出现气泡，可将气泡切开，挤出气体，压实即可。

9.5.3　质　量　要　求

裱糊工程的质量应符合以下要求：

（1）壁纸、墙布边缘整齐，不得有纸毛、飞刺。裱糊后表面应平整、色泽一致；不得有波纹起伏、气泡、裂缝、皱折及斑污，斜视时应无胶痕。

（2）各幅拼接应横平竖直，拼接处花纹、图案应吻合，不离缝，不对接，不显拼缝。

（3）壁纸、墙布与各种装饰线（挂镜线、贴脸板、踢脚板）、设备线盒应交接严密，不得有缝隙。

（4）复合压花壁纸的压痕及发泡壁纸的发泡层应无损坏。

9.6 门 窗 工 程

目前以木门窗、铝合金门窗、塑料门窗使用最普遍。

门窗安装应采用预留洞口的施工方法，不得采用边安装边砌口或先安装后砌口的施工方法。门窗的安装必须牢固，在砖砌体上安装门窗时严禁用射钉固定。

9.6.1 木门窗的安装

1. 工艺过程

（砌墙时）预埋木砖→（抹灰前）门窗框固定→门窗扇安装；也可先将窗扇安装在窗框上，再一起固定在木砖上。

2. 木门窗的安装规定

（1）门窗框与砖石砌体、混凝土或抹灰层接触部位以及固定用木砖等均应进行防腐处理。

（2）门窗框安装前应校正方正，加钉必要的拉条，避免变形。安装门窗框时，每边固定点不得少于两处，其间距不得大于 1.2m。

（3）门窗框需镶贴脸时，门窗框应凸出墙面，凸出的厚度应等于抹灰层或装饰面层的厚度。

（4）木门窗五金配件的安装应符合下列规定：

1）合页距门窗扇上下端宜取立挺高度的 1/10，并应避开上、下冒头；

2）五金配件安装应用木螺钉固定。硬木应钻 2/3 深度的孔，孔径应略小于木螺钉直径；

3）门锁不宜安装在冒头与立梃的结合处；

4）窗拉手距地面宜为 1.5～1.6m，门拉手距地面宜为 0.9～1.05m。

9.6.2 铝合金门窗的安装

1. 铝合金门窗的安装工艺过程

主体基本结束后将铝合金门窗的锚固板用射钉、膨胀螺丝或燕尾铁脚等固定在墙体上，在室内装修基本完成后将铝合金门窗扇安装在门窗框上，最后安装玻璃，并用橡胶条固定或同时注入硅酮系列密封胶。

2. 铝合金门窗的安装规定

（1）门窗装入洞口应横平竖直，严禁将门窗框直接埋入墙体；

（2）密封条安装时应留有比门窗的装配边长 20～30mm 的余量，转角处应斜面断开，并用胶粘剂粘贴牢固，避免收缩产生缝隙；

（3）门窗框与墙体间缝隙不得用水泥砂浆填塞，应采用弹性材料（矿棉条或玻璃棉毡条）填嵌饱满，缝隙表面留 5～8mm 深的槽口，用密封胶密封。

9.6.3 塑料门窗的安装

1. 安装工艺

塑料门窗框与墙体的固定方法有连接件法、直接固定法和假框法等。

（1）连接件法：是用一种专门制作的铁件将门窗框通过螺钉或膨胀螺丝固定在墙体上，目前常用。

（2）直接固定法：是用木螺钉直接穿过门窗框，将其固定于预埋在墙体的木砖上。

（3）假框法：先在门窗洞口内安装镀锌薄钢板金属框或木框，再在其上固定塑料门窗框，最后用盖口条对接缝及边缘部分进行装饰。

2. 塑料门窗的安装规定

（1）门窗安装五金配件时，应钻孔后用自攻螺钉拧入，不得直接锤击钉入；

（2）门窗框、副框和扇的安装必须牢固。固定片或膨胀螺栓的数量与位置应正确，连接方式应符合设计要求，固定点应距窗角、中横框、中竖框 150～100mm，固定点间距应小于或等于 600mm；

（3）安装组合窗时应将两窗框与拼樘料卡接，卡接后应用紧固件双向拧紧，其间距应小于或等于 600mm，紧固件端头及拼樘料与窗框间的缝隙应用嵌缝膏进行密封处理。拼樘料型钢两端必须与洞口固定牢固；

（4）门窗框与墙体间缝隙不得用水泥砂浆填塞，应采用弹性材料填嵌饱满，表面应用密封胶密封。

10 桥梁工程施工

10.1 墩台施工

10.1.1 混凝土墩(台)身施工

1. 墩台模板

模板一般用木材、钢材或其他符合设计要求的材料制成。模板的设计必须满足施工要求,模板的制作、安装要能保证其混凝土质量。其变形值不得超过下列数值:结构表面外露的模板,挠度为模板构件跨度的1/400,结构表面隐蔽的模板,挠度为模板构件跨度的1/250;钢模板的面板变形为1.5mm;钢模板的钢棱、柱箍变形为3.0mm。

(1)拼装式模板

系用各种尺寸的标准模板利用销钉连接,并与拉杆、加劲构件等组成墩台所需形状的模板。如图10-1所示。将墩台表面划分为若干小块,尽量使每部分板扇尺寸相同,以便于周转使用。板扇高度通常与墩台分节灌注高度相同,一般可为3~6m,

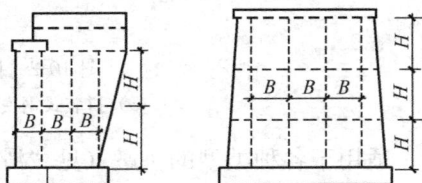

图10-1 墩台模板划分示意图

宽度可为1~2m,具体视墩台尺寸和起吊条件而定。拼装式模板由于在厂内加工制造,因此板面平整、尺寸准确、体积小、重量轻,拆装容易、快速,运输方便,故应用广泛。

(2)整体吊装模板

系将墩台模板水平分成若干段,每段模板组成一个整体,在地面拼装后吊装就位,如图10-2所示。分段高度可视起吊能力而定,一般可为2~4m。整体吊装模板的优点:安装时间短,无需设施工接缝,加快施工进度,提高了施工质量;将拼装模板的高空作业改为平地操作,有利施工安全;模板刚性较强,可少设拉筋或不设拉筋,节约钢材;可利用模外框架作简易脚手架,不需另搭施工脚手架;结构简单,装拆方便,对建造较高的桥墩较为经济。

(3)组合型钢模板

系以各种长度、宽度及转角标准构件,用定型的连接件将钢模拼成结构用模板,具有体积小、重量轻、运输方便、装拆简单、接缝紧密等优点,适用于在地面拼装,整体吊装的结构上。

(4)滑动钢模板

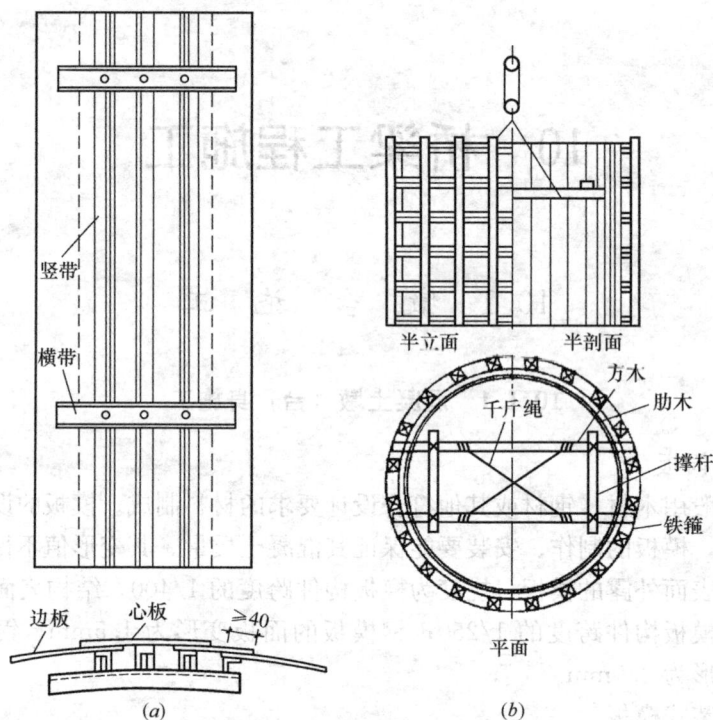

图 10-2 圆形桥墩整体模板
(a) 拼装式钢模板；(b) 整体式吊装模板

适用于各种类型的桥墩（见"滑模施工"章节）。

各种模板在工程上的应用，可根据墩台高度、墩台形式、机具设备、施工期限等条件，因地制宜，合理选用。

模板安装前，应对模板尺寸进行检查；安装时要坚实牢固，以免振捣混凝土时引起跑模漏浆，安装位置要符合结构设计要求。

2. 混凝土浇筑施工要点

（1）混凝土的运送

墩台混凝土的运输分为水平运输与垂直运输两种方式，如混凝土数量小，可采用常用小型运输工具。如混凝土数量大，浇筑捣固速度快时，可采用混凝土皮带运输机或混凝土输送泵。运输带速度应不大于 1.0～1.2m/s，其最大倾斜角：当混凝土坍落度小于 40mm 时，向上传送为 18°，向下传送为 12°；当坍落度为 40～80mm 时，则分别为 15°与 10°。

（2）混凝土浇筑

为防止墩台基础第一层混凝土中的水分被基底吸收或基底水分渗入混凝土，对墩台基底处理除应符合天然地基的有关规定外，尚应符合以下规定：

1）基底为非黏性土或干土时，应将其润湿；

2）如为过湿土时，应在基底设计标高下夯填一层 10～15cm 厚片石或碎（卵）石层；

3）基底面为岩石时，应加以润湿，铺一层厚 2～3cm 水泥砂浆，然后在水泥砂浆凝结前浇筑第一层混凝土。

10.1.2 石砌墩（台）身施工

1. 石料

石砌墩台系用片石、块石及粗料石以水泥砂浆砌筑的，石料与砂浆的规格要符合有关规定。浆砌片石一般适用于高度小于 6m 的墩台身、基础、镶面以及各式墩台身填腹；浆砌块石一般用于高度大于 6m 的墩台身、镶面或应力要求大于浆砌片石砌体强度的墩台；浆砌粗料石则用于磨耗及冲击严重的分水体及破冰体的镶面工程以及有整齐美观要求的桥墩台身等。

2. 脚手架

将石料吊运并安砌到正确位置是砌石工程中比较困难的工序。当重量小或距地面不高时，可用简单的马凳跳板直接运送；当重量较大或距地面较高时，可采用固定式动臂吊机或桅杆式吊机或井式吊机，将材料运到墩台上，然后再分运到安砌地点。用于砌石的脚手架应环绕墩台搭设，用以堆放材料，并支承施工人员砌镶及勾缝。脚手架一般常用固定式轻型脚手架（适用于 6m 以下的墩台）、简易活动脚手架（能用在 25m 以下的墩台）以及悬吊式脚手架（用于较高的墩台）。

3. 墩台砌筑施工

在砌筑前应按设计图放出实样，挂线砌筑。砌筑基础的第一层砌块时，如基底为土质，只在已砌石块的侧面铺上砂浆即可，不需坐浆；如基底为石质，应将其表面清洗、润湿后，先坐浆再砌石。砌筑斜面墩台时，斜面应逐层放坡，以保证规定的坡度。砌块间用砂浆粘结并保持一定的缝厚，所有砌缝要求砂浆饱满。形状比较复杂的工程，应先作出配料设计图，如图 10-3 所示，注明块石尺寸；形状比较简单的，也要根据砌体高度、尺寸、错缝等，先行放样配好料石再砌。

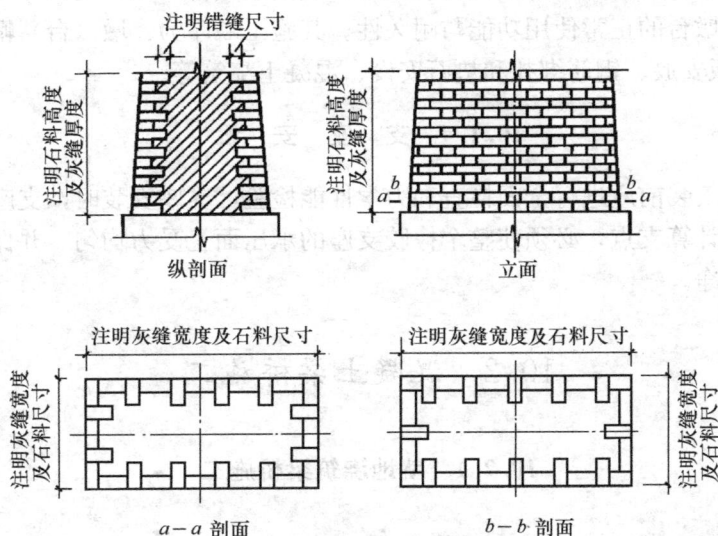

图 10-3 桥墩配料大样图

砌筑方法：同一层石料及水平灰缝的厚度要均匀一致，每层按水平砌筑，丁顺相间，砌石灰缝互相垂直，灰缝宽度要满足规范要求。砌石顺序为先角石，再镶面，后填腹。填腹石的分层高度应与镶面相同；圆端、尖端及转角形砌体的砌石顺序，应自顶点开始，按丁顺排列接砌镶面石。砌筑图例如图 10-4 所示，圆端形桥墩的圆端顶点不得有垂直灰缝，砌石应从顶端开始先砌石块①（图 10-4（a）），然后依丁顺相间排列，接砌四周镶面石，尖端桥墩的尖端及转角处不得有垂直灰缝，砌石应从两端开始，先砌石块①（图 10-4（b）），再砌侧面转角②，然后丁顺相间排列，接砌四周的镶面石。

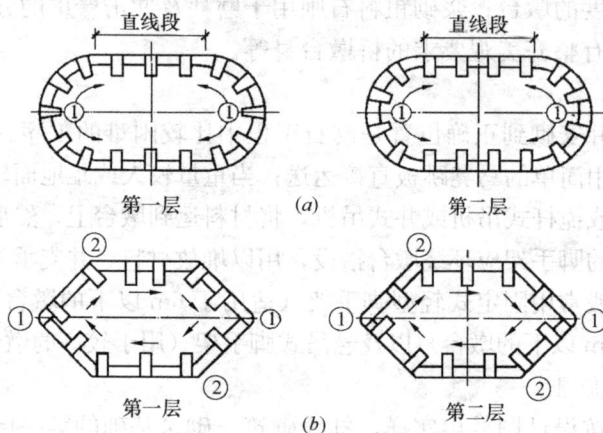

图 10-4 桥墩砌筑
(a) 圆端形；(b) 尖端形

10.1.3 墩（台）帽施工

墩（台）帽是用以支承桥跨结构的，其位置、高程及垫石表面平整度等均应符合设计要求，以避免桥跨结构安装困难，或使墩（台）帽、垫石等出现碎裂或裂缝，影响墩台的正常使用功能与耐久性。其施工顺序为：墩（台）帽放样、墩（台）帽模板安放、钢筋绑扎和垫石安设、混凝土浇筑等。

10.1.4 支　座　安　设

支座在安装前应进行全面检查和力学性能检验，支座安装时，支座中心尽可能对准梁的计算支点，必须使整个橡胶支座的承压面上受力均匀。并保证垫石平整、梁底洁净。

10.2　混凝土梁桥施工

10.2.1　就地浇筑梁桥施工

1. 支架

支架按其构造分为支柱式、梁式和梁—柱式支架；按材料可分为木支架、钢

支架、钢木混合支架和万能杆件拼装的支架等。

(1) 立柱式支架

立柱式支架构造简单，可用于陆地或不通航河道以及桥墩不高的小跨径桥梁施工。支架通常由排架和纵梁等构件组成。排架由枕木或桩、立柱和盖梁组成，如图 10-5 所示。

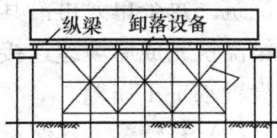

图 10-5 立柱式支架

(2) 梁式支架

根据跨径不同，梁可采用工字钢、钢板梁或钢桁梁，如图 10-6 所示。一般工字钢用于跨径小于 10m，钢板梁用于跨径小于 20m，钢桁梁用于跨径大于 20m 的情况。梁可以支承在墩旁支柱上，也可支承在桥墩上预留的托架或支承在桥墩处的横梁上。

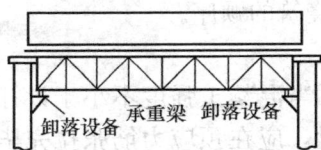

图 10-6 梁式支架

(3) 梁—柱式支架

当桥梁较高、跨径较大或必须在支架下设孔通航或排洪时可用梁—柱式支架，如图 10-7 所示。梁支承在桥墩台以及临时支柱或临时墩上，形成多跨的梁—柱式支架。

2. 支架、模板的设计

(1) 设计荷载

设计荷载主要有：模板、支架的自重；新浇筑的混凝土、钢筋混凝土的重力；施工人员和料具等行走或堆放的荷载重力；振捣混凝土时产生的荷载；新浇混凝土对模板的侧向压力；倾倒混凝土时产生的水平荷载；其他可能产生的荷载，如雪荷载、冬期施工保温措施荷载等。在进行模板、支架设计计算时，应采用上述荷载进行组合。

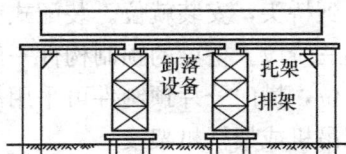

图 10-7 梁—柱式支架

(2) 模板设计

根据其构造特点，按多跨连续梁计算其强度和挠度。在简化计算时，可偏安全地按简支梁进行强度和挠度计算。

(3) 支架设计

支架设计时，主要进行水平加劲肋、竖向加劲肋及斜撑杆等的强度验算、挠度验算。

3. 混凝土浇筑

(1) 简支梁混凝土的浇筑

1) 水平分层浇筑。对于跨径不大的简支梁桥，可在一跨全长内分层浇筑，在跨中合拢。分层的厚度视振捣器的能力而定，一般选用 15～30cm；当采用人工捣实时，可选取 15～20cm。

2) 斜层浇筑。简支梁桥的混凝土浇筑应从主梁的两端用斜层法向跨中浇筑，在跨中合拢；当采用梁式支架，支点不设在跨中时，则应在支架下沉量大的位置先浇混凝土，使应该发生的支架变形及早完成。

3) 单元浇筑法。当桥面较宽且混凝土数量较大时，可分成若干纵向单元分

265

别浇筑。每个单元可沿其长度分层浇筑，在纵梁间的横梁上设置连接缝，并在纵横梁浇筑完成后填缝连接，之后桥面板可沿桥全宽一次浇筑完成。桥面与纵横梁间设置水平工作缝。

（2）悬臂梁、连续梁混凝土的浇筑

悬臂梁和连续梁桥的上部结构在支架上浇筑时，由于桥墩为刚性支点，桥跨下的支架为弹性支撑，在浇筑时支架会产生不均匀沉降，因此在浇筑混凝土时应从跨中向两端墩台进行。同时，其邻跨也从跨中或悬臂端向墩、台进行，在桥墩处设置接缝，待支架沉降稳定后，再浇筑墩顶处梁的接缝混凝土。但在采用等重量对模板和支架进行预压后，可采用从一端向另一端浇筑的顺序。

（3）模板拆除及卸架

当混凝土达到设计强度 25% 以后，可拆除侧模。当混凝土强度不小于设计的 70% 以后，方可拆除各种梁的模板。对于预应力梁，应在预应力筋张拉完毕或张拉到一定数量后再拆除模板，以免梁体混凝土受拉。

10. 2. 2　装配式梁桥施工

所谓装配式桥，一般将梁段横向分片或纵向分片在预制场预制，产品合格后运到桥头，安装就位。装配式梁桥的施工包括分片或分段构件的预制、运输、安装三阶段。桥梁的预制构件一般在预制场或预制工厂内进行，再由运输工具运至桥位，横向分片预制件可采用吊机或架桥机架设；纵向分段在桥头串联张拉后，用吊机或架桥机架设。

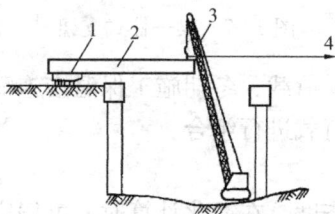

图 10-8　吊车和绞车配合架设
1—滚筒；2—预制梁；
3—吊机；4—绞车

1. 自行式吊车安装

陆地桥梁、城市高架桥预制梁安装常采用自行吊车安装。一般先将梁运到桥位处，采用一台吊机、两台吊机或吊机与绞车配合架设，方法便捷，工期短。如图 10-8 所示。

2. 龙门吊机安装

龙门吊机安装适用于岸上和浅水滩以及不通航浅水区域安装预制梁。两台龙门吊机分别设于待安装孔的前、后墩位置；预制梁由平车顺桥向运至安装孔的一侧，移动跨墩龙门吊机上的吊梁平车，对准梁的吊点放下吊架，将梁吊起。当梁底超过桥墩顶面后停止提升，用卷扬机牵引吊梁平车慢慢横移，使梁对准桥墩上的支座，然后落梁就位。

3. 浮吊安装

预制梁由码头或预制厂直接由运梁驳船运到桥位，浮吊船宜逆流而上，先远后近安装。浮吊船吊装前应下锚定位，航道要临时封锁。采用浮吊安装预制梁，施工速度快，高空作业较少，是航运河道上架梁常用的办法。

4. 双导梁穿行式架设

双导梁穿行式架设法是在架设跨间设置两组导梁，导梁上配置有悬吊预制梁的轨道平车和起重行车或移动式龙门架，将预制梁在双导梁内吊运到指定位置后，再落梁、横移就位。

5. 联合架桥机架设

当桥面标高很高、水很深的情况下，优选联合架桥机进行预制构件的架设。联合架桥机系由龙门架、托架和导梁为主体而组成的成套架设预制构件设备。

6. 拼装式双导梁架桥机架设

拼装式双导梁架桥机是用万能杆件拼装而成的，其三个支点下面均设有铰支座，预制梁横移时，架桥机桁架不需移动，但桥墩应较桥面稍宽，以便搁置架桥机桁架。拼装式双导梁架桥机架设法的安装程序与联合架桥机架设法和双导梁穿行式架设法基本相同，如图 10-9 所示。

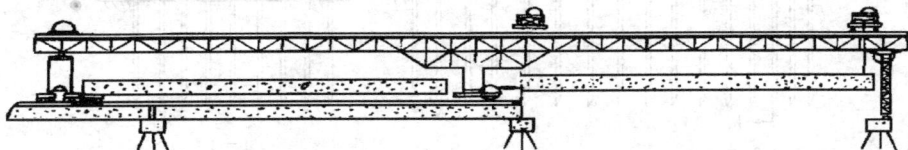

图 10-9 拼装架桥机架设

10.2.3 预应力混凝土梁桥悬臂施工

悬臂施工法在近代桥梁建设中，广泛用于建造预应力混凝土悬臂梁桥、连续梁桥、斜拉桥和拱桥等。其主要特点为：①在跨间不需要搭设支架；②能减少施工设备，简化施工工序；③多孔结构可同时施工，加快施工进度；④能充分利用预应力混凝土悬臂结构承受负弯矩能力强的特点，将跨中正弯矩转移为支点负弯矩使桥梁的跨越能力提高；⑤悬臂施工可节省施工费用，降低工程造价。

悬臂施工法主要有悬臂拼装法及悬臂浇筑法两种。

1. 悬臂拼装施工

悬臂拼装法利用移动式悬拼吊机将预制梁段起吊至桥位，然后采用环氧树脂胶及钢丝束预施应力连接成整体。采用逐段拼装，一个节段张拉锚固后，再拼装下一节段。悬臂拼装的分段，主要决定于悬拼吊机的起重能力，一般节段长 2～5m。节段过长则自重大，需要悬拼吊机起重能力大；节段过短则拼装接缝多，工期也延长。一般在悬臂根部，因截面积较大，节段长度采用较短，以后向端部逐渐增长。

(1) 混凝土块件的预制

1) 长线预制。

长线预制是在预制厂或施工现场按桥梁底缘曲线制作固定的底座，在底座上安装底模进行块件预制工作。可以利用预制场的地形堆筑土胎，经加固夯实后铺砂石层并在其上面做混凝土底板；有石料的地区可用石砌砌体筑成所需的梁底线的形状；也可采用打短桩基础，再搭设排架形成梁底曲线。排架可用木材或型钢组成。如图 10-10 所示。

2) 短线顶制。

短线预制箱梁块件的施工，是由可调整外、内模板的台车与端模架来完成。

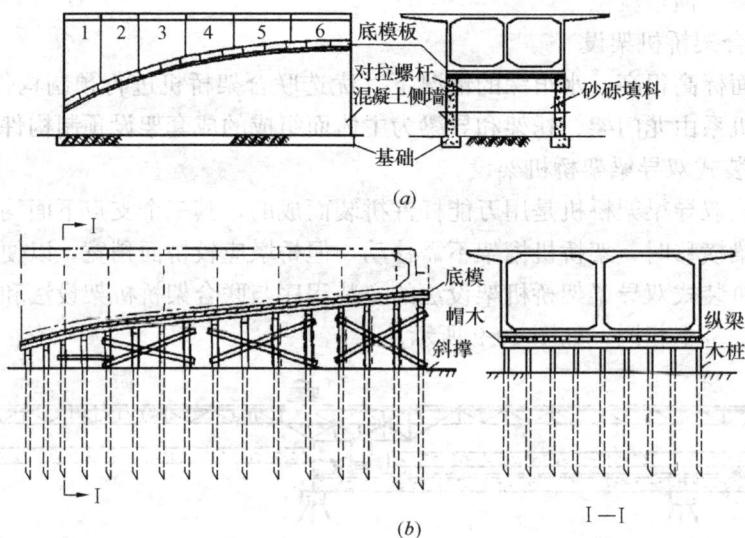

图 10-10　长线预制箱梁块件台座
(a) 土石胎台座；(b) 排架台座

当第一节段混凝土浇筑完成后，在其相对位置上安装下一层模板，并利用第一节段的端面作为第二节段的端模完成混凝土的浇筑工作。如图 10-11 所示。每条生产线平均五天可生产四块。

3) 卧式预制。

当主梁为桁架梁，具有较大的桁高和节段长度，且桁架的桁杆截面尺寸不大时，可采用卧式预制法。块件的预制可直接在场地上进行，相同尺寸的节段可采用平卧叠层预制。

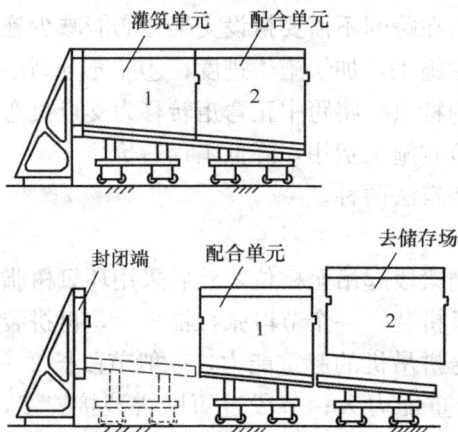

图 10-11　短线预制法

(2) 块件悬臂拼装

预制块件的悬臂拼装可根据现场布置和设备条件采用不同的方法来实现。

当靠岸边的桥跨不高且可在陆地或便桥上施工时，可采用自行式吊车、门式吊车来拼装。对于河中桥孔，也可采用水上浮吊进行安装。如果桥墩很高，或水流湍急而不便在陆上、水上施工时，就可利用各种吊机进行高空悬拼施工。

1) 起重吊机拼装法。

预制块件用船运至桥下，由移动吊机进行悬臂拼装。如图 10-12 所示。

2) 悬臂吊机拼装法。

悬臂吊机由纵向主桁梁架，横向起重桁架、锚固装置、平衡重、起重系、

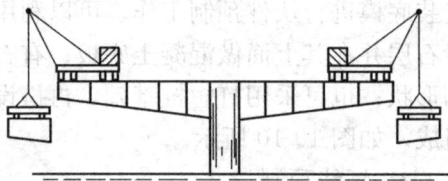

图 10-12　起重吊机拼装

行走系和工作吊篮等部分组成，在吊机就位固定后起重平车可沿承重梁顶面的轨道纵向移动，以便拼装时调整位置。适用于桥下通航，预制节段可浮运至桥下的情况。如图 10-13 所示。

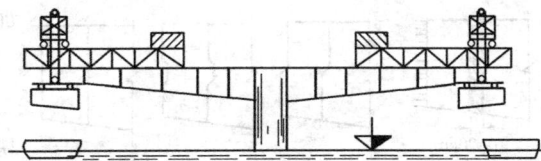

图 10-13　悬臂吊机拼装

3）缆索起重机拼装法。

是用缆索起重机吊运和拼装块件，此法适用于起重机跨度不太大、块件质量也较轻的场合，如图 10-14 所示。

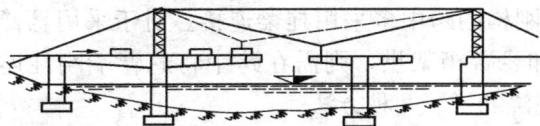

图 10-14　缆索起重机拼装

4）连续桁架吊机拼装法。

连续桁架悬拼施工可分移动式和固定式两类。移动式连续桁架的长度大于桥的最大跨径，桁架支承在已拼装完成的梁段和待拼墩顶上，由吊车在桁架上移运块件进行悬臂拼装，如图 10-15。固定式连续桁架的支点均设在桥墩上，而不增加梁段的施工荷载。

（3）接缝处理

梁段拼装过程中的接缝通常采用湿接缝和胶接缝两种，如图 10-16 所示。不同的施工阶段和不同的部位，将采用不同的接缝形式。

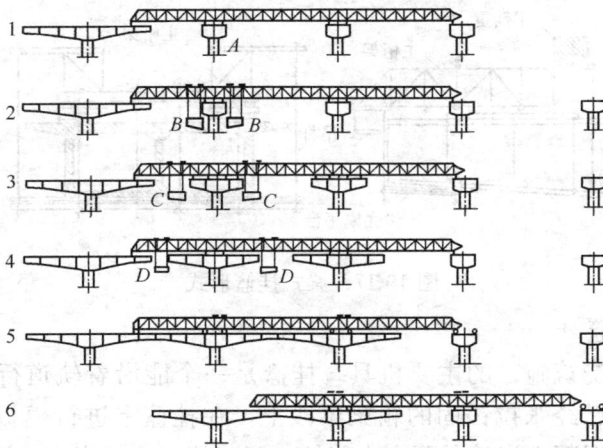

图 10-15　连续桁架吊机拼装

1）湿接缝。

湿接缝一般用在一号块件（即墩柱两侧的第一块）和零号块之间，以便于一号块的准确定位。有时为了调整拼装上翘、下挠误差，在拼装过程中可增设一道湿接缝。湿接缝一般宽 0.1～0.2m。如图 10-16（a）所示。

2）胶接缝。

其他块件之间用胶接缝粘结。一般采用环氧树脂胶，厚度 1.0mm 左右。环氧树脂胶接缝可使块件连接密贴，可提高结构抗剪能力、整体刚度和不透水性。

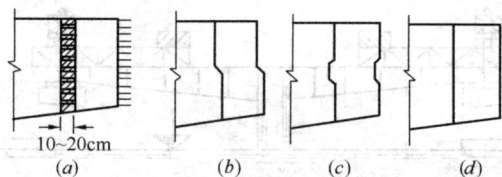

图 10-16 接缝形式

如图 10-16 (b)、(c)、(d) 所示。

　　3) 接缝施工。

　　湿接缝施工。施工控制程序为：块件定位→接头钢筋焊接、安放制孔器→安放接缝模板→浇筑接缝混凝土→养生→预应力张拉、锚固。

　　干接缝施工。施工控制程序为：块件试拼→移开块件→穿束→涂胶→块件合拢定位→预应力张拉、锚固。

　　(4) 合拢段施工

　　对于箱梁 T 型刚构和桁架 T 型刚构的跨中多采用挂梁连接。对于采用悬臂拼装施工的连续刚构桥、连续梁桥和悬臂桁架拱，则需在跨中将悬臂端刚性连接、整体合龙。其施工方法可采用现浇和拼装两种方法。

　　2. 悬臂浇筑施工

　　悬臂浇筑采用移动式挂篮作为主要施工设备，以桥墩为中心，对称向两岸利用挂篮逐段浇筑梁段混凝土，待混凝土达到要求强度后，张拉预应力束，再移动挂篮，进行下一节段的施工。悬臂浇筑每个节段长度一般 2~6m，节段过长，将增加混凝土自重及挂篮结构重力，而且要增加平衡重及挂篮后锚设施；节段过短，影响施工进度。所以，施工时应根据设备情况及工期，选择合适的节段长度。

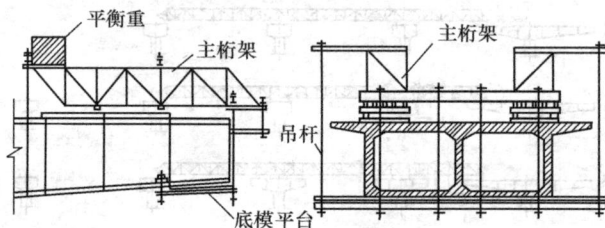

图 10-17 梁式挂篮形式

　　(1) 施工挂篮

　　挂篮是悬臂浇筑施工的主要机具。挂篮是一个能沿着轨道行走的活动脚手架，挂篮悬挂在已经张拉锚固的箱梁梁段上，在挂篮上进行模板安装、钢筋绑扎、管道安装、混凝土浇筑、预应力张拉、压浆等工作。当一个梁段的施工程序完成后，挂篮解除后锚，移向下一梁段施工。所以挂篮既是空间的施工设备，又是预应力筋未张拉前梁段的承重结构。

　　1) 挂篮形式。

　　常用挂篮的主要形式有梁式挂篮、菱形挂篮、斜拉式挂篮及组合斜拉式挂篮等形式。

　　梁式挂篮形式如图 10-17 所示。由底模板、悬吊系统、承重结构、行走系统、平衡重、锚固系统、工作平台等部分组成。

　　菱形桁架式挂篮形式如图 10-18 所示。可以认为是在平行桁架式挂篮的基础上简化而来，其上部结构为菱形，前部伸出两伸臂小梁，作为挂篮底模平台和侧模前移的滑道，其菱形结构后端锚固于箱梁顶板上，无平衡重。

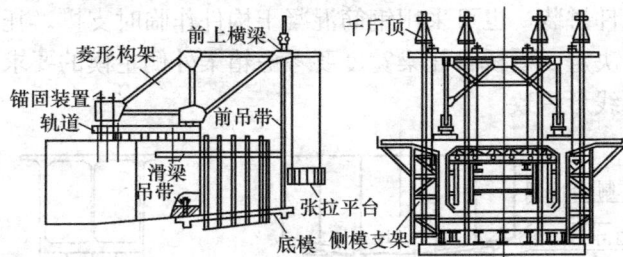

图 10-18 菱形挂篮形式

斜拉式挂篮形式如图 10-19 所示。其承重结构采用纵梁、立柱、前后斜拉杆组成，杆件少，结构简单，受力明确，承重结构轻巧。

组合斜拉式挂篮形式如图 10-20 所示。其上部采用斜拉体系代替梁式或桁架式结构的受力，由此产生的水平分力通过上下限位装置（或称水平制动装置）承受，主梁的纵向倾覆稳定由后端锚固压力维持。

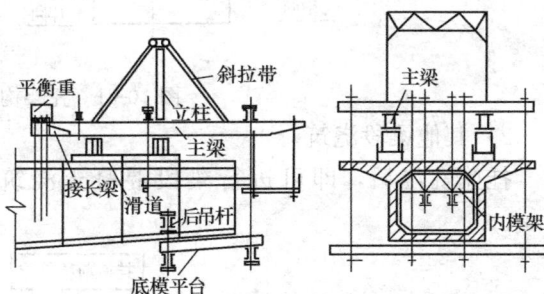

图 10-19 斜拉式挂蓝形式

2）挂篮设计。

挂篮设计的原则是：①要求自重轻；②充分利用常备构件；③结构简单、受力明确；④运行方便；⑤坚固稳定；⑥便于装拆；⑦工艺操作安全、方便。

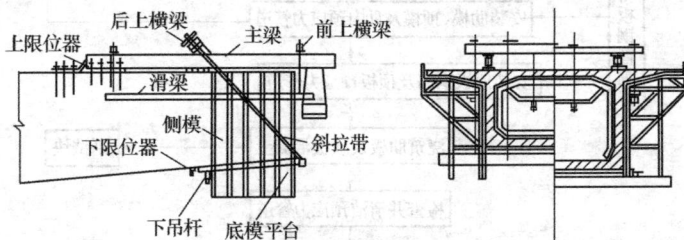

图 10-20 组合斜拉式挂篮形式

在挂篮设计时，主要对下列内容进行计算和验算：①设计荷载；②各主要部件的计算；③主桁受力计算；④挂篮移动及浇筑混凝土时的安全度。

挂篮制作完成后运至工地，应在试拼台上试拼，以便发现由于制作不精确及运输中变形造成的问题，保证在正式安装时的顺利及工程进度。

（2）混凝土分段浇筑

1）0 号块浇筑。

采用悬臂浇筑法施工时，墩顶 0 号块梁段采用在托架上立模现浇，并在施工过程中设置临时梁墩锚固，使 0 号块梁段能承受两侧悬臂施工时产生的不平衡力矩。

施工托架有扇形、门式等形式，如图 10-21 所示。托架可采用万能插件、贝雷梁、型钢等构件拼装，也可采用钢筋混凝土构件作临时支撑。托架总长度视拼装挂篮的需要而决定。横桥自托梁宽度要考虑箱梁外侧主模的要求。托架顶面应与箱梁底面纵向线形一致。

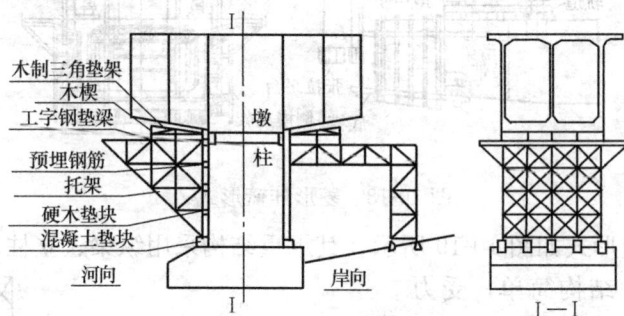

图 10-21 托架构造

2）其他梁段浇筑。

挂篮就位后，即可进行梁段混凝土浇筑施工，施工工艺流程如图 10-22 所示。

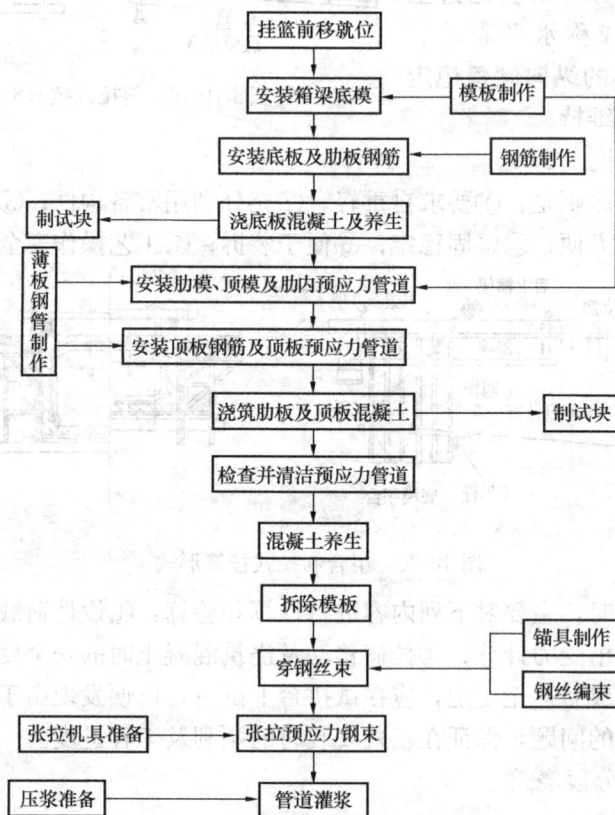

图 10-22 悬臂浇筑施工工艺图

在安装并校正模板吊架时，应对其进行抛高，以使施工完成的桥梁符合设计标高。抛高值包括施工期结构挠度，因挂篮重力和临时支承释放时支座产生的压缩变形。混凝土浇筑时，应从0号块开始对称均衡地进行，以利于两端的力矩平衡。而且梁段拆模后，应对梁端混凝土进行凿毛处理，以加强接缝混凝土的连接。

　　3）合拢段施工。

　　合拢段施工时通常由两个挂篮向一个挂篮过渡，由一个挂篮跨过合拢段至另一端悬臂施工梁段上，形成合拢段施工支架。但避免由于昼夜温差，混凝土的早期收缩、水化热，已完成梁段混凝土的收缩、徐变，结构体系的转换及施工荷载等因素对合拢段的质量影响，所以，需采取有效的控制措施。即合拢段长度选择，一般采用1.5～2.0m；合拢段混凝土浇筑宜选择在温度较低时进行；合拢段混凝土宜使用早强混凝土；采用临时锁定等措施。

　　3. 悬臂施工梁墩临时固结措施

　　T形刚构桥梁采用悬臂施工法施工，因墩身与梁本身采用刚性连接，所以不存在梁墩临时固结问题。悬臂梁桥及连续梁桥采用悬臂施工法，为保证施工过程中结构的稳定可靠，必须采取0号梁段与桥墩间临时固结或支承措施：将0号梁段与桥墩钢筋或预应力筋临时固结，待需要解除固结时切断；在桥墩一侧或两侧加临时支承或支墩，如图10-23所示；将0号梁段临时支承在扇形或门式托架的二侧，如图10-21所示；临时支承可用硫磺水泥砂浆块，砂筒或混凝土块等卸落设备，以使体系转换时，较方便地撤除临时支承，如图10-23所示。

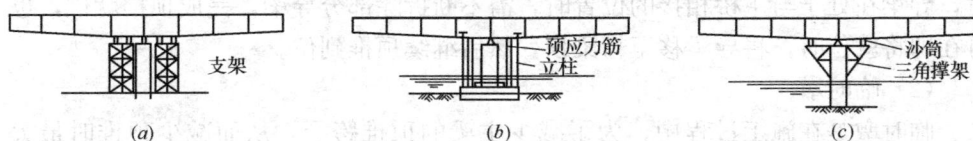

图 10-23　临时支承措施

10.2.4　顶 推 施 工

　　顶推施工法施工是沿桥轴方向，在台后开辟预制场地，分节段预制梁身并用纵向预应力筋将各节段连成整体，然后通过水平液压千斤顶施力，借助不锈钢板与聚四氟乙烯模压板组成的滑动装置，将梁段向对岸推进。这样分段预制，逐段顶推，待全部顶推就位后落梁，更换正式支座，完成桥梁施工。因此，在水深、桥高以及高架道路等情况下，可省去大量施工脚手架，不中断桥下现有交通，可集中管理和指挥，高空作业少，施工安全可靠，同时可以使用简单的设备建造多跨长桥。顶推过程如图10-24所示。

　　1. 顶推施工中的临时设施

　　（1）导梁

　　导梁设置在主梁的前端，长度为顶推跨径的0.6～0.7倍，刚度为主梁的1/15～1/9，截面形式为等截面或变截面的钢桁梁或钢板梁，主梁前端装有预埋件与钢导梁栓接。为了防止主梁端部接头混凝土在承受最大正、负弯矩时产生过大拉应力而产生裂缝，必须在接头附近施加预应力。导梁在外形上，底缘与箱梁底应在同一平面上，前端底缘呈向上圆弧形，以便于顶推时顺利通过桥墩。

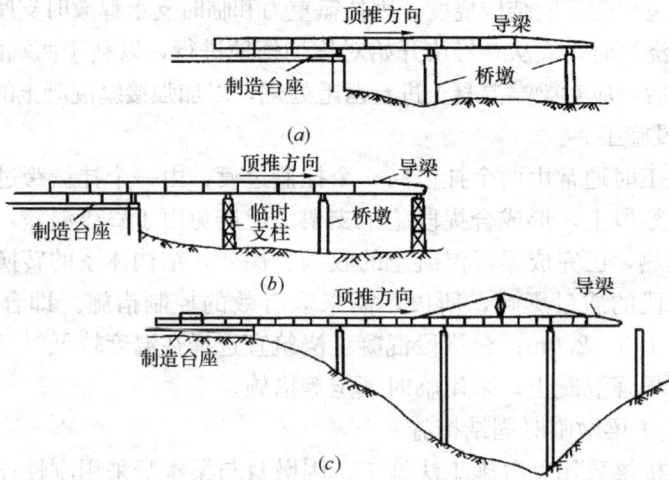

图 10-24 顶推施工过程

(a) 短跨径情况；(b) 长跨径情况；(c) 高墩顶推情况

由于导架在施工中正负弯矩反复出现，连接螺栓易松动，在顶推中每经历一次反复均需检查和重新拧紧。

顶推施工通常均设置前导梁，也可增设尾导梁。对于大桥引桥采用顶推施工时，导梁在处于与主桥相接的位置时，需不断拆除部分导梁，完成顶推就位，也可在即将就位时，将导梁移至箱梁顶，然后继续顶推到位。

（2）临时墩

临时墩是在施工过程中，为了减少主梁的顶推跨径，从而减少顶推时最大正、负弯矩在主梁内产生的内力，而在设计跨径中间设置的临时结构。临时墩的结构形式可采用钢桁架或装配式钢筋混凝土薄箱、井筒等。临时墩应能承受顶推时的最大竖向荷载，而不致沉陷；能承受顶推时的最大水平摩阻力，而不致发生水平位移。为了加强临时墩的抗推能力，可采用斜拉索或水平拉索锚固于永久墩下部或其墩帽，如图 10-25 所示。通常在临时墩上只设置滑移装置，而不设置顶推装置，但若必须加设置顶推装置时，必须通过计算确定。主梁顶推完成后落梁前，应立即取消临时支座，并拆除临时墩。

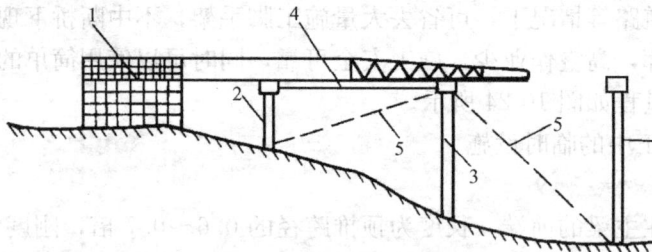

图 10-25 拉索加强临时墩

1—工作平台；2—桥墩；3—临时墩；4—水平索；5—斜拉索

（3）拉索

用拉索加劲主梁以抵消顶推时的悬臂弯矩，拉索系统由钢制塔架、连接构件、竖向千斤顶和钢索组成，设置在主梁的前端。如图 10-26 所示。拉索的范围为两倍顶推跨径左右，塔架支承在主梁的混凝土固定块上，用钢铰连接，并在该处对箱梁截面进行加固，以承受塔架的集中竖向力。在顶推过程中，箱梁内力不断变化，因此要根据不同阶段的受力状态调节索力，这项工作由设在塔架下端的两个竖向千斤顶才能完成。

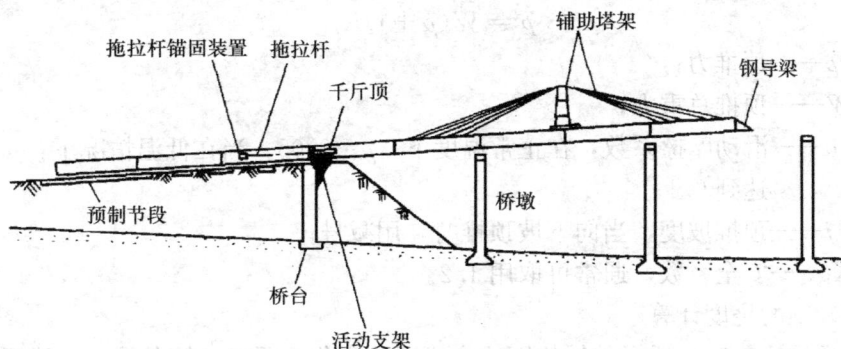

图 10-26　用斜拉索加劲的顶推施工

2. 顶推施工技术参数控制

(1) 力筋布置

顶推法施工的预应力混凝土连续梁桥的纵向力筋有兼顾营运与施工要求所需的力筋、施工阶段要求配置的力筋、为满足营运阶段需要而增加的力筋。前两种称前期力筋，为加快施工速度，前期筋常采用直索，布置在截面的上下缘，对梁施加一个近于中心受压的预应力。其力筋数量可由截面的上、下边缘不出现拉应力及不超过正截面的抗弯强度作为控制条件来确定。

(2) 各截面的施工内力计算和强度验算

将每跨梁分为 10～15 等分，计算各截面在不同施工状态所产生的内力。验算的荷载有梁的自重、机具设备重力、预加力、顶推力和地震力等，同时还要考虑对梁施加的上顶力、顶推时梁底不平以及临时墩的弹性压缩对梁产生的内力影响。在施工验算时，可不考虑混凝土的收缩、徐变二次力，温度内力等。如果在顶推施工中使用钢导梁，应计入钢导梁的叠合作用，按变刚度梁进行内力计算。

(3) 顶推过程的稳定计算

1) 倾覆稳定计算。

施工时，可能发生倾覆失稳的最不利状态发生在顶推初期，导梁或箱梁尚未进入前方桥墩，呈最大悬臂状态时。要求在最不利状态下的倾覆安全系数要大于等于 1.2。当不能保证有足够的安全系数时，应考虑采取加大锚固长度或在跨间增设临时墩的措施。

2) 滑动稳定计算。

在顶推初期，由于顶推滑动装置的摩擦系数很小，抗滑能力很弱，当梁受到一个不大的水平力时，很可能发生滑动失稳。在验算时，其安全系数应大于等于 1.2。

（4）钢索伸长量计算

在各施工阶段，张拉预应力筋采用"双控"，需要验算各钢索张拉后的引伸量，用以控制钢索的张拉应力。

（5）顶推力计算

根据施工的各阶段计算顶推力。计算时应按实际的摩擦系数、桥梁纵坡和施工条件进行计算。通常可按下式计算顶推力：

$$p = W(\mu \pm i)K_i$$

式中　　p——顶推力；

　　　　W——顶推总重力；

　　　　μ——滑动摩擦系数，在正常温度下，$\mu=0.05$；当在低温情况下，μ可能达到0.1；

　　　　i——顶推坡度，当向下坡顶推时，用减号；

　　　　K_i——安全系数，通常可取用1.2。

（6）梁的挠度计算

在顶推施工时，桥梁的结构图式在不断地变化，要求计算各施工阶段梁的挠度，用以校核施工精度和调整施工时梁的标高。

3. 顶推施工

顶推法施工的关键是顶推作业，核心的问题在于应用有限的顶力将梁顶推就位。顶推的施工方法多种多样，主要依照顶推的施工方式分类，同时也可由支承系统和顶推的方向来区分顶推的施工方法。

（1）单点顶推施工

顶推的装置集中在主梁预制场附近的桥台或桥墩上，前方墩各支点上设置滑动支承。顶推装置可分为两种：一种是由水平千斤顶通过沿箱梁两侧的牵动钢杆给预制梁一个顶推力；另一种是由水平千斤顶与竖直千斤顶联合使用，顶推预制梁前进。

1）水平-竖向千斤顶顶推法。

水平-竖向千斤顶顶推法施工，是将水平千斤顶与竖直千斤顶联用。顶推时，升起竖直顶活塞，使临时支承卸载，开动水平千斤顶去顶推竖直顶，由于竖直顶下面设有滑道，顶的上端装有一块橡胶板，即竖直千斤顶在前进过程中带动梁体向前移动。其程序即为顶梁、推移、落下竖直千斤顶、回收水平千斤顶的活塞杆。如图10-27所示。

滑道支承设置在墩上的混凝土临时垫块上，它由光滑的不锈钢板与组合的聚四氟乙烯滑块组成，其中的滑块由四氟板与具有加劲钢板的橡胶块组成。顶推时，组合的聚四氟乙烯滑块在不锈钢板上滑动，并在前方滑出，通过在滑道后方不断喂入滑块，带动梁体前进。如图10-28所示。

2）拉杆千斤顶顶推施工。

拉杆千斤顶顶推的顶推水平力是由固定在牵引墩台上的水平千斤顶通过锚固于主梁上的拉杆使主梁前进的。

单点拉杆千斤顶顶推是将顶推装置集中设置在梁段预制场附近的桥墩台上，

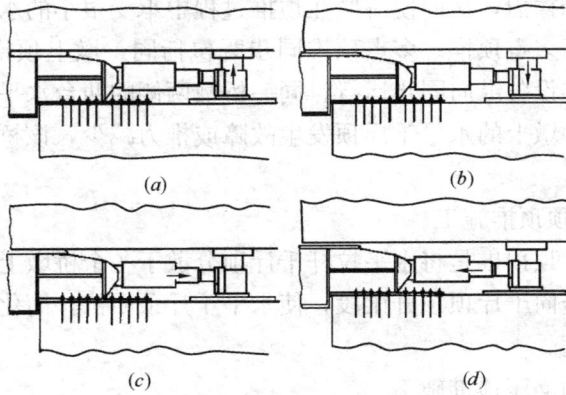

图 10-27 水平-竖直千斤顶联合顶推
(a) 顶梁；(b) 推移；(c) 落竖顶；(d) 收回水平顶

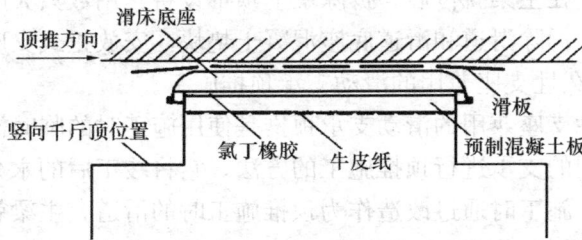

图 10-28 顶推滑道装置

其余墩只设置滑移装置，如图 10-29 所示。其顶推程序与单点水平—竖向千斤顶顶推法基本相似，所不同的是不需将梁段顶升一定高度。

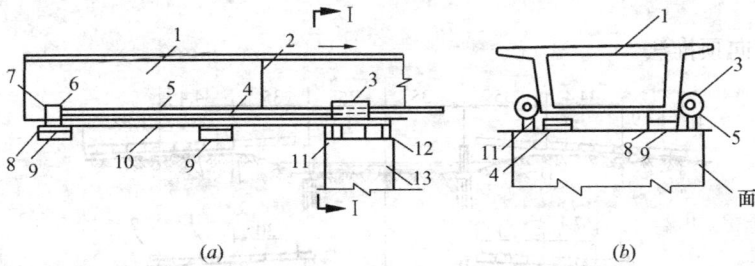

图 10-29 单点拉杆千斤顶顶推法
(a) 立面图；(b) Ⅰ-Ⅰ剖面图
1—主梁；2—工作缝；3—水平千斤顶；4—滑板；5—拉杆；
6—拉杆锚固架；7—拉杆锚固器；8—滑道；9—滑道底座；10—预制台座；
11—水平千斤顶支架；12—竖向千斤顶；13—桥台

（2）多点顶推施工

1）水平-竖向千斤顶顶推法。

多点水平-竖向千斤顶顶推是在每个墩台上均设置千斤顶，将单点顶推的顶推力分散到每个桥墩上，且在各墩上及临时墩上设置滑动支承。在顶推时，应做到同时启动、同步前进。由于利用了千斤顶传递给墩顶的反力来平衡梁段在滑移时在墩上产生的摩擦力，从而使桥墩在顶推过程中承受很小的水平力，这样，可以在柔性墩上进行多点顶推。多点顶推同步既包括同一墩上顶推设备同步运行，也包括各个墩顶推设备纵向同步运行。同一桥墩两侧的两台水平千斤顶不同步将使盖梁受扭。任一墩上的水平千斤顶发生故障或推力减少，该桥墩将受到梁运行的水平推力。

2）拉杆千斤顶顶推施工。

多点拉杆千斤顶顶推是将水平拉杆千斤顶分散于各个桥墩上，免去了在每一循环顶推中，用竖向千斤顶顶升梁段，使水平千斤顶回位，简化了工艺流程，加快了顶推施工进度。

（3）设置滑动支座顶推施工

1）设置临时滑动支承顶推施工。

设置临时滑动支承顶推是在施工过程中所用的滑道是临时设置的，用于滑移梁段和支承梁段，在主梁就位后，拆除墩上顶推设备，用数只大吨位千斤顶同步将一联主梁顶升，拆除滑道和滑道底座混凝土垫块，安放正式支座而成。

2）使用与永久性支座兼用的滑动支承顶推施工。

使用与永久性支座兼用的滑动支承顶推是使用施工时的临时滑动支承与竣工后的永久支座兼用的支承进行顶推施工的方法。它将竣工后的永久支座安置在桥墩的设计位置上，施工时通过改造作为顶推施工时的滑道，主梁就位后不需要进行临时滑动支座的拆除作业，也不需要用大吨位千斤顶将梁顶起。

（4）采用不同方向的顶推施工

1）单向顶推施工。

单向顶推时，预制场设置在桥梁一端，从一端逐段预制，逐段顶推，直至对岸的方法。

2）双向顶推法。

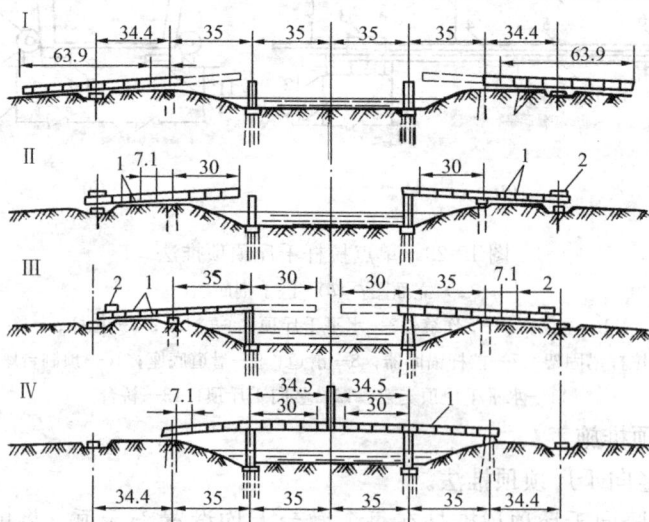

图 10-30 双向顶推示意图（单位：m）

1—主梁节段；2—附加荷载平衡重

　　双向顶推时，预制场在桥梁两端设置，并在两端分段预制，分段顶推，最后在跨中合拢，如图 10-30 所示。对于多跨桥梁，当总长大于 600m 时，为了缩短工期和便于顶推施工时；当连续梁的中孔跨径较大而不宜设置临时墩时；当三跨连续梁由于梁段在顶推未达到前端桥墩前时是单悬臂体系，为了使施工阶段和运营状态的工作状态相接近时等情况下，均可采用双向顶推。

10.2.5　逐　孔　施　工

　　逐孔施工法是从桥梁端开始，采用一套施工设备或一二孔施工支架逐孔施工，周期循环，直到全部完成。逐孔施工法常用在对桥梁路径无特殊要求的中小跨径的长桥、高架道路、跨越海湾和跨越湖泊的桥梁等。有的桥梁总长达数十公里。逐孔施工法体现了造桥施工的省和快，可使施工单一标准化，工作周期化，最大程度地减少工资比例，降低造价。其常用的施工方法有：用临时支承组拼预制节段逐孔施工、使用移动模架逐孔现浇施工、采用整孔吊装或分段吊装逐孔施工。

　　1. 用临时支承组拼预制节段逐孔施工

　　对于多跨长桥，在缺乏较大能力的起重设备时，可将每跨梁分成若干段，在预制场生产，架设时，采用一套支承梁临时承担组拼节段的自重，并在支承梁上张拉预应力筋，并将安装跨的梁与施工完成的桥梁结构按照设计的要求连接，完成安装跨的架梁工作。

　　(1) 节段划分

　　采用节段组拼逐孔施工的桥梁，通常组拼的梁跨在桥墩处接头。在组拼长度内，可根据起重能力沿桥梁纵向划分节段。节段长一般取 4~6m，通常划分为墩顶节段和标准节段。

　　(2) 支承梁类型

　　1) 钢桁架导梁。

　　导梁长取用桥墩间跨长，支承在设置于桥墩上的横梁或横撑上，钢桁架导梁的支承处设有液压千斤顶用于调整标高。节段可从已完成的桥面上由轨道运送至安装孔，也可由驳船运至桥位用吊车安装，如图 10-31 所示。由于钢桁架导梁需要多次转移远孔拼装，因此要求导梁要便于装拆和移运。当节段组拼就位，封闭接缝混凝土达到一定强度后，张拉预应力筋与前一跨桥组拼成整体。

　　2) 下挂式高架钢桁架。

　　采用高架桁架吊挂节段组拼时，一般采用斜缆索加劲。高架桁架长度大于两倍桥梁跨径，由三个支点支撑，支点分别设置在已完成孔和安装孔的桥墩上。高架桁架具有可独立行走系统，由支脚沿桥面轨道自行驱动。在吊装时，支脚落下，用液压千斤顶锚固于桥墩处桥面上。预制节段

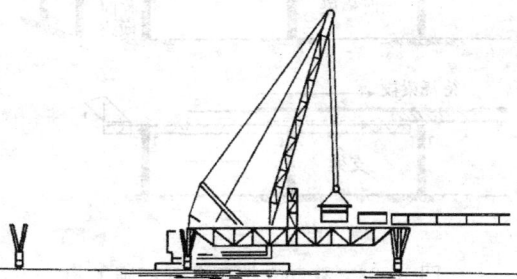

图 10-31　吊装组拼

由平板车沿已安装的桥孔或由驳船运至桥位后，借助架桥机前部斜缆悬臂梁吊装，并将第一跨梁的各节段分别悬吊在架桥机的吊杆上。当各节段位置调整准确后，完成该跨设计的预应力张拉工艺。其下挂式高架钢桁架逐孔组拼施工，如图10-32所示。

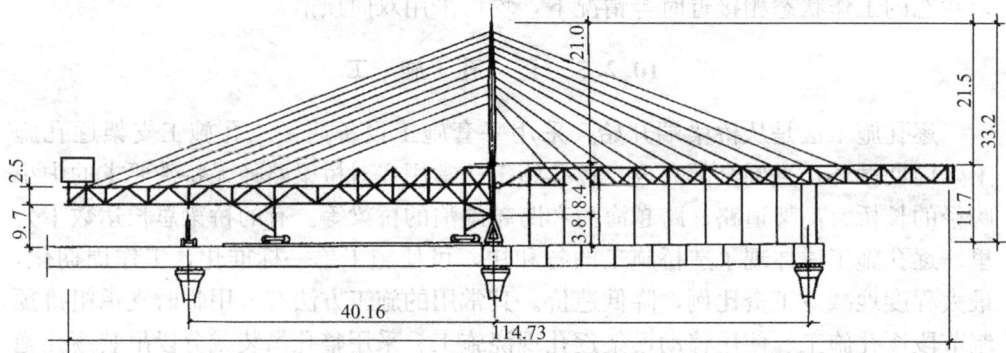

图 10-32 斜拉索下挂式高架钢桁架逐孔组拼施工（单位：m）

2. 移动模架施工

对中小跨径连续梁桥或建造在陆地上的桥跨结构，可以使用落地式或梁式移动支架，如图10-33所示。梁式支架的承重梁支承在锚固于桥墩的横梁上，也可支承在已施工完成的梁体上，现浇施工的接头最好设在弯矩较小的部位，常取离桥墩1/5处。当桥墩较高，桥跨较长或桥下净空受到约束时，可以采用非落地支承的移动模架逐孔现浇施工，称为移动模架法。移动模架法适用在多跨长桥，桥梁跨径可达30～50m，使用一套设备可多次移动周转使用。常用的移动模架可分为移动悬吊模架与支承式活动模架两种类型。

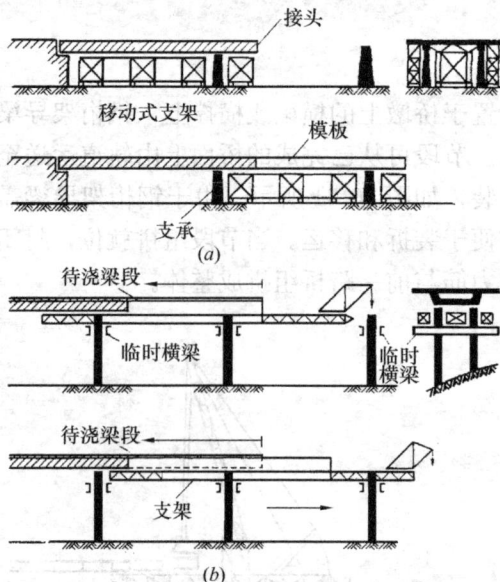

图 10-33 移动支架逐孔现浇施工
(a) 落地式支架；(b) 梁式支架

（1）移动悬吊模架施工

移动悬吊模架的基本结构包括三部分：承重梁、从承重梁上伸出的肋骨状的横梁、吊杆和承重梁的固定及活动支承，如图10-34所示。承重梁通常采用钢梁，采用单梁或双梁依桥宽而定。承重梁的前段作为前移的导梁，总长度要大于桥梁跨径的两倍。承重梁是承受施工设备自重、模板和悬吊脚手架系统的重力和现浇混凝土重力的主要构件。承重梁的后段通过可移式支承落在已完成的梁段上，它将重力传给桥墩或直接落在墩顶。承重梁的前端支承在前方墩上，导梁部分悬出，因此其工作状态呈单悬臂梁。移动悬吊模架也称为上行式移动

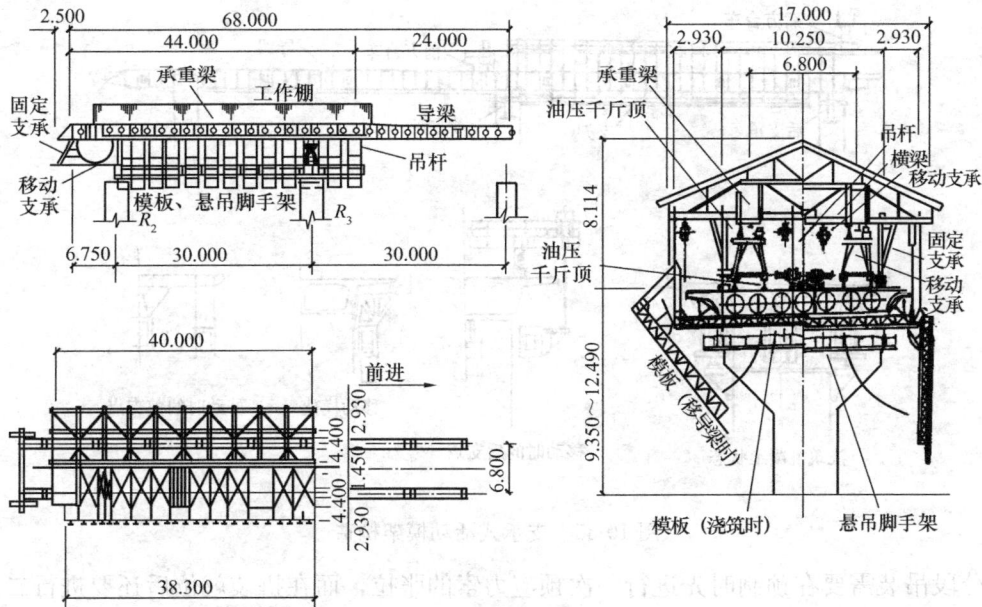

图 10-34 移动模架的构造（单位：米）

模架、吊杆式或挂模式移动模架。

承重梁除起承重作用外，在一孔梁施工完成后，作为导梁带动悬吊模架纵移至下一施工跨。承重梁的移位以及内部运输由数组千斤顶或起重机完成，并通过中心控制室操作。承重梁的设计挠度一般控制在 1/500～1/800 跨度范围内。钢承重梁制作时要设置预拱度，并在施工中加强观测。

从承重梁两侧悬出的许多横梁覆盖桥梁全宽，横梁由承重梁上左右各 2～3 组钢束拉住，以增加其刚度。横梁的两端悬挂吊杆，下端吊住呈水平状态的模板，形成下端开口的框架并将主梁（待浇制的）包在内部。当模板支架处于浇混凝土的状态时，模板依靠下端的悬臂梁和锚固在横梁上的吊杆定位，并用千斤顶固定模板。当模板需要向前运送时，放松千斤顶和吊杆，模板固定在下端悬臂梁上，并转动该梁，使在运送时的模架可顺利地通过桥墩。

（2）支承式活动模架施工

通常采用的支承式活动模架构造形式由承重梁、导梁、台车和桥墩托架等构件组成。在混凝土箱形梁的两侧各设置一根承重梁，支撑模板和承受施工重力。承重梁的长度要大于桥梁跨径，浇筑混凝土时承重梁支承在桥墩托架上。导梁主要用于运送承重梁和活动模架，因此需要有大于两倍桥梁跨径的长度。当一孔梁施工完成后进行脱模卸架，由前方台车（在导梁上移动）和后方台车（在已完成的梁上移动）沿桥纵向将承重梁和活动模架运送至下孔，承重梁就位后导梁再向前移动，如图 10-35 所示。

3. 整孔吊装或分段吊装逐孔施工

整孔吊装和分段吊装需要先在工厂或现场预制整孔梁或分段梁，再进行逐孔架设施工。其施工方法与装配式桥的预制与安装相同，不再赘述。但整孔吊装和

281

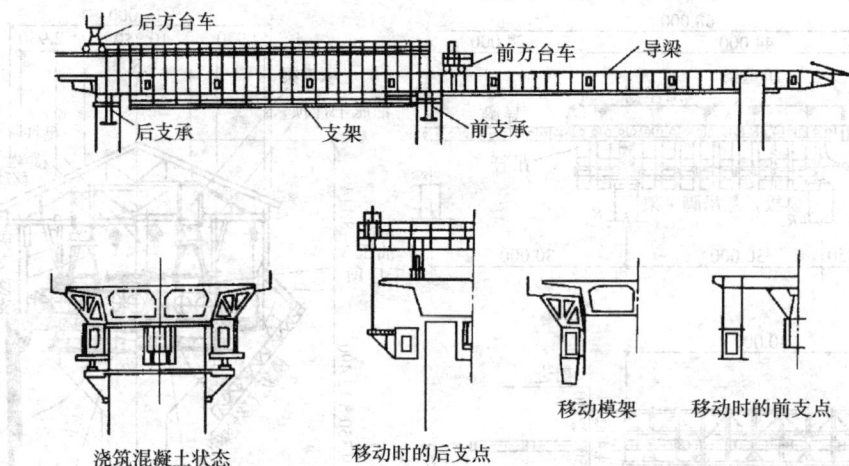

图 10-35　支承式活动模架构造

分段吊装需要在预制时先进行一次预应力索的张拉，而在拼装就位后还要进行二次张拉，因此，在施工过程中需要进行体系转换。其方法是在简支梁架设时使用临时支座，待连接和张拉后期钢索完成连接时，拆除临时支座，放置永久支座。为使临时支座便于卸落，可在橡胶支座与混凝土垫块之间设置一层硫磺砂浆。

10.3　拱 桥 施 工

10.3.1　小型拱桥就地浇筑和砌筑施工

1. 拱架

拱架一般可分为上下两部分，上部为拱架、下部为支架，上下部之间设置卸落设备。拱架按结构分有支柱式、撑架式、扇形、桁式拱架、组合式拱架等；按材料分有木拱架、钢拱架、竹拱架和土牛拱胎。

（1）支柱式木拱架

其支柱间距小，结构简单且稳定性好，适于干岸河滩和流速小、不受洪水威胁、不通航的河道上使用。如图 10-36（a）所示。

（2）撑架式木拱架

其构造较为复杂，但支点间距可较大，对于较大跨径且桥墩较高时，可节省木材并可适应通航。如图 10-36（b）所示。

（3）扇形拱架

它是从桥中的一个基础上设置斜杆，并用横木联成整体的扇形，用以支承砌筑的施工荷载。扇形拱架比撑架式拱架更加复杂，但支点间距可以比撑架式拱架更大些，尤宜在拱度很大时采用。如图 10-36（c）所示。

（4）钢木组合拱架

它是在木支架上用钢梁代替木斜梁，可以加大支架的间距，减少材料用量。

在钢梁上可设置变高的横木形成拱度，并用以支承模板。如图 10-36（d）所示。

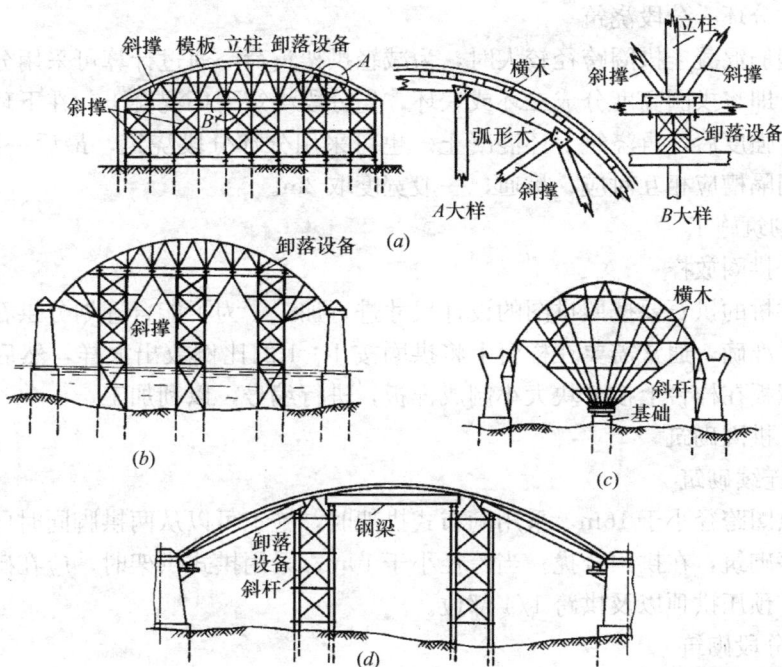

图 10-36 常用钢、木拱架

（5）钢桁式拱架。

通常用常备拼装式桁架拼成拱形拱架，即拱架由标准节段、拱顶段、拱脚段和连接杆等以钢销或螺栓连接而成。

（6）土牛拱胎。

所谓土牛拱胎是在缺乏钢木地区，先在桥下用土或砂、卵石垒筑一个土胎（俗称土牛），然后在上面砌筑拱圈，待拱圈完成后将填土清除。

2. 就地浇筑施工

在拱架上就地浇筑拱桥可分三个阶段进行。第一阶段浇筑拱圈或拱肋混凝土，第二阶段浇筑拱上立柱、连系梁及横梁等；第三阶段浇筑桥面系。后一阶段混凝土浇筑应在前一阶段混凝土强度达到设计要求后进行。

第一阶段浇筑，即主拱圈的浇筑方法主要有：连续浇筑、分段浇筑和分环、分段浇筑法。其他两阶段的浇筑方法同一般钢筋混凝土施工方法。

（1）连续浇筑

当跨径小于 16m 的混凝土拱圈或拱肋，可以从两拱脚开始对称向拱顶方向浇筑混凝土，并在拱脚混凝土初凝前浇筑完毕。

（2）分段浇筑

当跨径大于 16m 的混凝土拱圈或拱肋，为避免先浇筑的混凝土因拱架下沉而开裂，也为减小混凝土的收缩力。而沿拱跨方向分段浇筑，每段长度 6～15m，间隔槽宽 0.5～1.0m，间隔槽应在拱圈各段混凝土浇筑完成，且强度达到设计强度的 70% 以上后进行，浇筑的顺序可从拱脚向拱顶对称进行，在拱顶浇筑间隔槽使拱合拢。

（3）分环、分段浇筑

当钢筋混凝土拱圈跨径较大时，为减轻拱架负荷，通过计算可采用分环浇筑混凝土。即将拱圈高度分成二环或三环，先分段浇筑下环混凝土，在下环混凝土达到设计强度后，再浇筑上环混凝土。也可采用分环分段浇筑，最后一次合拢，但上下间隔槽应相互对应、贯通，一般宽度取 2m。

3. 砌筑施工

（1）拱圈放样

石拱桥的拱石要按照拱图的设计尺寸进行加工，为了能合理划分拱石，保证结构尺寸准确，通常需要在样台上将拱圈按 1∶1 的比例放出大样，然后用木板或镀锌钢板在样台上按分块大小制成样板，进行编号，以利加工。

（2）拱圈砌筑

1）连续砌筑

当拱圈跨径小于 16m，采用满布式拱架时，施工可以从两拱脚同时向拱顶一次按顺序砌筑，在拱顶合拢；当跨径小于 10m，采用拱式拱架时，应在砌筑拱脚的同时，预压拱顶以及拱跨 1/4 部位。

2）分段砌筑

当拱圈跨径在 16～25m 之间，采用满布式拱架或拱圈跨径在 10～25m 之间采用拱式拱架时，可采用半跨分成三段的分段对称砌筑方法，各段间的空缝宽3～4m。

3）分环分段砌筑

相对较大跨径的拱桥，当拱圈较厚、由三层以上拱石组成时，可将拱圈分成几环砌筑，砌一环合拢一环。当下环砌筑完并养护数日后，砌缝砂浆达到一定强度时，再砌筑上环。但上下环间拱石应犬牙交错，每环也可分段砌筑，当跨径大于 25m 时，每段长度一段间可设置空缝或闭合楔。

4）多跨连拱的砌筑

多跨连拱的拱圈砌筑时，应考虑与邻孔施工的对称均匀，以免桥墩承受过大的单向推力。

10.3.2 大型拱桥就地浇筑施工

1. 钢桁架拱架就地浇筑施工

（1）拱架安装

1）拱架的类型。

一般采用钢桁架拱架，拱架的结构类型选用常备拼装式桁架型拱架。拱架系用标准节、拱顶节、拱脚节及连接杆等以钢销连接组成，再以纵横向连接系将几片拱架连成一体。而拱轴曲线的曲度采用变换连接杆长度的方法得到。

2）拱架安装。

拱架用门式索塔安装，其安装布置如图 10-37 所示。安装前，拱架需先按框架形式组成安装单元，其长度一般二至三节拱架。安装时由拱脚至拱顶，两岸对称进行，多片拱架时先安装中间拱架，封拱卸吊后再安装上下游拱架。而且应注意采用低温封顶、高温卸吊的成孔方法。

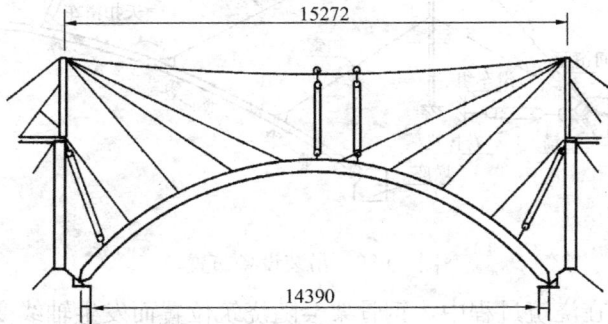

图 10-37　拱架吊装布置

（2）拱圈混凝土浇筑

采用分段浇筑或分段、分环浇筑法，具体要求同第 10.3.1 节。

（3）卸拱架

大跨径拱桥采用拱架就地浇筑施工，卸拱架的工作相当关键。拱架拆除应待拱圈混凝土达到一定强度后方可拆除。为保证拱架能按设计要求均匀下落，必须采用砂筒和千斤顶等专门的卸架设备。

1）砂筒。

砂筒一般用钢板制成，筒内装以烘干的砂子，上部插入活塞（木制或混凝土制）组成，如图 10-38 所示。其卸落原理是靠砂子从筒的下部预留泄砂孔流出，带动活塞下降，进而达到卸架的目的。

2）千斤顶。

采用千斤顶拆除拱架常与拱圈调整内力同时进行。一般在拱顶预留放置千斤顶的缺口，千斤顶用来消除混凝土的收缩、徐变以及弹性压缩的内力和使拱圈脱离支架。

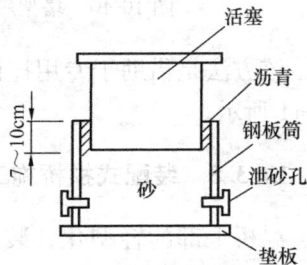

图 10-38　砂筒

2. 型钢劲性骨架就地浇筑施工

（1）劲性骨架制作

劲性钢骨架一般采用 16Mn 型钢焊接而成，钢骨架一般按 1∶1 的放样台上进行。在大样上确定一个符合大多数节段的曲率，按确定的曲率将弦杆型钢在冷弯台座上冷弯成型，然后在大样上拼焊加工。

（2）劲性骨架安装

安装调运临时设施有：吊运天线、跑马滑车、起吊滑车组、索塔、扣索、锚碇等设施，其吊装布置如图 10-39 所示。由吊运天索运至安装位置，先用螺栓将各段进行临时连接，待钢骨架合拢调整后再将各段接头焊接。为了保证钢骨架的稳定和对拱轴线进行调整，每段骨架均要设置一组八字风缆。

（3）拱圈混凝土浇筑

在进行拱肋混凝土浇筑工作时，最关键的问题是要确保钢骨架在浇筑混凝土

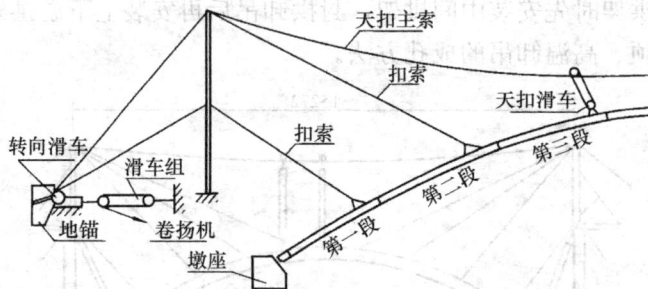

图 10-39 吊装设备布置

过程中的稳定。在浇筑过程中，钢骨架会随浇筑位置而发生轴线变形。调整拱肋竖向变形采用水箱压载法。在拱顶附近布置水箱，通过对水箱注水加载和放水卸载，对拱肋变形予以调整控制。为适应钢骨架变形，避免混凝土开裂，应适当设置变形缝。半跨仅设一条变形缝，缝宽 20cm，待该环混凝土浇筑完成后，用高强度等级混凝土将变形缝填实。

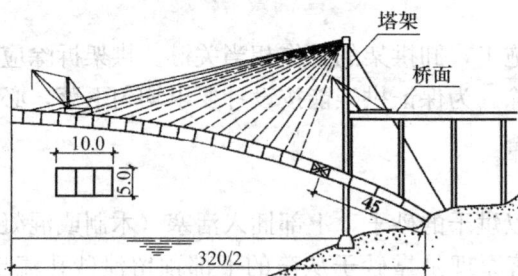

图 10-40 塔架斜拉索法

3. 悬臂浇筑施工

（1）塔架斜拉索法

在拱脚墩、台处安装临时的钢或钢筋混凝土塔架，用斜拉索一端拉住已浇拱圈节段，另一端绕向台后并锚固在岩盘上。逐节向河中悬臂浇筑，直至拱顶合拢。如图 10-40 所示。

（2）斜吊式悬浇施工

该方法是借助于专用挂篮，结合使用斜吊钢筋的斜吊式悬臂浇筑施工，如图 10-41 所示。

10.3.3 装配式拱桥施工

梁桥上部的轻型化、装配化，大大加快了梁桥的施工速度。拱桥在向大跨径发展的同时也在向轻型化和装配化的方向发展。

装配式拱桥的施工工序主要

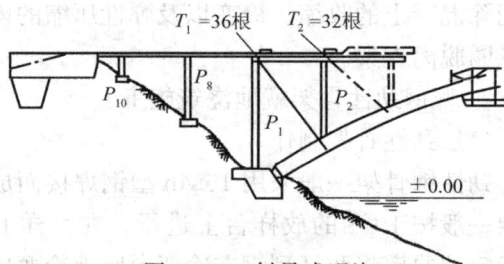

图 10-41 斜吊式现浇

有预制、吊装、拼装及合拢等。本节以桁式组合拱桥为例进行阐述。

（1）拱肋预制

采用分段预制、分段组拼。分段组拼长度根据吊装重量及构件尺寸而定。

（2）吊装设备

主要采用扒杆、龙门架、塔式吊机、浮吊、缆索等吊装机具。

（3）装配施工程序

以采用人字桅杆吊机吊装为例，其悬拼程序如图 10-42 所示。

第一阶段 支架现浇边孔

第二阶段 吊装脚段（一段）

第三阶段 吊装二段

第四阶段 吊装三段

第五阶段 吊装四段

第六阶段 吊装实腹段（五段）

第七阶段 全桥建成

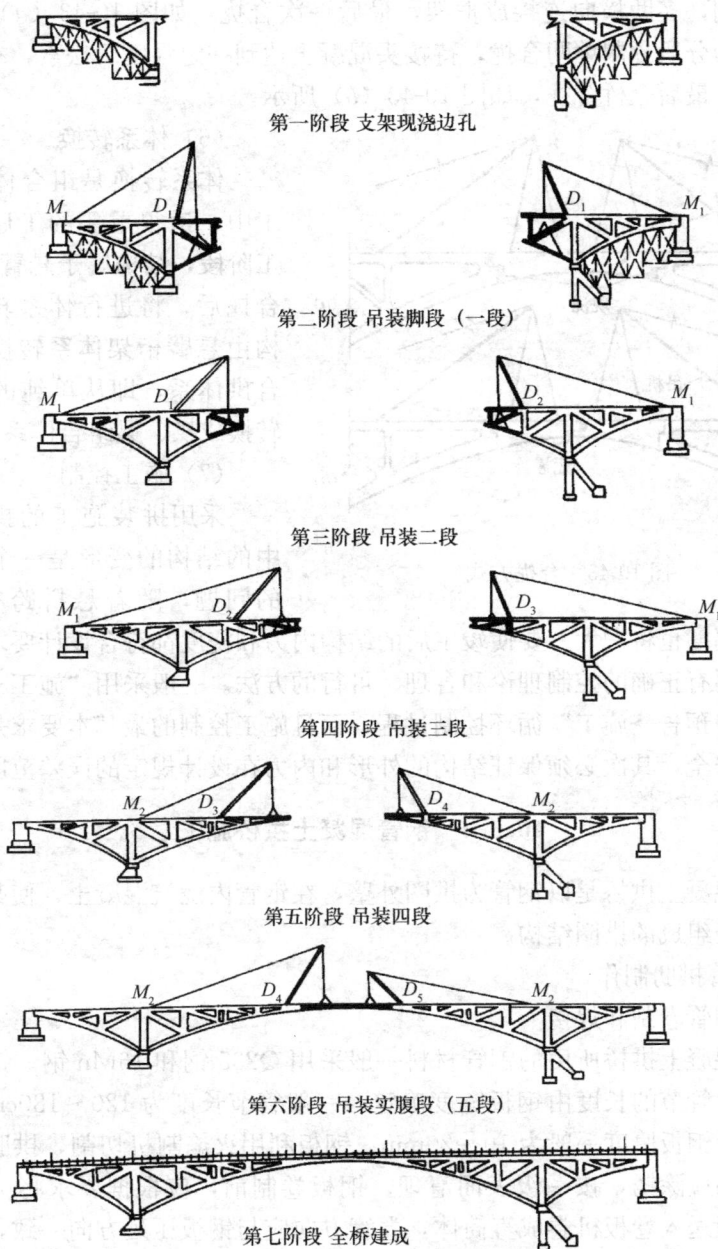

图 10-42 桁式组合拱桥悬拼程序

（4）接头处理

桁式组合拱桥，除拱顶采用湿接头外，其余预制构件之间一般采用干接头，即构件就位后首先将普通钢筋电焊连通，接头的缝隙用钢板填塞，然后灌环氧树脂砂浆，如缝隙较大，可用高强度水泥砂浆填塞。待环氧树脂砂浆达到一定强度后即可张拉、松索。

（5）合拢工艺

根据实腹段预制场地的布置，分别采用不同的合拢方式。第一种方式为实腹段整体预制，多肋横向连接成框架，最后一次合拢，如图 10-43 （a） 所示；第二种方式为分段预制单肋合拢，待接头混凝土达到一定强度后松索，在进行其他拱肋合拢，最后全桥合拢，如图 10-43 （b） 所示。

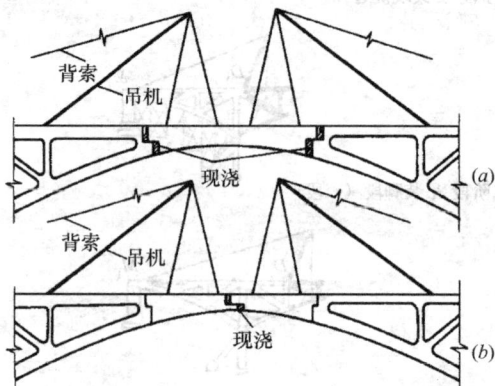

图 10-43　合拢方式

（6）体系转换

体系转换是组合体系结构施工中一道很重要的工序。悬拼施工阶段，结构属于悬臂桁架体系，合拢后，将进行体系转换，使结构由悬臂桁架体系转换成桁式组合拱体系，即从单纯的梁式体系转换成拱、梁组合体系。

（7）施工控制

采用拼装施工的拱桥，施工中的结构的变形是一个不容忽视的问题，随着悬拼跨径的增大，结构变形幅度也将增大。要使竣工后的结构内力和挠度都符合设计要求，在施工中，必须要有正确的控制理论和合理、可行的方法。一般采用"施工→量测→识别→修正→预告→施工"循环控制过程，而且施工控制的最基本要求是确保施工中结构的安全，其次必须保证结构的外形和内力在设计规定的误差范围之内。

10.3.4　钢管混凝土拱桥施工

钢管混凝土拱桥是以钢管为拱圈外壁，在钢管内浇筑混凝土，使其形成由钢管和混凝土组成的拱圈结构。

1. 钢管拱肋制作

（1）钢管卷制和焊接

钢管混凝土拱桥所用的钢管材料一般采用 Q235 钢和 16Mn 钢。钢管由钢板卷管成型，管节的长度由钢板宽度确定，一般管节长度为 120～180cm。管节一般为直管，钢板厚度一般为 10～20mm。钢板利用火焰割机切割，拱肋及横撑结构外表面均应除锈，按一级表面清理。钢板卷制前，应根据要求将板端开好坡口，将钢板送入卷板机卷成直筒体，卷管方向应与钢板压延方向一致，轧制的管筒的失圆度和对口错边偏差均应满足相应施工规程要求。将卷成的钢管纵向缝焊接成直管。对焊成的直钢管应进行检查和校正，以确保组装的精度。

（2）拱肋放样和拱肋段的拼装

将半跨拱肋在混凝土地面上按 1∶1 进行放样。沿放样的拱肋轴线设置胎架，在大样上放出吊杆位置及段间接头位置以及混凝土灌注孔位置。拱肋钢管的纵向焊缝各管节应互相错开，而且将纵向焊缝全部置于两肋板中间，以免外表面焊缝影响美观。拱肋分段的长度主要考虑从工厂到工地的运输能力。主要分段接头应避开吊杆孔和混凝土灌注孔位置。在拱肋上部钢管内施焊吊杆垫板、支架及吊杆套管和弹簧钢筋，对管段焊缝质量进行超声探伤和 X 光拍片检查。对管段涂刷油漆防锈。

2. 拱肋安装

在我国已建成的钢管混凝土拱桥中采用最多的施工方法为缆索吊装、转体施工（转体施工见第10.3.5节详述）。单片拱肋合拢时，接头用法兰螺栓连接。经多次定长松索后，使各接头高程接近设计高程，同时调整八字风缆，使拱轴线接近设计拱轴线。用钢板楔紧各接头上的开口，拧紧各连接螺栓，然后对称由拱顶至拱脚焊好各定位法兰板。法兰板焊好后，可将吊扣缆索的扣力减至原有的三分之一左右，再复测各测点高程偏差和轴线偏差。当复测结果满足要求，由拱顶至拱脚将各接头焊接。将风撑吊装焊接完成，用混凝土封闭拱脚等。

3. 拱肋混凝土浇筑

目前钢管拱肋内混凝土灌注一般采用泵送顶升浇灌法。泵送顶升浇灌法是在钢管拱肋拱脚的位置安装一个带闸门的进料支管，直接与泵车的输送管相连，由泵车将混凝土连续不断地自下而上灌入钢管拱肋，无需振捣。

10.3.5 转体施工

桥梁转体施工是在河流的两岸或适当的位置，利用地形或使用简便的支架先将半桥预制完成，之后以桥梁结构本身为转动体，使用一些机具设备，分别将两个半桥转体到桥位轴线位置合拢成桥。转体施工一般适用于单孔或三孔的桥梁。

转体的方法可以采用平面转体、竖向转体或平竖结合转体。目前已应用在拱桥、梁桥、斜拉桥、斜腿刚架桥等不同桥型上部结构的施工中。

1. 拱桥竖向转体施工

当桥位处无水或水很少时，可以将拱肋在桥位进行拼装成半跨，然后用扒杆起吊安装。当桥位处水较深时，可以在桥位附近进行拼装成半跨，浮运至桥轴线位置，再用扒杆起吊安装。竖向转体概况如图10-44所示。拱脚旋转装置如图10-45所示。

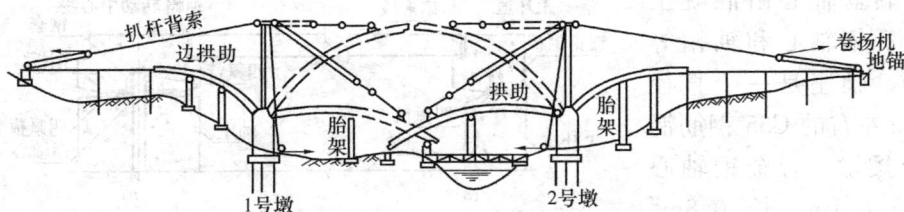

图 10-44 竖向转体

2. 平面转体施工

（1）有平衡重转体施工

有平衡重转体一般以桥台背墙作为平衡重，并作为桥体上部结构转体用拉杆的锚碇反力墙，用以稳定转动体系和调整重心位置。为此，平衡重部分不仅在桥体转动时作为平衡重量，而且也要承受桥梁转体重量的锚固力。

有平衡重转体施工的特点是转体重量大，施工的关键是转体。目前使用的转体装置有两种，第一种是以聚四氟乙烯作为滑板的环道平面承重转体，如图

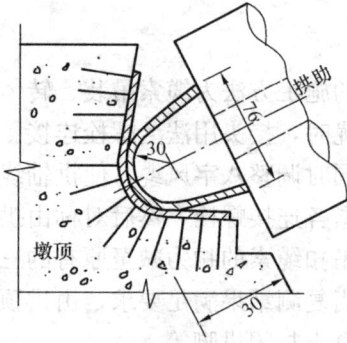

图 10-45 拱脚旋转装置

10-46（a）所示；第二种是以球面转轴支承辅以滚轮的轴心承重转体。如图 10-46（b）所示。

从图 10-47 中可知，转动体系主要由底盘、上盘、背墙、桥体上部构造、拉杆（或拉索）组成。底盘和上盘之间设有能使其相互间灵活转动的转体装置。转动体系最关键的部位是转体装置，它是由固定的底盘和能旋转的上转盘构成。

1）聚四氟乙烯滑板环道。

它由设在底盘和上转盘间的轴心和环形滑道组成，具体构造如图 10-47 所示。图中（a）为环形滑道构造；（b）为轴心构造，其间由扇形板连接。

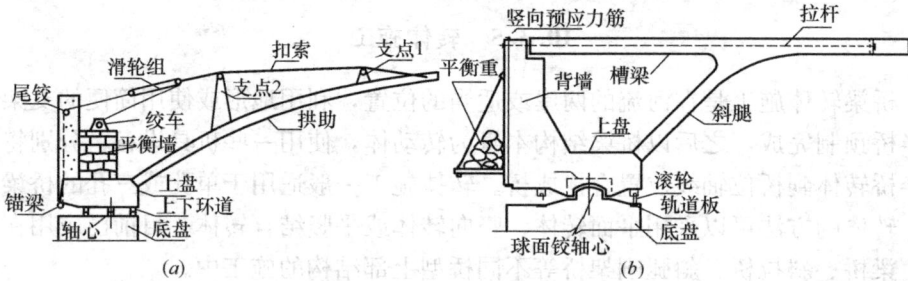

图 10-46 转动体系一般构造

环形滑道是一个以轴心为圆心，直径 7～8m 的圆环形混凝土滑道，宽 0.5m，上、下滑道高度约 0.5m。下环道混凝土表面要既平整又粗糙，以利铺放 80mm 宽的环形四氟板。上环道底面嵌设宽 100mm 的镀铬钢板。

转盘轴心由混凝土轴座、钢轴心和轴帽等组成。轴座是一个直径 1.0m 左右的 C25 钢筋混凝土矮墩。合金钢轴心直径 0.1m，长 0.8m，下端 0.6m 固定在混凝土轴座内，上端露出 0.2m

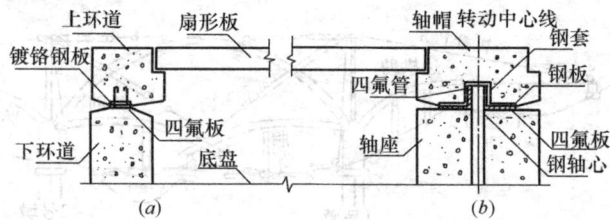

图 10-47 聚四氟乙烯滑板环道构造

车光镀铬，外套 10mm 厚的聚四氟乙烯管，然后在轴座顶面铺四氟板，在四氟板上放置直径为 0.6m 的不锈钢板，再套上外钢套。钢套顶端封固，下缘与钢板焊牢，浇筑混凝土轴帽，凝固脱模后轴帽即可绕钢轴心旋转自如。

最后用扇形预制板把轴帽和上环道连成一体，并浇上转盘混凝土，这就形成了一个可以在转轴和环道上灵活转动的上转盘。

2）球面铰辅以轨道板和钢滚轮。

这是一种以铰为轴心承重的转动装置。它的特点是整个转动体系的重心必须落在轴心铰上，球面铰既起定位作用，又承受全部转体重力，钢滚轮只起稳定保险作用。

球面铰可以分为半球形钢筋混凝土铰、球面形钢筋混凝土铰、球面形钢铰。各种球面铰和钢滚轮、轨道板的构造见图10-48所示。

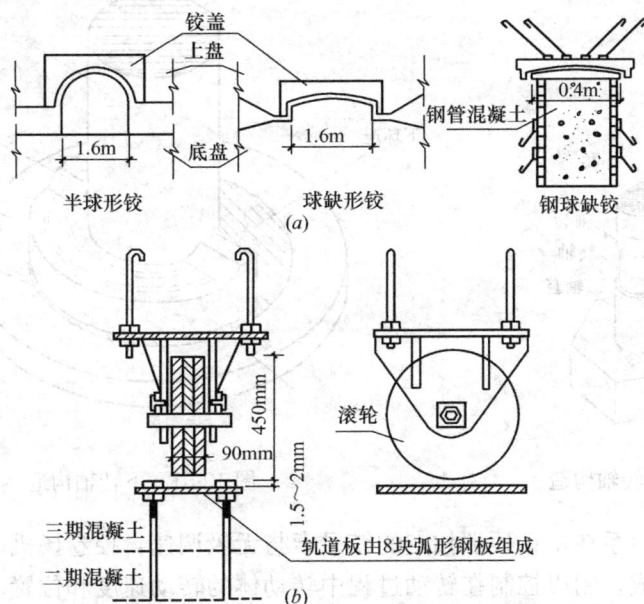

图10-48 球面铰、轨道板和滚轴构造

3) 转体拱桥施工。

有平衡重平面转体拱桥的主要施工程序为：①制作底盘；②制作上转盘；③试转上转盘到预制轴线位置；④浇筑背墙；⑤浇筑主拱圈上部结构；⑥张拉拉杆，使上部结构脱离支架。并且和上转盘、背墙形成一个转动体系，通过配重基本把重心调到磨心处；⑦牵引转动体系，使半拱平面转动合拢；⑧封上下盘，夯填桥台背土，封拱顶，松拉杆，实现体系转换。

(2) 无平衡重转体施工

无平衡重转体不需要有一个作为平衡重的结构，而是以两岸山体岩土锚洞作为锚碇来锚固半跨桥梁悬臂状态时产生的拉力，并在立柱上端做转轴，下端设转盘，通过转动体系进行平面转体。如图10-49所示。

1) 构造。

拱桥无平衡重转体施工具有锚固、转动、位控三大体系。

锚固体系由锚碇、尾索、平撑、锚梁（或锚块）及立柱组成。锚碇设在引道或边坡岩石中，锚梁（或锚块）支承在立柱上，两

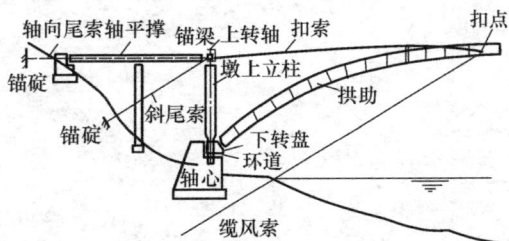

图10-49 无平衡重转体构造

个方向的平撑及尾索形成三角形稳定体，使锚块和上转轴为一确定的固定点。拱箱转至任意角度，由锚固体系平衡拱箱扣索力。

转动体系由上转动构造、下转动构造、拱箱及扣索组成。上转动构造如图10-50所示。下转动构造如图10-51所示。

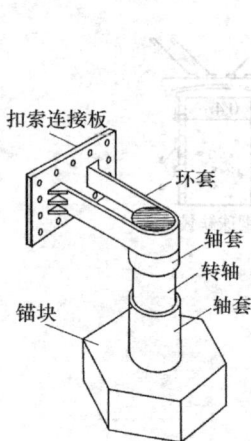

图 10-50 上转轴构造

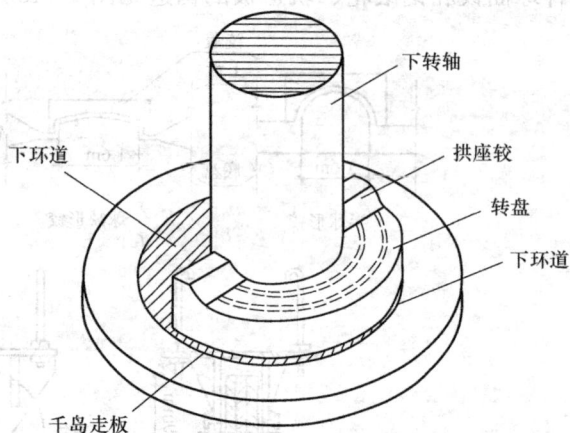

图 10-51 下转轴构造

位控体系由系在拱箱顶端扣点的缆风索与无级调速自控卷扬机、光电测角装置、控制台组成，用以控制在转动过程中转动体的转动速度和位置。

2）转体拱桥施工。

转动体系施工包括设置下转轴、转盘及环道；设置拱座及预制拱箱；设置立柱；安装锚梁、上转轴、轴套、环套；安装扣索等。

锚固系统施工包括制作桥轴线上的开口地锚；设置斜向洞锚；安装轴向、斜向平撑；尾索张拉；扣索张拉等。

正式转体前应再次对桥体各部分进行系统、全面地检查，检查通过后方可转体。拱箱的转体是靠上、下转轴事先预留的偏心值形成的转动力矩来实现。启动时放松外缆风索，转到距桥轴线约60°时开始收紧内缆风索，索力逐渐增大，但应控制在20kN以下，如转不动则应以千斤顶在桥台上顶推马蹄形下转盘。为了使缆风索受力角度合理，可设置两个转向滑轮。

拱顶合拢后的高差，通过张紧扣索提升拱顶、放松扣索、降低拱顶来调整到设计位置。封拱宜选择低温时进行。

11 道路工程施工

11.1 路基工程施工

道路路基是路面的基础,是整个道路构造的重要组成部分,与路面共同承担行车载荷。就结构而言,路基是指路面基层以下部分一定范围的土体,包括为获得具有均匀承载能力的路基进行的局部换土部分,回填、移挖作填连接处的缓和区段部分,都属路基的组成部分。

11.1.1 路基断面形式

根据路基设计标高和原地面的位置关系,一般分为路堤、路堑、半填半挖路基等几种形式,如图 11-1 所示。高于原地面的填方路基称为路堤,低于原地面的挖方路基称为路堑,介于两者之间的称为半填半挖路基。路基各部分的名称如图 11-2 所示。

路基的几何尺寸由其宽度、高度和边坡坡度三者所构成。路基宽度取决于公路的技术等级;路基的高度(包括线路中心线的填挖高度、路基两侧的边坡高度)取决于地形和公路纵断面设计;路基边坡坡度取决于土质地质、水文和水文地质条件、路基高度和横断面经济性等因素。

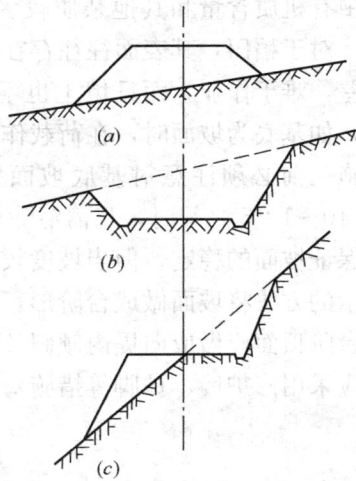

图 11-1 路基的形式

(a) 路堤;(b) 路堑;(c) 半填半挖

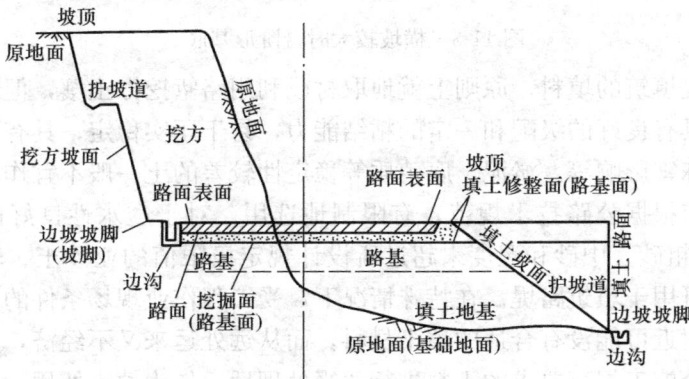

图 11-2 路基各部分的名称

293

11.1.2 填方路基施工

1. 基底处理与填料的选择

路堤基底是指路堤填料与原地面的接触部分。为使两者结合紧密，避免路堤沿基底发生滑动，防止因草皮、树根腐烂而引起路堤沉陷，需视基底的土质、水文、坡度和植被情况及填筑高度采取相应的处理措施。

为了预防草木残株等杂物腐烂变质、地基发生松软和不均匀沉陷等现象，就必须在填土之前做好伐树、除根和表层土壤处理工作。特别当路基填筑高度小于1.0m时，应注意将路基范围内的树根、草丛全部挖除。对于基底的表层土为腐殖土，则须将其表层土清除换填，厚度应不小于30cm，并予以分层压实，压实度应符合规范要求。当路堤通过耕地时，筑填施工之前，必须预先填平压实，如其中有机质含量和其他杂质较多时，碾压时因弹性过大，不易压实，应换填干土。对于稻田，其表面往往存在一层松软薄层，如果直接填土，不但机械通行性很差，难于作业，而且填土也不能充分压实，应视实际情况进行填筑。填方路堤，如基底为坡面时，在荷载作用下，粒料极易失稳而沿坡面产生滑移，因此，在施工前必须注意对基底坡面处理后方能填筑。经验表明，当坡度较小，在1：10～1：5之间时，只需清除坡面上的树、草杂物后，将翻松的表层压实后即可保证坡面的稳定，但当坡度较大，在1：5～1：2.5之间时，应采取如图11-3所示的方法将坡面做成台阶形，一般宽度不宜小于2.0m，高度最小为1.0m，而且台阶顶面应做成向堤内倾斜4%～6%的坡度。如果基底坡面超过1：2.5时，则应采用修护墙、护脚等措施对外坡脚进行特殊处理。

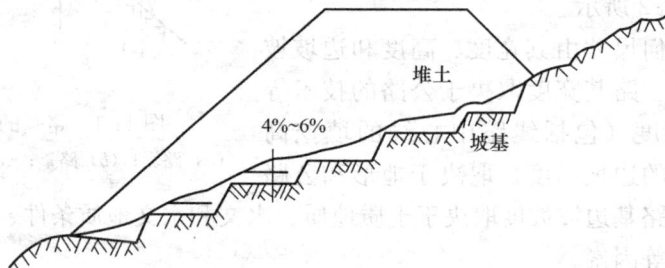

图 11-3 横坡较大时台阶形基底

用于路堤填筑的填料，原则上就地取材或利用路堑挖方土壤，但对填土料总的要求是：具有良好的级配和一定的粘结能力，易于压实稳定；具有基本上不受水浸软化和冻害影响等。淤泥、腐殖质等稳定性较差的土一般不宜作为填土，必须使用时，应根据公路技术规范，有限制地选用。对于透水性良好的石块、碎（砾）石土、粗砂、中砂和湿度未超过所设计规定极限值的亚砂土、轻亚黏土和黏土等，均可用于填筑路堤。在特殊情况下，受工程作业现场条件的限制，在路堤填筑工地附近可能没有合适的填土材料，而从远处运来又不经济，这时通常是对附近不符合施工规范要求的土料进行适当处理后，作为填土使用。

2. 路堤填筑

路堤填筑是把填料用一定方式运送上堤进行铺平、碾压密实的过程。路堤填筑分为水平分层填筑法、纵坡分层填筑法、横向填筑法和混合填筑法等四种方法。

（1）水平分层填筑法。

填筑时按照横断面全宽分成水平层次，逐层向上填筑，如图 11-4 所示。如原地面不平，应从最低处分层填起。

（2）纵向分层填筑法。

宜于用推土机从路堑取料填筑距离较短的路堤，填方侧应按要求，人工开挖土质台阶后，依纵坡方向分层，逐层向上填筑碾压密实。如图 11-5 所示。

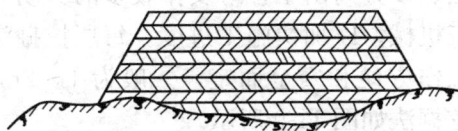

图 11-4　水平分层填筑法

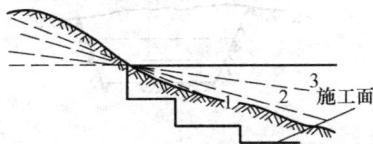

图 11-5　纵向分层填筑法
1、2、3—作业顺序

（3）横向填筑法。

从路基一端或两端同时按横断面的全部高度，逐步推进填筑，仅用于无法自下而上填筑的深谷、陡坡、泥沼等运土和机械无法进场的路堤。如图 11-6 所示。

（4）联合填筑法。

即路堤下层用横向填筑，而上层用水平分层填筑。使上部填料经分层压实获得需要的压实度，如图 11-7 所示。混合填筑法适应于因地形限制或填筑堤身较高，不宜采用水平分层法和横向填筑法自始至终进行填筑的情况。

图 11-6　横向填筑法

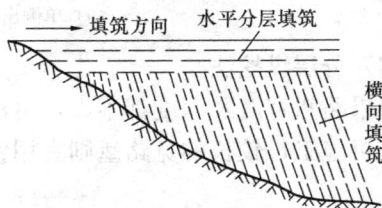

图 11-7　联合填筑法

11.1.3　挖方路基施工

路堑开挖是路基施工中工程量最大，最普遍的施工内容，有多种施工机械，适宜于使用并能充分发挥机械的优势。所以，路堑开挖主要采用机械化施工。

1. 土质路堑施工

路堑开挖前，应做好现场伐树除根等清理工作，路堑的开挖方法根据现场施工条件，可采用以下几种基本方法。

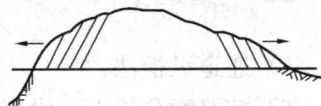

图 11-8　全断面开挖法

（1）全断面开挖法。

从开挖路堑的一端或两端按断面全宽一次挖到设计标高，逐渐向纵深挖掘，挖出的土方一般都是向两侧运送，如图 11-8 所示，这种方法适用于深度不大，且较短的路堑。

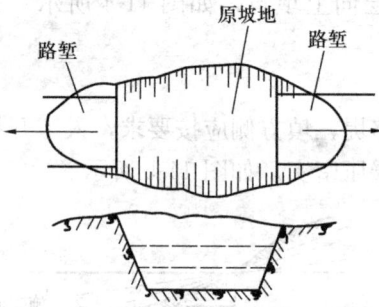

图 11-9　分层横挖法

（2）分层横挖法。

从开挖路堑的一端或两端按横断面分层挖至设计标高。每层都有单独的运土出路和临时排水设施，适用于开挖深而短的路堑。土方工程数量较大时，各层应纵向拉开，做到多层、多方向出土，可安排较多的劳动力和施工机械，以加快施工进度。每层挖掘深度视工作方便和安全而定，一般为 $1\sim2m$，分层挖掘法如图 11-9 所示。

（3）分段纵挖法。

当路堑较长，开挖深度不大时，把开挖路堑横断面分成若干段，并沿纵向条形开挖，一般出土于两侧。若是傍山路堑，一侧堑壁不厚，选择一个或几个地方挖穿路堑壁出土。如图 11-10 所示。

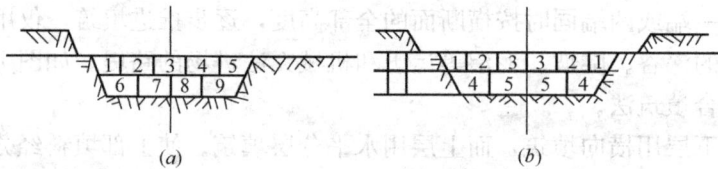

图 11-10　分断纵挖法
(a) 单侧出土；(b) 双侧出土

（4）分层纵挖法。

如果路堑宽度及深度都不大，可以纵向分层挖掘。在短距离及大坡度时，可用推土机施工，较长的宽路堑则宜用铲运机作业，如图 11-11 所示。

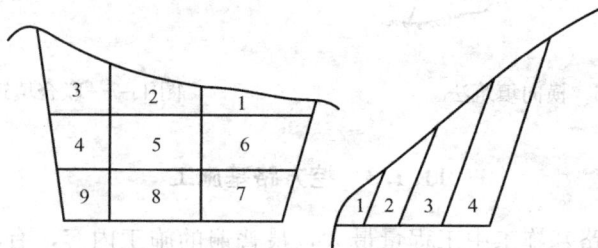

图 11-11　分层纵挖法

（5）通道纵挖法。

在开挖路堑全长上，沿路堑纵向先挖出一通道，然后开挖两旁，这是一种快速施工的有效方法，通道可用于机械通行或运输土料车辆的运土。

2. 石质路堑施工

由于岩石坚硬，石质路堑的开挖往往比较困难，通常应根据岩石的类别、风化程度、节理发育程度、施工条件及工程量大小等选择爆破法、松土法或破碎法进行开挖。

（1）爆破法开挖。

是利用炸药爆炸的能量将土石炸碎以利挖运或借助爆炸能量将土石移到预定位置。用这种方法开挖石质路堑具有工效高、速度快、劳动力消耗少、施工成本低等优点。对于岩质坚硬，不可能用人工或机械开挖的石质路堑，通常要采用爆破法开挖。

（2）松土法开挖。

是充分利用岩体的各种裂缝和结构面，先用推土机牵引松土器将岩体翻松，再用推土机或装载机与自卸汽车配合将翻松的岩块搬运到指定地点。松土法开挖避免了爆破作业的危险性，而且有利于挖方边坡的稳定和附近建筑设施的安全，凡能用松土法开挖的石方路堑，应尽量不采用爆破法施工。

（3）破碎法开挖。

是利用破碎机凿碎岩块，然后进行挖运等作业。这种方法是将凿子安装在推土机或挖土机上，利用活塞的冲击作用使凿子产生冲击力以凿碎岩石，其破碎岩石的能力取决于活塞的大小。破碎法主要用于岩体裂缝较多、岩块体积小、抗压强度低于 100MPa 的岩石。

11.1.4　软土路基施工

软土一般指淤泥、泥炭土、流泥、沼泽土和湿陷性大的黄土、黑土等，通常含水量大、承载力小、压缩性高，尤其是沼泽地，水分过多、强度很低。常规施工机械在软土地面上行走和作业都很困难。

由于软土具有与一般土不同的工程性质，往往不能满足路基及桥涵基础的要求，所以必须采取一定的加固措施。其常用方法为：

1. 表层排水法。

这种方法是在路基填筑前，在地面开挖水沟，以排除地表水，同时降低地基表层的含水量，确保施工机械的作业条件。为了使开挖水沟在施工中发挥盲沟作用，常用透水性良好的砂砾回填。

2. 砂垫层法。

这种方法是在软土地基上铺设厚度为 0.5～1.2m 左右的砂层（砂垫层），其作用是：作为软土层固结所需要的上部排水层和路堤内的地下排水层，以降低堤内水位，改善施工时重型机械的作业条件。

3. 稳定剂处治法。

即用生石灰、熟石灰、水泥等稳定材料，掺入软弱的表层黏土中，以改善地基的压缩性和强度特性，保证机械作业条件，提高路堤填土稳定及压实效果。

4. 开挖换填法。

即在一定范围内，把软土挖除，用无侵蚀作用的低压缩散体材料置换，分层

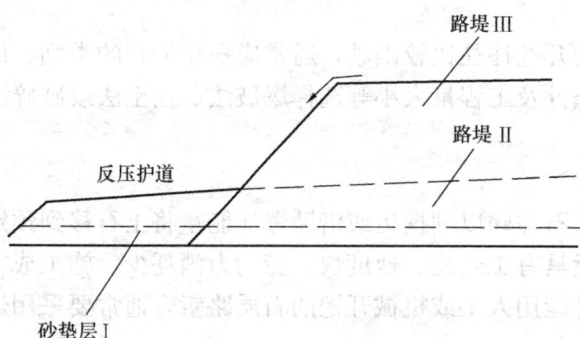

图 11-12　反护道法施工顺序

夯实。

5. 反压护道法。

主要用于当路堤在施工中达不到要求的滑动破坏安全系数时，反压路堤两侧，以期达到路堤稳定的目的。施工时按如图 11-12 所示顺序进行。

6. 砂井排水法。

这种方法是在软土层设置垂直排水井，一般由中砂或粗砂构成，国内也有用纸板的。方法是用下端装有埋入式桩靴的钢管打入土中，然后从上端灌入砂子，分层夯实，并同时将管向上拔起，直至桩孔灌满砂，形成砂井。在黏性土中也可先打入木桩，拔出桩后在孔中填砂夯实。

7. 粉喷桩法。

粉喷桩即粉体喷射搅拌桩加固软土地基，是以粉体物质作为加固料与原状软土进行强力搅拌，经过物理—化学反应生成一种特殊的、具有较高强度、较好变形特性和水稳定性的混合柱体。它可以增加软土地基的承载力，减少软土地基的压缩量，加快软土地基的沉降速率，作侧向支护以增加开挖边坡的稳定性。粉喷桩所使用的加固料有水泥粉、石灰粉、钢渣粉等，根据不同的土质条件及设计要求分别选择加固料种类以及合理的配合比。

11.1.5　路基压实

路基压实是保证路基质量的重要环节，路堤、路堑和路堤基底均应进行压实，且技术等级越高的公路，对路基的压实要求越严格。通过路基压实，可提高填料的密实度，减小孔隙率；增强填料颗粒之间的接触面，增大凝聚力或嵌挤力，提高内摩阻力，减少形变，为路基的正常工作提供良好的基础。

1. 压实度

路基压实状况通常用压实度来表征。压实度是指土压实后的干密度与标准的最大干密度之比用百分率表示，亦称干密度系数，或相对密实度。所谓标准的最大干密度，是指用标准击实试验方法，在最佳含水量条件下得到的干密度。

2. 土质路基的压实

（1）影响压实效果的因素

影响土质路基压实的主要因素有土的含水量、土的性质、压实功能、碾压时的温度、土层厚度、地基强度、碾压机具和方法等。

（2）路基压实标准

压实标准主要包括确定标准干密度的方法和要求的压实度两方面。标准干密度的确定方法目前采用的是重型击实法。

（3）现场含水量的控制

由于含水量是影响路基土压实效果的主要因素，故需检测欲填入路基中的土的含水量 ω，当 ω 接近最佳含水量时，填筑碾压的质量才有保证。当 ω 大于最佳含水量时，表明土中含水量过大，碾压时容易起"弹簧"，应将土晾干或换干一些的土；当 ω 小于最佳含水量时，说明土太干，难以达到要求压实度，应适当洒水再碾压。

(4) 选择压实机械

由于各种压实机械的性能不同，其压实效果也有差异，因此，必须根据工程规模、场地大小、填料种类、压实度要求、气候条件、压实机械效率等因素综合考虑确定压实机械。在正常情况下，碾压砂性土采用振动式压实机械效果最好，夯击式次之，碾压式最差；压实黏性土采用夯击式和碾压式效果较好，振动式较差。

(5) 碾压要求

1) 压实机械应先轻后重。以便能够适应逐渐增长的土基强度；

2) 碾压速度宜先慢后快。以免松土被机械推走，形成不适宜结构，影响压实质量，通常压路机进行路基压实作业时的速度在 4km/h 以内；

3) 分层填筑、分层碾压。分层填筑，一方面要把握每层填土厚度的大小，填土层厚度过大，其深部不能获得要求的压实度；填土层厚度过小，会影响工作效率和经济效益。另一方面，每层填土应平整，且自中线向两边设置 2%～4% 的横向坡度，及时碾压，雨期施工时更应注意。分层碾压，碾压前应对填土层的松铺厚度、平整度和含水量进行检查，符合要求后方可进行碾压。一般碾压遍数控制在 10 遍以内；

4) 全宽填筑、全宽碾压。填筑路基时，应要求从基底开始在路基全宽度范围分层向上填土和碾压。压实路线为直线段，宜先两侧后中间，小半径曲线段由内侧向外侧，纵向进退式进行；横向接头，对振动压路机一般重叠 0.4～0.5m，对三轮压路机一般重叠轮宽的 1/2，前后相邻而区段（碾压区段之前的平整，预压区段与其后的检验区段）宜纵向重叠 1.0～1.5m，使路基各点都得到压实，避免土基产生不均匀沉陷。

(6) 加强质量控制

1) 填方地段基底。路堤填筑前应对基底进行压实。高速公路、一级公路和二级公路路堤基底的压实度不应小于 85%，当路堤填土高度小于路床厚度（80cm）时，基底的压实度不宜小于路床的压实度标准；

2) 路堤。每一压实层均应检验压实度，合格后方可填筑其上一层，否则应查明原因，采取措施进行补压。检验频率为每 2000m² 检验 8 点，不足 2000m² 时，至少应检验 8 点，必要时可根据需要增加检验点，必须每点都符合规定值。路床顶面压实完成后，还应进行弯沉值检验。检验汽车的轴载质量及弯沉允许值。检验频率为每一幅双车道每 50m 检验 4 点，左、右两后轮隙下各 1 点；

3) 路堑路床。零填及路堑路床的压实，应符合其压实标准的规定。换填超过 30cm 时，按 90% 的压实标准控制。

(7) 现场压实度的评定

1) 现场测定路基土密度的方法：

①环刀法。它是一种破坏性的量测方法。优点是设备简单、使用方便。但此法只适宜于测定不含集料的黏性土的密度。

②灌砂法。是一种破坏性量测方法，它适宜于细粒土、中粒土的密实度测定。试验时先在拟测量的地点，以层厚为开挖深度，凿一试洞，开挖时仔细将全部土料收集于一个带盖容器中，并采取密封措施使其含水量不致受损失，及时称质量和取有代表性的样品作含水量试验，然后采用灌砂法测定试洞的容积。

③利用核子密度计测定。这是一种非破坏测定方法。它利用放射性元素（γ射线和中子射线）测量土的密度和含水量。这些仪器能在现场快速测定土基密度、含水量，满足施工现场土基压实度快速、无破损检测的要求，同时还具有操作方便、明显直观的优点。

2) 压实度评定。

压实度评定以一个工班完成路段压实层为检验评定单元，检验评定段的压实度 k 按下式计算，若 k 大于等于 k_0（k_0 为压实度标准值），则认为合格。

$$k = \frac{\bar{k} - t_0 s}{\sqrt{n}} \geq k_0$$

式中　$\bar{k}$——检验评定段内各检验点压实度的算术平均值；

　　　t_0——t 分布表中随测点数和保证率而变化的系数，通常保证率为 95%；

　　　s——检验值的均方差；

　　　n——检验点数，应不少于 8～10 点，汽车专用公路取高限，一般公路取低限。

3. 填石、土石混填路堤的压实

（1）填石路堤的压实

填石路堤在压实前，应用大型推土机摊铺平整，个别不平处，应用人工配合以细石屑找平。由于压实施工是将各石块之间的松散接触状态改变为紧密咬合状态，因此，应选择工作质量在 12t 以上的重型振动压路机、工作质量在 2.5t 以上的重锤或 25t 以上的轮胎式压路机压（夯）实。填石路堤在压实时，应先碾压两侧（即靠近路肩部分），后碾压中间，压实路线对于轮碾应纵向平行，反复碾压。对夯锤应成弧形，当夯实密实程度达到要求后，再向后移动一夯锤位置。行与行之间应重叠 40～50cm；前后相邻区段应重叠 100～150cm。其余注意事项与土质路基相同。

（2）土石路堤的压实

土石路堤的压实方法与技术要求，应根据混合料中巨粒土含量多少来确定。当巨粒土的含量大于 70% 时，应按填石路堤的方法和要求进行压实；当巨粒土的含量小于 50% 时，应按填土路堤的方法和要求进行压实。

11.1.6　路基排水设施施工

过量的水是使路基产生病害的主要原因之一。一方面，土中含水量的增加将降低路基土的强度和稳定性；另一方面，水对路基的浸泡、冲刷等作用将直接影响路基的正常使用，高速公路和一级公路路面积水会影响行车安全。因此，应修筑必要的排水设施拦截或排除危害路基的地表水和地下水，路面积水应及时排除，确保公路安全使用。

1. 地表排水设施施工

路基地表排水设施包括边沟、截水沟、排水沟、急流槽、拦水带、蒸发池等。施工排水设施应做到位置、断面、尺寸、坡度准确，所用材料符合设计文件及规范要求。

（1）边沟

边沟布置在挖方路段的边坡坡脚和填土高度小于边沟深度的填方边坡坡脚，用以汇集和排除降落在坡面和路面上的地表水。边沟断面一般为梯形，边沟内侧坡度按土质类型取 1:1.0～1:1.5。在较浅的岩石挖方路段，可采用矩形边沟，其内侧沟壁用浆砌片石砌成直立状。矩形和梯形边沟的底宽和深度不应小于 0.4m。挖方路段边沟的外侧沟壁坡度与路堑下部边坡坡度相同。边沟的纵坡与路线纵坡保持一致，纵坡为最小值时应缩短边沟出水口间距。一般地区边沟长度不超过 500m，多雨地区不超过 300m，三角形边沟不超过 200m。

边沟施工时，其平面位置、断面尺寸、坡度、标高及所用材料应符合设计文件和施工技术规范要求。修筑的边沟应线形美观，直线顺直，曲线圆滑，无突然转弯等现象，纵坡顺适，沟底平整，排水畅通，无冲刷和阻水现象，表面平整美观。

土质边沟纵坡大于 3% 时应采用浆砌片石、干砌片石、水泥混凝土预制块等进行加固。采用浆砌片石铺砌时，片石应坚固稳定，砂浆配合比符合设计要求，砌筑时片石间应咬扣紧密，砌缝砂浆饱满、密实，勾缝应平顺，无脱落且缝宽一致，沟身无漏水现象。采用干砌片石铺筑时，应选用有平整面的片石，砌筑时片石间应咬扣紧密、错缝，砌缝用小石子嵌紧，禁止贴砌、叠砌和浮塞。采用抹面加固土质边沟时，抹面应平整压光。

（2）截水沟

当路堑边坡上侧流向路基的地表径流流量较大，或者路堤上侧倾向路基的地面坡度大于 1:2 时，应在路堑或路堤上方设置截水沟，以拦截流向路基的地面径流。在坡面汇流长度大的山坡上，应酌情设置两道以上大致平行的截水沟。边坡稳定性差或有可能形成滑坡的路段，应考虑在边坡周界外设置截水沟，以减轻水对坡面的渗透和冲刷等不利影响。截水沟应设置在路堑边坡顶 5m 以上或路堤坡脚 2m 以外，并结合地形和地质条件顺等高线合理布置，使拦截的坡面水顺畅地流向自然沟谷或排水渠道。截水沟长度以 200～500m 为宜。一般采用梯形断面，沟壁坡度为 1:1～1:1.5，断面尺寸可按设计径流量计算确定，但底宽和沟深不宜小于 0.5m。

截水沟的施工要求与边沟基本相同。在地质不良、土质松软、透水性较大、裂缝多及沟底纵坡较大的地段，为防止水流下渗和冲刷，应对截水沟及其出水口进行严密的防渗处理和加固。

（3）排水沟

由边沟出水口、路面拦水埝或开口式缘石泄水口通过路堤边坡上的急流槽排放到坡脚的水流，应汇集到路堤坡脚外 1～2m 处的排水沟内，再排到桥涵或自然水道中。深挖路堑或高填路堤设边坡平台时，若坡面径流量大，可设置平台排水沟，以减小坡面冲刷。排水沟的断面形式和尺寸以及施工要求等与截水沟基本相同。

（4）急流槽与跌水

在路堤、路堑坡面或从坡面平台上向下竖向排水，或者在截水沟和排水沟纵坡较大时，应设急流槽。构筑急流槽后使水流与涵洞进出口之间形成一个过渡段，可减轻水流的冲刷。急流槽可由浆砌片石或水泥混凝土铺筑成矩形或梯形断面。浆砌片石急流槽的底厚为 0.2～0.4m，施工时做成粗糙面，壁厚 0.3～0.4m，底宽至少 0.25m，槽顶与两侧斜坡面齐平，槽底每隔 5m 设一凸榫，嵌入坡面土体内 0.3～0.5m，以防止槽身顺坡面下滑。

在陡坡或深沟地段的排水沟，为避免其出口下游的桥涵、自然水道或农田受到冲刷，可设置跌水。跌水可带消力池，也可不带，按坡度和坡长不同可设成单级或多级跌水。不带消力池的跌水，台阶高度为 0.3～0.4m，高度与长度之比，应与原地面坡度吻合。带消力池的跌水，单级跌水墙的高度为 1m 左右，消力槛的高度宜为 0.5m，消力池台面设 2%～3%的外倾纵坡，消力槛顶宽不宜小于 0.4m，槛底设泄水孔。跌水的槽身结构与急流槽相同。急流槽与跌水都属砌体结构，石砌砌体与边沟的砌筑要求一致。水泥混凝土急流槽的施工与混凝土挡墙的施工要求一致。

2. 地下排水设施施工

路基地下排水设施有明沟、暗沟、渗沟、检查井等，应根据工程地质和水文地质条件选择、确定其类型、位置及几何尺寸，施工时严格按设计文件和施工技术规范进行。

（1）明沟与排水槽

当地下水位较高，潜水层埋藏不深时，可采用明沟与排水槽截断地下水及地下水位，沟底宜埋入不透水层内。明沟与排水槽兼排地面水和浅层地下水，但不宜排除寒冷地区的地下水。

明沟与排水槽的布置，当设在路基旁侧时，宜沿路线方向布置；当设在低洼地带或天然沟谷时，宜顺山坡的沟谷走向布置。明沟与排水槽采用混凝土浇筑或浆砌片石砌筑时，应在沟壁与含水地层接触面的高度处，设置一排或多排向沟中倾斜的渗水孔。沟壁外侧应填以粗粒透水材料或土工合成材料作反滤层。沿沟槽每隔 10～15m 或当沟槽通过软硬岩层分界处时，应设置伸缩缝或沉降缝。

（2）渗沟

为了切断、拦截有害的水流和降低地下水位，保证路基的稳定和干燥，需用渗沟将地下水排除。渗沟有填石渗沟（或暗沟）、管式渗沟和洞式渗沟三种形式，三种渗沟均应设置排水层（或管、洞）、反滤层和封闭层。对于渗沟的设置，当地下水位较高，路基边缘无法保证必要的高度时，可在边沟下设置纵向渗沟，这样可以防止毛细水上升，影响路基稳定；在路堑和路堤的交界处设置横向渗沟，这样可以防止路堑下含水层中的水沿路基纵向流入路堤，使路堤湿化、坍塌；在边坡上设置边坡渗沟，可以疏干潮湿的边坡和引排边坡上局部出露的上层滞水或泉水。

（3）渗井

当路基附近的地面水或浅层地下水无法排除，影响路基稳定时，可设置渗井，将地面水或地下水经渗井通过不透水层中的钻孔流入下层透水层中排除。

总之，排水系统设计应根据公路等级、降雨强度、地下水、地形、地质等情况综合考虑，合理布局，地面排水与地下排水应为一个完整有机的结合体，具体设计应符合有关规范。

11.1.7 路基的防护工程施工

为防止雨水、风力、水流、波浪等不良水文地质和其他自然因素对路基边坡的危害，同时为了改善公路路容，保护生态环境，应根据当地实际条件，因地制宜地采用经济合理、适用耐久的路基边坡防护措施。根据防护的主要不利因素，路基防护分为常规防护和冲刷防护；根据防护方法的不同，对土质路基边坡的防护主要采用植物防护和工程防护。

1. 常规边坡防护

（1）植物防护

植物防护是在边坡上种植草皮、灌木等植物，覆盖裸露的表土以防止雨水冲刷，调节土的湿度以防止产生裂缝。这样就能防止容易被冲蚀的土质边坡在雨水和风力作用下产生的冲沟、溜方、坍塌等变形和破坏。植物防护具有施工简单、费用低廉、效果较好等优点，在适宜于植物生长的土质边坡上应优先选用植物防护措施。

（2）工程防护

在不宜使用植物防护的陡峭岩石边坡，常采用砂石、水泥、石灰等矿质材料进行坡面防护。工程防护方法包括灌浆及勾缝、抹面、捶面、喷浆及喷射混凝土、锚杆钢丝网喷浆喷射混凝土、坡面护墙等。

2. 路基冲刷防护

沿河路基由于受到地形限制，大多依山傍水，可能受到经常性或周期性水流的冲刷时，为保证路基的安全和稳定性，应根据实际情况采取必要的防护措施以消除和减轻水流对路基的冲刷危害。路基冲刷防护一般分为岸坡防护（直接防护）、导流构造物防护（间接防护）两种形式。

（1）直接防护

直接防护是一种加固岸坡的防护措施。直接防护的工程通常有植物防护、干切片石护坡、浆砌片石护坡、混凝土护坡、抛石、石笼、大型砌块、浸水挡土墙等类型。

（2）间接防护

间接防护就是采用导流调治构造物，使水流轴线方向偏离路基岸边或降低防护处的流速，甚至促使其调换淤积，从而起到对路基的防护作用。而导流调治构造物是以改变水流方向为主的水工建筑物，如丁坝、顺坝、格坝、拦河坝等。

11.2 路面基层施工

直接位于沥青面层（可以是一层、二层或三层）下用高质量材料铺筑的主要承重层，或直接位于水泥混凝土面板下用高质量材料铺筑的一层称做基层，在沥青路面基层下铺筑的次要承重层或在水泥混凝土路面基层下铺筑的辅助层称做底基层。有时两者统称为路面基层。

基层按组成材料可分为稳定土基层、碎（砾）石基层、工业废渣基层等三类。

11.2.1 稳定土基层

稳定土基层是采用一定的技术措施，使土成为具有一定强度与稳定性的筑路材料，以此修筑的路面基层。常用的稳定土基层有石灰土、水泥土和沥青土三种。

1. 石灰稳定土基层

在粉碎的或原来松散的土（包括各种粗、中、细粒土）中，掺入一定量的石灰和水，经拌合、压实及养生，当其抗压强度符合规定的要求时，称为石灰稳定土基层。用石灰稳定细粒土得到的混合料，简称石灰土。用石灰稳定中粒土和粗粒土得到的混合料，原材料为天然砂砾土时，简称石灰砂砾土；原材料为天然碎石土时，简称石灰碎石土。用石灰土稳定级配砂砾（砂砾中无土）和级配碎石（包括未筛分碎石）时，分别简称石灰土砂砾或石灰土碎石。用石灰稳定土铺筑的路面基层和底基层，分别称为石灰稳定（土）基层和石灰稳定（土）底基层。

石灰稳定土具有良好的力学性能，它的初期强度和水稳性较低，后期强度较高。石灰稳定土可适用于各类路面的基层和底基层，但石灰土不宜用作高级路面的基层，而宜用作底基层。在冰冻地区的潮湿路段，以及其他地区的过分潮湿路段，不宜采用石灰土做基层。只能采用石灰土时，应采取措施防止水分侵入石灰土基层。

石灰稳定土属于整体性半刚性材料，后期刚度较大，为避免灰土层受弯拉而断裂，并使其在施工中碾压时能够压稳而不起皮，灰土层厚度不宜小于 10cm，为便于拌合均匀和碾压密实，用 12～15t 压路机碾压时，厚度不宜大于 15cm。用 15～20t 压路机碾压时，压实厚度应大于 20cm，且采用先轻后重碾压次序（分层铺筑时，下层宜稍厚）。石灰稳定土基层施工在最低气温 0℃ 之前完成，如次年直接铺筑沥青路面时，视南、北方气候不同，应在冰冻前 1～2 个月完工，并尽量避免在雨期施工。

石灰稳定土基层的施工方法主要有路拌法和中心站集中拌合（厂拌）法两种。

（1）材料要求

土质。塑性指数 15～20 的黏土以及含有一定量黏土的中粒土和粗粒土均适宜于用石灰稳定。石灰稳定底基层时，最大颗粒直径不应超过 50mm；用作基层时，其最大颗粒直径不应超过 40mm。

石灰质量应符合Ⅲ级以上的生石灰或消石灰的技术指标。

人或牲畜饮用的水源均可用于石灰土施工，遇有可疑水源时，应进行试验确定。

（2）石灰稳定土基层施工

1）路拌法施工：

①准备下承层。当石灰稳定土用作基层时，要准备底基层；当石灰稳定土用作底基层时，要准备土基。对其下承层总的要求是：平整、坚实，具有规定的路拱，没有任何松散和软弱处。因此，对底基层或土基，必须按规范规定进行验收。凡验收不合格的路段，必须采取措施，使其达到标准后，方能在其上铺筑石灰土基层。若底基层或土基因开放交通而受到破坏，则应逐一进行找平、换填、碾压等处理，逐一断面检查下承层标高是否符合设计要求。在槽式断面的路段，两侧路肩上每隔一段距离（如 5~10m）应交错开挖泄水沟（或做盲沟），及时排出积水，保证底基层或土基的干燥。

②施工放样。在底基层或土基上恢复中线，直线段每 15~20m 设一桩，平曲线段每 10~15m 设一桩，在对应断面的路肩外侧设指示桩。在两侧指示桩上，标出石灰稳定土层边缘的设计标高。

③备料。备料应根据各段石灰稳定土层的宽度、厚度及预定的压实度（换算为压实密度），计算各路段需要的干集料质量，根据料场集料的含水量和运料车辆的吨位，确定每车料的摊铺面积及堆放距离。

④摊铺集料。在摊铺集料时，应预先通过试验确定集料的松铺系数。人工摊铺混合料时，其松铺系数可参考表 11-1。对能封闭交通的道路，摊铺集料应在摊铺石灰的前一天进行。摊料长度应与施工日进度相同，以次日施工需要量为准。对不能封闭交通的道路以及雨期，宜在当天摊铺集料。用平地机或其他合适的机具将集料均匀摊铺在预定的宽度上，表面应力求严整，并有规定的路拱。摊铺过程中，应注意将土块、超尺寸颗粒及其他杂物拣除，如集料中有较多土块，也应进行粉碎。

混合料松铺系数　　　　表 11-1

材 料 名 称	松 铺 系 数	说　　明
石灰土	1.53~1.58	现场人工摊铺土和石灰，机械拌合，人工整平
石灰土	1.68~1.70	路外集中拌合，现场人工摊铺
石灰土、砂砾	1.52~1.56	路外集中拌合，现场人工摊铺

⑤摊铺石灰。摊铺石灰时，如黏性土过干，应事先洒水闷料，使土的含水量略小于最佳值。在人工摊铺的集料层上，用 6~8t 两轮压路机碾压 1~2 遍，使其表面平整，并有一定密实度。然后，按计算的每车石灰的纵横间距，用石灰在集料层上做卸置石灰的标记，同时划出摊铺石灰的边线，用刮板将卸置的石灰均匀摊开。石灰摊铺完后，表面应没有空白位置。然后量测石灰的松铺厚度，根据

305

石灰的含水量和松铺密度，校核石灰用量是否合适。

⑥拌合与洒水。集料应采用稳定土拌合机拌合，拌合深度达到稳定层底。设专人跟随拌合机，随时检查拌合深度并配合拌合机操作员调整拌合深度，除直接铺在土基上的一层外，严禁在拌合层底部留有"素土"夹层。拌合应适当破坏（约1cm左右）下承层的表面，以利于上下层的粘结。通常应拌合两遍以上（如使用的是生石灰粉，宜先用平地机或多铧犁将石灰翻到集料层中间，但不能翻到底部），在进行最后一遍拌合之前，必要时先用多铧犁紧贴下承层表面翻拌一遍。直接铺在土基上的拌合层也应避免"素土"夹层。

在拌合过程中，及时检查含水量。用喷管式洒水车补充洒水，使混合料的含水量等于或略大于最佳值（视土类而定，可大1%左右），洒水距离应长些。水车起洒处和另一端调头处都应超出拌合段2m以上。洒水车不应在正进行拌合的以及当天计划拌合的路段上调头和停留，以防局部水量过大，拌合机械应紧跟在洒水车后面进行拌合，尤其在纵坡大的路段上更应配合紧密，减少水分流失。

⑦整形。混合料拌合均匀后，先用平地机初步整平和整形。在直线段，平地机由两侧向路中心进行刮平。在平曲线段，平地机由内侧向外侧进行刮平。需要时，再返回刮一遍。用平地机或轮胎压路机快速碾压1~2遍，用轮胎压路机碾压时，因轮胎表面没有花纹，压后表面比较光滑。在用平地机整平前，应先用齿耙把低洼处表层5cm以上耙松，避免在较光滑的表面产生薄层找补的情况，用平地机进行整形后再碾压一遍。对于局部低洼处，应用齿耙将其表层5cm以上耙松，并用新拌的石灰混合料进行找补平整，再用平地机整形一次，每次整形都要按照规定的坡度和路拱进行。特别要注意接缝处的整平，接缝必须顺适平整。

⑧碾压。整形后，当混合料处于最佳含水量±1%时（如表面水分不足，应适当洒水），立即用12t以上三轮压路机、重型轮胎压路机或振动压路机在路基全宽内进行碾压。直线段，由两侧路肩向路中心碾压。平曲线段，由内侧路肩向外侧路肩进行碾压。碾压时后轮应重叠1/2倍轮宽，后轮必须超过两段的接缝处，后轮压完路面全宽时即为一遍。碾压一直进行到要求的密实度为止，一般需6~8遍，压路机的行进方式同路基碾压。碾压过程中，石灰稳定土的表面应始终保持湿润。如表面水蒸发得快，应及时补洒少量的水。如有"弹簧"、松散、起皮等现象，应及时翻开重新拌合，或用其他方法处理，使其达到质量要求。在碾压结束之前，用平地机再终平一次，使其纵向顺适，路拱和超高符合设计要求。终平应仔细进行，必须将局部高出部分刮除并扫出路外，对于局部低洼之处，不再进行找补，留待铺筑面层时处理。

⑨接缝和"调头"处的处理。两工作段的搭接部分，应采用对接形式。前一段拌合后，留5~8m不进行碾压。后一段施工时，将前段留下未压部分，一起再进行拌合。拌合机械及其他机械不宜在已压成的石灰稳定土层上调头，如必须在其上进行调头，应采取措施（如覆盖10cm厚的砂或砂砾）保护调头部分，使石灰稳定土表层不受破坏。

⑩纵缝的处理。石灰稳定土层的施工应尽可能避免纵向接缝，对于不能中断交通的路段，可采用半幅施工方法。必须分两幅施工时，纵缝必须垂直相接，不

应斜接。

⑪路缘处理。如石灰稳定土层上为薄沥青面层，基层每边应较面层宽 20cm 以上。在基层全宽上喷洒透层沥青或设下封层，沥青面层边缘以三角形向路肩抛出 6～10cm。如设路缘块时，必须注意防止路缘块阻滞路面表面水和结构层中的水。

2）中心站集中拌合（厂拌）法施工：

石灰稳定土可以在中心站用多种机械集中拌合，如强制式拌合机、双转轴浆叶式拌合机等，集中拌合有利于保证配料的准确性和拌合的均匀性。

①备料。土块要粉碎，最大尺寸不应大于 15mm。集料的最大粒径和级配都应符合要求，必要时，应先筛除集料中不符合要求的颗粒。配料应准确，在潮湿多雨地区施工时，还应采取措施保护集料，特别是细集料（含土）和石灰免遭雨淋。

②拌制。在正式拌制稳定土混合料之前，必须先调试所用的厂拌设备，使混合料的颗粒组成和含水量都达到规定的要求。集料的颗粒组成发生变化时，应重新调试设备。应根据集料和混合料的含水量及时调整加水量，拌合要均匀。

③运输。已拌成的混合料应尽快运送到铺筑现场。如运距远、气温高，则车上的混合料应加以覆盖，以防水分过多蒸发。

④摊铺及碾压。下承层为石灰稳定土时，应先将下承层顶面拉毛，再摊铺混合料。摊铺应采用沥青混凝土摊铺机、水泥混凝土摊铺机或稳定土摊铺机摊铺混合料。在没有上述摊铺机的情况下，可以用摊铺箱或自动平地机摊铺混合料。用摊铺机或摊铺箱摊铺时，要求拌合机与摊铺机的生产能力相协调，如拌合机的生产能力较低，则应用最低速度摊铺，以减少摊铺机停机待料的情况。在摊铺机后面应设专人消除粗、细集料离析现象，特别是局部粗集料"窝"，应该铲除，并用新混合料填补。摊铺后应用振动压路机、二轮压路机和轮胎压路机及时进行碾压。用平地机摊铺混合料时，根据铺筑层的厚度和要求达到的压实干密度，计算每车混合料的铺筑面积。将混合料均匀地卸在路幅中央，路幅宽时，可将混合料卸成两行，用平地机将混合料按松铺厚度摊铺均匀，平地机后面应及时消除粗集料"窝"和粗集料带（补充细混合料并拌合均匀）。

⑤整形、碾压。与路拌法相同。

3）养生及交通管制：

①石灰稳定土在养生期间应保持一定的湿度，养生期一般不少于 7d。养生方法可视具体情况采用洒水、覆盖砂、低塑性土或沥青膜等。在养生期间石灰土表层不宜忽干忽湿，每次洒水后，应用两轮压路机将表层压实。石灰稳定土层碾压结束 1～2d 后，其表层较干燥（如石灰土的含水量不大于 10％，石灰粒料土的含水量在 5％～6％）时，可以立即喷洒透层，做下封层或铺筑面层。但初期应禁止重型车辆通行。

②在养生期间未采用覆盖措施的石灰稳定土层上，除洒水车外，应封闭交通。在采用覆盖措施的石灰稳定土层上，不能封闭交通时，应限制车速不得超过 30km/h，如石灰稳定土分层施工时，下层石灰稳定土碾压完后，可以立即铺筑

另一层石灰稳定土，不需专门的养生期。

③养生期结束后，应立即喷洒透层沥青或做下封层，并在5～10d内铺筑沥青面层。在喷洒透层沥青后，应撒布3～8mm或5～10mm的小碎（砾）石，小碎石不完全覆盖，均匀覆盖约60%的面积，露黑。如喷洒的透层沥青能透入基层，运料车辆和面层混合料摊铺机在上行驶不会破坏沥青膜时，可以不撒小碎石。如为水泥混凝土面层时，也不宜让基层长期暴晒开裂。

2. 水泥稳定土基层

在粉碎的或原来松散的土（包括各种粗、中、细粒土）中，掺入一定量的水泥和水，经拌合压实及养生后得到的混合料，当其抗压强度符合规定的要求时，称为水泥稳定土。用水泥稳定细粒土（砂性土、粉性土或黏性土）时简称水泥土；当所用细粒土属于砂时，简称水泥砂。用水泥稳定粗粒土和中粒土得到的混合料，视原材料而异，可相应简称为水泥碎石（级配碎石和未筛分碎石）、水泥石渣（采石场废料）、水泥石屑（碎石场细筛余料）、水泥砂砾、水泥碎石土或水泥砂砾土。

用水泥稳定土铺筑的路面基层和底基层，分别称为水泥稳定（土）基层和水泥稳定（土）底基层。

水泥稳定土有良好的力学性能和板体性，它的水稳性和抗冻性都较石灰稳定土好。水泥稳定土的初期强度高并且强度随龄期增长，它的力学强度还可视需要而调整。一般可适用于各种交通类别道路的基层和底基层。

（1）材料要求

1）土。

对于高速公路和一级公路，水泥稳定土用作底基层时，集料最大粒径不应超过40mm，用作基层时，其集料最大粒径不应超过30mm；对于二级及二级以下公路，水泥稳定土用作底基层时，集料最大粒径不应超过50mm，用作基层时，其集料最大粒径不应超过40mm。

2）水泥、石灰、水。

水泥可采用普通硅酸盐水泥、矿渣硅酸盐水泥和火山灰质硅酸盐水泥，但应选用终凝时间较长（宜在6h以上）和强度等级较低的水泥。石灰应采用消石灰粉或生石灰粉。凡人或牲畜的饮用水均可用于水泥稳定土施工，如遇有可疑水源时，应进行试验鉴定。

（2）水泥稳定土基层施工

水泥稳定土基层的施工方法主要有路拌法和中心站集中拌合（厂拌）法两种。

1）路拌法施工。

水泥稳定土路拌法施工与石灰稳定土的路拌法施工相似，其工艺流程如图11-13所示。

2）中心站集中拌合（厂拌）法施工

水泥稳定土可以在中心站用强制式拌合机、双转轴桨叶式拌合机（卧式叶片拌合机）等厂拌设备进行集中拌合。塑性指数小、含土量少的砂砾土、级配碎

图 11-13　水泥稳定土路拌施工流程

石、砂、石屑等集料也可以用自落式拌合机拌合。其施工方法与石灰稳定土厂拌法施工基本相同，不作赘述。但应该注意的是：在摊铺过程中，如中断时间已超过 2~3h，又未按横向接缝方法处理，则应将摊铺机附近及其下面未经压实的混合料铲除，并将已碾压密实且高程和平整度符合要求的末端挖成一横向（与路线垂直）垂直向下的断面，然后再摊铺新的混合料。

　　3）养生及交通管制。

　　水泥稳定土基层每一段碾压完成并经压实度检查合格后应立即开始养生，不应延误。但如水泥稳定土分层施工时，下层水泥稳定土碾压完后，过一天就可以铺筑上层水泥稳定土，不需经过 7d 养生期。但在铺筑上层稳定土之前，应始终保持土层表面湿润。为增加上、下层之间的粘结性，在铺筑上层稳定土时，宜在下层表面撒少量水泥或水泥浆。此外，如水泥稳定土用作水泥混凝土路面的基层，且面层是用小型机械施工的，则基层完成后不需养生就可铺筑混凝土面层。

　　水泥稳定土基层养生方法有：

　　①用不透水薄膜或湿砂进行养生。用砂覆盖时，砂层厚 7~10cm，砂铺匀后，应立即洒水，并保持在整个养生期间砂的潮湿状态，也可以用潮湿的帆布、粗麻布、草帘或其他合适的材料覆盖，但不得用湿黏土覆盖。养生结束后，必须将覆盖物清除干净；

　　②采用沥青乳液进行养生。乳液应采用沥青含量约 35% 的慢裂沥青乳液，使其能透入基层几毫米深。沥青乳液的用量 1.2~1.4kg/m²，分两次喷洒，乳液分裂后，撒布 3~8mm 或 5~10mm 的小碎（砾）石，小碎石约撒布 60% 的面积（不完全覆盖，露黑）。养生结束后，沥青乳液相当于透层沥青。也可以在完成基层上立即（或第二天）做下封层，利用下封层进行养生；

　　③无上述条件时，可用洒水车经常洒水进行养生，每天洒水的次数应视气候而定。整个养生期间应始终保持稳定土层表面潮湿，不应时干时湿。洒水后，应注意表层情况，必要时，用两轮压路机压实。除采用沥青养生外，养生期不宜少于 7d。如养生期少于 7d 就已做上承层，则应注意勿使重型车辆通行。

　　3. 沥青稳定土基层

　　将土粉碎，用沥青（液体石油沥青、煤沥青、乳化沥青、沥青膏浆等）为结合料，使其与粉碎的土拌合均匀，摊铺平整并碾压密实成型的基层称为沥青稳定土基层。

　　沥青在土中起两方面作用：一是保护土粒免受水的危害；二是提供粘结力，把土粒粘结在一起。

各类土都可以用液体沥青来稳定。沥青土的强度随剂量增加而增加到某一最大值，而后随着沥青膜变厚，强度反而下降，有时甚至会低于"素土"的强度，强度下降同沥青含量增加引起最大干容重下降有关。另一方面，沥青剂量增多，可填充土中空隙，防止水分侵入，因而能降低吸水量，当沥青含量低时（如2%），不能为黏土提供足够的抗水能力；而必须高达4%以上才能使吸水量大大降低。为此，宜综合考虑两方面的影响，选择一适宜的沥青剂量。当采用较黏稠的沥青稳定时，只有低黏性的土才能取得良好的效果；黏性较大的土用黏稠沥青稳定时，由于沥青难于均匀分布于土中，其稳定效果较差，因而黏性较大的土，可采用综合稳定的方法，即在掺加沥青之前，向土中掺加少量活化剂，可取得显著的稳定效果。

通常采用慢凝液体石油沥青和低标号煤沥青作为制备沥青土的结合料，也有采用乳化沥青（由于液体沥青消耗大量有工业价值的轻质油分，强度形成缓慢）作为沥青土的结合料。沥青膏浆比较适用于稳定砂类土，使其具有较好的整体性；对于黏性土，可用机械对土与沥青膏浆进行强力搅拌，然后铺在路上碾压成型。

沥青土稳定土基层施工的关键在于拌合与碾压。结合料如采用液体石油沥青或低标号煤沥青时，一般采用热油冷料，油温约 120～160℃；如采用乳化沥青或沥青膏浆时，采用冷油冷料。沥青稳定土混合料的拌合有人工与机械两种。沥青稳定土基层的碾压可采用轮胎式压路机碾压，也可采用钢轮压路机进行碾压，但应选用轻型或中型，且只压一遍即可，否则，可能会出现裂缝或推移。碾压后再过 2～3d 复压 1～2 遍效果最佳。如先用钢轮压路机碾压一遍后再用轮胎压路机碾压几遍，其平整度与密实度都较好。特别注意应加强初期养护，这样可以加速路面成型。

11.2.2 碎（砾）石类基层

碎（砾）石类基层是由一定级配的矿质集料经拌合、摊铺、碾压，强度符合规定时的路面基层。按强度形成原理的不同，碎（砾）石类基层分为嵌挤型和级配型两种类型。嵌挤型包括泥结碎石、泥灰结碎石、填隙碎石等，强度靠颗粒之间的摩擦和嵌挤锁结作用形成。级配型包括级配碎（砾）石、符合级配要求的天然砂砾等。本节主要介绍级配碎石、级配砾石和填隙碎石基层的施工技术。

1. 级配碎（砾）石基层

（1）材料要求

级配碎石基层由粗、细碎石和石屑各占一定比例、级配符合要求的碎石混合料铺筑而成。级配碎石基层适用于各级公路的基层和底基层，也可作较薄沥青面层与半刚性基层之间的中间层，减轻和消除半刚性基层开裂对沥青面层的影响，避免出现反射裂缝。

级配砾石基层是由粗、细砾石和砂按一定比例配制的混合料铺筑的、具有规定强度的路面结构层，适用于二级及二级以下公路的基层及各级公路底基层。

（2）级配碎（砾）石基层施工

1）路拌法施工。

级配碎（砾）石基层路拌法施工工艺流程如图 11-14 所示。

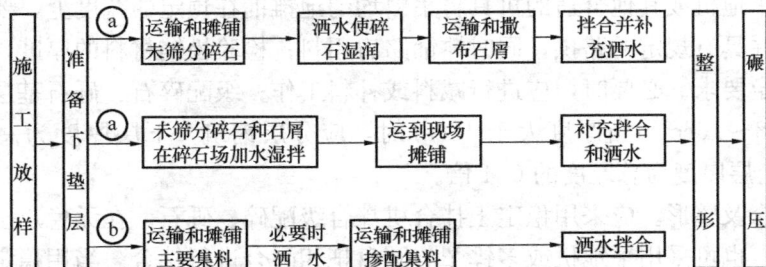

图 11-14 级配碎（砾）石基层路拌法施工工艺流程

ⓐ级配碎石；ⓑ级配砾石

①准备下承层。基层的下承层是底基层及其以下部分，底基层的下承层可能是土基也可能还包括垫层。下承层表面应平整、坚实、具有规定的路拱，没有任何松散的材料和软弱地点；下承层的平整度和压实度应符合规范的规定；下承层（不论路堤或路堑）必须用 12～15t 三轮压路机或等效的碾压机械进行碾压（压 3～4 遍）。在碾压过程中，如发现土过干、表层松散，应适当洒水；如土过湿，发生"弹簧"现象，应采取挖开晾晒、换土、掺石灰或粒料等措施进行处理；对于底基层，根据压实度检查（或碾压检验）和弯沉测定的结果，凡不符合设计要求的路段，必须根据具体情况，分别采用补充碾压、加厚底基层、换填好的材料、挖开晾晒等措施，使其达到规定标准；底基层上的低洼和坑洞，应仔细填补及压实。底基层上的搓板和辙槽，应刮除；松散处应耙松、洒水并重新碾压。

②施工放样。在底基层或土基上恢复中线，直线段每 15～20m 设一桩，平曲线段每 10～15m 设一桩，在对应断面的路肩外侧设指示桩。在两侧指示桩上，标出石灰稳定土层边缘的设计高标。

③准备材料。计算材料用量，根据各路段基层或底基层的宽度、厚度及预定的干压实密度，计算各段需要的干集料数量，对于级配碎石，分别计算未筛分碎石和石屑（细砂砾或粗砂）的数量，根据料场未筛分碎石和石屑的含水量以及所用运料车辆的吨位，计算每车料的堆放距离；在料场洒水，加湿未筛分碎石，使其含水量较最佳含水量大 1% 左右，以减少运输过程中的集料离析现象（未筛分碎石的最佳含水量约为 4%）；未筛分碎石和石屑可按预定比例在料场混和，同时洒水加湿，使混合料的含水量超过最佳含水量约 1%，以减轻施工现场的拌合工作量以及运输过程中的离析现象（级配碎石的最佳含水量约为 5%）。

④运输。在同一料场供料的路段，由远到近将料按要求的间距卸置于下承层上。卸料间距应严格掌握，避免料不够或过多，并且要求料堆每隔一定距离留一缺口，以便施工。当采用两种集料时，应先将主要集料运到路上，待主要集料摊铺后，再将另一种集料运到路上。如粗、细两种集料的最大粒径相差较多，应在粗集料处于潮湿状态时，再摊铺细集料。集料在下承层上的堆置时间不宜过长。运送集料较摊铺集料工序只宜提前 1～2d。

311

⑤摊铺。摊铺前要事先通过试验确定集料的松铺系数，人工摊铺混合料时，其松铺系数约为 1.40~1.50；平地机摊铺混合料时，其松铺系数约为 1.25~1.35；用平地机或其他合适的机具将集料均匀地摊铺在预定的宽度上，要求表面应平整，并具有规定的路拱，同时摊铺路肩用料；检验松铺材料的厚度，看其是否符合预定要求。必要时，应进行减料或补料工作；级配碎石、砾石基层设计厚度一般为 8~16cm，当厚度大于 16cm 时，应分层铺筑，下层厚度为总厚度的 0.6 倍，上层厚度为总厚度的 0.4 倍。

⑥拌合及整形。应采用稳定土拌合机拌合级配碎、砾石。在无稳定土拌合机的情况下，也可采用平地机或多铧犁与圆盘耙相配合进行拌合。当用稳定土拌合机拌合时，应拌合 2 遍以上。拌合深度应直到级配碎、砾层底。在进行最后一遍拌合之前，必要时先用多铧犁紧贴底面翻拌一遍。当用平地机将铺好的集料翻拌均匀，平地机的作业长度一般为 300~500m，拌合遍数一般为 5~6 遍。当用多铧犁在前面翻拌，圆盘耙应跟在后面拌合，即采用边翻边耙的方法，共翻耙 4~6 遍。圆盘耙的速度应尽量快，且应随时检查调整翻耙的深度。无论采用哪种拌合方法，在拌合的过程中都应用洒水车洒足所需的水分，拌合结束时，混合料的含水量应该均匀，并较最佳含水量大 1% 左右，应该没有粗细颗粒离析现象。如级配碎石或砾石混合料在料场已经混合，可视摊铺后混合料的具体情况（有无粗细颗粒离析现象），用平地机进行补充拌合。

拌合均匀后的混合料要用平地机按规定的路拱进行整平和整形（要注意离析现象），用拖拉机、平地机或轮胎压路机在已初平的路段上快速碾压一遍，以暴露潜在的不平整，再用平地机进行最终的整平和整形。在整形过程中，必须禁止任何车辆通行。

⑦碾压。整形后的基层，当混合料的含水量等于或略大于最佳含水量时，立即用 12t 以上三轮压路机（每层压实厚度不应超过 15~18cm）、振动压路机或重型轮胎压路机（每层压实厚度可达 20cm）进行碾压。直线段由两侧路肩开始向路中心碾压；在有超高的路段上，由内侧路肩开始向外侧路肩进行碾压。碾压时，后轮应重叠 1/2 轮宽；后轮必须超过两段的接缝处。后轮压完路面全宽时，即为一遍。碾压一直进行到要求的密实度为止。一般需碾压 6~8 遍。压路机的碾压速度，头两遍采用 1.5~1.7km/h 为宜。

2）中心站集中拌合（厂拌）法施工。

级配碎石混合料除上面介绍的路拌法外，还可以在中心站用多种机械进行集中拌合，如用强制式拌合机、卧式双转轴浆叶式拌合机、普通水泥混凝土拌合机等。

在正式拌制级配碎石混合料之前，必须先调试所用的厂拌设备，使混合料的颗粒组成和含水量都达到规定的要求。在采用未筛分碎石和石屑时，如未筛分碎石或石屑的颗粒组成发生明显变化，应重新调试设备。

可用沥青混凝土摊铺机、水泥混凝土摊铺机或稳定土摊铺机摊铺碎石混合料。摊铺时，在摊铺机后面应设专人消除粗细集料离析现象；在没有摊铺机时，也可采用自动平地机摊铺碎石混合料。

用振动压路机、三轮压路机进行碾压，碾压方法与要求和路拌法相同。

横向接缝的处理。用摊铺机铺混合料时，靠近摊铺机当天未压实的混合料，可与第二天摊铺的混合料一起碾压，但应注意此部分混合料的含水量。必要时，应人工补洒水，使其含水量达到规定的要求。用平地机摊铺混合料时，每天的工作缝处理与路拌法相同。

纵向接缝的处理。应避免产生纵向接缝。如摊铺机的摊铺宽度不够，必须分两幅摊铺时，宜采用两台摊铺机一前一后相隔约 5～8m 同步向前摊铺混合料。在仅有一台摊铺机的情况下，可先在一条摊铺带摊铺一定长度后，再开到另一条摊铺带上摊铺，然后一起进行碾压。

级配碎石、砾石基层施工完成、检测合格后，要连续进行上层施工。如不能连续铺筑上层时，要设专人进行洒水湿润养护。

级配碎石、砾石基层未洒透层沥青或未铺封层时，不应开放交通，特别要禁止履带车辆通行，以保护表层不受损坏。

2. 填隙碎石

用单一尺寸的粗粒碎石作主集料，形成嵌锁作用，用石屑（缺乏石屑时，也可以添加细砾砂或粗砂等细集料，但其技术性能不如石屑）填满碎石间的孔隙，增加密实度和稳定性，这种结构称为填隙碎石。填隙碎石的厚度通常为碎石最大粒径的 1.5～2.0 倍，即 10～20cm。填隙碎石基层的施工有干法和湿法两种方法。

（1）材料要求

填隙碎石用作基层时，碎石的最大粒径不应超过 60m，用作底基层时，碎石的最大粒径不宜超过 80mm；粗碎石可以用具有一定强度的各种岩石或漂石轧制，也可以用稳定的矿渣轧制；材料中的扁平、长条和软弱颗粒不应超过 15%，同时，要求粗碎石的集料压碎值不大于 26%～30%。细集料应是干燥的，轧制碎石时得到的 5mm 以下的细筛余料（即石屑）是最好的填隙细集料。填隙料的标准最大粒径可为 10mm。相应尺寸的细砾砂和粗砂也可以用作填隙料，但其效果不如石屑。

（2）填隙碎石基层的施工

1）准备下承层。与"1.（2）级配碎（砾）石基层施工"相同。

2）施工放样。与"1.（2）级配碎（砾）石基层施工"相同。

3）材料用量。根据路段基层或底基层的宽度、厚度及松铺系数（1.20～1.30，碎石最大粒径与层厚之比为 0.5 左右时，系数为 1.3；比值较大时，系数接近 1.2），计算各段需要的粗碎石数量。根据运料车辆的车箱体积，计算每车料的堆放距离；填隙料的用量约为碎石重量的 30%～40%。

4）运输和摊铺粗碎石。在同一料场供料的路段，由远到近将粗碎石按计算的距离卸置于下承层上，卸料距离应严格掌握，避免料不够或过多，且料堆每隔一定距离应留一缺口，以便于施工作业；平地机或其他合适的机具将粗碎石均匀地摊铺在预定的宽度上。表面应力求平整，且具有规定的路拱，同时摊铺路肩用料；检验松铺材料层的厚度，看其是否符合预定要求。

5）撒铺填隙料和碾压。

①干法施工：

A. 初压。用 8t 两轮压路机碾压 3～4 遍，使粗碎石稳定就位。在直线段上，碾压从两侧路肩开始，逐渐错轮向路中心进行。在有超高路段，碾压从内侧路肩开始，逐渐错轮向外侧路肩进行。错轮时，每次重叠 1/3 轮宽。在第一遍碾压后，应再次找平。初压终了时，表面应平整，并且有要求的路拱和纵坡。

B. 撒铺填隙料。用石屑撒布机或类似的设备将干填隙料均匀地撒铺在已压实的粗碎石层上，松铺厚约 2.5～3.0cm，需要时，用人工或机械（滚动式钢丝）扫匀。

C. 碾压。用振动压路机慢速碾压，将全部填隙料振入粗碎石间的孔隙中。如没有振动压路机，可用重型振动板。碾压方法同初压，但路面两侧应多压 2～3 遍。其压实厚度通常为碎石最大粒径的 1.5～2.0 倍，即 10～12cm，碾压后基层的固体体积率应不小于 85%，底基层的固体体积率应不小于 83%。

D. 再次撒铺填隙料。用石屑撒布机或类似的设备将干填隙料再次撒铺在粗碎石层上，松厚约 2.0～2.5cm，用人工或机械扫匀。

E. 再次碾压。用振动压路机进行碾压，碾压过程中，对局部填隙料不足之处，人工进行找补，将局部多余的填料用竹帚扫到不足之处或扫出路外。

F. 振动压路机碾压后，如表面仍有未填满的孔隙，则还需补撒填隙料，并用振动压路机继续碾压，直到全部孔隙被填满为止。同时，应将局部多余的填隙料铲除或扫除。填隙料不应在粗碎石表面局部集中。表面必须能见粗碎石（如填隙碎石层上为薄沥青面层，应使粗碎石的棱角外露 3～5mm）。

设计厚度超过一层铺筑厚度，需在上再铺一层时，应将已压成的填隙碎石层表面的细料扫除一些，使表面粗碎石外露约 5～10mm，然后摊铺第 2 层粗碎石，并按上述Ⓐ～Ⓕ的工序进行。

填隙碎石表面孔隙全部填满后，用 12～15t 三轮压路机再碾压 1～2 遍，在碾压过程中，不应有任何蠕动现象。在碾压之前，宜在表面先洒少量水。

②湿法施工：

开始的工序与干法施工的初压、撒铺填隙料、碾压、再次撒铺填隙料、再次碾压工序相同。

粗碎石层表面孔隙全部填满后，立即用洒水车洒水直到饱和（应注意勿使多余水浸泡下承层）。

用 12～15t 三轮压路机跟在洒水车后面进行碾压。其压实要求及压实厚度与干法施工相同。在碾压过程中，将湿填隙料继续扫入所出现的孔隙中，需要时，再添加新的填隙料。洒水和碾压应一直进行到细集料和水形成粉砂浆为止。粉砂浆应有足够的数量，以填塞全部孔隙，并在压路机轮前形成微波纹状。

干燥。碾压完成的路段要留待一段时间，让水分蒸发。结构层变干后表面多余的细料以及任何集中成一薄层的细料覆盖层，都应扫除干净。

11.2.3 工业废渣稳定基层

公路上常用的工业废渣包括：火力发电厂的粉煤灰，钢铁厂的高炉矿渣和钢渣（已经过崩解达到稳定），化肥厂的电石渣，煤矿的煤渣、煤矸石，其他冶金矿渣等。

路用工业废渣一般用石灰进行稳定，故通常称石灰稳定工业废渣（简称石灰工业废渣）。它包括两大类，一是石灰粉煤灰类（简称二灰），又可分为石灰粉煤灰、石灰粉煤灰土、石灰粉煤灰砂、石灰粉煤灰砂砾、石灰粉煤灰碎石、石灰粉煤灰矿渣、石灰粉煤灰煤矸石等。二是石灰其他废渣类，可分为石灰煤渣、石灰煤渣土、石灰煤渣碎石、石灰煤渣砂砾、石灰煤渣矿渣、石灰煤渣碎石土等，用石灰工业废渣铺筑的路面基层和底基层，分别称石灰工业废渣基层和石灰工业废渣底基层。

石灰工业废渣，特别是二灰材料，具有良好的力学性能、板体性、水稳性和一定的抗冻性，其抗冻性较石灰土高。石灰工业废渣的初期强度低，但随龄期的增长幅度大。石灰工业废渣可适用于各种交通类别道路的基层和底基层。

1. 材料要求

（1）结合料

工业废渣基层所用的结合料，可以是石灰或石灰下脚料，石灰质量要符合《石灰的技术指标》（GB1594）规定的Ⅲ级消石灰的技术指标。要尽量缩短石灰的存放时间。如存放时间较长，应采取覆盖封存措施，妥善保管。石灰下脚料是指含有氧化钙或氢氧化钙成分的各种工业废渣。常用的有电石渣、贝壳石灰、珊瑚石灰、炼钢厂下脚料、造纸厂下脚料、石灰窑下脚料（活性氧化钙含量应在40%以上，当活性氧化钙含量较低时，应该在采用前做一些试验）。对于石灰粉煤灰混合料，其所用石灰下脚料的活性氧化钙含量不应低于30%～40%。对于石灰水淬渣或石灰煤渣混合料，其所用石灰下脚料中活性氧化钙含量不应低于20%。

（2）活性材料

活性材料当有水分存在时，能在常温下与石灰起化学反应，使混合料的强度逐渐增高。在路面工程中应用得最为广泛的有煤渣、粉煤灰、水碎渣、硫铁矿渣等。这些材料都具有一定的活性，在饱和的氢氧化钙溶液中会发生火山灰反应，能产生氢氧化钙结晶和硅酸钙、铝酸钙结晶，形成有一定强度和整体性的水硬性材料。

煤渣是煤经锅炉燃烧后的残渣，主要成分是二氧化硅和三氧化硅，它的松干密度为 $700\sim1100kg/m^3$，煤渣的最大粒径不应大于 30mm，颗粒组成宜有一定级配，大于 30mm 的颗粒事先应筛除，否则会被行车压碎，使结构层的强度降低。煤渣中含煤量最好不超过 20%。

粉煤灰是火力发电厂燃烧煤粉产生的粉状灰渣。粉煤灰中含有 SiO_2、Al_2O_3、Fe_2O_3，其总含量应不大于 70%，烧失量不应超过 20%，粉煤灰的比面积宜大于 $2500cm^2/g$。粉煤灰由于细颗粒较多（粒径在 0.001～0.3mm 间），颗粒锁结强度相对较差，粉煤灰与石灰混合后的初期强度低于煤渣石灰混合料的初期强度。所以，从施工方面看，粗颗粒材料对含水量的敏感性比细颗粒材料要小，因此宜尽量选用偏粗的粉煤灰。

（3）集料

石灰稳定工业废渣中应掺入一些细粒土、中粒土、粗粒土和碎（砾）石、高炉重矿渣及性质坚韧、稳定、不再分解的其他废渣等集料。由于工业废渣初期的化学反应不显著，在石灰稳定工业废渣中掺入一些粗骨料，可以增加颗粒之间的锁结力，特别是需要早期开放重车交通的道路，以及雨、冬期施工。

对于细粒土宜采用塑性指数 12～20 的黏性土（亚黏土），土中土块的最大尺寸不应大于 15mm，有机质含量超过 10% 的土不宜选用；对于中粒土和粗粒土，如用作二灰混合料的集料，应少含或不含有塑性指数的土。用于高速公路和一级公路的二灰级配集料应符合下述要求：除直接铺筑在土基上的二灰稳定底基层的下层外，二灰集料作底基层时，集料的最大粒径不应超过 40mm；二灰稳定级配集料用作基层时，混合料中集料的重量应占 80%～85%，集料的最大粒径不应超过 30mm，小于 0.075mm 颗粒含量接近于零。用于二级及二级以下公路的二灰稳定土应符合下述要求：二灰集料混合料用作底基层时，集料的最大粒径不应超过 50mm；如用作基层时，其最大粒径不应超过 40mm，集料重量宜占 80% 以上。

2. 工业废渣基层施工

（1）路拌法施工

1）准备下承层。与"11.2.11 石灰稳定土基层"要求相同。

2）施工放样。与"11.2.11 石灰稳定土基层"要求相同。

3）备料。粉煤灰运到路上、路旁或厂内场地后，通常露天堆放。此时，必须使粉煤灰含有足够的水分（含水量 15%～20%），以防飞扬。特别在干燥和多风季节，必须使料堆表面保持潮湿，或者覆盖。如在堆放过程中，部分粉煤灰凝结成块，使用时，应将灰块打碎。土或粒料的准备及石灰的准备（同"石灰稳定土基层"）。

4）用量计算。路肩用料与石灰工业废渣层用料不同，应采取培肩措施，先将两侧路肩培好。路肩料层的压实厚度应与稳定土层的压实厚度相同。路肩上每隔 5～10m 应交错开挖临时泄水沟；根据各路段石灰工业废渣层的宽度、厚度及预定的干压实密度，计算各路段需要的干混合料数量。根据混合料的配合比、材料的含水量，以及所用运料车辆的吨位，计算各种材料每车料的堆放距离。

5）运输和摊铺集料。采用二灰混合料时，先将粉煤灰运到路上；采用二灰土时，先将土运到路上；采用二灰粒料时，先将粒料运到路上。在同一料场供料的路段内，由远到近按计算的距离卸置于下承层中间或上侧，卸料距离应严格掌握，避免料不够或过多。采用机械路拌时，应采用层铺法，即将先运到路上的材料摊铺均匀后，再往路上运送第二种材料，将第二种材料摊铺均匀后，再往路上运送第三种材料。在摊铺集料前，应先在未堆料的下承层上洒水，使其表面湿润，然后再用平地机或其他合适的机具将料均匀地摊铺在预定的宽度上。表面应力求平整，并具有规定的路拱。粒料应较湿润，必要时先洒少量水。第一种材料摊铺均匀后，宜先用两轮压路机碾压1～2遍，然后再运送并摊铺第二种材料。在第二种材料层上，也应先用两轮压路机碾压1～2遍，然后再运送并摊铺第三种材料。

6）拌合与洒水。机械拌合时，应采用稳定土拌合机或粉碎拌合机。在无专用拌合机械的情况下，也可采用平地机或多铧犁与旋转耕作机或缺口圆批耙配合进行拌合。采用专用拌合机时，干拌一遍；采用其他机械时，干拌2～4遍。具体拌合方法同"石灰稳定土基层"。

对于二灰粒料，应先将石灰和粉煤灰拌合均匀，然后均匀地摊铺在粒料层上，再一起进行拌合。

7）整形与碾压。在整形过程中，必须禁上任何车辆通行。初步整形后，检查混合料的松铺厚度，必要时应进行补料或减料。二灰土的松铺系数约为1.5～1.7，二灰粒料的松铺系数约为1.3～1.5，人工摊铺石灰煤渣（土）的松铺系数为1.6～1.8，石灰煤渣粒料为1.4，钢渣石灰为1.4～1.6。用机械拌合及机械整形时，松铺系数为1.2～1.4。

整形后，当混合料处于最佳含水量±1%时，进行碾压。其压实厚度与压实度要求与石灰稳定土相同。如表面水分不足，应适当洒水。应用12t以上三轮压路机、重型轮胎压路机或振动压路机在路基全宽内进行碾压。直线段由两侧路肩向路中心碾压。平曲线段中内侧路肩向外侧路肩进行碾压。碾压时，后轮应重叠1/2的轮宽；后轮必须超过两段的接缝。后轮压完路面全宽时，即为一遍。碾压到要求的密实度为止。一般需碾压6～8遍，压路机的碾压速度，头两遍以采用1.5～1.7km/h为宜，以后用2.0～2.5km/h。在道路两侧，应多压2～3遍。用12～15t轮压路机碾压时，每层的压实厚度不应超过15cm；用18～20t轮压路机碾压时，每层的压实厚度不应超过20cm。对于二灰粒料，采用能量大的振动压路机碾压时，或对于二灰土，采用振动羊足碾与三轮压路机配合碾压时，每层的压实厚度可根据试验适当增加。压实厚度超过上述要求时，应分层铺筑，每层的最小压实厚度为10cm，下层宜稍厚。对于二灰土，应采用先轻型、后重型压路机碾压。

8）接缝和调头处的处理：

①横缝处理。两工作段的搭接部分，应采用对接形式。前一段拌合整平后，留5～8m不进行碾压，后一段施工时，将前段留下未压部分，一起再进行拌合。如第二天接着向前施工，则当天最后一段的末端缝可按此法处理。

②纵缝处理。石灰工业废渣层的施工应该避免纵向接缝，在必须分两幅施工时，纵缝必须垂直相接，其处理方法与"石灰稳定土基层"相同。

（2）中心站集中拌合（厂拌）法施工

石灰工业废渣混合料可以在中心站用多种机械进行集中拌合，例如，强制式拌合机、双转轴浆叶式拌合机等。也可以用路拌机械或人工在场地上进行分批集中拌合。集中拌合时，必须掌握下列要点：土块、粉煤灰块要粉碎；配料要准确；含水量要略大于最佳值，使其运到现场、摊铺后碾压时的含水量能接近最佳值；拌合要均匀。

混合料的拌合、摊铺、碾压、养生及其他问题的处理与石灰稳定土相同，这里不再赘述。

3. 养生及交通管制

石灰工业废渣层碾压完成后的第 2d 或第 3d 开始养生。通常采用洒水养生法，每天洒水的次数视气候条件而定，应始终保持表面潮湿或湿润，养生期一般为 7d，也可借用透层沥青或下封层进行养生；在养生期间，除洒水车外，应封闭交通；养生期结束，应立即铺筑面层或做下封层。其要求与石灰稳定土相同；石灰工业废渣分段施工时，下层碾压完毕后，可以立即在其上铺筑另一层，不需专门养生期。

11.2.4 基层施工质量控制与检查验收

1. 施工质量控制

确保基层的施工质量符合设计文件和技术规范要求是基层施工的首要任务，施工过程中应采取有效措施控制施工质量，如建立健全工地现场试验、质量检查与工序间的交接验收制度。各工序完成后应进行相应指标的检查验收，上一道工序完成且质量符合要求方可进入下一道工序的施工。施工质量控制的内容包括原材料与混合料技术指标的检验、试验路铺筑及施工过程中的质量控制与外形管理三大部分。

（1）原材料与混合料质量技术指标试验

基层施工前及施工过程中原材料出现变化时，应对所采用的原材料进行规定项目的质量技术指标试验，以试验结果作为判定材料是否适用于基层的主要依据。原材料技术指标试验项目及试验方法参见前述有关的内容。

（2）铺筑试验路

为了有一个标准的施工方法作指导，在正式施工前应铺筑一定长度的试验路，以便考查混合料的配合比是否适宜，确定混合料的松铺系数、标准施工方法及作业段的长度等，并根据铺筑试验路的实际过程优化基层的施工组织设计。

（3）质量控制与外形管理

基层施工质量控制是在施工过程中对混合料的含水量、集料级配、结合料剂量、混合料抗压强度、拌合均匀性、压实度、表面回弹弯沉值等项目进行检查。外形管理包括基层的宽度、厚度、路拱横坡、平整度等。

2. 检查验收

基层施工完毕应进行竣工检查验收，内容包括竣工基层的外形、施工质量和材料质量三个方面。检查验收过程中的试验、检验应做到原始记录齐全、数据真实可靠，为质量评定提供客观、准确的依据。检查验收应随机抽样进行，不能带有任何倾向性，通常以 1km 长的路段为一个评定单位。

11.3 沥青路面施工

沥青路面是采用沥青材料作结合料，粘结矿料或混合料修筑面层的路面结构。沥青路面由于使用了粘结力较强的沥青材料作结合料，不仅增强了矿料颗粒间的粘结力，而且提高了路面的技术品质。由于沥青材料具有较好的弹性、粘性和塑性，使路面具有平整、耐磨、不扬尘、不透水、耐久、平稳舒适等特点，是高等级公路的主要面层。

沥青路面的缺点是：易被履带车辆和尖硬物体所破坏；表面易被磨光而影响安全；温度稳定性差，夏天易软，冬天易脆并产生裂缝。此外，铺筑沥青面层受气候和季节的影响较大。沥青路面属于柔性路面，其力学强度和稳定性主要依赖于基层与土基的特性。

11.3.1 材料质量要求

1. 沥青材料

沥青路面所用的沥青材料有道路石油沥青、煤沥青、液体石油沥青和沥青乳液等。对进场沥青，每批到货均应检验生产厂家所附的试验报告，检查装运数量、装运日期、定货数量、试验结果等。对每批沥青进行抽样检测，检测合格后方可使用。道路石油沥青适用于各类沥青路面的面层，如高速公路、一级公路和城市快速路、主干路铺筑沥青路面。

乳化沥青适用于沥青表面处治路面、沥青贯入式路面、常温沥青混合料路面，以及透层、粘层与封层。乳化沥青的类型应根据使用目的、矿料种类、气候条件选用。对酸性石料，以及当石料处于潮湿状态或在低温下施工时，采用阳离子乳化沥青；对碱性石料，且石料处于干燥状态，或与水泥，石灰，粉煤灰共同使用时，宜采用阴离子乳化沥青。

液体石油沥青适用于透层、粘层及拌制常温沥青混合料。根据使用目的与场所，可分别选用快凝、中凝、慢凝的液体石油沥青。道路用煤沥青适用于透层、粘层，也可用于三级及三级以下的公路和次干路以下的城市道路铺筑沥青面层，但热拌沥青混合料路面的表面层不宜采用煤沥青。

2. 粗集料

用于沥青面层的粗集料包括碎石、破碎砾石、筛选砾石、矿渣等。粗集料应洁净、干燥、无风化、无杂质，并具有足够的强度和耐磨耗性，粗集料应具有良好的颗粒级配。路面抗滑表层粗集料应选用坚硬、耐磨、抗冲击性好的碎石或破碎砾石，不得使用筛选砾石、矿渣及软质集料。用于高速公路、一级公路和城市快速路、主干路沥青路面表面层及各类道路抗滑表层的粗集料石料磨光值（PSV）应不小于 42，但允许掺加不超过 40% 粗集料总量的普通集料作为中等或较小粒径的粗集料。

筛选砾石仅适用于三级及三级以下公路和次干路以下的城市道路的沥青表面处治路面或拌合法施工的沥青面层的下面层，不得用于贯入式路面及拌合法施工的沥青面层的中、上面层。

3. 细集料

沥青面层的细集料可采用天然砂、机制砂及石屑。细集料应洁净、干燥、无风化、无杂质，并有适当的颗粒级配。热拌沥青混合料的细集料宜采用优质的天然砂或机制砂。在缺砂地区，也可使用石屑，但高速公路、一级公路和城市快速路、主干路沥青混凝土面层及抗滑表层的石屑用量不宜超过天然砂及机制砂的用量。与沥青粘结性能很差的天然砂及用花岗岩、石英岩等酸性石料破碎的机制砂或石屑不宜用于高速公路、一级公路和城市快速路、主干路沥青面层。当需要使用时，应采用抗剥离措施。

4. 填料

沥青混合料的填料宜采用石灰岩或岩浆岩中的强基性岩石等憎水性石料经磨细得到的矿粉。矿粉要求干燥、洁净。当采用水泥、石灰、粉煤灰作填料时，其用量不宜超过矿料总量的 2%。

11.3.2 施工前的准备工作

施工前的准备工作主要有原材料的确定、机械选型与配套、修筑试验路段等内容。

1. 确定料源

对进场的沥青材料，应检验生产厂家所附的试验报告，检查装运数量、装运日期、定货数量、试验结果等，并对每批沥青进行抽样检测，试验中如有一项达不到规定要求时，应加倍抽样试验，如仍不合格时，则退货并索赔。沥青材料的试验项目有针入度、延度、软化点、薄膜加热、蜡含量、比重等。确定石料料场，主要是检查石料的技术标准，如石料等级、饱水抗压强度、磨耗率、压碎值、磨光值和石料与沥青的粘结力等是否满足要求。进场的砂、石屑、矿粉应满足规定的质量要求。

2. 拌合设备的选型

根据工程量和工期选择拌合设备的生产能力和移动方式（固定式、半固定式和移动式）。其生产能力应和摊铺能力相匹配，不应低于摊铺能力，最好高于摊铺能力 5% 左右。高等级公路沥青路面施工，应选用拌合能力较大的设备。

3. 施工机械检查

沥青混合料拌合设备在开始运转前要进行一次全面检查，搅拌器内有无积存余料、冷料运输机是否运转正常。洒油车应检查油泵系统、洒油管道、量油表、保温设备等有无故障，校核其洒油量。矿料撒铺车应检查其传动和液压调整系统，确定撒铺每一种规格矿料时应控制的间隙和行驶速度。摊铺机应检查其规格和主要机械性能，如振捣板、振动器、熨平板、螺旋摊铺器、离合器、刮板送料器、料斗闸门、厚度调节器、自动找平装置等是否正常。压路机应检查其规格和主要机械性能（如转向、启动、振动、倒退、停驶等方面的能力）及滚筒表面的磨损情况。

4. 修筑试验路段

沥青路面大面积施工前，采用计划使用的机械设备和混合料配合比铺筑试验段。通过试验段的修筑，根据沥青路面各种施工机械相匹配的原则，确定合理的施工机械、机械数量及组合方式；确定拌合机的上料速度、拌合时间与温度（拌合前进行流量测定，建立料仓开度与流量的关系）、摊铺温度、摊铺速度、摊铺宽度、自动找平方式等操作工艺；压实机械的合理组合，碾压温度、碾压速度及遍数等压实工艺；确定松铺系数和合适的作业段长度，制订施工进度计划。

11.3.3　沥青混合料的拌合与运输

1. 试拌

在拌合厂拌制一种新配合比的混合料之前，或生产中断了一段时间后，应根据室内配合比进行试拌。通过试拌及抽样试验确定施工质量控制指标。

（1）对间歇式拌合设备，应确定每盘熟料仓的配合比。对连续式拌合设备，应确定各种矿料送料口的大小及沥青、矿料的进料速度。

（2）沥青混合料应按设计沥青用量进行试拌，试拌后取样进行马歇尔试验，验证设计沥青用量的合理性，必要时可作适当调整。

（3）确定适宜的拌合时间。间歇式拌合设备每盘拌合时间宜为 30~60s，以沥青混合料拌合均匀为准。

（4）确定适宜的拌合与出厂温度。根据不同的沥青品种和不同的沥青混合料确定混合料拌合及出厂温度。

2. 拌制

根据配料单进料，严格控制各种材料用量及其加热温度。拌合后的沥青混合料均匀一致，无花白、离析和结团成块等现象。每班抽样做沥青混合料性能、矿料级配组成和沥青用量检验。每班拌合结束时，清洁拌合设备，放空管道中的沥青。做好各项检查记录，不符合技术要求的沥青混合料禁止出厂。

3. 沥青混合料的运输

运输车辆的数量和总运输能力应该较拌合机生产能力和摊铺速度有所富余。施工中应保证将拌合机拌制的沥青混合料（包括预先贮存在拌合厂成品贮料仓内的混合料）及时运送到摊铺现场，在运输时还要组织好车辆在拌合厂装料处和工地卸料的顺序以及车辆在工地卸料时的停车地点。

将混合料从拌合厂运到摊铺现场，必须用篷布覆盖运输车内的沥青混合料，以保持混合料的温度。在雨期施工时，运料车还应有防雨篷布。运至摊铺地点的沥青混合料的温度应符合要求。

11.3.4　沥青混合料摊铺

摊铺作业是沥青路面施工的关键工序之一。包括下承层准备、施工放样、摊铺机各种参数的调整与选择、摊铺机作业等主要内容。

1. 准备工作

（1）下承层准备

在铺筑沥青混合料时，它的下承层可能是基层、路面下面层或中面层。如基层可能出现弹软、松散或表面浮尘等，需对基层表面进行维修。在路面下面层或中面层表面如有泥泞污染等，必须清洗干净。下承层缺陷处理后，即可洒透层油或粘层油。

（2）施工放样

施工放样包括平面控制与标高控制两项内容。平面控制是定出摊铺路面的边线位置。标高测定的目的是确定下承层表面高程与原设计高程相差的确切数值，以便在挂线时纠正到设计值或保证施工层厚度。根据标高值设置挂线标准桩，借以控制摊铺厚度和标高。对无自控装置的摊铺机，不存在挂线问题，但应根据所测标高值和本层应铺厚度综合考虑确定实铺厚度，用适当垫块或定位螺旋调整就位。

2. 摊铺机参数的选择与调整

摊铺机参数包括结构参数和运行参数两大部分。在摊铺作业前，根据施工要求对其进行选择和调整。

（1）结构参数的调整

1）熨平板宽度与拱度的调整。

熨平装置是摊铺机的重要工作装置，它用于对螺旋摊铺器所摊铺的沥青混合料进行预压整形和整平，以便为随后的压路机压实创造必要的条件。

熨平装置通过左右两只牵引大臂铰接连接到主机上，其组成主要包括振捣机构、振动机构、熨平板、铺层厚度调节器、路拱调节器和加热系统等部分。按其结构形式的不同，可将熨平装置分为机械加长式熨平装置和液压伸缩式熨平装置；按其功能的不同，可将它分为标准型熨平装置和高密实度熨平装置。熨平板宽度的调节方法随熨平板延伸方式而异，液压伸缩式熨平板采用液压伸缩无级调节，机械加宽式熨平板采用机械分段接长调节。

熨平板宽度调整之后，要调整其拱度。各种型号摊铺机的调拱机构大致相同，调整后可在标尺上直接读出拱度的绝对数（mm）值或横坡百分数。一些大型摊铺机，常设计有前后两副调拱机构。这种双调拱机构，其前拱的调节量略大于后拱。这样有利于改善摊铺层的表面质量和结构致密的均匀性。如果调整不当，将出现表面致密度不均等缺陷。经验表明，前拱过大，混合料易向中间带集中，于是出现两侧疏松，中部紧密并被刮出亮痕和纵向撕裂状条纹，反之，前拱过小，甚至小于后拱，混合料被分向两侧，于是将出现中间疏松，两侧紧密并刮出亮痕和纵向撕裂状条纹，只有前后拱符合规定时，才能获得满意的摊铺效果。一般人工接长调整宽度的熨平板，其前后拱之差为3~5mm，液压伸缩调宽的熨平板，差值为2~3mm。

2）摊铺厚度的确定和熨平板初始工作迎角的调整。

摊铺工作开始前要准备两块长方垫木，以此作为摊铺厚度的基准。垫木宽5~10cm，长度与熨平板纵向尺寸相同或稍长，厚度为松铺厚度。将摊铺机停置于摊铺带起点的平整处后，抬起熨平板，把两块垫木分别置于熨平板两端的下面。如果熨平板加宽，垫木则放在加宽部分的近侧边处。

熨平板放置妥当后，调整其初始工作迎角。多数摊铺机上装有手动调整机构，用以调整初始工作迎角。调节得正确与否，只能通过实际摊铺的厚度去检验。具有自动调平装置的摊铺机，在机器结构上可以靠改变熨平板侧臂安装位置来获得有限级（如三级）的初始工作迎角，每一级初始工作迎角适应一定范围的摊铺厚度。同时，依靠电子液压调平装置来控制工作迎角的瞬时变化，以保证摊铺平整度。

3）分料螺旋与熨平板前缘距离的调整。

现代摊铺机的熨平板前缘与分料螺旋之间的距离是可变的。它主要根据摊铺厚度、混合料级配及油石比、下承层强度与刚度、矿料粒径等条件，对这一距离进行适当调整。当摊铺厚度较大、矿料粒径也大、沥青混合料温度偏低、或发现摊铺层表面出现波纹则宜将距离调大，在石灰稳定土、水泥稳定土、二灰及二灰土基层上摊铺厚度较小的沥青层时，宜将距离调小；一般摊铺条件下（厚度10cm以下的中、粗粒式沥青混合料，矿料粒径约3cm，正常摊铺温度）；宜将距离调至中间位置。

4）振捣梁行程调整。

绝大多数摊铺机在熨平板之前设有机械往复式振捣梁，由一偏心轴传动。偏心轴一般由一台液压电机驱动，往复运动的行程可进行有级或无级调整，视摊铺厚度、温度和密实度而定，通常在4～12mm之间。一般情况下，薄层、矿料粒径小宜短行程，反之，摊铺厚度大、温度低、矿料粒径大时，宜长行程，摊铺面层只能选用短行程。

5）熨平板前刮料护板高度的调整。

有些摊铺机熨平板前装有刮料护板。其作用在于保持熨平板前部混合料的堆积高度为定值。因此，刮料护板的高度调整得当，有助于提高摊铺质量。当摊铺厚度小于10cm时，刮料护板底刃应高出熨平板底板前缘13～15mm，对于液压伸缩调幅的熨平板，此值要稍减小，如果摊铺厚度增加，或混合料粒径增大，刮料护板要适当提高。反之，摊铺层减薄、混合料中细料多或油石比较大时，应适当降低刮料护板高度。为确保在熨平板全宽范围内料堆高度一致，刮料护板底刃必须平直，且与熨平板底边缘保持平行。

（2）摊铺机作业速度的选择

摊铺机的作业速度对摊铺机的作业效率和摊铺质量影响极大。正确选择作业速度，是加快施工进度、提高摊铺质量的重要手段。摊铺机的速度变化范围从零值到每分钟数十米之间，可进行无级调节。如果摊铺机时快时慢、时开时停将导致熨平板受力系统平衡变化频繁，对摊铺层平整度和密实度产生很大影响；速度过快使铺层疏松、供料困难，停机会使铺层表面形成台阶状，且料温下降，不易压实。

选择摊铺速度的原则是保证摊铺机连续作业。首先要考虑供料能力，包括沥青混合料拌合设备的生产能力和运输车辆的运输能力。其次，摊铺机的工作速度还与所用混合料种类、温度及铺筑的层次不同而有所区别。一般面层下层的摊铺速度较快，约为6～10m/min，面层上层的摊铺速度较慢，为6m/min以下。对于薄层罩面，更要慢些。因为机械前进速度慢，则铺层可得到较多的振捣次数。

一般摊铺机每前进 1m，振捣梁的振捣次数不少于 200 次。

3. 摊铺机作业

(1) 熨平板的加热

在摊铺机就位并调整完毕后，就要做好摊铺机和熨平板的预热、保温工作，要求熨平板温度不低于 80℃。每天开始施工之前或临时停工后再工作时，均应对熨平板进行预热，其目的是减少熨平板及其附件与混合料的温差，以防止混合料粘附在熨平板底面上而影响铺层质量，因为 100℃ 以上的混合料碰到未加热的熨平板底面时，将会冷粘在板底，这些粘附的混合料随板向前移动时，会拉裂铺层表面，形成沟槽和裂纹。如果先对熨平板进行加热，则加热后的熨平板可对铺层起到熨烫作用，从而使铺层表面平整无痕。熨平板的预热温度应与混合料温度接近，若过热，除了易使熨平板本身变形和加速磨损以外，还会使铺层表面沥青焦化和拉沟，影响铺层平整度和强度。

(2) 摊铺机供料机构操作

摊铺机供料机构包括刮板输送器和向两侧布料的螺旋摊铺器两部分。两者的工作应相互密切配合，工作速度匹配。工作速度确定后，还要力求保持其均匀性，这是决定路面平整度的一项重要因素。

刮板输送器的运转速度及闸门的开启度共同影响向摊铺室的供料量。通常刮板输送器的运转速度确定后就不大变动了，因此，向摊铺室的供料量基本上依靠闸门的开启高度来调节。在摊铺速度恒定时，闸门开度过大，使得螺旋摊铺室中部积料过多，形成高堆，造成螺旋摊铺器的过载并加速其叶片的磨损。同时也增加熨平板的前进阻力，破坏熨平板的受力平衡，使熨平板自动向上浮起，铺层厚度增加。如果关小闸门或暂停刮板输送器的运转，掌握不好，又会使摊铺室内的混合料突然减少，中部形成下陷状（料的高度降低），其密实度与对熨平板的阻力减小，同样会破坏熨平板的受力平衡，使熨平板下沉，铺层厚度减小。

(3) 摊铺方式

摊铺时，先从横坡较低处开铺。各条摊铺带的宽度最好相同，以节省重新接宽熨平板的时间（液压伸缩式调宽较省时）。使用单机进行不同宽度的多次摊铺时，应尽可能先摊铺较窄的那一条，以减少拆接宽度次数。

如果为多机摊铺，则应在尽量减少摊铺次数的前提下，各条摊铺带的宽度可以有所不同（即梯队作业方式），梯队间距不宜太大，宜 5～15m 之间，以便形成热接茬。如为单机非全幅作业，每幅不宜铺筑太长，应在铺筑 100～150m 后调头完成另一幅，此时一定要注意接好茬。

(4) 接缝处理

接缝包括纵向接缝和横向接缝（工作缝）两种。接缝处理的好坏直接影响路面质量。接缝处理不好，易使接缝处下凹或凸起造成平整度不良，或由于接缝处压实度不够和结合强度不足而产生裂纹。在用宽幅摊铺机全幅摊铺时，可避免纵向接缝，但横向接缝是不可避免的。

1) 纵向接缝。

纵向接缝有热接缝和冷接缝两种。热接缝施工一般是使用两台以上摊铺机成梯队同步摊铺沥青混合料，此时两条相邻摊铺带的混合料都处于压实前的热状态，所以纵向接缝易于处理，且连接强度好。

当施工中由于设备配备以及场地条件等限制，有时不可避免地形成纵向冷接缝，此时应在先摊铺带的靠接缝一侧设置挡板，挡板的高度与铺筑层的压实厚度相同，以使压路机能压实边部并形成一个垂直面。在不设置挡板的情况下，碾压后的边部会成为一斜面，在摊铺相邻带之前应将呈斜面部分切割后除去。清除切割用的冷水并干燥后，在切割的垂直面上热涂粘结沥青后再摊铺相邻带的沥青混合料。摊铺时，新混合料应重叠在已铺带上 5～10cm，借此加热接缝边部的冷沥青混合料，开始碾压前，用耙子把重叠范围内的大料剔去并铲除大部分重叠的混合料，使纵缝处冷热表面，重叠宽约 2cm 左右的细料（2cm 连接带），然后按规定碾压。

2）横向接缝。

横向接缝通常指每天的工作缝或由于摊铺中断时间较长，摊铺机后面尚未碾压的沥青混合料的温度已下降到低于规定的温度后再开始摊铺的接缝。

横接缝的处理有三个要点：

①接缝位置。在施工结束时，摊铺机应在接缝近端部约 1m 处将熨平板稍微抬起驶离现场，用人工将端部混合料铲齐后再予碾压。然后用 3m 直尺检查平整度，并找出表面纵坡或铺层厚度开始发生变化的横断面，趁尚未冷透时用锯缝机将此断面切割成垂直面，并将切缝靠端部一侧已铺的不符合平整度要求的尾部铲除，与下次施工时形成平缝连接；

②接缝方式。为了保证接缝的质量，沥青面层的各铺层均应采用平接缝，对中、下面层，当受条件限制时，也可采用斜接缝；

③施工方法。在预先处理好的接缝处，要求摊铺机第一次布满料时，不前行，用热料预热横向冷接缝至少 10min（最好达到 30min），并用温度最高的一车料开始摊铺，这样有利于提高接缝温度，也有利于整平压密接缝处混合料。新铺面与已铺的冷铺面重叠 5cm，整平接缝并对齐，趁热横向碾压，压路机大部分钢轮在冷铺面，新铺面第一次压 15～20cm，以后逐渐展向新铺面直至全部在新铺层上为止，再改为纵向碾压。

当纵向相邻摊铺层已经成型，同时已有纵缝时，可先用钢筒式压路机沿纵缝碾压一遍，其在新铺带上的碾压宽度为 15～20cm，然后再沿横缝作横向碾压，最后进行正常的纵向碾压。

11.3.5　沥青混合料的压实

压实是沥青面层施工的最后一道工序，是保证沥青混合料的质量、使其物理力学性质和功能特性符合设计要求的重要环节。合适的碾压，既能使沥青面层达到高的密实度，又具有良好的平整度。

沥青混合料的密实度越大，空隙率就越小，其稳定度、抗拉强度和劲度就愈大，因而其疲劳寿命也越长，在使用过程中产生的压缩变形也就越小，抗车辙能力愈强。如果压实不足，面层初期的空隙率大，不仅加速沥青混合料的老化，而且初期的透水性就愈大，在不同季节会带来各种不良后果。

压实工作的主要内容包括碾压机械的选型与组合、压实温度、速度、遍数、压实方式的确定及特殊路段的压实（弯道与陡坡等）。

1. 碾压机械的选型与组合

（1）常用沥青路面压实机械

用于沥青面层碾压的压路机主要有静作用光轮压路机、轮胎压路机、振动压路机和组合式压路机。

1）静作用光轮压路机。

静作用光轮压路机可分为双轴双轮式、双轴三轮式和三轮三轴串联式光轮压路机。

双轴双轮式压路机前后各有一个轮子。根据结构要求，转向轮可为分开式，也可为整体式；重量大约为 1.0～12t。这种压路机通常较少，仅作为辅助设备。但它具有更好的压实适应性，能在摊铺层上横向碾压，产生更均匀的密实度。

双轴三轮式压路机前面是一个较小的从动轮，后面有两个较大的驱动轮，质量 2.5～16t，常用于沥青混合料的初压。

三轮三轴式压路机有三个等宽的碾压滚轮，分装在刚性机架的前中后三根轴上，后轮为驱动轮，直径较大，中、前轮均为从动轮，直径较小。该种压路机大多为重型，适用于压实沥青混凝土路面，且在作业时可以随被压层表面的不平程度自动地重新分配各滚轮上的负荷，压平料层的凸起部分，主要用于要求平整度较高等级公路路面的压实作业。

2）轮胎压路机。

轮胎压路机根据其大小，可装 5～11 个光面橡胶轮，这些橡胶轮通常具有改变轮胎压力的性能，其工作重量一般为 5～25t。轮胎压路机可用来进行接缝处的预压、坡道预压、消除裂纹、薄摊铺层的压实等作业。

3）振动压路机。

振动压路机分为自行式单轮振动压路机、串联振动压路机及组合式振动压路机。

自行式单轮振动压路机，前面有一个振动轮，后面是两个橡胶驱动轮。有些机型前轮也是驱动轮。为了压实沥青混合料，振动轮有不同振幅和频率可供选用。自行式单轮振动压路机，常常用于平整度要求不高的路面作业。

沥青混合料的压实度要求较高时，常使用串联振动压路机。串联振动压路机分为单轮振动和双轮振动，并且大型串联振动压路机有较多的频率和振幅。驱动轮是一个或两个组合式压路机是轮胎压路机和振动压路机的一种组合形式。这一设想是为了把轮胎压路机的优点同振动压路机的优点结合在一起。但只有经过适当的选择和运用，才是有效的。

（2）选型与组合

结合工程实际，选择压路机种类、大小和数量，应考虑摊铺机的生产率、混合料特性、摊铺厚度、施工现场的具体条件等因素。

摊铺机的生产率决定了需要压实的能力，从而影响了压路机大小和数量的选用，而混合料的特性则为选择压路机的大小、最佳频率与振幅提供了依据。如混合料矿料含量的增加或最大尺寸的增大，都会使其工作度下降，要达到要求的密实度就需要较大压实能力的压路机。沥青稠度高时，也是如此。选择压路机重量和振幅，应与摊铺层厚度相适应，摊铺层厚度小于6cm，最好使用振幅为0.35～0.6mm的中小型振动压路机（2～6t），这样，就可避免材料出现推料、波浪、压坏骨料等现象。在压实较厚的摊铺层（厚度大于10cm）时，使用高振幅（可高达1.00mm）的大、中型振动压路机（6～10t）。压路机的选择必须考虑施工现场的具体情况，若有陡坡、转弯的路段应考虑压路机操作的机动灵活性。

2. 压实作业的程序

沥青混合料面层碾压通常分为初压、复压和终压三个阶段。

（1）初压

初压又称为稳压。是压实的基础，其目的是整平和稳定混合料，同时为复压创造有利条件。由于沥青混合料在摊铺机的熨平板前已经过初步整平压实，而且刚摊铺的混合料温度较高，常在140℃左右，因此，只要较小的压实功就可以达到较好的稳定压实效果。通常用6～8t的双钢轮压路机或6～10t振动压路机前进时（关闭振动装置）以2km/h左右的速度碾压2～3遍，一般不采用普通轮胎压路机进行初压。碾压时，驱动轮在前静压匀速前进，后退时沿前进碾压时的轮迹行驶并可振动碾压。也可用组合式钢轮—轮胎压路机（钢轮在接近摊铺机端）进行初压，前进时静压匀速碾压，后退时沿前进碾压时的轮迹行驶并可振动碾压。初压后检查平整度、路拱，必要时予以修正。如在碾压时出现推移，可待温度稍低后再压，如出现横向裂纹，应检查原因并及时采取纠正措施。

（2）复压

复压是压实的主要阶段，其目的是使混合料密实、稳定、成型，因此，复压应在较高的温度下并紧跟初压后面进行，复压期间的温度不应低于120～130℃。通常用双轮振动压路机（用振动压实）或重型静力双轮压路机和16t以上的轮胎压路机先后进行碾压，也可用组合式压路机、双轮振动压路机和轮胎压路机一起进行碾压，碾压方式与初压相同，碾压遍数参照铺筑试验段时所得的结果确定，通常不少于6遍。

（3）终压

终压是消除轮迹、缺陷和保证面层有较好平整度的最后一步。由于终压要消除复压过程中表面遗留的不平整，又要保证路面的平整度，因此，沥青混合料也需要在较高但又不能过高的碾压温度下结束碾压。终压常使用静力双轮压路机并应紧接在复压后进行，碾压遍数为2～3遍。

（4）压实方式

碾压时压路机应由路边向路中，这样就能始终保持压路机以压实后的材料作为支承边。三轮式压路机每次重叠宜为后轮宽1/2，这种碾压方式，可减少压路机前推料、起波纹等。双轮压路机每次重叠宜为30cm。

3. 接缝处的碾压

接缝的碾压是压实工序中的重要环节，其处理得好坏直接影响到路面质量。

327

分为横向接缝碾压和纵向接缝碾压。

（1）横向接缝碾压

在条件许可的地方，可使用较小型压路机对横向接缝采用横向碾压（条件受限制的地方，也可采用纵向碾压）。横向碾压开始时，使压路机轮宽的10～20cm置于新铺的沥青混合料上碾压，这时压路机重量的绝大部分处在压过的铺层上。然后逐渐横移直到整个滚轮进入新铺层上。必要时先用压路机静压，然后振动碾压。

（2）纵向接缝碾压

1）热料层与冷料层相接（冷接缝）。

对这种接缝可采用两种方法碾压。第一种方法是压路机位于热沥青混合料上，然后进行振动碾压，这种碾压方法，是把混合料从热边压入相对的冷结合边，从而产生较高的结合密实度；第二种方法是在碾压开始时，只允许轮宽的10～20cm在热料层上，压路机的其余部分位于冷料层上，碾压时，过量的混合料从未压实的料中挤出，这样就减少了结合边缘的料量，这种方法产生的结合密度较低。在这两种碾压过程中，压路机的碾压速度都应很低。

2）热料层相接（梯队作业时）。

这种接缝的压实方法是先压实离中心热接茬两边大约为20cm以外的地方，最后压实中间剩下来的一窄条，混合材料不能从旁边挤出，并形成良好的结合。

4．提高压实质量的关键技术

（1）合理确定碾压温度

实践证明，碾压温度是影响沥青混合料压实密实度的最主要因素。沥青混合料在规定的温度范围内温度越高，其黏性越大，越容易在外力作用下缩小其空隙和增加密实度，也越容易取得平整效果。而温度较低时，碾压工作变得较为困难，且容易产生很难消除的轮迹，造成路面不平整。因此，在实际施工中，要求在摊铺后及时进行碾压。

沥青混合料的最佳碾压温度是指在材料允许的温度范围内，沥青混合料能够支承压路机而不产生水平推移、表面无开裂情况且压实阻力较小的温度，此时可用较少的碾压遍数，获得较高的密实度和较好的压实效果。

若碾压时混合料温度过高，会引起压路机两旁混合料隆起，碾轮后的摊铺层裂纹，碾轮上黏起沥青混合料（尽管用水喷洒）及前轮推料等问题。而碾压温度过低时（50～70℃），由于混合料的黏性增大，导致压实无效，或起副作用。

压实质量与压实温度有直接关系，而摊铺后混合料温度是在不断变化的，特别是摊铺后4～15min内，温度损失最大（1～5℃/min），因此必须掌握好有效压实时间，适时碾压。有效压实时间的长短与混合料的冷却速度、压实厚度等因素有密切关系。影响冷却速度的因素有气温、湿度、风力和混合料下承层的温度等。凡遇气温低、湿度大、风力大，以及下承层温度低等，都会使有效压实时间缩短，并增加碾压困难。

（2）选择合理的压实速度与遍数

合理的压实速度，对减少碾压时间，提高作业效率有十分重要的意义。在施工中，保持适当的恒定碾压速度是非常必要的。一般速度控制在 2～4km/h，轮胎压路机可适当提高，但不超过 5km/h。速度过低，会使摊铺与压实工序间断，影响压实质量，从而可能需要增加压实遍数来提高压实度。碾压速度过快，会产生推移、横向裂纹等。

（3）选择合理的振频和振幅

为了获得最佳的碾压效果，合理地选择振频和振幅是非常重要的。

振频主要影响沥青面层的表面压实质量，振动压路机的振频比沥青混合料的固有频率高一些，则可获得较好的压实效果。试验表明，对于沥青混合料的碾压，其振频多在 42～50Hz 的范围内选择。

振幅主要影响沥青面层的压实深度。当碾压层较薄时，宜选用高振频、低振幅；而碾压层较厚时，则可在较低振频下，选取较大的振幅，以达到压实的目的。对于沥青路面，通常振幅可在 0.4～0.8mm 内进行选择。

11.3.6　沥青面层施工质量控制与验收

1. 施工过程中的质量检查及控制

（1）施工过程中的材料检查内容及要求

施工中的材料检查，是在每批材料进场时已进行过检查及批准的基础上，再抽查其质量稳定性（变异性）。施工单位在施工过程中必须经常对各种施工材料进行抽样试验，材料质量应符合质量指标的要求。

材料检查的另一项重要内容是矿料级配精度和油石比计量精度。例如对于间歇式沥青混合料搅拌设备，二次筛分后砂石料再分别予以精确计量，是这种设备可以获得较高级配精度和油石比精度的重要保证。因为这种配料方式是将集料、矿粉和沥青分别予以计量，它们的配合比精度仅仅取决于各自称量系统的精度，排除了相互之间制约。

（2）施工过程中质量检查及控制

施工过程中的质量检查包括工程质量及外形尺寸两部分。其检查内容、频度、质量控制标准应符合规范规定要求。当检查结果达不到规定要求时，应追加检测数量，查找原因，作出处理。

2. 沥青路面交工质量检查与验收

（1）施工单位自检自评

沥青路面施工完成后，施工单位将全线以 1～3km 作为一个评定路段，按规定频率，随机选取测点，对沥青面层进行全线自检，计算平均值、标准差及变异系数，向主管部门提供全线检测结果及施工总结报告，申请交工验收。

（2）工程建设单位检查验收

工程建设单位（业主）或监理工程师、工程质量监督部门在接到施工单位交工验收报告，并确认施工资料齐全后，应立即对施工质量进行交工检查与验收。检查验收应按随机抽样的方法，选择一定数量的评定路段进行实测检查，每一检查段的检查频度、试验方法及检测结果应符合规定要求。检查、实测项目由建设单位组织实施或委托有资质的专业检测单位提供检测结果。

（3）工程施工总结

工程结束后，施工单位应根据国家竣工文件编制办法的规定，提出施工总结及若干个专项报告，连同竣工图表，形成完整的施工资料档案，一并提交工程主管部门及有关档案管理部门。施工总结报告的内容应包括工程概况（包括设计及变更情况）、工程基础资料、材料、施工组织、机械及人员配备、施工方法、施工进度、试验研究、工程质量评价、工程决算、工程使用服务计划等。

施工管理与质量检查报告应包括施工管理体制、质量保证体系、施工质量目标、试验段铺筑报告、施工前及施工中材料质量检查结果（测试报告）、施工中工程质量检查结果（测试报告）、工程交工质量自检结果（测试报告）、工程质量评价以及原始记录、像册、录像等各种附件。

11.4 水泥混凝土路面施工

水泥混凝土路面，包括素混凝土、钢筋混凝土、连续配筋混凝土、预应力混凝土、装配式混凝土、钢纤维混凝土和混凝土小块铺砌等面层板和基（垫）层所组成的路面。具有刚度大、强度高、稳定性好、使用寿命长等特点，适用于各等级公路特别是高速公路和一级公路。水泥混凝土面板必须具有足够的抗折强度，良好的抗磨耗、抗滑、抗冻性能以及尽可能低的线膨胀系数和弹性模量，混凝土拌合物应具有良好的施工和易性，使混凝土路面能承受荷载应力和温度应力的综合疲劳作用，为行驶的汽车提供快速、舒适、安全的服务。能否达到这些性能要求与混凝土的原材料品质及混合料组成有密切关系，因此，混凝土路面施工时应选用质量符合要求的原材料，混合料组成应满足强度及施工和易性要求，这是修筑高质量水泥混凝土路面的基本保证。

11.4.1 材料要求

1. 水泥

路用水泥主要采用硅酸盐水泥、普通硅酸盐水泥、道路硅酸盐水泥。通常应选用强度高、干缩性小、抗磨性能及耐久性能好的水泥，施工时根据公路等级、工期要求、浇筑方法、路用性能要求、经济性等因素选用合适的水泥品种及强度等级。通常使用硅酸盐水水泥强度等级为：特重交通采用 42.5R；重、中交通和轻交通采用 32.5R。

路用水泥主要技术性质为：熟料中铝酸三钙含量不得超过 5%，铁铝酸四钙含量不得低于 18%，游离氧化钙含量不得超过 1.0%；碱含量应符合中热硅酸盐水泥的规定；细度为 0.08mm 方孔筛的筛余量不得超过 10%；初凝时间不得早于 1.5h，终凝时间不得迟于 10h；水泥胶砂试件 28d 龄期的干缩率不得大于 0.09%；砂浆磨耗率不得超过 1%。

2. 粗骨料

为了保证混凝土具有足够的强度，良好的抗滑、耐磨、耐久性，粗骨料（碎石与砾石）应质地坚硬、耐久、洁净，以及有良好的级配。

3. 细骨料

细骨料的粒径在 0.15~5mm 范围内。细骨料可以是天然砂（如河砂、海砂和山砂），也可以是轧制石料得到的人工砂（如石屑等）。细骨料应具有较高的密度和小的比表面积，才能保证新拌混凝土有适宜的和易性和硬化后混凝土具有足够的强度、耐久性，同时又达到节约水泥的目的，因此，细骨料应质地坚硬、耐久、洁净，并且有良好的级配。细骨料的技术要求为：含泥量≤3%；硫化物及硫酸盐含量≤1%；有机物含量采用比色法，其颜色不深于标准溶液的颜色。

4. 水

用于清洗集料、拌合混凝土及养护用的水，不应含有影响混凝土质量的油、酸、碱、盐类及有机物等。饮用水一般均可适用，非饮用水经化验后满足下列要求的也可以使用：硫酸盐含量小于 $2.7mg/cm^3$，含盐量不超过 $5mg/cm^3$，pH 值大于 4。

5. 外加剂

为了改善混凝土的性能，在混凝土的制备过程中加入一定剂量的外加剂，外加剂的用量一般不超过水泥用量的 5%。外加剂主要有为改善新拌混凝土和易性的减水剂或塑化剂（如木质素、萘系、水溶性树脂类减水剂），为调节水泥凝结时间的缓凝剂、速凝剂、早强剂，为增加耐冻性和结冰冻胀抵抗力的引气剂等三类。

6. 接缝材料的要求

接缝材料用于填塞混凝土路面板的各类接缝，是保证水泥混凝土路面正常使用和保证质量的关键，接缝处理不好，会出现渗水、填缝料外溢、杂物嵌入等质量事故。接缝材料按使用性能可分为接缝板和填缝料两大类，可作为接缝板的材料有杉木板、软木板、橡胶、海棉泡沫树脂等，对于接缝板应具有一定的压缩性和弹性，在水泥混凝土路面施工时不变形、耐腐蚀。填缝料按施工温度分为加热施工式和常温施工式两种，加热施工式填缝料主要有沥青橡胶类、聚氯乙烯胶泥类和沥青玛导机械，然后根据主导机械的技术性能和生产率来选择配套机械。

配合机械是指运输混凝土的车辆。选择的主要依据是混凝土的运量和运输距离，一般选择中、小型自卸汽车和混凝土搅拌运输车。

机械合理配套是指拌合机与摊铺机、运输车辆之间的配套情况。当摊铺机选定后，可根据机械的有关参数和施工中的具体情况计算出摊铺机的生产率。拌合机械与之配套是在保证摊铺机生产率充分发挥的前提下，使拌合机械的生产率得到正常发挥，并在施工过程中保持均衡、协调一致。

2. 施工准备

混凝土路面施工前的准备工作包括材料准备及质量检验、混合料配合比检验与调整、基层的检验与整修、施工放样及机械准备等。根据混凝土路面施工进度计划，施工前应分批备好所需的各种材料，并在使用前进行核对、调整，各种材料应符合规定的质量要求，新出厂的水泥应至少存放一周后方可使用。路面在浇筑前必须对混凝土拌合物的工作性进行检验并作必要的调整。混凝土路面施工前，应对混凝土路面板下的基层进行强度、密实度及几何尺寸等方面的质量检验，基层质量检查项目及其标准应符合基层施工规范要求。基层宽度应比混凝土路面板宽 30~35cm 或与路基同宽。

施工放样是用轨模式摊铺机施工混凝土路面的重要准备工作。首先根据设计图纸恢复路中心线和混凝土路面边线，在中心线上每隔 20m 设一中桩，同时布设曲线主点桩及纵坡变坡点、路面板胀缝等施工控制点，并在路边设置相应的边桩，重要的中心桩要进行拴桩。每隔 100m 左右应设置一临时水准点，以便复核路面标高。由于混凝土路面一旦浇筑成功就很难拆除，因此测量放样必须经常复核，在浇捣过程中也要进行复核，做到勤测、勤核、勤纠偏，确保混凝土路面的平面位置和高程符合设计要求。

3. 拌合与运输

确保混凝土拌合质量的关键是选用质量符合规定的原材料、拌合机技术性能满足要求、拌合时配合比计量准确。采用轨模式摊铺机施工时，拌合设备应附有可自动准确计量的供料系统；无此条件时，可采用集料箱加地磅的方法进行计量。拌合过程中加入外加剂时，外加剂应单独计量。用国产强制式搅拌机拌合坍落度为 1~5cm 的混凝土拌合物，最佳拌合时间应控制为：立轴式强制拌合机为 90~180s；双卧轴强制拌合机为 60~90s，最短拌合时间不低于低限，最长拌合时间不超过高限的 3 倍。

通常采用自卸汽车运输混凝土拌合物，拌合物坍落度大于 5cm 时应采用搅拌车运输。从开始拌合到浇筑的时间应满足下列要求：用自卸汽车运输时，不得超过 1h；用搅拌车运输时，不得超过 1.5h。若运输时间超过上述时间限制或在夏季浇筑时，拌合过程中应加入适量的缓凝剂。运输时间过长，混凝土拌合物的水分蒸发和离析现象会增加，因此应尽量缩短混凝土拌合物的运输时间，并采取措施防止水分损失和混合料离析。

拌合物运到摊铺现场后倾卸于摊铺机的卸料机内，摊铺机卸料机械有侧向和纵向两种。侧向卸料机在路面摊铺范围外操作，自卸汽车不进入路面铺摊范围卸料，设有供卸料机和汽车行驶的通道；纵向卸料机在摊铺范围内操作，自卸汽车后退供料，施工时不能象侧向卸料机那样在基层上预先安设传力杆。

4．摊铺与振捣

（1）轨模安装

轨模式摊铺机的整套机械在轨模上前后移动，并以轨模为基准控制路面的高程。摊铺机的轨道与模板同时进行安装，轨道固定在模板上，然后统一调整定位，形成的轨模既是路面边模又是摊铺机的行走轨道，如图 11-15 所示。模板应能承受机组的质量，横向要有足够的刚度。轨模数量应根据施工进度配备并能满足周转要求，连续施工时至少需配备三个全工作量的轨模。

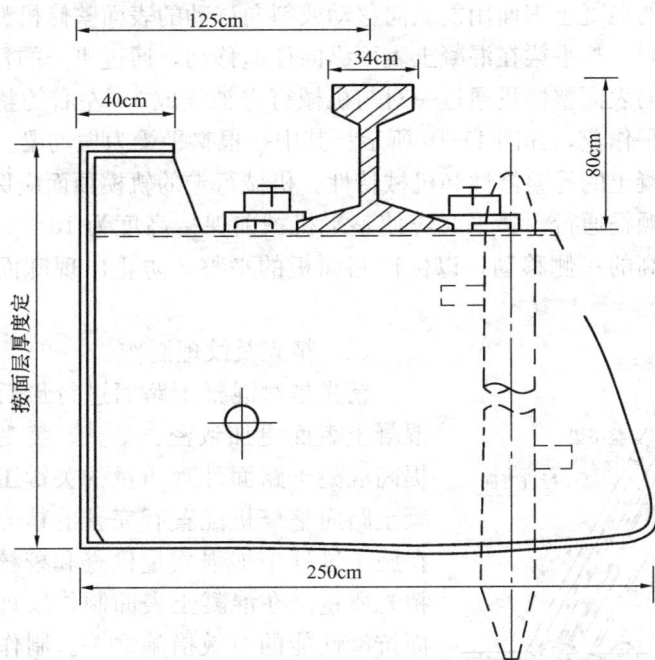

图 11-15　轨道模板

（2）摊铺

轨模式摊铺机有刮板式、箱式或螺旋式三种类型，摊铺时将卸在基层上或摊铺箱内的混凝土拌合物按摊铺厚度均匀地充满轨模范围内。刮板式摊铺机本身能在轨道上前后自由移动，刮板旋转时将卸在基层上的混凝土拌合物向任意方向摊铺。箱式摊铺机摊铺时，先将混凝土拌合物通过卸料机一次卸在钢制料箱内，摊铺机向前行驶时料箱内的混合料摊铺于基层上，通过料箱横向移动按松铺厚度准确、均匀地刮平拌合物。螺旋式摊铺机由可以正向和反向旋转的螺旋布料器将拌合物摊平，螺旋布料器的刮板能准确调整高度。螺旋式摊铺机的摊铺质量优于前两种摊铺机。摊铺过程中应严格控制混凝土拌合物的松铺厚度，确保混凝土路面的厚度和标高符合设计要求。

（3）振捣

水泥混凝土摊铺后，就应进行振捣。振捣可采用振捣机或内部振动式振捣机进行。混凝土振捣机是跟在摊铺机后面，对混凝土进行再次整平和捣实的机械。内部振捣式振捣机主要是用并排安装的插入式振捣器插入混凝土中，由内部进行捣实。

5. 表面修整

振捣密实的混凝土表面应进行整平、精光、纹理制作等工序的作业，使竣工后的混凝土路面具有良好的使用性能。

（1）表向整平

振捣密实的混凝土表面用能纵向移动或斜向移动的表面整修机整平。纵向表面整修机工作时，整平梁在混凝土表面纵向往返移动，通过机身的移动将混凝土表面整平。斜向表面整修机通过一对与机械行走轴线成10°左右的整平梁作相对运动来完成整平作业，如图11-16所示。其中一根整平梁为振动梁。机械整平的速度决定于混凝土的易整修性和机械特性。机械行走的轨模顶面应保持平顺，以便整修机械能顺畅通行。整平时应使整平机械前保持高度为10～15cm的壅料，并使壅料向较高的一侧移动，以保证路面板的平整，防止出现麻面及空洞等缺陷。

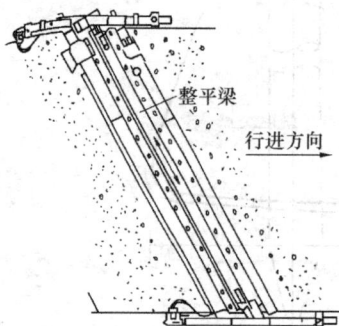

图 11-16　斜向表面整修机

（2）精光及纹理制作

精光是对混凝土路面进行最后的精平，使混凝土表面更加致密、平整、美观，此工序是提高混凝土路面外观质量的关键工序之一。混凝土路面整修机配置有完善的精光机械，只要在施工过程中加强质量检查和校核，便可保证精光质量。在混凝土表面制作纹理，是提高路面抗滑性能的有效措施之一。制作纹理时，用纹理制作机在路面上拉毛、压槽或刻纹，纹理深度控制在1～2mm范围内；在不影响平整度的前提下提高混凝土路面的构造深度，可提高表面的抗滑性能。纹理应与路面前进方向垂直，相邻板的纹理应相互沟通以利排水。纹理制作从混凝土表面无波纹水迹开始，过早或过晚均会影响纹理质量。

6. 养护

混凝土表面修整完毕后，应进行养生，使混凝土板在开放交通前具备足够的强度和质量。养生期间，须防止混凝土的水分蒸发和风干，以免产生收缩裂缝；须采取措施减少温度变化，以免混凝土板产生过大的温度应力；须管制交通，以防止人畜和车辆等损坏混凝土板的表面。混凝土板的养生，可根据施工工地情况及条件，选用湿治养生、喷洒成膜材料养生等方法。其养生时间按混凝土抗弯拉强度达到3.5MPa以上的要求试验确定。通常普通硅酸盐水泥养生时间约为14d。

7. 接缝施工

混凝土路面在温度变化时会产生较大的温度变形，如混凝土板产生胀缩和翘曲等，为消除温度变形受到约束时产生的温度应力，避免混凝土路面出现不规则开裂，必须在混凝土路面的纵横方向上设置胀缝和缩缝。同时，在混凝土路面施工过程中由于各种原因造成路面施工中断会形成施工缝。接缝施工质量的好坏将直接影响到混凝土路面的使用性能及养护维修工作量的大小，因此各类接缝的施工应做到位置准确，构造及质量符合设计及规范要求。

（1）纵缝施工

纵缝的构造一般采用如图 11-17（a）所示的平缝加拉杆型。若采取全幅施工时，则用如图 11-17（b）所示的假缝加拉杆型。

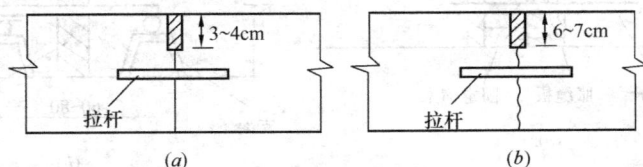

图 11-17　纵缝构造图

平缝施工应根据设计要求的间距，预先在模板上制作拉杆置放孔，并在缝壁一侧涂刷隔离剂，拉杆应采用螺纹钢筋，顶面的缝槽以切缝机切成，深度为 3～4cm，并用填料填满。顶面不切缝时，施工时应及时清除已打好面板上的粘浆或用塑料纸遮盖，保持纵缝的顺直和美观。

假缝施工应预先将拉杆采用门型式固定在基层上，或用拉杆置放机在施工时置入。假缝顶面的缝槽应采用切缝机切成，深为 6～7cm，使混凝土在收缩时能从此缝向下规则开裂，防止因切缝深度不足引起不规则裂缝。

（2）横向缩缝施工

混凝土结硬后，应适时切缝。切得过早，因混凝土的强度不足，会引起集料从砂浆中脱落，而不能切出整齐的缝。切得过迟，混凝土板会在非预定位置出现早期裂缝。合适的切缝时间应控制在混凝土获得足够的强度，而收缩应力并未超出其强度范围时。它随混凝土的组成和性质（集料类型、水泥类型和含量、水灰比等）、施工时的气候条件（温度及其变化、风等）等因素而变化。研究表明，适宜的切缝时间是施工温度与施工后时间的乘积为 200～300 个温度小时或混凝土的抗压强度为 8.0～10.0MPa 时比较合适。切缝的方法以调深调速的切缝机锯切效果较好。为减少早期裂缝，切缝可采用"跳仓法"，即每隔几块板切一缝，然后再逐块锯。切缝深度为板厚的 1/3～1/4，切缝太浅会引起不规则断板。

（3）胀缝施工

胀缝分浇筑混凝土终了时设置和施工中间设置两种。

施工终了时设置胀缝，可采用图 11-18（a）所示的形式。传力杆长度的一半穿过端部挡板，固定于外侧定位模板中。混凝土浇筑前应先检查传力杆位置。浇筑时，应先摊铺下层混凝土，用插入振捣器振实，并校正传力杆位置。再浇筑上层混凝土。浇筑邻板时应拆除顶头木模，并设置下部胀缝板、木制嵌条和传力杆套管。

施工过程设置胀缝，则可采用图 11-18（b）中所示的形式。胀缝施工应预先设置好胀缝板和传力杆支架，并预留好滑动空间，为保证胀缝施工的平整度以及机械化施工的连续性，胀缝板以上的混凝土硬化后用切缝机按胀缝板的宽度切二条线，待填缝时，将胀缝板以上的混凝土凿去，这种施工方法，对保证胀缝施工质量特别有效。

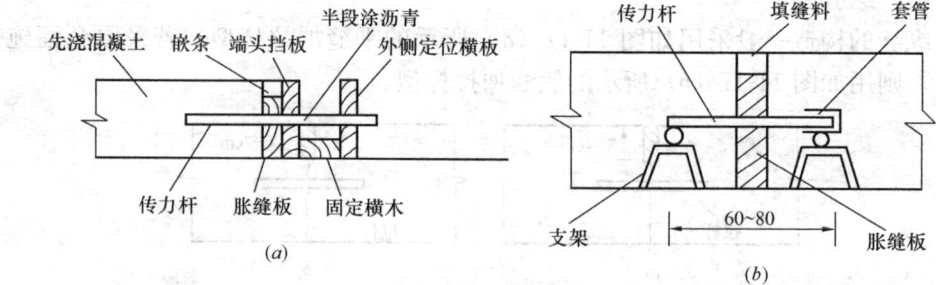

图 11-18　胀缝施工

（4）施工缝施工

施工缝为施工间断时设置的横缝，常设于胀缝或缩缝处，多车道施工缝应避免设在同一横断面上。施工缝如设在干缩缝处，板中应增设传力杆，其一半锚固于混凝土中，另一半应先涂沥青，允许滑动。传力杆必须与缝壁垂直。

（5）接缝填封施工

混凝土板养生期满后应及时填封接缝。填缝前缝内必须清扫干净并保持干燥。填缝料应与混凝土缝壁粘结紧密，不渗水，其灌注深度以 3～4cm 为宜，下部可填入多孔柔性材料。填缝料的灌注高度，夏天应与板面平齐，冬天宜稍低于板面。

当用加热施工式填缝料时，应不断搅匀，至规定温度。气温较低时，应用喷灯加热缝壁。个别脱开处，应用喷灯烧烤，使其粘结紧密。目前用的强制式灌缝机和灌缝枪，能把改性聚氯乙烯胶泥和橡胶沥青等加热施工式填缝料和常温施工式填缝料灌入缝宽不小于 3mm 的缝内，也能把分子链较长、稠度较大的聚氨酯焦油灌入 7mm 宽的缝内。

11.4.3　滑模式摊铺机施工

滑模式摊铺机施工混凝土路面不需要轨模，摊铺机支承在四个液压缸上，两侧设置有随机移动的固定滑模，摊铺厚度通过摊铺机上下移动来调整。滑模式摊铺机一次通过即可完成摊铺、振捣、整平等多道工序。

滑模式摊铺机作业过程如图 11-19 所示。铺筑混凝土时，首先由螺旋式布料器将堆积在基层上的混凝土拌合物横向铺开，刮平器进行初步刮平，然后振捣器进行捣实，随后刮平板进行振捣后的整平，形成密实而平整的表面，再使用振动式振捣板对拌合物进行振实和整平，最后用光面带进行光面。其整面装置均由电子液压系统控制，精度较高。

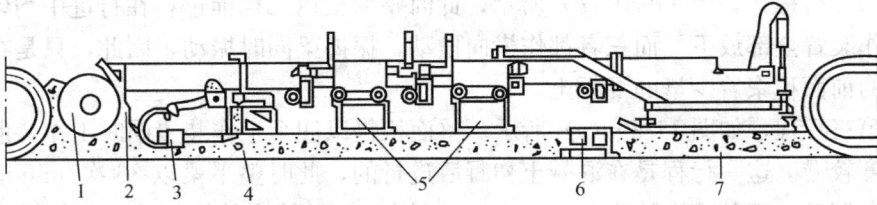

图 11-19 滑模式

1—螺旋摊铺器；2—刮平器；3—振捣器；4—刮平板；5—振动振平板；6—光面带；7—混凝土面层

滑模式摊铺机的整面工作由三个行程完成（均由电子液压操纵机械来控制），如图 11-20 所示。

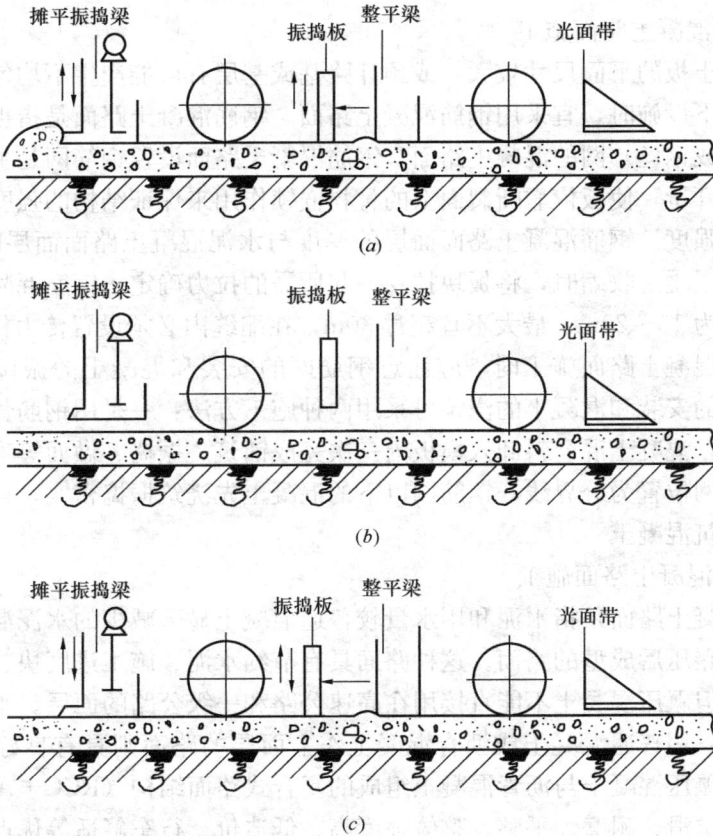

(a)

(b)

(c)

图 11-20 水泥混凝土整面机工作过程

(a) 第一行程；*(b)* 第二行程；*(c)* 第三行程

第一行程，如图 11-20 *(a)* 所示。把振捣梁、振捣板和整平梁放下到离混凝土面层顶面标高 1.5～3cm 的上方，启动振动器，整面机以一档速度前进，而振捣梁和整平梁却以二或三档的速度进行横向摆动，此时振动梁推动着较厚的混凝土料堆，而整平梁只刮着较薄的砂浆。当这一行程至终点时，稍微提升这三个装置，再倒档退回原处。

第二行程，如图 11-20 (b) 所示，此时整面机以二档前进，在行进中均匀地将工作装置全部放下，而三者都作横向摆动，振捣梁同时振动，因此，只是在振捣梁的前面积聚着少量的混凝土。

第三行程，如图 11-20 (c) 所示。整面机仍以四个工作装置同时工作，但行驶速度较慢。这一行程是在混凝土初凝后进行的，此时整平梁以 36 次/min 的速度横向摆动，而其幅度约为 180～250cm，同时又以较小的振幅作上下振动。光面带是橡胶编织物，主要用作表面整平抹光。

在滑模式摊铺机施工中，要通过提高混凝土质量和施工控制避免塌边和麻面问题。

11.4.4　其他水泥混凝土路面施工

1. 钢筋混凝土路面施工

当混凝土板的平面尺寸较大，或预计路基或基层有可能产生不均匀沉陷，或板下埋有地下设施时，宜采用钢筋混凝土路面。钢筋混凝土路面是指板内配有纵横向钢筋（或钢丝）网的混凝土路面。钢筋混凝土路面设置钢筋网是主要控制裂缝缝隙的张开量，使板依靠断裂面上的骨料嵌锁作用来保证结构的强度，并非提高板的抗弯强度。钢筋混凝土路面面层的厚度与水泥混凝土路面面层厚度一样。其配筋是按混凝土收缩时，将板块拉在一起所需的拉力确定。钢筋混凝土板的缩缝间距一般为 13～22m，最大不宜超过 30m，在缩缝内必须设置传力杆。

在钢筋混凝土路面施工时，应注意钢筋网的安装和混凝土的振捣这两个环节。钢筋网的安装和混凝土的浇筑可采用两种施工方法：一是用钢筋骨架固定钢筋网的位置，混凝土混合料卸入模板内一次完成铺筑、振捣、做面等项工作；另一是以钢筋网位置为分界线，钢筋网以下的混凝土先浇筑振捣密实，再安装钢筋网，最后浇筑混凝土。

2. 碾压混凝土路面施工

碾压混凝土路面是指水泥和用水量较普通混凝土显著减少的水泥混凝土拌合物经摊铺、碾压后成型的路面。这种路面具有节约水泥、施工进度快、开放交通早等特点，但碾压混凝土不能直接用在高速公路和一级公路的面层。用碾压混凝土作下面层，用普通混凝土或沥青混凝土作上面层的路面则具有良好的路用性能。尤其是碾压混凝土与沥青混凝土组成的复合式路面结构（RCC＋AC），刚柔并济，具有抗滑、耐磨、平整、整体强度高、低造价、行车舒适等优点。

碾压混凝土路面的主要施工设备为强制式拌合机、高密实度摊铺机、8～12t 振动压路机、8～20t 轮胎压路机等。施工工序为：混凝土拌合物的拌合与运输→摊铺机摊铺→碾压→养护→接缝施工。由于碾压混凝土拌合物是单位用水量较少的干硬性混合料，为提高拌合质量和施工效率，应采用强制式拌合机拌合。拌合物运到摊铺现场应立即摊铺整型，由于摊铺作业对碾压混凝土路面质量影响很大，摊铺应均匀、连续地进行，并在拌合物初凝前完成。摊铺完毕即开始碾压，碾压分初压、复压和终压三个阶段。初压用 7～10t 振动压路机不开振碾压两遍左右，使混凝土表面稳定。随后压路机开振充分碾压，直至达到规定的密实度要求，此阶段为复压。用8～20t的轮胎压路机或振动压路机不开振进行修整碾压，称为终压，目的是为了消除碾压轮迹和表面出现的拉裂，使表面密实。

3. 钢纤维混凝土路面施工

钢纤维凝土是在混凝土拌合过程中加入适量的短钢纤维，从而提高混凝土的抗折强度和抗压强度。钢纤维混凝土路面的抗裂性、耐磨性和抗疲劳性优于普通混凝土路面。钢纤维混凝土对原材料的质量要求与普通混凝土基本一致，通常选用连续级配的骨料，粗骨料最大粒径不宜大于20mm。钢纤维应互不熔结和缠绕，截面尺寸不符合设计要求的钢纤维应不超过总质量的5%，颗粒状、粉末状的钢屑应低于总质量的0.05%，表面无油污、锈蚀和其他杂质，宜采用熔抽型或剪切型钢纤维。在施工中掺入1.0%～1.2%的钢纤维（体积比率）。

钢纤维混凝土路面的施工方法与普通混凝土路面基本相同，但钢纤维混凝土应采用强制式拌合机拌合。投料的顺序与拌合时间为：有钢纤维分散设备时，以砂→水泥→碎石→水泥→砂的顺序投料，拌合时，先干拌60s，然后加水湿拌，同时开动分散机，将钢纤维投入拌合筒内，再拌合60～120s；无钢纤维分散设备时，以水泥→1/2砂→碎石→1/2砂→纤维的顺序投料，先干拌120～180s，后加水湿拌60～120s。对于板厚大于10cm的钢纤维混凝土路面，除按普通混凝土的方法进行振捣外，必须先用插入式振捣器纵向斜插入，慢慢提起，逐排捣实，并用2.2kW的平板振捣器振捣，然后进行其他工序作业。

4. 混凝土小块铺砌路面施工

块料是由高强的水泥混凝土预制而成，其抗压强度约为60MPa，水泥含量350～380kg/m³，水灰比为0.35，最大骨料尺寸为8～10cm。混凝土小块铺砌路面结构由面层、砂整平层（厚3cm）和基层组成，具有结构简单，价格低廉，能承受较大的单位压力等特点。较广泛地用于铺筑人行道、停车场、堆场（特别是集装箱码头堆场）、街区道路、一般公路等路面。

11.4.5 质量控制与验收

1. 质量控制

（1）原材料质量检验

施工前，应对各种原材料进行质量检验，以检验结果作为判定材料质量是否符合要求的依据。在施工过程中，当材料规格和来源发生变化时应及时对材料进行质量检验。材料质量检验的内容包括材料质量是否满足设计和规范要求，数量供应能否满足工程进度，材料来源是否稳定可靠，材料堆放和贮存是否满足要求等。质量检查时以"批"为单位进行，通常将同一料源、同一次购进的同品种材料作为一批，取样方法按试验规程进行。混凝土所用的水泥、粗细集料、水、外加剂、钢材、接缝材料等原材料的质量检查项目和标准应满足要求。

（2）钢筋安装质量检查

混凝土钢筋网和传力杆的允许误差应符合《公路桥涵施工技术规范》(JTJ 041—2000)的规定。

（3）混凝土工作性测试

反映混凝土工作性，一般用坍落度试验、维勃稠度试验和捣实因素试验测定。坍落度试验是 1918 年美国 D. Abrams 提出的，目前世界各国普遍采用的混凝土工作性测试方法。是新拌混凝土自重引起的变形，它只对富水泥浆的新拌混凝土比较敏感（适合于流动性混凝土）。维勃稠度试验是瑞典 V. Bahmer 于 1940年首先提出的。凡坍落度小于 10mm 的新拌混凝土，可采用维勃稠度仪测定其工作性（适合于稠硬性混凝土）。捣实因素试验由英国 Glanville 等人于 1964 年提出，该法是对新拌混凝土做标准数量的功后测定密实度改变的程度。这一试验特性是对低工作性的新拌混凝土反应较为敏感。

（4）混凝土强度检测

混凝土的强度检验应以 28d 龄期的抗弯拉强度为标准。一般采用梁式试件测定抗弯拉强度，也可用圆柱劈裂强度测定结果，由经验公式推算小梁抗弯拉强度。当同时采用钻芯劈裂试验的推算强度和小梁抗弯拉强度时，应同时符合规定的强度要求。但如果用 28d 强度试验来控制混凝土的质量是不能满足现代施工要求的，所以，近年来提出用压蒸法、超声-回弹法和射钉法等方法快速检测混凝土强度。

（5）表面功能检测

表面功能测定主要是针对抗滑性与舒适性、耐磨性检测。抗滑性与舒适性是参照国外有关标准同时兼顾我国目前施工工艺水平和实际交通量状况，采用表面构造深度来衡量其抗滑性，并用铺砂法进行检测。耐磨性是用磨耗机圆盘旋转 6000 转后，混凝土表面环形轨道上均匀 6 点的平均磨耗深度作为磨耗指标来检测。

2. 竣工验收

混凝土路面完工后，应根据设计文件、交工资料和施工单位提出的交工验收报告，按国家建设工程竣工验收的办法组织验收。验收时应提交设计文件和交工资料、交工验收报告、混凝土强度试验报告、材料检查及材料试验记录、基层检查记录、工程重大问题处理文件、施工总结报告、工程监理总结报告等。

12 流水施工原理

12.1 流水施工概念

生产实践已经证明，在所有的生产领域中，流水作业法是组织产品生产的理想方法；流水施工也是建筑安装工程施工的最有效的科学组织方法。它是建立在分工协作的基础上。但是，由于建筑产品及其生产的特点不同，流水施工的概念、特点和效果与其他产品的流水作业也有所不同。

建筑安装工程施工组织方式不同，其技术经济效益亦有所不同。例如图 12-1 所示，即为四幢相同建筑物的基础工程分别采用依次施工、平行施工和流水施工组织方式的对比。从图中可知，四幢建筑编号分别为Ⅰ、Ⅱ、Ⅲ、Ⅳ，基础工程量相等，其施工过程、工作队人数、施工天数均相同，但由于施工组织方式不同，所产生的效果也就大不相同。

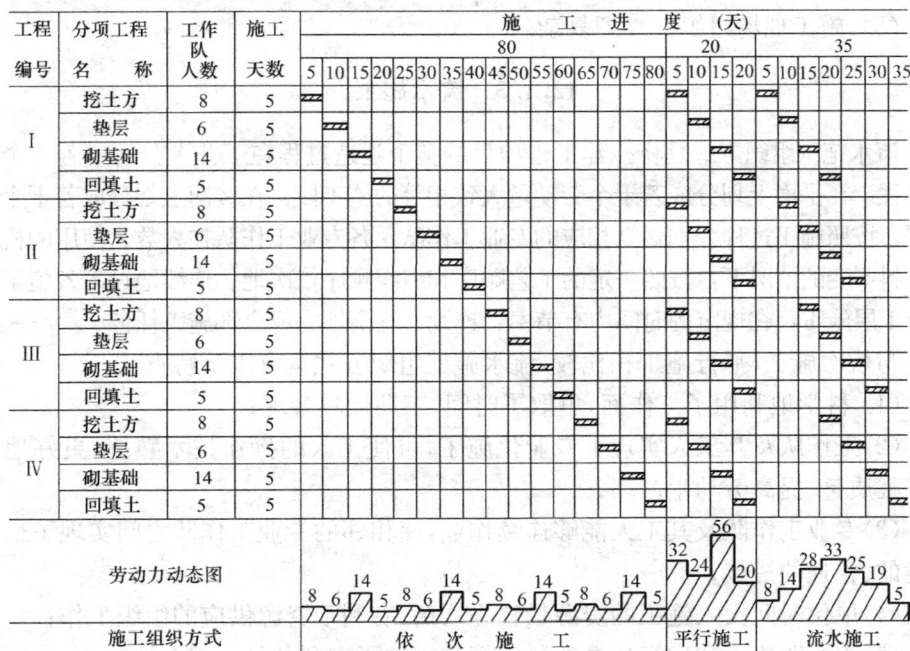

图 12-1　施工组织方式对比图

12.1.1 依次施工

依次施工组织方式是将拟建工程项目的整个建造过程分解成若干个施工过程，按照一定的施工顺序，前一个施工过程完成后，后一个施工过程才开始施工；或前一个工程完成后，后一个工程才开始施工。它是一种最基本的、最原始的施工组织方式，其特点是：

(1) 由于没有充分地利用工作面去争取时间，所以工期长；

(2) 工作队不能实现专业化施工，不利于改进工人的操作方法和施工机具，不利于提高工程质量和劳动生产率；

(3) 工作队及工人不能连续作业；

(4) 单位时间内投入的资源量比较少，有利于资源供应的组织工作；

(5) 施工现场的组织、管理比较简单。

12.1.2 平行施工

在拟建工程任务十分紧迫、工作面允许以及资源保证供应的条件下，可以组织几个相同的工作队，在同一时间、不同的空间上进行施工，这样的施工组织方式称为平行施工组织方式。其特点是：

(1) 充分地利用了工作面，争取了时间，可以缩短工期；

(2) 工作队不能实现专业化生产，不利于改进工人的操作方法和施工机具，不利于提高工程质量和劳动生产率；

(3) 工作队及其工人不能连续作业；

(4) 单位时间投入施工的资源量成倍增长，现场临时设施也相应增加；

(5) 施工现场组织、管理复杂。

12.1.3 流水施工

流水施工组织方式是将拟建工程项目的整个建造过程在工艺上分解成若干个施工过程，在平面上划分成若干个劳动量大致相等的施工段，在竖向上划分成若干个施工层，按照施工过程分别建立相应的专业工作队，各专业工作队在人数、使用的机具和材料不变的情况下，按照一定的工艺顺序和组织顺序依次地、连续地投入各施工段或施工层施工，在规定的时间内有节奏、连续、均衡地完成全部施工任务。

与依次施工、平行施工相比较，流水施工组织方式具有以下特点：

(1) 科学地利用了工作面，争取了时间，工期比较合理；

(2) 工作队及其工人实现了专业化施工，可使工人的操作技术熟练，更好地保证工程质量，提高劳动生产率；

(3) 专业工作队及其工人能够连续作业，使相邻的专业工作队之间实现了最大限度的、合理的搭接；

(4) 单位时间投入施工的资源量较为均衡，有利于资源供应的组织工作；

(5) 为文明施工和进行现场的科学管理创造了有利条件。

12.2 流水施工的技术经济效果

流水施工在工艺划分、时间排列和空间布置上的统筹安排，必然会给相应的项目经理部带来显著的经济效果，具体可归纳为以下几点：

（1）由于流水施工的连续性，减少了专业工作的间隔时间，达到了缩短工期的目的，可使拟建工程项目尽早竣工，交付使用，发挥投资效益；

（2）便于改善劳动组织，改进操作方法和施工机具，有利于提高劳动生产率；

（3）专业化的生产可提高工人的技术水平，使工程质量相应提高；

（4）工人技术水平和劳动生产率的提高，可以减少用工量和施工暂设建造量，降低工程成本，提高利润水平；

（5）可以保证施工机械和劳动力得到充分、合理的利用；

（6）由于工期短、效率高、用人少、资源消耗均衡，可以减少现场管理费和物资消耗，实现合理储存与供应，有利于提高项目经理部的综合经济效益。

12.3 流水施工的表达方式和分级

12.3.1 流水施工的表达方式

流水施工的表达方式，主要有横道图和网络图两种表达方式。

1. 水平指示图表

流水施工水平指示图表（亦称横道图），其表达方式如图 12-2 所示。横坐标表示流水施工的持续时间；纵坐标表示开展流水施工的施工过程、专业工作队的名称、编号和数目；呈梯形分布的水平线段表示流水施工的开展情况。

2. 垂直指示图表

流水施工垂直指示图表如图 12-3 所示，横坐标表示流水施工的持续时间；纵坐标表示开展流水施工所划分的施工段编号；n 条斜线段表示各专业工作队或施工过程开展流水施工的情况。

3. 网络图

有关流水施工网络图的表达方式，详见本书第 13 章。

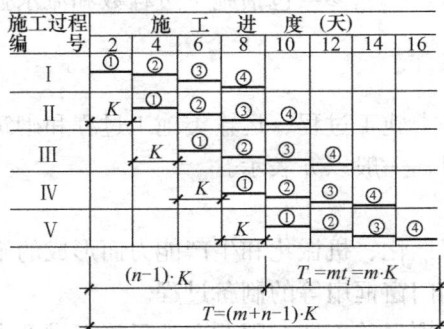

图 12-2 水平指示图表 　　 图 12-3 垂直指示图表

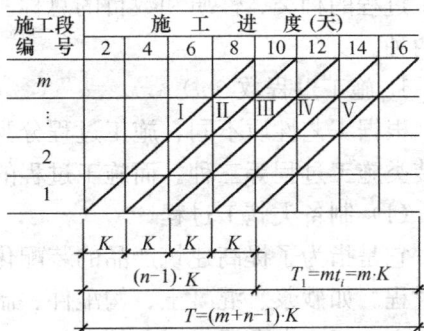

12.3.2 流水施工的分级

根据流水施工组织的范围划分，流水施工通常可分为：

343

1. 分项工程流水施工

也称为细部流水施工。它是在一个专业工种内部组织起来的流水施工。在项目施工进度计划表上,它是一条标有施工段或工作队编号的水平进度指示线段或斜向进度指示线段。

2. 分部工程流水施工

也称为专业流水施工。它是在一个分部工程内部、各分项工程之间组织起来的流水施工。在项目施工进度计划表上,它由一组标有施工段或工作队编号的水平进度指示线段或斜向进度指示线段来表示。

3. 单位工程流水施工

也称为综合流水施工。它是在一个单位工程内部、各分部工程之间组织起来的流水施工,在项目施工进度计划表上,它是若干组分部工程的进度指示线段,并由此构成一张单位工程施工进度计划。

4. 群体工程流水施工

也称为大流水施工。它是在若干单位工程之间组织起来的流水施工。反映在项目施工进度计划上,是一张项目施工总进度计划。

12.4 流 水 参 数

在组织拟建工程项目流水施工时,用以表达流水施工在工艺流程、空间布置和时间排列等方面开展状态的参数,称为流水参数。它主要包括工艺参数、空间参数和时间参数等三类。

12.4.1 工艺参数

在组织流水施工时,用以表达流水施工在施工工艺上开展顺序及其特征的参数,具体地说是指在组织流水施工时,将拟建工程项目的整个建造过程可分解为施工过程的种类、性质和数目的总称。通常,工艺参数包括施工过程数和流水强度两种。

1. 施工过程数(n)

根据工艺性质不同,施工过程分为制备类施工过程、运输类施工过程和砌筑安装类施工过程等三种。而施工过程的数目,一般以 n 表示。

(1) 制备类施工过程

它是指为了提高建筑产品的装配化、工厂化、机械化和生产能力而形成的施工过程。如砂浆、混凝土、构配件、制品和门窗框扇等的制备过程。

它一般不占有施工对象的空间,不影响项目总工期,因此在项目施工进度表上不表示;只有当其占有施工对象的空间并影响项目总工期时,在项目施工进度表上才列入,如在拟建车间、实验室等场地内预制或组装的大型构件等。

(2) 运输类施工过程

它是指将建筑材料、构配件、(半)成品、制品和设备等运到项目工地仓库或现场操作使用地点而形成的施工过程。

它一般不占有施工对象的空间，不影响项目总工期，通常也不列入项目施工进度计划中；只有当其占有施工对象的空间并影响项目总工期时，才列入项目施工进度计划中，如结构安装工程中，采取随运随吊方案的运输过程。

（3）砌筑安装类施工过程

它是指在施工对象的空间上，直接进行加工，最终形成建筑产品的过程，如地下工程、主体工程、结构安装工程、屋面工程和装饰工程等施工过程。

它占有施工对象的空间，影响着工期的长短，必须列入项目施工进度表上，而且是项目施工进度表的主要内容。

2. 流水强度（V）

某施工过程在单位时间内所完成的工程量，称为该施工过程的流水强度。流水强度一般以 V_i 表示，它可由公式（12-1）或公式（12-2）计算求得。

（1）机械操作流水强度

$$V_i = \sum_{j=1}^{x} R_i \cdot S_i \tag{12-1}$$

式中　V_i——某施工过程的机械操作流水强度；

　　　R_i——投入施工过程 i 的某种施工机械台数；

　　　S_i——投入施工过程 i 的某种施工机械产量定额；

　　　x——投入施工过程 i 的施工机械种类数。

（2）人工操作流水强度

$$V_i = R_i \cdot S_i \tag{12-2}$$

式中　V_i——某施工过程 i 的人工操作流水强度；

　　　R_i——投入施工过程 i 的专业工作队工人数；

　　　S_i——投入施工过程 i 的专业工作队平均产量定额。

12.4.2　空间参数

在组织流水施工时，用以表达流水施工在空间布置上所处状态的参数，称为空间参数。空间参数主要有：工作面、施工段数和施工层数等三种。

1. 工作面

某专业工种的工人在从事建筑产品施工生产加工过程中，所必须具备的活动空间，这个活动空间称为工作面。它的大小，是根据相应工种单位时间内的产量定额、建筑安装工程操作规程和安全规程等的要求确定的。工作面确定的合理与否，直接影响到专业工种工人的劳动生产效率。对此，必须认真加以对待，合理确定。

2. 施工段数（m）

为了有效地组织流水施工，通常把拟建工程项目在平面上划分成若干个劳动量大致相等的施工段落，这些施工段落称为施工段。施工段的数目，通常以 m 表示。

划分施工段是组织流水施工的基础。施工段数 m 要适当，过多了，会延长工期；过少了，又会造成资源供应过分集中，不利于组织流水施工。因此，施工段划分应遵循以下原则：

（1）专业工作队在各施工段上的劳动量要大致相等，其相差幅度不宜超过 $10\%\sim15\%$；

（2）对多层或高层建筑物，施工段的数目，要满足合理流水施工组织的要求，即 $m \geqslant n$；

（3）为了充分发挥工人、主导机械的效率，每个施工段要有足够的工作面，使其所容纳的劳动力人数或机械台数，能满足合理劳动组织的要求；

（4）为了保证拟建工程项目的结构整体完整性，施工段的分界线应尽可能与结构的自然界线（如沉降缝、伸缩缝等）相一致；如果必须将分界线设在墙体中间时，应将其设在对结构整体性影响少的门窗洞口等部位，以减少留槎，便于修复；

（5）对于多层的拟建工程项目，既要划分施工段，又要划分施工层，以保证相应的专业工作队在施工段与施工层之间，组织有节奏、连续、均衡地流水施工。

对于多层或高层建筑物，施工段数（m）与施工过程数（n）存在以下的关系：

（1）当 $m>n$ 时，各专业工作队能够连续作业，但施工段有空闲，如图 12-4 所示。利用这种空闲，可以弥补由于技术间歇、组织管理间歇和备料等要求所必需的时间。

（2）当 $m=n$ 时，各专业工作队能连续施工，施工段没有空闲，如图 12-5 所示。这是理想化的流水施工方案。此时要求项目管理者，提高管理水平，只能进取，不能回旋、后退。

（3）当 $m<n$ 时，各专业工作队不能连续施工，施工段没有空闲，出现停工窝工现象，如图 12-6 所示。这种流水施工是不适宜的，应加以杜绝。

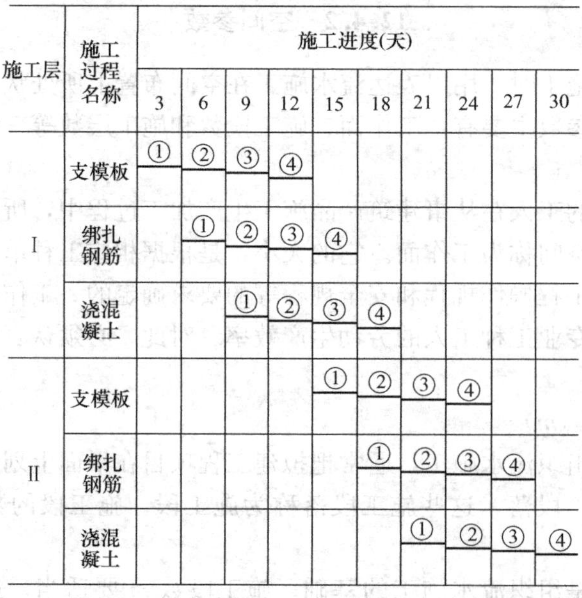

图 12-4　施工计划安排（$m>n$）

施工层	施工过程名称	施工进度(天)									
		3	6	9	12	15	18	21	24	27	30
I	支模板	①	②	③							
	绑扎钢筋		①	②	③						
	浇混凝土			①	②	③					
II	支模板				①	②	③				
	绑扎钢筋					①	②	③			
	浇混凝土						①	②	③		

图 12-5 施工计划安排 ($m=n$)

施工层	施工过程名称	施工进度(天)									
		3	6	9	12	15	18	21	24	27	30
I	支模板	①	②								
	绑扎钢筋		①	②							
	浇混凝土			①	②						
II	支模板				①	②					
	绑扎钢筋					①	②				
	浇混凝土						①	②			

图 12-6 施工计划安排 ($m<n$)

由此可见，对于多层或高层建筑物，要想保证专业工作队能够连续施工，必须满足 $m \geq n$。

应该指出，当无层间关系或无施工层（如某些单层建筑物、基础工程等）时，则施工段数（m）与施工过程数（n）的关系可以不受限制。

3. 施工层数（j）

在多高层建筑物组织流水施工时，为了满足专业工种对操作高度和施工工艺的要求，将拟建工程项目在竖向划分若干操作层，这些操作层称为施工层。施工层数用 j 表示。

12.4.3 时间参数

在组织流水施工时，用以表达流水施工在时间排列上所处状态的参数，称为时间参数。时间参数主要有：流水节拍、流水步距、平行搭接时间、技术间歇时间、组织管理间歇时间等五种。

1. 流水节拍 (t)

流水节拍是一个施工过程在一个施工段上的持续时间。它的大小关系着投入的劳动力、机械和材料量的多少，决定着施工的速度和施工的节奏性。因此，流水节拍的确定具有很重要的意义。通常可以按以下方法确定：

(1) 定额计算法：根据各施工段的工程量，现有能够投入的资源（劳动力、机械台数和材料量）来确定。

$$t_i = \frac{Q_i}{S_i \cdot R_i \cdot N_i} = \frac{P_i}{R_i \cdot N_i} \tag{12-3}$$

式中　Q_i——某施工段的工程量；

　　　S_i——每一工日（或台班）的计划产量；

　　　R_i——施工人数（或机械台数）；

　　　P_i——某施工段所需要的劳动量（或机械台班量）；

　　　N_i——专业工作队的工作班次。

(2) 经验估算法：根据以往的施工经验进行估算：

$$m = \frac{a + 4c + b}{6} \tag{12-4}$$

式中　m——某施工过程在某施工段上的流水节拍；

　　　a——某施工过程在某施工段上的最短估算时间；

　　　b——某施工过程在某施工段上的最长估算时间；

　　　c——某施工过程在某施工段上的正常估算时间。

(3) 工期倒排法：根据合同工期的要求倒排进度来确定施工过程的持续时间，然后再估算各施工段上的流水节拍或按公式（12-5）计算各施工段上的流水节拍。

$$t = \frac{T}{m} \tag{12-5}$$

2. 流水步距 (K)

在组织流水施工时，两个相邻的施工过程先后进入同一施工段进行流水施工的时间间隔，叫流水步距。用符号 K 来表示。流水步距的数目取决于参加流水的施工过程数，如施工过程数为 n 个，则流水步距的总数为 $n-1$ 个。

(1) 确定流水步距的基本要求如下：

1) 始终保持合理的先后两个施工过程工艺顺序；

2) 尽可能保持各施工过程的连续作业；

3) 做到前后两个施工过程施工时间的最大搭接（即前一施工过程完成后，

后一施工过程尽可能早地进入施工);

4) 流水步距的确定要保证工程质量,满足安全生产。

(2) 确定流水步距的方法常用"累加斜减法"(又称"大差法"),步骤如下:

1) 根据专业工作队各施工段上的流水节拍,求累加数列;

2) 根据施工顺序,对所求相邻的两累加数列,错位相减;

3) 根据错位相减的结果,确定相邻专业工作队之间的流水步距,即相减结果中数值最大者。

【例题 12-1】 某分部工程由四个分项工程组成,分别由 A、B、C、D 四个专业工作队完成,在平面上划分成四个施工段,各流水节拍如下表所示,试求相邻专业工作队的流水步距。

流水节拍(天) 施工段 工作队	①	②	③	④
A	4	2	3	2
B	3	4	2	4
C	3	2	2	3
D	2	2	2	2

【解】 依题意,本分部工程宜组织无节奏节拍流水。用大差法确定流水步距。

$$
\begin{array}{llll}
4 & 6 & 9 & 11 \\
-) & 3 & 7 & 10 & 14
\end{array}
$$

$$
\begin{array}{lllll}
3 & 7 & 10 & 14 \\
-) & 3 & 5 & 7 & 10
\end{array}
$$

$$
\begin{array}{lllll}
3 & 5 & 7 & 10 \\
-) & 2 & 4 & 5 & 7
\end{array}
$$

$$
\begin{array}{lllll}
4 & 3 & 2 & 1 & -14 \\
\therefore & K_{AB}=4
\end{array}
$$

$$
\begin{array}{lllll}
3 & 4 & 5 & 7 & -10 \\
\therefore & K_{BC}=7
\end{array}
$$

$$
\begin{array}{lllll}
3 & 3 & 3 & 5 & -7 \\
\therefore & K_{CD}=5
\end{array}
$$

3. 平行搭接时间(C)

在组织流水施工时,有时为了缩短工期,在工作面允许的条件下,前后两个工作队在同一施工段上平行搭接施工,这个搭接时间称为平行搭接时间,常用"C"表示。

4. 技术间歇时间(Z)

根据施工过程的工艺性质,在流水施工中除了考虑两个相邻施工过程之间的流水步距外,还需考虑增加一定的技术间隙时间。如楼板混凝土浇筑后,需要一定的养护时间才能进行后道工序的施工;又如屋面找平层完成后,需等待一定时间,使其彻底干燥,才能进行屋面防水层施工等。这些由于工艺原因引起的等待时间,称为技术间隙时间。常用"Z"表示。

5. 组织管理间歇时间(G)

由于组织因素要求两个相邻的施工过程在规定的流水步距以外增加必要的间隙时间,如质量验收、安全检查等。这种间歇时间称为组织间歇时间。常用"G"表示。

12.5 流水施工的组织方法

在建筑施工中,分部工程流水(即专业流水)是组织流水施工的基础,根据工程施工的特点和流水参数的不同，一般专业流水施工组织分为：等节拍专业流水、异节拍专业流水和无节奏专业流水三种。

12.5.1 等节拍专业流水

等节拍专业流水是指在组织流水施工时，如果所有的施工过程在各个施工段上的流水节拍彼此相等，这种流水施工组织方式称为等节拍专业流水，也称为固定节拍流水或全等节拍流水或同步距流水。

1. 基本特点

（1）流水节拍彼此相等。如有 n 个施工过程，流水节拍为 t_i，则：

$$t_1 = t_2 = \cdots\cdots = t_{n-1} = t_n = t（常数）$$

（2）流水步距彼此相等，而且等于流水节拍，即：

$$K_{1,2} = K_{2,3} = \cdots\cdots = K_{n-1,n} = K = t（常数）$$

（3）每个专业工作队都能够连续施工，施工段没有空闲。

（4）专业工作队数（N）等于施工过程数（n）。

2. 组织步骤

（1）确定项目施工起点流向，分解施工过程。

（2）确定施工顺序，划分施工段。划分施工段时，其数目 m 的确定如下：

1）无层间关系或无施工层时，取 $m = n$。

2）有层间关系或有施工层时，施工段数目划分按下面两种情况确定，

①无技术和组织间歇时，取 $m = n$；

②有技术和组织间歇时，为了保证各专业工作队能连续施工，应取 $m > n$。此时若一个楼层内各施工过程间的技术、组织间歇时间之和为 ΣZ_1，楼层间技术、组织间歇时间为 Z_2。如果每层的 ΣZ_1 均相等，Z_2 也相等，每层的施工段数 m 可按公式（12-6）确定：

$$m = n + \Sigma Z_1/K + \Sigma Z_2/K \qquad (12\text{-}6)$$

如果每层的 ΣZ_1 不完全相等，Z_2 也不完全相等，应取各层中最大的 ΣZ_1 和 Z_2，并按公式（12-7）确定施工段数。

$$m = n + \max\Sigma Z_1/K + \max\Sigma Z_2/K \qquad (12\text{-}7)$$

（3）根据等节拍专业流水要求，按定额计算法、经验估算法、工期倒排法计算流水节拍数值。

（4）确定流水步距，$K = t$。

（5）计算流水施工的工期：

1）不分施工层时，可按公式（12-8）进行计算：

$$T = (m + n - 1) \cdot K + \Sigma Z + \Sigma G - \Sigma C \qquad (12\text{-}8)$$

式中　T——流水施工总工期；

　　　　m——施工段数；

　　　　n——施工过程数；

　　　　K——流水步距；

　　　　Z——两相邻施工过程间的技术间歇时间；

G——两相邻施工过程间的组织间歇时间；

C——两相邻施工过程间的平行搭接时间。

2）分施工层时，可按公式（12-9）进行计算：

$$T = (m \cdot r + n - 1) \cdot K + \Sigma Z_1 - \Sigma C \qquad (12\text{-}9)$$

式中　r——施工层数；

　　　ΣZ_1——第一个施工层中各施工过程之间的技术与组织间歇时间之和；

　　　其他符号含义同前。

在公式（12-9）中，没有二层及二层以上的 ΣZ_1 和 Z_2，是因为它们均已包括在式中的 $m \cdot r \cdot K$ 项内。

（6）绘制流水施工指示图表。

【例题 12-2】　某分部工程由四个分项工程组成，划分成五个施工段，流水节拍均为 3 天，无技术、组织间歇，试组织流水施工并绘制流水施工进度表。

【解】　由题意可知，本分部工程宜组织等节拍专业流水。

已知：$t_i = t = 3$ 天，$m = 5$，$n = 4$

（1）确定流水步距：

由等节拍专业流水的特点知：$K = t = 3$ 天

（2）计算工期：

$$T = (m + n - 1) \cdot K = (5 + 4 - 1) \times 3 = 24 \text{ 天}$$

（3）绘制流水施工进度表如下。

施工过程名称	进 度（天）							
	3	6	9	12	15	18	21	24
A	1	2	3	4	5			
B		1	2	3	4	5		
C	*K*		1	2	3	4	5	
D		*K*		1	2	3	4	5

【例题 12-3】　某项目由Ⅰ、Ⅱ、Ⅲ、Ⅳ等四个施工过程组成，划分两个施工层组织流水施工，施工过程Ⅱ完成后需养护一天下一个施工过程才能施工，且层间技术间歇为一天，流水节拍均为一天。为了保证工作队连续作业，试组织流水施工并绘制流水施工进度表。

【解】　由题意可知，本分部工程宜组织等节拍专业流水。

已知：$t_i = t = 1$ 天，$n = 4$，$r = 2$

（1）确定流水步距

∵　$t_i = t = 1$ 天

∴　$K = t = 1$ 天

（2）确定施工段数：本工程分段又分层

$$m = n + \Sigma Z_1 / K + \Sigma Z_2 / K = 4 + 1/1 + 1/1 = 6 \text{ 段}$$

（3）计算工期

$$T = (m \cdot r + n - 1) \cdot K + \Sigma Z_1 - \Sigma C = (6 \times 2 + 4 - 1) \times 1 + 1 - 0 = 16 \text{ 天}$$

（4）绘制流水施工进度表如下。

施工过程名称	进度（天）															
	1	2	3	4	5	6	7	8	9	10	11	12	13	14	15	16
Ⅰ	1	2	3	4	5	6	1	2	3	4	5	6				
Ⅱ	*K*	1	2	3	4	5	6	1	2	3	4	5	6			
Ⅲ	*K*	*Z*	1	2	3	4	5	6	1	2	3	4	5	6		
Ⅳ			1	2	3	4	5	6	1	2	3	4	5	6		

12.5.2　异节拍专业流水

异节拍专业流水是指在组织流水施工时，如果同一个施工过程在各施工段上的流水节拍彼此相等，不同施工过程在同一施工段上的流水节拍彼此不等而互为倍数的流水施工方式，也称为成倍节拍专业流水。有时，为了加快流水施工速度，缩短工期，在资源供应满足的前提下，对流水节拍长的施工过程，组织几个同工种的专业工作队来完成同一施工过程在不同施工段上的任务，从而就形成了一个工期最短的、类似于等节拍专业流水的等步距的异节拍专业流水施工方案。这里我们主要讨论等步距的加快成倍节拍专业流水。

1. 基本特点

（1）同一施工过程在各施工段上的流水节拍彼此相等，不同的施工过程在同一施工段上的流水节拍彼此不同，但互为倍数关系；

（2）流水步距彼此相等，且等于流水节拍的最大公约数；

（3）各专业工作队都能够保证连续施工，施工段没有空闲；

（4）专业工作队数大于施工过程数，即 $N > n$。

2. 组织步骤

（1）确定施工起点流向，分解施工过程；

（2）根据异节拍专业流水确定流水节拍 t_j；

（3）确定流水步距 K_b，等于各流水节拍的最大公约数；

（4）确定专业工作队伍数：　　　$b_j = t_j / K_b$　　　$N = \Sigma b_j$

式中　b_j—— 各施工过程的专业工作队总数；

　　　t_j——各施工过程在各施工段上的流水节拍。

（5）确定施工顺序，划分施工段；

1）不分施工层时，可按划分施工段的原则确定施工段数。

2）分施工层时，每层的段数可按公式（12-10）确定。

$$m = N + \max\Sigma Z_1 / K_b + \max\Sigma Z_2 / K_b \qquad (12\text{-}10)$$

式中　N——专业工作队总数；

　　　K_b——等步距的异节拍专业流水的流水步距。

（6）计算流水施工的工期：可按公式（12-11）进行计算：

$$T = (m \cdot r + N - 1) \cdot K_b + \Sigma Z_1 - \Sigma C \qquad (12\text{-}11)$$

式中 r——施工层数；

$\quad Z_1$——第一个施工层中各施工过程之间的技术与组织间歇时间之和；

$\quad\quad$ 其他符号含义同前。

(7) 绘制流水施工指示图表。

【例题 12-4】 某项目由 I 、II 、III 等三个施工过程组成，流水节拍分别为 $t_I = 2$ 天，$t_{II} = 6$ 天，$t_{III} = 4$ 天，无技术、组织间歇，试组织流水施工并绘制流水施工进度表。

【解】 由题意可知，本分部工程宜组织加快成倍节拍专业流水。

(1) 确定流水步距：$K_b =$ 各流水节拍的最大公约数 = 2 天

(2) 确定各专业工作队数 $b_j = t_j / K_b$：

$$b_I = 2/2 = 1 \quad\quad b_{II} = 6/2 = 3 \quad\quad b_{III} = 4/2 = 2$$
$$N = \Sigma b_j = 1 + 3 + 2 = 6(\text{个})$$

(3) 求施工段数：$m = N = 6$ 段

(4) 计算工期：

$$T = (m \cdot r + N - 1) \cdot K_b + \Sigma Z_1 - \Sigma C = (6 \times 1 + 6 - 1) \times 2 + 0 - 0$$
$$= 22(\text{天})$$

(5) 绘制流水施工进度表如下。

施工段	专业队	进度（天）										
		2	4	6	8	10	12	14	16	18	20	22
I	I	1	2	3	4	5	6					
II	II_a			1			3					
	II_b				2			4				
	II_c					3			6			
III	III_a					1			5			
	III_b						2		4		6	

【例题 12-5】 拟兴建四幢大板结构房屋，施工过程由基础、结构安装、室内装饰、室外工程组成，每幢为一个施工段，流水节拍分别为 5、10、10、5 周，试组织流水施工并绘制流水施工进度表。

【解】 由题意可知，本分部工程宜组织加快成倍节拍专业流水。

(1) 确定流水步距：$K_b =$ 各流水节拍的最大公约数 = 5 周

(2) 确定各专业工作队数：$b_j = t_j / K_b$：

$$b_1 = 5/5 = 1, \quad b_2 = 10/5 = 2, \quad b_3 = 10/5 = 2, \quad b_4 = 5/5 = 1$$
$$N = \Sigma b_j = 1 + 2 + 2 + 1 = 6(\text{个})$$

(3) 计算工期：

$$T = (m \cdot r + N - 1) \cdot K_b + \Sigma Z_1 - \Sigma C = (4 \times 1 + 6 - 1) \times 5 = 45(\text{周})$$

(4) 绘制流水施工进度表如下。

施工过程名称	专业队	进 度（天）								
		5	10	15	20	25	30	35	40	45
基础	I	1	2	3	4					
结构	II~a~		1		3					
	II~b~			2		4				
装饰	III~a~				1		3			
	III~b~					2		4		
室外	V						1	2	3	4

【例题 12-6】 某二层现浇钢筋混凝土工程，施工过程由安装模板、绑扎钢筋和浇筑混凝土组成，已知每段每层各施工过程流水节拍分别为 2、2、1 天，混凝土养护需一天。在保证各工作队连续施工的条件下，试组织流水施工并绘制流水施工进度表。

【解】 由题意可知，本分部工程宜组织成倍节拍专业流水。

（1）确定流水步距： K_b＝各流水节拍的最大公约数＝1 天

（2）确定各专业工作队数 $b_j＝t_j/K_b$：

$$b_1 = 2/1 = 2, \quad b_2 = 2/1 = 2, \quad b_3 = 1/1 = 1,$$
$$N = \Sigma b_j = 2 + 2 + 1 = 5（个）$$

（3）每层施工段数：属于分段又分层

$$m = N + \max\Sigma Z_1/K_b + \max\Sigma Z_2/K_b = 5 + 0 + 1/1 = 6 \text{ 段}$$

（4）计算工期：

$$T = (m \cdot r + N - 1) \cdot K_b + \Sigma Z_1 - \Sigma C =$$
$$(6 \times 2 + 5 - 1) \times 1 + 0 - 0 = 16（天）$$

（5）绘制流水施工进度表如下。

施工过程名称	专业队	进 度（天）															
		1	2	3	4	5	6	7	8	9	10	11	12	13	14	15	16
安装模板	I~a~	1		3		5		1		3		5					
	I~b~		1		3		5		1		3		5				
绑扎钢筋	II~a~			1		3		5		1		3		5			
	II~b~				1		3		5		1		3		5		
浇筑混凝土	III					1	2	3	4	5	6	1	2	3	4	5	6

采取加快成倍节拍专业流水时，施工速度加快了，工期缩短了，但由于施工时增加了工作队伍数，必然增加施工成本。所以有时在工期要求不紧张的情况下，可以采取一般成倍节拍专业流水，不加快流水施工速度，不缩短工期，从而有利于降低施工成本。一般成倍节拍专业流水可按无节奏专业流水施工方式组织。

12.5.3 无节奏专业流水

在项目实际施工中，通常每个施工过程在各个施工段上的工程量彼此不等，各专业工作队的生产效率相差较大，导致大多数的流水节拍也彼此不相等，不可能组织成等节拍专业流水或异节拍专业流水。在这种情况下，往往利用流水施工的基本概念，在保证施工工艺、满足施工顺序要求的前提下，按照一定的计算方法，确定相邻专业工作队之间的流水步距，使其在开工时间上最大限度地、合理地搭接起来，形成每个专业工作队都能连续作业的流水施工方式，称为无节奏专业流水，也叫作分别流水。它是流水施工的普遍形式。

1. 基本特点

（1）每个施工过程在各个施工段上的流水节拍，不尽相等；

（2）在多数情况下流水步距彼此不相等，而且流水步距与流水节拍二者之间存在着某种函数关系；

（3）各专业工作队都能连续施工，个别施工段可能有空闲；

（4）专业工作队数等于施工过程数，即 $N=n$ 。

2. 组织步骤

（1）确定施工起点流向，分解施工过程；

（2）确定施工顺序，划分施工段；

（3）按相应的公式计算各施工过程在各个施工段上的流水节拍；

（4）按"累加斜减法"，确定相邻两个专业工作队之间的流水步距；

（5）按公式（12-12）计算流水施工的计划工期：

$$T = \Sigma K + \Sigma t_i^n + \Sigma Z + \Sigma G - \Sigma C \qquad (12\text{-}12)$$

式中　　Σt_i^n——最后一个施工过程在各个施工段上的流水节拍之和；

　　　　ΣZ——所有楼层内和楼层间技术间歇时间之和；

　　　　ΣG——所有楼层内和楼层间组织间歇时间之和。

其他符号含义同前。

（6）绘制流水施工指示图表。

【例题 12-7】　某分部工程由四个分项工程组成，分别由 A、B、C、D 四个专业工作队完成，在平面上划分成四个施工段，各流水节拍如下表所示，试组织流水施工并绘制流水施工进度表。

流水节拍(天)　施工段 工作队	①	②	③	④
A	4	2	3	2
B	3	4	3	4
C	3	2	2	3
D	2	2	1	2

【解】　由题意可知，本分部工程宜组织无节奏节拍专业流水。

（1）确定流水步距：大差法（累加斜减法）

4 6 9 11		3 7 10 14		3 5 7 10
-) 3 7 10 14	-)	3 5 7 10	-)	2 4 5 7
4 3 2 1 -14		3 4 3 5 -7		3 3 3 5 -7

$$\therefore K_{AB} = 4 \qquad\qquad \therefore K_{BC} = 7 \qquad\qquad \therefore K_{CD} = 5$$

(2) 计算流水施工的计划工期：

$$T = \Sigma K + \Sigma t_i^n + \Sigma Z + \Sigma G - \Sigma C$$
$$= (4+7+5) + (2+2+1+2) + 0 + 0 - 0 = 23(\text{天})$$

(3) 绘制流水施工进度表如下。

施工过程名称	进 度 （天）																						
	1	2	3	4	5	6	7	8	9	10	11	12	13	14	15	16	17	18	19	20	21	22	23
A		①				②			③		④												
B						①			②				③			④							
C													①		②		③			④			
D																		①		②		③	④

【例题 12-8】 某项目经理部拟承建一工程，该工程有Ⅰ、Ⅱ、Ⅲ、Ⅳ、Ⅴ等五个施工过程。施工时在平面上划分成四个施工段，各流水节拍如下表所示，规定在施工过程Ⅱ完成后，其相应施工段至少养护 2 天；施工过程Ⅳ完成后，其相应施工段至少要留有 1 天的准备时间；为了尽早完工，允许施工过程Ⅰ与Ⅱ之间搭接施工 1 天。试组织流水施工并绘制流水施工进度表。

流水节拍（天） / 施工段	Ⅰ	Ⅱ	Ⅲ	Ⅳ	Ⅴ
①	3	1	2	4	3
②	2	3	1	2	4
③	2	5	3	3	2
④	4	3	5	3	1

【解】 由题意可知，本分部工程宜组织无节奏节拍专业流水。

(1) 确定流水步距：大差法（累加斜减法）

3 5 7 11		1 4 9 12		2 3 6 11		4 6 9 12
-) 1 4 9 12	-)	2 3 6 11	-)	4 6 9 12	-)	3 7 9 10
3 4 3 2 -12		1 2 6 6 -11		2 -1 0 2 -12		4 3 2 3 -10

$$\therefore K_{Ⅰ、Ⅱ} = 4 \qquad \therefore K_{Ⅱ、Ⅲ} = 6 \qquad \therefore K_{Ⅲ、Ⅳ} = 2 \qquad \therefore K_{Ⅳ、Ⅴ} = 4$$

(2) 计算流水施工的计划工期：$Z_{II III}=2$ 天 $G_{IV V}=1$ 天 $C_{I II}=1$ 天

$$T = \Sigma K + \Sigma t_i^n + \Sigma Z + \Sigma G - \Sigma C$$
$$= (4+6+2+4)+(3+4+2+1)+2+1-1 = 28(天)$$

(3) 绘制流水施工进度表如下。

工作队	进 度（天）																											
	1	2	3	4	5	6	7	8	9	10	11	12	13	14	15	16	17	18	19	20	21	22	23	24	25	26	27	28
I	①		②		③				④																			
II			①		②				③				④															
III					①		②			③				④														
IV								①		②		③		④														
V														①		②		③		④								

综上所述，各流水施工组织特点归纳如下：

特点 流水方式	流水节拍 t	流水步距 K	施工过程数 n 与工作队数 N	工作队连续性	施工段是否空闲	工期 T
固定节拍流水	相等	相等，$K=t$	相等，$m=N$	√	无	当分段不分层： $T=(m+n-1)K+\Sigma Z+\Sigma G-\Sigma C$； 当分段 m 又分层 r： $T=(m \cdot r+n-1)K+\Sigma Z_1-\Sigma C$
加快成倍节拍	成倍	相等，$K=K_b$（最大公约数）	工作队数 $N \geqslant$ 施工过程数 n	√	无	$T=(m \cdot r+N-1) \cdot K_b+\Sigma Z_1-\Sigma C$； 式中，$\Sigma Z_1$—第一个施工层内技术与组织间歇时间之和
一般成倍节拍	成倍	不全相等（大差法）	相等，$n=N$	√	有	$T=\Sigma K + \Sigma t_i^n + \Sigma Z + \Sigma G - \Sigma C$； 式中，$\Sigma Z$、$\Sigma G$—分别是层内和层间的技术、组织间歇时间之和
非节奏流水	不全相等					

12.5.4 一般搭接施工

前面介绍的流水施工计算方法，过分强调了施工队作业的连续性，有时不得不把各项工作按照最迟开始时间安排，使计划没有机动时间的余地；同时要分别考虑施工过程工作面的形成是否受建筑物层间关系制约。当建筑物分层分段时，要保证工作队连续作业，每层的最少段数必须大于或等于施工过程数。即 $\min m_0 \geqslant n_0$；或者对于按计算结果编制成的施工进度表，还必需检查每一施工过程中在完成某一层的最后一个施工段的作业后，是否有可能紧接着转到上

357

一层的第一施工段继续作业。即需要检查上一层第一段的工作面是否已经具备。如果不具备，显然就要影响后一施工过程的往上转移，造成作业等待，出现施工间断。

组织一个单位工程流水施工，出现施工过程的间断往往是不可避免的，为了防止窝工，通常采取加强作业调度，或组织两个以上工程对象的对翻流水，或安排缓冲工程进行调剂，以解决各主要工种施工过程的连续性。因此，建筑工地上习惯地把这种施工过程有间断的搭接施工也看作是流水施工（因为完成这一施工过程的工种工作队在此间隔时间内，它可被安排在缓冲工程的工作段上作业，没有真正的窝工）。

搭接施工的特点在于充分利用工作空间，各个施工过程在同一个施工段上的工作仍是依次按合理的工艺顺序连续施工，它可以使单位工程的工期缩短。因此，搭接施工不需要计算相邻施工过程的步距，而是以工艺顺序先后为依据，前者完成，后者即可开始，依次类推。虽然施工队有时存在作业不连续性，但是各项工作是按照最早开始时间安排，使计划因有机动时间的余地而富有弹性。其工期的计算方法与流水施工不同。

1. 施工段无层间关系的搭接施工

设有层数不等混合结构住宅四幢，每幢作为一个施工段，由基础工程（A）、结构工程（B）、装饰工程（C）三个施工过程组织搭接施工，因各幢房屋的地基情况、建筑形式和面积不同，各个施工过程的持续时间见表12-1。

各施工过程的持续时间表（单位：周） 表 12-1

施工过程 \ 施工段(幢)	一	二	三	四
A	2	3	4	3
B	2	4	2	4
C	2	3	2	4

该工程搭接施工的总工期，可采用表12-2的方法计算。其中最后一个施工过程C的完成时间，即总工期 $T=20$ 周。

搭接施工的总进度计划，可以根据表12-1和表12-2绘制，如图12-7所示。

对照表12-2和图12-7就易于掌握其计算方法，即每一施工过程在某一施工段 i 的开始时间，取决于前一施工过程结束本施工段作业的时间，以及本施工过程中在前一施工段作业的结束时间，表中分别用水平箭头和斜向箭头指明这两个结束时间，从中取大的数值填入相应施工段的开始时间格内作为开始时间。如表12-2中，施工段3，施工过程C的开始时间的取定。有前面的施工过程B的结束时间11（水平箭头所示）和本施工过程C的在前一施工段2上的结束时间12（斜向箭头所示），从中取12，$12+t_c^i(=2)=14$，为结束时间。类推计算，最后得出C的结束时间为20。

搭接工期计算表 表 12-2

施工段 i（幢） \ 施工过程	A 开始	A t'_a	A 结束	B 开始	B t'_b	B 结束	C 开始	C t'_c	C 结束
1	0	2	2	2	2	4	4	2	6
2	2	3	5	5	4	9	9	3	12
3	5	4	9	9	2	11	12	2	14
4	9	3	12	12	4	16	16	4	⑳

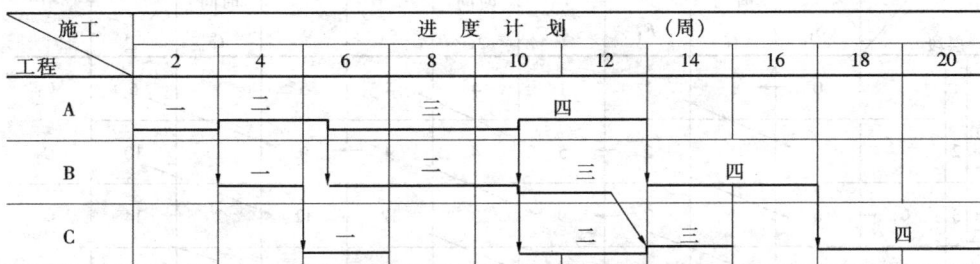

施工过程 \ 进度计划（周）	2	4	6	8	10	12	14	16	18	20
A	一	二		三		四				
B		一	二			三		四		
C			一		二		三		四	

图 12-7 第二幢房屋结构工程分层分段搭接施工进度计划

2. 施工段有层间关系的搭接施工

从表 12-1 中可知，第二幢（施工段）结构工程的施工持续时间为 4 周。如果这幢三层房屋的结构施工每层分为二个施工段，则总段数 $n=3×2=6$（分段如图 12-8）；每段由以下三个施工过程组成搭接施工。

（1）准备工作——包括弹线、标高引测、楼板灌缝、砖的运送，内脚手架设等；

（2）墙体砌筑——砌墙、门窗框及过梁等；

（3）楼板安装——包括楼板、楼梯、浇捣圈梁的安装等。

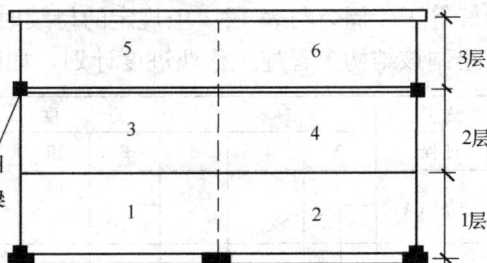

各个施工过程持续时间如表 12-3 所示。该幢房屋结构工程的搭接施工

图 12-8 分层分段示意图

属于施工段有层间关系的形式，即第三施工段（二层）的准备工作，必须在第一施工段（一层）的楼板安装完成后才能开始。第四五六段的准备工作同样也受到它们下一层楼板安装的制约。因此，这种搭接施工的总工期计算与前一种无层间关系的形式稍有不同，可采用表 12-4 的方法计算：

各施工过程的持续时间（单位：d） 表 12-3

施工过程 \ 施工段	一	二	三	四	五	六
① 准备	1	1	1	1	1	1

续表

施工段 施工过程	一	二	三	四	五	六
② 砌墙	4	4	3	3	4	4
③ 安板	1	1	2	2	1	1

搭接施工总工期计算表（单位：天）　　　　　　　表 12-4

施工过程 层段	① 准备 (A)			② 砌墙 (B)			③ 安板 (C)			约束时间
	开始 S_t^a	持续时间 t_t^a	结束 F_t^a	开始 S_t^t	持续时间 t_t^b	结束 F_t^b	开始 S_t^c	持续时间 t_t^c	结束 F_t^c	
一层 1	0	1	1	1	4	5	5	1	6	C_1
一层 2	1	1	2	5	4	9	9	1	10	C_2
二层 3	C_1 6	1	7	9	3	12	12	2	14	C_3
二层 4	C_2 10	1	11	12	3	15	15	2	17	C_4
三层 5	C_3 14	1	15	15	4	19	19	1	20	
三层 6	C_4 17	1	18	19	4	23	23	1	㉔	T

经计算可见该结构工程的施工总工期为 24d，如果每周以 6 个工作日计算，恰好等于 4 周，与表 12-1 中规定的持续时间相等。因此，可按表 12-4 的计算结果绘制该结构工程施工作业进度计划，如图 12-9 所示。

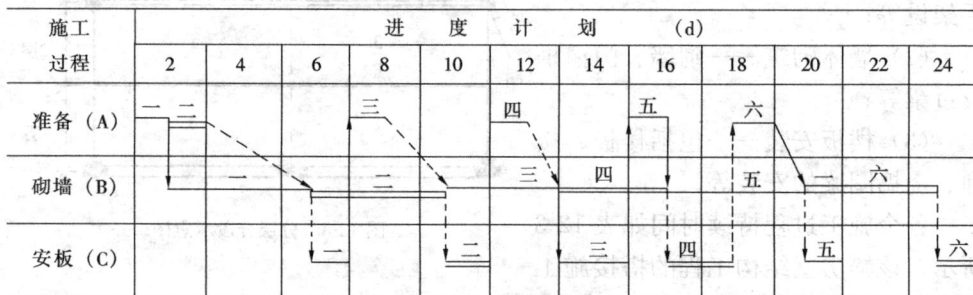

施工过程	进　度　计　划　(d)											
	2	4	6	8	10	12	14	16	18	20	22	24
准备 (A)	一 二			三		四		五	六			
砌墙 (B)		一		二		三	四		五	一 六		
安板 (C)			一		二		三	四		五		六

图 12-9　第二幢房屋结构工程分层分段搭接施工进度计划

13 网络计划技术

网络计划技术是随着现代科学技术和工业生产的发展而产生的，20世纪50年代中期出现于美国，目前发达国家已广泛应用，已成为比较流行的一种现代生产管理的科学方法。网络计划技术种类繁多，有关键线路法（CPM）、计划评审技术（PERT）、图示评审技术（GERT）、决策网络计划（DN）、风险评审技术（VERT）、搭接网络计划和仿真网络计划等。我国从60年代初在华罗庚教授的倡导下，开始在生产管理中研究推广应用网络计划技术。30多年来，网络计划技术作为一门现代管理技术已逐渐被各级领导和广大科技人员所重视。1992年国家建设部和国家技术监督局先后颁布了中华人民共和国国家标准《工程网络计划技术规程》（JGT/T 121—99）和中华人民共和国国家标准《网络计划技术》（GB/T 13400.1—13400.3—92），使工程网络计划技术在编制与控制管理的实际应用中，有了一个可以遵循的、统一的技术标准。本章主要阐述上述两个规程中，有关关键线路法的网络计划技术的基本知识。

13.1 网络图的绘制

网络图是由箭线和节点组成的，用来表示工作流程的有向、有序的网状图形。网络计划是在网络图上加注工作时间参数而编制的进度计划。一般网络计划技术的网络图，有双代号网络图和单代号网络图两种。

13.1.1 双 代 号 网 络 图

双代号网络图由若干表示工作的箭线和节点组成，其中每一项工作都用一根箭线和箭线两端的两个节点来表示，每个节点都编以号码，箭线两端节点的号码即代表该箭线所表示的工作，"双代号"的名称由此而来。图13-1所示的就是双代号网络图。

1. 双代号网络图的构成与基本符号

双代号网络图由工作、节点（事件）和线路等三个基本要素组成。

（1）工作

工作是指计划任务按需要的粗细程度划

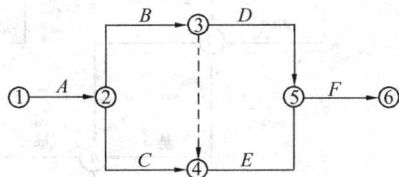

图13-1 双代号网络图

分而成的一个既消耗时间又消耗资源的子项目或子任务，是双代号网络图的组成要素之一，它用一根箭线和两个节点表示。箭线的箭尾节点表示该工作的开始，箭头节点表示该工程的结束，工作名称或代号写在箭线的上方，完成该工作的持续时间写在箭线的下方，如图13-2所示。

工作通常可以分为三种：第一种是既消耗时间又耗用资源的工作，如框架施工中的浇筑混凝土梁或柱；第二种是只消耗时间而不耗用资源的工作，如混凝土的养护；第三种是既不占用时间又不耗用资源的虚工作，虚工作在双代号网络图中，只表示相邻前后工作之间的逻辑关系，虚工作的表示方法如图 13-3 所示。

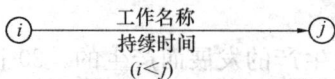

图 13-2　双代号网络图中工作
的表示方法

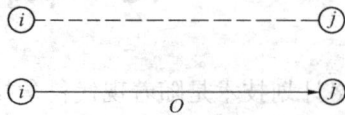

图 13-3　双代号网络图中虚
工作的表示方法

虚工作在双代号网络图绘制中非常重要，应用不当就不能正确反映各工作间的逻辑关系。逻辑关系是指工作之间的先后顺序关系。逻辑关系又划分为由生产工艺技术决定的工艺关系和由于组织安排需要或资源调配需要而规定的组织关系两种。

虚工作在双代号网络图中，一般起着联系、区分和断路等三个作用。联系作用是指应用虚工作正确表达工作之间的工艺联系和组织联系作用；区分作用是指双代号网络图中应用两个代号表示一项工作，若两项工作用同一代号就应用虚工作加以区分，如图 13-4 所示。图中②、③ 工作起的作用即为区分作用；断路作用是指当网络图中，中间节点有逻辑错误时，应用虚工作断路，正确表达工作间的逻辑关系，如图 13-5 所示。图13-5（a）是四个施工过程，两个施工段，双代号流水网络图，③、④、⑤节点存在逻辑错误或重复编号的错误，是

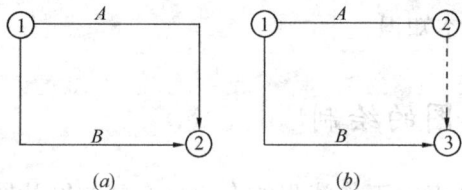

图 13-4　虚工作的区分作用
（a）错误画法；（b）正确画法

一张错误的网络图，而图 13-5（b）中，③—④和⑤—⑥两虚工作起到了断路作

(a)

(b)

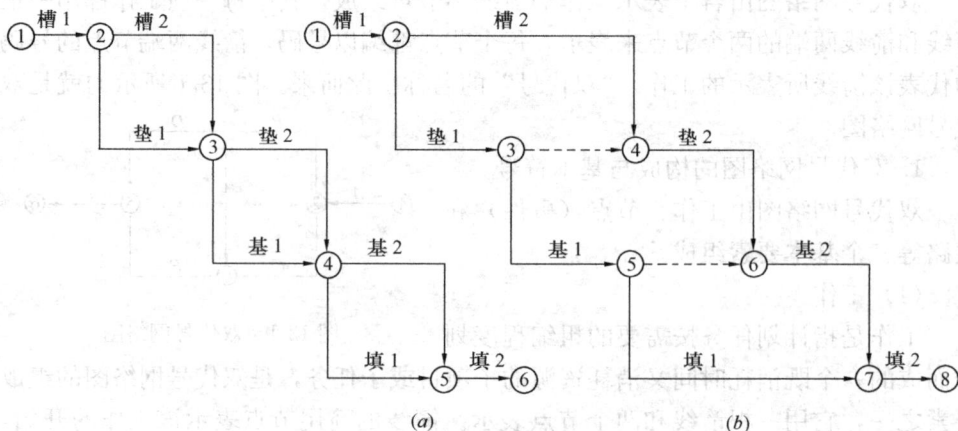

图 13-5　虚工作的断路作用
（a）错误的画法；（b）正确的画法

用，正确表达了工作间的逻辑关系，是一张正确的网络图。

双代号网络图中，诸工作之间的关系，通常用 $i-j$ 工作表示被研究的对象，并称为本工作，紧排在本工作之前的工作称为紧前工作，紧排在本工作之后的工作称为紧后工作，与之平行的工作称为平行工作，如图 13-6 所示。在网络图中，自起始节点至本工作之间各条线路上的所有工作称为本工作的先行工作，本工作之后至终点节点各条线路上的所有工作称为本工作的后续工作。没有紧前工作的工作称为起始工作，没有紧后工作的工作称为结束工作。

(2) 节点（事件）

节点是双代号网络图中工作之间的交接之点，用圆圈表示。节点一般表示该节点前一项或若干项工作的结束，同时也表示该节点后面一项或若干项工作的开始。

图 13-6 工作间的关系

（h）紧前工作（i）本工作（j）紧后工作（k）

$(h<i<j<k)$

在双代号网络图中，节点与工作概念不同，它只表示工作的开始和完成的瞬时时刻，具有承上启下的衔接作用，它既不占用时间又不耗用资源。如图 13-1 中的节点②，它既表示 A 工作的结束时刻，也表示 B、C 工作的开始时刻。

代表工作的箭线，其箭尾节点表示该工作的开始，称为开始节点；其箭头节点表示该工作结束，称为结束节点。双代号网络图中的第一个节点称为起始节点，它意味着一项工程或任务的开始，最后一个节点称为终节点，它意味着一项工程或任务的完成。除此以外的节点都称为中间节点。双代号网络图中，起始节点的特点：编号小且没有指向该节点的内向箭线。终节点的特点：编号大且没有从该节点出发的外向箭线，中间节点则编号在起始节点和终节点之间且既有内向又有外向箭线。如图 13-1 中，节点①为起始节点，节点⑥为终节点，节点②、③、④、⑤为中间节点。

(3) 线路

网络图中从起始节点开始，沿箭线方向连续通过一系列箭线和节点，最后到达终点节点的通路称为线路。线路上所有工作持续时间之总和称为该线路的计算工期。网络图中有多条线路，其中时间最长的线路称为关键线路，位于关键线路上的工作称为关键工作。网络图中除了关键线路外都称为非关键线路。如图 13-1 中则有①—②—③—⑤—⑥、①—②—④—⑤—⑥和①—②—③—④—⑤—⑥三条线路。

2. 双代号网络图的绘制

网络图必须正确地表达整个工程或任务的工艺流程和各工作开展的先后顺序及它们之间的相互制约、相互依存的逻辑关系。网络图的绘制应遵守绘图的基本规则，力图使网络图的图面布置合理、条理清楚、突出重点，尽量减少箭线交叉，并按一定的格式来布置。单代号与双代号网络图中常见的逻辑关系表示方法及比较，见表 13-1。

(1) 双代号网络图的绘制基本规则

单代号与双代号网络图中常见的逻辑关系表示方法及比较　　表 13-1

序号	工作间逻辑关系	双代号网络图	单代号网络图
1	A 完成后进行 B B 完成后进行 C	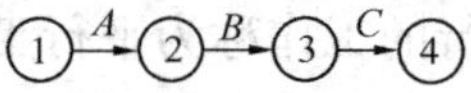	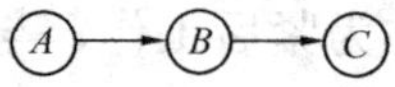
2	A 完成后同时进行 B、C	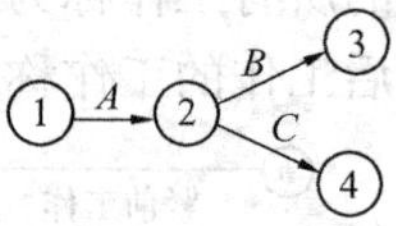	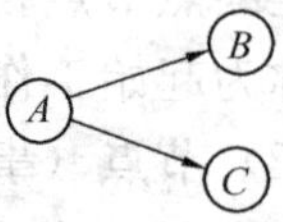
3	A 和 B 都完成后进行 C	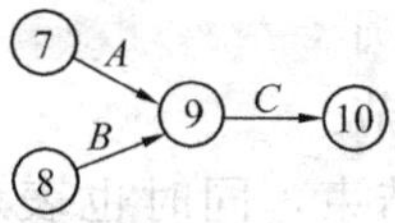	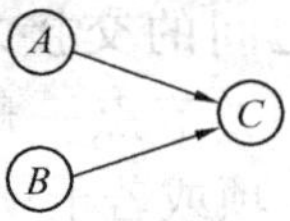
4	A 完成后进行 C B 完成后进行 D A 和 B 可同时开始	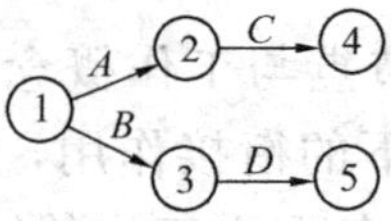	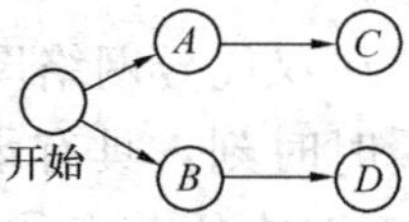
5	A 完成后进行 C A 和 B 都完成后进行 D	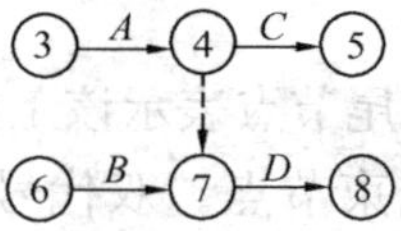	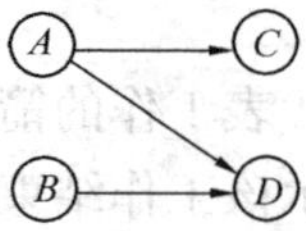
6	A 完成后同时进行 B、C B 和 C 都完成后进行 D	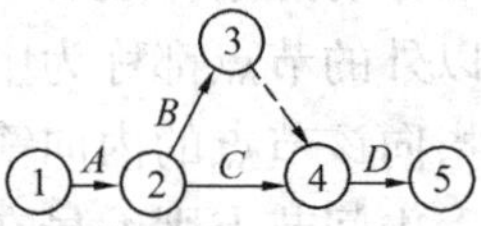	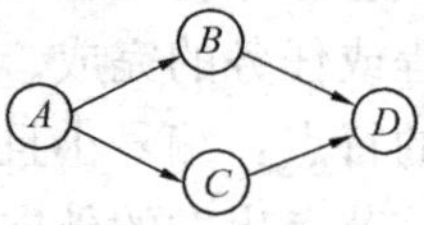
7	A 和 B 都完成后同时进行 C 和 D	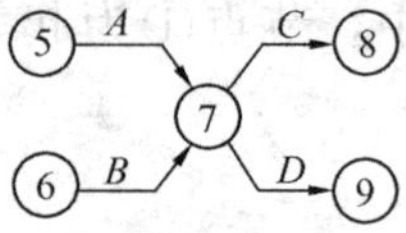	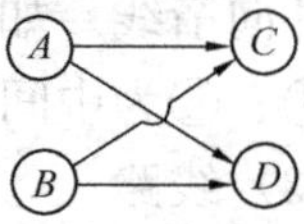
8	A、B 都完成后进行 D B、C 都完成后进行 E	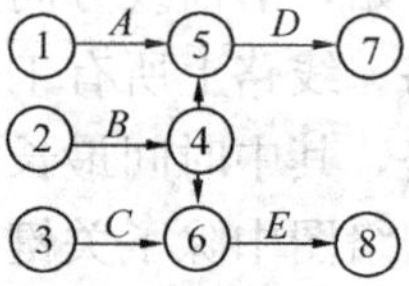	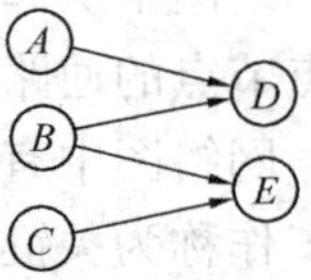
9	A 完成后进行 C B 完成后进行 E A、B 都完成后进行 D	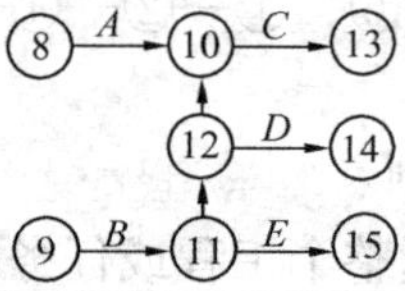	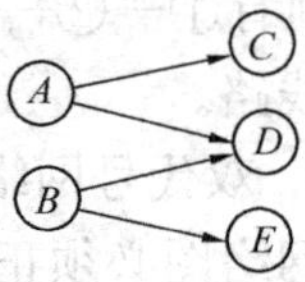
10	A、B 两项先后进行的工作 各分为三段进行 A_1 完成后进行 A_2、B_1 A_2 完成后进行 A_3、B_2 B_1 完成后进行 B_2　B_2 完成后进行 B_3	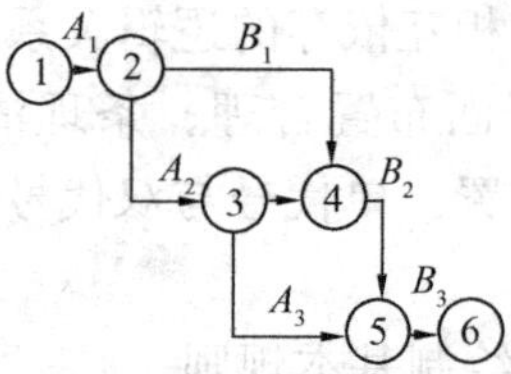	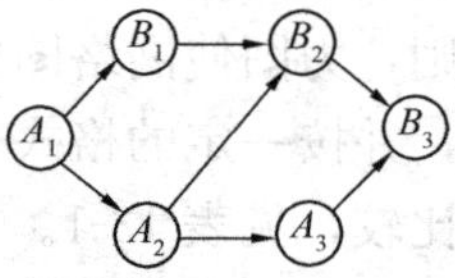

1）网络图必须正确表达已定的逻辑关系。

2）网络图中严禁出现从一个节点出发，顺箭头方向又回到原出发点上的循环回路。如图 13-7 中的②—③—⑤—②和②—④—⑤—②为循环回路，其逻辑关系是错误的，工艺关系上是相互矛盾的。

3）网络图中在节点之间严禁出现双向箭头或无向箭头的连线，如图 13-8 所示。

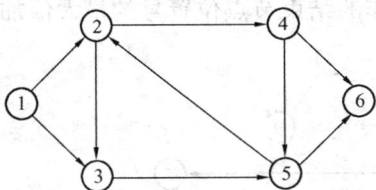

图 13-7 循环回路示意图

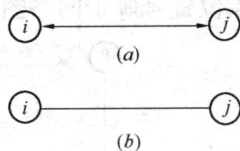

图 13-8 错误的箭头画法
(a) 双向箭头；(b) 无向箭头

4）网络图中严禁出现没有箭头或箭尾节点的箭线，如图 13-9 所示。

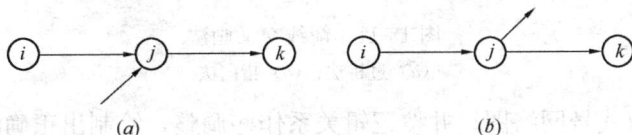

图 13-9 没有箭头或箭尾节点的箭线

5）双代号网络图中，一项工作只能有唯一的一条箭线和相应的一对节点编号，箭尾的节点编号应小于箭头节点编号，不允许出现代号相同的箭线，如图 13-4（a）所示。

6）双代号网络图的某些节点有多条外向箭线或多条内向箭线时，为使图面清楚，工作布置合理，允许使用多条箭线经一条共用母线段引入或引出节点，如图 13-10 所示。

7）绘制网络图时，尽可能避免箭线交叉。当交叉不可避免时应采用过桥法或指向法，如图 13-11 所示。

8）肯定型的关键线路法双代号网络图中只允许有一个起始节点和一个终点节点。不允许出现多头或多尾的网络图。

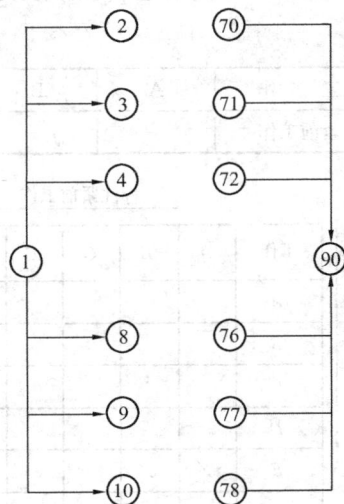

图 13-10 母线法

（2）双代号网络图的绘制步骤

1）由计划人员根据工程要求编制逻辑关系表，要求明确提供各工作名称和各工作的紧前工作。

2）根据已知的紧前工作确定出紧后工作，对于逻辑关系比较复杂的网络图，可绘出关系矩阵图，以确定紧后工作。

365

3）确定出各工作的开始节点位置号和结束节点位置号。确定节点位置号后再绘制网络图，其目的是使网络图中各工作布局合理些。各节点位置号的确定，应遵循下列规则：无紧前工作的工作（即网络图开始的第一项工作点），其开始节点位置号为零；有紧前工作的工作，其开始节点位置号等于其紧前工作的开始号加1；有紧后工作的工作，其结束节点的位置号等于其紧后工作的开始节点位置号的最小值；无紧后工作位置号的最大值的工作（即网络图结束的最后一项工作），其结束节点位置号等于网络图中各个工作的结束节点位置号的最大值加1。

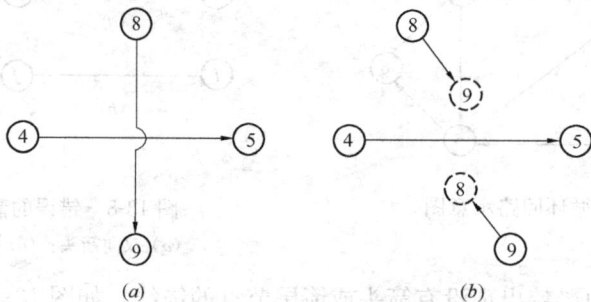

图 13-11 箭线交叉画法

（*a*）过桥法；（*b*）指向法

4）编制双代号网络图，并按逻辑关系作些调整，绘制出正确的网络图。

（3）双代号网络图绘制示例

已知网络图的逻辑关系表见表13-2，试绘出网络图。

网络图的逻辑关系表 **表 13-2**

工　作	A	B	C	D	E	G	H
紧前工作	—	—	—	—	A、B	B、C、D	C、D

标注紧前工作 →

判读紧后工作 ↓

工作	*A*	*B*	*C*	*D*	*E*	*G*	*H*
A							
B							
C							
D							
E	✓	✓					
G		✓	✓	✓			
H			✓	✓			

图 13-12 矩阵图

1）用矩阵图确定紧后工作。首先，以各项工作为纵横坐标绘制出矩阵图，如图13-12所示；其次，根据逻辑关系表在横坐标方向标注紧前工作，有紧前工作者打“✓”；第三，在纵坐标方向判读紧后工作，凡是有“✓”者，即为该工作的紧后工作。从图13-12中可知：*A*的紧后工作为*E*；*B*的紧后工作为*E*、*G*；*C*的紧后工作为*G*、*H*；*D*的紧后工作为*G*、*H*；*E*、*G*、*H*均无紧后工作。

2）列出关系表，确定各项工作的始节点位置号和终节点位置号，见表13-3。始节点位置号的确定，根据上述原则，*A*、*B*、*C*、*D*工作均无紧前工作，故其始节点位置号均为零；*E*工作的紧前工作为*A*、*B*，因*A*、*B*工作的始节点位置号为零，故其始节点位置号为 $0+1=1$，以此类推。终节点位置号确定，A 工作的紧后工作为 E，由于 E 工作的始节点位置号为 1，故其终节点位置号为 1，以此类推；E、G、H 工作均无紧后工作，则取网络图中终节点位置号最大值加 1，故为 $1+1=2$。

关　系　表　　　　　　　　　　表 13-3

工　作	A	B	C	D	E	G	H
紧前工作	—	—	—	—	A、B	B、C、D	C、D
紧后工作	E	E、G	G、H	G、H	—	—	—
始节点 位置号	0	0	0	0	(0+1) 1	(0+1) 1	(0+1) 1
终节点 位置号	(1) 1	(1.1) 1	(1.1) 1	(1.1) 1	(1+1) 2	(1+1) 2	(1+1) 2

3）双代号网络图绘制，从表 13-3 中可知：A、B、C、D 四项工作均在节点位置号 0—1 范围内，而 E、G、H 三项工作在 1~2 范围内，按此绘制的初始网络图如图 13-13 所示。但从图 13-13 中根据表 13-2 逻辑关系检查发现，A、B、C 三项工作逻辑关系正确，而 B 工作的紧后工作有 E、G、H 三项工作，不符合要求，必须割断 B 与 H 工作的联系，保留与 G、H 的逻辑关系，通过调整得图 13-14 所示的正确网络图。

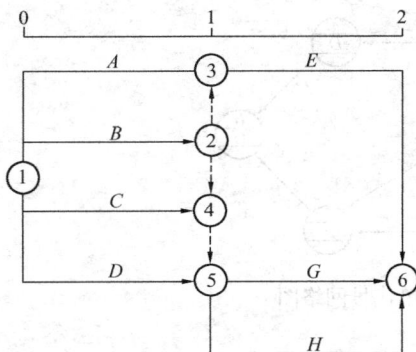

图 13-13　初始网络图　　　　　图 13-14　正确网络图

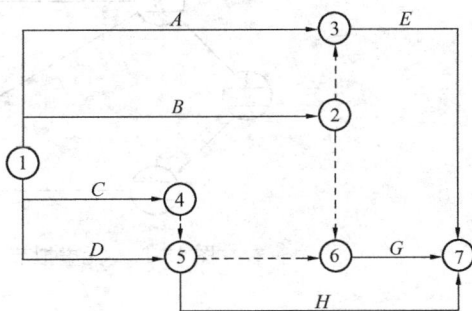

13.1.2　单代号网络图

1. 单代号网络图的构成及基本符号

单代号网络图由许多节点和箭线组成。单代号网络图的节点代表工作，而箭线仅表示各项工作之间的逻辑关系。单代号网络图与双代号网络图相比，具有如下优点：工作间的逻辑关系容易表达，且不用虚箭线；网络图便于检查修改。所以单代号网络图也获得广泛应用。

（1）节点

节点是单代号网络图的主要符号，它可以用圆圈或方框表示，一个节点代表一项工作，节点所表示的工作名称、持续时间和节点编号一般都标注在圆圈或方框内，如图 13-15 所示。

（2）箭线

箭线在单代号网络图中，仅用以表示工作间的逻辑关系，即既不占用时间又不耗用资源，单代号网络图不用虚箭线，箭线的箭头方向表示工作的施工流向。

2. 单代号网络图的绘图规则

单代号网络图的绘图规则基本上与双代号网络图的绘图规则相同，在此不再重复。两种网络图的绘图规则不同之处是：单代号网络图中当有多项起始工作或多项结束工作时，应在网络图的两端分别设置一项虚拟的工作，作为网络图的起点节点或终点节点，如图 13-16 所示。但当只有一项起始工作或一项结束工作时，就不必设置虚拟的起点节点和终点节点，如图 13-17 所示。

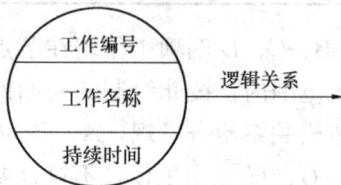

图 13-15　单代号网络图中工作
的表示方法

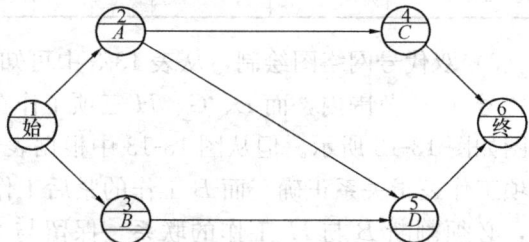

图 13-16　具有虚拟节点的单代号网络图

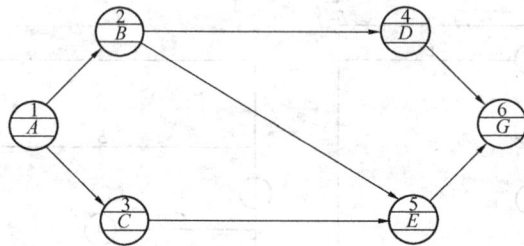

图 13-17　无虚拟节点的单代号网络图

13.2　网络计划的时间参数计算

网络计划时间参数计算的目的在于通过计算各项工作和各节点的时间参数，确定网络计划的关键工作和关键线路；确定计算工期；确定非关键线路和非关键工作及其机动时间（时差），为网络计划的优化、调整和执行提供明确的时间参数。网络计划的时间参数计算方法很多，一般常用的有分析计算法、图上计算法、表上计算法、矩阵计算法和电算法，但其计算原理完全相同，仅是表达形式不同而已。本节只叙述图上计算法，其他方法可以举一反三。

13.2.1　双代号网络计划的时间参数计算

1. 时间参数的概念及其计算顺序

（1）工作持续时间（$C_{i+\Delta t}^{T}$）

工作持续时间是指一项工作从开始至完成的时间。

（2）工期

工期是泛指完成任务所需的时间，一般有以下三种：

1）计算工期：根据网络计划的时间参数计算出来的工期，用 T_c 表示。

2）要求工期：任务委托人提出的所要求的工期，用 T_r 表示。

3）计划工期：在要求工期和计算工期的基础上综合考虑需要和可能而确定的工期，用 T_p 表示。当已规定了要求工期时：

$$T_p \leqslant T_r \tag{13-1}$$

当未规定要求工期时，可令计划工期等于计算工期：

$$T_p = T_c \tag{13-2}$$

（3）网络计划中各工作的六个时间参数

1）最早开始时间：是指在紧前工作约束下，本工作可能开始的最早时刻，用 ES_{i-j} 表示。

2）最早完成时间：是指在紧前工作约束下，本工作最早可能完成的时刻，用 EF_{i-j} 表示。

3）最迟开始时间：是指在不影响任务按期完成的条件下，本工作最迟必须开始的时刻，用 LS_{i-j} 表示。

4）最迟完成时间：是指在不影响任务按期完成的条件下，本工作最迟必须完成的时刻，用 LF_{i-j} 表示。

5）总时差：是指在不影响工期的前提下，一项工作可以利用的机动时间，用 TF_{i-j} 表示。

6）自由时差：是指在不影响其紧后工作最早开始时间的前提下，一项工作可以利用的机动时间，用 FF_{i-j} 表示。

为了计算，对每项工作的时间参数常用如图 13-18 所示的标注形式。

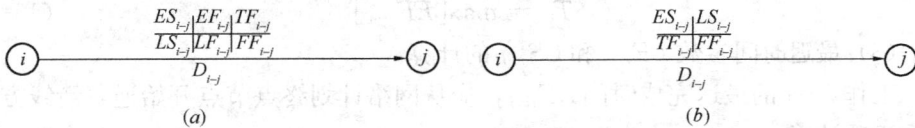

图 13-18　双代号网络计划时间参数标注形式

（4）时间参数计算顺序

从上所述，最早时间参数受到了紧前工作的约束，即本工作要提前的话，不能提前到其紧前工作未完成之前；对整个网络计划而言，它受到了起始节点的制约，故其计算顺序应从开始节点起顺着箭线方向逐项计算。

最迟时间参数受到了紧后工作的约束，即本工作要推迟的话不能影响其紧后工作的按期完成；对整个网络计划而言，它受到了结束节点或工期的制约，故其计算顺序应从终节点起逆着箭线方向逐项计算。

2. 时间参数计算步骤

按工作计算法用图上计算法其时间参数计算顺序如下：

（1）计算 ES_{i-j} 和 EF_{i-j}；

（2）确定 T_c；

（3）计算 LF_{i-j} 和 LS_{i-j}；

（4）计算 TF_{i-j}；

（5）计算 FF_{i-j}。

3. 时间参数计算

本节叙述用图上计算法计算每项工作的六个时间参数，但必须在清楚计算顺序和计算步骤的基础上，列出分析计算法必要的公式，以加深对时间参数计算的理解。

（1）最早时间参数 ES_{i-j} 和 EF_{i-j} 的计算

工作 $i-j$ 的最早开始时间 ES_{i-j}，应从网络计划的起点节点开始顺着箭线方向依次逐项计算。以起点节点 i 为箭尾节点的工作 $i-j$，如未规定其最早开始时间时，其值等于零，即：

$$ES_{i-j} = 0 \tag{13-3}$$

其他工作 $i-j$ 的最早开始时间 ES_{i-j}，当其紧前工作为 $h-i$ 时，则应为：

$$ES_{i-j} = ES_{h-i} + D_{h-i} \tag{13-4}$$

当工作 $i-j$ 有多个紧前工作 $h-i$ 时，则其最早开始时间 ES_{i-j} 应为：

$$ES_{i-j} = \max [ES_{h-i} + D_{h-i}] \tag{13-5}$$

当工作 $i-j$ 的紧前工作为虚工作时，一般虚工作不计算时间参数，则其最早开始时间计算可以追溯到虚工作前的实工作再行计算。

工作 $i-j$ 的最早完成时间 EF_{i-j} 的计算应为：

$$EF_{i-j} = ES_{i-j} + D_{i-j} \tag{13-6}$$

（2）确定计算工期 T_c

当终点节点为 n 时，则进入终点节点诸工作的最早完成时间的最大值即为计算工期，即：

$$T_C = \max[EF_{i-n}] \tag{13-7}$$

（3）最迟时间参数 LF_{i-j} 和 LS_{i-j} 的计算

工作 $i-j$ 的最迟完成时间 LF_{i-j}，应从网络计划终点节点开始逆着箭线方向依次逐项计算。

以结束节点 n 为箭头节点的工作 $i-n$，其最迟完成时间应为：

$$LF_{i-n} = T_c \tag{13-8}$$

其他工作 $i-j$ 的最迟完成时间 LF_{i-j}，当其紧后工作为 $j-k$ 且只有一项时，则应为：

$$LF_{i-j} = LF_{j-k} - D_{j-k} \tag{13-9}$$

当工作 $i-j$ 有多个紧后工作 $j-k$ 时，则其最迟完成时间 LF_{i-j} 应为：

$$LF_{i-j} = \min[LF_{j-k} - D_{j-k}] \tag{13-10}$$

工作 $i-j$ 的最迟开始时间 LS_{i-j} 的计算应为：

$$LS_{i-j} = LF_{i-j} - D_{i-j} \tag{13-11}$$

（4）计算总时差 TF_{i-j}

通过以上三步的计算，每项工作均已有 ES_{i-j}、EF_{i-j}、LS_{i-j} 和 LF_{i-j} 四项时间参数，而总时差是指在不影响工期前提下的工作机动时间，如图 13-19 所示。从图 13-19 中不难看出总时差计算公式应为：

$$TF_{i-j} = LS_{i-j} - ES_{i-j} \quad (13-12)$$

或

$$TF_{i-j} = LF_{i-j} - EF_{i-j} \quad (13-13)$$

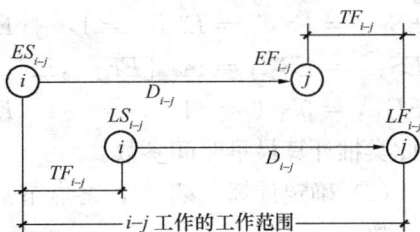

图 13-19 总时差计算示意图

工作总时差 TF_{i-j} 计算后，其值可以说明以下问题：

1) 当 $T_p = T_c$ 时，总时差等于零的工作为关键工作，关键工作的连线为关键线路，关键线路的长度即为工期。

2) 当 $T_p > T_c$ 时，总时差均为正值；当 $T_p < T_c$ 时，总时差可能出现负值；则应遵循总时差最小值的规定确定关键工作。

3) 总时差的性质具有本工作可以利用，且又属于该线路所共有的双重性，该性质在下面实例中加以叙述。

(5) 计算自由时差 FF_{i-j}

自由时差是指在不影响其紧后工作最早开始前提下的工作机动时间，如图 13-20 所示。从图 13-20 中不难看出，工作的自由时差 FF_{i-j}，应为：

$$FF_{i-j} = ES_{j-k} - EF_{i-j} \quad (i < j < k) \quad (13-14)$$

自由时差 FF_{i-j} 计算后，其值可以说明以下问题：

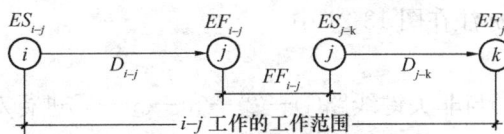

图 13-20 自由时差计算示意图

1) 自由时差值必小于或等于总时差值，不可能大于总时差值；

2) 在一般情况下，非关键线路上诸工作自由时差之总和等于该线路上可供利用的总时差值；

3) 自由时差的性质具有本工作可以利用且不属于线路所共有。

(6) 图上计算法计算示例

【例 13-1】 已知网络计划如图 13-21 所示，试进行时间参数计算。

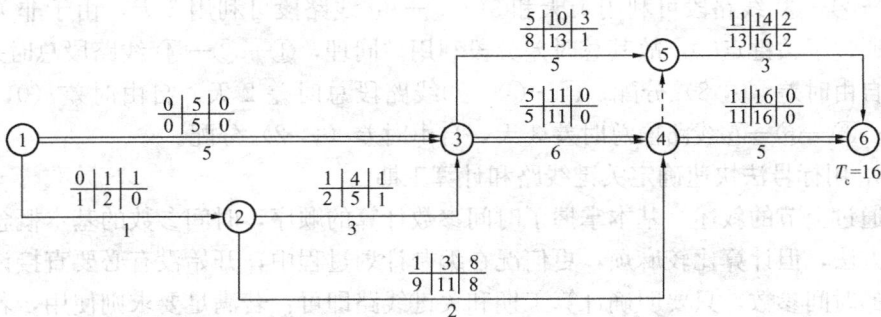

图 13-21 图上计算法计算实例

【解】 (1) 自①节点开始顺着箭线方向算到⑥节点，计算最早时间参数：

$ES_{1-2} = ES_{1-3} = 0$ \qquad $EF_{1-2} = 0 + 1 = 1$ \qquad $EF_{1-3} = 0 + 5 = 5$

371

$$ES_{2-3} = ES_{2-4} = EF_{1-2} = 1 \qquad EF_{2-3} = 1+3 = 4 \qquad EF_{2-4} = 1+2 = 3$$

$$ES_{3-4} = ES_{3-5} = \max[EF_{1-3}, EF_{2-3}] = \max[5,4] = 5$$

$$EF_{3-4} = 5+6 = 11 \qquad EF_{3-5} = 5+5 = 10$$

以此类推计算最早时间参数。

（2）确定计算工期 T_c，终点节点⑥有④—⑥和⑤—⑥两项工作进入终点节点，故：

$$T_c = \max[EF_{4-6}, EF_{5-6}] = \max[16,14] = 16$$

（3）自⑥节点开始逆着箭线方向算到①节点，计算最迟时间参数：

$$LF_{4-6} = LF_{5-6} = T_c = 16 \qquad LS_{4-6} = 16-5 = 11 \qquad LS_{5-6} = 16-3 = 13$$

$$LF_{3-5} = LS_{5-6} = 13 \qquad LS_{3-5} = 13-5 = 8$$

$$LF_{2-4} = LF_{3-4} = \min[LS_{4-6}, LS_{5-6}] = \min[11, 13] = 11$$

$$LS_{2-4} = 11-2 = 9 \qquad LS_{3-4} = 11-6 = 5$$

以此类推计算确定各工作的最迟时间参数。

（4）计算总时差 TF_{i-j}：

按公式（13-12）、式（13-13）计算，计算结果标注在图 13-21 中。从图 13-21 中可知，当 $T_p = T_c$ 时，$TF_{1-3} = TF_{3-4} = TF_{4-6} = 0$，故①—③、③—④和④—⑥三项工作为关键工作，①—③—④—⑥为关键线路，其长度为 16 天即为工期。其他线路则均为非关键线路。

（5）计算自由时差 FF_{i-j}：

按公式（13-14）计算，计算结果标注在图 13-21 中。

（6）时差分析：

首先，将关键线路①—③—④—⑥与非关键线路①—②—③—⑤—⑥进行对比分析，删去共同部分，对比①—③与①—②—③线路，两条线路长度之差为 1 天，即线路段①—②—⑤可供利用的总时差仅为 1 天，若该线路段拖延工期 1 天，则①—②—③ 线路由非关键工作转化为关键线路，其自由时差（0，1）分配，供②—③工作使用。其次分析①—③—④—⑥与①—②—③—⑤—⑥两条线路，关键线路长 16 天，非关键线路长 12 天，两条线路长度之差为 4 天，其中包括①—②—③ 线路段可利用 1 天和③—⑤—⑥ 线路段可利用 3 天，由于非关键线路通过了关键点③，故其总时差分段利用。同理，①—②—④ 线路段总时差 8 天，自由时差（0，8）分配；④—⑤—⑥线路段总时差 2 天，自由时差（0，2）分配；③—⑤—⑥线路段总时差 3 天，自由时差（1，2）分配。

4. 用标号法快速确定关键线路和计算工期

通过上节的叙述，基本掌握了时间参数计算的顺序，时间参数的基本概念和计算方法，但计算比较麻烦，更何况在编制计划过程中，开始没有必要直接计算全部的时间参数，只要明确计算工期和关键线路即可：若满足要求则使用，若满足不了要求则修改。因此有必要寻求一种快速计算方法简捷地确定关键线路和计算工期。标号法的实质就是按节点的计算方法，理解和掌握了上节按工作计算方法，不难将时间参数变换成节点的最早开始和最迟开始时间。

标号法是对网络计划各节点按最早时间参数计算顺序和方法，对每个节点进行标号，每个节点应用双标号标注，即每个节点应标注源节点号和标号值，源节点号作为第一标号，标号值作为第二标号。

（1）节点标号值的确定

设网络计划起点节点 i，其标号值为零：

$$b_i = 0 \qquad (13\text{-}15)$$

其他节点的标号值等于以该节点为完成节点的各个工作的开始节点标号值加其持续时间之和的最大值，即：

$$b_j = \max \ulcorner b_i + D_{i-j} \urcorner \qquad (13\text{-}16)$$

（2）源节点号

源节点号就是对应于该节点计算标号值时的源节点号，即该节点的标号值数据取值是由哪一个节点计算所得，那么该节点号就是源节点号。

（3）节点标号将网络计划的所有节点都标号后，从网络计划的终点节点开始，逆着箭线方向，按源节点号反跟踪到开始节点寻找出关键线路。网络计划终点节点的标号值即为计算工期。

（4）标号法计算示例

【例 13-2】 已知网络计划如图 13-22 所示，试用标号法快速确定关键线路和计算工期。

【解】 （1）首先自开始节点起，对节点进行标号：

$$b_1 = 0$$
$$b_2 = b_1 + D_{1-2} = 0 + 5 = 5$$

它是由①节点计算而得标号值为 5，故源节点号为①；节点③的标号值为 $b_3 = \max[b_1 + D_{1-3}, b_2 + D_{2-3}] = \max[0+4,$

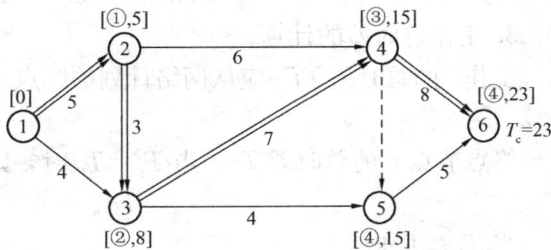

图 13-22 标号法示例图

$5+3] = 8$，由节点②计算而得，故节点③的标号为 [②，8]，同理，计算得各节点的标号，如图 13-22 中所示。

（2）终节点的标号值为 23，则计算工期 $T_c = 23\text{d}$。

（3）确定关键线路

自终节点⑥起逆着箭线方向，按源节点号反跟踪至起点节点，得关键线路为：①—②—③—④—⑥。

13.2.2 单代号网络计划的时间参数计算

单代号网络计划时间参数计算其计算顺序和计算方法基本上与双代号网络计划时间参数计算相同。单代号网络计划时间参数的标注方式如图 13-23 所示。

单代号网络计划时间参数计算的步骤如下。

1. 计算工作最早开始时间和最早完成时间

工作最早时间参数计算应从网络计划起点节点开始，顺着箭线方向依次逐项

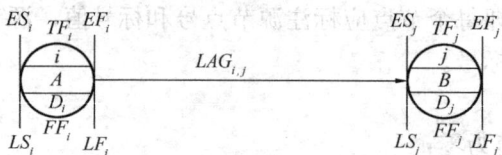

图 13-23 单代号网络计划时间参数标注方式

计算。

网络计划起点节点 i 的最早开始时间 ES_i，如无规定时，其值等于零，即：

$$ES_i = 0 \qquad (13\text{-}17)$$

起点节点 i 的最早完成时间等于工作的最早开始时间加该工作的持续时间，即：

$$EF_i = ES_i + D_i \qquad (13\text{-}18)$$

中间节点 j 最早开始时间等于该工作的紧前工作 i 的最早完成时间的最大值，即：

$$ES_j = \max[EF_i] = \max[ES_i + D_i] \qquad (13\text{-}19)$$

网络计划的计算工期 T_c 等于网络计划的终点节点 n 的最早完成时间 EF_n，即：

$$T_c = EF_n \qquad (13\text{-}20)$$

2. 计算相邻两项工作之间的时间间隔 $LAG_{i,j}$

相邻两项工作 i 和 j 之间的时间间隔 $LAG_{i,j}$ 等于紧后工作 j 的最早开始时间 ES_j 和本工作 i 的最早完成时间 EF_i 之差，即：

$$LAG_{i,j} = ES_j - EF_i \qquad (13\text{-}21)$$

3. 工作总时差的计算

工作 i 的总时差 TF_i 应从网络计划的终点节点开始，逆着箭线方向依次逐项计算。

终点节点 n 的总时差 T_c，当 $T_p = T_c$ 时，则：

$$TF_n = 0 \qquad (13\text{-}22)$$

当 $T_p \leqslant T_c$ 时，

$$TF_n = T_r - T_p \qquad (13\text{-}23)$$

其他工作 i 的总时差 TF_i 等于其各个紧后工作 j 的总时差 TF_j，加该两项工作之间的时间间隔 $LAG_{i,j}$ 之和的最小值，即：

$$TF_i = \min[TF_j + LAG_{i,j}] \qquad (13\text{-}24)$$

4. 计算自由时差

工作 i 的自由时差 FF_i 的计算，当无紧后工作时，其值等于 T_p 减工作 i 的最早完成时间 EF_i，即：

$$FF_i = T_p - EF_i \qquad (13\text{-}25)$$

当有紧后工作 i 时，工作 i 的自由时差 FF_i 等于与其紧后工作 j 之间的时间间隔 $LAG_{i,j}$ 的最小值，即：

$$FF_i = \min[LAG_{i,j}] \qquad (13\text{-}26)$$

5. 计算工作的最迟完成时间和最迟完成时间

工作 i 的最迟开始时间 LS_i 等于其最早开始时间 ES_i 加其总时差 TF_i 所得之和，即：

$$LS_i = ES_i + TF_i \qquad (13\text{-}27)$$

工作 i 的最迟完成时间 LF_i 等于其最早完成时间 EF_i 加其总时差 TF_i 所得之和，即：

$$LF_i = EF_i + TF_i \tag{13-28}$$

6. 关键工作和关键线路的确定

关键工作的确定应符合该工作总时差为最小值的规定；关键线路的确定则从起点节点开始至终点节点的所有工作都是关键工作的线路为关键线路（适用于双代号网络计划），或自起点节点开始至终点节点的所有时间间隔 $LAG_{i,j}$ 均为零的线路为关键线路（适用于单代号网络计划）。

7. 单代号网络计划时间参数计算的示例

【例 13-3】 已知单代号网络计划如图 13-24 所示，设计划工期等于计算工期，试计算单代号网络计划的时间参数，并用双线标注关键线路。

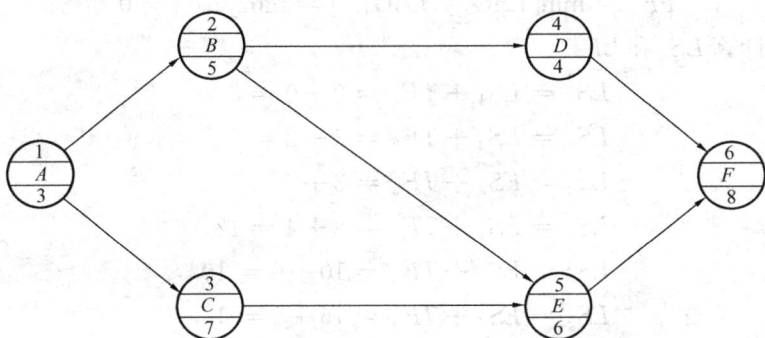

图 13-24 单代号网络计划时间参数计算示例

【解】 (1) 计算 ES_i 和 EF_i

$ES_1 = 0$ $EF_1 = ES_1 + D_1 = 0 + 3 = 3$ $ES_2 = ES_3 = EF_1 = 3$

$EF_2 = ES_2 + D_2 = 3 + 5 = 8$ $EF_3 = ES_3 + D_3 = 3 + 7 = 10$

$ES_4 = EF_2 = 8$ $EF_4 = ES_4 + D_4 = 8 + 4 = 12$

$ES_5 = \max[EF_2, EF_3] = \max[8, 10] = 10$

$EF_5 = ES_5 + D_5 = 10 + 6 = 16$

$ES_6 = \max[EF_4, EF_5] = \max[12, 16] = 16$

$EF_6 = ES_6 + D_6 = 16 + 8 = 24$ $T_P = T_c = EF_6 = 24$

(2) 计算相邻两项工作之间的时间间隔

$LAG_{1,2} = ES_2 - EF_1 = 3 - 3 = 0$ $LAG_{1,3} = ES_3 - EF_1 = 3 - 3 = 0$

$LAG_{2,4} = ES_4 - EF_2 = 8 - 8 = 0$ $LAG_{2,5} = ES_5 - EF_2 = 10 - 8 = 2$

$LAG_{3,5} = ES_5 - EF_3 = 10 - 10 = 0$ $LAG_{4,6} = ES_6 - EF_4 = 16 - 12 = 4$

$LAG_{5,6} = ES_6 - EF_5 = 16 - 16 = 0$

(3) 计算总时差

已知 $T_p = T_c$，故终节点⑥所代表的工作其总时差为零，即：

$TF_6 = 0$

$TF_5 = TF_6 + LAG_{5,6} = 0 + 0 = 0$

$TF_4 = TF_6 + LAG_{4,6} = 0 + 4 = 4$

$$TF_3 = TF_5 + LAG_{3,5} = 0 + 0 = 0$$

$$TF_2 = \min[(TF_4 + LAG_{2,4}), (TF_5 + LAG_{2,5})] = \min[(4+0),(0+2)] = 2$$

$$TF_1 = \min[(TF_2 + LAG_{1,2}), (TF_3 + LAG_{1,3})] = \min[(2+0),(0+0)] = 0$$

（4）计算自由时差

已知 $T_p = T_c$，故终节点⑥所代表的工作其自由时差为：

$$FF_6 = T_c - EF_6 = 24 - 24 = 0$$

$$FF_5 = LAG_{5,6} = 0$$

$$FF_4 = LAG_{4,6} = 4$$

$$FF_3 = LAG_{3,5} = 0$$

$$FF_2 = \min[LAG_{2,4}, LAG_{2,5}] = \min[0,2] = 0$$

$$FF_1 = \min[LAG_{1,2}, LAG_{1,3}] = \min[0,0] = 0$$

（5）计算 LS_i 和 LF_i

$$LS_1 = ES_1 + TF_1 = 0 + 0 = 0$$

$$LS_2 = ES_2 + TF_2 = 3 + 2 = 5$$

$$LS_3 = ES_3 + TF_3 = 3 + 0 = 3$$

$$LS_4 = ES_4 + TF_4 = 8 + 4 = 12$$

$$LS_5 = ES_5 + TF_5 = 10 + 0 = 10$$

$$LS_6 = ES_6 + TF_6 = 16 + 0 = 16$$

$$LF_1 = EF_1 + TF_1 = 3 + 0 = 3$$

$$LF_2 = EF_2 + TF_2 = 8 + 2 = 10$$

$$LF_3 = EF_3 + TF_3 = 10 + 0 = 10$$

$$LF_4 = EF_4 + TF_4 = 12 + 4 = 16$$

$$LF_5 = EF_5 + TF_5 = 16 + 0 = 16$$

$$LF_6 = EF_6 + TF_6 = 24 + 0 = 24$$

（6）关键工作和关键线路的确定

根据计算结果，工作 A、C、E、F 四项工作为关键工作，①—③—⑤—⑧为关键线路。计算结果如图 13-25 中所示。

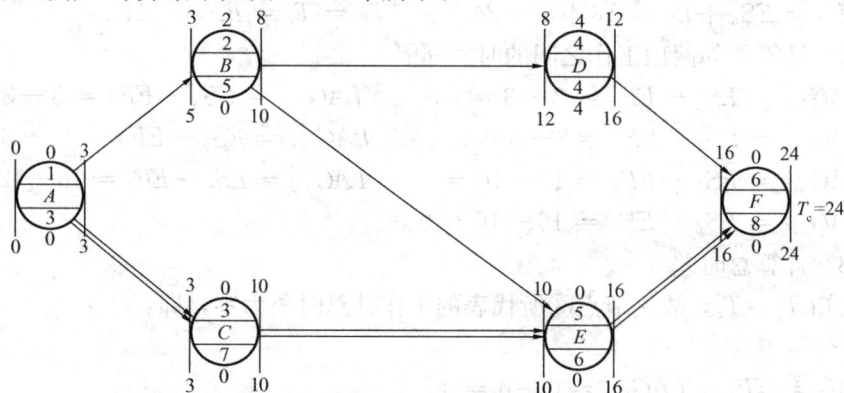

图 13-25　单代号网络计划时间参数计算结果

13.3　双代号时标网络计划

前面所述的网络计划都是不带时标的，工作持续时间由箭线下方标注的数字说明，而与箭线本身长短无关，这种非时标网络计划与时标网络计划相比，虽然修改方便，但因没有时标，看起来不太直观，不能一目了然地在网络计划图上直接看出各项工作的开工和完工时间，同时也不能按天统计资源用量和编制资源需要量计划。

为了克服一般网络计划的不足，从而产生了编制时标网络计划。双代号时标网络计划（以下简称时标网络计划）必须以水平时间坐标为尺度表示工作时间。时标的时间单位根据需要在编制网络计划之前确定，可为时、天、周、月或季。

时标网络计划中应以实箭线表示工作，以虚箭线表示虚工作，以波形线表示工作的自由时差。时标网络计划中所有符号在时间坐标上的水平投影位置，都必须与其时间参数相对应。节点中心必须对准相应的时标位置。虚工作必须以垂直方向的虚箭线表示（因虚工作不占用时间），有自由时差时补加波形线表示。

13.3.1　时标网络计划的编制

时标网络计划编制应以一般网络计划图为依据，宜按最早时间参数编制，并在横道图进度计划的表格上编制，时标表如表13-3所示，时间坐标可上下标注时标值、日历日和工作日。

时标网络计划的编制方法有两种：一种方法是首先计算一般网络计划节点的最早开始时间值，然后在表13-4的时标表上确定节点位置，最后按一般网络计划绘制实箭线、虚箭线和波形线，从而绘制成时标网络计划；另一种方法是不经计算一般时标网络计划的时间参数，直接在时标表上绘制时标网络计划。本节主要叙述第二种绘图方法。

时　标　表　　　　　　　　　　　表 13-4

时标值	0	1	2	3	4	5	6	7	8	9	10	11	12	13
日历日														
工作日	1	2	3	4	5	6	7	8	9	10	11	12	13	
时标网络计划														
工作日	1	2	3	4	5	6	7	8	9	10	11	12	13	
日历日														
时标值	0	1	2	3	4	5	6	7	8	9	10	11	12	13

1. 不经计算直接绘制时标网络计划

不经计算直接按一般网络计划绘制时标网络计划，应按下列方法逐步进行：

（1）将起点节点定位在时标表的起始刻度线上，即无开工日期规定时，从起点节点出发的工作其最早开始时间则为 $ES_{i-j}=0$。

（2）起点节点定位后，凡是从起点节点出发的工作，按工作持续时间在时标表上绘制外向箭线，外向箭线的长度必须具体代表工作的持续时间。

（3）除起点节点以外的其他节点位置必须在其所有内向箭线都绘出以后，定位在箭线最长的末端。其他短的内向箭线达不到节点时，则补波形线到达该节点，波形线长度即为该工作的自由时差。

（4）按上述方法自左至右依次确定其他节点位置，直至终点节点绘完为止。

2. 时标网络计划的绘制示例

【例题 13-4】 已知图 13-26 为一般网络计划，试不经计算直接绘制成时标网络计划。

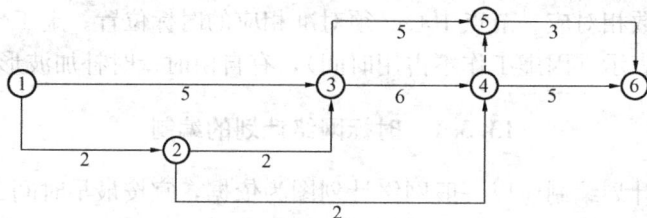

图 13-26　一般网络计划

【解】 绘制时标网络计划的时标表如图 13-27 所示。

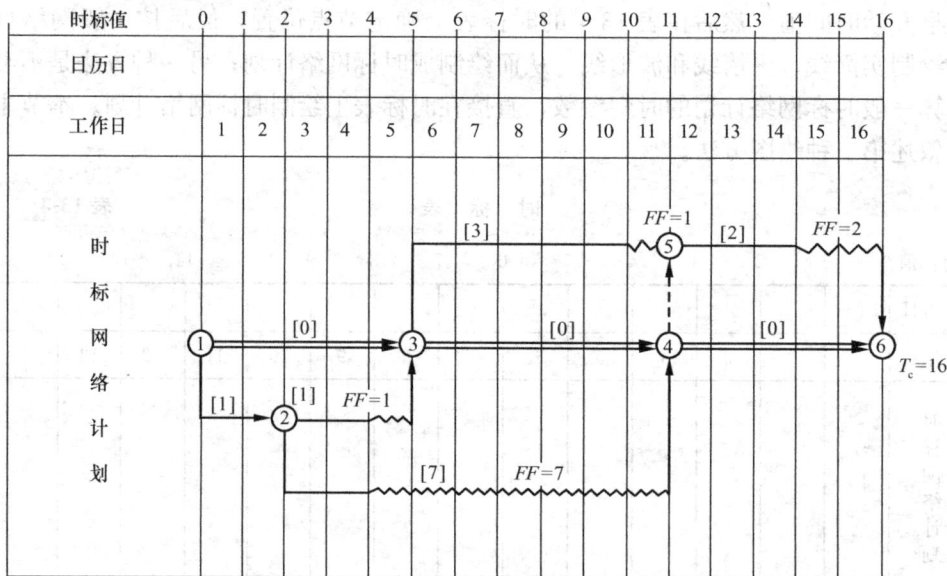

图 13-27　示例的时标网络计划

（1）起点节点①绘制在时标表的起始刻度表上，然后绘制①—②工作的实箭线，由于 $D_{1-2}=2$ 天，且②节点前只有一项紧前工作，故②节点可以定位在时标值为 2 的刻度线上。

（2）③节点前有①—③和②—③两项工作，$D_{1-3}=5$ 天，$D_{2-3}=2$ 天，则分别从节点①和节点②绘制实箭线，定③节点，由于实箭线①—③的时标值为 5，而实箭线②—③的时标值为 4，故③节点定在时标值 5 的位置上，②—③工作达不到节点则补波形线到达，则 $FF_{2-3}=1$。

（3）同理，按上述方法绘制④、⑤、⑥节点，⑥节点为终点节点，则时标网络计划绘制完毕。

3. 关键线路和计算工期的确定

时标网络计划编制完毕后，关键线路的确定应自终点节点起逆着箭线方向朝起点节点观察，从终点到起点不出现波形线的线路为关键线路，如图 13-27 所示，其关键线路为①→③→④→⑥，用双线标注。时标网络计划计算工期的确定，应是其终点节点时标值与起点节点时标值之差，当起点节点时标值取零时，则终点节点的时标值为计算工期，如图 13-27 所示，其计算工期 $T_c=16$。

13.3.2 时标网络计划时间参数的判读

上述时标网络计划的编制是不经时间参数计算按一般网络计划编制而成，当经过修改确定采用后，在实际执行过程中，涉及每项工作有关的时间参数，则可以直接在时标网络计划中判读。

1. 最早时间参数的判读

按最早时间参数绘制的时标网络计划，最早时间参数应自左向右判读，每条实箭线左端箭尾节点中心所对应的时标值，即为该工作的最早开始时间；实箭线到达右端节点时，则其右端节点中心的时标值即为该工作的最早完成时间；若实箭线达不到右端节点时，则实箭线右端末所对应的时标值即为该工作的最早完成时间。如图 13-27 中可知：$ES_{1-2}=0$，$EF_{1-2}=2$；$ES_{1-3}=0$，$EF_{1-3}=5$；$ES_{2-3}=2$，$EF_{2-3}=4$；$ES_{2-4}=2$；$EF_{2-4}=4$。以此类推判读。

2. 自由时差的判读

时标网络计划中工作的自由时差判读，其工作的自由时差值即为每项工作的波形线在坐标轴上水平投影长度，如图 13-27 中可知：$FF_{2-3}=1$，$FF_{2-4}=7$，$FF_{3-5}=1$，$FF_{5-6}=2$。其他工作的自由时差均为零。

3. 总时差的判读

时标网络计划中工作的总时差的判读应自右向左判读，即本工作 $i-j$ 的总时差值应在其诸紧后工作的总时差都被判定以后，才能判读。其值等于其诸紧后工作 $i-k$ 总时差的最小值与本工作的自由时差之和，即：

$$TF_{i-j} = \min[TF_{j-k}] + FF_{i-j} \tag{13-29}$$

必要时，可将工作总时差标注在相应工作的波形线上或实箭线上。如图 13-27 中实箭线上方的方括号内数值，即为该工作的总时差值。总时差判读的计算如下：节点⑥为该时标网络计划的终点节点，无外向箭线即没有紧后工作，故亦没有总时差。

$$TF_{5-6} = 0 + FF_{5-6} = 0 + 2 = 2$$
$$TF_{4-6} = 0 + FF_{5-6} = 0 + 0 = 0$$

$$TF_{3-5} = TF_{5-6} + FF_{3-5} = 2 + 1 = 3$$

$$TF_{2-4} = \min[TF_{4-6}, TF_{5-6}] + FF_{2-4} = \min[0, 2] + 7 = 0 + 7 = 7$$

$$TF_{3-4} = \min[TF_{4-6}, TF_{5-6}] + FF_{3-4} = \min[0, 2] + 0 = 0 + 0 = 0$$

$$TF_{2-3} = \min[TF_{3-4}, TF_{3-5}] + FF_{2-3} = \min[0, 1] + 1 = 0 + 1 = 1$$

$$TF_{1-3} = \min[TF_{3-4}, TF_{3-5}] + FF_{1-3} = \min[0, 1] + 0 = 0 + 0 = 0$$

$$TF_{1-2} = \min[TF_{2-3}, TF_{2-4}] + FF_{1-2} = \min[1, 7] + 0 = 1 + 0 = 1$$

4. 最迟时间参数判读

通过以上三步时间参数的判读，最迟时间参数的判读可以用以下公式计算（此公式由总时差公式（13-12）、式（13-13）转化而得）。

$$LS_{i-j} = ES_{i-j} + TF_{i-j} \qquad LF_{i-j} = EF_{i-j} + TF_{i-j}$$

在图 13-27 中，$LS_{1-2} = ES_{1-2} + TF_{1-2} = 0 + 1 = 1$，$LF_{1-2} = EF_{1-2} + TF_{1-2} = 2 + 1 = 3$，以此类推。图 13-27 时标网络计划时间参数判读结果汇总在表 13-5 中。

图 13-27 中时间参数汇总表　　　　　　　　　　　表 13-5

工 作	ES_{i-j}	EF_{i-j}	LS_{i-j}	LF_{i-j}	TF_{i-j}	FF_{i-j}
①—②	0	2	1	3	1	0
①—③	0	5	0	5	0	0
②—③	2	4	3	5	1	1
②—④	2	4	9	11	7	7
③—④	5	11	5	11	0	0
③—⑤	5	10	8	13	3	1
④—⑥	11	16	11	16	0	0
⑤—⑥	11	14	13	16	2	2

若按计算结果的最迟时间参数来绘制时标网络计划，则得到按最迟时间参数绘制的时标网络计划，如图 13-28 所示。时标网络计划编制后，就不难按日历日编制形象进度计划。

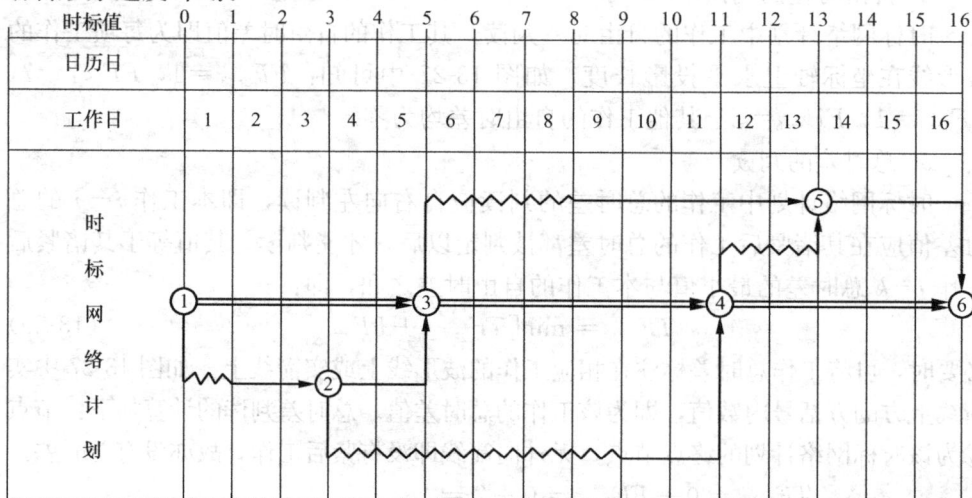

图 13-28　按最迟时间参数绘制的时标网络计划

13.4 搭接网络计划

以上所述网络计划中，各工作之间的逻辑关系是前后衔接关系。但是在编制计划中为了缩短工期，需要将某些相邻的工作安排成搭接一段时间进行施工，这种关系称为搭接关系。

在一般网络计划中要表示工作间的搭接关系，必须将一项工作分解成若干项工作来表达，这就增加了工作的数量和计算工作量，并且只是局限于表示相邻两个工作的开始时间的搭接关系。例如，相邻两项工作 A 和 B，其持续时间均为 15 天，若 A 工作开始 5 天后，工作 B 相继进行，即第 6 天开始，A、B 两项工作搭接施工。如用一般的双代号或单代号网络计划来表示，则需将工作 A 划分成 A_1 和 A_2 两项工作，如图 13-29 所示，这就显得比较麻烦。而用搭接网络计划表示则比较简单。

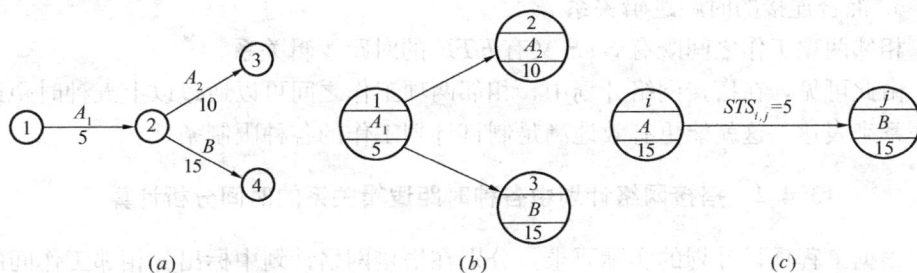

图 13-29 相邻两工作之间的搭接关系示意图

(a) 双代号网络计划表示形式；(b) 单代号网络计划表示形式；

(c) 单代号搭接网络计划表示形式

搭接网络计划一般均用单代号网络计划表示，它的优点是能表示一般网络计划中不能表达的多种搭接关系；缺点是计算过程相对比较复杂一些。

13.4.1 相邻工作的各种搭接关系

单代号搭接网络计划（以下简称搭接网络计划）中，相邻工作之间的搭接关系有五种基本形式，即 STS（Start to start）、STF（Start to Finish）、FTS（Finish to Start）、FTF（Finish to Finish）和混合连接关系（既有 STF，又有 FTF 两种搭接关系），如图 13-30 所示。

1. 开始到开始的时距逻辑关系

用本工作 i 的开始时间（S）到紧后工作 j 的开始时间（S）的时距（即时间差值）来表达，用 $STS_{i,j}$ 表示。

2. 开始到结束的时距逻辑关系

用本工作 i 的开始时间（S）到紧后工作 j 的结束时间（F）的时距来表达，用 $STF_{i,j}$ 表示。

3. 结束到开始的时距逻辑关系

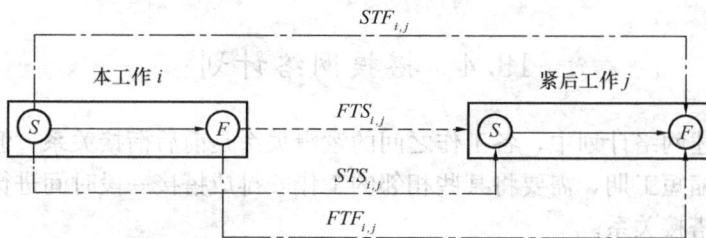

图 13-30 搭接网络计划中相邻两工作间的时距逻辑关系图

用本工作 i 的结束时间 (F) 到紧后工作 j 的开始时间 (S) 的时距来表示，用 $FTS_{i,j}$ 表示。

4. 结束到结束的时距逻辑关系

用本工作 i 的结束时间 (F) 到紧后工作 j 的结束时间 (F) 的时距来表达，用 $FTF_{i,j}$ 表示。

5. 混合连接的时距逻辑关系

相邻两项工作之间既有 STS 又有 FTF 的时距逻辑关系。

由此可见，在搭接网络计划中，相邻两项工作之间可以通过以上五种时距逻辑关系来表达，这就能更有效地满足制订计划工作的各种限制条件。

13.4.2 搭接网络计划中各种时距逻辑关系的时间分析计算

根据工程项目计划的实际要求，分别在搭接网络计划中标出各相邻工作间的时距逻辑关系，按不同的搭接关系来计算工作的时间参数。

1. 有开始到开始时距 (STS) 时

相邻工作间有 STS 搭接关系时，在搭接网络计划中，可根据其计算出紧后工作的最早开始时间参数 ES_j，和本工作的最迟开始时间 LS_i，如图 13-31 所示，由图可知计算公式为：

$$ES_j = ES_i + STS_{i,j} \qquad EF_j = ES_j + D_j \qquad (13\text{-}30)$$

$$LS_i = LS_j - STS_{i,j} \qquad LF_i = LS_j + D_i \qquad (13\text{-}31)$$

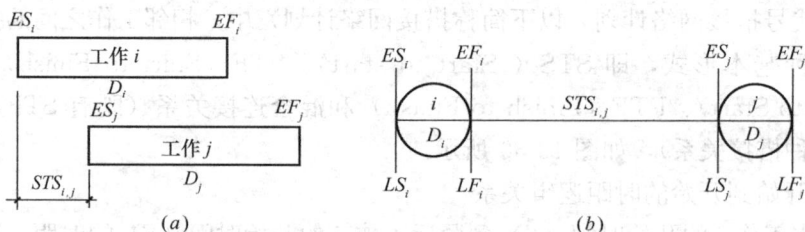

图 13-31 STS 时距的表示方法

(a) 横道图看 STS；(b) 单代号搭接网络计划表示

2. 有开始到结束时距 (STF) 时

相邻工作间有 STF 时距时，可以计算出紧后工作的最早结束时间 EF_j，和本工作的最迟开始时间 LS_i，如图 13-32 所示，由图可知计算公式为：

$$EF_j = ES_i + STF_{i,j} \qquad ES_j = EF_j - D_j \qquad (13-32)$$

$$LS_i = LF_j - STF_{i,j} \qquad LF_i = LS_i + D_i \qquad (13-33)$$

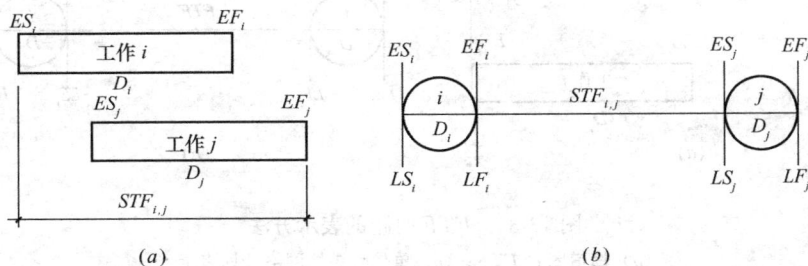

图 13-32　STF 时距表示方法

(a) 横道图看 STF；(b) 单代号搭接网络计划表示

3. 有结束到开始时距（FTS）时

相邻工作间有 FTS 时距时，如图 13-33 所示，可以计算出紧后工作的最早开始时间 ES_j 和本工作的最迟结束时间 LF_i，其计算公式为：

$$ES_j = EF_i + FTS_{i,j} \qquad EF_j = ES_j + D_j \qquad (13-34)$$

$$LF_i = LS_j - FTS_{i,j} \qquad LS_i = LF_i - D_i \qquad (13-35)$$

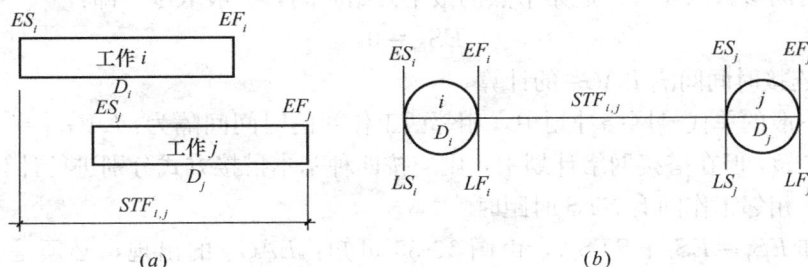

图 13-33　FTS 时距的表示方法

(a) 横道图看 FTS；(b) 单代号搭接网络计划表示

4. 有结束到结束时距（FTF）时

相邻工作间有 FTF 时距时，如图 13-34 所示，可以计算出紧后工作的最早结束时间 EF_j 和本工作最迟结束时间 LF_i，其计算公式为：

$$EF_j = EF_i + FTF_{i,j} \qquad ES_j = EF_j - D_j \qquad (13-36)$$

$$LF_i = LF_j - FTF_{i,j} \qquad LS_i = LF_i - D_i \qquad (13-37)$$

5. 有混合连接时距时

在搭接网络计划中，除上述四种基本搭接关系外，同时有以上四种基本搭接关系中的两种搭接关系来连接，称为混合连接方式。如既有 STS 又有 FTF，或既有 STF 又有 FTS 的连接方式等，那末时间参数的计算可分别按以上所述的八个公式计算。但计算最早时间参数时应取大值，而计算最迟时间参数时应取小值。

383

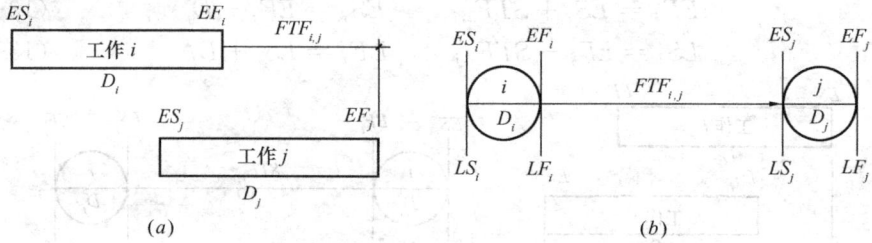

图 13-34 FTF 时距的表示方法

(a) 横道图看 FTF；(b) 单代号搭接网络计划表示

13.4.3 搭接网络计划时间参数计算顺序和步骤

搭接网络计划时间参数的计算应按下列步骤进行。

1. 计算最早时间参数 ES_i 和 EF_i

计算最早时间参数必须从起始节点开始顺着箭线方向算到终点节点止。如有若干项紧前工作，本工作的最早时间参数，应按紧前工作与本工作的搭接时距算出的各组数值中取大的那一组数据。如根据紧前工作的搭接关系，计算得本工作的 ES_i 为负值时，则不符合逻辑关系，应将本工作与起始节点用虚箭线连接，其最早时间参数以零计。起始节点的最早开始时间，一般取零，即：

$$ES_{始} = 0 \tag{13-38}$$

2. 连接时间间隔 $LAG_{i,j}$ 的计算

在一般的单代号网络计划中，相邻两工作间的时间间隔为：$LAG_{i,j} = ES_j - EF_i (i < j)$，但在搭接网络计划中，则应按四种基本搭接方式分别进行计算。

(1) 相邻工作间有 STS 时距时

已知 $ES_j = ES_i + STS_{i,j}$，由图 13-35 可知：$LAG_{i,j}$ 的出现，必须是 $ES_j > (ES_i + STS_{i,j})$，则其计算公式为：

$$LAG_{i,j} = ES_j - (ES_i + STS_{i,j}) = ES_j - ES_i - STS_{i,j} \tag{13-39}$$

(2) 相邻工作间有 STF 时距时

已知 $EF_j = ES_i + STF_{i,j}$，由图 13-36 可知：$LAG_{i,j}$ 的出现，必须是 $EF_j > (ES_i + STF_{i,j})$，则其计算公式为：

$$LAG_{i-j} = EF_j - (ES_i + STF_{i,j}) = EF_j - ES_i - STF_{i,j} \tag{13-40}$$

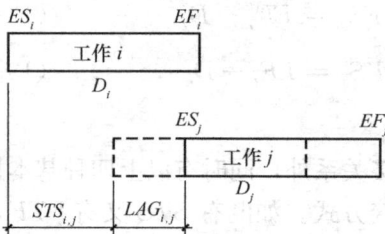

图 13-35 相邻工作有 STS 时距时 $LAG_{i,j}$ 计算示意图

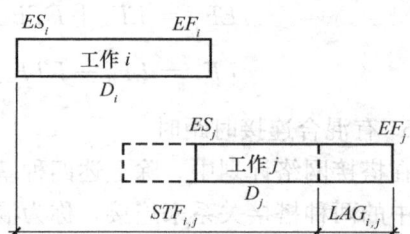

图 13-36 相邻工作有 STF 时距时 $LAG_{i,j}$ 计算示意图

（3）相邻工作间有 FTS 时距时

已知 $ES_j = EF_i + FTS_{i,j}$，由图 13-37 可知：$LAG_{i,j}$ 的出现，必须是 $ES_j > (EF_i + FTS_{i,j})$，则 $LAG_{i,j}$ 的计算公式为：

$$LAG_{i,j} = ES_j - (EF_i + FTS_{i,j}) = ES_j - EF_i - FTS_{i,j} \tag{13-41}$$

（4）相邻工作间有 FTF 时距时

已知 $EF_j = EF_i + FTF_{i,j}$，由图 13-38 可知：$LAG_{i,j}$ 的出现，必须是 $EF_j > (EF_i + FTF_{i,j})$，则 $LAG_{i,j}$ 的计算公式为：

$$LAG_{i,j} = EF_j - (EF_i + FTF_{i,j}) = EF_j - EF_i - FTF_{i,j} \tag{13-42}$$

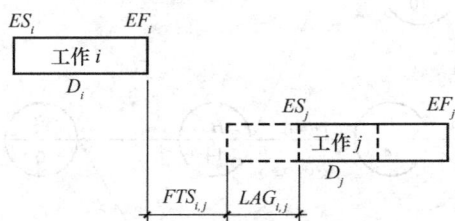

图 13-37　相邻工作有 FTS 时距时 $LAG_{i,j}$ 计算示意图　　图 13-38　相邻工作有 FTF 时距时 $LAG_{i,j}$ 计算示意图

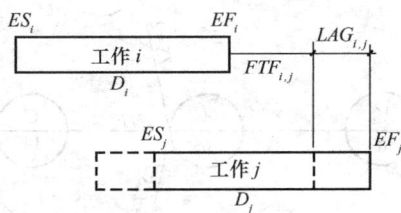

（5）相邻工作间有混合连接时距时

相邻工作间有混合连接时距时，则用各种连接时距分别计算 $LAG_{i,j}$ 值，然后取其中的最小值。

3. 计算总时差

搭接网络计划总时差计算与一般单代号网络计划相同，即：

$$TF_i = LS_i - ES_i \quad 或 \quad TF_i = LF_i - EF_i$$

4. 计算自由时差

搭接网络计划自由时差的计算与一般单代号网络计划计算相同，即：

当只有一项紧后工作 j 时：

$$FF_i = LAG_{i,j} \tag{13-43}$$

当有两项或两项以上紧后工作时：

$$FF_i = \min[LAG_{i,j}] \tag{13-44}$$

5. 关键线路和关键工作的确定

搭接网络计划关键线路和关键工作的确定原则与一般单代号网络计划相同，即遵循总时差最小值的规定确定关键工作；当计划工期等于计算工期时，总时差等于零的工作为关键工作。从始点至终点贯通的线路上，所有相邻工作间的 $LAG_{i,j}$ 均为零的线路是关键线路，或者均由关键工作组成的线路为关键线路。

13.4.4　搭接网络计划的计算示例

【例 13-5】　已知某工程搭接网络计划如图 13-39 所示，试计算时间参数，并确定计算工期和关键线路。

【解】（1）计算最早时间参数

385

由始节点起顺着箭线方向算到终节点，计算式如下，计算结果汇总如图 13-40 所示。

$$ES_{始}=EF_{始}=0 \qquad ES_A=EF_{始}=0 \qquad EF_A=ES+D_A=0+6=6$$

$$ES_B=ES_A+STS_{A,B}=0+2=2$$

$$EF_B=ES_B+D_B=2+8=10$$

$$EF_C=EF_A+FTF_{A,C}=6+4=10$$

$$ES_C=EF_C-D_C=10-14=-4$$

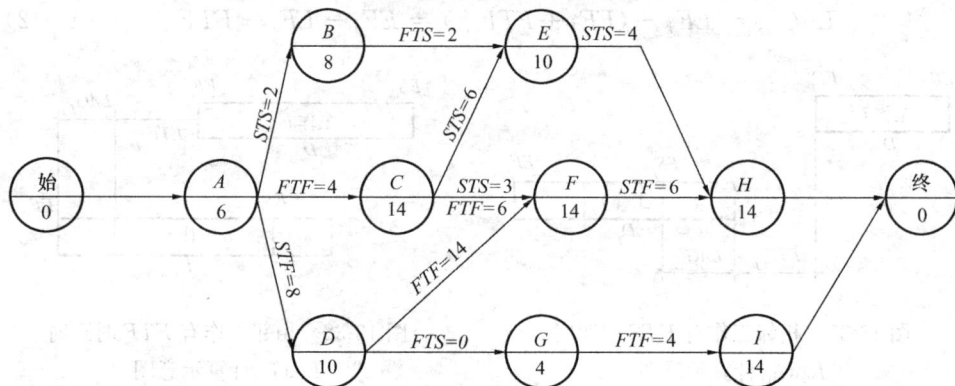

图 13-39　某工程的搭接网络计划

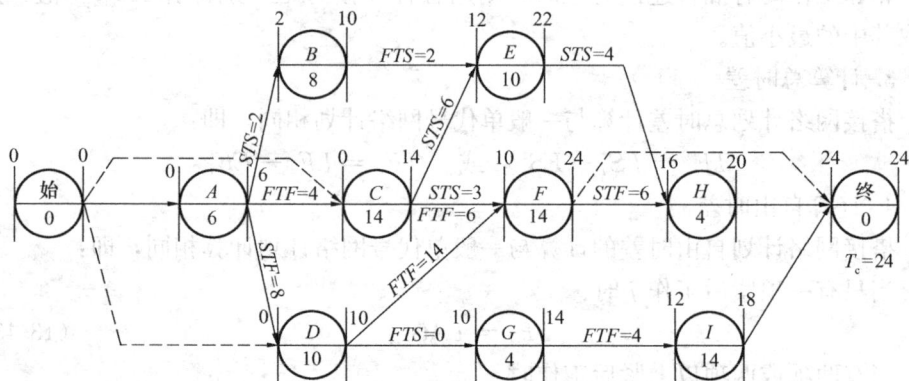

图 13-40　某工程搭接网络计划 ES 和 EF 计算

由于工作 C 的 $ES_C=-4$，不合理，网络计划只能有一个起点节点，故用虚箭线与始节点连接，它的时间参数计算受到始节点的制约，故：

$$ES_C=0$$

$$EF_C=ES_C+D_C=0+14=14$$

$$EF_D=ES_A+STF_{A,D}=0+8=8$$

$$ES_D=EF_D-D_D=8-10=-2$$

又出现不合理现象，需用虚箭线与始节点连接，故：$ES_D=0$，$EF_D=0+10=10$。

E 工作有两项紧前工作 B 和 C，有两种搭接时距，故应取大的一种组合：

$$ES_E = EF_B + FTS_{B,E} = 10 + 2 = 12$$
$$EF_E = ES_E + D_E = 12 + 10 = 22$$
$$ES_E = ES_C + STS_{C,E} = 0 + 6 = 6$$
$$EF_E = ES_E + D_E = 6 + 10 = 16$$

计算结果取最大一种组合，即 $ES_E = 12$，$EF_E = 22$。

F 工作有两项紧前工作 C 和 D，有三种搭接时距，故应取大的一种组合：

$$ES_F = ES_C + STS_{C,F} = 0 + 3 = 3$$
$$EF_F = EF_C + FTF_{C,E} = 14 + 6 = 20$$
$$EF_F = EF_D + FTF_{D,F} = 10 + 14 = 24$$
$$EF_F = ES_F + D_F = 3 + 14 = 17$$
$$ES_F = EF_F - D_F = 20 - 14 = 6$$
$$ES_F = EF_F - D_F = 24 - 14 = 10$$

计算结果取最大一种组合，即 $ES_F = 10$，$EF_F = 24$。

$$ES_G = EF_D + FTS_{D,G} = 10 + 0 = 10$$
$$ES_H = ES_E + STS_{E,H} = 12 + 4 = 16$$
$$EF_H = ES_F + STF_{F,H} = 10 + 6 = 16$$
$$EF_G = ES_G + D_G = 10 + 4 = 14$$
$$EF_H = ES_H + D_H = 16 + 4 = 20$$
$$ES_H = EF_H - D_H = 16 - 4 = 12$$

H 工作有两项紧前工作，故取大的一种组合，即 $EF_H = 20$，$ES_H = 16$。

$$EF_I = EF_G + FTF_{G,I} = 14 + 4 = 18$$

终点节点，根据终节点有紧前工作 H、I 二项，而 $EF_H = 20$，$EF_I = 18$，看起来本工程的总工期应为 20 天，但在搭接网络计划中不能这样简单地确定总工期。一般情况下，终节点的这个工期值应是整个搭接网络计划中的最大值。本例中 $EF_F = 24$ 为最大值，故用虚箭线将 F 工作与终节点连接，则 $ES_终 = EF_终 = T_C = 24$。

（2）计算 $LAG_{i,j}$

搭接网络计划自始节点到终节点，顺着箭线方向，根据各工作间的连接时距分别计算 $LAG_{i,j}$，其计算结果汇总在图 13-41 中所示。

$$LAG_{起A} = ES_A - EF_始 - FTS_{起A} = 0 - 0 - 0 = 0$$
$$LAG_{起C} = ES_C - EF_始 - FTS_{起C} = 0 - 0 - 0 = 0$$
$$LAG_{起D} = ES_D - EF_始 - FTS_{起D} = 0 - 0 - 0 = 0$$
$$LAG_{A,B} = ES_B - ES_A - STS_{A,B} = 2 - 0 - 2 = 0$$
$$LAG_{A,C} = EF_C - EF_A - FTF_{A,C} = 14 - 6 - 4 = 4$$
$$LAG_{A,D} = EF_D - ES_A - STF_{A,D} = 10 - 0 - 8 = 2$$
$$LAG_{B,E} = ES_E - EF_B - FTS_{B,E} = 12 - 10 - 2 = 0$$
$$LAG_{C,F} = min[(ES_F - ES_C - STS_{C,F}),(EF_F - EF_C - FTF_{C,F})]$$
$$= min[(10-0-3),(24-14-6)] = 4$$

其他工作间的 $LAG_{i,j}$ 值，仿照以上方法计算，其计算结果见图 13-41 所示。

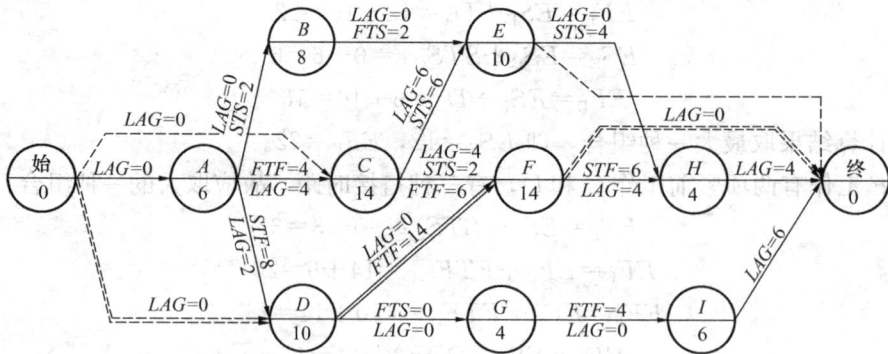

图 13-41 某工程搭接网络计划 $LAG_{i,j}$ 1 计算

（3）关键线路的确定

按照自始至终各工作间的时间间隔为零的连线为关键线路，则某工程搭接网络计划的关键线路为：始—D—F—终，工作 D 和 F 为关键工作，其线路长度为 24d，即为总工期。

（4）自由时差计算、总时差计算和最迟时间参数计算

以上计算从略。在此提请注意：本工作的自由时差计算时，取其与紧后工作 $LAG_{i,j}$ 值的最小值；本工作的总时差计算时，应从终节点开始逆箭线方向计算，其值应等于其紧后工作总时差的最小值加上本工作的自由时差值；本工作的最迟时间参数计算，应根据已计算的最早时间参数和总时差值计算，即：

$$LS_i = ES_i + TF_i, LF_i = EF_i + TF_i$$

本例中 E 工作按正常计算得：

$TF_E = TF_H + FF_E = 4 + 0 = 4$，故 $LF_E = EF_H + TF_E = 22 + 4 = 26$，大于总工期 $T_c = 24$，这不合理，它必须绘制虚箭线，使 E 工作的最迟完成时间受总工期的限制，即 $LF_E = 24$，再行计算。

13.5 网络计划的优化

在工程组织施工中，初始网络计划虽然以工作逻辑关系确定了施工组织的合理关系和各项时间参数，但这仅是网络计划的一个最初方案，一般还需要使网络计划中的各项参数符合工期要求、资源供应和工程成本最低等约束条件。这不仅取决于各工作在时间上的协调，还取决于资源能否合理分配和费用的安排，要做到这些，就必须对初始网络计划进行优化。

网络计划的优化，是在满足既定约束条件下，按某一目标，通过不断改进网络计划寻求满意方案。网络计划的优化目标，应按计划任务的需要和条件选定，有工期目标、费用目标和资源目标。根据网络计划的优化目标，网络计划的优化分为：工期优化、资源优化和费用优化三类。资源优化中又分为：资源有限、工期最短优化和工期固定、资源均衡优化两种。

　　网络计划优化的原理，一是利用时差，前后移动各项工作，改变有关工作的时间参数，从而达到资源参数的调整；二是利用关键线路，对关键工作适当增加资源的投入，缩短其工作持续时间，从而达到缩短工期的目的。

13.5.1　工　期　优　化

1. 工期优化原则

　　网络计划的工期优化，就是指当计算工期大于要求工期时，通过压缩关键工作的持续时间满足要求工期的过程。但在优化过程中不能将关键工作压缩成为非关键工作；优化过程中出现多条关键线路时，必须同时压缩各条关键线路的持续时间，否则不能有效地缩短工期。

　　网络计划在执行过程中，通过压缩关键工作的持续时间来达到缩短工期的目的，必须考虑实际情况和可能，应正确处理进度与质量、资源供应和费用的关系，一般应按下列因素择优选择缩短持续时间的关键工作：

　　(1) 缩短持续时间对质量和安全影响不大的关键工作；

　　(2) 有充足备用资源的关键工作；

　　(3) 缩短持续时间所增加的费用最少的关键工作。

2. 工期优化的步骤

　　(1) 用标号法快速求出在正常持续时间下的关键线路和计算工期。

　　(2) 按要求工期计算应缩短的时间 ΔT，确定压缩目标。

$$\Delta T = T_c - T_r \tag{13-45}$$

　　(3) 将应优先缩短的关键工作持续时间压缩至最短时间，再用标号法找出关键线路和计算工期。若被压缩的关键工作变成了非关键工作，则应将其持续时间延长，使之仍为关键工作。

　　(4) 若计算工期仍大于要求工期，则重复以上步骤，直到满足要求工期为止。

　　(5) 所有关键工作或部分关键工作都已达到其最短持续时间，而寻求不到继续压缩工期的方案，但工期仍不能满足要求工期时，这说明原定要求工期目标存在一定问题，则应对原定工期目标重新审定。

3. 工期优化示例

　　【例 13-6】　已知网络计划如图 13-42 所示，箭线下方括号外数字为工作的正常持续时间，括号内为最短持续时间，假定要求工期为 40 天。根据实际情况及各种因素，决定缩短工作持续时间的顺序为 G、B、C、H、E、D、A、F。试对网络计划进行工期优化。

　　【解】　(1) 用标号法寻找关键线路和计算工期

　　(按正常持续时间)，计算结果如图 13-42，从图中可知 $T_c = 48$ 天，关键线路为①—③—④—⑥一条。

　　(2) 网络计算应缩短的天数为：

$$\Delta T = T_c - T_r = 48 - 40 = 8 \ \text{天}$$

　　(3) 按已知条件，首先压缩 G 工作至最短持续时间 12 天，再行计算确定关

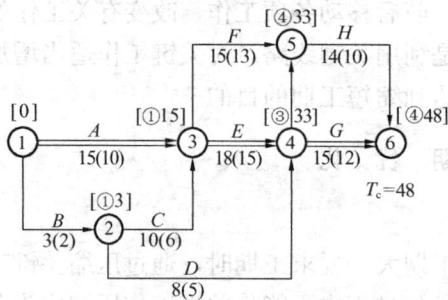

图 13-42　初始网络计划

键线路和计算工期，计算结果如图 13-43。计算结果 $T_c = 47$ 天，关键线路为①—③—④—⑤—⑥。但关键工作 G 变为非关键工作，必须使 G 的持续时间延长 2 天，使其成为关键工作，如图 13-44 所示。关键线路有两条：①—③—④—⑥和①—③—④—⑤—⑥。

$$T_{c1} = 47 > T_r = 40 \text{ 天}$$

（4）在图 13-44 的基础上，根据已知条件，同时压缩 G 和 H 工作各 2 天，再行计算确定关键线路和计算工期 T_{c2}，如图 13-45 所示，关键线路有两条：即①—③—④—⑥和①—③—④—⑤—⑥。$T_{c2} = 45 > T_r = 40$ 天。

（5）用上述方法，按已知条件，压缩 E 工作 3 天，缩短为 15 天，再压缩 A 工作 2 天，缩短为 13 天，使计算工期达到要求工期 40 天，如图 13-46 所示，则优化完毕。

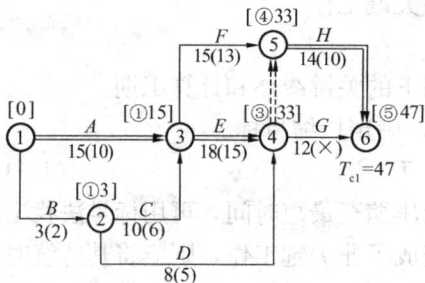

图 13-43　G 工作缩短至 12 天的网络计划

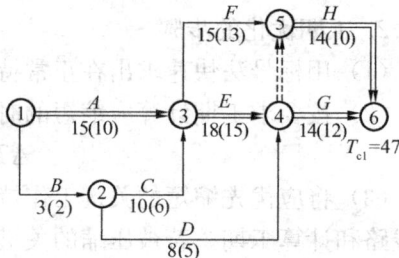

图 13-44　G 工作延长 2 天的网络计划

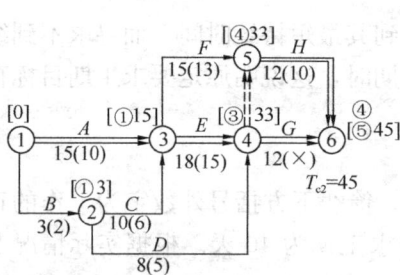

图 13-45　压缩 G 和 H 工作各 2d 的网络计划

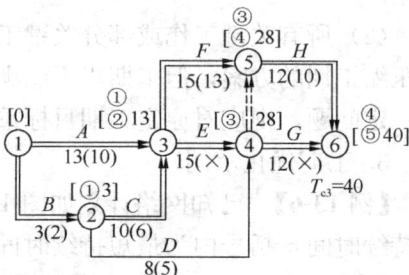

图 13-46　工期优化完成的网络计划

13.5.2　资　源　优　化

1. 资源优化术语

网络计划资源优化中几个常用的术语：

（1）资源是为完成任务所需的人力、材料、机械设备和资金的统称。

(2) 资源强度是指一项工作在单位时间内所需某种资源的数量，工作 $i-j$ 的资源强度用 r_{i-j} 表示。

(3) 资源需用量是指网络计划中各项平行施工的工作在某一时间内所需某种资源的数量之和，第 t 天的资源需用量用 R_t 表示。

(4) 资源限量是指单位时间内可供使用的某种资源的最大限量，用 R_a 表示。

资源优化一般在时标网络计划上进行。完成一项任务所需的资源量基本上是不变的，不可能通过资源优化将其减少，资源优化是使资源按时间的分布符合优化目标。

2. 资源有限，工期最短优化

资源有限，工期最短优化其优化步骤如下：

(1) 按最早时间参数绘制时标网络计划，并从计划的第一天起，自左向右统计资源需用量 R_t，再与资源限量 R_a 比较，当检查结果为 $R_t \leqslant R_a$ 时，则符合要求；当 $R_t > R_a$ 时，该处平行施工的诸工作必须进行调整。

(2) 调整网络计划，将 $R_t > R_a$ 处的工作进行调整。调整网络计划的基本思路是：当出现 $R_t > R_a$ 时，是因为由若干项工作平行施工而造成资源需用量 R_t 的高峰大于资源限量 R_a，那末必须在不改变逻辑关系的前提下，将某一项工作自左向右移动，降低资源高峰值，使其满足 R_a 的要求，但必须使延长的时间最短，即调整计划后的时间增量 ΔD 最小。

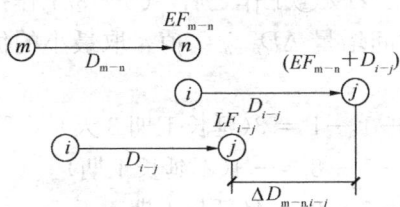

图 13-47 $i-j$ 排在 $m-n$ 工作之后的 ΔD 计算图

(3) 网络计划调整后的时间增量 ΔD 的计算如下：

若 $m-n$ 和 $i-j$ 两项工作平行施工造成资源高峰，且造成 $R_t > R_a$，如果将 $i-j$ 工作排在 $m-n$ 工作之后，其时间增量为 $\Delta D_{m-n,i-j}$，如图 13-47 所示。

从图 13-47 中可知，当 $i-j$ 工作排在 $m-n$ 工作之后，其时间增量 $\Delta D_{m-n,i-j}$，为：

$$\Delta D_{m-n,i-j} = EF_{m-n} + D_{i-j} - LF_{i-j}$$
$$= EF_{m-n} - (LF_{i-j} - D_{i-j}) \qquad (13-46)$$
$$= EF_{m-n} - LS_{i-j}$$

由于 $LS_{i-j} = ES_{i-j} + TF_{i-j}$，代入公式 (13-46) 得：

$$\Delta D_{m-n,i-j} = EF_{m-n} - ES_{i-j} - TF_{i-j} \qquad (13-47)$$

(4) 当有若干项工作平行施工时，诸工作进行新的排序时，分别计算时间增量 $\Delta D_{m-n,i-j}$，取时间增量值最小的优先调整，然后自左向右逐步调整，直至得到优化方案为止。

资源有限工期最短优化示例：

【例 13-7】 已知时标网络计划如图 13-48 所示，图中箭线上方为工作的资源强度 r_{i-j}，箭线下方为工作的持续时间 D_{i-j}，若资源限量 $R_a = 20$，试对其进行资源有限工期最短优化。

【解】 (1) 在时标网络计划上按天统计资源，如图 13-48 所示，从图中可知

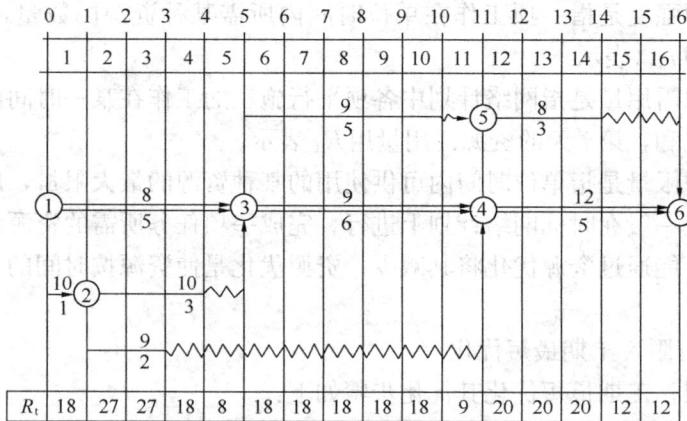

图 13-48 资源有限，时间最短优化时标网络计划

$R_2 = 27 > R_a = 20$，故必须调整。

（2）第一次调整，从图 13-48 中可知，$R_a = 27$，是由于①—③、②—③和②—④三项工作平行施工而造成资源高峰，调整中工作重新排序有六种组合，即①—③工作不动，②—③工作排在①—③工作之后，②—④工作排在①—③工作之后；②—③工作不动，①—③工作排在②—③工作之后，②—④工作排在②—③工作之后；②—④工作不动，①—③工作排在②—④工作之后，②—③工作排在②—④工作之后。则分别计算各种排序的时间增量 $\Delta D_{m-n,i-j}$ 值，取最小的优化调整。

$$\Delta D_{1-3,2-3} = EF_{1-3} - ES_{2-3} - TF_{2-3} = 5 - 1 - 1 = 3（延长工期 3 天）$$
$$\Delta D_{1-3,2-4} = EF_{1-3} - ES_{2-4} - TF_{2-4} = 5 - 1 - 8 = -4（不延长工期）$$
$$\Delta D_{2-3,1-3} = EF_{2-3} - ES_{1-3} - TF_{1-3} = 4 - 0 - 0 = 4（延长工期 4 天）$$
$$\Delta D_{2-3,2-4} = EF_{2-3} - ES_{2-4} - TF_{2-4} = 4 - 1 - 8 = -5（不延长工期）$$
$$\Delta D_{2-4,1-3} = EF_{2-4} - ES_{1-3} - TF_{1-3} = 3 - 0 - 0 = 3（延长工期 3 天）$$
$$\Delta D_{2-4,2-3} = EF_{2-4} - ES_{2-3} - TF_{2-3} = 3 - 1 - 1 = 1（延长工期 1 天）$$

从以上计算可知 $\Delta D_{2-3,2-4} = -5$ 最小，优先调整，即将②—④工作排在②—③工作之后，再按天统计资源，如图 13-49 所示。

（3）第二次调整，从图 13-49 中可知，$R_6 = 27 > R_a = 20$，必须调整。资源高峰出现是由于③—⑤、③—④和②—④三项工作平行施工造成，同样有六种组合排序，分别计算时间增量值：

$$\Delta D_{3-5,3-4} = EF_{3-5} - ES_{3-4} - TF_{3-4} = 10 - 5 - 0 = 5（延长工期 5 天）$$
$$\Delta D_{3-5,2-4} = EF_{3-5} - ES_{2-4} - TF_{2-4} = 10 - 4 - 5 = 1（延长工期 1 天）$$
$$\Delta D_{3-4,3-5} = EF_{3-4} - ES_{3-5} - TF_{3-5} = 11 - 5 - 3 = 3（延长工期 3 天）$$
$$\Delta D_{3-4,2-4} = EF_{3-4} - ES_{2-4} - TF_{2-4} = 11 - 4 - 5 = 2（延长工期 2 天）$$
$$\Delta D_{2-4,3-5} = EF_{2-4} - ES_{3-5} - TF_{3-5} = 6 - 5 - 3 = -2（不延长工期）$$
$$\Delta D_{2-4,3-4} = EF_{2-4} - ES_{3-4} - TF_{3-4} = 6 - 5 - 0 = 1（延长工期 1 天）$$

从以上计算可知，$\Delta D_{2-4,3-5} = -2$ 最小，优先调整，即将③—⑤工作排在

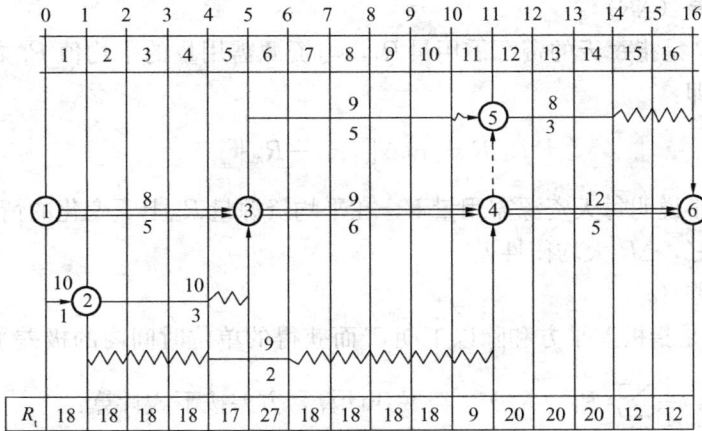

图 13-49 第一次调整后的时标网络计划

②—④工作之后，再按天统计资源，如图 13-50 所示。从图中可知 R_t 均小于或等于资源限量 R_a，故优化完毕。

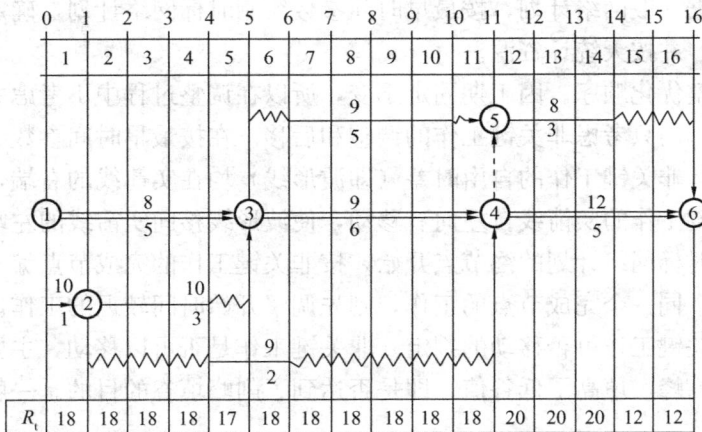

图 13-50 优化完成的时标网络计划

3. 工期固定，资源均衡优化

工期固定，资源均衡优化是在工期不变的情况下，使资源分布尽可能均衡，即在资源需用量的动态曲线上，尽可能不出现短时期的高峰和低谷，力求每天的资源需用量接近于平均值。

衡量资源均衡的指标一般有三种。

（1）不均衡系数（K）

不均衡系数 K 是指在资源需用量动态曲线中最大的每天资源需用量最大值 $R_{\max}$ 与资源需用量的平均值 R_m 的比值，即：

$$K = \frac{R_{\max}}{R_m} \tag{13-48}$$

资源需用量不均衡系数 K 值愈小，则均衡性愈好。

393

（2）极差（ΔR）

极差 ΔR 是指每天的资源需用量 R_t，与资源需用量的平均值 R_m 之差绝对值的最大值，即：

$$\Delta R = \max[\,|R_t - R_m|\,] \tag{13-49}$$

极差值的大小说明每天资源需用量 R_t 在平均资源量 R_m 上下变化的情况，ΔR 小说明均衡性好，ΔR 大均衡性差。

（3）方差（σ^2）

方差 σ^2 是指极差平方和除以工期 T 而获得的单位时间内的极差平方的平均值，即：$\sigma^2 = \dfrac{1}{T}\sum\limits_{t=1}^{T}(R_t - R_m)^2$，经展开计算，方差按下式计算：

$$\sigma^2 = \frac{1}{T}\sum_{t=1}^{T} R_{t_t}^2 - R_m^2 \tag{13-50}$$

方差 σ^2 愈小，表示资源均衡性好。

工期固定，资源均衡优化的步骤如下：

（1）根据一般网络计划，按最早时间参数绘制时标网络计划，确定关键线路和计算工期，并按天统计资源。

（2）调整优化顺序。因工期固定不变，所以在调整过程中不考虑关键工作的调整和后移，而只考虑非关键工作的调整和后移。在按最早时间参数绘制的时标网络计划中，非关键工作的自由时差（即波形线）均在实箭线的右端，调整过程中应将非关键工作的实箭线自左向右移动，使波形线移向实箭线的左端。具体调整顺序是从时标网络计划的终节点开始，按非关键工作的完成节点编号由大到小的顺序进行，同一个完成节点的工作，则先调整开始时间较迟的工作。

（3）非关键工作可否移动的判定。非关键工作是否可以移动，主要是看是否削低了资源高峰，填高了低谷值，即是否达到了削峰填谷的目的。一般可用下面方法判定：

如果节点 n 为终点节点，则首先对以终点节点 n 为结束节点的工作进行调整。如果 $k-n$ 为最迟开始的非关键工作，且第 i 天开始，第 j 天结束，则工作 $k-n$ 向右移动一天，那么第 i 天资源需用量定减少 r_{k-n}，而 $j+1$ 天将增加资源需用量 r_{k-n}，为了达到削峰填谷的目的，必须满足以下条件方可右移：

$$R_{j+1} + r_{k-n} \leqslant R_i \tag{13-51}$$

反之，r_{k-n} 工作向左移动一天，必须满足以下条件方可左移：

$$R_{i-1} + r_{k-n} \leqslant R_j \tag{13-52}$$

（4）在工作 r_{k-n} 向右移动后，则按上述顺序，进行其他工作的右移，经反复循环，都不能再调整为止，则优化完毕。

13.5.3 费 用 优 化

费用优化又叫工期成本优化，是寻求最低成本时的最短工期安排，或按要求工期寻求最低费用的计划安排过程。网络计划的总费用由直接费用和间接费用组成。由于直接费用是直接用于工程的人工、材料和机械费用，在施工过程中投入到工程中，因而随着工期的缩短直接费用增加，直接费与工期成反比，当工期缩短 ΔD_{i-j}^{D}，而直接费增加 ΔC_{i-j}^{D}，那末单位时间增加的直接费用称为直接费费率 $a_{i-j}^{D} = \Delta C_{i-j}^{D} / \Delta D_{i-j}$。费用优化是寻找缩短工期的同时增加的费用最少，则在压缩关键工作持续时间时应优先压缩直接费费率最低的关键工作，当多项关键工作平行施工时，应使多项关键工作直接费费率之和（称为组合直接费费率）最小的关键工作同时压缩，直至不能再压缩为止，这样就可绘制工期—直接费曲线，如图 13-51 中 1 号曲线。

间接费是间接用于工程的费用，一般用多年来间接费开支的平均值，随着工期的缩短而间接费减少，而单位时间间接费的减少称为间接费费率 a_{i-j}^{ID}，工期与间接费的关系成正比，如图 13-51 中 2 号曲线。

工程总费用是直接费加间接费，这样就可绘制工期—总费用曲线 CON，如图 13-51 中 3 号曲线。网络计划计算工期为 t 时，总费用 C_t^T 等于各项工作直接费 C_{i-j}^{D} 之总和加上间接费费率 a_{i-j}^{ID} 乘以计算工期，即：

$$C_t^T = \Sigma C_{i-j}^{D} + a^{ID} \cdot t \tag{13-53}$$

总费用曲线特征分析：当工期缩短 Δt 时，直接费增加 $\Delta t \cdot a_{i-j}^{D}$，而间接费则减少 $\Delta t \cdot a^{ID}$，则工期缩短 Δt 的总费用计算公式为：

$$C_t^T = C_{t+\Delta t}^T + \Delta t \cdot a_{i-j}^{D} - \Delta t \cdot a^{ID} = C_{t+\Delta t}^T + \Delta t \cdot (a_{i-j}^{D} - a^{ID}) \tag{13-54}$$

公式（13-54）中 $a_{i-j}^{D} - a^{ID}$ 为费率差，当费率差为负值时，C_t^T 比原 $C_{t+\Delta t}^T$ 小，曲线呈下降趋势，即总费用曲线在图 13-51 中的 ON 段；当费率差为正值时，C_t^T 比原 $C_{t+\Delta t}^T$ 大，曲线呈上升趋势，如图 13-51 中的 CO 段。故总费用曲线 CON 分成两段，ON 段费率差为负值，CO 段费率差为正值，故费率差由负变正时，所得的"O"点即为优化点。由此可知，费用优化的过程就是不断压缩直接费费率小的关键工作，并在缩短工期的同时，计算费率差，当费率差为负值时，总费用曲线呈下降趋势，费用优化未完成，一旦费率差由负变正，则优化点"O"即求得，优化完毕，那么对应于优化点"O"的工期 T_o 为最短工期，对应的总费用 CO 为最小的费用。

费用优化可按下列步骤进行：

（1）算出网络计划在正常工期情况下的总直接费，网络计划总直接费等于该计划全部工作直接费的总和，用 ΣC_{i-j}^{D} 表示。

（2）算出各项工作的直接费费率 a_{i-j}^{D}。

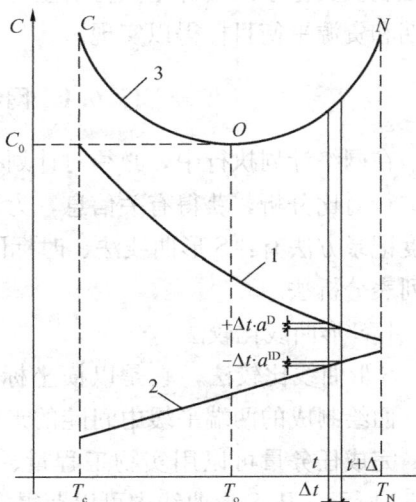

图 13-51 工期—费用曲线
1—直接费曲线；2—间接费曲线；
3—总费用曲线
T_c—最短工期；T_n—正常工期；
T_o—优化工期

（3）确定间接费费率 a^{ID}。

（4）找出网络计划的关键线路和计算工期。

（5）在网络计划找出直接费费率最低的一项或一组关键工作，作为缩短持续时间的对象。

（6）缩短找出的一项或一组关键工作的持续时间，其缩短值必须符合所在关键线路不能变成非关键线路和缩短后的持续时间不小于最短持续时间的原则。

（7）计算相应的费用增加值。

（8）考虑工期变化后带来的间接费和其他损益，在此基础上计算总费用。总费用的计算公如下：

$$C_t^{\mathrm{T}} = C_{t+\Delta t}^{\mathrm{T}} + \Delta t \cdot a_{i-j}^{\mathrm{D}} - \Delta t \cdot a^{\mathrm{ID}} = C_{t+\Delta}^{\mathrm{T}} + \Delta t \cdot (a_{i-j}^{\mathrm{D}} - a^{\mathrm{ID}})$$

式中　C_t^{T}——将工期缩短至 t 时的总费用；

　$C_{t+\Delta t}^{\mathrm{T}}$——前一次的总费用；

　Δt——工期缩短值；

　a_{i-j}^{D}——工作 $i-j$ 的直接费费率；

　a^{ID}——间接费费率。

（9）重复（5）～（8）步骤，直至总费用不再降低为止。

13.6　网络计划的控制

网络计划的控制是泛指网络计划执行中的记录、检查、分析和调整。网络计划控制应贯穿于网络计划执行的全过程。其目标是保证已编制的网络计划的计划工期和资源平衡目标得以实现。

13.6.1　网络计划的执行记录

在网络计划执行中，必须对计划执行的实际进度情况进行记录，并与计划进度进行对比分析，获得有关信息，为调整网络计划提供必要的数据。常用的实际进度记录方法有：S 形曲线法、时标网络计划的实际前锋线法和无时标网络计划的列表分析法。

1. S 形曲线比较法

S 形曲线比较法，它是以横坐标表示进度时间，纵坐标表示累计完成任务量，而绘制成的两端平缓中间陡的形状似 S 形的曲线，故定名为 S 形曲线比较法。完成任务量可以用实物工程量、工时消耗量和资金来表示。S 形曲线如图13-52 所示。从 S 形曲线中可以获得实际进度与计划进度的对比分析和预测。在图 13-52 中，首先按计划绘制计划进度的 S 形曲线，在计划执行过程中，不定期地检查实际进度执行情况，并记录实际进度，描绘实际进度 S 形曲线，然后进行实际进度与计划进度对比分析，提供以下信息。实际进度 S 形曲线上的 a 点，在计划进度 S 形曲线的左上方，它反映了实际进度比计划进度快，时间加快了 ΔT_a，提前完成任务量为 ΔQ_a 说明 a 点为提前完成任务。

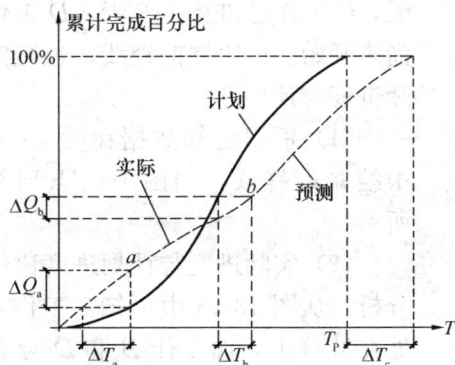

图 13-52 S形曲线比较图

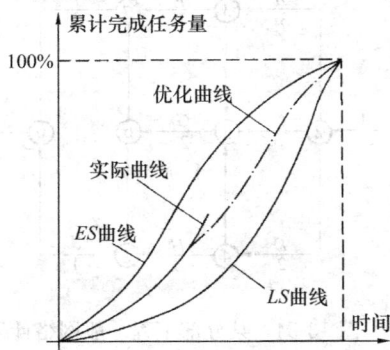

图 13-53 香蕉形曲线比较图

实际进度 S 形曲线上的 b 点，在计划进度 S 形曲线的右下方，它反映了实际进度比计划进度慢，时间推迟了 ΔT_b，少完成任务量为 ΔQ_b，说明 b 点为延误了工期。

实际进度与计划进度 S 形曲线相交，则说明按计划完成任务。在图 13-52中，自 b 点的实际进度为基础，再累计计划完成任务量绘制的虚线曲线为预测曲线，说明若按 b 点实际进度执行，计划不作调整，则预计整个计划将延误 ΔT_c 天。

S 形曲线可以按最早开始时间 ES 绘制，也可以按最迟开始时间 LS 绘制，两曲线开始与结束时间相同，绘制的曲线形状似香蕉，故定名为香蕉形曲线比较图，如图 13-53 所示。从图 13-53 中可知，若实际进度点在 ES 曲线的左上方，说明进度大大超前，反之，在 LS 曲线右下方，说明进度大大推迟，而实际进度曲线则在 ES 曲线和 LS 曲线之间进行不断的调整和优化。

2. 实际进度前锋线比较法

实际进度前锋线（以下简称前锋线）比较法，是一种简单的工程实际进度与计划进度的比较方法，它主要运用于时标网络计划。

前锋线的绘制，一般从上方时间坐标的检查日期绘起，依次连接相邻工作箭线的实际进度点，最后与下方时间坐标的检查日期相连，绘制成的一根点划线的折线，称为前锋线。根据绘制的前锋线，明显地可以提供以下实际进度与计划进度对比的信息。

（1）前锋线绘制成点划线的折线，有些工作处在波峰上，有些工作处在波谷中，可以明显地看出处在波峰上的工作进度比处在波谷中的工作进度快，以此对比相邻工作之间进度的快慢程度；

（2）以检查日期的时间坐标为准时，若工作实际进度点与检查日期坐标相同，则说明该工作按期完成任务；若工作实际进度点在检查日期坐标的右侧，则说明该工作实际进度超前，超前的天数为二者之差；若工作实际进度点在检查日期坐标的左侧，则说明该工作实际进度拖延，拖延的天数为二者之差。

例如：已知某分部工程的一般网络计划如图 13-54 所示。绘制的时标网络计划如图 13-55 所示。若在第 5 天检查时，发现 A 工作已完成，B 工作已进行了 1

397

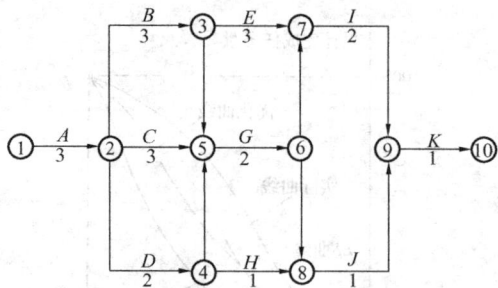

图 13-54　某分部工程一般网络计划

天，C 工作已进行了 2 天，D 工作尚未开始。试绘制前锋线，进行实际进度与计划进度对比分析。

（1）根据已知数据在图 13-55 中绘制前锋线，如图中的点划线所示。

（2）实际进度与计划进度比较分析。从图 13-55 中可知：工作 C 处在波峰上，而工作 B 和 D 处在波谷中，说明工作 C 相对比工作 B 和 D 进度快一些，工作 B 和 D 之间，工作 D 处波谷中深一些，则工作 B 相对 D 工作又快一些。

对照第 5 天检查日期坐标而言，工作 B 拖延工期 1 天；工作 C 按期完成；工作 D 拖延工期 2 天。从图 13-55 中也可明显地看出，工作 B 为关键工作，而工期拖延 1 天，则整个网络计划工期延误 1 天；工作 C 为非关键工作，其总时差为 $TF_{2-5} = 1$，且该工作按期完成，不会影响工期；工作 D 拖延工期 2 天，且其总时差为 $TF_{2-5} = 2$，也不会影响总工期。若将前锋线拉直，即第 5 天检查进

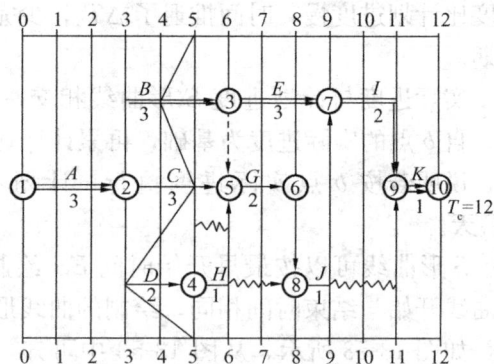

图 13-55　某分部工程时标网络计划

度，1～5 天已成为历史，不考虑其对网络计划工期的影响。而若第 6 天起计划的情况如何，如图 13-56 所示，与上述分析是一致的，整个工期影响 1 天，工作 C 尚有总时差 2 天，工作 D 尚有总时差 1 天。

3. 列表比较法

当采用无时标网络计划时，也可采用列表比较法，比较工程实际进度与计划进度的偏差情况，且提供的计算数据作为调整计划的依据。工程进度检查比较表如表 13-5 所示。列表比较法是记录检查时应该进行的工作编号及其工作名称和已进行的天数，然后列表计算有关时间参数，根据原有的总时差和尚有总时差判断实际进度与计划进度的比较方法。

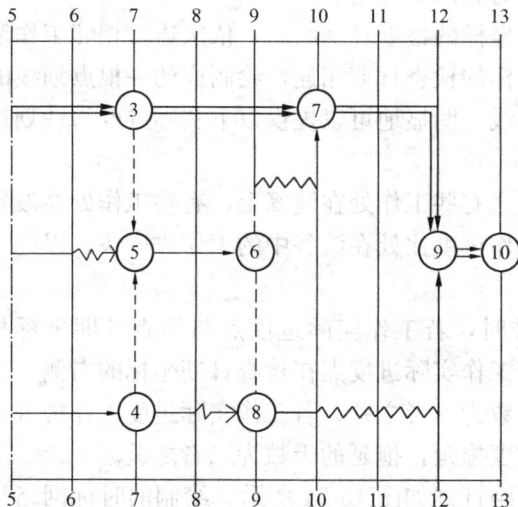

图 13-56　某分部工程调整前的进度计划

列表比较法的步骤如下：

(1) 计算检查时应该进行的工作 $i-j$ 尚需作业时间 T^3_{i-j}，其计算公式为：

$$T^3_{i-j} = D_{i-j} - 检查时完成天数 \qquad (13-55)$$

(2) 计算工作 $i-j$ 检查时至最迟完成时间尚余时间 T^4_{i-j}，其计算公式为：

$$T^4_{i-j} = LF_{i-j} - 检查日期 \qquad (13-56)$$

(3) 计算工作 $i-j$ 的尚有总时差 TF^6_{i-j}，其计算公式为：

$$T^6_{i-j} = T^4_{i-j} - T^3_{i-j} \qquad (13-57)$$

(4) 填写表 13-6 中的第⑦栏情况判断。实际进度与计划进度对比分析的进度偏差有两种情况：一种是尚有总时差值小于或等于原有总时差时，二者相等说明实际进度与计划进度一致，不影响工期；当尚有总时差小于原有总时差时，但仍为正值时，尽管该工作的实际进度拖延，但尚有总时差，也不影响工期，上述两种情况在表 13-6 中的情况判断栏中均填写"正常"。第二种是尚有总时差为负值，说明该工作的实际进度拖延，且进度拖延到总时差利用完毕后还不够，那么其负值的绝对值即为影响工期的天数，影响工期的天数在表中情况判断栏中填写。

工程进度检查比较表 　　　　　　　　　　　　表 13-6

工作编号	工作名称	检查计划时尚需作业天数 T^3_{i-j}	到计划最迟完成时尚余天数 T^4_{i-j}	原有总时差 TF_{i-j}	尚有总时差 TF^6_{i-j}	情况判断
①	②	③	④	⑤	⑥	⑦

以图 13-55 为例，填写工程进度检查比较表，见表 13-7。

工程进度检查比较表 　　　　　　　　　　　　表 13-7

工作编号	工作名称	检查计划时尚需作业天数 T^3_{i-j}	到计划最迟完成时尚余天数 T^4_{i-j}	原有总时差 TF_{i-j}	尚有总时差 TF^6_{i-j}	情况判断
①	②	③	④	⑤	⑥	⑦
2—3	B	3−1=2	6−5=1	0	1−2=−1	影响工期1天
2—5	C	3−2=1	7−5=2	1	2−1=1	正常
2—4	D	2−0=2	7−5=2	2	2−2=0	正常

注：1. 表中原有总时差在时标网络计划图 13-55 中直接判读；

　　2. 表中第④的 LF_{i-j} 值计算如下：

$$LF_{2-3} = EF_{2-3} + TF_{2-3} = 6 + 0 = 6$$
$$LF_{2-5} = EF_{2-5} + TF_{2-5} = 6 + 1 = 7$$
$$LF_{2-4} = EF_{2-4} + TF_{2-4} = 5 + 2 = 7$$

13.6.2 网络计划的检查分析

网络计划的检查与分析的目的，是为了判断网络计划执行情况与计划目标的差异，以便进行网络计划的调整。网络计划的检查分析应定期进行。检查周期的长短应根据计划工期长短和需要确定。必要时，可作应急检查分析，以便采取应急调整措施。

1. 网络计划的检查内容

首先是关键工作的进度，这是检查重点，因为关键工作进度的快慢，直接影响着工期的超前或延误；其次是非关键工作的进度及其时差利用，在网络计划执行过程中，由于影响进度的因素很多，需密切注意非关键工作的进度偏差大于该工作的总时差，而由非关键工作转化为关键工作；第三是各项工作间逻辑关系的变化。

网络计划经检查后，按上述方法进行记录，并进行实际进度与计划进度的对比分析，分析进度偏差对后续工作和总工期的影响。分析的方法主要是利用网络计划中总时差和自由时差的概念进行判断。特别应注意其进度偏差的大小及其所处的位置，对后续工作和总工期的影响是不同的。由时差概念可知：当进度偏差小于该工作的自由时差时，对工作计划无影响；当进度偏差大于该工作的自由时差，而小于该工作的总时差时，对后续工作的最早开始时间有影响，而对总工期无影响；当进度偏差大于该工作的总时差时，则对后续工作和总工期都有影响。

2. 具体分析步骤

（1）分析出现进度偏差的工作是否是关键工作

根据网络计划的时间参数确定关键工作、关键线路和工期。若出现进度偏差的工作为关键工作，无论其进度偏差大小，都对后续工作和总工期有影响，必须采取相应措施调整计划；若出现进度偏差的工作不是关键工作，需要根据偏差值与总时差和自由时差的大小关系，确定对后续工作和总工期的影响程度。

（2）分析进度偏差是否大于总时差

若工作的进度偏差大于该工作的总时差，说明此偏差必将影响后续工作和总工期，必须采取相应措施调整；若工作的进度偏差小于或等于该工作的总时差，说明此偏差对总工期无影响，但它对后续工作的影响程度，需要根据此偏差与该工作的自由时差的比较情况来确定。

（3）分析进度偏差是否大于自由时差

若工作的进度偏差大于该工作的自由时差，说明此偏差对后续工作有影响，应根据后续工作允许影响的程度而确定对网络计划作局部调整；若工作的进度偏差小于或等于该工作的自由时差，则说明此偏差对后续工作无影响，因此原计划可以不作调整。

经过以上分析，计划人员可以了解产生进度偏差的工作和调整偏差的大小，则可有的放矢地采取相应措施，以获得符合实际进度情况和计划目标的新进度计划。

13.6.3 网络计划的调整方法

在对网络计划的执行过程中的情况分析的基础上，确定网络计划的调整方法。调整网络计划的方法一般有两种，即改变某些工作间的逻辑关系和缩短某些工作的持续时间。

1. 改变某些工作间的逻辑关系

改变某些工作间的逻辑关系，也就是改变施工组织方式。一般建设项目的施工组织方式有依次施工、平行施工和流水施工三种方式，各有其特点，其工艺关系和组织关系是不同的，安排的工期也不同。若网络计划在实施过程中，进度偏差影响了总工期，并且工作之间的逻辑关系允许改变，则可以改变关键线路和超过计划工期的非关键线路上的有关工作之间的逻辑关系，达到缩短工期的目的。用这种方法调整网络计划其效果是很显著的，例如，把依次施工改变为平行施工或分段流水施工，都可以达到缩短工期的目的。例如某住宅工程的基础分部工程，其施工顺序为挖地槽（A）～混凝土垫层（B）～砖墙基（C）～回填土（D），其依次施工网络计划如图 13-57 所示，其计算工期为 26 天，若每一施工过程的持续时间不变，但分成两段流水施工，其网络计划如图 13-58 所示，用标号法寻求关键线路和计算工期为 18 天。由两图对比可知，由于施工组织方式不同，即工作间的逻辑关系不同，其工期可以明显缩短。

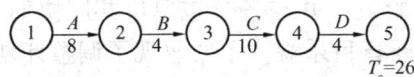

图 13-57 基础工程依次施工网络计划　　图 13-58 基础工程流水施工网络计划

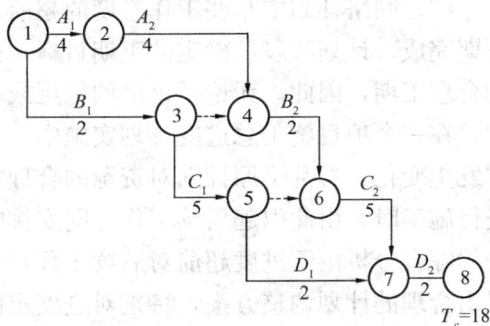

2. 缩短某些工作的持续时间

这种方法是不改变工作间的逻辑关系，只是缩短某些工作的持续时间，而使施工进度加快，以保证实现计划工期的方法。被压缩持续时间的工作是位于因实际施工进度的拖延而引起总工期增加的关键线路和某些非关键线路上的工作。其调整方法视限制条件及对后续工作的影响程度不同而有所区别，一般可以有三种思路进行调整：

（1）网络计划中某些工作进度拖延的时间在该项工作的总时差范围以内和自由时差以外。若用公式表示此项工作的拖延时间，则有：

$$FF_{i-j} < \Delta \leqslant TF_{i-j} \tag{13-58}$$

根据本章前述内容，这一工作的拖延时间并不会影响总工期，而只对后续工作的最早开始时间有影响。因此，在进行调整前，需确定后续工作允许拖延的时间限制，并以此作为调整计划的限制条件。这个限制条件的确定有时很复杂，特别当后续工作由多个平行的分包单位施工时。因此，寻找合理的调整方案时，应尽可能地对后续工作的影响减少到最低程度。

（2）网络计划中某项工作进度拖延的时间在该项工作的总时差以外，若用式表示此项工作拖延的时间，则有：

$$\Delta > TF_{i-j} \tag{13-59}$$

该工作不管是否为关键工作，这种拖延都对后续工作和总工期有影响，其计划的调整方法可以有三种情况：

第一种情况是项目总工期不允许拖延。这种情况也就是项目必须按期完成。其计划的调整方法只能采取缩短关键工作持续时间以保证总工期目标的实现。其

401

实质就是工期优化的方法，在此不赘述。第二种情况是项目总工期允许拖延。这种情况项目总工期不作限制，视实施情况允许拖延，此时只需从实际的时间参数取代原始的时间参数，并重新计算网络计划的有关参数，作为调整后的网络计划付诸实施。第三种情况是项目总工期允许拖延的时间有限。在有的情况下，项目总工期虽然允许拖延，但拖延的时间受到一定的限制。如果实际拖延的时间超过了限制时间，也需要对网络计划进行调整。具体的调整方法是，以总工期的限制时间作为调整网络计划的新的工期目标，然后对网络计划用工期优化的方法，压缩关键工作的持续时间，以满足新工期目标的要求。

（3）网络计划中某些工作进度的超前。网络计划执行中总的任务是保证项目按期完成。计划阶段所确定的工期目标，往往是综合考虑了各方面的因素而优选的合理工期，因此，无论是进度的拖延或超前，都可能造成其他目标的失控。例如，在一个项目施工总进度计划实施中，由于某项工作的超前致使资源的使用计划发生变化，打乱了原计划对资源的合理安排，特别是当采用多个平行分包单位进行施工时，由此引起后续工作时间安排的变化而带来许多麻烦，因此计划人员必须综合分析由于进度超前对后续工作产生的影响，并与各分包单位共同协商，提出合理的计划调整方案，特别对进度超前不要盲目乐观，不要忽视了调整计划的难度。网络计划技术是一种现代生产管理的科学方法，本章叙述了网络计划的绘制、网络计划的时间参数计算、双代号时标网络计划、搭接网络计划、网络计划的优化和网络计划的控制等六个部分，它们是关键线路法（C. P. M法）的基本知识和基本理论部分，必须很好地学习、掌握并付诸于工程实践中应用。网络图的绘制应重点掌握网络计划的构成及其基本符号、绘图规则、绘图原则和绘图方法，结合工程实际能正确地绘制逻辑关系正确、结构布置合理的网络图。

网络计划的时间参数计算应重点掌握时间参数的基本概念、时间参数计算顺序，总时差和自由时差的概念及其应用。关键工作和关键线路的确定是本节的重中之重，其确定方法有五种，在此简单汇总如下：

（1）根据关键工作和关键线路的定义，用比较线路长短法确定关键线路。凡自始节点至终节点各工作持续时间之总和最长的线路为关键线路，其长度即为计算工期。

（2）遵循总时差最小值的规定，确定关键工作；都由关键工作组成的线路为关键线路，关键线路的长度即为计算工期。

（3）用标号法快速寻求关键线路和计算工期。

（4）按最早开始时间绘制时标网络计划，遵循自终节点至始节点逆箭线方向没有波形线的规定，确定关键线路。

（5）单代号网络计划遵循自始节点至终节点顺箭线方向各工作间的时间间隔$LAG_{i,j}$，均为零的连线为关键线路，关键线路上的诸节点即为关键工作。网络计划的控制应重点掌握计划的检查、记录、分析和调整方法。

14 施工组织概述

土木工程施工的根本目的是要按时、节约、保质地完成建设项目，使其尽早投入使用，因此，做好施工组织设计，搞好施工组织管理是非常重要的。

施工组织设计是在项目的施工准备阶段对施工过程进行详细的施工计划，从施工方案、施工资源需求与配置、施工进度计划、施工平面图、质量安全保证体系等方面做好计划，并以此计划来安排施工，确保施工目标的实现。

14.1 土木工程产品及其施工的特点

14.1.1 土木工程产品的特点

1. 空间上的固定性

土木工程产品必须根据建设单位（或使用者）的要求，在指定的地点建造。建成后不能移动，只能在建造的地方长期使用。

2. 产品的多样性

由于土木工程产品使用功能的不同，建造形式不同，表现出土木工程产品的多样性。每一个土木工程产品，需要一套独立的设计图纸，建造时必须根据图纸采用不同的施工方法和组织。即使是采用同一种设计图纸的土木工程产品，由于产品所处地点、环境条件的不同，地质、水文、气候等自然条件不同；资源、交通等社会条件不同，也需要对设计图纸和施工方法等作出相应的调整和改变，从而形成了每个土木工程产品的唯一性，正是由于土木工程产品的唯一性，使其呈现出多种多样，各不相同的特点。

3. 资源耗用多

土木工程产品同一般工业产品比较，其体形庞大，建造时耗用的人工、材料、机械设备等资源众多。

14.1.2 土木工程施工的特点

1. 土木工程施工的流动性

土木工程产品的固定性，决定了其生产的流动性，即施工工人和使用的材料、机具经常移动工作地点。每变更一次施工地点，就需要筹建一次必要的生产条件，即施工准备工作。在生产过程中，随着土木工程产品施工部位的变化，也需要生产者和生产工具经常流动转移，要从一个施工段转到另一个施工段，从房屋这个部位转到那个部位，在工程完工后，还要从一个工地转移到另一个工地。

2. 土木工程施工的单件性

土木工程产品的多样性决定了每一件产品都需要采用不同的施工方法和组织，使用不同的材料、设备和建筑艺术形式。根据使用性质、耐用年限和抗震要求，采用不同的耐用等级、耐火等级和抗震等级。随着建筑科学技术、新的建筑材料、新的建筑结构不断涌现，建筑艺术形式经常推陈出新，即使用途相同的建筑产品，因为在不同时期兴建，采用的材料、结构和艺术形式也会不同。

3. 土木工程产品施工的综合性

土木工程产品的生产首先由勘察单位进行勘测，设计单位设计，建设单位进行施工准备，建筑安装单位进行施工，最后经过竣工验收交付使用。在生产过程中，往往由不同专业的施工单位和不同工种的工人，使用各种不同的建筑材料和施工机械来共同完成，其协作配合关系亦较复杂，同时又要和建筑监管部门、银行、材料供应部门、分包等单位配合协作。由于生产过程复杂，协作单位多，参加人员多，是一个特殊的生产过程。

4. 土木工程施工受气候条件影响很大

土木工程施工多是露天作业，受气候条件影响很大，需要安排合理的施工方案和施工顺序，要考虑冬期、雨期施工问题，人工、材料、机械的调配问题，设计的变更、情况的变化，资金和物资的供应条件、专业化协作状况，城市交通和环境等等，这些因素对工程进度、工程质量、建筑成本等都有很大影响。

5. 土木工程施工过程的不可间断性

一个土木工程产品的生产全过程是：项目决策、选择地点、勘察设计、征地拆迁、购置设备和材料、建筑施工和安装、试车（或试水、试电）验收，直到竣工投产（或使用），这是一个不可间断的、完整的周期性的生产过程；再从建筑施工和安装来看，要能形成建筑产品，需要经过场地平整、基础工程、主体工程、装饰工程，最后竣工验收。这种产品，只有到生产过程终了，才能完成，才能发挥作用。当然，在这过程中也可以生产出一些中间产品或局部产品。这种特点要求产品在生产过程中各阶段、各环节、各项工作必须有条不紊地组织起来，在时间上不间断，空间上不脱节。要求生产过程的各项工作必须合理组织、统筹安排，遵守施工程序，按照合理的施工顺序，科学地组织施工。

6. 土木工程施工周期长

土木工程产品的施工周期是指建设项目或单位工程在建设过程中所耗用的时间，即从开始施工起，到全部建成投产或交付使用，发挥效益时止所经历的时间。土木工程产品施工周期长，少则1～2年，多则3～4年、5～6年，甚至十几年。因此，它必须长期大量占用和消耗人力、物力和财力，要到整个生产周期完结才能出产品。故应科学地组织建筑生产，不断缩短生产周期，尽快提高投资效果。

综上所述，土木工程产品生产的流动性、单件性、综合性、周期长等特点，形成了施工组织的复杂性。针对这些特点，必须充分发挥人的主观能动性，科学组织施工。为了迅速完成一个建筑产品，在保证材料、物资供应的前提下，最好有尽可能多的工人和机具同时进行生产；也由于其体形庞大，施工阶段允许在不同的空间施工，形成了专业化工种、多道工序、同时生产的综合性活动，这样就需要有组织地进行协调施工。保证所有的工人、机具各得其所，各得其时，各尽其能，多快好省地完成施工任务；解决得不好，就会使各种工人、机具互相妨碍，互相牵制，形成施工混乱，造成浪费，拖延工期，影响质量和安全。为此，在工程建设中，必须强化施工组织工作，充分进行施工准备，编好施工组织设计，拟定有效的施工方案，合理地规划、部署，确保施工能正常连续进行。

14.2 土木工程施工组织的基本原则

14.2.1 保证重点，统筹安排

土木工程施工的根本目的在于把建设项目迅速建成，使之尽早地交付生产或使用，因此，应根据拟建项目的轻重缓急和施工条件落实情况，对工程项目进行排队，把有效的资源投入到国家重点工程上，使其早日投产，发挥效益。同时，也应照顾一般工程，资金的投入不应过分集中，以免造成人力物力的损失。总之，应保证重点，统筹安排；且又要注意主要项目和辅助项目的有机结合，注意主体工程和配套工程的相互关系，重视准备项目、施工项目、收尾项目和竣工投产项目的关系，做到协调一致，保证工期。

14.2.2 合理安排施工顺序，优化施工

施工顺序的安排应符合施工工艺，满足技术要求，有利于组织立体交叉、平行流水作业，有利于对后续工程施工创造良好的条件，有利于充分利用空间、争取时间。例如，先准备工作，后正式工程施工；准备工作应从全场性工程开始，应先场外，后场内；先地下工程，后地上工程，地下工程又应先深后浅；先基础，后主体；先主体，后装饰；先土建，后设备等。这些施工顺序，均反映了施工本身的客观规律，必须予以遵守。

在考虑各工种的施工顺序的同时，还要考虑空间顺序，既解决工种时间上搭接的问题，又解决施工流向问题，以保证各专业队伍、各工种工人和施工机械能够不间断地、有次序地进行施工，尽快从一个项目转移到另一个项目上去。这就必须做到保证质量，工种之间相互创造条件，充分利用工作面，争取时间。

应当指出，施工顺序不是固定不变的，随着不同的技术措施，可以采用不同的施工顺序。总之，在保证质量的前提下，尽量做到施工的连续性、均衡性、紧凑性，充分利用时间、空间上的优势，发挥其最大效益。

14.2.3 科学、合理地安排施工计划，提高施工的连续性和均衡性

为了确保全年连续施工，减少季节性施工的技术措施费用，在组织施工时，应充分了解当地的气象条件和水文地质条件。尽量避免把土方工程、地下工程、水下工程安排在雨期和洪水期施工，把混凝土现浇结构安排在冬期施工；高空作业、结构吊装则应避免在风季施工。对那些必须在冬、雨期施工项目，则应采用相应的技术措施，既要确保全年连续施工、均衡施工，更要确保工程质量和施工

安全。

14.2.4　发展产品工业化生产，提高工业化程度

产品工业化生产是先进科学技术在土木工程施工中的一种体现，是工程工业现代化的发展方向。土木工程施工工业化的前提条件是广泛采用预制装配式构件。例如，采用定型设计，标准构件，实行全装配化或部分装配化施工等等。这样，不仅可以扩大作业空间，争取平行作业时间，而且可以改善劳动条件，提高工效，加速施工。在拟定构件预制方案时，应贯彻工厂预制和现场预制相结合的方针，把受运输和起重设备限制的大型、重型构件放在现场预制；将大量的中小型构件由工厂预制。

14.2.5　充分发挥机械效能，提高机械化程度

机械化施工可加快工程进度，减轻劳动强度，提高劳动生产率。为此，在选择施工机械时，应充分发挥机械的效能，并使主导工程的大型机械，如土方机械、吊装机械能连续作业，以减少机械台班费用；同时，还应使大型机械与中小型机械相结合，机械化与半机械化相结合，扩大机械化施工范围，实现施工综合机械化，以提高机械化施工程度。

14.2.6　采用国内外先进的施工技术和科学管理方法

采用先进的施工技术和科学管理方法，是促进技术进步，提高企业素质，保证工程质量，加速工程进度，降低工程成本的有力措施。为此，在拟定施工方案时，应尽可能采用行之有效的新材料、新工艺、新技术和现代化管理方法。

14.2.7　合理部署施工现场，尽可能减少暂设工程

精心地进行施工总平面图的规划，合理地部署施工现场，是节约施工用地，实现文明施工，确保安全生产的重要环节。尽量利用正式工程、原有建筑物、已有设施、地方资源为施工服务，是减少暂设工程费用，降低工程成本的重要途径。

14.3　施　工　准　备

14.3.1　施工准备工作分类

1. 按准备工作范围分

（1）全场性施工准备

它是以一个建设项目为对象而进行的各项施工准备，其目的和内容都是为全场性施工服务的，它不仅要为全场性的施工活动创造有利条件，而且要兼顾单项工程施工条件的准备。

（2）单项（位）工程施工条件准备

它是以一个建筑物或构筑物为对象而进行的施工准备，其目的和内容都是为该单项（位）工程服务的，它既要为单项（位）工程做好开工前的一切准备，又要为其分部（项）工程进行作业条件的准备。

（3）分部（项）工程作业条件准备

它是以一个分部（项）工程或冬、雨期施工工程为对象而进行的作业条件准备。

2. 按工程所处施工阶段分

（1）开工前的施工准备工作

它是在拟建工程正式开工前所进行的一切施工准备，其目的是为工程正式开工创造必要的施工条件。它既包括全场性的施工准备，又包括单项工程施工条件的准备。

（2）开工后的施工准备工作

它是以在拟建工程开工后，每个施工阶段正式开始之前所进行的施工准备。如混合结构住宅的施工，通常分为地下工程、主体结构工程和装饰工程等施工阶段，每个阶段的施工内容不同，所需物资技术条件、组织要求和现场布置等方面也不同。因此，必须做好相应的施工准备。

14.3.2 施工准备的工作内容

1. 技术准备

（1）熟悉和审查施工图纸

内容包括：审查施工图纸是否齐全；施工图纸与其说明书内容上是否一致；施工图纸各组成部分间是否有矛盾和错误；技术要求是否明确；审查设备安装图纸与其相配合的土建图纸坐标和标高尺寸是否一致，土建施工的质量标准能否满足设备安装的工艺要求；基础设计或地基处理方案同建造地点的工程地质和水文地质条件是否一致；弄清建筑物与地下构筑物、管线间的相互关系；拟建工程的建筑和结构的形式和特点，需要采取哪些新技术等。

熟悉和审查施工图纸主要是为编制施工组织设计提供各项依据，通常按图纸自审、会审和现场签证等三个阶段进行。

图纸自审由施工单位主持，并写出图纸自审记录；图纸会审由建设单位主持，设计和施工单位共同参加，形成"图纸会审纪要"，由建设单位正式行文，三方共同会签并盖公章，作为指导施工和工程结算的依据；图纸现场签证是在工程施工中，遵循技术核定和设计变更签证制度，对所发现的问题进行现场签证，作为指导施工、竣工验收和结算的依据。

（2）原始资料调查分析

原始资料是施工组织设计、施工方案选择的重要依据之一。包括自然条件调查和技术经济条件调查两大部分。

1）自然条件调查分析。

它包括建设地区的气象、建设场地的地形、工程地质和水文地质、施工现场地上和地下障碍物状况、周围民宅的坚固程度及其居民的健康状况等项调查，为编制施工现场的"四通一平"计划提供依据。

2）技术经济条件调查分析。

它包括地方建筑生产企业、地方资源、交通运输、供水、供电及其他能源、建筑基地情况、劳动力和生活设施情况等。

（3）编制施工图预算和施工预算。

施工图预算应按照施工图纸所确定的工程量、施工组织设计拟定的施工方法、建筑工程预算定额和有关费用定额，由施工单位编制。

（4）编制施工组织设计。

根据工程规模、结构特点和建设单位要求，编制指导该工程施工全过程的施工组织设计。

2. 物资准备

物资准备工作内容包括建筑材料订货、构（配）件和制品的加工订货、建筑施工机具的订货、租赁，生产工艺设备订货安装调试等。

3. 劳动组织准备

（1）筹建项目经理部，明确各部门的职责；

（2）集结施工力量，组织劳动力进场；

（3）做好职工入场教育工作。

教育工作包括技术交底，健全各项规章制度，加强遵纪守法教育等。其中技术交底通常包括工程施工进度计划和月、旬作业计划；各项安全技术措施、降低成本措施和质量保证措施；质量标准和验收规范要求，以及设计变更和技术核定事项等，必要时进行现场示范；

（4）做好分包或劳务安排，签订分包或劳务合同。

4. 施工现场准备

（1）施工现场控制网测量

根据给定永久性坐标和高程，按照建筑总平面图要求，进行施工场地控制网测量，设置场区永久性控制测量标桩。

（2）做好"四通一平"，建造施工设施

确保施工现场水通、电通、道路畅通、通讯畅通和场地平整，清理地上和地下的障碍物；修建施工临时道路，施工用水、电的管线；做好排水设施以及蒸汽、压缩空气等能源供应；修建包括施工用仓库、行政管理和生活设施等大型临时设施。

（3）组织施工机械、设备和工具进场

按规定地点和方式存放，并应进行相应的保养和试运转等项工作。

（4）组织工程材料进场

根据建筑材料、构（配）件和制品需要量计划，组织其进场，按规定地点和方式储存或堆放。建筑材料进场后，应进行各项材料的试验、检验。

（5）做好新技术应用准备

对于新技术项目，拟定有关试验、试制项目计划，并均应在开工前实施。

（6）做好冬施、雨施和高温季节施工项目的季节性施工准备

施工准备工作，必须实行统一领导，分工负责的制度。凡属全场性的准备工作，由现场施工总包单位负责全面规划和日常管理。单位工程的准备工作，应由单位工程分包单位负责组织。队组作业准备由施工队组织进行。

必须坚持没有做好施工准备不准开工的原则，建立开工报告审批制度。

14.4 施工组织设计文件

14.4.1 施工组织设计的作用

施工组织设计是为完成具体施工任务创造必要的生产条件，制订先进合理的施工工艺所作的规划设计，它是指导一个拟建工程进行施工准备和施工的基本技术经济文件。施工组织设计的根本作用是，使工程在规定的时间和空间内，得以实现有组织、有计划、有秩序的施工，以期在整个工程施工上达到相对的最优效果。

施工组织设计是对施工活动实行科学管理的重要手段，它具有战略部署和战术安排的双重作用。它体现了实现基本建设计划和设计的要求，提供了各阶段的施工准备工作内容，协调施工过程中各施工单位，各施工工种，各项资源之间的相互关系。通过施工组织设计，可以根据具体工程的特定条件，拟定施工方案、确定施工顺序、施工方法、技术组织措施，可以保证拟建工程按照预定的工期完成，可以在开工前了解到所需资源的数量及其使用的先后顺序，可以合理安排施工现场布置。因此，施工组织设计应从施工全局出发，充分反映客观实际，符合国家或合同要求，统筹安排施工活动有关的各个方面，合理地部署施工现场，确保文明施工、安全施工。据此，施工就可以有条不紊地进行，将能达到多、快、好、省的目的。

实践证明，在工程投标阶段编好施工组织设计，充分反映施工企业的综合实力，是实现中标、提高市场竞争力的重要途径；在工程施工阶段编好施工组织设计，是实现科学管理、提高工程质量、降低工程成本、加速工程进度、预防安全事故的可靠保证。

14.4.2 施工组织设计的内容

施工组织设计的内容，要结合工程对象的实际特点、施工条件和技术水平进行综合考虑，一般包括以下基本内容：

1. 工程概况

包括本建设工程的性质、规模，建设地点，结构特点、建设期限、建设面积、分批交付生产或使用的条件、合同要求；本地区地形、地质、水文和气象情况；施工力量，劳动力、机具、材料、构件等资源供应情况；施工环境及施工条件等。

2. 施工部署及施工方案

根据工程情况，结合人力、材料、机械设备、资金、施工方法等条件，全面部署施工任务，合理安排施工顺序，确定主要工程的施工方案；对拟建工程可能采用的几个施工方案，进行定性、定量的分析，通过技术经济评价，选择最佳方案。

3. 施工进度计划

施工进度计划反映了最佳施工方案在时间上的安排，采用计划的形式，使工期、成本、资源等方面，通过计算和调整达到优化配置，符合目标的要求；使工程有序地进行，使工期、成本、资源等通过优化调整达到既定目标。在此基础上，编制相应的人力和时间安排计划、资源需要计划、施工准备计划。

4. 施工平面图

施工平面图是施工方案及进度计划在空间上的全面安排。它把投入的各项资源、材料、构件、机械、道路、水电网路、生产、生活活动场地及各种临时工程设施合理地布置在施工现场，使整个现场能有组织地进行文明施工。

5. 主要技术经济指标

技术经济指标用以衡量组织施工的水平，它是对施工组织设计文件的技术经济效益进行全面的评价。

14.4.3 施工组织设计的分类

施工组织设计的各阶段是与工程设计的各阶段相对应的，根据设计阶段、编制广度、深度和具体作用的不同，可分为施工组织总设计、单位工程施工组织设计和分部（分项）工程作业设计。

一般情况下，一个大型工程项目，首先应编制包括整个建设工程的施工组织设计，作为对整个建设工程施工的指导性文件。然后，在此基础上对各单位工程，分别编制单位工程施工组织设计，若需要，还须编制某些分部分项工程的作业设计，用以指导具体施工。

施工组织设计一般根据工程规模的大小，建筑结构的特点，技术、工艺的难易程度及施工现场的具体条件，可分为施工组织总设计、单位工程施工组织设计及分部或分项工程作业设计。

1. 施工组织总设计

施工组织总设计是以整个建设项目或民用建筑群为对象（如群体工程、一个工厂、建筑群、一条完整的道路（包括桥梁）、生产系统等）编制的，在有了批准的初步设计或扩大初步设计之后方可进行编制。一般应以主持该项目的总承包单位为主，有建设、设计和分包单位参加，共同编制。施工组织总设计是对整个工程施工的战略部署，是指导全局性施工的技术、经济纲要。它是对整个建设工程的施工过程和施工活动进行全面规划，统筹安排，据以确定建设总工期；各单位工程开展的顺序及工期；主要工程的施工方案；各种物资的供需计划；全场性暂设工程及准备工作；施工现场的布置和编制年度施工计划。

2. 单位工程施工组织设计

单位工程施工组织设计，是以各个单位工程（如一幢工业厂房、构筑物、公共建筑、民用建筑、一段路、一座桥等）为对象编制的，在施工组织总设计的指导下，由直接组织施工的单位根据施工图设计进行编制，用以直接指导单位工程的施工活动，是施工单位编制作业计划和制定季、月、旬施工计划的依据。

单位工程施工组织设计，根据工程规模、技术复杂程度不同，其编制内容的深度和广度亦有所不同；对于简单单位工程，一般只编制施工方案并附以施工进度和施工平面图，即"一案、一图、一表"。

3. 分部（分项）工程作业设计

分部（分项）工程作业设计（即施工设计），是在编制单位工程施工组织设计之后，针对某些特别重要的、技术复杂的，或采用新工艺、新技术施工的分部（分项）工程，如深基础、无粘结预应力混凝土、特大构件的吊装、大量土石方工程、定向爆破或冬、雨期施工等为对象编制的，其内容具体、详细，可操作性强，是直接指导分部（分项）工程施工的依据。

施工组织设计的编制，对施工的指导是卓有成效的，必须坚决执行，但是在编制上必须符合客观实际，在施工过程中，由于某些因素的改变，必须及时调整，以求施工组织的科学性、合理性，减少不必要的浪费。

15 施工组织总设计

施工组织总设计是以整个建设项目或群体工程（一个住宅建筑小区、配套的公共设施工程、一个配套的工业生产系统等）为对象编制的，是整个建设项目或群体工程的全局性、指导性的文件。它对整个建设项目实现科学管理、文明施工、取得良好的综合经济效益，将具有决定性的影响。

施工组织总设计的主要作用如下：

（1）确定设计方案的施工可能性和经济合理性；

（2）为建设单位主管机关编制基本建设计划提供依据；

（3）为施工单位主管机关编制建筑安装工程计划提供依据；

（4）为组织物资技术供应提供依据；

（5）为及时进行施工准备工作提供条件；

（6）解决有关生产和生活基地的组织问题。

施工组织总设计的内容一般包括：工程概况，施工部署和施工方案，施工准备工作计划，施工总进度计划，各项物资资源需用量计划，施工总平面图，技术经济指标等部分。

15.1 施工组织总设计编制依据及程序

15.1.1 施工组织总设计编制依据

编制施工组织总设计的依据主要有：

1. 计划文件

包括可行性研究报告，国家批准的固定资产投资计划，单位工程项目一览表，分期分批投产的要求，投资额，建设项目所在地区主管部门的用地批准文件等批件，施工单位主管上级下达的施工任务书等。

2. 设计文件

包括初步设计或技术设计，设计说明书，总概算或修正总概算等。

3. 合同文件

即建设单位与施工单位所签订的工程承包合同、招投标文件。

4. 建设地区基础资料

建设地区工程勘察和技术经济调查资料，如地形、地质、气象资料和地区技术经济条件等。

5. 法规规范

有关的政策法规、技术规范、工程定额等资料。

6. 类似工程项目建设的经验资料。

15.1.2 施工组织总设计编制程序

施工组织总设计的编制程序，如图
15-1 所示。

（1）施工组织总设计，首先是从战略的全局出发，对建设地区的自然条件和技术经济条件、对工程特点和施工要求进行全面系统的分析研究，找出主要矛盾，发现薄弱环节，以便在确定施工部署时采取相应的对策、措施，及早克服和清除施工中的障碍，避免造成损失和浪费。

（2）根据工程特点和生产工艺流程，合理安排施工总进度，确保施工能均衡连续进行，确保建设项目能分期分批投产使用，充分发挥投资效益。

（3）根据施工总进度计划，提出资金、材料、设备、劳动力等物质资源分年度供需计划。

图 15-1 施工组织总设计编制程序

（4）为了保证总进度计划的实现，应制订机械化、工厂化、冬雨期施工的技术措施和主要工程项目的施工方案，主要工种工程施工的流水方案。

（5）编制施工组织总设计尤应重视施工准备工作，包括附属企业、加工厂站，生活、办公临时设施，交通运输、仓库堆场，供水、供电，排水、防洪，通讯系统等的规划和布置，这些是保证工程顺利施工的物质基础。

施工组织总设计是编制各项单位工程施工组织设计的纲领和依据，并为制定作业计划，实现科学管理，进行质量、进度、投资三大目标控制创造了条件。施工组织总设计使各项准备工作有计划、有预见地在开工之前，使所需各种物资供应有保证，避免停工待料；并可根据当地气候条件，采取季节性技术组织措施，做到常年不间断地连续施工。

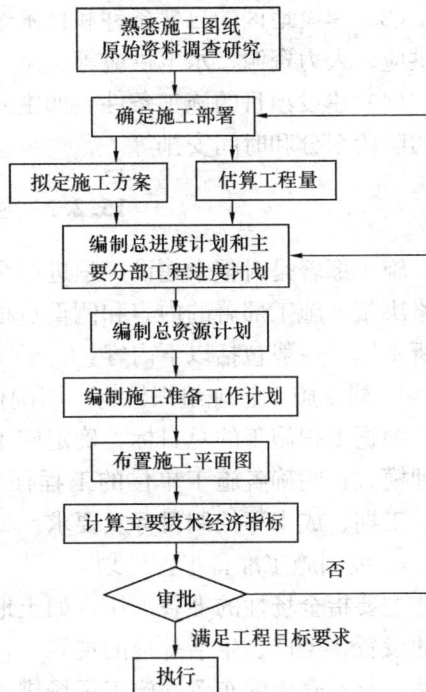

15.2 施 工 部 署

15.2.1 工程概况

（1）工程项目、工程性质、建设地点、总占地面积和建设规模、总工期、建筑安装工程量、设备安装总吨数、总投资、生产流程和工艺特点、分期分批投入使用的项目和工期、占地面积、建筑面积、建筑结构类型、新技术、新材料的复杂程度和应用情况、主要工种工程量等。

（2）建设项目的建设、设计、承包单位和监理单位。

（3）建设地区的自然条件和技术经济条件。如气象、水文、地质、地形、物资供应、人力资源、水电供应等。

（4）建设项目的施工条件。如主要材料和生产设备的供应条件、施工图纸供应的阶段划分和时间安排等。

15.2.2 施 工 部 署

施工部署是对整个建设工程进行全面安排，并对工程施工中的重大问题进行战略决策。施工部署的内容和侧重点根据工程的性质、规模和客观条件的不同而有所不同，一般包括以下内容：

1. 建立施工管理组织机构，明确任务分工

根据工程施工的总目标，确定施工管理组织的目标，建立有效的组织机构和管理模式；明确各施工单位的工程任务，明确各承包单位之间的关系，提出质量、工期、成本等控制目标及要求。

2. 编制施工准备工作计划

主要指全场性的准备工作，如土地征购，居民迁移，"四通一平"，测量控制网的设置，生产、生活基地的规划，材料、设备、构件的加工订货及供应，加工厂站、材料仓库的布置，施工现场排水、防洪、环保、安全等为全场服务的施工设施的安排。

3. 主要项目施工方案的拟定

施工组织总设计要对一些主要建筑物和构筑物、特殊的分部工程或特种结构工程的施工方案预拟定。这些项目通常是建设项目中工程量大、施工难度大、工期长，在整个建设项目中起关键作用的项目或工程。其目的主要是便于事先进行技术和资源的准备，为工程施工的顺利开展和施工现场的合理布局提供依据。其内容主要包括：确定施工起点和流向、确定施工程序和施工方法、施工机械设备的配套选择。

4. 确定工程开展程序

根据建设项目总目标的要求，确定合理的工程建设项目开展程序，将工程项目科学划分为若干个相互独立的投产或交付使用的子系统，并初步确定每个独立交工的子系统的开竣工时间，主要考虑以下几个方面：

（1）在保证工期的前提下，实行分期分批建设。这样，既可以使每一具体项目迅速建成，尽早投入使用，又可在全局上取得施工的连续性和均衡性，以减少暂设工程量，降低工程成本，充分发挥项目建设投资的效果。

一般大型工业建设项目都应在保证工期的前提下分期分批建设。在建造时，需要分几期施工，各期工程包括哪些项目，要根据生产工艺要求、建设部门要求、工程规模大小和施工难易程度、资金状况、技术资源情况等确定。这些项目的每一个环节不是孤立的，它们分别组成若干个生产系统，同一期工程应是一个完整的系统，以保证各生产系统能够按期投入生产。

（2）各类项目的施工应统筹安排，保证重点，确保工程项目按期投产。一般情况应优先考虑的项目是：按生产工艺要求，须先期投入生产或起主导作用的工

程项目；运输系统、动力系统，如厂内外道路、铁路和变电站；供施工使用的工程项目，如各种加工厂、搅拌站等附属企业和其他为施工服务的临时设施、生产优先使用的机修、车库、办公及家属宿舍等生活设施。

（3）一般工程项目均应按先地下、后地上；先深后浅；先干线后支线；先管线后修路的原则进行安排。

（4）应考虑季节对施工的影响。如，大规模土方和深基础土方施工一般要避开雨期，寒冷地区应尽量使房屋在入冬前封闭；而在冬期转入室内作业和设备安装。

15.2.3 施工准备工作计划的编制

施工准备工作是顺利完成项目建设任务的一个重要阶段，必须从思想上、组织上、技术上和物资供应等方面做好充分准备，并做好施工准备工作计划。其主要内容包括：

（1）安排场内外运输，施工用主干道、水、电来源及其引入方案；

（2）安排场地平整方案和全场性的排水、防洪；

（3）安排生产、生活基地。在充分掌握该地区情况和施工单位情况的基础上，规划混凝土构件预制，钢、木结构制品及其他构配件的加工、仓库及职工生活设施等；

（4）安排各种材料的库房、堆场用地和材料货源供应及运输；

（5）安排冬、雨期施工的准备；

（6）安排好场区内的宣传标志，为测量放线做准备。

15.3 暂 设 工 程

15.3.1 施 工 用 房

（1）一般要求

1）结合施工现场具体情况，统筹安排，合理布置。

主要考虑以下几点：布点要适应生产需要，方便职工上下班；不得占据正式工程位置，避开取土、弃土场地；尽量靠近已有交通，或即将修建的正式或临时交通线路。

2）贯彻节约用地的基本原则，布置要紧凑，充分利用山地、空地或劣地，尽量少占或不占农田并保护农田。

3）尽量利用施工现场或附近已有的建筑物，包括拟拆除可暂时利用的建筑物。在新地区，应尽可能提前修建能够利用的永久性工程。

4）符合安全防火要求。

（2）办公用房

视工程项目规模大小、工程长短、施工现场条件、项目管理机构设置类型，办公用房可采取下列方式：

1）利用拟拆除建筑；

2）租用工程邻近建筑；

3）新建暂用办公室，结构、装饰简易；

4）采用装配式活动房屋；

5）先建永久性办公室施工时用，待交工时重新装饰；

6）初期搭建简易办公用房，然后搬进新建房屋。

（3）生产用房

施工现场生产类用房主要有混凝土搅拌站、砂浆搅拌站、钢筋混凝土构件预制厂、钢筋加工厂、木材加工厂、金属结构加工厂、施工机械的维修厂等用房。

施工现场生产用房主要是根据工程所在地区的实际情况与工程施工的需要，首先确定需要设置结构类型，一般使用期短的采用简易的竹木结构；使用期长的可采用砖石结构、砖木结构或装拆式的活动房屋。然后再分别就不同需要（生产规模、产品的品种、生产工艺）逐一确定厂房的建筑面积和厂址的布置，生产用房面积的大小，取决于设备的尺寸、工艺过程、建筑设计及保安与防火等的要求。

钢筋混凝土构件预制厂、锯木车间、模板加工车间、细木加工车间、钢筋工车间等的建筑面积可以用下式确定：

$$S = \frac{K \times Q}{T \times F \times \alpha} \tag{15-1}$$

式中 S——加工厂所需建筑面积；

　　 Q——加工总量，m^3，kg；

　　 K——不均衡系数，取 1.3～1.5；

　　 T——加工总时间，月；

　　 F——每平方米建筑面积平均产量，m^3/m^2，m^2/m^2，（参阅《建筑施工手册》的有关指标）；

　　 α——建筑面积利用系数，取 0.6～0.7。

混凝土搅拌站的面积可以用下式确定：

$$S = N \times A \tag{15-2}$$

式中 S——混凝土搅拌站所需建筑面积；

　　 N——搅拌机台数，台；

　　 A——每台搅拌机所需面积，m^2。

$$N = \frac{K \times Q}{T \times R} \tag{15-3}$$

式中 Q——混凝土需要总量，m^3；

　　 K——不均衡系数，取 1.5；

　　 T——混凝土工程施工总工期，工日；

　　 R——混凝土搅拌机台班产量，m^3/工日。

（4）仓储用房

1）仓库的类型

建筑工地所用仓库，按其用途分为以下几种类型：

①转运仓库，是设在火车站或码头附近，供材料转运储存用的仓库；

②中心仓库，是用以贮存整个企业或整个建筑工地的材料的仓库；

③工地仓库，是专为某一工程服务的仓库；

④加工厂仓库，是专供加工厂储存原材料和加工半成品、构件的仓库。

按材料保管方式分为：

①露天堆场，用于堆放不受自然条件影响的材料，如，砂、石、混凝土构件等；

②库房，分为半封闭式和封闭式两种，用于预防受自然条件影响而发生性能、质量变化的物品，如金属材料、水泥、贵重的建筑材料、五金材料、易燃、易碎品等。

大宗建筑材料一般应直接运往使用地点堆放，以减少施工现场的二次搬运。

2）仓库材料储备量

确定仓库内的材料储备量，要做到一方面能保证施工的正常需要，另一方面又不宜贮存过多，以免加大仓库面积，积压资金。通常的储备量应根据现场条件、供应条件和运输条件来确定。如场地狭小、运输方便的可少储存些；对于运输不便的、受季节影响、加工生产周期较长的材料，可多储存些。

材料的储备量、仓库的面积，可根据材料的种类、每日需要材料的数量，参见表 15-1 中的参数计算。

常见材料仓库面积的有关计算系数表　　　　　表 15-1

序号	材料及半成品	单位	储备天数 T_c	不均衡系数 K_j	每平方米储存定额 q	有效利用系数 K	仓库类别	备注
1	水泥	t	30～60	1.3～1.5	1.5～1.9	0.65	封闭式	堆高10～15袋
2	生石灰	t	30	1.4	1.7	0.7	棚	堆高2m
3	砂子（人工堆放）	m³	15～30	1.4	1.5	0.7	露天	堆高1～1.5m
4	砂子（机械堆放）	m³	15～30	1.4	2.5～3	0.8	露天	堆高2.5～3m
5	石子（人工堆放）	m³	15～30	1.5	1.5	0.7	露天	堆高1～1.5m
6	石子（机械堆放）	m³	15～30	1.5	2.5～3	0.8	露天	堆高2.5～3m
7	块石	m³	15～30	1.5	10	0.7	露天	堆高1.0m
8	预制钢筋混凝土槽型板	m³	30～60	1.3	0.20～0.30	0.6	露天	堆高4块
9	梁	m³	30～60	1.3	0.8	0.6	露天	堆高1.0～1.5m
10	柱	m³	30～60	1.3	1.2	0.6	露天	堆高1.2～1.5m
11	钢筋（直筋）	t	30～60	L.4	2.5	0.6	露天	占全部钢筋的80%，堆高0.5m
12	钢筋（盘筋）	t	30～60	1.4	0.9	0.6	封闭库或棚	占全部钢筋的20%，堆高1m
13	钢筋成品	t	10～20	1.5	0.07～0.1	0.6	露天	
14	型钢	t	45	1.4	1.5	0.6	露天	堆高0.5m
15	金属结构	t	30	1.4	0.2～0.3	0.6	露天	

续表

序号	材料及半成品	单位	储备天数 T_c	不均衡系数 K_j	每平方米储存定额 q	有效利用系数 K	仓库类别	备注
16	原木	m³	30~60	1.4	1.3~15	0.6	露天	堆高2m
17	成材	m³	30~45	1.4	0.7~0.8	0.5	露天	堆高1m
18	废木料	m³	15~20	1.2	0.3~0.4	0.5	露天	废木料约占锯木量的10%~15%
19	门窗扇	m³	30	1.2	45	0.6	露天	堆高2m
20	门窗框	m³	30	1.2	20	0.6	露天	堆高2m
21	木屋架	m³	30	1.2	0.6	0.6	露天	
22	木模板	m²	10~15	1.4	4~6	0.7	露天	
23	模板正理	m²	10~15	1.2	1.5	0.65	露天	
24	砖	千块	15~30	1.2	0.7~0.8	0.6	露天	堆高1.5~1.6m
25	泡沫混凝土制件	m³	30	1.2	1	0.7	露天	堆高1m

注：储备天数根据材料来源、供应季节、运输条件等确定。一般就地供应的材料取表中之低值，外地供应采用铁路运输或水运者取高值。现场加工企业供应的成品、半成品的储备天数取低值，工程处的独立核算加工企业供应者取高值。

（5）生活用房

生活用房包括：办公室、职工宿舍、招待所、浴室、理发室、食堂等。生活用房的种类、大小视工程所在位置、工期长短、规模大小等确定。一般应尽可能利用已有的和拟拆除的房屋，并充分利用先行修建的能为施工服务的永久性建筑，以减少暂设工程费用。

生活用房的组织，一般考虑以下内容：

1）计算施工期间使用生活用房的人数；

2）确定生活用房项目及其建筑面积；

3）选择生活用房的结构形式；

4）布置生活用房位置。

生活用房的建筑面积可以根据表15-2的指标计算。

生活用房参考指标　　　　　　　　　　表 15-2

临时房屋名称	指标使用方法	参考指标（m²/人）	备注
一、办公室	按干部人数	3~4	1. 会议室已包括在办公室指标内。 2. 家属宿舍应以施工期长短和离基地情况而定，一般按高峰年职工平均人数的10%~30%考虑。 3. 食堂包括厨房、库房，应考虑在工地就餐人数和几次进餐
二、宿舍	按高峰年（季）平均职工人数（扣除不在工地住宿人数）	2.5~3.5	
单层通铺		2.5~3	
双层床		2.0~2.5	
单层床		3.5~4	
三、食堂	按高峰年平均职工人数	0.5~0.8	
四、食堂兼礼堂	按高峰年平均职工人数	0.6~0.9	
五、其他合计	按高峰年平均职工人数	0.5~0.6	

临时房屋名称	指标使用方法	参考指标 （m²/人）	备 注
医务室	按高峰年平均职工人数	0.05~0.07	1. 会议室已包括在办公室指标内。 2. 家属宿舍应以施工期长短和离基地情况而定，一般按高峰年职工平均人数的10%~30%考虑。 3. 食堂包括厨房、库房，应考虑在工地就餐人数和几次进餐
浴室	按高峰年平均职工人数	0.07~0.1	
理发	按高峰年平均职工人数	0.01~0.03	
浴室兼理发	按高峰年平均职工人数	0.08~0.1	
其他公用	按高峰年平均职工人数	0.05~0.10	
六、现场小型设施			
开水房		10~40	
厕所	按高峰年平均职工人数	0.02~0.07	
工人休息室	按高峰年平均职工人数	0.15	

15.3.2 施 工 运 输 设 施

（1）施工运输组织

施工运输可分为场外运输和场内运输两种。场外运输亦分两种：一是将货物由外地来利用公路、水路或铁路运到工地；另一种是在本地区范围内的运输。

施工运输组织主要包括：货运量的确定；运输方式的选择；运输工具需要量的计算；运输线路的规划等。

1）确定货运量

施工工地所需运输的主要货物有建筑材料、半成品、构件和建筑企业的机械设备，还有工艺设备、燃料、废料以及职工生活福利用的物资。每日货运量计算如式（15-4）。

$$q_i = \frac{\Sigma Q_i \times L_i}{T} \times K \tag{15-4}$$

式中　q_i——日货运量，t·km/日；

　　　Q_i——整个单位工程的各类材料用量，t；

　　　L_i——各类材料由发货地点到用货地点的距离，km；

　　　T——货物所需的运输天数，日；

　　　K——运输工作不均衡系数，铁路运输采用1.5；汽车运输采用1.2；水路运输采用1.3。

2）运输方式的选择及运输工具需要量的计算

施工运输方式主要有水路运输、铁路运输、公路汽车运输等。

水路运输是最经济的一种运输方式，但需要在码头上有转运仓库。一般在可能条件下，应尽量用水路运输。同时还需考虑到洪水、枯水和每年正常通航期。

铁路运输的优点是运输量大、运距长、不受气候条件的限制，但投资大，筑路难度大，当拟建工程需要铺设永久性专用线时或工地必须从国家铁路线上运来大量物料时才适用。

汽车运输机动性大，行驶速度快，可直达使用地点，但运输量小，运输成本高。

工地每班所需运输机械台数计算公式：

$$N = \frac{Q \times K_1}{q \times T \times C \times K_2}$$ (15-5)

式中 N——运输机械台数；

Q——全年（或全季）度最大运输量，t；

K_1——货物运输不均衡系数，场外运输一般采用1.2，场内运输1.1；

q——运输机械台班产量，t/台班；

T——全年（或全季）的工作天数，d；

C——日工作班数，班；

K_2——运输机械供应系数，一般采用0.9。

（2）施工运输道路组织

为施工服务的场外铁路专用线、场外公路或码头等永久性工程一般应先期建成投入使用，以解决场外运输问题，不再设场外临时施工铁路、公路。

1）铁路运输组织

当材料主要由铁路运输时，场内铁路运输线路的布置可根据建筑总平面中永久性铁路专用线布置主要运输干线，再按施工需要布置铁路支线。

施工铁路直线段的中心线与建筑物的距离在无路堤路堑时应满足下列要求：

①距办公室及加工厂等房屋的凸出部分，在面向铁路侧有出入口时应不小于6m，无出入口时不小于3m；

②距卸货站台、仓库、设备材料堆置场的距离可尽量接近铁路建筑限界；

③卸货站台边缘距铁路中心线的最小尺寸在高于轨面1.1～4.8m部分为1.85m；

④距公路最近边缘距离不小于3.75m；

⑤与地下平行管线边缘之间的距离不小于3.5m。

场内道路与铁路尽量减少交叉。必须交叉时应采用正交。

2）公路运输组织

当材料主要用汽车运输时，应首先布置仓库和加工厂的位置，并将场内道路与场外公路接通。场内施工公路的位置宜尽量与正式工程永久性道路布置一致。主要施工区及货运量密集区应设置环形道路。各加工区、堆场与施工区之间应有直通道路连接，消防车应能直达主要施工场所及易燃物堆场。

（3）施工道路

1）简易公路技术要求，见表15-3。

简易公路技术要求表   表15-3

指标名称	单 位	技 术 标 准
设计车速	km/h	≤20
路基宽度	m	双车道6～6.5；单车道4.4～5；困难地段3.5
路面宽度	m	双车道5～5.5；单车道3～3.5

指标名称	单位	技术标准
平面曲线最小半径	m	平原、丘陵地区 20；山区 15；回头弯道 15
最大纵坡	%	平原地区 6；丘陵地区 8；山区 9
纵坡最短长度	m	平原地区 100；山区 50
桥面宽度	m	木桥 4～4.5
桥涵载重等级	t	木桥涵 7.8～10.4（汽-6～汽-8）

2）施工道路路面种类和厚度，见表 15-4。

施工道路路面种类和厚度 表 15-4

路面种类	特点及其使用条件	路基土	路面厚度（cm）	材料配合比
级配砾石路面	雨天照常通车，可通行较多车辆，但材料级配要求严格	砂质土	10～15	体积比： 黏土：砂：石子＝1：0.7：3.5 重量比： 1. 面层：黏土 16%～15%，砂石料 85%～87% 2. 底层：黏土 10%，砂石混合料 90%
		黏质土或黄土	14～18	
碎（砾）石路面	雨天照常通车，碎（砾）石本身含土较多，不加砂	砂质土	10～18	碎（砾）石＞65%，当地土壤含量≤35%
		砂质土或黄土	15～20	
炉渣或矿渣路面	可维持雨天通车，通行车辆较少，当附近有此项材料可利用时	一般土	10～15	炉渣或矿渣 75%，当地土 25%
		较松软时	15～30	
砂土路面	雨天停车，通行车辆较少，附近不产石料而只有砂时	砂质土	15～20	粗砂 50%，细砂、粉砂和黏质土 50%
		黏质土	15～30	

15.3.3 施 工 供 水

工地施工供水设计包括计算工地供水量、选择水源和设计配水管网几项工作。

（1）供水数量的计算

1）建筑工地临时需水量的计算

建筑工地的用水包括生产、生活和消防用水三方面。

①生产用水

生产用水（q_1）是指现场施工用水、建筑机械、运输机械和动力设备用水，以及附属生产企业用水等；需水量可用每昼夜、每班、每小时或每秒需要的立方米或升计量。

生产用水的需要量可按下式来确定：

$$q_1 = \frac{K_1}{3600}\left(\frac{K_2}{8} \cdot \Sigma \frac{Q_1 \cdot N_1}{T \cdot t} + \frac{K_3 \Sigma Q_2 N_2}{8}\right) \quad (15-6)$$

式中　q_1——生产用水量，L/s；

　　　K_1——为考虑的施工用水系数，1.05～1.15；

Q_1——年（季）度工程量（以实物计量单位表示）；

N_1——施工用水定额（可查阅施工手册）；

T——年（季）度有效工作日，天；

t——每天工作班次，班；

Q_2——同一种机械台数，台；

N_2——施工机械台班用水定额（可查阅施工手册）；

K_2、K_3——用水不均衡系数，见表15-5。

②生活用水

生活用水（q_2）是指施工现场和生活福利区的生活用水，其需水量应分别计算：

$$q_2 = \frac{P_1 \cdot N_3 \cdot K_4}{t \times 8 \times 3600} + \frac{P_2 \cdot N_4 \cdot K_5}{24 \times 3600} \qquad (15\text{-}7)$$

式中　q_2——生活用水量，L/s；

P_1——施工现场最高峰的职工人数，人；

N_3——施工现场生活用水定额（一般为 20～60L/人·班，主要需视当地气候而定）；

P_2——生活区居民人数；

N_4——生活区昼夜每个居民的耗水量，通常采用为 100～150L/人·昼夜，主要需视当地气候而定）；

K_4——施工现场用水不均衡系数，见表15-5；

K_5——生活区用水不均衡系数，见表15-5。

施工用水不均衡系数表　　　　　　　　　　　表 15-5

编号	用　水　名　称	系　数	编号	用　水　名　称	系　数
K_2	现场施工用水	1.5	K_3	动力设备	1.05～1.10
	附属生产企业用水	1.25	K_4	施工现场生活用水	1.30～1.50
K_3	施工机械、运输机械	2	K_5	生活区生活用水	2.00～2.50

③消防用水

建筑工地消防需水量（q_3）取决于建筑工地的大小和各种房屋、构筑物的结构性质、层数和防火等级等。

建筑工地面积在 250000m² 以下者，一般采用 10～15L/s 计算。当面积在 250000m² 以上时，按每增加 200000m² 需水量增加 5L/s 计算。

生活区消防用水量则根据居民人数确定。当人数在 5000 人以下时，消防用水量取10L/s；当人数在人 10000 人以下时，取 10～15L/s。

2）工地总需水量计算

工地总需水量 Q 的计算：

当 $q_1 + q_2 \leqslant q_3$ 时

$$Q = \frac{1}{2}(q_1 + q_2) + q_3 \qquad (15\text{-}8)$$

当 $q_1 + q_2 > q_3$ 时，

$$Q = q_1 + q_2 \tag{15-9}$$

但 Q 应大于 $\frac{1}{2}(q_1 + q_2) + q_3$，

当工地面积小于 50000m^2，而且 $q_1 + q_2 < q_3$，时，有：

$$Q = q_3 \tag{15-10}$$

最后计算出的总需水量，还应增加 10%，以补偿管网漏水损失。

（2）选择水源

临时供水的水源，可用现成的给水管、地下水（如井水）及地面水（如河水、湖水等）三种。最好利用附近现有的供水管道，只有附近无现成供水管道利用时，才另选天然水源。

1）在选择水源时，应该注意以下因素：

①水量能满足最大需水量的需要；

②生活用水的水质应符合卫生要求。搅拌混凝土及灰浆用水的水质，对侵蚀性物质的含量应有一定的限制，如二氧化碳含量不得大于 5mg/L，硫酸盐的含量不得大于 800mg/L。水的硬度对锅炉不得超过 25 度，对汽车不得大于 15 度。对超过硬度和不符合卫生要求的水，应经软化及其他处理后，才允许使用。

2）临时供水方式有三种情况：

①利用现有的城市给水或工业给水系统。此时应注意其供水能力能否满足最大用水量，如果不能满足时，可以利用一部分作为生活用水，而生产用水可以利用地面水或地下水，这样可以不修建或少修建临时给水系统；

②在新开辟地区没有现成的给水系统时，在可能条件下，应尽量先修建永久性给水系统。但应注意某些类型的工业企业，部分车间投产后，可能耗水量很大，必须事先作出充分的估计，采取措施，以免影响施工用水；

③当没有现成的给水系统，而永久性给水系统又不能提前完成时，必须设立临时性给水系统。临时给水系统的设计也应注意与永久性给水系统相适应，例如管网的布置可以利用永久性的。

（3）配水管网的布置和管径计算

配水管网布置的原则是在保证不断供水的情况下，管道铺设得越短越好，同时还应考虑到在工程进展期中各段管网应具有移置的可能性。分期分区施工时，应按施工区域布置。

临时给水管网的布置一般分为三种：环式管网、树枝式管网、混合式管网。

临时水管的铺设，可用明管或暗管。以暗管最为合适，它既不妨碍施工，又不影响运输工作。

水管管径，根据计算用水量（流量），可按下式确定：

$$d = \sqrt{\frac{4Q}{\pi \cdot v \cdot 1000}} \tag{15-11}$$

式中　d——给水管网的内径，m；

　　　Q——计算用水量，L/s；环式管网各段管线采用同一计算流量，枝式管网各段管线按各段的最大流量计算；

v——管网中的水流速度。一般采用 1.2～1.5m/s，个别情况可采用 2m/s。

15.3.4 施 工 供 电

建筑工地上临时供电，包括施工用电和照明用电两种。临时供电的组织包括内容：①计算用电量；②选择电源；③确定变压器；④布置配电线路和确定电线断面。

（1）确定供电数量

1）施工用电

民用建筑的施工用电通常是指土建用电，工业建筑还应包括设备安装工程和部分设备用电（当永久性供电系统还未建成，需利用临时供电系统）。

施工用电量可按下式计算：

$$P_{施} = K_1 P_1 + \Sigma P_2 \tag{15-12}$$

式中　$P_{施}$——施工供电设备总需要容量，kVA；

　　　P_1——各种机械设备的用电量，kW，它以整个施工阶段内的最大负荷为准，根据施工进度计算出同时用电的机械设备最高数量，乘以相应机械设备电动机的功率而得，对于工业建筑，一般以土建和设备安装施工搭接阶段内的电力负荷为最大；

　　　P_2——直接用于施工的用电量，kW，等于该工程的工程量乘以相应的用电功率；

　　　K_1——综合用电系数（包括设备效率、工作同时率、设备负荷），通常电动机在 10 台以下，取 0.75；10～30 台，取 0.70；30 台以上，取 0.60。

2）照明用电

照明用电是指施工现场和生活区的室内外照明用电。

照明用电量可按下式计算：

$$P_{照} = K_3 \Sigma P_3 + K_4 \Sigma P_4 \tag{15-13}$$

式中　$P_{照}$——照明用电总需要容量，kVA；

　　　P_3——室内照明用电量，kW；

　　　P_4——室外照明用电量，kW；

　K_3、K_4——综合用电系数，分别采用 0.8 和 1.0。

最大电力负荷量，是按施工用电量与照明用电量之和计算的。当单班制工作时，则不考虑照明用电，此时最大电力负荷量即等于施工用电量。

（2）选择电源和变压器

建筑施工的电力来源，可以利用施工现场附近已有的电网。如附近无电网，或供电不足时则需自备发电设备。

临时变压器的设置地点，取决于负荷中心的位置和工地的大小与形状。当分区设置时，应按区计算用电量。

变压器的功率可按下式计算：

$$P = \frac{1.10}{\cos\phi}(\Sigma P_{\max}) \tag{15-14}$$

式中 $\cos\phi$——用电设备的平均功率因数，一般用 0.75；

　　1.10——线路上的电力损失系数；

　　$P_{\max}$——各施工区的最大计算电力负荷，kW。

根据计算所得容量，可从变压器产品目录中选用相近的变压器。

（3）布置配电线路，确定导线截面

配电线路的布置与给水管网相似，亦可分为枝式、环式及混合式。工地电力网电压应尽量与永久企业电压相同，主要为380/220V。对于 3、6、10kV 的高压线路采用环式架空裸线或地下电缆，只有与建筑物或脚手架等不能保持必要安全距离的地方才采用绝缘导线；380/220V 的低压线可采用枝式。

配电线路应尽量设在道路一侧，不得妨碍交通和施工机械的装、拆及运转，并要避开堆料、挖槽、修建临时工棚用地。

配电线路的计算及导线断面的选择，应满足下列要求：

1）机械强度。不同材料和不同用途的导线，其最小截面积，不仅应满足输送电流的要求，还必须满足机械强度的要求，保证不至因一般机械损伤折断。

2）安全电流。导线在正常温度下，应能维持通过规定的最大负荷电流，而导线本身温度不超过规定这种最大的负荷电流称为安全电流，可按下式确定：

$$I = \frac{P}{\sqrt{3}U\cos\phi} \tag{15-15}$$

式中 P——供电设备总需要容量（$P = P_{施} + P_{照}$）；

　　U——电压，V；

　　$\cos\phi$——用电设备的平均功率因数，一般用 0.75。

在施工现场配电线路较短时，导线截面积可由安全电流决定。小负荷的架空线路只考虑机械强度就够了。

15.3.5 施 工 安 全 设 施

临时设施的搭设除满足上述各项指标及要求外，还要注意确保安全，加强"六防"：防火防爆、防污染、防风、防震、防冻、防触电。做到安全生产、文明施工。施工现场和临时占地范围内秩序井然，文明卫生，环境得到保护，绿地树木不被破坏，交通畅通，防火设施完备，居民不受干扰，场容和环境卫生均符合要求。

（1）防火设施

1）工地设置满足消防要求的水源；

2）工地设置足够的灭火器材；

3）大型、工期长的施工项目设置专业消防队和消防车；

4）临时建筑之间留置防火间距；

5）工地内要设置消防栓，消防栓距离建筑物不应小于 5m，也不应大于 25m，距离路边不大于 2m。条件允许时，可利用城市或建设单位的永久消防设

425

施。为了防止水的意外中断，可在建筑物附近设置临时蓄水池，储有一定数量的生产和消防用水。高层建筑施工，每层应设消防主管。

炸药仓库、油料仓库、木加工车间及木料堆场等易燃易爆的临时设施，必须远离锅炉房、食堂等有火源的临时设施，应尽量不设置在其下风口，并应设置足够的消防设备及防火通道。

（2）防污染设施

1）市区主要路段的工地周围，设置高于 2.5m 的围挡。一般路段的工地周围设置高 1.8m 的围挡。围挡材料要坚固、稳定、整洁、美观。围挡沿工地四周连续设置；

2）工地地面应做硬化处理，道路要畅通；

3）工地设排水沟或排水管，排水要畅通，无积水；

4）工地应设污水处理坑、槽。防止泥浆、污水、废水、废液外流或堵塞下水道和排水河道；

5）生产区应有防粉尘设施，现场有毒、有害物质单独处理；产生噪声、振动应采取措施消除；

6）生活区的宿舍、厨、厕周围要搞好环境卫生。

（3）防爆设施

建筑工地化学易燃及易爆物品仓库，必须是耐火建筑，要有避雷设施，通风好，门应向外开。防爆安全距离可参阅《施工手册》。

15.4 施工总进度计划

15.4.1 施工总进度计划的编制原则

施工总进度计划是根据施工部署的要求，合理地确定工程项目施工的先后顺序、施工期限、开工和竣工的日期，以及它们之间的搭接关系和时间。据此，便可确定建筑工地上劳动力、材料、成品、半成品的需要量和分批供应的日期；确定附属企业、加工厂站的生产能力，临时房屋和仓库、堆场的面积，供电、供水的数量等。

在编制施工总进度计划时，除应遵循第 14 章中所述的施工组织基本原则外，还应考虑以下要点：

（1）贯彻配套建设的基本指导思想。对于工业建设项目，在内部要处理好生产车间和辅助车间之间、原料与成品之间、动力设施和加工部门之间、生产性建筑和非生产性建筑之间的先后顺序，在外部则需要统筹安排水源、电源、市政、交通、原料供应、三废处理等项目，有意识地做好协调配套，形成完整的生产系统，尽早形成新的生产力，发挥投资效益。而对于民用建筑，配套建设也很重要，不解决好供水、供电、供暖、通讯、市政、交通等工程也不能交付使用。

（2）区分各项工程的轻重缓急，把工艺调试在前的、占用工期较长的、工程难度较大的项目排在前面；把工艺调试靠后的、占用工期较短、工程难度一般的项目排列在后。所有单位工程，都要考虑土建、安装的交叉作业，组织流水施工，力争加快进度，合理压缩工期。这样分批开工，分批竣工，体现了施工组织中的均衡施工原则，避免劳动力过分集中，有效地削减高峰工程量；也可使调整试车分批进行、先后有序，从而保证整个建设项目能按计划、有节奏地实现配套投产。

（3）充分估计设计出图的时间和材料、设备、配件的到货情况，使每个施工项目的施工准备、土建施工、设备安装和试车运转的时间能合理衔接。

（4）确定一些调剂项目，如办公楼、宿舍、附属或辅助车间等穿插其中，以达到既能保证重点，又能实现均衡施工的目的。

（5）在施工顺序安排上，除应本着先地下后地上，先深后浅，先干线后支线，先地下管线后道路的原则外，还应使为进行主要工程所必须的准备工程及时完成；主要工程应从全工地性工程开始；各单位工程应在全工地性工程基本完成后立即开工。

此外，总进度计划的安排还应遵守技术法规、标准，符合安全、文明施工的要求，并应尽可能做到各种资源的平衡。

15.4.2 施工总进度计划的编制方法

施工总进度计划的编制方法如下。

（1）计算工程项目及全场地性工程的工程量

按照分批分期投产顺序和工程开展顺序，列出每个施工阶段的所有单项工程，并进一步将它们分解为单位工程和分部工程，一些附属项目和临时设施一并列出，形成工程项目一览表。

分别计算每个单项工程、单位工程和分部工程的主要实物工程量，以便选择施工方案和施工机械；确定工期；规划主要施工过程的流水施工；计算劳动力及技术物资的需要量。工程量计算可按初步（或扩大初步）设计图纸，采用有关定额资料，如万元、十万元投资工程量，劳动力及材料消耗扩大指标；概算指标和扩大结构定额；类似工程的资料等进行粗略地计算。

计算工程量除房屋外，还需确定主要的全场性工程的工程量，如铁路、道路、地下管线的长度、场地平整面积等。这些工程量可从建筑总平面图上量得。

（2）确定各单项工程、单位工程和分部工程的施工工期

结构类型、施工技术、管理水平和现场条件等都影响施工工期，要综合分析后加以确定。也可参考有关的工期定额或类似建筑的施工经验数据。

（3）确定各单位工程的开、竣工时间和相互搭接关系

要确保在规定的时间内能配套投入使用。要集中使用人力、物力，避免分散，尽早使之投产或使用，产生效益。应尽量做到全年均衡地施工；既要使土建和设备安装相互配合，又要使前后期工程有机衔接；对重要工种工程尽量做到流水施工。

（4）编制施工总进度计划

总进度计划属于控制性计划，不宜过细。可以采用横道图和网络图的形式表

达，见表 15-6 和表 15-7 所示。

（5）为了有效地缩短建设总工期，可对施工总进度计划的初始方案进行优化，如网络计划的流程优化、工期优化和横道计划的工程排序优化。

施工总进度计划表　　　　　　　　表 15-6

单位工程名称	建安指标		设备安装指标（t）	造价（千元）			施　工　进　度					
	单位	数量		合计	建筑工程	设备安装	第一年				第二年	第三年
							Ⅰ	Ⅱ	Ⅲ	Ⅳ		

主要分部工程施工进度计划表　　　　　　表 15-7

单项工程	工程量		机　　械			劳动力			施工天数	施工进度（月）					
	单位	数量	机械名称	台班数量	机械台数	工种名称	总工日数	工人数		××××年					
										1	2	3	4	5	…

15.5　施工总资源计划

15.5.1　劳动力需要量计划

劳动力需要量计划是组织工人进场的主要依据。根据项目施工总进度计划、概（预）算定额和有关经验资料，分别确定每个单项工程专业工种、工人数和进场时间，然后逐项汇总确定整个建设项目劳动力需要量计划。见表 15-8。

劳动力需要量计划　　　　　　　　表 15-8

专业工种	单项工程				总劳动量（工日）	每月需要量（工日）					
	××	××	…	××		1	2	3	4	…	15
钢筋工											
混凝土工											
木　工											
瓦　工											
…											

15.5.2　主要建筑材料和预制品需要量计划

主要建筑材料、预制品每月需要量根据施工总进度计划、施工预算及有关经验资料计算，分期进场，见表 15-9。

主要建筑材料、预制品需要量计划　　　　　　　　　　　表 15-9

物资名称	单位	单项工程				总计	每月需要量					
		××	××	…	××		1	2	3	4	…	15
钢　筋	t											
混凝土及钢筋混凝土	m³											
钢结构	t											
模　板	m²											
石　灰	t											
…	…											

15.5.3　施工机具和设备需要量计划

　　主要施工机械（挖土机、起重机等）的需要量，可以根据工程量和机械产量定额求得。运输机械的需要量，可以根据运输量计算。至于施工辅助机具，可以根据建筑安装工程每十万元的扩大指标确定。计划表见表 15-10。

主要施工机具和设备需要量计划　　　　　　　　　　表 15-10

机械名称	机械类型（规格）	需要量		使用起迄时间	来源	备注
		单位	数量			

15.6　施 工 总 平 面 图

　　施工总平面图是施工组织总设计的一个重要组成部分，是具体指导现场施工部署的平面布置图，对于有组织、有计划地进行文明和安全施工有重大意义。它是在制订了施工部署、施工方案、施工总进度计划和确定了施工准备工作之后设计的。对于大型建设项目，当施工工期较长或受场地所限，施工场地需几次周转使用时，可按照几个阶段分别设计施工总平面图。

15.6.1　施工总平面图的设计原则

　　（1）在保证施工顺利进行的前提下，现场布置要紧凑合理，尽量少占土地。
　　在进行大规模建筑工程施工时，要根据各阶段施工平面图的要求，分期分批地征用土地，以便做到少占农田和不占用农田。
　　（2）在满足施工需要的条件下，应尽量减少暂设工程的费用。
　　主要方法是尽最大可能利用现有的建筑物以及可供施工使用的设施，争取提前修建拟建永久性建筑物、道路以及上下水管网、电力设备等。对于临时工程的结构，应尽量采用简单的装拆式结构。尽可能使用当地的廉价材料。临时道路的选线应该考虑沿自然标高修筑，以减少土方工程量。

（3）在满足施工要求的条件下，最大限度地降低工地的运输费。

必须合理地布置各种仓库、起重设备、加工厂和机械化装置，正确地选择运输方式和铺设工地运输道路，以保证各种建筑材料、设备和其他资料的运输距离以及其转运数量最小，加工厂的位置应设在便于原料运进和成品运出的地方。

（4）合理确定施工区域和场地面积，尽量减少专业工种之间交叉作业。

（5）工地上各项设施，应该有利生产、方便生活、安全防火、环境保护。

施工总平面图的设计，应根据上述原则并结合具体情况编制出若干个可能的方案进行比较，取其最合理、最经济者。

15.6.2　施工总平面图的设计依据

（1）建筑总平面图，图中必须表明一切拟建的及已有的房屋和构筑物，标明地形的变化。这是正确决定仓库和加工厂的位置以及铺设工地运输道路和解决排水问题等所必需的资料。

（2）一切已有的和拟建的地下管道位置。避免把临时建筑物布置在管道上面，便于考虑是否可以利用已有管道或及时拆除这些管道。

（3）整个建筑工程的施工进度计划和拟定的主要工种的施工方案。由此可以了解各建设阶段的施工情况以及各房屋和构筑物的施工次序，这对规划场地具有很重要的作用。

（4）各种建筑材料、半成品和零件的供应情况及运输方式。这一资料对规划施工总平面图，具有决定性的作用。

（5）所需建筑材料、半成品和零件一览表及其数量，全部仓库和临时建筑物一览表及其性质、形式、面积和尺寸。

（6）各加工厂规模、现场施工机械和运输工具数量。

（7）水源、电源及建筑区域的竖向设计资料。这对布置水电管线和安排土方的挖填非常重要。

（8）确定单个建筑物施工总平面图所需的各个房屋的设计资料（如平面图、剖面图等）。

15.6.3　施工总平面图的设计内容

（1）施工用地范围。

（2）一切地上和地下的已有和拟建的建筑物、构筑物以及其他设施的平面位置和尺寸。

（3）一切为施工服务的暂设工程的位置，其中包括生产性施工设施和生活设施。

（4）永久性与半永久性坐标位置，必要时标出等高线。

15.6.4 施工总平面图的设计步骤

1. 把场外交通引入现场

设计全工地性施工总平面图时，首先从研究大批材料、半成品和零件的供应情况及运输方式开始。当大批材料由铁路运入工地时，应先解决铁路由何处引入及可能引到何处的方案。假如大批材料是由水路或公路运入工地。因河流是固定的，就可以考虑在码头附近布置生产企业或转运仓库；对公路来说，因其可以灵活布置，就应该先解决仓库及生产企业的位置；使其尽可能布置在最合理最经济的地方，然后再来布置通向场外的汽车路线。如果大批材料一部分由铁路运入，一部分由汽车运入时，应分别按上述方法解决。

2. 确定仓库和堆场的位置

（1）当采用铁路运输大宗材料时，仓库的位置可以沿着铁路线布置，此时要注意是否有足够的卸货站线，如果不可能取得足够的卸货站线时，必须考虑设备转运站（或转运仓库），以便临时卸下材料，然后再转运到工程对象仓库中去。当布置沿铁路线的仓库时，仓库的位置最好设在靠近工地一侧，以免将来在使用材料时，内部运输越过铁路线。同时，还应注意到在坡道与弯道上不宜卸货。需要经常进行装卸作业的材料仓库，应该布置在支线尽头或专用线上，以免妨碍其他工作。

（2）当大批材料由汽车运来时，材料仓库的布置是比较灵活的。中心仓库最好布置在工地中央或靠近使用的地方，但往往不可能，一方面工地中央不可能有较宽裕的地方，另一方面也要考虑给单个建筑物施工时留有余地，因此在多数的情况下还是布置在外围，靠近与外部交通线的连接处。一般砂、石、水泥、石灰等仓库均与搅拌厂和预制构件场有关，布置时应考虑取用的方便。对于直接为施工对象所有的材料和构件（如砖、瓦和预制构件等），可以直接放在施工对象附近，以免二次搬运。

（3）对工业建筑工地，尚须考虑主要设备的仓库以及其他专业机构所需场地，一般说来笨重的主要设备应尽可能直接布置在车间附近。

3. 确定搅拌站和加工场的位置

各加工场的布置应以方便生产、安全防火、环境保护和运输费用最少为原则。通常加工场宜集中布置在工地边缘处，并将其与相应仓库或堆场布置在同一地区，这样既便于管理和简化供应工作，又能降低铺设道路、动力管网及给水管道等费用。例如，混凝土搅拌厂、预制构件工厂、钢筋加工厂等可以布置在一个地区，机械修理工场、电气工场、锻工工场、电焊工场以及金属结构加工场等可以布置在一个地区。锯木车间、粗木车间、细木车间可以同材料仓库布置在一个地区。在生产企业区域内布置各加工厂位置时，要注意各加工厂之间的生产流程，并根据将来的扩充计划，预留一定的空地。

4. 确定场内运输道路布置

根据各附属生产企业、仓库以及各施工对象的相对位置道路。研究货流情况，以明确各段道路上的运输负担，区别主要道路与次要道路。在规划临时道路时，还应考虑利用拟建的永久性道路系统，提前修建或先修建路基及简易路面，作为施工所需的临时道路。对于运输负担不同的道路，决定不同的宽度。临时道路的路面结构，也应根据运输情况，运输工具的不同，采用不同的结构。当结构不同时，最好也能在施工总平面图中用不同的符号表明。对有轨道路来讲，运输量大、车辆往来频繁之处应考虑设置避车线。

5. 确定生活性暂设工程的位置

全工地行政管理用的总办公室应设在工地入口处，以便于接待外来人员，而施工人员办公室则应尽可能靠近施工对象。工人用的生活福利设施，如商店、小卖部、俱乐部等应设在工人聚集较多的地方或工人出入必经之处。生活性暂设工程应尽可能利用建设单位生活基地或其他永久性建筑物，不足部分再按计划建造。

6. 确定水电管网和动力设施位置

这里可能有两种情况：

第一种情况是利用已有水源、电源，这时应从外面接入工地，沿主要干道布置干管、主线，然后与各用户接通。必须指出，接进高压线时，应在接入之处设变电站，尽可能不把变电站设在工地中心，因为这样可避免高压线路经过工地内部而遭致的危险。

第二种情况是无法利用现有水、电源，这时为了获得电源，可以在工地中心或靠近中心之处设置固定的或移动式的临时发电设备，由此把电线接出，沿干道布置主线。为了获得水源可以利用地上水或地下水，如果用深井水，则可在靠近使用中心之处凿井，设置抽水设备及简易水塔，若用地面水，则需在水源旁边设置抽水设备及简易水塔，以便储水和提高水压。然后由此把水管接出，布置管网。

此外，根据防火规定，应设立消防站、消防通道和消火栓。

为了保安，可在工地四周设立若干瞭望台，在出入口处设立门岗。

必须指出，以上各设计步骤，并不是截然分割各自孤立进行的，而是应该互相结合起来，统一考虑，反复修正。例如当决定铁路线旁的仓库布局时，就应同时考虑到使用该材料的加工厂如何布置，这时也可能对已引入的铁路线需要进行适当的修改，因为它们都有密切的联系，相互制约的。只有这样全面地考虑问题，最后才能得出圆满的方案。

15.6.5　施工总平面图的评价指标

评价施工总平面图设计的质量，通常用一些技术经济指标说明。这些技术经济指标可以分为两类：主要指标和辅助指标。主要指标有：施工用地面积、施工场地利用率和场内主要运输工作量，它们可以直接反映出施工平面图布置的合理性和经济性。施工用临时房屋、构筑物面积、施工用铁路线长度、公路长度、各种施工用的管线长度可以作为辅助指标，补充说明施工总平面图设计方案的优缺点。

施工用地面积指标，是评价施工总平面图的重要指标之一。施工用地面积应包括施工期间全部占用的面积，即不仅计算专业施工征购土地的面积，还应该包括占用永久厂区内部的用地面积。为切实反映出实际用地情况和考核布置的紧凑性，应将划分在施工区域内的空地、以及施工区域外的与施工区有关的铁路、公路所占用的面积，均计入施工用地总面积指标以内。

施工用地总面积可用下式计算：

$$S = S_1 + S_2 + \Sigma S_3 + \Sigma S_4 - \Sigma S_5 \tag{15-16}$$

式中　S_1——永久厂区围墙内的施工用地区域面积；

S_2——厂区外施工用地区域面积；

S_3——永久厂区围墙内施工区域外的零星用地面积；

S_4——施工用地区域外的铁路、公路的占地面积；

S_5——施工区域内应扣除的非施工用地和建筑物面积。

比较不同设计方案时，还应该计算施工征购地的面积，即：

$$S' = S_2 + \Sigma S_4 \tag{15-17}$$

施工场地的利用率，是衡量场地布置是否紧凑的主要指标，其计算方法如下：

$$K = \frac{\Sigma S_3 + \Sigma S_4 + \Sigma S_6 + \Sigma S_7}{S} \tag{15-18}$$

式中　S_6——施工场地的有效面积；

S_7——施工区内利用永久性建筑物（构筑物）的占地面积。

场内主要运输工作量，是反映场地布置是否合理的一个重要标志。布置得不合理，必然会增加各种材料和制品的运距。因此应以运输量（t·km）作为评价的依据。为了简化计算，零星物资和 20m 以内的小搬运运输量可不予计算。

主要运输工作量的计算方法如下：

$$Q = \Sigma W_1 D_1 + \Sigma W_2 D_2 + \Sigma W_3 D_3 + \Sigma W_4 D_4 \tag{15-19}$$

式中　Q——总运量，t·km；

W_1——各种建筑材料的重量，t；

D_1——各种材料的各自平均运距，km；

W_2——各项设备的重量，t；

D_2——各项设备的平均运距，km；

W_3——各类加工预制品的重量，t；

D_3——各类加工预制品各自的平均运距，km；

W_4——组合件的重量，t；

D_4——组合件的平均运距，km。

15.7　施工组织总设计的技术经济指标

为了评价施工组织总设计的编制和执行效果，还应计算下列技术经济指标。

15.7.1　项目施工工期

应计算的指标有：

（1）建设项目总工期。从施工准备到竣工投产使用的持续时间；

（2）施工准备期。从施工准备开始到主要项目开工止的全部时间；

（3）部分投产期。从主要项目开工到第一批项目投产使用止的全部时间；

（4）单位工程工期。指整个建设项目中各个单位工程从开工到竣工的全部时间。

15.7.2 劳动生产率

（1）全员劳动生产率（元/人·年）；

（2）单位用工（工日/m² 竣工面积）；

（3）劳动力不均衡系数

$$劳动力不均衡系数 = \frac{施工期高峰人数}{施工期平均人数} \qquad (15\text{-}20)$$

15.7.3 项目施工质量

说明合同要求达到的建设项目的质量等级和分项、分部、单位工程项目质量评定等级。

15.7.4 项目施工成本

包括建设项目总造价、总成本；每个独立系统总造价、总成本以及每个单项工程、单位工程造价成本；成本降低率。

$$降低成本率 = \frac{承包成本 - 计划成本}{承包成本} \qquad (15\text{-}21)$$

15.7.5 项目施工安全

以发生的安全事故频率控制数（如施工人员伤亡率、重伤率、轻伤率、经济损失）表示。

15.7.6 机械化程度

$$机械化程度 = \frac{机械化施工完成工程量}{总工程量} \qquad (15\text{-}22)$$

15.7.7 预制化程度

$$预制化程度 = \frac{在工厂和现场预制的工程量}{总工程量} \qquad (15\text{-}23)$$

15.7.8 暂设工程

$$暂设工程投资比 = \frac{全部暂设工程投资}{总造价} \qquad (15\text{-}24)$$

16 单位工程施工组织设计

单位工程是一个建筑物或构筑物，它一般不能独立发挥生产能力，但有独立设计，具备独立施工的条件。单位工程施工组织设计是直接指导单位工程现场施工活动的技术经济文件，其内容包括：工程概况及其特点；施工方案选择；施工进度计划；施工准备工作计划；资源需求计划；施工平面图；质量、安全及降低成本措施；技术经济指标等。单位工程施工组织设计的编制，应对其工程概况及其特点进行分析，它是施工方案选择、编制进度计划、设计施工平面图的前提。如建筑、结构特点；建设地点地形、地质、水文条件；施工环境条件等。总之，单位工程施工设计应体现出施工的特点，简明扼要，便于选择施工方案，便于组织资源供应和技术配备，使其真正起到指导施工的作用。

16.1 概 述

16.1.1 单位工程施工组织设计的编制依据

单位工程施工组织设计的编制应概括工程规模和复杂程度，其对具体内容的深度和广度要求的不同。主要依据是：

（1）建设单位的意图和要求，如工期、质量、预算要求等；

（2）工程的施工图纸及标准图；

（3）施工组织总设计对本单位工程的工期、质量、成本的控制要求；

（4）资源配置情况；

（5）建筑环境、场地条件及地质、气象资料，如工程地质勘测报告、地形图、测量控制网等；

（6）国家及地区有关法律、法规及规程、规范要求；

（7）有关技术新成果和类似工程的经验资料等。

16.1.2 单位工程施工组织设计的编制程序

单位工程施工组织设计的编制程序是指其编制过程中应遵循的先后顺序和相互制约关系。根据工程的特点和施工条件，编制内容繁简不一，编制方法和程序亦不尽一致。根据工程实践，较合理的编制程序如图 16-1 所示。

16.1.3 单位工程施工组织设计的编制内容

单位工程施工组织设计的主要内容包括：

（1）工程概况；

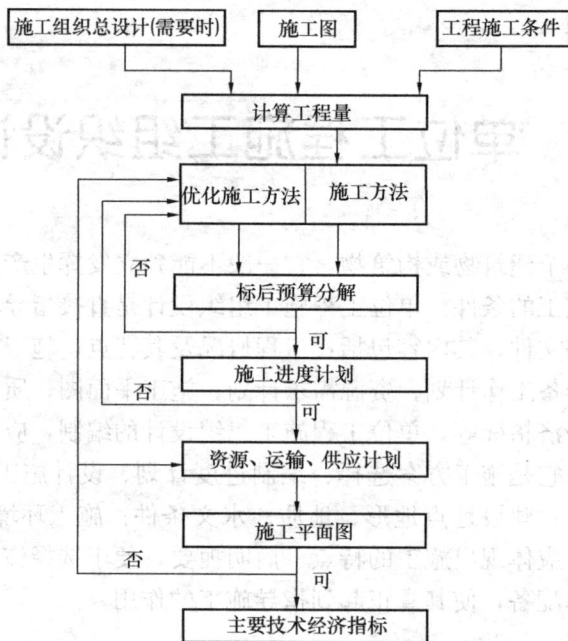

图 16-1 单位工程施工组织设计编制程序

（2）施工方案；

（3）施工进度计划；

（4）施工平面图。

此外，单位工程施工组织设计还包括劳动力、材料、构件、施工机械等需要量计划，主要技术经济指标、质量和安全措施等内容。

16.2 工 程 概 况

单位工程施工组织设计首先应对拟建工程和施工条件作简要的文字说明。其内容主要有以下几点：

（1）工程性质和作用

主要说明：拟建工程的建设单位、建设地点、工程性质、使用功能、规模、建设工期；质量要求和投资额；施工单位、设计单位等。

（2）建筑设计特点

主要说明：拟建工程的平面形状、层数、层高和建筑面积；内外装饰做法；门窗材料；楼地面、屋面做法；消防、空调、环保要求等，并附以平面、立面和剖面图。

（3）结构设计特点

主要说明：拟建工程的地质情况；基础构造；结构体系和类型及抗震要求；并附以主要工种工程量一览表。

（4）建设地点状况

主要说明：建造地点及其空间状况；气象条件及其变化状况；工程地形和工程地质条件及其变化状况；水文地质条件及其变化状况；以及冬期施工起止时间和土壤冻结深度。

（5）工程施工条件

主要说明：现场的地质地貌、"三通一平"情况；劳动力供应、材料和预制构件、施工机具的供应情况；现场暂设工程的解决方案等。

16.3 单位工程施工方案

选择合理的施工方案是单位工程施工组织设计的核心。它包括施工方法和施工机械的选择、施工段的划分、工程开展顺序和施工安排等。施工方案的合理与否直接关系到工程的进度、质量和成本，所以必须予以充分重视。

16.3.1 确定施工起点流向和施工顺序

（1）施工起点流向

单位工程的施工起点流向是指施工活动在空间上展开的开始部位和进展方向。在单位工程施工组织设计中，应结合具体工程的结构特点和施工条件等，合理确定施工流向。对单层建筑要定出分段施工在平面上的流向；对多层建筑除了定出平面的流向外，还要定出分层施工的流向。确定时，应考虑以下几方面：

1）满足用户使用上的需要，对生产性建筑要考虑生产工艺流程及投产的先后顺序；

2）各部分复杂程度不同时，应从复杂部位开始，然后适应主导工程确定合理施工顺序；

3）基础深度不同时，应从深基础部分开始，并考虑施工现场周边环境状况；

4）工程有高低层并列时，应从并列处开始。

（2）施工顺序

单位工程的施工顺序是指分部工程（或专业工程）以及分项工程（或工序）在时间上展开的先后顺序。

分部工程一般应遵循"先地下、后地上，先主体、后围护，先结构、后装饰"的原则，对特殊情况可视具体条件确定。在民用建筑中多为"先土建、后设备"。在工业厂房中，为使工厂早日投产，应考虑土建与设备安装的搭接，并根据设备性质、安装方法来安排两者施工顺序。一般可采用土建完成后进行设备安装、先安装工艺设备再建造厂房和土建与设备安装同时进行等三种方法。

分项工程（或工序）之间施工顺序的确定，是为了按照施工的客观规律组织施工，在保证质量与安全施工的前提下充分利用空间，争取时间，实现缩短工期的目的。

1）多层砖混结构民用房屋的施工顺序

多层砖混结构房屋的施工，一般可划分为五个分部工程，即基础工程、主体工程、屋面、装饰工程和建筑设备安装工程。

①基础工程施工。

浅基础的施工顺序为：清除地下障碍物→软弱地基处理（需要时）→挖土→垫层→砌筑（或浇筑）基础→回填土。其中基础常用砖基础和钢筋混凝土基础（条基或片筏基础）。砖基础的砌筑中有时要穿插进行地梁的浇筑，砖基础的顶面还要浇筑防潮层。钢筋混凝土基础则包括支撑模板→绑扎钢筋→浇筑混凝土→养护→拆模。如果基础开挖深度较大、地下水位较高，则在挖土前尚应进行土壁支护及降水工作。

②主体工程施工。

多层砖混结构房屋主体工程的主导工程是砌墙和安装楼板，还有搭设脚手架、安门窗框、安门窗过梁、浇筑圈梁和现浇平板、楼梯等施工过程。施工顺序为：弹线→砌筑墙体→浇过梁及圈梁→板底找平→安装楼板（浇筑楼板）。

③屋面工程。

主体工程施工完成以后，首先进行屋面防水工程的施工，以保证室内装饰的顺利进行。卷材屋面防水层的施工顺序是：铺保温层（如需要）→铺找平层→刷冷底子油→铺卷材→撒绿豆砂。

④装饰工程。

装饰工程主要分为：室内装饰、室外装饰、门窗、油漆及玻璃等。室内、外装饰的施工顺序一般为先室外、后室内。当然，在某些情况下，也可能室内装饰首先施工，例如，高层建筑施工时，室内粗装修，可以与主体工程间隔一到二层同时施工。所以，哪个先施工或同时施工，应根据具体的施工条件确定。

室外装饰的施工顺序一般为自上而下施工，同时拆除脚手架。

室内抹灰的施工顺序从整体上通常采用自上而下、自下而上、自中而下再自上而中三种施工方案。

A. 自上而下的施工顺序。该顺序通常在主体工程封顶后做好屋面防水层，由顶层开始逐层向下施工，其优点是主体结构完成后，建筑物已有一定的沉降时间，且屋面防水已做好，可防止雨水渗漏，保证室内抹灰的施工质量。此外，采用自上而下的施工顺序，交叉工序少，工序之间相互影响小，便于组织施工和管理，保证施工安全。其缺点是不能与主体工程搭接施工，因而工期较长。该施工顺序常用于多层建筑的施工。

B. 自下而上的施工顺序。该顺序通常与主体结构间隔一到二层，平行施工。其优点是可以与主体结构搭接施工，所占工期较短。其缺点是交叉工序多，不利于组织施工和管理，也不利于安全施工。另外，上面主体结构施工用水，容易渗漏到下面的抹灰上，不利于室内抹灰的质量。该施工顺序通常用于高层、超高层建筑和工期紧张的工程。

C. 自中而下再自上而中的施工顺序。该顺序是结合了上述两种施工顺序的优缺点。一般在主体结构进行到一半时，主体结构继续向上施工，而室内抹灰则向下施工，这样，使得抹灰工程距离主体结构施工的工作面越来越远，相互之间的影响也减小。该施工顺序常用于层数较多的工程施工。

室内同一层的天棚、墙面、地面的抹灰施工顺序通常有两种：一是地面→天棚→墙面，这种顺序室内清理简便，有利于保证地面施工质量，且有利于收集天棚、墙面的落地灰，节省材料；但地面施工完成以后，需要一定的养护时间，才能再施工天棚、墙面，因而工期较长；另外，还需注意地面的保护。另一种是天棚→墙面→地面，这种施工顺序的好处是工期短，但施工时，如不注意清理落地灰，会影响地面抹灰与基层的粘结，造成地面起拱。

楼梯和过道是施工时运输材料的主要通道，它们通常在室内抹灰完成以后，再自上而下施工。

室内抹灰全部完成以后，进行门窗扇的安装，然后进行油漆工程，最后安装门窗玻璃。

⑤建筑设备安装工程。

设备安装工程主要分为水、电两大部分，应与土建施工同步进行，做好预留和预埋，在主体结构结束后，再集中进行敷设和安装。

2）装配式单层工业厂房施工顺序

单层工业厂房施工主要分基础工程、预制工程、结构安装工程、屋面工程、围护及装饰工程、建筑设备安装工程和工艺设备安装工程等阶段。

其中基础工程与预制工程之间没有相互制约的关系，但如果柱子和屋架是在现场预制，那么，现场预制工程一般是在基础工程完成以后进行。

①基础工程。

单层工业厂房的基础一般为现浇钢筋混凝土杯形基础。施工顺序是挖基坑、做混凝土垫层、放线后绑扎钢筋、支基础模板、浇基础混凝土、回填土。若是重型厂房基础或地基土质较差，则需要打桩。柱下独立基础开挖时，一般为人工开挖；如果杯口基础较大，相邻的基坑较近，甚至相连时，可采用整条轴线开挖，此时，可使用机械开挖，这样，施工速度快且经济。

工业厂房内一般都有设备基础，其施工顺序应考虑其埋深。一般有下列两种方案：

A. 当厂房柱基础的埋深大于设备基础的埋深时，先施工厂房基础，设备基础在主体工程完成后施工，即"封闭式"施工。

"封闭式"施工的优点是有利于厂房主体工程的施工，且不受气候的影响；缺点是设备基础的土方工程的施工条件差，有时出现将柱基回填土重新开挖，造成重复劳动。故一般用于埋深不大的设备基础。

B. 设备基础的埋深大于厂房柱基础的埋深时，厂房柱基础和设备基础应同时施工，即"敞开式"施工。

"敞开式"施工的优点是施工工作面大，施工方便，有利于机械开挖，并为设备提前安装创造条件。其缺点是对主体结构安装和构件的现场预制带来不便。故一般用于大型设备基础且工程量大的电力、冶金、石化等厂房施工。

②预制工程。

单层工业厂房构件的预制方式，主要分为现场预制和构件厂预制两种，因此，首先要确定哪些构件现场预制，哪些构件在构件厂预制；考虑到构件的运输问题，一般情况下，大型构件运输不便，在现场预制（如柱子、屋架）；中小型构件在构件厂预制（如连系梁、支撑、大型屋面板等）；吊车梁、托架梁等则可根据实际情况来确定。

预制工程的施工顺序为：构件的支模（先底模后侧模）、绑扎钢筋（包括预埋件）、浇混凝土、养护、预应力筋的张拉、锚固和灌浆。

现场构件的预制需要近一个月的养护，工期较长，可以将柱子和屋架分批、分段组织流水施工，以缩短工期。预制顺序原则上先安装的构件先预制，但考虑到预应力屋架需要张拉、灌浆，有两次养护的技术间歇时间，其预制时间可以提前。构件现场预制还需满足有利于安装、有利于起重机开行。

③结构安装工程。

结构安装工程是单层工业厂房的主导施工过程。单层厂房结构基本安装顺序是吊装柱→吊装基础梁、连系梁、吊车梁等，扶直屋架→吊装屋架、天窗架、屋面板。支撑系统穿插在其中进行。

在安装构件之前，应做好各项准备工作，包括：现场场地的平整，临时道路的修筑，基础杯口底抄平、杯口弹线，构件的准备，起重机械和索具的准备等。要求柱子和屋架的混凝土强度必须分别达到75%和100%设计强度后才能吊装，预应力屋架的混凝土强度达到100%设计强度后才能张拉预应力筋。现场起重机的选择，一般选用一台起重机，当厂房面积较大，且工期较紧时，才考虑两台及以上数量的起重机。

单层工业厂房的结构吊装方案有两种：一种是分件吊装，先吊完所有柱子，再吊装所有吊车梁，最后吊装屋盖；这种方法起重机每次仅吊同一种构件，不需换索具，能充分发挥起重机的效率；缺点是起重机的开行路线长，不能为后续工作及早提供工作面。另一种是综合吊装，即起重机仅开行一次就分节间吊完各种构件，其顺序是在一个节间内，先吊好四根柱子，再吊好吊车梁和屋盖，这样起重机的开行路线短，能及早地为后续工程提供工作面；缺点是需经常更换索具，现场的构件布置复杂。上述两种方法中，单层工业厂房常用分件吊装，只有在工期紧张或起重机移动不便的情况下，才采用综合吊装。

另外，厂房两端抗风柱的吊装顺序也有两种：一种是一端抗风柱与其他柱子一起吊装，待厂房主体结构全部吊装完后，再吊装另一端的抗风柱；另一种是待厂房主体结构全部吊装完后，最后吊装抗风柱。由于抗风柱的截面强度较小，在吊装时，应注意进行验算，防止抗风柱开裂、损坏。

④围护及装饰工程。

厂房主体结构吊装完毕后，可以充分利用工作面，组织围护工程、屋面防水、地面、装饰工程进行平行施工。

围护工程可以在屋盖吊装完毕的开间提前施工，包括搭脚手架、墙体砌筑、安门窗框等；脚手架的搭设应配合墙体砌筑、屋面防水和室内外装饰工程进行，在室外装饰完成后散水明沟施工前拆除；砌墙结束后，马上进行内外墙的粉刷；

屋面防水工程在屋面板吊装固定后即可进行灌缝、找平、做防水层；地面在屋面板灌缝后开始；最后进行天棚、墙面刷白，门窗油漆，安玻璃。

(3) 确立施工顺序的原则

各分项工程之间有着客观联系，但也不是一成不变的，在确定它们的施工顺序时，应注意下列原则：

1) 施工工艺的要求。

各种施工过程之间客观存在着的工艺顺序关系，它随着房屋结构和构造的不同而不同，在确定施工顺序时不能违背，必须顺从这种关系。例如，当建筑物采用钢筋混凝土内柱和外墙砖承重的多层房屋时，由于大梁和楼板的一端是支撑在外墙上，所以应先把墙砌到一层楼高度之后，再安装梁和楼板。

2) 施工方法和施工机械的要求。

安装装配式多层多跨工业厂房时，如果采用塔式起重机，则可以采用"分件吊装法"；如果采用桅杆式起重机，由于机械运行不便，则可能把整个房屋在平面上划分成若干单元，采用"综合吊装法"，由下向上地吊完一个单元构件，再吊下一单元的构件。

3) 施工组织的要求。

如在建造某些重型车间时，由于这种车间内通常都有较大较深的设备基础，如果先建造厂房，然后再建造设备基础，在设备基础挖土时可能破坏厂房的柱基础，在这种情况下，宜先进行设备基础的施工，然后再进行厂房柱基础的施工。

4) 施工质量的要求。

如基坑的回填土，特别是从一侧进行的回填土，必须在砌体达到必要的强度以后才能开始，否则砌体的质量会受到影响。又如卷材屋面，必须在找平层充分干燥后铺设。

5) 当地的气候条件。

例如，在我国华东、中南地区施工时，应当考虑雨期施工的特点；在华北、东北、西北地区施工时，应当考虑冬期施工的特点。土方、砌墙、屋面等工程应当尽量安排在雨期和冬期到来之前施工。

6) 安全技术的要求。

合理的施工顺序必须使各施工过程的搭接不致于引起安全事故。例如，不能在同一施工段上的一边铺屋面板，一边又在进行其他作业。又如多层房屋施工时，只有在已经有层间楼板或坚固的临时铺板把楼层分隔开的条件下，才允许同时在各个楼层展开立体交叉工作。

16.3.2 确定施工方法和施工机械

施工方法和施工机械的选择是紧密相关的，它们是在技术上解决分部分项工程的施工手段。施工方法和施工机械的选择在很大程度上受结构形式和建筑特征的制约。结构选型和施工方案是不可分隔的，一些大型工程，往往在结构设计阶段就要考虑施工方法，并根据施工方法确定结构计算模式。

拟定施工方法时，对于常规作法的分项工程则不必详细拟定，应着重考虑影响整个单位工程施工的分部分项工程的施工方法。例如，土方工程通常要拟定开挖方式、放坡或土壁支撑、降低地下水位和土方调配等。又如，钢筋混凝土工程应着重于模板的工具化、工业化和钢筋、混凝土的机械化施工。此外，对于模板支撑、预应力钢筋张拉、施工缝留设、大体积混凝土等关键问题或特殊问题亦应给予详细考虑。

在选择施工机械时，应首先选择主导工程的机械，然后根据建筑特点及材料、构件种类，配备辅助机械。最后确定与施工机械相配套的专用工具设备。

为了便于施工机械的管理，同一施工现场的机械型号要尽可能少，当工程量大且集中时，应选用专业化施工机械；当工程量小且分散时，要选择多用途施工机械。

16.3.3　施工方案的技术经济比较

每一施工过程都可以采用多种不同的施工方法和施工机械来完成。确定施工方案时，应当根据现有的或可能获得的机械的实际情况，首先拟定几个技术上可能的方案，然后从技术及经济上互相比较，从中选出最合理的方案，使技术上的可行性同经济上的合理性统一起来。

施工方案的技术经济分析方法有定性分析和定量分析两种。

定性分析是结合实际的施工经验分析各方案的优缺点，主要考虑：工期是否符合要求，能否保证工程质量和施工安全，机械和设备供应的可能性，能否为后续工程提供有利的条件，冬雨期对施工的影响程度等等。评价时受评价人的主观因素影响较大，因此只用于施工方案的初步评价。

定量分析是对各方案的劳动力、材料与机械台班消耗量、工期、成本进行计算、对比，用数据说话，因此定量分析方法比较客观，是方案评价的主要方法。评价施工方案优劣的指标有：施工持续时间（工期）、成本、劳动消耗量、投资额等。应当指出，在进行评价时，同一方案的各项指标一般不可能都达到最优，不同方案之间不仅有差异，且可能有矛盾，这时应根据当时、当地的具体情况和预期的主要目标来确定方案的取舍。

16.4　编制单位工程施工进度计划

单位工程施工进度计划以施工方案为基础，根据规定工期和技术物资的供应条件，遵循各施工过程合理的工艺顺序，统筹安排各项施工活动的施工时间。它的任务是为各施工过程指明一个确定的施工日期（即进出场的时间计划），并以此为依据确定施工作业所必须的劳动力和各种技术物资的供应计划。

由于工程施工是一个十分复杂的过程，受许多不确定因素的影响和约束，因此，施工进度计划的编制既要强调各施工过程的紧密协调，又要求适当留有余地，以应付各种难以预测的情况。另外，在施工过程中，也便于不断地修改和调整，使进度计划总处于最佳状态。

施工进度计划通常采用水平图表（横道图）或网络图表达。施工进度计划图表应该完整地反映单位工程施工设计的主要内容。

16.4.1 单位工程施工进度计划的编制方法

施工进度计划编制的一般步骤为：

（1）确定施工过程

根据结构特点、施工方案及劳动组织确定拟建工程的施工过程，它包括直接在建筑物（构筑物）上施工的所有分部分项工程，一般不包括加工厂的构配件制作和运输工作。施工过程宜按施工顺序排列列出。

施工过程划分的详细程度主要取决于客观需要。编制控制性施工进度计划，施工过程可划分得粗一些，可只列出分部工程。如单层厂房的施工进度计划，可只列土方工程、基础工程、预制工程、吊装工程……。编制实施性施工进度计划时，应划分得细一些，特别是其中的主导工程和主要分部工程，应尽量详细而且不漏项，这样便于指导施工。如上述的单层厂房的实施性施工进度计划中，对每一分部工程还要列出若干细项，如预制工程可分为柱子预制、屋架预制，而各种构件预制又分为支撑模板、绑扎钢筋、浇筑混凝土等。但对零星的，次要的小项目不必一一列出，通常将其归入相关的施工过程或合并为"其他工程"单独列项。

划分施工过程时，要密切结合确定的施工方案。由于施工方案不同，施工过程名称、数量和内容亦会有所不同。如某深基坑施工，当采用放坡开挖时，其施工过程有井点降水和挖土两项；当采用板桩支护时，其施工过程就包括井点降水、打板桩和挖土三项。

（2）计算工程量

工程量计算应根据施工图和工程量计算规则进行。为了便于计算和复核，工程量计算应按一定的顺序和格式进行。工程量计算的方法与工程预算类似。

在实际工作中一般先编制工程预算书，如果施工进度计划所用定额和施工过程的划分与工程预算书一致时，则可直接利用预算的工程量，不必重新进行计算。若某些项目有出入，或分段分层有所不同时，可结合施工进度计划的要求进行变更、调整和补充。计算工程量时应注意以下几个问题：

1）各项目的计量单位应与现行施工定额的计量单位一致，以便计算劳动量、材料、机械台班时直接套用定额。

2）根据施工方法和技术安全的要求，计算工程量。例如，土方开挖应考虑挖土方法、边坡的稳定或支护方式、地下水的处理等情况。

（3）确定劳动量和机械台班数

根据施工过程的工程量、施工方法和现行的施工定额，并参照施工单位的实际情况，计算劳动量和机械台班数：

$$P = \frac{Q}{S} \tag{16-1}$$

或
$$P = QH \tag{16-2}$$

式中　*P*——某施工过程所需劳动量（工日）或机械台班数，台班；

　　　Q——该施工过程的工程量；

　　　S——产量定额（或机械产量定额）；

　　　H——时间定额（或机械时间定额）。

使用定额，有时会遇到施工进度计划中所列施工过程的工作内容与定额中所列项目不一致的情况，这时应予以补充。通常有下列两种情况：

1）施工进度计划中的施工过程所含内容为若干分项工程的综合，此时，可将定额作适当扩大，求出平均产量定额，使其适应施工进度计划中所列的施工过程。平均产量定额可按下式计算：

$$\bar{S} = \frac{\sum\limits_{i=1}^{n} Q_i}{\dfrac{Q_1}{S_1} + \dfrac{Q_2}{S_2} + \cdots + \dfrac{Q_n}{S_n}} \text{ 或 } \bar{H} = \frac{\sum\limits_{i=1}^{n} Q_i}{Q_1 H_1 + Q_2 H_2 + \cdots + Q_n H_n} \tag{16-3}$$

式中　　　　$\bar{S}$——综合产量定额；

　　　　　　$\bar{H}$——综合时间定额；

　Q_1、Q_2、$\cdots Q_n$——同一施工过程中各分项工程的工程量；

　S_1、S_2、$\cdots S_n$——同一施工过程中各分项工程的产量定额（或机械产量定额）；

2）有些新技术或特殊的施工方法，其定额尚未列入定额手册中，此时，可将类似项目的定额进行换算，或根据试验资料确定，或采用三时估计法。三时估计法求平均产量定额可按下式计算：

$$t = \frac{1}{6}(a + 4m + b) \tag{16-4}$$

式中　*a*——最乐观估计的产量定额；

　　　b——最保守估计的产量定额；

　　　m——最可能估计的产量定额。

（4）确定各施工过程的作业天数

计算各施工过程的持续时间的方法一般有两种：

1）根据配备在某施工过程上的施工工人数量及机械数量来确定作业时间。根据施工过程计划投入的工人数量及机械台数，可按下式计算该施工过程的持续时间：

$$t = \frac{P}{nb} \tag{16-5}$$

式中　*t*——完成某施工过程的持续时间，工日；

　　　P——该施工过程所需的劳动量，工日，或机械台班数，台班；

　　　n——每工作班安排在该施工过程上的劳动力限额或机械台数；

　　　b——每天工作班数。

2）根据工期要求倒排进度，然后再计算完成该施工过程所需的劳动力限额或机械台数：

$$n = \frac{P}{tb} \tag{16-6}$$

确定施工持续时间，应考虑施工人员和机械所需的工作面。人员和机械的增加可以缩短工期，但它有一个限度，超过了这个限度，工作面不充分，生产效率必然会下降。

(5) 编制施工进度计划

编排施工进度计划的一般方法，是首先找出并安排控制工期的主导施工过程，并使其他施工过程尽可能地与其平行施工或作最大限度的搭接施工。在主导施工过程中，先安排其中主导的分项工程，而其余的分项工程则与它配合、穿插、搭接或平行施工。

当采用横道图施工进度计划时，应尽可能地组织流水施工；但将整个单位工程一起安排流水施工是不可能的，可以分两步进行：一是将单位工程分成基础、主体、装饰三个分部工程，分别确定各分部工程的流水施工进度计划（横道图），其中主导施工过程中的各分项工程、各主导施工过程之间的组织应用流水施工方法；二是将三个分部工程的横道图，相互协调、搭接成单位工程的施工进度计划。在编排时，和网络计划技术并行设计，最后形成初步的施工进度计划。

当采用网络计划时，有两种安排方式：

一是单位工程规模较小时，可以绘制一个详细的网络计划，确定方法及步骤与横道图相同，先绘制各分部工程的子网络计划，再用节点或虚工作将各分部工程的子网络计划连接成单位工程网络计划。

另一个是单位工程规模较大时，如绘制一个详细的网络计划，可能太复杂，图也太大，不利于施工管理。此时，可绘制分级的网络计划，先绘制整个单位工程的控制性网络计划，在此网络计划中，施工过程的内容较粗（例如，在高层建筑施工上，一根箭线可能就代表整个基础工程或一层框架结构的施工），它主要用于对整个单位工程作宏观的控制；在具体指导施工时，再编制详细的实施性网络计划，例如：基础工程实施性网络计划、主体结构标准层实施性网络计划等等。

无论采用流水作业法还是采用网络计划技术，对初步安排的施工进度计划均应进行检查、调整和优化。检查的主要内容有：是否满足工期要求；资源（劳动力、材料及机械）的均衡性；工作队的连续性；以及施工顺序、平行搭接和技术或组织间歇时间等是否合理。根据检查结果，如发现有不合理的地方，就要调整。调整进度计划可以通过调整施工过程的工作天数、搭接关系或改变某些施工过程的施工方法等来实现。在调整某一分项工程时要注意它对其他分项工程的影响。通过调整，可使劳动力、材料的需要量更为均衡，主要施工机械的利用更为合理，避免或减少短期资源需求过分集中。

此外，在施工进度计划执行过程中，往往会因人力、物力及客观条件的变化而打破原订计划，或超前、或推迟。因此，在施工过程中，也应经常检查和调整施工进度计划。近年来，计算机已广泛用于施工进度计划的编制、优化和调整，它具有很多优越性，尤其是在优化和快速调整方面更能发挥其计算迅速的优点。

(6) 施工资源计划

单位工程施工进度计划确定之后，可据此编制各主要工种劳动力需要量计划及施工机械、模具、主要建筑材料、构件、加工品等的需要计划，以利于及时组织劳动力和技术物资的供应，保证施工进度计划的顺利执行。

1）主要劳动力需要量计划。

将各施工过程所需要的主要工种劳动力，根据施工进度的安排进行叠加，就可编制出主要劳动力需要量计划，见表16-1。它的作用是为施工现场的劳动力调配提供依据。

劳动力需要量计划 表 16-1

序号	工作名称	总工日数	月份									...
			1			2			3			
			上旬	中旬	下旬	上旬	中旬	下旬	上旬	中旬	下旬	

2）施工机具需要量计划。

根据施工方案和施工进度确定施工机械的类型、数量、进场时间。一般是把单位工程施工进度表中每一个施工过程、每天所需的机械类型、数量和施工日期进行汇总，以得出施工机械模具需要量计划，见表16-2。

施工机械、模具需要量计划表 表 16-2

序 号	施工机具名称	型 号	规 格	需要量（台）	使用起止时间	备 注

3）主要材料及构、配件需要量计划。

材料需要量计划主要为组织备料，确定仓库、堆场面积，组织运输之用。其编制方法是将施工预算中或进度表中各施工过程的工程量，按材料名称、规格，使用时间并考虑到各种材料消耗进行计算汇总即为每天（或旬、月）所需材料数量。材料需要量计划格式见表16-3。

主要材料需要量计划表 表 16-3

序号	材料名称	规格	需要量		月份									...
			单位	数量	1			2			3			
					上旬	中旬	下旬	上旬	中旬	下旬	上旬	中旬	下旬	

若某分部分项工程是由多种材料组成。例如混凝土工程，在计算其材料需要量时，应按混凝土配合比，将混凝土工程量换算成水泥、砂、石、外加剂等材料的数量。

建筑结构构件、配件和其他加工品的需要量计划，同样可按编制主要材料需要量计划的方法进行编制。它是同加工单位签订供应协议或合同，确定堆场面积，组织运输工作的依据，见表16-4。

构件需要量计划表 表 16-4

序 号	预制构件名称	型号/图号	规格	需要量		供应起止时间	备 注
				单 位	数 量		

16.4.2 单位工程施工进度计划评价指标

评价单位工程施工进度计划的质量，通常采用下列指标：

（1）工期。

（2）资源消耗的均衡性。对于单位工程或各个施工过程来说，每日资源（劳动力、材料、机具等）消耗力求不发生过大的变化，即资源消耗力求均衡。

为了反映资源消耗的均衡情况，应画出资源消耗动态图。

在资源消耗动态图上，一般应避免出现短时期的高峰或长时期的低谷情况。

图16-2（a）、（b）是劳动资源消耗的动态图，分别出现了短时期的高峰人数及长时间的低谷人数。在第一种情况下，短时期工人人数增加，这就相应地增加了为工人服务的各种临时设施；在第二种情况下，如果工人不调出，则将发生窝工现象，如果工人调出，则临时设施不能充分利用。至于在劳动量消耗动态图上出现短时期的、甚至是很大的低谷（图 16-2（c）），则是可以允许的，因为这种情况不会发生什么显著的影响，而且只要把少数工人的工作重新安排，窝工情况就可以消除。

某资源消耗的均衡性指标可以采用资源不均衡系数（K）加以评价：

$$K = \frac{N_{\max}}{\overline{N}} \quad (16-7)$$

式中　$N_{\max}$——某资源日最大消耗量；

　　　$\overline{N}$——某资源日平均消耗量。

最理想的情况是资源不均衡系数 K 接近于1，在组织流水施工时，不均衡系数可以大大降低并趋近于1。

（3）机械设备的利用程度

机械设备的利用程度用机械利用率表示

机械利用率 = $\dfrac{机械的作业台班数}{机械的制度台班数}$

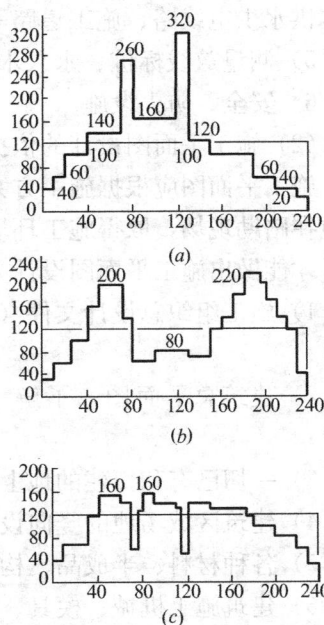

图 16-2　劳动力动态需求量图

其中，机械的制度台班数＝$n \times d$，n 为机械的台数，d 为制度时间，即日历天数减去节假天数。

16.5 单位工程施工平面图的设计

单位工程施工平面图是施工组织设计的主要组成部分，是用来指导单位工程施工的现场平面布置图，是施工方案在施工现场空间上的具体反映，是在施工现场布置施工机械、暂设工程等设施的依据。合理的施工平面布置对于顺利执行施工进度计划，实现文明施工是非常重要的。反之，如果施工平面图设计不周或管理不当，都将导致施工现场的混乱，直接影响施工进度、施工安全、劳动生产率和工程成本。因此在施工组织设计中，对施工平面图的设计应予重视。施工平面图有时按施工阶段分别绘制，如基础阶段、主体结构阶段和装饰阶段。

16.5.1 单位工程施工平面图设计的内容和依据

（1）施工平面图设计的内容

单位工程施工平面图通常用 1：200～1：500 的比例绘制，一般应在图上标明下列内容：

1）建筑总平面上已建和拟建的地上和地下的一切房屋、构筑物及其他设施的位置和尺寸；

2）移动式起重机（包括有轨起重机）开行路线及垂直运输设施的位置；

3）各种材料、半成品、构件以及工业设备等的仓库和堆场；

4）为施工服务的一切暂设工程的布置（包括搅拌站、加工棚、仓库、办公室、供水供电线路、施工道路等）；

5）测量放线标桩、永久水准点、地形等高线及土方取弃场地；

6）安全、防火设施。

（2）施工平面图设计的依据

施工平面图应根据施工方案和施工进度计划的要求进行设计。施工设计人员必须在踏勘现场，取得施工环境第一手资料的基础上，认真研究以下有关资料，然后才能做出施工平面图设计方案。这些资料是：

1）施工组织总设计文件（当单位工程为建筑群的一个工程项目时）及原始资料；

2）建筑总平面图，了解一切地上、地下拟建和已建的房屋与构筑物的位置；

3）一切已有和拟建的地上地下管道布置资料；

4）建筑区域场地的竖向设计资料和土方平衡图；

5）各种材料、半成品、构件等的物资需要量计划；

6）建筑施工机械、模具、运输工具的型号和数量；

7）建设单位可为施工提供原有房屋及其他生活设施的情况；

8）现场环境限制条件。周边建筑物和构筑物的影响，交通条件，对施工现场废气、废物等的特殊要求。

16.5.2　设　计　步　骤

单位工程施工平面图设计的一般步骤如下：

1. 确定起重机械的数量和位置

（1）确定起重机械的数量

$$N = \frac{\Sigma Q}{S} \tag{16-8}$$

式中　N——起重机台数；

　　　ΣQ——垂直运输高峰期每班要求运输总次数；

　　　S——每台起重机每班运输次数。

（2）确定起重机的位置

起重机的位置直接影响仓库、料堆、砂浆和混凝土搅拌站的位置及道路和水管布置等。因此要首先予以考虑。

布置固定式垂直运输设备（塔吊、龙门架、井架、门架、桅杆等），主要根据机械性能、建筑物的平面形状和大小、施工段划分的情况、材料来向和已有运输道路情况而定。其目的是充分发挥起重机械的能力并使地面与楼面上的水平运距最小。通常，当建筑物各部位的高度相同时，布置在施工段的分界处；当建筑物各部位的高度不同时，布置在高低分界处，这样布置的优点是：楼面上各施工段水平运输互不干扰。井架、门架的位置，以布置在有门、窗口处为宜，以避免砌墙留槎和减少井架拆除后的修补工作。井架的卷扬机不应距离起重机过近，以便司机的视线能够看到整个升降过程。点式高层建筑，可选用附着式或自升式塔吊，布置在建筑物的中间或转角处。

自行轨道式起重机的布置方式，主要取决于建筑物的平面形状、大小和四周的施工场地的条件。要使起重机的起重幅度能够将材料和构件直接运至任何施工地点，尽量避免出现"死角"。轨道布置方式通常是沿建筑物的一侧或内外两侧布置，必要时还需增加转弯设备，尽量使轨道长度最短。同时做好轨道路基四周的排水工作。

自行无轨自行起重机（轮胎式和履带式起重机）的开行路线，主要取决于建筑物的平面布置、构件的重量、安装高度和吊装方法等。

2. 确定搅拌站、仓库和材料、构件堆场、加工场的位置

搅拌站、仓库和材料、构件堆场的位置应尽量靠近使用地点或在起重半径范围内并考虑到运输和装卸料的方便。

1）应根据起重机的类型进行布置，对不同的起重机，搅拌站、仓库、材料构件堆场的布置也有区别，一般有以下几种情况：

①当采用井架、龙门架等固定式垂直运输设备时，尽可能靠近布置，以减少运距或二次搬运；

②当采用塔式起重机进行垂直运输时，应布置在塔式起重机有效起重幅度范围内；

③当采用自行式起重机进行水平或垂直运输时，应沿起重机运行路线布置，位置应在起重臂的最大外伸长度范围以内。

2）要考虑不同的施工阶段、施工部位和使用时间，材料、构件堆场的位置要分区域设置或分阶段设置。

建筑物基础和第一层施工所用的材料，应该布置在建筑物的四周。材料堆放位置应根据基槽（坑）的深度、宽度及其坡度或支护形式确定。与基槽边缘保持一定距离，以免造成基槽（坑）土壁的塌方事故。第二层以上施工材料，布置在起重机附近，砂、石等大宗材料，尽量布置在搅拌站附近。多种材料同时布置时，对大宗的、重量大的和先期使用的材料，尽可能靠近使用地点或起重机附近布置；而少量的、轻的和后期使用的材料，则可布置得稍远一些。按不同施工阶段、不同材料的特点，在同一位置上可先后布置几种不同的材料，例如砖混结构民用房屋中的基础施工阶段，可在其四周布置毛石，而在主体结构第一层施工阶段可沿四周布置砖等。

3）当混凝土基础的体积较大时，如不采用商品混凝土，则混凝土搅拌站可以直接布置在基坑边缘附近，待混凝土浇筑完后再转移，以减少混凝土的运输距离。

木工和钢筋加工车间的位置可考虑布置在建筑物四周较远的地方。但应有一定的场地堆放木材、钢筋和成品。

石灰仓库和淋灰池的位置要接近砂浆搅拌站并在下风处。沥青堆场及熬制锅的位置要离开易燃仓库或堆场，也应布置在下风处。

3. 布置运输道路

现场主要道路应尽可能利用永久性道路，或先建好永久性道路的路基，在土建工程结束之前再铺路面。现场道路布置时要注意保证行驶畅通，使运输工具有回转的可能性。因此，运输路线最好围绕建筑物布置成一条环行道路。道路宽度一般不小于3.5m，回转半径不大于10m，道路两侧设排水沟，每隔一定距离要设一个回车场，每个施工现场至少有两个道路出口。

4. 布置行政管理及文化生活福利等暂设工程

为单位工程服务的生活用暂设工程一般有工地办公室、工人休息室、加工车间、工具库等临时建筑物。确定它们的位置时，应考虑使用方便，不妨碍施工，并符合防火保安要求。

5. 布置水电管网

（1）施工用的临时给水管

施工用的临时给水管一般由建设单位的干管或自行布置的干管接到用水地点。布置时应力求管网总长度最短。管径的大小和龙头数目的设置需视工程规模大小通过计算确定。管道可埋于地下，也可铺设在地面上，以当时当地的气候条件和使用期限的长短而定。施工时，为防止停水，可在建筑物附近设置简单蓄水池。工地内要设置消火栓，消火栓距离建筑物不应小于5m，也不应大于25m，距离路边不大于2m。条件允许时，可利用城市或建筑单位的永久消防设施。

（2）排水设施

为便于排除地面水和地下水，要及时修通永久性下水道，并结合现场地形在建筑物四周设置排泄地面水和地下水的沟渠，如排入城市下水系统，还应设置沉淀池。

（3）临时供电

单位工程施工用电应在全工地施工总平面图中一并考虑。由建筑单位解决，可不另设变压器，否则应根据施工期间的用电总数选用变压器。变压器（站）的位置应布置在现场边缘高压线接入处，四周用铁丝网围住。不宜布置在交通要道口。临时变压器设置，应距地面不小于30cm，并应在2m以外处设置高度大于1.7m的保护栏杆。

建筑施工是一个复杂多变的生产过程，各种施工机械、材料、构件等是随着工程的进展而逐渐进场的，而且又随着工程的进展而逐渐变动、消耗。因此，在整个施工过程中，它们在工地上的实际布置情况是随时在改变着的。为此，对于大型建筑工程、施工期限较长或施工场地较为狭小的工程，就需要按不同施工阶段分别设计几张施工平面图。以便能把不同施工阶段工地上的合理布置具体地反映出来。在布置各阶段的施工平面图时，对整个施工时期使用的主要道路、水电管线和临时房屋等，不要轻易变动，以节省费用。对较小的建筑物，一般按主要施工阶段的要求来布置施工平面图，同时考虑其他施工阶段如何周转使用施工场地。布置重型工业厂房的施工平面图，还应该考虑到一般土建工程同其他设备安装等专业工程的配合问题，一般以土建施工单位为主会同各专业施工单位，共同编制综合施工平面图。在综合施工平面图中，根据各专业工程在各施工阶段中的要求将现场平面合理划分，使专业工程各得其所，更好地组织施工。

16.5.3 施工平面图的评价

评价施工平面图设计的优劣，可参考以下技术经济指标：

（1）施工用地面积

在满足施工的条件下，要紧凑布置，不占和少占场地。

（2）场内运输的距离

应最大限度地缩短工地内的运输距离，特别要尽可能避免场内两次搬动。

（3）临时设施数量

包括临时生活、生产用房的面积，临时道路及各种管线的长度等。为了降低临时工程费用，应尽量利用已有或拟建的房屋、设施和管线为施工服务。

（4）文明施工

工地施工的文明化程度。

（5）安全、防火的可靠性。

16.6 拟订施工措施

16.6.1 技术组织措施

技术组织措施是施工组织设计的一个重要组成部分。它的目的在于通过采取技术和组织的措施，按期、优质地完成工程项目。

技术组织措施计划的内容通常包括：

1）措施的项目和内容；

2）各项措施所涉及到的工作范围；

3）各项措施预期取得的效果。

例如，怎样提高施工的机械化程度，改善机械的利用情况，采用新技术、新机具、新工艺、新材料和同效价廉代用材料，采用先进的施工组织方法，改善劳动组织以提高劳动生产率，减少材料运输损耗和运输距离等。

技术组织措施的最终成果反映在加快工程进度、保证工程质量和降低施工费用。有时在采用某种措施后，一些项目的费用可以取得节约，但另一些项目的费用将增加，这时，在计算经济效果时，增加和减少的费用都要计算进去。

16.6.2 质量保证措施与安全施工措施

在单位工程施工组织设计中，从工程的建筑、结构特征、施工条件、技术要求和安全生产的需要出发，拟定质量保证和安全施工的措施。它是进行施工作业交底、明确施工技术要求和质量标准、预防可能发生的工程质量事故和生产安全事故的一个重要内容，一般应考虑：

1）有关建筑材料的质量标准、检验制度、保管方法和使用要求；

2）主要工种工程的技术要求、质量标准和检验评定方法；

3）对可能出现的技术问题或质量通病的改进办法和防范措施；

4）高空作业、立体交叉作业的安全措施，施工机械、设备、脚手架、上人电梯的安全措施；

5）防火、防冻、防爆、防电、防坠、防塌的措施等。

拟定的各项措施，应具有针对性，具体明确，切实可行并确定专人负责。

16.7 单位工程施工组织设计实例

16.7.1 实例一：×××学生公寓1~3栋施工组织设计

1. 工程概况

本工程位于×××的东北角。北面靠山，东面为丘陵山坡，南面为师院东校区的教学区，前面为324国道旧路，整个场地是山坡开挖推平，离教学区和乡村住宅均在500m外，空中和场地内均无线管和古迹，是一个新开发的区域。总建筑面积 8140×3=24420m²，工程总占地面积 1890×3=5670m²，建筑层数为 6 层。建筑类别为二类，耐火等级为二级，设计使用年限为 50 年，屋面防水等级为三级，按七度抗震烈度设防。结构安全等级为二级，结构构件的裂缝控制等级为三级，构件耐火极限为：柱 2.50h，梁 1.50h，板 1.00h，主体结构为砖混结构。工期为 257d，计划开工日期为×年×月×日。

本工程的三栋学生公寓楼的建筑设计相同，要求具体如下：

(1) 外墙：所有外墙均贴面砖。

(2) 内墙：厕所、浴室贴瓷砖，高 2000mm；其余内墙用 20mm 厚 M5 混合砂浆打底抹平，面层刮白色仿瓷腻子。

(3) 地面：厕所、浴室地面铺 150mm×150mm 防滑地砖；其余地面贴防滑釉面砖。

(4) 楼面：厕所、浴室地面铺 150mm×150mm 防滑地砖；其余各房间、楼梯间贴防滑釉面砖。

(5) 顶棚：采用 20mm 厚 M5 混合砂浆打底抹平，面层刮白色仿瓷腻子。

(6) 门窗及油漆：门采用木门，窗采用铝合金窗，白铝，5mm 厚白玻。所有木门内外面油漆为一底二面调合漆。

(7) 屋面：采用隔热层，无保温层的 SBS 改性沥青卷材防水屋面。

本工程的结构设计要求：

(1) 基础：东 2 栋采用钻孔灌注桩，桩直径 700mm，桩、基础承台采用 C25 混凝土，垫层采用 C10 混凝土。东 3 栋采用 M5 水泥砂浆砌 MU30 毛石基础及 C20 钢筋混凝土独立基础（放大脚部分混凝土为 C25）。

(2) 上部结构材料：主要采用砖混结构，局部为框架结构。钢筋混凝土柱 KZ1、KZ2 采用 C25 混凝土，其余梁、柱、板为 C20 混凝土。

(3) 墙体：主要承重墙体为 240mm 厚，部分间隔墙为 120mm 厚，底层及二层墙体用 M10 混合砂浆砌筑 MU15 多孔砖，三层以上各层采用 M5 混合砂浆砌 MU15 多孔砖。

(4) 混凝土保护层厚度：桩基础 50mm，基础梁 35mm，地面以上柱 30mm，梁 25mm，板 15mm。

2. 工程总目标

(1) 工程质量总目标

根据建设单位的要求及该工程的实际情况，计划使该工程达到以下要求：六个分部有五个及以上达到优良标准，单位工程质量达到优良等级。

(2) 工期

确保施工合同要求工期 257d。

(3) 安全与消防

在整个施工期间，无重大伤亡事故；杜绝发生火灾事故，轻伤事故频率控制在 0.5% 以内，实现"五无"，即无重伤、无死亡、无火灾、无重大机械事故、无食物中毒。

(4) 机械完好率

达到95％。

（5）场容管理

文明施工检查达标，达到市级文明安全工地标准。

3. 现场施工准备

（1）施工现场控制网点

会同有关单位做好现场的移交工作，包括测量控制点以及有关技术资料，并复核控制点。根据给定控制点测设现场内的永久性标桩，并做好保护，作为工程测量的依据。

（2）现场"三通一平"

1）施工现场平整。

施工现场基本平整，在待建公寓楼的南侧场地准备修建办公室等临时设施，需要局部进行平整，基坑西侧及东南等堆放周转材料部位，临时设施等需要重新进行再平整。

2）修建现场临时道路。

场内在办公室前面修筑场内临时道路，提供材料、人员的交通途径，临时道路全线贯通，直到加工区。

3）布置施工现场临时用水、用电。

4. 总体施工顺序

本工程为三栋学生公寓组成的一个建筑群体。由于地质条件存在着差异，因此基础结构和工程量各不相同，东1栋、东2栋采用钻孔灌注桩，东3栋采用独立柱基和毛石条形基础，地面以上工程的建筑、结构、水电均相同，因此，可确定本工程的施工顺序和施工流水段，将三栋学生公寓分成三个单体建筑，每个单体建筑作为一个流水施工段，在主体结构施工阶段，钢筋安装、模板搭设、混凝土浇筑、砖墙砌筑在时间安排上要相互错开，不得造成窝工，主体结构进行到四层时，可插入室内粗抹灰工程，要求在主体结构封顶，屋面工程完工后，完成室内粗抹灰，之后进行外墙饰面，室内刮腻子工作，水电管道安装与主体结构同步进行，在总体控制网络的调节下，有组织有计划地施工，达到紧张有序，忙而不乱，文明施工。

5. 施工进度计划

按照合同要求，在工程开工后257d竣工交付使用，按照前述的总体施工顺序和原则，将总进度计划分解为分项工程的进度安排，这些分项工程之间有密切的逻辑关系，它们符合施工技术要求和工程的实际情况。各分项工程进度计划分别安排如下：

（1）施工准备5d；

（2）土方工程共10d；

（3）钻孔灌注桩工程40d；

（4）毛石条形基础40d；

（5）主体结构工程施工共90d；

（6）屋面工程20d；

(7) 外墙装饰工程共 70d；

(8) 室内装饰工程共 70d；

(9) 预埋、安装项目从基础施工开始穿插进行。

6. 主要材料构件用量计划

(1) 主要材料的组织及进场计划

为加快施工进度，保证按期完工，决定按每栋配置二层主体所需的周转材料，根据施工进度计划和施工预算，编制了主要材料的进场计划，详见表 16-5。

主要材料需要量计划　　　　　　　　　　　　　　　　表 16-5

序　号	材料名称	规　格	单　位	数　量	计划进场时间
1	水泥	32.5 级	t	1571	6 月初陆续进场
2	钢筋		t	214	6 月初陆续进场
3	碎石	4 号	m³	2167	6 月初陆续进场
4	砂	中、细	m³	2622	6 月初陆续进场
5	毛石		m³	1180	6 月底
6	普通烧结砖	标准	千块	1604	6 月底陆续进场
7	钢模		kg	75	6 月初陆续进场
8	钢管		m	567	6 月初陆续进场
9	石灰		t	42	6 月底陆续进场
10	防水卷材		m²	1894	10 月中
11	竹脚手板		m²	307	7 月初
12	竹脚手杆	统级	根	3900	7 月中

(2) 主要机具使用计划

根据本工程的施工机具需要量情况及现场施工进度要求分批组织进场，并做好保养和试运转等项工作，一些常用的机构及设备配件要有一定数量的储备以便及时替换，保证各种机械正常运转。

一般外购材料均由合格供应商直接送到施工现场，其运输机械由供应商提供。场内材料运输机械和运输方式：垂直运输采用 6 台井架，场内水平运输采用斗车。

混凝土及砂浆均采用机械搅拌。现场设 2 个混凝土搅拌站，每个搅拌站内设 2 台 JZC350 搅拌机，另设 2 个砂浆搅拌站，共配备 4 台 UJZ200 砂浆搅拌机。

钢筋车间各设钢筋弯曲和钢筋切断生产线 1 条，钢筋调直机、钢筋弯曲机和钢筋切断机各配 1 台。本工程的钢筋焊接主要有电弧焊，现场设 3 台交流电焊机。

本工程的钢筋混凝土楼板主要采用木模板，木作加工量大，现场小圆锯配 3 台，可满足施工要求。另设 2 台刨床、2 台钻床。

其他机械主要有插入式振捣器、平板振捣器、潜水泵、打夯机等，均为各分项工程需用的施工机械；机具主要有测量器材等。

本工程的主要施工机械设备详见表 16-6。

主要施工机械设备需要量计划　　　　　　　　　表 16-6

序 号	机具名称	规 格	单位	数量	计划进场时间	备 注
1	挖土机	W-100	台	1	6 月初	配汽车
2	井字架	$H=24m$	座	6	7 月初	
3	卷扬机	$F=2t$	台	6	7 月初	
4	混凝土搅拌机	JZC 350	台	4	6 月初	
5	砂浆搅拌机	UJZ 200	台	4	6 月底	
6	钢筋切断机	GJ5-40	台	1	6 月初	
7	钢筋调直机	GJ4/ 4	台	1	6 月初	
8	钢筋弯曲机	WJ40-1	台	1	6 月初	
9	插入式振捣器	ZX-50	套	8	6 月初	
10	平板振捣器	ZW-50	套	4	6 月初	
11	小圆锯	$\phi300$	台	3	6 月初	
12	电焊机	BX-330	台	3	6 月初	
13	打夯机	HW-20	台	2	7 月中	
14	自卸汽车	5t	辆	1	6 月初	
15	手推车	自制	辆	100	6 月初	

（3）劳动力安排计划

项目经理下配备足够的各种专业管理人员，如质量管理员、计划管理员、材料管理员、安全管理员，协助项目经理管理整个工程的施工。

施工队组计划：

1）主要施工技术人员及劳动力需用量，按如下配备：主体结构主要考虑模板工、架子工、混凝土工、钢筋工、电焊工、泥工、起重工、水电工；装修阶段主要考虑抹灰工、腻子工、油漆工、防水工及水电工。

2）主要劳动力需用量，按表 16-7 配备。

主要劳动力需用量计划　　　　　　　　　表 16-7

序号	工种名称	最高人数	人 数		
			基础阶段	主体阶段	装修阶段
	混凝土工	40	30	40	
	泥 工	200	80	80	200
	钢筋工	40	30	40	
	防水工	20			20
	水电工	20	10	20	15
	架子工	20		20	5
	模板工	70	30	70	
	油漆工	15			15

注：1. 以下工种由持有效证书的专业技术工人组成：架子工、电工、焊工、起重工等；

　　2. 专业技术工种组成的各施工队组，施工队组设队长，全面负责队组的生产工作，各生产班组由班组长率领，工人直接完成施工任务，施工队长、班组长均不脱产，为直接生产工人。

7. 施工现场平面布置

本工程需搭设的临时设施如下：建设单位办公室、乙方办公室、监理办公室、医务室、电工室、保卫室、浴室、工人宿舍、工人食堂、大门、施工围墙、仓库系统、施工道路、供水供电系统、混凝土搅拌系统、砂浆搅拌系统、垂直运输系统、钢筋加工棚、材料堆场、工地养护池、周转材料堆场等。

8. 主要分部分项工程施工方法

（1）土方工程施工方法

本工程土方主要为东 1 栋、东 2 栋桩承台、地梁土方，东 3 栋基坑、沟槽土方，土方工程量约为 6500m³，根据实际施工顺序及现场情况，采用大型反铲挖掘机一台，12t 自卸汽车 5 辆。

挖土采用由□轴向 14 轴退挖的方法，顺序为：J—L×□—14→D—J×□—□→D—J×12—14→A—D×□—14。设计标高上 20～30cm 的土方采用人工开挖，其余部分人工细部修整。

土方回填前应先清除坑穴中积水、淤泥和杂物，有地下水时，要采用降水措施。回填时，采用挖掘机填土，由下而上分层铺填，每层厚度不宜大于 30cm。决不能不分层次，一次性堆填。施工顺序与挖土顺序相反，根据工程实际情况，采用小型打夯机夯实。

整个基坑开挖时，应在坑顶离坑边 1m 处四周设置排水沟，宽 30cm，深 30cm（最浅处），坡向场地排水系统处。基坑开挖后，基坑四周布设集水井 70cm×70cm×100cm，采用潜水泵将水抽出基坑至排水沟。

（2）钻孔灌注桩施工方法

1）施工前准备工作：

①场地平整、清除杂物，回填土应夯打密实；

②设置闭合导线网，达到规范要求精度，经验收合格后，导线点作为桩位点放样的基准点。导线点同样要闭合，达到精度要求。桩位点在浇混凝土护壁时会被破坏，所以桩位点确定之后，再放两个以上的保护桩。用保护桩校核护壁的准确性。保证桩位点的偏差符合要求。测量放样用全站式经纬仪，极坐标计算数据。桩位之间的距离校核可用钢尺丈量；

③挖泥浆池、沉淀池、储水池，准备合格黏土或膨润土；

④接通水、电源；

⑤机架就位：机架要平直，机座垫稳，不能软硬不均，一般桩机下垫枕木。钻孔过程中机架不能移位和不均匀沉陷；

⑥泥浆指标：密度 1.1～1.2g/cm³ 左右。

2）钻孔：

①钻具连接要牢固、垂直，初期钻进速度不要太快，在孔深 4.0m 以内，不超过 2m/h，4.0m 以后不要超过 3m/h。在覆盖层始终要减压钻进，钻进速度与泥浆排放量相适应。冲孔钻在开孔时要慢，孔深 2.0m 以内，不超过 1.5m/h；

②钻进过程中，经常测试泥浆指标变化情况，并注意调整钻孔内泥浆浓度；

③经常检查机具运转情况，发现异常情况立即查清原因，及时处理。钢丝绳

和润滑部分必须每班检查一次;

④小工具如扳手、锤子、撬棍用保险绳拴牢,防止掉入孔内;

⑤经常注意观察钻孔内附近地面有无开裂或桩架是否倾斜。当出现钻杆跳动、机架摇晃、钻不进尺等异常情况时,应立即停车检查,查找原因,采取相应措施处理好;

⑥严格遵守操作技术规程,做好钻孔记录。记录中要反映泥浆变化;

⑦钻至设计深度时,要由监理工程师在现场与施工单位有关人员共同判断并准确测定孔深。以此作为终孔标高的依据。

3)清孔:

①钻孔到设计深度,施工单位提出终孔要求,需由现场监理工程师决定,并进行孔径、孔偏斜度、孔深的验收;

②清孔方法是用原浆换浆法清孔,当钻到设计孔深时,使钻机空转不进尺,同时射水,待孔底残余的泥块已磨成浆,排出(或以手触泥浆,无颗粒感觉)即可认为清孔已合格;

③清孔时,应保持钻孔内泥浆面高于地下水位 1.5～2.0m,防止塌孔;

④清孔达到要求,由监理工程师再次验收孔深、泥浆和沉渣厚度。经监理工程师签证,同意隐蔽,浇筑混凝土,再进行下道工序。

4)钢筋笼制作与安装:

①钢筋进场必须具有合格证,每批材料、每种规格均需抽样检查合格后方可使用;

②钢筋笼制作必须严格按设计图和规范要求执行。一般钢筋笼用焊接方法,个别连接点用绑扎。要保证主钢筋保护层厚度;

③钢筋笼的加强箍必须与主筋焊牢,焊条一般用 5 字头型号,以保证钢筋笼焊接质量。钢筋笼在安装过程中不能变形;

④钢筋笼用升降机吊放,且人工扶正;

⑤钢筋笼顶端要焊吊挂筋,高出桩孔顶部。

5)浇筑水下混凝土:

①用法兰盘连接导管浇筑水下混凝土。导管使用前试拼,并做封闭水试验(0.3MPa),15min 不漏水为宜。仔细检查导管的焊缝和隔水栓;

②导管安装时底部应高出孔底 30～50cm。导管埋入混凝土内深度 2～3m,最深不超过 4m,最浅不小于 1m,导管提升速度要慢,要避免碰动钢筋笼;

③开管前要备足相应的混凝土数量以满足导管埋入混凝土深度的要求;

④混凝土坍落度为 16～20cm,以防堵管;

⑤混凝土要连续浇筑,中断时间不超过 30min,浇筑过程中要采取有效措施防止钢筋笼上浮。浇筑的桩顶标高应高出设计标高 0.5m 以上;

⑥施工中应保证场地清洁卫生,泥浆不可到处外溢,泥渣应及时清除。

6)桩头处理:

采用空压机风镐的方法破碎桩头。先将标高线准确测出,在桩上做出明显的标记,破碎桩头时不得超过标记线,处理后的桩头表面应平整,标高应准确。

（3）模板工程施工方法

本工程所需模板体系主要包括：框架柱模、梁板模板，其主要支模方式及体系选择如下：

1）主要部位模板体系（表16-8）

2）模板工程施工工艺流程：测量定位→投点放线→标高测量→找平→设置模板定位基准。

主要部位模板体系	表 16-8
工程部位	模板体系
梁、板、柱	胶合板、50mm×100mm 木方
楼梯	胶合板
梁、柱接头	木模

3）模板的支设方法：

①柱模板。

本工程方柱支模全部采用胶合板，支设方法为先柱子第一段四面模板就位组拼，校正调整好对角线，并用柱箍固定。然后以第一段模板为基准，用同样方法组拼第二段模板，直到柱全高。各段组拼时，其水平接头和竖向接头要连接牢靠，在安装到一定高度时，要设支撑或进行拉结，以防倾倒。并用支撑校正模板垂直度。

安装顺序如下：搭设架子→第一段模板安装就位→检查对角线、垂直度和位置→安装柱箍→第二三段模板及柱箍安装→安装有梁口的柱模板→全面检查校正→整体固定。

柱模安装时，要注意以下事项：柱模与梁连接处的处理方法是：保证柱模的长度符合模数，不符合部分放到节点部位处理；支设的柱模，其标高、位置要准确、支设应牢固；柱模根要用水泥砂浆堵严，防止跑浆；柱模的浇筑口和清扫口，在配模时应一并考虑留出；梁、柱模板分两次支设时，在柱子混凝土达到拆模强度时，最上一段柱模先保留不拆，以便于与梁模板连接。

②梁模板。

梁模板搭设需要先复核梁底标高、校正轴线，搭设和调平梁模支架（包括安装水平拉杆和剪刀撑），在横楞上铺放梁底板固定，安装并固定两侧模板。按设计要求起拱（跨度等于或大于 4m 时，起拱 0.3%，悬挑构件按悬臂长度的 0.6%起拱）。

安装顺序如下：复核梁底标高校正轴线位置→搭设梁模支架→安装梁模底板→安装两侧梁模→按规范要求起拱→复核梁模尺寸、位置→与相邻梁模连接固定。

梁口与柱头模板的连接特别重要，一般可采用角模拼接或用方木、木条镶拼。起拱应在铺设梁底之前进行。模板支柱纵横方向的水平拉杆按间距不大于 2m 设置。

③楼板模板。

楼板模板安装顺序如下：搭设支架及拉杆→安装纵横楞→调平柱顶标高→铺设模板块→检查模板平整度并调平。

楼板模板安装注意事项：单块就位组拼时，每个跨从四周先用阴角模板与墙、梁模板连接，然后向中央铺设；模板块较大时，应增加纵横楞；检查模板的尺寸、对角线、平整度以及预埋件和预留孔洞的位置。安装就位后，立即与梁模板连接。

4）模板的拆除：

模板的拆除，非承重侧模应以能保证混凝土表面及棱角不受损坏时（大于 $1.2N/mm^2$）方可拆除，承重模板应按《混凝土结构工程施工质量验收规范》的有关规定和本组织设计中的相关规定安排拆除。

模板拆除的顺序和方法，应按照配板设计的规定进行，遵循先支后拆、后支先拆、先非承重部位、后承重部位以及自上而下的原则，拆模时，严禁用大锤和撬棍硬砸硬撬。

柱模：先拆除楞、柱箍等连接、支撑件，再由上而下逐步拆除。

梁、楼板模板：应先拆梁侧模，再拆楼板底模，最后拆除梁底模。其顺序如下：拆除部分水平拉杆→拆除梁连接件及侧模→松动支架柱头调节螺栓，使模板下降 2～3cm→分段分片拆除楼板模板及支承件→拆除底模和支撑件。拆模时，操作人员应站在安全处，以免发生安全事故。待该片段模板全部拆除后，方准将模板、配件、支架等运出堆放。

拆下的模板等配件，严禁抛扔，要有人接应传递，按指定地点堆放。并做到及时清理、维修和涂刷脱模剂，以备待用。

（4）钢筋工程施工方法

1）钢筋构造。

受力钢筋的混凝土净保护层厚度按设计要求：桩基础部分，50mm；基础梁，35mm；楼板、屋面板、楼梯板，15mm；梁，25mm；水池，25mm。

2）钢筋接头。

钢筋接头宜优先采用焊接或机械连接接头，钢筋接头不宜设置在梁端、柱端的箍筋加密区范围内，钢筋接头距钢筋弯折处不应小于钢筋直径的 10 倍，且不宜位于构件的最大弯矩处。

下列情况必须采用焊接接头：底层框架柱纵筋；梁支座负筋在支座边缘 $L_0/3$ 范围内和梁底钢筋在跨中 $L_0/3$ 范围内的接头（$L_0/3$ 为梁净跨）；直径大于 22mm 的钢筋。

受力钢筋绑扎接头：受压钢筋的搭接长度，应取受拉钢筋绑扎接头搭接长度的 0.7 倍；搭接长度范围内，当搭接长度为受拉时，其箍筋间距≤$5d$ 及 100mm；当搭接钢筋为受压时，其箍筋间距≤$10d$ 及 200mm。

框架柱纵向钢筋相邻接头间距，焊接不得小于 500mm，搭接不得小于 600mm，接头最低点距柱端不宜小于截面长边尺寸且宜在楼板以上 750mm 处。

3）钢筋绑扎与安装：

①柱。

竖向钢筋的弯钩应朝向柱心，角部钢筋的弯钩平面与模板面夹角，对矩形柱应为 45°角，截面小的柱，用插入振捣器时，弯钩和模板所成的角度不小于 15°。

箍筋的接头应交错排列垂直放置；箍筋转角与竖向钢筋交叉点均应扎牢。绑扎箍筋时，铁线扣要相互成八字形绑扎。

柱筋绑扎时应吊线控制垂直度，并严格控制主筋间距。箍筋及柱立筋应满扎。

下层柱的竖向钢筋露出楼面部分,宜用工具或柱箍将其收进一个柱筋直径,以利上层柱的钢筋搭接,并与上层梁板筋焊接,当上下层柱截面有变化时,其下层柱钢筋的露出部分,必须在绑扎梁钢筋之前,先行收分准确。

②梁与板。

纵向受力钢筋出现双层或多层排列时,两排钢筋之间应垫以直径 25mm 的短钢筋,如纵向钢筋直径大于 25mm 时,短钢筋直径规格与纵向钢筋相同规格。

箍筋的接头应交错设置,并与两根架立筋绑扎,悬臂挑梁则箍筋接头在下,其余做法与柱相同。

板的钢筋网绑扎时,相交点每点都绑扎,注意板上部的负钢筋(马丁筋)要防止被踩下;特别是雨篷、挑檐、阳台、窗台等悬臂板,要严格控制负筋位置,在板根部与端部必须加设板凳铁,确保负筋的有效高度。

板、次梁与主梁交叉处,板的钢筋在上,次梁的钢筋在中层,主梁的钢筋在下,当有圈梁时,主梁钢筋在上。

框架梁节点处钢筋穿插十分稠密时,应注意梁顶面主筋间的净间距要留有30mm,以利灌筑混凝土的需要。

钢筋的绑扎接头应符合下列规定:搭接长度的末端距钢筋弯折处,不得小于钢筋直径的 10 倍,接头不宜位于构件最大弯矩处;受拉区域内,Ⅰ级钢筋绑扎接头的末端应做弯钩;钢筋搭接处,应在中心和两端用钢丝扎牢;受拉钢筋绑扎接头的搭接长度,应符合结构设计要求;受力钢筋的混凝土保护层厚度,应符合结构设计要求;板筋绑扎前须先按设计图要求间距弹线,按线绑扎,控制质量;为了保证钢筋位置的正确,根据设计要求,板筋采用钢筋马凳纵横@600mm 予以支撑;为了保证钢筋位置的正确和梁主筋的有效受力范围,主次梁采取用20mm 钢筋支撑顶排钢筋的方法,每跨设置 3 条。

(5)混凝土工程

1)混凝土浇筑:

①柱子浇筑混凝土时,应在柱头和墙上搭设下料平台,混凝土先放在平台上,接顺后再由人工用铁锹铲混凝土入模,并做到分层下灰,分层振捣。混凝土浇筑前,柱和墙根部先浇筑 30~50mm 厚一层同强度等级水泥砂浆;

②梁板浇筑应连续进行,并在前层混凝土凝固之前将后层混凝土浇筑完毕,对每层的卫生间和屋面混凝土浇筑更要高度重视,确保混凝土的密实度及无施工缝出现,确保混凝土质量,严防漏水;

③在不同混凝土强度等级构件相交处,采用延时后的低坍落度混凝土浇捣;

④施工缝位置的留设,应预先确定,留设在结构剪力较小且便于施工的部位,同时应征得技术负责人及监理单位的同意。对施工缝的处理时间不能过早,以免使已凝固的混凝土受到振动而破坏,混凝土强度应不小于1.2MPa 时方可进行。处理方法如下:清除表层的水泥薄膜和松动石子或软弱混凝土层,然后用水冲洗干净,并保持充分湿润但不能残存有积水;在浇筑前,施工缝先铺一层水泥

浆或者与混凝土成分相同的水泥砂浆；施工缝处的混凝土应细致捣实，使新旧混凝土结合紧密。

2）混凝土振捣。

采用平板振捣器（用于板）和插入式振捣器（用于柱、梁）振实。

①斜插和直插两种方法，做到快插慢拔；

②插点采用"行列式"或"交错式"，间距不应大于振动半径的1.5倍，不能碰撞钢筋和预埋件；

③振动时间为20～30s，以混凝土表面呈水平不显著下沉，不出气泡，表面泛灰浆为捣实。

3）混凝土养护。

混凝土的养护采取自然条件下，混凝土浇筑完10～20h（热天气8～9h）及时浇水养护，养护时间不少于7昼夜，头3d在无积水的情况下白天2h浇水一次，夜间至少两次，3d后适当减少，对每层卫生间和顶面混凝土应覆盖浇水养护不少于14d，同时做好养护记录。各楼层养护的主水管采用φ48×3.5mm钢管用逐级加压的方式将水送往各施工楼层，主管在各楼层设阀门，水嘴用橡胶管接至养护部位。

（6）砌体工程施工方法

1）拌制砂浆。

砂浆采用机械拌合，手推车上料，磅秤计量。材料运输主要采用井字架作垂直运输，人工手推车作水平运输。

根据试验提供的砂浆配合比进行配料称量，水泥配料精确度控制在2%以内；砂、石灰膏等配料精确度控制在±5%以内。

砂浆应采用机械拌合，投料顺序应先投砂、水泥、掺合料后加水。拌合时间自投料完毕算起，不得少于1.5min。

砂浆应随拌随用，水泥砂浆和水泥混合砂浆必须分别在拌成后3h和4h内使用完毕。

2）组砌方法。

砌筑应上下错缝，内外搭砌，灰缝平直，砂浆饱满，水平灰缝厚度和竖向灰缝宽度一般为10mm，但不应小于8mm，也不应大于12mm。

转角处和交接处应同时砌筑，均应错缝搭接，所有填充墙在互相连接、转角处及与混凝土墙连接处均应沿墙高设置2φ6@500mm通长拉结筋。对不能同时砌筑而又必须留置的临时间断处应砌成斜槎。如临时间断处留斜槎确有困难时，除转角处外，也可留直槎，但必须做成阳槎，并加设拉结筋，拉结筋的数量按每12cm墙厚放置一根直径6mm的钢筋，间距沿墙高不得超过50cm，埋入长度从墙的留槎处算起，每边均不应小于50cm，末端应有90°弯钩。

3）砌筑。

砌筑的施工顺序：弹划平面线→检查柱上的预留连接筋，遗留的必须补齐→砌筑→安装或现浇门窗过梁→顶部砌体。

排砖撂底：一般外墙第一皮砖撂底时，横墙应排丁砖，前后纵墙应排顺砖。

根据已弹出的窗门洞位置墨线，核对门窗间墙、附墙柱（垛）的长度尺寸是否符合排砖模数，如若不合模数时，则要考虑好砍砖及排放的位置。所砍的砖或丁砖应排在窗口中间、附墙柱（垛）旁或其他不明显的部位。

选砌块：选择棱角整齐、无弯曲裂纹、规格基本一致的砖。

盘角：砌墙前应先盘角，每次盘角砌筑的砖墙角度不要超过五皮，并应及时进行吊靠，如发现偏差及时修整。盘角时要仔细对照皮数杆的砖层和标高，控制好灰缝大小，水平灰缝均匀一致。每次盘角砌筑后应检查，平整和垂直度完全符合要求后才可以挂线砌墙。

挂线：砌筑一砖厚及以下者，采用单面挂线。如果长墙几个人同时砌筑共用一根通线，中间应设几个支线点；小线要拉紧平直，每皮砖都要穿线看平，使水平缝均匀一致，平直通顺。

砌筑：砌砖宜采用挤浆法，或采用"三一砌砖法"。三一砌砖法的操作要领是一铲灰、一块砖、一挤揉，并随手将挤出的砂浆刮去。混凝土砌块与砖操作时块体要放平、跟线。砌筑过程中，应分段控制游丁走缝和乱缝。经常进行自检，如发现有偏差，应随时纠正，严禁事后采用撞砖纠正。应随砌随将溢出砖墙面的灰块刮除。内外墙的转角处严禁留直槎，其他临时间断处，留槎的做法必须符合施工规范的规定。

木砖预埋：木砖应经防腐处理，预埋时小头在外，大头在内，数量按洞口高度确定；洞口高度在1.2m以内者，每边放2块，高度在2~3m者每边放4块。预埋木砖的部位一般在洞口上下四皮砖处开始，中间均匀分布。门窗洞口考虑预留后安装门窗框，要注意门窗洞口宽度及标高符合设计要求。

门窗过梁为现浇钢筋混凝土过梁，在砖墙上的支承长度不小于240mm。当支承长度不足时，应按过梁与柱、墙直接连接处理。当门窗洞边无砖墩搁置过梁时，采用在相应洞顶位置的混凝土墙、柱上预埋铁件或插筋，以便和过梁中的钢筋焊接。安装过梁、梁垫时，其标高、位置及型号必须符合设计图纸要求，坐浆饱满。如坐浆厚度超过20mm时，要用细石混凝土铺垫，过梁两端伸入支座的长度应一致。

（7）楼地面面砖施工

1）工艺流程：

清理基层→做标点→素水泥浆结合层一道→20mm厚1:2水泥砂浆找平层→3~4mm厚水泥胶结合层→8~10mm厚地砖，素水泥浆擦缝。

2）操作工艺：

楼地面面砖铺前应浸水湿润，阴干后备用。基层表面应清扫干净、湿润。地面找好标高、拉十字线，铺好分块标准块，铺时选用先扫水泥浆一度，铺1:3干硬性水泥砂浆，厚约20mm，用铁抹拍实拍平。试铺后用纯水泥浆（稠度为6~8mm）作胶粘剂，分别铺在基层上进行镶铺。注意面砖与墙面间要留有约3mm左右的间隔，防止面砖起鼓。

铺完第一块后，再由中间向两侧和后退方向顺序铺砌。

铺砌时，板块要四角同时下落，对齐缝格铺平，并用木锤敲击平实，如发现空隙，板面凹凸不平或接缝不直，应将板块掀起加浆、减浆或理缝。铺好一排，拉通线检查一次平整度。

铺完 24h，用素水泥浆灌缝 2~3mm 高，再用同色水泥浆擦缝，并用干锯屑将板块擦亮，铺上湿木屑覆盖养护，3 天内禁止上人。

地面使用前扫除锯屑，用布擦干净。

卫生间及阳台楼地面坡度应符合设计要求，做到无渗漏、无积水，与地漏（管道）结合处严密平顺。

(8) 屋面防水施工

1) 屋面找平层施工操作：

全面复核并浇水湿润后进行找平层施工。找平层铺筑前应用水准仪测控标高、贴标点灰饼，排水坡度应符合设计要求。基层与突出屋面结构（女儿墙、剪力墙等）的连接处，以及转角处（水落口、天沟等）阴阳角，均应抹成圆弧。

内部排水的水落口周围直径 500mm 范围内抹灰找坡坡度不小于 5%。找平层抹平收水后应二次压光。浇水覆盖草袋养护。

找平层施工要按规范要求留设伸缩缝，施工时砂浆铺设要由远到近，由高到低，严格掌握坡度，使其符合设计要求。

待砂浆稍收水后，用抹子压实抹平，终凝前将作伸缩缝的木条取出，找平层施工完 12h 后要及时养护，养护期间不得上人上物。

2) 防水卷材施工方法：

①施工顺序：基层检验、清理、修补→涂刷基层处理剂→节点密封处理→试铺、定位、弹基准线→卷材反面涂胶→基层涂胶→粘贴、滚压、排气→接缝搭接面清洗、涂胶→搭接缝粘贴、滚压、排气→搭接缝密封材料封边→收头固定、密封→保护层施工→清理、检查、验收。

②施工要点：基层必须干净、干燥，并涂刷与胶粘剂材性相容的基层处理剂；要使用 SBS 改性沥青防水卷材的专用粘结剂，不得错用或混用；必须根据所用胶粘剂的使用说明和要求，控制胶粘剂涂刷与粘合的间隔时间，间隔时间受胶粘剂本身性能、气温湿度影响，要根据试验、经验确定；铺贴防水卷材时，切忌拉伸过紧，以免使卷材长期处在受拉应力状态，易加速卷材老化；严格做好卷材搭接缝的粘结，是确保防水层质量的关键，所以要求卷材搭接缝结合面应清洗干净，均匀涂刷胶粘剂后，要控制好胶粘剂涂刷与粘合间隔时间，粘合时要排净接缝间的空气，滚压粘牢。接缝口应采用宽度不小于 10mm 的密封材料封严，以确保防水层的整体防水性能。

3) 卷材搭接技术要求：

①上下层及相邻两副卷材的搭接缝应错开；平行于屋脊的搭接缝应顺流水方向搭接；

②密封：应选用材性相容的密封材料封严；

③叠层铺设：叠层铺设的各层卷材，在天沟与屋面的连接处，应采取叉接法，搭接缝应错开，接缝宜留在屋面或天沟侧面，不宜留在沟底。

4) 卷材防水层节点处理：

卷材收头应用水泥钉钉压，并用密封材料封严；砖墙立面部分及压顶上面应做防水处理，以防开裂渗漏；对于较低的女儿墙，卷材全部覆盖立墙面，并伸入压顶下墙厚1/3处。

（9）室内装饰抹灰工程

主要工序为阴阳角找方→设置标筋→分层赶平→修整。表面要求压光、洁净、颜色均匀、线角平直、清晰美观、无抹纹，不能有砂粒外露、表面粗糙现象。

阴阳角垂直方正：为便于做角和保证阴阳角的垂直方正，须在阴阳角的两边都做灰饼、冲筋，抹阴角时，应随时用方尺检查、纠正，阴角砂浆宜稍稀，并用阴角模上下窜平窜直，多压几遍，避免裂缝。室内墙面、柱面的阳角和门窗洞口的阳角，做护角线时，用1：2水泥砂抹出护角，护角高度不低于2m，每侧宽度不小于50mm。

房间方正：小房间可以一面墙做基线，用方尺规方即可，如房间面积较大，要在地面上先弹出十字线，以基准线在离墙角约100mm部位，用线坠吊直，在墙上弹一立线，再按房间规方地线（十字线）及墙面平整程度向里反线，弹出墙角抹灰准线，并在准线上下两端排好通线后做标准饼及冲筋。

（10）外墙贴面砖施工

1）工艺流程：

清理基层→排砖→浸砖→施工测量→拉通线、做标志→底层刮糙→抹砂浆结合层→弹线、分格→涂刷水泥浆→面砖背抹水泥浆→铺贴面砖→勾缝、清理。

2）操作工艺：

①基层处理：将凸出墙面的混凝土剔平，对于光滑的混凝土表面进行"毛化处理"，先将表面灰尘、污垢清理干净，用10%碱水将混凝土表面的油污刷掉，随之用清水把碱液冲净，待混凝土表面干了，用1：1水泥细砂砂浆内掺108胶用扫帚将砂浆甩到墙上（或喷），终凝后洒水养护，使水泥砂浆有较高的强度，与混凝土墙面粘结牢固。

②吊垂直、规方、找规矩、贴灰饼、冲筋：在四大角和门窗口边用经纬仪打垂直线打直；横向水平线以楼层为水平基准线交圈进行控制，竖向垂直线以四周大角和通天柱子或墙垛子为基准线进行控制，要全部是整砖。阳角处要双面排直。每层打底时，以灰饼为基准点进行冲筋，使底层做到横平竖直，并做好突出檐口、腰线、窗台、雨篷等饰面的流水坡度和滴水线。

③打底层砂浆：先刷一道掺水重10%的108胶水泥浆，打底要分层分遍进行抹砂浆，第一遍厚度宜5mm，抹后用木抹子搓平、扫毛，待有6～7成干时，可抹第二遍，厚度8～12mm，随抹随用木杠刮、木抹子搓毛，终凝后洒水养护。

④弹线分格、排砖：弹基层部位应是整砖。同时还要进行面层贴标准点的工作，以控制面层出墙尺寸及垂直、平整。如遇到突出卡件等，要用整砖套割吻合，不得用半块砖随意拼凑镶贴。非整砖行要排在次要部位，如窗间墙或阴角处等，要注意一致对称；施工中要利用调整缝宽等方法尽量避免非整砖出现。

⑤选砖、浸泡：镶贴前，要挑选颜色、规格一致的砖；浸泡砖时，要将砖面

清扫干净，放入水中浸泡2h以上，取出待表面晾干后使用。

⑥粘贴面砖：镶贴要自上而下进行。从最下一层面砖下皮的位置线先稳好靠尺，以此托住第一皮面砖，然后在面砖外皮上口拉水平通线，作为镶贴的标准线。粘贴面砖时，在面砖的背面满铺粘结砂浆，砂厚度6～10mm。粘贴后用小灰铲柄轻轻敲打，使之用靠尺通过标点调整平面和垂直度。

⑦勾缝、擦缝：用1∶1水泥砂浆勾缝，要先勾水平缝再勾竖缝，勾缝要凹进面砖外表面3mm；当横缝为干挤缝，或缝隙小于3mm的，要用白水泥配颜料进行擦缝。面砖处理完后，用抹布或棉纱蘸稀醋酸擦洗表面，并用清水冲洗干净。

9. 工程质量技术保证措施

(1) 钢筋工程

进场钢筋必须有出厂合格证，并已送检合格后方能使用。

钢筋现场加工时要严格按照钢筋配料单给定尺寸、数量、规格进行加工，加工完成后用钢丝将同种钢筋绑扎成捆再进入现场，按施工平面图中指定的位置堆放。要求配筋人员及材料加工人员按图纸要求进行配制。在许可情况下可考虑加工及施工误差，将搭接及锚固长度放大20mm。

在绑扎柱钢筋时，先按箍筋分档线，按实际个数套好箍筋，将柱箍绑到梁底部位后，加密区位暂时不绑（已套好），穿梁筋、梁筋就位后再绑扎加密区柱箍筋。

板的负弯矩筋处绑扎时，按1m间距设置马凳。马凳长度为1m，两端为人字形支脚，禁止直接在钢筋上行走，并派专人负责检修。

板的钢筋须在模板上按间距弹线后再按线绑扎钢筋，调直。

绑扎板筋时要注意弯钩朝向，下铁筋弯钩朝上，上铁筋钩朝下。绑扎钢丝必须朝内。

(2) 模板工程

模板使用前必须把板面、板边粘结的水泥块清除干净，对因拆除而损坏的边肋的模板、翘曲弯形的模板进行平整、修复，保证接缝严密，板面平整。

模板面要涂刷脱模剂，以保证混凝土表面的外观质量。

模板及其支架必须有足够的强度、刚度和稳定性。模板支撑系统要经过计算，确定支撑的间距。使用前应检查模板质量，不符合质量的模板不得投入使用。

模板安装必须在楼层放线、验线之后进行。放线时要弹出中心线、边线、支模控制线。

柱模板安装时要控制好根部的固定，要用钢筋拉杆固定模板；柱上部模板安装时采用木斜撑的方法。凡是中心柱，每边设2根斜撑，每柱8根斜撑。凡是边柱，当一侧不能布置斜撑时，应在内侧加水平拉杆二道。所有拉杆和斜撑应与内满堂架连成整体。

柱子支模前，必须校正钢筋位置，柱子模板上口要安装钢筋定位套，保证柱主筋和保护层厚度。

模板接缝宽度不大于 1.5mm。且用 20mm×10mm 海绵条粘贴，防止拼缝漏浆。

板的跨度等于或大于 4m 时，模板要起拱，起拱高度为跨度的 1/1000～3/1000。

上层模板的支撑立柱要对正下层支撑立柱，并铺设支垫。

混凝土的侧模，在混凝土强度能保证其表面及棱角不因拆除模板而受损坏后，方可拆除。

（3）混凝土工程

柱子混凝土的浇筑要分层下料，第一层混凝土在 300mm 左右，以上每层厚度控制在 500mm 之内（用等于柱高的 50mm×50mm 长木方，上部 300mm 处钉一个钉子，以后每隔 500mm 钉一个钉子，用以控制下料厚度），每根柱子每层至少振捣 4 棒。

在浇筑混凝土前，对模板内的杂物和钢筋上面的油污等清理干净，对模板的缝隙和孔洞进行堵严。

浇筑混凝土应连续进行，当有间歇时，其间歇时间宜缩短，并在前层混凝土初凝前，将上层混凝浇筑完毕，若前层混凝已初凝时，应按施工缝处理。

梁板混凝土浇筑要从施工段一端顺次退向另一端，局部先浇筑梁混凝土，梁内混凝土饱满密实后，再浇筑楼板混凝土。板混凝土虚铺厚度要略大于板厚，用平板振捣器振实，平板振捣器在相邻两步之间要搭接振捣 30～50mm。梁内混凝土采用插入式振捣器振捣，振捣间距不得大于 500mm，插点均匀排列采用行列式移动。梁板混凝土浇筑前，把柱子主筋的下部 500mm 范围用塑料布包住以防止混凝土污染钢筋。

混凝土浇筑过程中，要经常观察模板、支撑、钢筋、预留孔洞的情况，当发现有移动时，要及时采取措施，进行处理。

混凝土终凝后立即进行淋水保养，高温或干燥天气要加麻袋覆盖，保持混凝土有足够湿润时间，防止混凝土表面产生不规则裂缝。

（4）砌筑工程

所有进场的砌块要有出厂合格证，并符合使用要求方能使用。砌筑砂浆必须严格按配合比要求搅拌，并做好试块。

砌筑时严格按皮数杆控制砖的皮数，注意检查皮数杆与砖层是否吻合。

砌砖时严禁半砖集中使用，以免造成通缝。

砌筑过程中，质安员要随时检查，发现问题及时纠正。

排砖时必须把立缝排匀。

立皮数杆要保持高度一致，盘角时灰缝要掌握均匀，砌砖时小线要拉紧，改善砂浆的和易性，防止砂浆出现沉底结硬、和易性差的现象。

（5）屋面工程

进场的防水材料要有出厂合格证，使用前都必须按照有关规定，进行现场抽样复检试验，不经抽样检验或检验不合格的材料不得使用。

屋面上雨水口、污水口等细部是极容易变形和渗漏的部位，应另增加铺玻璃布 1～2 层以增加防水层的抗渗能力。

检查屋面有无渗漏及积水、排水系统是否畅通，可利用下雨或持续淋水 2h 或作 24h 蓄水检验。

不得在雨天中施工，施工中加强检查，严格执行工艺标准和认真操作。

（6）装饰工程

砂浆的石灰膏要浸泡 15 天以上，防止抹灰层出现"爆豆芽"现象。

装饰施工前，基层表面必须清理干净，防止出现空鼓。

要严格做好产品保护工作，装饰阶段后期，派专人看守。

10. 安全生产保证措施

（1）脚手架工程

1）在主体施工上部时即在四周搭设外脚手架，挂设立网，采取封闭式施工。

2）立网应采取符合质量要求的密目式安全网，立网不得低于作业面的 1.2m，并办好检查交付使用验收手续。

3）在建筑物的四周设置安全防护，保证施工人员的安全，保证现场无安全事故。

4）搭设脚手架材料规格必须符合有关规定。脚手架不得使用腐败、虫蛀、枯脆的木、竹材料。

5）脚手架地基应平整夯实或加设垫木、垫板，使其有足够的承载力；与墙面应设置足够和牢固的拉结点，不得随意加大脚手杆的距离。

6）架子搭设好后，要以工长、安全员全面检查鉴定、验收合格后，并办理好验收手续，才允许使用该架子。架子验收必须分段进行，并进行中间验收和总验收。

7）在外墙施工前，必须对外架进行检查加固工作，经过检查加固合格后的外架，才能进行外墙装饰工作。

8）架子拆除必须有专人指挥，并将红布系在栏杆上，用栏杆做危险区护栏，并派专人站岗，不允许进入危险区内。

9）脚手架使用过程中，不经项目安全员允许不得随意改动脚手架。拆除脚手架时严禁从空中向下抛物。

（2）模板工程

1）模板上施工荷载不得超过设计的规定值，模板的材料堆放要均匀。

2）模板拆除前需向技术人员申请批准，确保混凝土强度达到设计值方可拆模；拆模时拆除区域应设置警戒线并且设专人监护指挥，严禁建筑物上留有未拆除的悬空模板。

（3）钢筋工程

1）使用钢筋弯曲机时，操作人员应站在钢筋活动的反方向，弯曲 400mm 内的短钢筋时，要有防止钢筋弹出的措施。

2）粗钢筋切断时，冲切力大，应在切断机口两侧机座上安装两个角钢挡杆，防止钢筋摆动。

3）在焊机操作棚周围，不得放易燃物品，在室内进行焊接时，应保持良好环境。

4）搬运钢筋时，要注意前后方向有无碰撞危险或被钩挂料物，特别要避免碰挂周围和上下方的电线。

5）安装悬空结构钢筋时，必须站在脚手架上操作，不得站在模板上或支撑上安装。

6）现场施工的照明电线挂在横担木上，如采用行灯时，电压不得超过36V。

7）起吊或安装钢筋时，要和附近高压线路或电源保持一定的安全距离，在钢筋林立的场所，雷雨时不准操作和站人。

8）在高空安装钢筋必须扳弯粗钢筋时，应选好位置站稳，系好安全带，防止摔下，现场操作人员均应戴安全帽。

（4）混凝土工程

1）使用溜槽及串筒下料时，溜槽与串筒必须牢固固定，人员不得直接站在溜槽帮上操作。

2）浇筑单梁、柱混凝土时，应设操作台，操作人员不得直接站在模板或支撑上操作，以免踩滑或踏断支撑而坠落。

3）浇筑梁或墙上的圈梁时，应有可靠的脚手架，严禁站在模板上操作。

4）浇筑挑槽、阳台、雨篷等混凝土时，外部应设安全网或安全栏杆。

5）楼面上的预留孔洞应设盖板或围栏。所有操作人员应戴安全帽；高空作业应系安全带，夜间作业应有足够的照明。

（5）立体交叉作业及高空的防护、保护措施

1）立体交叉作业时，在下部的作业面上搭设安全防护棚。

2）立体交叉作业时，要有专人在现场进行监督指挥。

3）建筑物的道路、通道口、出入口等部位要搭设安全防护棚。

4）高空作业区域必须划出禁区并设置围栏，禁止行人、闲人通过闯入。建筑物的入口处及周围的人行通道均搭设防护棚，棚顶满铺2层脚手板。

5）高空作业人员必须按规定路线行走，禁止在没有防护设施的情况下，沿高墙、脚手架、起重臂攀登和行走。

6）高空作业夜间施工，应有足够的照明设备和避雨设施。

16.7.2 实例二：××市××工业区区间道路工程E标段施工组织设计

1. 工程概况

××市××工业区区间道路工程施工E标段，位于××市××工业区内，工程范围：冯宅路0+060～0+560、金浦西路0+030～0+981及一座单跨20m预应力简支空心板桥。本工程总造价10593080元，合同工期80d。

本标段沿线场地地层岩性主要为上部耕植土、杂填土、黏土构成，下部主要由淤泥组成。

施工用水、用电：由建设单位提供的金洪路与建华路电源点和水源点引出。施工用电采用电杆由电源点架设到施工现场，施工用水采用镀锌管由水源点接到施工现场。

主要工程量：金浦路与冯宅路为雨、污排水管道开槽埋管、路基、路面及附属构筑物施工；金浦路0+950桥梁工程为钻孔灌注桩、预应力空心板梁及桥梁附属物工程。

（1）道路工程

本标两段工程道路包括金浦西路（桩号0+030.54～0+981）和冯宅路（桩号0+060～0+560），金浦路和冯宅路标准断面均为20m宽，标准横断面布置如下：2m（步行道）+1.5m（树洞）+3m（非机动车道）+3.5m（机动车道）+3.5m（机动车道）+3m（非机动车道）+1.5m（树洞）+2m（步行道）=20m

1）机动车道、一块板路面车行道路面

面层：3cm厚AC-16Ⅰ细粒式沥青混凝土，5cm厚AC-16Ⅰ中粒式沥青混凝土，6cm厚AC-20Ⅰ中粒式沥青混凝土。

基层：30cm5%水泥稳定砂砾层。

垫层：20cm碎石层（拟变更为山皮石层，厚度未定）。

2）人行道

路面结构：30cm×30cm广场砖铺装；2cm厚M10水泥砂浆；

基层：7cm厚C10混凝土。

垫层：10cm山皮石。

（2）排水工程

本标段污水管径$D300$～$D400$，管材采用UPVC双壁波纹管，雨水管径$D300$～$D1800$，管材$D300$、$D400$采用混凝土管，$D400$以上采用钢筋混凝土管。

金浦西路污水管径$D300$～$D400$，在道路西侧距中心线12.2m处布置，施工桩号：0+090～0+760。雨水管径$D300$～$D1800$，在道路西侧距中心线10m，本标段雨水系统施工桩号0+030～0+940。在0+940有一出水口。

冯宅路污水管在南侧距道路中心线12.2m处布置，施工桩号：0+090～0+290。雨水管在道路西侧距道路中心线10m，施工桩号：0+050～0+593。

（3）电力排管工程

金浦西路电力排管工程设计在道路北侧人行道位置设置电力排管一条，管材AmDG塑料电力排管。

（4）桥梁工程

金浦路0+950桥上部结构采用单孔20m预应力混凝土空心板梁；下部为实体台，钻孔灌注桩基础，浇筑桩直径1.2m，长度36m，总数量10根。C30防水混凝土桥面铺装层，厚度8cm；面层为4cm厚细粒式沥青混凝土。

2. 施工现场总平面布置

根据施工平行流向和施工工艺及现场布置的特点，来建、盖各项临时设施，做好施工平面部署（图16-3）。

（1）搭设临时生产、生活设施

从现场考察来看，在冯宅村设置项目部办公点；施工一队、二队生活临时设

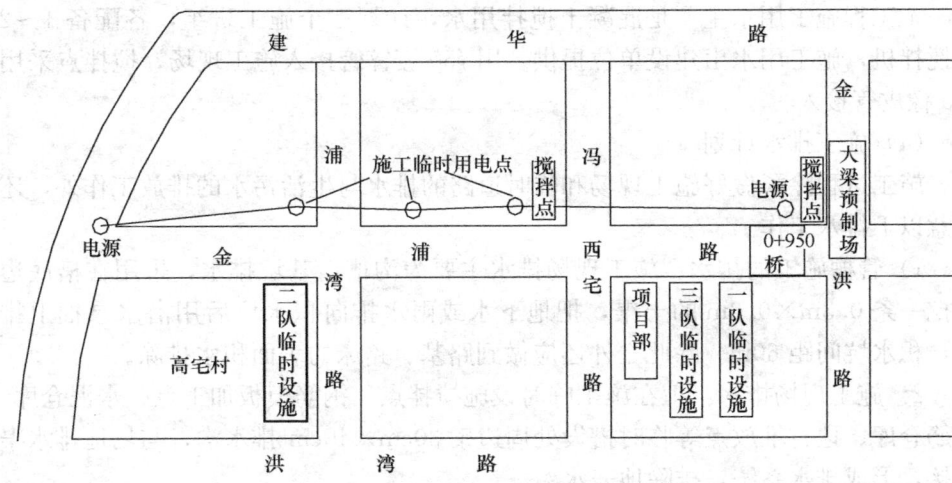

图 16-3 浦上工业区区间道路工程 E 标段施工平面示意图

施和材料仓库安排在冯宅村，三队安排在高宅村；均采用租用民房作为生产、生活设施。

考虑到桥梁施工的需要，因此，在金浦西路与金洪路交叉口金洪路段设置预制场及混凝土搅拌站，提供桥梁混凝土施工需求；同时在冯宅路路口和金浦西路路口各设置一个临时混凝土搅拌站，提供冯宅路及金浦西路道路、排水的混凝土施工需求。

（2）施工用电计划

1）施工中可能同时采用的主要用电设备见表 16-9。

主要用电设备一览表　　　　表 16-9

序　号	设备名称	数　量	单位功率（kW）	合计功率（kW）
1	潜水泵	12	2.2	26.4
2	照明灯具	18	1.0	18
3	平板振捣器	4	1.5	6
4	插入式振捣器	5	1.1	5.5
5	混凝土搅拌机	4	17.5	70
6	砂浆搅拌机	2	3	6
7	冲孔钻机	2	37	74
8	卷扬机	2	7	14
9	合　计			219.9

根据用电容量，导线采用断面为 10mm 的 BV 型铜芯橡皮线，并且电缆从电源点接出后采用立杆架空布设，电杆间距 20～30m，在每根电线杆下设一二级开关箱。

2）为保证施工正常进行，计划自备一台 75kW 的发电机组，以备桥梁施工现场使用。

（3）施工用水计划

本工程施工用水主要是混凝土搅拌用水，计划三个施工班组，各配备 1～2 台搅拌机，施工用水由建设单位提供。用 $\phi 50$ 镀锌管接入施工现场，搅拌点采用 $\phi 25$ 橡皮管接入。

（4）施工排水计划

施工过程除了做好施工现场和临时道路的排水与生活污水的排放工作外，还注意以下排水工作。

1）管槽施工的排水：施工现场排水主要为沟槽、基坑排水，采用在槽底边侧挖一条 0.3m×0.3m 的土渠，把地下水或雨水排向积水坑后用潜水泵抽上排除，积水坑间距 60m。除此之外还应做到路基、路床的表面积水排除。

2）施工现场排水：拟在施工临时设施搅拌点、钢筋模板加工点、水泥仓库、钢筋仓库、地材堆放点等临时搭设处周边砌 30cm×40cm 排水沟，与场地排水渠连接，形成排水系统，排除地表水。

3）其他排水：现浇混凝土结束后，对洗刷运输翻斗车和搅拌机的污水，先除出杂质再排入地下管网中或作回收使用，再进行其他的处理（如沉淀处理）。

3．施工方案

（1）施工总顺序

施工总顺序流程图如图 16-4 所示。

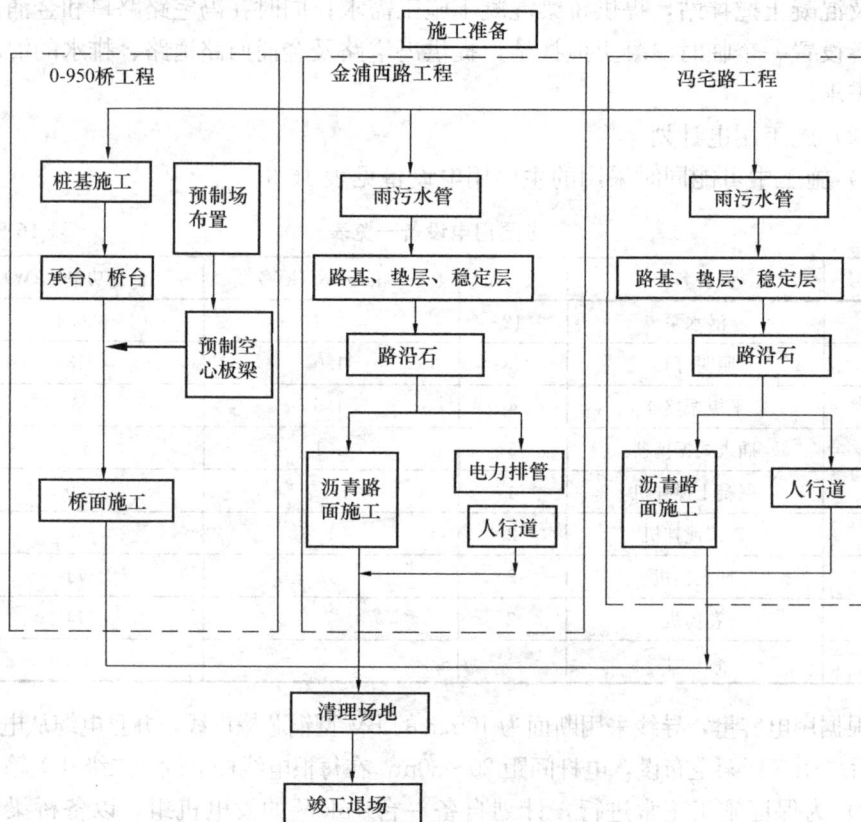

图 16-4　施工总顺序流程图

（2）施工计划安排

1）0+950 桥梁施工：

①进场施工准备包括：施工便道、河道围堰、钻机进场，搭设支架平台，砌筑泥浆沉淀池，计划用 5d 完成，准备就绪后即可开始桩基施工。

现将桥台按单元分为南北两个单元，每个单元 5 根钻孔浇筑桩，及 0 号～A（北桥西桩）0 号～B（北桥西北桩）0 号～C（北桥中桩）0 号～D（北桥东北桩）0 号～E（北桥东桩）1 号～A（南桥西桩）1 号～B（南桥西桩）1 号～C（南桥中桩）1 号～D（南桥东南桩）1 号～E（南桥东桩）。钻机拟准备 2 台回旋钻机，作业方向由西到东，即 A 机从 0 号－A➝0 号－B➝0 号－C➝0 号－D➝0 号－E；B 机从 1 号－A➝1 号－B➝1 号 C➝1 号－D➝1 号－E。

桥南北岸 10 根桩计划用 30d 的时间完成，同时进行预制预应力空心板梁浇筑，然后安排南北岸承台、桥台的施工，接下来进行预应力板吊装，最后进行桥面施工。

②预制场准备，大梁预制场计划设置在金浦西路与金洪路交叉口金洪路段，然后布置大梁预制场，钢筋制作加工场。

该桥上部结构采用 20m 长的预应力空心板梁，共 14 架；混凝土强度等级均为 C30，根据现场施工条件，在 0 处上设置空心板梁的预制场地（包括存梁场）。占地面积约为 600m²。预制场内设搅拌站一座，混凝土集中拌合，小型翻斗车运输。

因为大梁数量较多，每片空心板梁周期按 6d，强度按 75% 控制，地模计划采用 3 套，长 16m，宽 1.25m，侧模采用光面九合板，计划 3 套，边模 2 套，中模 1 套，端模采用钢模，计划 3 套，芯模用橡胶胎模，计划 3 套，方能应付预制周期的周转时间。

2）承台、桥台、台帽施工：承台、桥台、台帽的施工是关系到现浇空心板梁能否如期施工的关键环节之一。为保证本工程施工质量，模板采用特制光面九合板模，保证构件的尺寸准确、外形美观。由于 0+950 桥工程桥台为实体桥台，均为单排桩基础，两岸桥台底标高位于河岸上，为使基础能承受承台混凝土浇筑初期的自重，0 号桥台承台底采用 15cm 厚碎石灌砂层并用砂浆找平作为底模。

3）空心板梁吊装：预制空心板梁出坑后，利用电动卷扬机加滚轴，用钢丝绳绑在梁端 65cm 处，采用电动卷扬机和滚辊将梁拖运到桥头。用人字扒杆配合 25t 吊车进行吊装，14 架板梁一次性吊装完成，计划用 5d 时间完成吊装。

4）桥面施工：桥面施工包括伸缩缝、栏杆、人行道、铺装层等。施工中先安排进行桥面铺装层 6cm 后的 C30 防水混凝土浇筑施工，计划在 5d 时间内施工完毕，养护 7d 后再施工桥面沥青。桥面栏杆安装待桥面人行道施工结束后进行。

（3）金浦路、冯宅路路施工

1）路基换填：金浦路与冯宅路路基原状多为耕植土、池塘淤泥，依照设计要求需清除耕植土 30cm，并回填砂至设计结构层底，其中在 0+800～0+960 段为旧河浦，需清淤并换填砂 176m³，清淤及换填砂计划安排 7d 的时间。

2）排水工程：①金浦路与冯宅路雨污水管道施工原则，由下游管段向上游管段进行施工，这样下游已建成的管道可以作为上游管槽排水用，不至施工断面积水，同时还可保证各施工段的交通畅通。②雨、污水干管施工完成以后，立即进行各支管的施工，并尽可能快地在保证工程质量的前提下，抓紧回填、减少施工时间，以保证施工场地道路的通行。

3）道路工程：雨污水管道施工结束后开始进行路基平整、山皮石等工序项目施工；山皮石层施工随路基施工进度进行；路面沥青混凝土施工安排在稳定层和路沿石施工结束并达到养护期后开始施工。沥青混凝土采用沥青拌制场集中拌制，采用5t自卸车运输到工地现场。

4）路沿石、人行道、自行车道施工：路沿石施工，在路面山皮石层施工后安排施工；人行道施工，跟随路沿石施工同步安排进行施工；施工便道的布设：因金浦路与冯宅路段无旧路，为方便施工，在金浦路与冯宅路各修建一条临时施工便道，作为施工期间运输材料、弃运土方用。该便道在施工准备期间6d内完成。便道采用铺设50cm厚山皮石层为路面，宽度7m。

4. 施工技术措施

（1）排水工程施工技术措施：本工程雨污水管道管径为φ300～φ1800不等。金浦路0+110～0+760为雨污合槽开挖，其他为雨水管单槽施工。冯宅路0+090～0+290为雨污合槽开挖，其他为雨水管单槽施工。

1）沟槽开挖：

沟槽开挖之前弄清与施工相关的地下情况，已建管道情况，沟槽以逆流方向进行开挖，使已铺设的下游管道先期投入使用，供后段工程的施工排水。根据施工设计图纸、现场地质情况及场地条件，沟槽采用人工与机械开挖相结合方式，单槽开挖采用直槽开挖，开挖深度H小于2.5m的采用挡土板支撑，开挖深度H大于2.5m时采用打钢板桩支撑加固，用机械开挖至槽底高程以上20cm左右时，采用人工清槽，以保证槽底土壤结构不被扰动或超挖，认真控制槽底高程和宽度，同时及时进行管道的基础施工，以免槽底土壤暴露过久，若出现超挖现象，则及时进行处理。

在沟槽开挖的同时注意地下水的排放，施工中采用槽底边侧挖一条30cm×30cm的流水渠，在流水渠的下游设集水坑，把地下水排向集水坑后用潜水泵把水抽上排除。

2）碎石灌砂垫层及管基：先铺上碎石，灌入中砂，配以平板振捣器夯实。再立模浇筑混凝土平基。浇筑时，模板应牢固顺直，混凝土应密实，表面平整、直顺，同时做好混凝土浇筑记录及混凝土抗压试验。

3）安管、浇筑混凝土管座：下管前对沟槽、平基、管件等进行质量检查，对有缺陷的部位先行处理后才可下管，直径φ500以下的混凝土管，采用人工安装，直径φ500以上的混凝土管采用机械吊装、人工配合。每个井段设龙门架挂线施工，同时采用中心线法和边线法控制中线与高程。安管时管两边垫稳。管头及管内的杂物清除干净，再次进行测量复核后再安装模板浇筑混凝土管座，认真捣固管座两侧三角区，抹平管座两肩，同时做好混凝土浇筑记录及混凝土抗压试验。下管时注意安全，起吊管子的下方严禁站人，槽内施工人员躲开下管位置。

4) 抹带接口：管座混凝土浇筑完毕立即进行抹带，使抹带和管座结合成一体。抹带时先将管内外杂物清除干净，雨水管用 1∶2 水泥砂浆，接口抹成 45°角，并注意砂浆表面平整密实，污水管接口用石棉水泥按设计配合比将管内外打密实后用水泥砂浆封堵，施工后及时做好混凝土及接口抹带的养护工作。

5) 各类井：各类检查井及雨水进水井均按设计位置、尺寸规格施工，砌筑时砂浆饱满，上下砌体交错，内外搭接，墙体抹面应压实压光，不得有空鼓、裂缝等现象。溜槽在井壁砌到管顶以下即行浇筑，表面平顺、圆滑。安装井圈井盖牢固平稳，座浆饱满，注意与路面高程、坡度相一致。

6) 闭水试验：污水管道在回填前进行闭水试验，沟槽内无积水现象，采用管井注水浸泡 1~2 昼夜再进行，按规定认真做好记录，试验合格后及时打掉管道两端堵头，清理干净。

7) 回填：沟槽回填严格按设计要求，采用天然中细砂分层，每层 20cm，浇水振捣夯实，每层达到设计密实度后再填第二层，并做好密实度测定记录。管道两肋侧密实度应达到 90%；管顶 50cm 范围内回填密实度 85%；管顶 50cm 以上部位密实度达到 95%。

8) 勤测量：排水施工中坚持勤测量，在每道工序施工前，测量工作要跟上，要求标高正确无误复检复核二次合格后方能施工，施工完成一道工序后再复核一次。

(2) 道路工程施工技术措施

1) 路基工程

① 准备工作。首先对路基的高程、中线、边线进行检测，清理场地，表面清洁无杂物，并对清理后留下的坑沟按设计要求进行回填夯实等处理，挖临时排水沟，疏干路基范围内积水，保持基底干燥；

② 路基碾压。路基碾压采用振捣式压路机配合钢轮静压路机使用，压实遍数根据测试资料确定；

③ 检测。路基碾压后进行宽度、坡度顶面高程及密实度、弯沉值的测试，均达到设计要求后再进行基层的填筑施工；

④ 路基回填土，分层洒水夯实，密实度达到设计要求后方可进行下道工序。

2) 碎石垫层

按设计，本工程车行道部分碎石垫层厚度为 20cm，具体技术措施如下：

① 准备工作。首先对路基高程、中线、路边线进行复测，并符合规范要求，表面整洁后，再进行垫层的施工放样；

② 材料选用。级配要求碎石的含泥量不得超过 25%，将材料中的杂草、树根等杂物清理干净，超过垫层厚度的石料进行人工击碎后再使用。最大粒径不超过 80mm，大于 2mm 且小于 80mm 的砾料占 65%~85%，小于 0.075mm 的粉料占 4%~15%；

③ 摊铺。摊铺时根据设计加虚高系数的高程挂线施工，采取人工配合机械摊铺的方法，骨料均匀，表面应平整；

④ 碾压。碾压前若填料的含水量高于或低于最佳含水量 4%，要进行晾晒或

洒水处理，碾压机具采用振动式压路机和钢轮压路机配合使用，碾压后的垫层表面平整密实。控制好纵横坡度，以利及时排放垫层上的雨水；

⑤检测。垫层碾压后进行宽度、厚度、坡度、顶面高程及弯沉值测试，均符合设计要求后才能进行水泥稳定砂砾层的施工。

3）5%水泥稳定层施工

按设计，本工程慢车道稳定层厚度为30cm，按规定30cm厚稳定层分层施工；机动车道部分稳定层厚度为30cm，根据规范要求，30cm厚稳定层要分层摊铺，计划分二层施工，第一层厚16cm，第二层厚14cm。具体技术措施如下：

①准备下承层。水泥稳定层的下承层即山皮石垫层表面应平整、坚实，没有任何松散的材料和软弱地基，如发现低洼和坑洞，及时填补及压实，搓板和辙槽应及时刮除。用12t三轮压路机对下承层进行3～4遍碾压检测，发现表层松散，应适当洒水；

②施工放样。根据设计在下承层上恢复中线及边线，安装钢模板，直线段每10～15m测一点，平曲线段每5～10m测一点，进行水平测量；

③模板的安装与检测。模板采用槽钢当模板，按放线位置支立，随时用水准仪检测，控制位置和高程，模板及支撑应安装牢固，接头要严密；

④材料的选用。砂砾的级配，一般大于4cm的颗粒不应超过4%，小于0.25cm的颗粒不大于40%，通过0.074mm的粉料不大于10%，水泥的剂量为混合料的5%，用普通硅酸盐水泥；

⑤拌合。采用搅拌机拌合成混合料，用小翻斗车运送施工现场、拌合根据选定的配合比进料，并将拌合料搅拌均匀；

⑥摊铺。摊铺前尘土杂物要清除，并在山皮石垫层上均洒一遍清水，以利上下层结合。松铺系数为1.3～1.35，必要时进行减料或补料工作，纵横断面符合要求，厚度均匀一致。在水泥稳定层每天摊铺结束后，在预定的末端，装一条横贯全宽的钢模板，然后进行整型和碾压。第二天，邻接的作业段开始施工时，拆除去钢模板，再摊铺稳定层混合料，其相接处洒水润湿。水泥稳定层施工分两幅施工时，纵缝要垂直相接，不斜接。具体做法是前一幅施工时，靠中央与另一幅相接的一侧用钢模支撑，然后整型和碾压。当拆除支撑铺筑另一幅时，靠近第一幅的部分，挖除松软的混凝土混合料，然后洒水润湿，再摊铺稳定层并整型、压实；

⑦碾压。混合料摊铺整平后，先用6～8t压路机进行碾压3～4遍后再用12t压路机进行碾压。碾压时重迭1/2轮宽，后轮超两段的接缝处，碾压到要求的密度，同时没有明显的轮迹，严禁压路机在已完成的或正在碾压的路段上调头和急刹车，保证稳定层表面不受破坏。碾压过程中稳定层表面应始终保持潮湿，如表面水蒸发较快，及时补洒少量的水，不洒大水量碾压。如有"弹簧"、松散、起皮等现象，立即翻开重新加适量水泥拌合或用其他方法处理，使其达到质量要求。在碾压结束之前，进行终平工作，将高出设计高程部分刮除扫出路外，局部低洼之处留待铺筑路面时处理；

⑧养护。在对稳定层进行厚度、宽度、平整度、高程及密实度检测合格即开

始养护，采用每天人工经常洒水进行养护，始终保持稳定层表面潮湿，养护期不少于 7d。水泥稳定层分层施工时，下层碾压完后经 7d 养护期，即可继续铺筑上层。养护期内应封闭交通，以免稳定层表层受损。

4）沥青路面施工

本标段快车道沥青面层分三层，底层为 6cm 厚 AC-20 I 中粒式沥青混凝土；中层为 5cm 厚 AC-16 I 中粒式沥青混凝土；面层为 3cm 厚 AC-16 I 细粒式沥青混凝土；慢车道沥青面层一层，为 4cm 厚 AC-16 细粒式沥青混凝土。

①准备工作。沥青路面施工前应将水泥稳定层的杂物清理干净，稳定层破损，坑洞等应及时修补平整，检查路平石、缘石、检查井、进水井盖及其他构筑物是否安装稳固，若存在问题，局部予以处理；

②测量放样。沥青路面的高程可在已砌筑的路平石或缘石标明沥青碎石层和沥青混凝土面层的高程，交叉路口或喇叭口应设指示桩来控制高程；

③材料。采用石油沥青作为结合料，其性能应符合三大指标要求。石料采用坚韧、无风化的清洁碎石或砾石作骨料，应具有适当的级配，抗压强度大于 800kg/cm²，云母泥土等杂质含量小于 2%，针状、片状颗含小于 10%，吸水率小于 3%，砂采用颗粒坚韧无风化且有适当级配组成的粗砂或中砂作填充材料，最大粒径小于 5mm，含量少于 5%；石屑采用坚硬、洁净带有棱角的石屑，最大粒径小于 10mm；含 0.07mm 以下的粉料不超过 5%，石粉空隙率不小于 45%，细度应全部通过 100 号筛，0.075～0.005mm 的颗粒含量应占总重的 80%—90%。

④沥青混合料的拌制和运输：

A. 沥青混合料应按设计沥青量进行试拌，取样后进行马歇尔稳定度试验，并将各试验值与室内配合比试验结果进行比较，验证沥青用量是否合适，必要时可作适当调整；

B. 确定适当的拌合时间，拌合后的沥青混合料均匀一致，无花白，无粗细料分离和结团成块等现象；

C. 确定适宜的加热和出厂温度，混合料出厂温度为：石油沥青混合料 140～160℃；

D. 沥青混合料采用自卸卡车运至工地，车厢底板及周壁应涂一薄层油水（柴油：水为 1：3）混合液，运输车辆上应有覆盖设施；

E. 运至摊铺地点的温度，石油沥青混合料不低于 160℃。

⑤沥青混合料的摊铺：

本工程采用机械进行摊铺，但在机械无法摊铺到的或已摊铺到的地方，如构筑物边缘局部缺料、局部混合料明显离析、基层表面有明显不平整，沿线单位小型路口采用人工摊铺。

A. 机械摊铺：

a. ABG325 多功能履带式摊铺机，摊铺宽度可达 9m，摊铺速度 480m/h，同时，后方配有一座玛连尼～意大利 mAP100E160L 型可搬迁式沥青拌合站，产量可达 165t/h，保证了施工时沥青出厂温度，满足沥青混合料的拌合质量要求和摊铺量的供应，这些都给机械摊铺创造了有利条件；

b. 施工时，采用分路幅摊铺，接缝应紧密、拉直，并设置样桩控制厚度。控制摊铺温度，石油沥青混合料不低于 100°，机械摊铺的松铺系数为 1.15～1.35，相邻两幅摊铺带搭接 10cm，并派专人用热料填补纵缝空隙，整平接茬，使接茬处的混合料饱满，防止纵缝开裂。当摊铺工作中断，已铺好的沥青混合料降至大气温度时，如继续铺筑，采取"直茬热接"方法，认真细致处理。

B. 碾压：

a. 控制好开始碾压时沥青混合料的温度以及压路机碾压速度；

b. 压路机从外侧向中心碾压。相邻碾压带重叠 1/3～1/2 轮宽，最后碾压路中心部分，压完全幅为一遍，当边缘有挡板、路缘石、路肩等支挡时，紧靠支挡碾压；

c. 初压时用 6～8t 双轮压路机或 6～10t 振捣压路机（关闭振捣装置）初压 2 遍，初压后检查平整度、路拱，必要时予以修整。复压时用 10～12t 三轮压路机 10t 振捣压路机或相应的轮胎压路机进行，碾压 4～6 遍至稳定和无明显轮迹。终压时用 6～8t 双轮压路机或用 6～8t 振捣压路机（关闭振捣装置）碾压 2～4 遍；

d. 压路机碾压过程中有沥青混合料沾轮现象时，向碾压轮洒少量水，严禁洒柴油。

(3) 桥梁施工技术措施

1) 桩基础：

①插打或埋设护筒：护筒的埋设主要的目的是固定桩孔的位置，保护孔口地面水平，并在钻孔内造成一定的水头，产生对孔壁的静水压力，以稳定孔壁，防止塌孔，路上钢护筒埋设，先在桩位挖出比钢护筒高度少 50cm，直径比钢护筒大 40cm，在坑底定好准确的孔位，而后再设钢护筒，等准确无误后在钢护筒四周用黏土回填并夯实，经检查，钢护筒无跑位后再夯打钢护筒。

② 制作泥浆：泥浆是钻孔浇筑桩的血液，其作用是利用泥浆比水重的特点，在水压作用下逐渐向孔壁四周渗透，填满孔隙，防止漏水，保持孔内水压稳定，保持了孔壁不坍塌。因此，对泥浆指标的控制，对钻孔的速度和桩的质量有较大的影响。本桥钻孔泥浆由黄土制作而成，配合比为水：黄土：纯碱＝100：38：0.25，其泥浆技术指标：密度 1.20g/cm³；黏度 36.5s，含砂率为 4.6%，胶体率 98%，pH 值为 8。

③钻进：将钻机安放在正确孔位，孔内泥浆指标合格后方可开钻。

钻机开钻时做到减少冲程以保证钻进过程中，钻杆始终保持垂直向下，并减少摆动，防止孔倾斜率和扩孔率超标。每钻进一孔，必须保证至少测量三次钻杆的倾斜率，以保证成孔的倾斜率合乎要求。在钻孔过程中，随时掌握地质变化情况，适当控制钻速和进尺，并注意观察泥浆的水头高度。根据经验，水头高度应保持在 1.5～2m 左右。

④浇筑水下混凝土：

A. 冲孔完毕后保证泥浆密度，使其在下钢筋笼及浇筑混凝土时保护孔壁；

B. 钢筋笼的安装：为了减少钢筋笼中心和护筒中心的相对偏差，在钢筋主筋上每隔 2m 对称加串四个混凝土圆预制块做保护层。由于钢筋笼较长，最大的均有 24m 以上，故无法起吊，应将其分成四段且按规定长度进行搭接和电焊；

C. 安装导管：安装导管前应对导管做水压试验，导管试验压力不少于 5kg/cm² 就可以，以此来保证浇筑混凝土的质量，以免出现夹层；

D. 浇筑混凝土前应再次测量孔底沉渣厚度不超过 10cm 为准；

E. 浇筑混凝土质量要求采用外加剂，以达到减少增塑及缓凝的作用。要求初凝时间在 6h 以上，水下混凝土要求为 C25。混凝土浇筑速度不宜太慢，施工前严格做好配合比配制；

F. 水下混凝土的浇筑开始后立即测量导管埋入深度并用工作灯检查导管内是否有泥浆及进水。浇筑一旦开始后，要连续进行，并尽可能缩短拆除导管的时间。当导管内的混凝土不满时，徐徐灌入混凝土，以防止在导管内形成高压气囊；

G. 水下混凝土浇筑过程：每下一次混凝土后，及时测量混凝土顶面标高和导管埋入深度，导管最多不能超过 4m，控制在 2.5～3.5m 之间，另外边下混凝土边提升导管，借用混凝土的重力产生的冲击力，以减少负压使混凝土很顺利地下入导管中。如中途临时发生事故，中断混凝土的输送，可每隔 5min 提升导管 0.3m 左右，但最少必须保证导管埋入深度不少于 0.5m；

H. 在浇筑水下混凝土过程中，经常检查钢筋笼有否上升或移位的情况，水下混凝土浇筑一般要求浇筑完时比原定标高高出 0.5～1m；

I. 护筒的处理：浇筑时逐步提升护筒，在提升时保留不小于 1m 的混凝土高度，以防提升后脱节。浇筑完毕立即拔出护筒。

2）承台：

①浇筑混凝土前，对支架、模板、钢筋等进行检查，模板内的杂物、积水和钢筋上的污垢清理干净。模板如有缝隙，应填塞严密，模板内面涂刷脱模剂；

②混凝土按一定厚度、顺序和方向分层浇筑：在下层混凝土初凝或能重塑前浇筑完成上层混凝土；混凝土分层浇筑厚度一般为 30cm 的规定；

③浇筑混凝土采用插入式振捣器，振捣器移动间距不超过振捣器作用半径的 1.5 倍；与侧模应保持 5～10cm 的距离；插入下层混凝土 5～10cm；每一处振捣完毕后应边振捣边徐徐提出振捣棒；避免振捣棒碰撞模板、钢筋及其他预埋件；

④表面振捣器的移位间距，使振捣器平板能覆盖已振实部分 10cm 左右；

⑤对每一振捣部位，必须振捣到该部位混凝土密实为止。密实的标志是混凝土停止下沉、不再冒出气泡、表面呈现平坦、泛浆；

⑥混凝土的浇筑应连续进行，如因故必须间断时，其间断时间应小于前层混凝土的初凝时间或能重塑的时间。

3）预应力空心预制板梁预制及吊装：

①预应力板梁的张拉与锚固：0+950 桥 14 架梁均为预应力空心板梁，采用后张法施工。钢束孔道采用预埋波纹管成孔，波纹管外径 7.7cm，锚具采用 15-6 型夹片锚具。预应力钢筋的张拉在预制板混凝土强度达到 100% 时进行。

479

②吊装：

A. 板梁吊装前对大梁构件的长度及宽度进行复核，超过安装容许误差尺寸先行修整，梁支座残留灰浆先铲除干净；

B. 为使大梁准确就位，应在大梁的垂直面和顶面以及墩台帽上划好中心线；

C. 阶段检评、检查合格后，用设置于桥孔墩台上的两副人字形钢制扒杆，配合运梁设备，以卷扬机牵引，在无支架条件下，将梁悬空吊过桥孔，落梁就位。悬吊前将缆风绳锚固，前扒杆控制梁的平衡，梁后梢以制动绞车拉牢并逐步放松，梁在未离桥头时的平移系列用托板滚轴滚动前进。在桥墩台上搭设临时木垛，以便临时搁梁，待最后利用人字形扒杆吊梁落位。梁悬出桥孔后，前扒杆上的吊鱼滑车要始终保持悬吊构件前端不下垂。当第一架梁以吊鱼法落于桥孔后，即可利用该梁架设第二架梁。采用该法安装时，做好周密检查，并确保锚锭可靠，缆风、绑扎等符合要求，前扒杆后缆风绳吃力最大要随时防止松动，发生危险；

D. 铰缝底模采用吊模，钢筋在预制场加工后运到现场绑扎。混凝土安排在桥头引道集中拌合，翻斗车运输到现场。

5. 工程施工进度计划

在接到招标文件和设计图纸后，我单位人员认真阅读招标文件和图纸，并经现场踏勘，针对本标段的工序制定了相应的进度计划，以保证如期竣工。

施工进度计划横道图分别详见《金浦路施工进度计划横道图》（表 16-10）、《冯宅路施工进度计划横道图》（表 16-11）、《0＋950 桥施工进度计划横道图》（表 16-12）。

材料进场计划表、施工人员进厂计划表和主要施工机械进场计划表分别见表 16-13、表 16-14、表 16-15。

金浦路施工进度横道图　　　　表 16-10

时间(天) 工程项目	进度
	5　10　15　20　25　30　35　40　45　50　55　60　65　70　75　80
施工准备	
路基工程	
排水工程	
路沿石	
电力排管	
路 面	
人行道	
清理场地、通车	

冯宅路施工进度横道图　　　　表 16-11

时间(天) 工程项目	进度
	5　10　15　20　25　30　35　40　45　50　55　60　65　70　75　80
施工准备	
路基工程	
排水工程	
路沿石	
路 面	
人行道	
清理场地、通车	

0＋950 桥施工进度横道图　　　　　　　　　表 16-12

时间(天) 工程项目	进度 5 10 15 20 25 30 35 40 45 50 55 60 65 70 75 80
施工准备	
桩基础	
预应力板梁预制	
承台	
桥台	
吊装	
桥面铺装、养护	
栏杆人行道	
清理场地、通车	

材料进场计划表　　　　　　　　　表 16-13

时间 工程项目	单位	数量	进度 5 10 15 20 25 30 35 40 45 50 55 60 65 70 75 80
水泥 32.5	t	1761	
水泥 42.5	t	165	
中粗砂	m³	5125	
中细砂	m³	278	
碎石	m³	6620	
砾石	m³	315	
钢筋(综合)	t	105	
UPVC管	m	1225	
青砖	千块	356	
炭素螺纹管	m	12014	
路沿、平石	m	3695	
混凝土管	m	1935	
广场砖	千块	80	

主要施工人员进场计划表　　　　　　　　　表 16-14

时间 工程项目	进度 5 10 15 20 25 30 35 40 45 50 55 60 65 70 75 80
土工	
木工	
水泥工	
电工	
下水道工	
机械手	
普通工	
钢筋工	
路沿石工	
人行道工	
检修工	

表 16-15

主要机械进场计划表

时间\工程项目	进 度															
	5	10	15	20	25	30	35	40	45	50	55	60	65	70	75	80
单斗挖掘机																
压路机15t		━━━━━━━━━━━━━━━━														
电动夯实机			━━━━━━━━━━━													
6t自卸机																
搅拌机										━━━━						
电焊机										━━━━━━━━━━━━━						
钻 机																
16t起重机																

参 考 文 献

1　宁仁岐. 混凝土结构工程施工与验收手册. 北京：中国建筑工业出版社，2005.
2　韩喜林. 新型防水材料应用技术. 北京：中国建材工业出版社，2003.
3　冯大斌，栾贵臣. 后张预应力混凝土施工手册. 北京：中国建筑工业出版社，2002.
4　范立础. 桥梁工程（上册）. 北京：人民交通出版社，2004.
5　顾安邦. 桥梁工程（下册）. 北京：人民交通出版社，2000.
6　陈天本. 桁式组合拱桥. 北京：人民交通出版社，2001.
7　黄绳武. 桥梁施工及组织管理（上册）. 北京：人民交通出版社，2000.
8　毛鹤琴. 土木工程施工. 武汉：武汉工业大学出版社，2000.
9　张联燕等. 桥梁转体施工. 北京：人民交通出版社，2002.
10　陈宝春. 钢管混凝土拱桥设计与施工. 北京：人民交通出版社，1999.
11　张润. 路基路面施工及组织管理. 北京：人民交通出版社，2002.
12　廖正环. 公路施工与管理. 北京：人民交通出版社，2000.
13　邓学钧. 路基路面工程. 北京：人民交通出版社，2003.
14　胡长顺. 高等级公路路基路面施工技术. 北京：人民交通出版社，2002.